Hugo Ribbert

Lehrbuch der pathologischen Histologie

Hugo Ribbert

Lehrbuch der pathologischen Histologie

ISBN/EAN: 9783744674492

Hergestellt in Europa, USA, Kanada, Australien, Japan

Cover: Foto ©berggeist007 / pixelio.de

Weitere Bücher finden Sie auf **www.hansebooks.com**

LEHRBUCH

der

Pathologischen Histologie

für Studirende und Aerzte

von

Dr. Hugo Ribbert,

Professor der allgemeinen Pathologie und pathologischen Anatomie,
Direktor des pathologisch-anatomischen Instituts in Zürich.

Mit 386 Abbildungen im Text und 6 Tafeln in Farbendruck.

Bonn
Verlag von Friedrich Cohen
1896.

Vorwort.

Bei der grossen Zahl von Büchern, welche auf dem Gebiete der allgemeinen und speciellen pathologischen Anatomie bereits vorhanden sind, könnte die Herausgabe eines neuen überflüssig erscheinen. Indessen ist die pathologische Histologie bisher noch verhältnismässig so wenig bearbeitet worden, dass für ein ihr gewidmetes Lehrbuch immer noch Platz sein dürfte.

Mit dem Plane der Abfassung desselben beschäftigte ich mich bereits zur Zeit, als ich in Bonn selbständige histologische Curse abhielt. Wenn diese damals einigen Erfolg hatten, so lag das nicht in letzter Linie an der vortrefflichen Unterrichtsmethode, die ich von meinem verehrten Lehrer Köster übernommen hatte. Sie ist in den wesentlichsten Punkten bis heute für meine Lehrthätigkeit und die Herstellung dieses Buches maassgebend geblieben.

Der Inhalt zerfällt, von einer kurzen technischen Einleitung abgesehen, in einen allgemeinen und einen speciellen Theil. Ich habe diese Anordnung hauptsächlich aus didaktischen Gründen gewählt, nicht weil ich sie in jeder Hinsicht für die beste hielte. Ich verkenne ihre Mängel und insbesondere den Nachtheil durchaus nicht, dass manche näher zusammengehörenden Dinge auseinandergerissen werden. Aber ich habe mich allein von dem Gesichtspunkt leiten lassen, dass es nur auf diese Weise möglich ist, von den einfacheren zu den complicirteren Gegenständen fortzuschreiten, ohne dass es aber erforderlich wäre, genau in der von mir innegehaltenen Reihenfolge vorzugehen. Ich lasse in meinen Cursen zunächst aus Organen und Geschwülsten isolirte Zellen auf ihre morphologischen Verhältnisse, ihren Gehalt an Fett und Pigment im frischen Zustand untersuchen. Darauf folgen weitere Präparate über die fettige Degeneration einfacher Organe (z. B. Herzmuskel, Aortenintima) an frischen Schnitten, über die Pigmentirung (Kohleablagerung, eisenhaltigen und eisenfreien Blutfarbstoff), über Nekrose und Verkalkung. Daran lasse ich anschliessen das Studium entzündlicher Veränderungen (des Eiters verschiedener Herkunft, des Fibrins, der eitrigen und rundzelligen Infiltration des Bindegewebes, der Proliferation desselben, der Organisation etc.). Bei allen diesen Untersuchungen bemühe ich mich, die Präparate nur aus einfacher zusammengesetzten Theilen zu gewinnen und vermeide so weit es irgend geht, die complicirter gebauten Organe. Denn es kommt zunächst nur auf die Gewinnung von Grundbegriffen an. Weiterhin werden die Geschwülste durchgenommen und dann erst die verschiedenen Organsysteme, auf welche die bis dahin gewonnenen Kenntnisse sich leicht übertragen lassen. Diesem Gange des Unterrichtes ist meine Darstellung angepasst.

Wenn nun auch das Buch in erster Linie eine Anleitung zur Untersuchung und eine möglichst genaue Schilderung der für den Studirenden und Arzt wichtigen histologischen Verhältnisse enthalten soll, so schien es doch unvermeidlich, jedem zu besprechenden Gegenstand eine kurze orientirende Einleitung vorauszuschicken. Ich hielt das um so mehr für erforderlich, als meine Darstellung in manchen Punkten nicht unwesentlich von der in anderen Lehrbüchern gegebenen abweicht. Um die Anordnung auch äusserlich zum Ausdruck zu bringen, wurden jene Einleitungen fett gedruckt. Andererseits finden sich weniger wichtige Dinge, technische Anleitungen und Litteraturnachweise in kleinem Druck wiedergegeben.

Was nun die letzteren angeht, so habe ich lange geschwankt, ob ich die Litteratur mit Nennung der Autoren ausführlich im Text verarbeiten sollte, habe aber schliesslich davon abgesehen, weil der Umfang des Buches anderenfalls zu gross geworden wäre. Es unterliegt freilich keinem Zweifel, dass die Hervorhebung wichtiger Differenzpunkte auch auf den Studirenden, der sich allerdings im Allgemeinen lieber nur eine bestimmte Ansicht vortragen lässt, anregend zu wirken vermag, aber es ist ebenso gewiss, dass eine allen Ansprüchen Rechnung tragende Darstellung oft zahlreicher Ansichten nur für Specialforschungen vollen Werth haben kann. So habe ich mich denn darauf beschränkt, nur dort, wo es mir mit Rücksicht auf den Text wünschenswerth schien, einige wichtigere, besonders aber solche Arbeiten anzuführen, in denen weitere Litteratur gefunden werden kann. Ein Bedürfniss nach einer vollzähligen Aufzählung aller in Betracht kommenden Arbeiten lag zudem insofern nicht vor, als die weit verbreiteten Lehrbücher von Birch-Hirschfeld u. Ziegler ausführliche Verzeichnisse enthalten.

Das Buch umfasst nun nicht alle einer mikroskopischen Untersuchung zugänglichen Gebiete der pathologischen Anatomie. Zunächst habe ich im Allgemeinen von Dingen, die geringere Wichtigkeit haben oder seltene Vorkommnisse darstellen, abgesehen oder ich habe sie nur ganz kurz besprochen. Aber das Buch enthält auch grössere Lücken. So fehlt die Histologie der Haut, soweit sie nicht im allgemeinen Theil bei der Degeneration, Entzündung und Geschwulstbildung Besprechung gefunden hat. Es war mir leider aus Mangel an ausreichendem Material nicht möglich, die Hautkrankheiten im engeren Sinne zu bearbeiten. Eine lediglich referirende Darstellung aber an der Hand der Litteratur und der Specialwerke widerstrebte mir. Ich wollte womöglich nichts schildern, für das ich nicht auf Grund eigener Untersuchungen einstehen kann. Freilich habe ich auch, abgesehen von der Haut, des Zusammenhanges wegen einige vereinzelte kleine Abschnitte aus Mangel an eigener Beobachtung nur referirend darstellen können, aber sie fallen dem Ganzen gegenüber nicht ins Gewicht und es handelt sich nur um weniger wichtige Gegenstände.

Die für die Haut geltenden Gründe waren auch maassgebend für die Vernachlässigung von Nase, Ohr und Auge. Von diesen Organen wurde ebenfalls nur zur Darstellung gebracht, was in den allgemeinen Theil hineinpasste und hier nothwendig besprochen werden musste.

Wenn auf diese Weise einige Lücken vorhanden sind, so glaube ich doch, dass damit für den Studirenden insofern kein sonderlicher Nachtheil verbunden ist, als die specielle Histologie der Hautkrankheiten und der genannten Sinnesorgane im Allgemeinen nicht Gegenstand des von dem pathologischen Anatomen gegebenen mikroskopischen Unterrichtes zu sein pflegt.

Bei dem Centralnervensystem habe ich mich lediglich auf die rein histologischen Gesichtspunkte beschränkt, d. h. also von den Besonderheiten der Localisation abgesehen, von denen ja die klinischen und grob-anatomischen Krankheitsbilder in erster Linie abhängig sind. Hätte ich diese nach der gebräuchlichen Eintheilung einzeln für sich erörtern wollen, so wären vielfache Wiederholungen nicht zu vermeiden gewesen.

Einer besonderen Rechtfertigung bedarf die Art, wie ich die parasitären Mikroorganismen in die Darstellung aufgenommen habe. Ich bin der Meinung, dass in einem Lehrbuche der pathologischen Histologie die Parasiten nur, soweit sie mit den Geweben ein Ganzes bilden, gleichsam zu einem Bestandtheil derselben wurden, erörtert werden sollten. Ich habe daher auch den Bakterien keine eigenen Capitel gewidmet, sondern sie bei den Gewebsveränderungen besprochen, als deren Erreger sie zu gelten haben. Ihr histologisches Verhalten, ihre Cultur ist nicht Gegenstand der pathologischen Gewebelehre. Aber auch ihre morphologische Beschaffenheit kann nicht so eingehend berücksichtigt werden, wie es von Seiten des Bakteriologen geschieht. Andernfalls wäre nicht einzusehen, weshalb man nicht auch die gesammte Anatomie der thierischen Parasiten besprechen sollte.

Einen grossen Werth legte ich auf die Abbildungen. Ich habe geglaubt, auf farbige Wiedergabe lediglich solcher Objecte, die eine charakteristische natürliche Farbe besitzen, oder denen eine typische Farbenreaction zukommt, nicht verzichten zu sollen. Selbstverständlich konnte ich aber auch unter ihnen nur eine Auswahl treffen. Diese auf sechs Tafeln vereinigten Figuren und alle Textabbildungen habe ich selbst gezeichnet und zwar mit nur zwei Ausnahmen nach eigenen Präparaten. Ich habe mich bemüht, die Dinge in allen Einzelheiten möglichst naturgetreu, d. h. so wenig schematisch, wie es sich irgend erreichen liess, wiederzugeben. Diesem Bestreben war die Vervielfältigung durch das Meisenbach'sche Verfahren insofern äusserst günstig, als bei seiner Anwendung von den Eigenschaften der Originalzeichnungen kaum irgend etwas verloren gegangen ist.

Für die schöne Ausstattung des Buches spreche ich dem Herrn Verleger meinen besten Dank aus.

Zürich, Ende Juni 1896.

Ribbert.

Inhalt.

Seite

I. Einleitung und technische Bemerkungen ... 1

II. Allgemeiner Theil ... 10

A. Regressive Veränderungen ... 10

1. Atrophie ... 10
2. Trübe Schwellung ... 11
3. Abnorme Fetteinlagerung in die Gewebsbestandtheile ... 12
   a) Fettinfiltration ... 13
   b) Fettige Degeneration ... 15
4. Pigment ... 19
   a) Im Körper entstandenes Pigment ... 19
      1. Aus Blutfarbstoff gebildetes Pigment ... 19
      2. Pigmentirung bei Morbus Addisonii ... 23
      3. Melanotisches Pigment ... 23
      4. Gallenfarbstoff ... 24
   b) Dem Körper aus der Aussenwelt zugeführtes Pigment ... 24
      1. Aufnahme durch die Athmung. Kohle ... 24
      2. Tätowirung ... 25
      3. Argyrosis ... 26
5. Regressive Metamorphosen, welche mit der Bildung homogener Substanzen einhergehen ... 26
   a) Schleimige Entartung ... 26
   b) Colloide Entartung ... 27
   c) Hyaline Entartung ... 28
   d) Amyloide Entartung ... 32
      1. Amyloidentartung als Allgemeinerkrankung ... 32
      2. Lokales Amyloid ... 38
      3. Corpora amylacea ... 38
6. Nekrose ... 41
7. Verkalkung ... 42

B. Hypertrophie ... 45

C. Regeneration ... 46

D. Entzündung ... 49

1. Die exsudativen Prozesse ... 51
   a) Die Emigration ... 51

Seite

b) Der Eiter 53
c) Die flüssigen Exsudatbestandtheile 61
d) Das fibrinöse Exsudat 62
e) Das hämorrhagische Exsudat 67
f) Das Schicksal der Exsudate 69
2. Die regressiven Veränderungen der entzündeten Gewebe . . . 69
3. Die progressiven Veränderungen der entzündeten Gewebe . . 70
a) Die Vergrösserung und Vermehrung der im Bindegewebe befindlichen Zellen 71
b) Die Wanderfähigkeit der verschiedenen Zellformen. Die Organisation 73
c) Die Narbenbildung 78
d) Die Phagocytose. Die Riesenzellen 82
e) Die Gefässneubildung 83
4. Einige besondere Entzündungsformen 84

E. Die Geschwulst 94
1. Fibrom 95
2. Lipom 100
3. Chondrom 101
4. Chordom 103
5. Osteom 105
6. Myom 106
a) Rhabdomyom 106
b) Leiomyom 108
7. Angiom 110
a) Hämangiom 110
b) Lymphangiom 114
8. Neurom 115
9. Sarkom 116
a) Spindelzellensarkom 117
b) Riesenzellensarkom 123
c) Rundzellensarkom 125
d) Angiosarkom 126
e) Sarkom mit Knochen und Knorpel 126
f) Wachsthum der Sarkome 126
10. Endotheliale Geschwülste 127
a) Metamorphosen (Cylindrom) 135
b) Wachsthum 137
11. Melanom 137
12. Lymphosarkom 142
13. Myxom 143
14. Gliom 146
15. Fibro-epitheliale Geschwülste 148
16. Carcinom 160
a) Die einelnen Formen der Carcinome 161
b) Histogenese 169
c) Wachsthum 172
d) Metastase 174
e) Metamorphosen 176

Seite
1. Metamorphosen der Epithelzellen 176
a) Hyaline und vacuoläre Veränderungen 176
b) Gallertige Umwandlung 178
c) Veränderungen an den Kerntheilungsfiguren 180
2. Metamorphosen des Bindegewebes 180
17. Teratoide Geschwülste 182
18. Cysten 187
19. Anleitung zur Untersuchung der Geschwülste 189

III. Spezieller Theil 192

A. Blut 192

1. Veränderungen an den rothen Blutkörperchen 193
2. Veränderungen an den weissen Blutkörperchen 193
a) Leukämie 194
3. Fremde Blutbestandtheile 195
a) Embolie 197
4. Thrombose 200

B. Circulationsorgane 204

1. Herz 204
a) Die epicardialen Sehnenflecke 204
b) Myocarditis 204
c) Fragmentation 211
d) Endocarditis 212
2. Arterien 216
a) Entzündung der Arterien, Arteriitis 216
b) Degeneration der Arterien 226
c) Aneurysma 226
3. Venen 228
a) Entzündung der Venen, Phlebitis 228
b) Erweiterung der Venen, Phlebectasie 233
4. Lymphgefässe 235
5. Milz 235
6. Lymphdrüsen 241
a) Entzündung 241
b) Regressive Metamorphosen 246

C. Verdauungsorgane 247

1. Mundhöhle 247
a) Entzündung der Speicheldrüsen 247
2. Weicher Gaumen, Tonsillen, Rachen und Oesophagus 248
a) Diphtherie 248
b) Vergrösserung der Tonsillen und der follikulären Apparate der Rachenschleimhaut 251
c) Soor 251
3. Thymus 252
4. Magen 254
a) Entzündung 254
b) Regressive Veränderungen 255
c) Geschwürsbildung 257
d) Geschwülste 261

Seite

5. Darmkanal 261
   a) Entzündungen 261
      1. Tuberkulose 262
      2. Typhus 264
      3. Dysenterie 266
      4. Syphilis 268
   b) Regressive Veränderungen 269
   c) Pathologische Anatomie des Wurmfortsatzes 270
6. Leber 272
   a) Regressive Metamorphosen 273
      1. Fettinfiltration und fettige Degeneration 273
      2. Acute gelbe Atrophie 275
      3. Abnorme Pigmentirung 277
         a) Ablagerung von Blutpigment 277
         b) Pigmentirung bei seniler Atrophie 278
         c) Pigmentirung bei venöser Stauung 279
         d) Icterus 283
         e) Ablagerung von Kohle 284
      4. Amyloide Degeneration 285
      5. Nekrose 285
   b) Entzündungen 286
      1. Cirrhose 286
      2. Tuberkulose 293
      3. Syphilis 293
      4. Typhus 294
      5. Eitrige Entzündungen 294
   c) Leukämie 294
   d) Geschwülste 295
   e) Parasiten 297
7. Pankreas 298

D. Respirationsorgane 299

1. Lunge 299
   a) Venöse Stauung 299
   b) Hämorrhagischer Infarkt 300
   c) Entzündung 302
      1. Fibrinöse Pneumonie 303
      2. Herdförmige Pneumonie 311
      3. Tuberkulose 315
      4. Syphilis 328
      5. Anthracosis 330
      6. Siderosis 332
   d) Emphysem 332
   e) Geschwülste 336
2. Bronchen, Trachea, Larynx 336
   a) Bronchitis 336
   b) Bronchiectase 340
3. Schilddrüse 342

E. Harnorgane 346

1. Niere 346

Seite

a) Anleitung zur Untersuchung der Niere 346
b) Albuminurie und Cylinderbildung 347
c) Hämoglobinurie 349
d) Hämaturie 349
e) Degeneration der Niere 349
1. Trübe Schwellung 349
2. Fettige Degeneration 349
3. Pigmentirung 350
4. Icterus 353
5. Amyloide und glykogene Entartung 354
6. Nekrose 354
7. Ablagerung von Kalk und Harnsäure 355
f) Nephritis 355
g) Pyelonephritis 370
h) Tuberkulose 371
i) Hydronephrose 372
k) Leukämie 373
l) Geschwülste 374
m) Infarkt 374
2. Nierenbecken, Ureteren und Harnblase 377

F. Geschlechtsorgane 378
1. Männliche Geschlechtsorgane 378
a) Prostata 378
b) Hoden und Nebenhoden 381
1. Entzündung 381
2. Atrophie 384
3. Geschwülste 384
2. Weibliche Geschlechtsorgane 384
a) Vagina 384
b) Uterus 385
1. Erosion 385
2. Endometritis 386
3. Atrophie 388
4. Metritis 389
5. Geschwülste 389
6. Placenta 390
7. Tuben 390
8. Ovarium 391

G. Nervensystem 392
1. Dura und Pia Mater 392
a) Pachymeningitis 392
b) Leptomeningitis 396
2. Gehirn und Rückenmark 397
a) Untersuchungsmethode 397
b) Herdförmige Zerstörung durch Erweichung, Blutung und Trauma 399
c) Veränderung der Gehirngefässe 402
d) Sclerose und Strangdegeneration 404
e) Encephalitis neonatorum 407

Seite

f) Veränderung der Ganglienzellen 408
g) Ependym der Ventrikel 408
3. Periphere Nerven 409

H. Knochensystem 410
1. Untersuchungsmethoden 410
2. Rachitis 411
3. Osteomalacie 416
4. Heilung von Knochenbrüchen 420
5. Entzündungen am Knochensystem 422
6. Veränderungen des Knorpels 425
7. Veränderungen des Knochenmarkes 426

J. Muskulatur, Sehnenscheiden, Schleimbeutel 428
1. Muskulatur 428
2. Sehnenscheiden und Schleimbeutel 429

Sachregister 433

I. Einleitung und technische Bemerkungen.

Die pathologische Gewebelehre will ein Bild aller nur mikroskopisch nachweisbaren pathologischen Veränderungen des Körpers geben. Sie hat für das Verständniss der krankhaften Processe dieselbe Bedeutung wie die normale Histologie für die Kenntniss der normalen Physiologie und Anatomie. Denn da wir gewohnt sind, in letzter Linie alle Lebensvorgänge auf die Zellen, die pathologischen aber auf Veränderungen an ihnen zurückzuführen, so können wir erst durch die mikroskopische Untersuchung die Möglichkeit eines Verständnisses der Krankheiten gewinnen, so weit überhaupt der anatomische Befund einen Schluss auf die Thätigkeit der Zelle gestattet und so weit die Vorgänge an morphologische, für unser durch das Mikroskop verstärktes Auge wahrnehmbare Strukturabweichungen, gebunden sind. Da man nun aber die Veränderungen der Zellen und Gewebe nicht eher mit Erfolg untersuchen kann, bevor man nicht die normalen Verhältnisse ausreichend kennen lernte, so muss vorausgesetzt werden, dass Jeder, der an die pathologische Gewebelehre herangeht, sich mit der normalen theoretisch und praktisch vertraut gemacht hat.

Das schliesst aber in sich, dass auch die technischen Maassnahmen, ohne welche ja die typischen Strukturen nicht studirt werden konnten, in ihren Grundzügen bekannt sind. Die pathologische Histologie stellt aber in dieser Hinsicht keine höheren Ansprüche als die normale. Die Methoden sind für beide Fälle in allen wesentlichen Punkten die gleichen. Nur erfahren sie, auf pathologische Objekte angewandt, hier und da kleine Variationen und in geringem Umfange auch eine Bereicherung. Eine Wiederholung der gesammten Technik ist daher nicht erforderlich. Wir können von ihr um so eher absehen, als eine vollständige Zusammenstellung aller für die Mikroskopie in Betracht kommenden Vorschriften sehr Vieles aufführen müsste, was selten oder kaum jemals von dem Studirenden, für den dieses Buch doch in erster Linie bestimmt ist, oder auch von dem Vorgerückteren benutzt wird. Von den so ausserordentlich zahlreichen Vorschriften der gesammten Technik reichen verhältnissmässig wenige hin, um alle die Präparate anzufertigen, von denen in unserem Buche die Rede sein soll.

So sollen denn unter der soeben gemachten Voraussetzung nur einige allgemeine Bemerkungen vorausgeschickt und, mehr in dem Sinne einer Auffrischung des Gedächtnisses als einer prägnanten Anleitung, nur solche Maassnahmen kurz besprochen werden, die für die pathologische Histologie besonders beachtenswerth sind, häufiger Erwähnung finden werden und in der normalen Histologie wenig oder gar nicht gebräuchlich sind. Solche Vorschriften, die nur für bestimmte Zwecke gelten, sollen im Text Erwähnung finden, wo sie sich in Verbindung mit den histologischen Verhältnissen klarer erörtern lassen. Dort soll auch auf die für die einzelnen Objekte am besten passenden Untersuchungsmethoden kurz hingewiesen werden.

Wer aber die nöthige Erfahrung in histologischer Technik noch nicht besitzt, mag eines der neueren Bücher zur Hilfe nehmen, welche sich die Darstellung derselben zur alleinigen Aufgabe gemacht haben[1]).

Die histologische Untersuchung kann an frischen und gehärteten Präparaten vorgenommen werden. Wie der Anfänger keinen richtigen Begriff von der normalen Zelle und ihren Umwandlungsprodukten bekommt, der sie nur gehärtet untersucht, so erhält er auch keine genügende Vorstellung der pathologischen Veränderungen, wenn er die frische Untersuchung vernachlässigt. Es muss immer wieder betont werden, dass nur das Aussehen der frischen Präparate die natürlichen Verhältnisse des Körpers wiedergiebt, so weit es für uns überhaupt, beim Menschen wenigstens, erreichbar ist. Insbesondere aber können manche Zustände, wie verschiedene Degenerationen, ihre Vertheilung in den Organen, die mannigfachen Zellformen und manches Andere nur durch frische Präparate genügend kennen gelernt werden. Wer sie nicht untersucht, begiebt sich eines grossen Vortheiles. Freilich sind solche Objekte nicht so elegant, wie die im gehärteten Zustand untersuchten, sie erscheinen dem durch die Farben der letzteren verwöhnten Auge nicht hübsch genug. Sie lassen sich ferner nicht conserviren. Gerade auf diesen Umstand legt der Studirende meist grossen Werth. Was er in Canada besitzt, kann er getrost nach Hause tragen.

---

1) Eberth (Friedländer), Mikroskopische Technik, zum Gebrauch bei medicinischen und pathologisch-anatomischen Untersuchungen. 5. Auflage. Berlin 1894. v. Kahlden, Technik der histologischen Untersuchung pathologisch-anatomischer Präparate. Für Studirende und Aerzte. 4. Auflage. Jena, Fischer. 1895.

Allein wer den Nutzen frischer Präparate, von denen auch bei Anfertigung der Figuren dieses Buches so viel wie möglich Gebrauch gemacht wurde, einmal durch längere Gewohnheit schätzen gelernt hat oder eingehend in Cursen auf ihre Vortheile aufmerksam gemacht wurde, wird sie nicht leicht wieder entbehren wollen.

Es wäre nun aber falsch, wollte man andererseits die frische Untersuchung zu sehr in den Vordergrund stellen, oder sie gar ausschliesslich anwenden. Das Studium gehärteter und gefärbter Präparate bietet vielmehr in den meisten Fällen so ausgesprochene Vortheile, dass man es durchaus pflegen muss. Manche Untersuchungen kann man zudem nur an solchen Objekten mit der erforderlichen Sicherheit vornehmen.

Die Herstellung frischer Präparate geschieht in gewöhnlichem Leitungs-, nicht in destillirtem Wasser. Man hat nur selten und nur bei zarten Objekten Veranlassung, sich einer sogen. physiologischen (0,6 %) Kochsalzlösung zu bedienen. Der Tropfen Wasser soll stets zuerst auf den Objektträger und dann erst das zu prüfende Material in ihn hinein gebracht werden. Handelt es sich um einen Zellbrei, so vertheilen sich die Zellen sehr leicht in dem Wasser. Will man aus einem Gewebe einzelne Zellen gewinnen, so kann man entweder mit einem senkrecht zur frisch angelegten Schnittfläche gestellten Messer ohne starken Druck Material abschaben und in das Wasser bringen, oder man kann kleine abgetrennte Theile auf dem Objektträger mit Nadeln zerzupfen und dadurch auch faserige Bestandtheile, wie z. B. Muskelzellen isoliren. Will man die Objekte mehrere Stunden conserviren, so muss man sie dadurch vor Verdunstung schützen, dass man den Rand des Deckglases mit einer undurchlässigen Schicht umgiebt. Man kann dazu ein dickflüssiges Oel benutzen, welches man mit einem weichen Pinsel rings herumstreicht, wobei man zunächst etwa vorquellendes Wasser ohne Druck auf das Deckglas mit Fliesspapier absaugt, oder man legt einen Wachsring an, indem man den Docht eines Wachslichtes gleich nach Erlöschen der Flamme am Rande des Deckglases entlang zieht, wobei das abfliessende Wachs eine dünne Schicht auf Deckglas und Objektträger bildet. Da aber zu dieser Manipulation eine möglichst sorgfältige Entfernung überflüssigen Wassers erforderlich ist und da das erkaltende Wachs durch seine Zusammenziehung das Deckgläschen noch mehr nach unten zieht, so wird sehr leicht ein ungünstiger Druck auf das Präparat ausgeübt, der bei Anwendung des Oelringes nicht zu fürchten ist. Auch dünner Canadabalsam, mit weichem Pinsel in feiner rasch trocknender Schicht aufgetragen, leistet gute Dienste, zumal wenn man den Wunsch hat, isolirte Gewebsbestandtheile, die sich von gehärteten Objekten nicht mehr gewinnen lassen, länger zu conserviren. Mit Wasser allein lässt sich das freilich nicht durchführen, wenn man aber eine etwa $^{1}/_{10}$—$^{2}/_{10}$ % Osmiumsäure anwendet, so halten sich solche Präparate Monate lang. Nur die Farbe der Zellen etc. ändert sich etwas, sie wird bräunlich.

Zur Anfertigung von Schnitten frischer Gewebe benutzt man das Rasirmesser oder das Gefriermikrotom. Das erstere ist neuerdings mehr und mehr aus der Mode gekommen, aber nicht ganz mit Recht. Denn wenn auch zuzugeben ist, dass das Mikrotom bessere Schnitte macht, so darf doch nicht vergessen werden, dass durch das Gefrieren zarte Strukturen leiden müssen. Wer einmal gute Rasirmesser- und Gefriermikrotomschnitte vergleichen will, wird bei zellreichen Geweben zuweilen überraschende Unterschiede im Aussehen der Zellen zu Gunsten der ersteren herausfinden. Zudem erfordert ein Messerschnitt keine Vorbereitung und keine Kosten, sondern nur etwas Uebung.

Des Zusammenhangs wegen sei hier auch gleich auf die Benutzung des Rasirmessers an gehärteten Präparaten kurz eingegangen. Heute wird nicht mehr leicht Jemand mit ihm Schnitte für Färbung und dauernde Conservirung anfertigen wollen. Aber zur schnellen Orientirung und Herstellung rasch erforderlicher Präparate eignet es sich doch sehr gut. Auch kann man an grösseren Organstücken mit seiner Hülfe zunächst solche Stellen aufsuchen, die besonders gute Bilder versprechen, statt dass man bei alleiniger Anwendung des Mikrotoms viele Stücke zugleich einbettet oder der Reihe nach viele und oft vergeblich untersucht.

Mit den Bemerkungen über die Vortheile des Rasirmessers für das Studium frischer Präparate sollen nun aber die des Gefriermikrotoms durchaus nicht in Frage gestellt werden. Sein Gebrauch ist vielmehr, besonders bei Untersuchung von Organen und unter Beachtung obiger Angaben über die Folgen des Gefrierens durchaus zu empfehlen.

Eine Färbung frischer Präparate ist nur unvollkommen möglich und bietet nur da Vortheile, wo bestimmte Reaktionen in Betracht kommen, von denen im Text noch weiter die Rede sein soll. Dagegen kann man bessere Resultate dadurch erreichen, dass man die frischen Schnitte zunächst anderen, conservirenden Behandlungen unterwirft. Sie lassen sich z. B. in Alkohol härten, schrumpfen dabei aber gewöhnlich so, dass die Präparate nicht besonders gut werden. Etwas besser wirkt das fünf Minuten lange Einlegen der Schnitte in 50 % Formalinlösung und dann für einige Minuten in Alkohol von steigender Concentration. Die Färbung gelingt in beiden Fällen, aber die Präparate sind den von gehärteten Geweben nicht gleichwerthig. Sie bieten nicht mehr den Vortheil der frischen Untersuchung, wohl aber ihre Nachtheile, also die grössere Dicke der Schnitte und bei weichem Gewebe den Verlust lose sitzender und deshalb ausfallender Gewebsbestandtheile. Immerhin sind sie für manche Zwecke, zur raschen Orientirung und ev. auch zur Diagnose brauchbar, zumal sie in einer Viertelstunde hergestellt werden können[1]).

Die Härtung der Gewebe geschieht in Alkohol (bei zarten Theilen in steigender Concentration 50 % — absolutem A.), in Müller'scher Flüssigkeit (Tage bis Wochen, langes Auswaschen, Alkohol) in 0,2 % Chromsäure (24 Stunden, Auswaschen, Alkohol), in Flemming's Lösung (3—24 Stunden, Auswaschen, Alkohol), in 4 % Formalin (einige Stunden, Auswaschen, Alkohol) und in Zenker'scher Flüssigkeit (s. Münch. med. Wochenschr. 1894, Nr. 27: Wasser 100,0, Sublimat 5,0, Kalibichr. 2,5, Natr. sulf. 1,0, Eisessig 5,0, gutes Auswaschen, Alkohol mit Jodzusatz). Die zu härtenden Stücke sollen nicht zu gross, höchstens 1 cm, bei Flemming'scher Lösung höchstens 1—2 mm dick sein.

Alkohol härtet schnell, zumal wenn man die Stücke auf etwas Watte in ihn hineinlegt. Man kann so bei dünnen Objekten schon nach 1 Stunde ev. schon eher eine schnittfähige Consistenz bekommen, was für eine rasche Diagnose Vortheile bietet. Müller'sche Flüssigkeit kommt besonders für das Centralnervensystem in Betracht. Auf andere Objekte angewandt hat sie den Vortheil, dass man sie ohne weitere Vorbereitung mit dem Gefriermikrotom schneiden und so Präparate herstellen kann, die in Wasser oder Glycerin untersucht frischen vergleichbar sind. 0,2 % Chromsäure hat das gute, dass die Schrumpfung auch bei wasserreichen Geweben gering ist und dass die verschiedenen Kernarten sich besonders leicht unterscheiden lassen. Sie empfiehlt sich besonders für lymphatisches Gewebe. Flemming'sche Lösung liefert ausgezeichnete Zellstrukturen und conservirt vortrefflich die Kerntheilungsfiguren, die Färbung misslingt aber zuweilen. Sie erhält und schwärzt ferner das Fett. Die Formalinbehandlung hat den Vortheil der Schnelligkeit und der Conservirung des Blutes. Am besten und fast auf alle Gewebe (vielleicht mit Ausnahme des Centralnerven-

1) Die obige Methode wurde von Cullen (Centralbl. f. pathol. Anat. 1895, p. 448) angegeben. Er empfiehlt ferner auch folgendes Verfahren. Man bringt kleine Gewebsstücke für 2—4 Stunden in 10 % Formalinlösung, schneidet sie dann mit dem Gefriermikrotom, wobei man das Formalin zunächst in Wasser abspült und behandelt die Schnitte in Alkohol weiter wie oben angegeben. Das Verfahren liefert ganz gute Resultate und hat den Vortheil, dass es das Blut conservirt. Benda (ebenda S. 803) wendet die Formalinlösung (1 %) auch auf gehärtete Objekte an, indem er 2 mm dicke Gewebsstücke in sie für 1/4 — einige Stunden hineinlegt, bis der Alkohol verdrängt ist. Dann sind die Objekte für das Gefriermikrotom geeignet und liefern gute Schnitte, die nun in Alkohol kommen und dann gefärbt werden. Alle diese Formalinmethoden bieten nach der einen oder anderen Richtung Vortheile. Sie können aber die übrigen gleich zu besprechenden Härtungverfahren durchaus nicht ersetzen.

systems) gleich gut anwendbar ist die Zenker'sche Flüssigkeit, die bis jetzt von keinem anderen Conservirungsmittel übertroffen wird. Sie liefert auch vortreffliche Bilder von Mitosen und erhält das Blut. Der einzige Nachtheil besteht darin, dass sich leicht Sublimatniederschläge bilden, die aber durch Tage langes Auswaschen und Einlegen in Jodalkohol vermieden werden können. Dadurch verlängert sich freilich die Härtungsdauer beträchtlich. Im Allgemeinen reicht man aber aus, wenn man das Einlegen in die Flüssigkeit, das Auswaschen und die Aufbewahrung in Jodalkohol je 24 Stunden dauern lässt. Sind dann in den Schnitten noch Sublimatniederschläge vorhanden, so kann man sie aus ihnen durch Wasser oder Jodalkohol in kürzerer Zeit entfernen.

Will man Specialuntersuchungen vornehmen, so härte man die Gewebe nach mehreren Methoden, da jede verschiedene Bestandtheile verschieden gut hervorhebt. Wenn es dagegen an den gehärteten Objekten in erster Linie auf die Stellung einer Diagnose, z. B. von Geschwülsten, ankommt und man nicht viel Zeit verlieren will, so benutzt man am besten den concentrirten Alkohol, in welchem kleine Stücke im Verlauf einer bis weniger Stunden hart werden. Auch Formalin liefert binnen 24 Stunden schnittfähige Präparate und hat vor dem schneller wirkenden Alkohol den Vortheil besserer Conservirung der Strukturen voraus. Zu diagnostischen Zwecken wird freilich Mancher die oben angegebenen Formalinmethoden für frische Präparate vorziehen.

Die Härtung in Alkohol kann für manche Zwecke mit Nutzen durch ein mehrere Minuten dauerndes Kochen der Gewebsstücke in Wasser unterstützt werden. Insbesondere wo es sich um die Fixirung gerinnbarer flüssiger Gewebsbestandtheile handelt, z. B. von Eiweiss in der Niere, von Cysteninhalt etc., hat die Methode vor der alleinigen, nicht immer genügend durchdringenden Alkoholhärtung Vortheile. Nach dem Kochen kommen die Objekte in Alkohol, in welchem sie aber durch längeres Liegen leicht zu hart werden, so dass man mit dem Schneiden nicht zu lange warten darf.

Gut gehärtete Objekte können, wie schon vorausgeschickt wurde, mit dem Rasirmesser geschnitten werden. Bessere Präparate liefert aber das Mikrotom.

Um feine Schnitte zu gewinnen, wendet man die Einbettung in Celloidin oder Paraffin in bekannter Weise an. Weiche und schwammige Gewebe müssen besonders gut durchtränkt werden.

Nur mit diesen Methoden ist es möglich, Präparate herzustellen, die allen Anforderungen entsprechen. Will man rascher zum Ziele gelangen und kommt es nicht so sehr auf eine dünne Beschaffenheit der Schnitte an, so kann man, wenn es sich um gut gehärtete Objekte handelt, kürzere Wege einschlagen.

Man kann die Schnitte direkt oder nach vorheriger Einklemmung in ein hartes Stück Leber (Amyloidleber) in den Halter des Apparates einspannen und den hervorragenden Theil schneiden. Auf werthvollere Objekte ist die Methode freilich nicht anwendbar, da der zusammengepresste Abschnitt für die Untersuchung verloren ist.

Ferner kann man die Objekte nach Eintauchen in dünne Celloidinlösung vermittelst eines Tropfens dickeren Celloidins direkt auf ein Holzklötzchen oder einen Kork aufkleben. Lässt man dann das Objekt etwa eine Viertelstunde an der Luft stehen, so haftet das Organstück genügend fest, um geschnitten werden zu können. Da das für dies Verfahren ausreichende Härten in Alkohol nur eine Stunde in Anspruch zu nehmen braucht, so kann man im Zeitraum von $1^1/_2$—2 Stunden, das wenig zeitraubende Färben eingerechnet, besonders für diagnostische Zwecke genügend gute Balsampräparate gewinnen.

Die Färbung wird mit verschiedenen Kernfärbemitteln und mit Ueberfärbung durch protoplasmafärbende Stoffe vorgenommen. Neben den bekannten Lösungen: Alauncarmin, Lithioncarmin, Pikrocarmin, Saffranin (für Flemming-Präparate) empfehle ich vor Allem das Hämalaun (nach Eberth mit Zusatz von 2 Procent Eisessig), welches vor anderen Hämatoxylinlösungen den Vorzug dauernder Haltbarkeit und sicherer Wirkung hat. Alkoholpräparate färben sich in wenigen Minuten, andere, besonders solche aus Zenker's Flüssigkeit, verweilen länger in der Lösung. Aber auch hier reicht eine Viertelstunde meist aus. Nach Einlegen in Wasser für einige Minuten ist die Kernfärbung gut sichtbar, sie wird aber durch längeres, ev. 24stündiges Liegen in Wasser noch besser fixirt. Zur Ueberfärbung empfiehlt sich neben Eosin die neuerdings viel angewandte von van Gieson angegebene Pikrinsäure-Säurefuchsinlösung (concentr. wässerige Pikrinsäure + concentr. wässeriges Säurefuchsin bis zur rubinrothen Farbe), in welche die Schnitte einige Sekunden bis Minuten kommen, um dann in Wasser ausgewaschen und in Alkohol weiter behandelt zu werden. Man kann die Dauer dieser Färbung und Auswässerung variiren, insbesondere eine zu starke Ueberfärbung durch längeres Liegen in Wasser leicht wieder beseitigen. Die Protoplasmafärbung kann man dabei noch etwas modificiren, wenn man die rothen Schnitte noch für einige Minuten in eine Orangelösung bringt und dann nach Abspülen in Alkohol. Die Kerne sind dann blau, hyaline Theile (s. Hyalin) in verschiedenen Abstufungen und Tönen roth, Protoplasma gelb oder orange. Diese Methode reicht für die meisten Zwecke aus und wurde bei Herstellung der zu den Zeichnungen dienenden Präparate, sofern nichts anderes angegeben ist, fast ausschliesslich benutzt. Besondere Färbungen, die nur für bestimmte Zwecke in Anwendung kommen, sollen an den betreffenden Stellen im Text besprochen werden. Die Untersuchung der von gehärteten Objekten hergestellten Präparate geschieht in Glycerin oder vor Allem in Canadabalsam. Das Glycerin hat vor letzterem den Vortheil, dass es weniger aufhellt und deshalb besonders in protoplasmareichen Theilen die Strukturen oft besser hervortreten lässt. In erster Linie gilt das für die ungefärbten Schnitte, die man freilich weniger als die gefärbten und nur zu bestimmten Zwecken verwendet, z. B. um die natürlichen Farbenverhältnisse der Gewebe, oder auch Pigmentirungen zur Anschauung zu bringen, die nach der Tingirung der Präparate weniger gut sichtbar sind. Aber auch bei gefärbten Schnitten kann die Anwendung des Glycerins unter Umständen Vortheil bringen und bei sehr zarten Strukturen empfiehlt es sich daher zuweilen, beide Einbettungsmethoden neben einander zu verwerthen.

Glycerinpräparate können mit einem Ring von Oel, Wachs, Lack oder Canadabalsam (s. o.) umgeben dauernd aufbewahrt werden.

Was nun endlich die eigentliche Untersuchung der Präparate angeht, so muss man sich zur Regel machen, jedes Objekt ausnahmslos zuerst mit schwacher Vergrösserung zu betrachten, damit man einen Ueberblick über die Veränderungen gewinnt. In vielen Präparaten kann man so bei einiger Uebung schon alles Wichtige erkennen, und, da man viel grössere Abschnitte übersieht, ein weit klareres Bild über die Vertheilung der pathologischen Zustände gewinnen als bei starken Linsen, die nur ein viel kleineres Gebiet zu betrachten gestatten. Das gilt insbesondere für complicirter gebaute Organe, wie Leber und Niere, von deren Veränderungen man ohne schwache Vergrösserungen unmöglich eine richtige Vorstellung zu gewinnen vermag. Ihre Anwendung kann daher nicht energisch genug zur Pflicht gemacht werden, zumal dem Anfänger gegenüber, der sehr oft der Ansicht ist, dass man mit starken Linsen, womöglich gleich mit der Oel-Immersion unter allen Umständen mehr sehen müsse, als mit schwachen Vergrösserungen.

Letztere haben ferner den Vortheil, dass sie zur Betrachtung der Objekte mit blossem Auge überleiten und dadurch die makroskopische Diagnose erleichtern. Sehr wesentlich unterstützend wirkt hier aber ferner die Untersuchung mit der Lupe, die eine 5—10fache Vergrösserung liefert. Man hat dazu kein besonderes Instrument nöthig, da man mit Vortheil ein Ocular und zwar ein stärkeres in folgender Weise anwenden kann. Indem man den Objektträger aufnimmt, senkrecht stellt und mit der Seite, auf welcher das Präparat liegt, gegen das Fenster hält, setzt man das Ocular mit seiner oberen Fläche direkt auf die Unterseite des Objektträgers und sieht in die untere Oeffnung des Oculars hinein. Durch

Wegnehmen und Wiederaufsetzen derselben kann man das Präparat abwechselnd mit blossem Auge und bei geringer Vergrösserung betrachten.

Hat man sich mit schwachen Linsen orientirt, so sucht man sich nun diejenigen Stellen aus, die für die starken Linsen in erster Linie geeignet erscheinen. Nur so findet man kleinere und zerstreut im Schnitt liegende Stellen sicher wieder, während ihre Aufsuchung mit stärkeren Systemen übermässig viel Zeit in Anspruch nimmt und doch erfolglos bleiben kann. Man soll sich daher auch nicht scheuen, immer wieder einmal zur schwachen Linse zurückzukehren und neue geeignete Stellen ausfindig zu machen.

Die mikroskopische Untersuchung soll endlich ihren Abschluss finden in der Wiedergabe des Gesehenen durch eine Zeichnung. Eine vermeintliche oder wirkliche Ungeschicklichkeit im Zeichnen soll von dieser Verpflichtung niemals entbinden. Es handelt sich ja im Allgemeinen nicht um die Herstellung eines zur Reproduktion für den Druck geeigneten Bildes, sondern nur darum, dass man sich mit Hülfe des Stiftes oder der Feder Rechenschaft über alle im Objekt vorhandenen Einzelheiten giebt. So viel kann aber Jeder zeichnen. Erst wer zu diesem Zwecke das Präparat durchgeht, hat die Gewissheit, dass er nichts übersieht. Auch der erfahrene Mikroskopiker überzeugt sich davon immer wieder aufs Neue, ja zuweilen ist die Zeichnung im Stande, die durch einfache Betrachtung gewonnenen Vorstellungen wesentlich zu modificiren und richtig zu stellen. Für den Unterricht aber ergiebt sich noch der Vortheil, dass der Lehrer aus der wenn auch noch so unvollkommenen Skizze weit besser als aus Worten entnehmen kann, ob der Schüler die Verhältnisse richtig aufgefasst hat.

II. Allgemeiner Theil.

A. Regressive Veränderungen.

1. Atrophie.

Atrophie bedeutet ganz allgemein ausgedrückt Volumsabnahme des ganzen Körpers oder seiner einzelnen Theile. Sie beruht auf einer Verkleinerung, seltener auf einem völligen Schwund der histologischen Elemente. Diese brauchen dabei ausser der Verringerung ihrer Grösse keine besonders auffallenden Veränderungen zu zeigen. Wir reden dann von einfacher Atrophie. Oder es finden sich gleichzeitig degenerative Processe und abnorme Pigmentirungen. So weit letzteres der Fall ist, wird die Atrophie unter »Pigment« noch Besprechung finden.

Da die einfache Atrophie, von den Grössendifferenzen abgesehen, meist keine bemerkenswerthen mikroskopischen Befunde darbietet, so kann von ihrer Erörterung abgesehen werden. Nur die Atrophie des Fettgewebes erfordert eine Besprechung. Sie lässt sich besonders gut untersuchen, wenn das Gewebe gleichzeitig eine oedematös-gallertige Beschaffenheit zeigt, wie es bei marantischen, z. B. senilen und carcinomatösen Individuen häufig der Fall ist. Am besten eignet sich unter diesen Umständen das epicardiale Fettgewebe, welches in typischen Fällen als gallertig schlotternde Masse vor Allem der Vorderfläche des rechten Ventrikels aufsitzt. Nimmt man mit der Scheere ein flaches Stückchen des Fettgewebes und plattet es durch leichten Druck auf das Deckglas ab, oder fertigt man einen Gefriermikrotomschnitt an, so sieht man bei schwacher Vergrösserung statt des bekannten Bildes dicht gedrängter grosser Fettzellen nur noch zahlreiche, meist deutlich gruppenweise liegende kleine Fetttröpfchen in einem hellen, von meist bluthaltigen Gefässen durchzogenen Gewebe (Fig. 1). Bei starker Vergrösserung fallen vor Allem Gruppen von Fetttröpfchen auf, die gewöhnlich aus einem etwas grösseren und vielen kleinen bis zu den feinsten herab bestehen. Sie werden zusammengehalten durch ein sehr zartes und nur bei genauem Zusehen wahrnehmbares Protoplasma mit einem nicht immer sichtbaren, oft durch die Fettkügelchen verdeckten blassen Kern. Diese rundlichen, ovalen, eckigen, lang ausgezogenen Gebilde sind die atrophirten Fettzellen, aus denen der frühere umfangreiche Fetttropfen unter fortschreitendem Zerfall in kleine Kügelchen grösstentheils verschwunden ist. Die Zellen selbst werden auch kleiner und der zwischen ihnen entstehende Raum wird durch Gewebsflüssigkeit eingenommen, die im Mikroskop nicht wahrnehmbar ist. Dagegen sieht man in den Intercellularräumen die zahlreichen Blutgefässe, sowie feine und gröbere, meist gewundene Fibrillen. Das Fett ist, wahrscheinlich durch aufgelösten Blutfarbstoff, häufig hellgelb gefärbt. Der höchste Grad der Atrophie ist dann erreicht, wenn die Fetttropfen ganz verschwunden und die Zellen zu kleinen länglichen und unregelmässigen Elementen geworden sind, welche denen des gewöhnlichen Bindegewebes entsprechen.

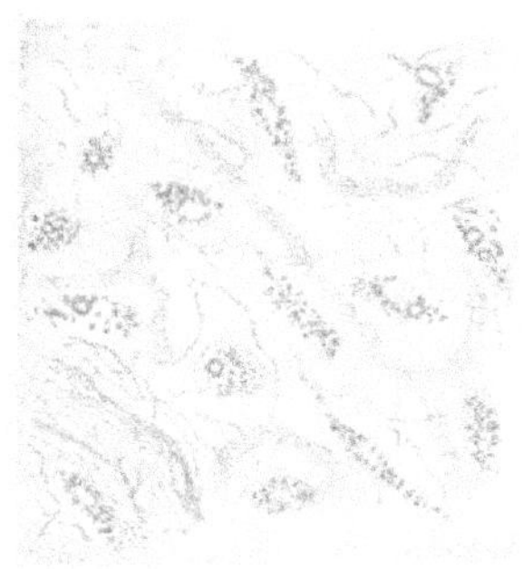

Fig. 1. Atrophisches Fettgewebe des Herzens. Zwischen den durch (grau gehaltene) Flüssigkeit auseinandergedrängten Fibrillen sieht man die verkleinerten spindeligen und rundlichen, mit Fetttröpfchen versehenen Fettzellen. Frisches Präparat. Vergr. 400.

2. Trübe Schwellung.

Unter trüber Schwellung verstehen wir diejenige Veränderung, welche parenchymatösen Organen neben mässiger Volumzunahme eine blasse, trübe, in höheren Graden an den gekochten Zustand erinnernde Beschaffenheit verleiht. Sie kann sich bei den meisten Infectionskrankheiten finden. Von Virchow als die Folge einer zur parenchymatösen Entzündung überleitenden, nutritiven Reizung aufgefasst, wird die trübe Schwellung jetzt meist bei den Degenerationen abgehandelt.

Zur Untersuchung benutzt man am besten die frischen Organe, von denen man Schnitte anfertigt, oder durch Abstreifen mit dem Messer oder Zerzupfen kleiner Stückchen die isolirten Gewebsbestandtheile gewinnt. Aber auch an conservirten, besonders den in Alkohol gehärteten Organen lässt sich die Veränderung noch gut wahrnehmen.

Von der trüben Schwellung werden vor Allem die Epithelien der Niere und Leber, sowie die Muskelzellen des Herzens betroffen. Die Epithelien der Nieren eignen sich am besten zur

Untersuchung der Veränderung, da sie an ihnen besonders häufig und ausgeprägt zur Beobachtung gelangt. Sie erscheinen (Fig. 2) vor Allem in den gewundenen Harnkanälchen grösser als sonst, gut conturirt, in ihrer Form aber oft sehr ungleichmässig, indem einzelne rundlich, andere kegelförmig weit in das Lumen hineinragen, wieder andere niedrig und abgeflacht sind. Das Protoplasma, dessen Stäbchensaumen zu Grunde gegangen ist, erscheint ausgesprochen trübe, undurchsichtig. Das beruht auf der Gegenwart kleinster Körnchen, die so dichtgedrängt sind, dass der von ihnen überlagerte Kern nicht oder nur angedeutet sichtbar ist. Man nimmt ihn daher in den meisten Zellen gar nicht, in andern nur deshalb wahr, weil der Schnitt durch ihn hindurch oder dicht an ihm vorbeiführte und eine Ueberlagerung mit jenen Körnchen dadurch vermieden wurde. Diese Granula sind eiweissartiger Natur, wie sich aus ihrer gleich zu besprechenden im Gegensatz zu den Fetttröpfchen in Essigsäure erfolgenden Auflösung ergiebt. Durch diesen Eingriff werden dann in allen Zellen die Kerne sichtbar. Die an den Nieren gemachten Beobachtungen lassen sich auf die Leberzellen (und andere Zellen) ohne Weiteres übertragen.

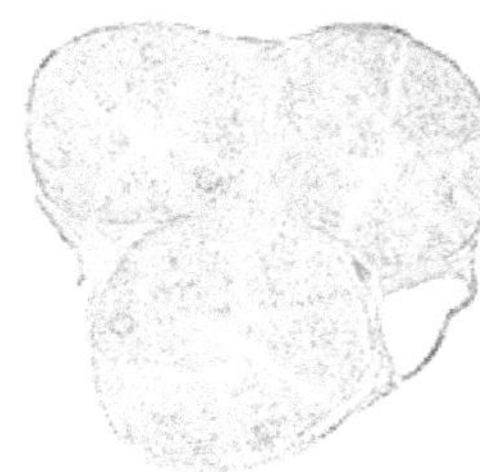

Fig. 2. Trübe Schwellung des Harnkanälchenepithels.
Das Protoplasma der Epithelien ist stark gekörnt und dadurch trübe. Die Kerne sind nur zum Theil deutlich, zum andern Theil undeutlich, zum dritten Theil gar nicht sichtbar, d. h. durch das Protoplasma verdeckt. Frisches Präparat. Vergr. 400

Weniger ausgeprägt ist die trübe Schwellung am Herzmuskel. Seine Querstreifung geht durch sie nicht verloren. Auch wird die Substanz im Uebrigen nicht so trübe und der Kern nicht so sehr verdeckt, wie in den Nierenepithelien.

3. Abnorme Fetteinlagerung in die Gewebsbestandtheile.

In solchen Zellen, die schon in der Norm Fett enthalten, kann es unter pathologischen Verhältnissen vermehrt, in allen übrigen als ein neuer Bestandtheil auftreten. Die Zellen nehmen es dabei entweder von aussen in sich auf oder es bildet sich in ihnen durch Zerfall des Protoplasmas. Im ersteren Falle reden wir von Fettinfiltration, im letzteren von fettiger Degeneration. Beide Zustände sind anatomisch nicht immer scharf von einander zu trennen.

Die Untersuchung geschieht am besten an frischen Präparaten, in denen allein das Fett seine charakteristischen Eigenthümlichkeiten erkennen lässt. Es tritt stets in Gestalt von glänzenden Tropfen auf, welche bei dem durchfallenden Licht des Mikroskops als kugelige Linsen wirken und daher die Strahlen nur in der Mitte nach aufwärts durchtreten und in unser Auge gelangen lassen, während im Uebrigen das Licht durch die Brechung abgelenkt wird. Die Tropfen zeigen daher einen breiten dunklen Rand und müssen in Zeichnungen in dieser Weise wiedergegeben werden. Sie lösen sich bei Zusatz von Essigsäure nicht und sind dadurch auch in ihren feinsten Formen von Eiweisskörnchen (s. trübe Schwellung) leicht zu unterscheiden. Da die Säure das Protoplasma aufhellt, treten die Fetttröpfchen besser hervor. Das Gleiche ist durch Zusatz von dünner Kali- und Natronlauge zu erreichen.

Isolirung der zelligen Elemente, der Muskelfasern etc., erleichtert die Beobachtung und ist daher den Schnitten, soweit es sich nicht um Uebersichtspräparate handelt, vorzuziehen.

Zur Conservirung eignen sich die Flüssigkeiten, z. B. der Alkohol, nicht, welche das Fett auflösen. Jedoch bleiben in solchen Präparaten oft die Lücken zurück, in denen es gelegen hatte. Aus ihnen kann man daher mit einiger Vorsicht noch Schlüsse ziehen. Nur muss man daran denken, dass nach Auflösung der kleinsten Fetttröpfchen die Verhältnisse undeutlich und dass bei grösseren Tropfen Verwechslungen mit andersartigen Vacuolen möglich sind. In Müller'scher Flüssigkeit hält sich das Fett lange Zeit und ist an Gefriermikrotomschnitten deutlich zu erkennen. Gute Bilder liefert ferner die Härtung von Osmiumsäure-haltigen Flüssigkeiten, z. B. Flemming's Lösung. Das Fett wird intensiv schwarz. Die Präparate müssen aber in Glycerin eingeschlossen werden, da das geschwärzte Fett sich bei Behandlung mit Oel und Xylol auflöst.

Wenn man bei Betrachtung fetthaltiger Präparate das vom Spiegel herkommende durchfallende Licht abblendet, so erscheint das Fett, da nur die von oben auffallenden Strahlen in unser Auge gelangen, weiss. Man darf diesen Umstand aber nicht differentialdiagnostisch verwerthen wollen, da z. B. Kalk die gleiche Eigenschaft hat und auch fettfreie Gewebe sehr hell aussehen können. Gerade diese letztere Umstand bietet für den Anfänger eine Quelle des Irrthums, da er leicht geneigt ist, aus ihm auf die Gegenwart von Fett zu schliessen.

a. Fettinfiltration.

Die Aufnahme von Fett in das Protoplasma von Zellen verläuft unter pathologischen Bedingungen ganz ähnlich wie bei der Bildung des normalen Fettgewebes. Eine völlige Uebereinstimmung ist dann vorhanden, wenn das interstitielle Bindegewebe von Organen sich in Fettgewebe umwandelt. Als Beispiel diene hier das Fettherz, an welchem man schon makroskopisch als Fortsetzung des epicardialen Fettgewebes gelbe Züge bis in die Muskulatur, besonders des rechten Ventrikels, eventuell bis unter das Endocard sich fortsetzen sieht.

Bei schwacher Vergrösserung sind an frischen, am besten in der Längsrichtung des Muskelverlaufes angefertigten Schnitten in den Interstitien einzelne sowie reihen- und haufenweise angeordnete Fettzellen, welche die Muskulatur auseinanderdrängen und sie in einzelnen Fällen an Masse übertreffen können. Es ist begreiflich, dass unter diesen Verhältnissen die Muskelfasern geschädigt werden müssen, und so findet man sie bei starker Vergrösserung verschmälert, meist pigmentirt (s. braune Atrophie S. 22) und nicht selten fettig degenerirt (s. S. 16).

Das Pankreas kann in ähnlicher Weise in sein interstitielles Bindegewebe so viel Fett aufnehmen, dass es fast ganz daraus zu bestehen scheint. Mikroskopisch sieht man auch hier, dass die Fettgewebsbildung nur auf Kosten des Drüsengewebes erfolgt, welches Atrophie zeigen und völlig schwinden kann.

Aber nicht nur die Bindegewebszellen können Fett in sich aufnehmen. Auch die Epithelien mancher Organe können das Gleiche thun. In ihnen fliesst es ebenfalls zu einzelnen oder mehreren grösseren Tropfen zusammen, die dabei so umfangreich werden können, dass das Protoplasma auf eine dünne periphere Hülle reducirt erscheint. Am besten lässt sich das an den Leberzellen sehen, die schon bei normalen Individuen vorübergehend nach fettreicher Nahrung zum Theil mit grossen Fetttropfen angefüllt sein können. Unter pathologischen Verhältnissen wird dieser Zustand oft dauernd, sehr hochgradig und dehnt sich auf alle Leberzellen aus. Man redet dann kurzweg von Fettleber (s. unter Leber).

Die Untersuchung geschieht am besten an dem mit dem Messer von einer frischen Schnittfläche abgestreiften Zellmaterial, welches man in Wasser vertheilt. Man muss dabei auf nicht zu geringe Mengen der Flüssigkeit Bedacht nehmen, da anderenfalls die fetthaltigen Zellen durch den Druck des Deckglases gesprengt und die Fetttropfen frei und in unregelmässig verzerrten Figuren an die Glasflächen angepresst werden. Völlig lässt sich dies allerdings auch bei grösster Vorsicht nicht vermeiden, da das abstreifende Messer stets eine kleinere Zahl von Zellen zerreisst. Bei genügend hoher Wasserschicht werden nun die Leberzellen schwimmen und zwar die mit grösseren Tropfen versehenen und deshalb specifisch leichteren oben unter dem Deckglase, die weniger fettreichen, also schwereren mehr in der Tiefe, d. h. näher dem Objektträger. Man wird daher bei dem Herabsenken des Tubus zuerst auf jene, dann erst auf diese stossen.

Die Zellen bieten ein wechselndes Aussehen (Fig. 3). Bei den höchsten Graden der Fetteinlagerung sieht man nur einen grossen Tropfen, der von einem schmalen, oft kaum sichtbaren Protoplasmasaum umgeben ist (Fig. 3a). Geringere Grade sind durch kleinere, einzeln oder zu zweien (b), dreien oder auch mehreren vorhandene Tropfen gekennzeichnet. Neben ihnen sind dann gewöhnlich auch noch kleinere Tröpfchen in grösserer oder geringerer Zahl sichtbar (b), die in anderen Zellen ausschliesslich und dann meist zu vielen enthalten sind. Wir dürfen daraus schliessen, dass die grossen Tropfen durch Zusammenfliessen der kleineren zu Stande kommen, andererseits aber ist anzunehmen, dass bei dem Rückgängigwerden der Fettinfiltration die grossen Kugeln in immer kleinere

Kügelchen zerfallen und so schliesslich verschwinden (vergl. Fettgewebsatrophie [S. 10]).

Der Kern ist bei geringerem Umfang der Fetttropfen sichtbar, in den anderen Zellen ist er durch dieselben verdeckt. Nur wenn die Zelle so liegt, dass der Kern in Horizontalebene eingestellt ist, können wir ihn am Rande des Tropfens wahrnehmen, aber das wird deshalb nur selten der Fall sein, weil das kernhaltige Protoplasma seiner grösseren Schwere wegen den tiefsten Stand einnimmt und deshalb durch die Fettkugel überlagert wird.

Fig. 3. Isolirte Leberzellen aus einer Fettleber. Frisches Präparat. a Leberzelle mit einem grossen Tropfen. bb Zellen mit grösseren und kleineren Fettkugeln. cc isolirte, dd an das Deckgläschen verschmierte Tropfen. Vergr. 400.

Neben den Zellen schwimmen in den höheren Wasserschichten die frei gewordenen Fetttropfen umher (c), bleiben aber häufig am Deckglas haften und bilden an ihm unregelmässig verzerrte Figuren (d), die dem Anfänger Kopfzerbrechen machen und zu Verwechselungen Veranlassung geben.

b) Fettige Degeneration.

Die meisten Gewebe können fettig degeneriren, jedoch kommt der Prozess an manchen besonders häufig vor. Dahin gehört zunächst der Herzmuskel, der entweder diffus oder fleckig erkrankt. Die bei blossem Auge trübe und gelblich erscheinenden degenerirten Abschnitte sehen bei schwacher Vergrösserung dunkler aus als normale Muskulatur resp. als die daneben liegenden nicht oder, was gewöhnlich ist, weniger stark erkrankten Theile (Fig. 4). Sie lassen je nach der Intensität der Entartung bald klarer, bald undeutlicher eine Bestäubung der Muskelfasern durch feine dunkle Körnchen hervortreten. Bei Untersuchung mit starken Linsen an dünnen in der Längsrichtung der Muskulatur angefertigten Schnitten, die mit Vortheil noch zerzupft werden können, erkennt man Folgendes: Bei Einstellung auf die dunklen Theile ist die normale Struktur verschwunden. Man sieht statt ihrer unzählige kleine Fetttröpfchen (Fig. 5), die bald einen ziemlich gleichmässig grossen, bald verschiedenen Umfang haben. Sie sind im ersteren Fall meist mit einer gewissen Regelmässigkeit angeordnet, indem sie in der Längsrichtung der Muskelzelle in zierlichen parallelen, dicht gedrängten Reihe hervortreten. Es beruht das darauf, dass die Tröpfchen im interfibrillären Sarkoplasma liegen. Sind die Abstände der einzelnen Tropfen gleich gross, so kann es leicht vorkommen, dass regelmässige Querreihen hervortreten, die man indessen nicht auf die normale Querstreifung zurückführen darf. Wird die Grösse der Tröpfchen durch Zusammenfliessen mehrerer ungleich, so muss natürlich die beschriebene Anordnung mehr und mehr an Deutlichkeit verlieren. Gegen die Grenze der dunklen Flecke hin werden die Kügelchen immer kleiner, verschwinden aber gewöhnlich nicht ganz, da auch die bei schwacher Vergrösserung hell hervortretenden Stellen nicht völlig normal zu sein pflegen. In diesen geringer degenerirten Theilen kann die Querstreifung noch erhalten sein. Die Längsstreifung bleibt länger bestehen als die Querstreifung und ist auch in den stärker entarteten Abschnitten meist noch angedeutet. Die Kerne

Fig. 4. Fettige Degeneration des Herzmuskels bei perniciöser Anaemie. Vergr. 50. Der Muskel ist der Länge nach durchschnitten, die dunklen Fasern sind fettig entartet.

Fig. 5. Fettig degenerirter Herzmuskel. Vergr. 400. Die einzelnen Muskelfasern zeigen verschiedene Grade der Entartung: Feine in deutlichen Längsreihen gestellte und grössere mehr oder weniger unregelmässig gelagerte Tröpfchen. Frisches Präp.

der Muskelzellen sind stets noch nachweisbar, besonders leicht bei Zusatz von Essigsäure. Die fettige Degeneration des Herzmuskels kann sich mit dem besprochenen Fettherz und mit der noch zu erwähnenden Pigmentatrophie combiniren.

Die Fettentartung findet sich ferner oft in der Leber. In den durch Abschaben von der frischen Schnittfläche gewonnenen in Wasser bis zur leichten milchigen Trübung derselben vertheilten Zellen bemerkt man (Fig. 6) zahlreiche kleine, zum Theil eben wahrnehmbare Fetttröpfchen, die, wenn sie sehr dicht liegen, den Kern ganz verdecken können. Die Degeneration des Protoplasmas kann dabei so hohe Grade annehmen, dass die Zelle nicht mehr in sich zusammenhält, sondern zerfällt. Man gewinnt dann bei dem Abschaben nur noch einen aus Fetttröpfchen bestehenden Brei, dem nur undeutliche Bruchstücke von Zellen beigemengt sind. Das ist z. B. bei der acuten gelben Leberatrophie der Fall (s. Leber). Da einzelne Tropfen bei der Degeneration einen grösseren Umfang erlangen können und da andererseits die Anfangs- und Endstadien (vergl. Atrophie, Seite 10) der Fettinfiltration ebenfalls nur oder vorwiegend kleine Kügelchen aufweisen können, so ist eine Trennung der beiden Prozesse nach dem anatomischen Befund mit Bestimmtheit nur unter Berücksichtigung der Ausdehnung und Localisation des Prozesses möglich. Ist die Veränderung auf alle Leberzellen ausgedehnt und nur durch kleine Tröpfchen ausgezeichnet, so wird man sie zumal bei gleichzeitigem Zerfall der Zellen als fettige Degeneration bezeichnen, als Infiltration dagegen, wenn die grossen Tropfen vorwiegen. Hier ist dann vorwiegend die Peripherie der Acini betroffen, jedoch können auch alle

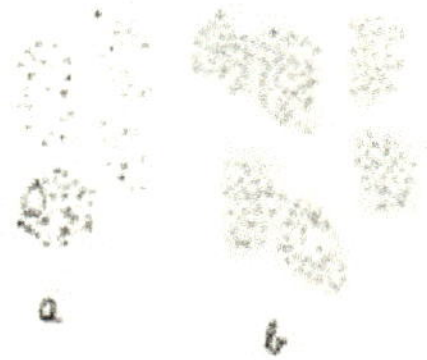

Fig. 6. Fettige Degeneration der Leberzellen. Frisches Präparat. Das Protoplasma der Zellen ist mit kleinen Fetttröpfchen durchsetzt. Ohne weitere Behandlung untersucht, erscheint es trübe und lässt den Kern nur undeutlich erkennen (b). Nach Essigsäurezusatz tritt er deutlich hervor (a). Vergr. 400.

Fig. 7. Fettige Degeneration v. Harnkanälchen. Frisches Präparat. Schnitt. Links ein ganzes und ein halb gezeichnetes Kanälchen, in letzterem ist der Bürstenbesatz sichtbar. Das Fett liegt in den basalen Zelltheilen. Rechts ein Harnkanälchen nach Essigsäurezusatz. Vergr. 400.

Leberzellen betheiligt sein. In vielen Fällen aber ist eine Entscheidung nach dem histologischen Befunde nicht zu treffen.

Auch die Niere degenerirt sehr häufig fettig (Fig. 7). Man kann die Veränderung gleichfalls an frischen vermittelst Abschaben von der Schnittfläche hergestellten Präparaten und an Schnitten feststellen. In dem Wasser schwimmen im ersteren Falle zusammenhängende Theile von Harnkanälchen und einzelne Epithelien umher. Man findet die Fetttröpfchen in dem Protoplasma meist nicht gleichmässig vertheilt, sondern, wenigstens in geringeren Graden der Entartung, nur an einer Seite. Diese entspricht, wie man an grösseren Bruchstücken von Harnkanälchen oder an Schnitten leicht feststellen kann, dem Aussentheile d. h. dem der Membrana propria anliegenden Theile der Zelle. Ist die Degeneration weiter vorgeschritten, so enthalten auch die anderen Zellabschnitte Fetttropfen. Der Process kann auch hier bis zum völligen Zerfall der Zellen fortschreiten (s. u. Niere). Anfänglich aber ist an den Epithelien ausser der Fettentartung nicht viel Pathologisches wahrzunehmen. Handelt es sich um gewundene Harnkanälchen, so kann der an das Lumen anstossende Bürstenbesatz noch gut erhalten sein, später geht er freilich verloren. Essigsäurezusatz zum frischen Präparat lässt auch hier Kerne und Fett deutlich werden.

In charakteristischer Weise degenerirt ferner die Intima der Aorta. Man sieht in ihr für sich allein oder in Verbindung mit anderen Erkrankungen gelbe Flecke, die an dünnen Flächenschnitten, welche mit dem Rasirmesser leicht herzustellen sind, dunkel erscheinen und dicht gedrängte, einander theilweise verdeckende, sternförmige, zackige, dunkle Figuren erkennen lassen. Bei starker Vergrösserung (Fig. 8) ergeben sich sehr zierliche Bilder. Ziemlich gleichmässig grosse glänzende Tröpfchen ordnen sich in spindelige, rundliche, sternförmige, unregelmässig

Fig. 8. Fettige Degeneration der Intima der Aorta.

Man sieht grosse sternförmige Gebilde mit langen Ausläufern, die sich lediglich aus gleichmässig grossen Fetttröpfchen zusammensetzen. Dazwischen feinfaserige Grundsubstanz mit spärlichen Kernen, in welcher einzelne Fetttröpfchen und Bruchstücke der grossen Gebilde liegen. Diese sind die degenerirten Intimazellen. In der unten rechts gelegenen eine helle, dem Kern entsprechende Lücke. Vergr. 400. Frisches Präparat.

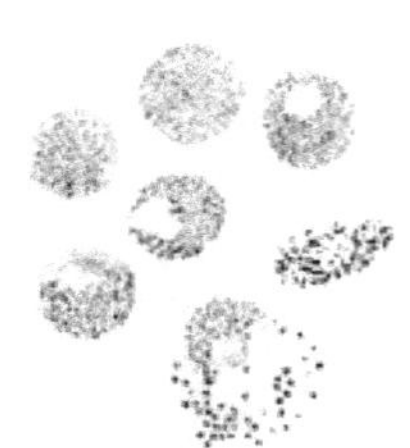

Fig. 9. Körnchenkugeln

aus einer Gehirnerweichung. Einzelne zeigen nur dicht gedrängte Fetttröpfchen, andere eine helle, dem Kern entsprechende Lücke; eine ist zerrissen und hat die Fetttröpfchen z. Th. entleert. Vergr. 600.

zackige Figuren, deren Ausläufer oft sehr lang sind und sich aus perlschnurartig aufgereihten Kügelchen zusammensetzen, während die mittleren Theile der Figuren aus Haufen von Tropfen bestehen. Diese Gebilde entsprechen den platten mit Ausläufern versehenen Intimazellen. Da die Fortsätze natürlich nicht immer in ihrer ganzen Länge im Schnitt enthalten sind, so sieht man neben den in sich geschlossenen Figuren auch zahlreiche kleinere und grössere Bruchtheile von solchen im Präparat zerstreut. Der Kern der Zellen ist an frischen Präparaten nicht sichtbar, verräth aber, da er selbst nicht degenerirt, seine Anwesenheit zuweilen durch eine Lücke zwischen den Fettkügelchen.

Erwähnt werden müssen hier ferner die besonders bei Erweichungszuständen des Gehirns (s. dieses) aber auch in anderen Geweben (bei

Entzündungen, in Geschwülsten) vorkommenden sog. Fettkörnchenzellen oder Körnchenkugeln (Fig. 9). Es sind meist, vor Allem im Gehirn runde Haufen, die aus dichtgedrängten Kügelchen bestehen. Ihre meist nicht direkt sichtbare Zellnatur lässt sich erschliessen aus der gleichmässigen Grösse der Gebilde, aus ihrer Cohärenz, die ohne ein verbindendes Protoplasma nicht verständlich wäre, aus dem häufigen Freibleiben einer dem Kern entsprechenden Lücke und aus der besonders bei Platzen der Körnchenkugel gelegentlich hervortretenden Sichtbarkeit des Kernes. Es handelt sich entweder um völlig degenerirte Zellen oder, wie im Gehirn, um solche, die durch Zerfall freigewordenes Fett in übermässiger Menge in sich aufgenommen haben. Solche Zellen sind dann Leukocyten oder andere Zellen (s. u. Gehirn), die fortwandernd das Fett aus dem Erweichungsherd nach und nach beseitigen.

4. Pigment.

Die meist auch bei blossem Auge wahrnehmbaren, unter pathologischen Verhältnissen in den verschiedensten Theilen des Körpers auftretenden abnormen Pigmentirungen beruhen auf der Gegenwart körniger, selten gelöster Farbstoffe von mannichfacher Herkunft. Sie werden theils in den Geweben gebildet, theils von aussen in den Organismus eingeführt.

a) Im Körper entstandene Pigmente.

1. Aus Blutfarbstoff gebildetes Pigment.

Wenn irgendwo ein Austritt von Blut aus den Gefässen stattgefunden hat, so bildet sich aus den nicht frühzeitig resorbirten, sondern im Gewebe verbleibenden rothen Blutkörperchen ein Pigment und zwar theils durch direkte Umwandlung der Erythrocyten, theils aus dem ausgelaugten und das Gewebe durchtränkenden Blutfarbstoff. Aus ersterem entsteht körniges, aus letzterem theils ebensolches, theils krystallinisches Pigment. Der körnige Farbstoff wird wahrscheinlich nur im Innern von Zellen (fixer Elemente und Rundzellen), der krystallinische nur ausserhalb derselben gebildet. Jener kann aber durch Untergang der Zellen frei, letzterer nachträglich von solchen aufgenommen werden.

Untersuchen wir im frischen Zustande in Wasser oder besser nach Alkoholhärtung in Glycerin die peripheren Abschnitte einer Hämorrhagie, z. B. des Gehirns einige Wochen nach ihrer Entstehung, so fallen uns schon bei schwacher Vergrösserung in dem Bluterguss selbst dunkel rubinrothe Gebilde auf, die mehr oder weniger gleichmässig zerstreut liegen und theils schon bei schwacher, besonders aber bei starker Vergrösserung als typische Hämatoidinkrystalle zu erkennen sind (Fig. 1

auf Tafel I). Viele von ihnen sind so klein, dass der krystallinische Charakter nur undeutlich ist, andererseits kommen auch unregelmässige Hämatoidinkörper, warzig-höckrige Dinge zum Vorschein. Stellen wir nun auf den Rand der Hämorrhagie ein, so finden wir das anstossende Gewebe braun pigmentirt und zwar liegen die Farbstoffkörnchen in rundlichen, dicht gedrängten Gruppen, welche durch Protoplasma zusammengehalten werden, also Zellen entsprechen, die mit den Pigmentpartikeln in grösserem oder geringerem Umfange gefüllt sind und in frühen Stadien auch noch wenig veränderte Erythrocyten enthalten können („blutkörperchenhaltige Zellen"). Das Protoplasma kann ferner auch durch gelösten Farbstoff diffus gelb gefärbt sein. Da die Zellen in das geronnene Blut eindringen und an Stelle desselben treten, so nehmen sie zum Theil, besonders die am weitesten vorgedrungenen, einzelne grössere oder zahlreiche kleine Krystalle in sich auf (Fig. 1, Tafel I). In manchen Fällen folgen so auf das Blutgerinnsel aussen zunächst Zellen, welche Krystalle, dann solche, welche Pigmentkörner, aber daneben ebenfalls noch Hämatoidin enthalten. In die weitere Umgebung verlieren sich die mit Farbstoff versehenen Zellen allmählich.

Der körnige Farbstoff ist anfangs eisenhaltig und heisst dann H ä m o s i d e r i n (N e u m a n n). Später verliert sich (nach einigen Monaten) meistens der Eisengehalt oder ist wenigstens mikrochemisch nicht mehr nachweisbar.

Bringt man die Schnitte von Geweben, die erst kürzere Zeit pigmentirt sind, in eine dünne Lösung von gelbem Blutlaugensalz oder zum Zwecke gleichzeitiger Kernfärbung im Boraxcarmin, welchem Ferrocyankalium zugesetzt wurde und in beiden Fällen nachher in salzsäurehaltiges Glycerin (unter Benutzung von G l a s n a d e l n), so färben sich die Pigmentkörner blaugrün. Das Hämatoidin behält dagegen seine ursprüngliche Farbe. Man kann auch Ferrocyankalium und Salzsäure gleich zusammenmischen. Mit Schwefelammonium färbt sich der eisenhaltige Farbstoff schwarz. Figur 1, Tafel I zeigt den Rand einer Gehirnblutung bei schwacher Vergrösserung nach Eisenfärbung.

Untersucht man ein Gewebe, in welches ein B l u t e r g u s s stattgefunden hatte, n a c h l ä n g e r e r Z e i t z. B. n a c h e i n i g e n M o n a t e n, so ist an seine Stelle ein zellreiches Bindegewebe getreten, dessen Beschaffenheit im Einzelnen den Verhältnissen entspricht, wie wir sie später im Kapitel der Entzündung bei der Organisation (Durchwachsung) von Fibrin und anderen organischen Massen zu beschreiben haben werden. Aber Pigment ist auch jetzt noch reichlich intracellular vorhanden. Es bleibt auch, wenn das neue Gewebe im Laufe der Zeit eine derbere, faserige Struktur annimmt. Man findet es dann aber nicht mehr in Rund- resp. Wanderzellen, sondern in den fixen Bindegewebszellen (Fig. 3, Taf. I). Die Eisenreaktion giebt das Pigment dann nicht mehr, aber wenn es an Stellen liegt, an denen es, auch bei gewissen typischen so-

Tafel I.

Fig. 1. Vom Rande einer Gehirnhämorrhagie. Färbung mit Ferrocyankalium und Salzsäure. *a* Grau aussehender Bluterguss. In ihm grosse Hämatoidinkrystalle in natürlicher Farbe. In der anstossenden Zone *b* kleinere und grössere Zellen die viele kleine Krystalle aufgenommen haben. In der Zone *c* Zellen mit Pigmentkörnchen, die, in natürlichem Zustande gelbbraun, jetzt durch die Färbung in Folge ihres Eisengehaltes grünblau erscheinen. Vergr. 400. Einzelne Zellen sind zugleich diffus blau gefärbt.

Fig. 2. Zellen aus einer Stauungslunge, von der frischen Schnittfläche durch Abschaben gewonnen. In ihnen in natürlicher Farbe gelbe bis gelbrothe Pigmentkörner und einzelne kleinste schwarze Kohlepartikel. Vergr. 400.

Fig. 3. Aus einer pachymeningitischen Membran. In fibrillärer Grundsubstanz rundlich ovale und spindelige pigmentirte Zellen. Dazwischen auch schmale pigmentfreie. Vergr. 400.

1.
a
b
c
2.
3.

gleich zu erwähnenden Erkrankungen, sonst nicht vorkommt, darf man es als Blutpigment ansehen. Auch die Hämatoidinkrystalle können zuweilen noch nach Jahren im Gewebe gefunden werden. Besonders günstige Objekte zum Studium des Blutpigmentes sind neben gelegentlich an beliebigen Stellen vorkommenden Blutungen die häufige Pachymeningitis haemorrhagica (s. d.) und die Gehirnhämorrhagie.

Der körnige Farbstoff bleibt aber nur zum Theil an Ort und Stelle liegen, zum anderen wird er nach und nach in die Lymphbahnen aufgenommen und gelangt so in die Lymphdrüsen, in denen man ihm daher häufig begegnet (s. Lymphdrüsen).

Der gelöst aus den Blutergüssen resorbirte Blutfarbstoff gelangt in den Kreislauf und wird ebenso wie der durch intravasculären Zerfall (z. B. bei perniciöser Anämie) frei gewordene in verschiedene Organe, vor Allem die Leber und Milz, auch in Lymphdrüsen abgelagert und kann hier event. durch die genannten Reaktionen nachgewiesen werden. In der Leber liegt er grösstentheils in den Epithelien, vorwiegend in der Umgebung des Kernes (genaueres siehe unter Leber).

Auch in der Milz findet man das eisenhaltige Pigment sehr reichlich, meist in etwas grösseren Körnern im Inneren von Pulpazellen (s. u. Milz).

Finden keine grösseren Hämorrhagien statt, sondern treten bei chronischen Gefässveränderungen dauernd geringe Blutmengen aus (besonders per diapedesin), so bildet sich gleichfalls eisenhaltiges Pigment. Das ist vor Allem bei venösen Stauungen der Fall. Ein gutes Beispiel bietet die Lunge (Fig. 2. Taf. I). Untersucht man die von ihrer Schnittfläche abgestrichene, meist bräunlich gefärbte Flüssigkeit, so sieht man sehr zahlreiche Zellen, die an Grösse gequollenen Alveolarepithelien entsprechen und meist auch solche, zum Theil aber auch Leukocyten darstellen. Sie enthalten kleine eckige gelbe Pigmentkörnchen oder grössere gelbe und gelbrothe Schollen oder rundliche dunkelrothe Gebilde, die an rothe Blutkörperchen erinnern und theilweise auch solche in Pigmentumwandlung begriffene repräsentiren. Andere Zellen sind frei von gelbem Pigment und enthalten im Protoplasma keine fremden Bestandtheile oder nur Kohlepartikel (s. u.).

Auch in der Leber tritt bei venöser Stauung Pigment auf (s. Leber), welches indessen keine Eisenreaktion giebt. Von dem Blutfarbstoff pflegen wir auch das Pigment abzuleiten, welches sich u. A. in der Herzmuskulatur und den Leberzellen, in geringen Mengen schon bei normalen Erwachsenen, reichlicher bei der sogenannten braunen Atrophie bildet, die ihren Namen von der braunen Farbe der veränderten Theile und der makroskopischen und mikroskopischen Verkleinerung der Organe und Organtheile erhalten hat. Sie tritt bei kachectischen Zuständen, besonders aber im höheren Alter auf und heisst daher auch senile Atrophie. Die Pigmentkörnchen sind bei starker Vergrösserung von hellgelber Farbe, meist sehr klein, oft eben deutlich sichtbar, eckig, ohne Eisenreaktion. Der Anfänger verwechselt sie wegen ihres Glanzes leicht mit Fettkörnchen, von denen sie indessen wegen ihrer Farbe und eckigen Beschaffenheit unterschieden werden können. Mit Osmiumsäure schwärzen sie sich ähnlich den Fetttröpfchen. Zur Differenzialdiagnose ist diese Reaktion also nur insofern brauchbar, als sich die geschwärzten Fetttropfen in Oelen auflösen, die Pigmentkörnchen dagegen nicht.

Streift man von der Schnittfläche einer frischen senilen Leber (s. diese) Zellen ab und untersucht in Wasser (Fig. 11), so findet man an ihnen einmal die Zeichen der oben (Seite 10) bereits kurz berührten Atrophie, die sich aus einer ungleichen Grösse der Zellen resp. aus einer beträchtlichen Verkleinerung vieler zu erkennen giebt. Die atrophischen

Fig. 10. Senile Atrophie des Herzmuskels. An den Enden der Muskelkerne ordnet sich zu langen schmalen, spindeligen Figuren ein feinkörniges, gelbbraunes Pigment an. Die einzelne Muskelfaser nach Zusatz von Essigsäure. Vergr. 100. Frisches Präparat.

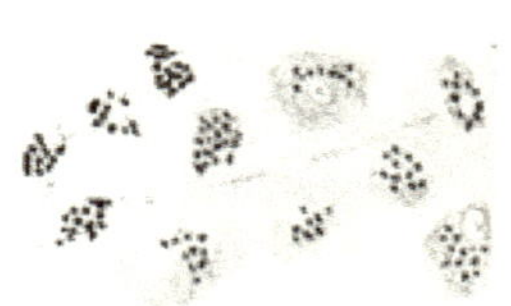

Fig. 11. Senile Atrophie der Leberzellen. Die isolirten, in Wasser untersuchten Zellen sind von ungleicher Grösse, unregelmässiger Form und enthalten spärliche oder zahlreiche Körnchen eines gelbbraunen, hier schwarz gezeichn. Pigmentes. Frisches Präp. Vergr. 100.

Leberzellen verlieren ihre sonst so deutlichen polygonalen Conturen und werden mehr und mehr abgerundet, oval. Sie verkleinern sich zum Theil um das Vielfache (s. u. Leber). Die kleineren enthalten viele Pigmentkörnchen, die kleinsten oft so reichlich, dass Protoplasma und Kern verdeckt sind. Die grösseren Zellen sind entweder frei von Farbstoff oder enthalten nur wenige Körnchen. Sie stammen aus dem peripheren, jene kleinen aus dem centralen Theil der Leberläppchen.

Fertigen wir ferner von einem senilen Herzen (Fig. 10) Zupfpräparate oder Schnitte parallel dem Faserverlauf an, so sehen wir die Muskelfasern bei schwacher Vergrösserung, besonders deutlich bei Essigsäurezusatz fein gefleckt durch gleichmässig vertheilte, gelbbraun erscheinende, in der Richtung der Fasern längliche Figuren. Bei starker Vergrösserung sehen wir, dass diese Erscheinung durch die Anwesenheit jener

Pigmentkörnchen bedingt ist und dass diese in langen, spindeligen Gruppen angeordnet sind, welche gewöhnlich in der Mitte eine Unterbrechung zeigen. In dieser bemerkt man sodann, zumal in den aufgehellten Präparaten, einen Kern. Dadurch charakterisiren sich die spindeligen pigmentirten Figuren als die Sarkoplasten, in deren Protoplasma die Körnchen liegen. Wenn die Muskelzellen, wie es zuweilen vorkommt (s. Herz), isolirt liegen (Fig. 219), so erkennt man am besten, dass zu jeder eine pigmentirte Spindelfigur gehört. Die eigentliche Muskelsubstanz, deren Querstreifung erhalten ist, zeigt niemals Pigmentirung. Die Fasern sind aber beträchtlich verschmälert.

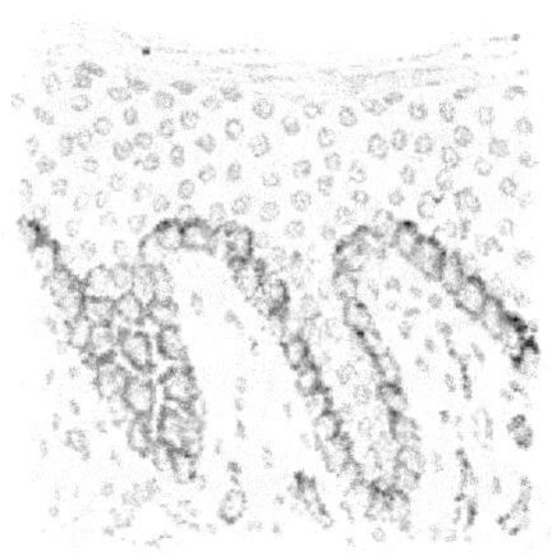

Fig. 12. Pigmentirung der Epidermis bei Morbus Addisonii. Die an das Bindegewebe anstossenden Epithelzellen sind mit einem gelbbraunen, hier schwarz gezeichneten Pigment reichlich versehen. Im Bindegewebe liegen einzelne unregelmässige, ebenfalls pigmentirte verästigte Zellen. Vergr. 100.

Ausser dem Herzen und der Leber zeigen auch die G a n g l i e n z e l l e n und in der Niere die E p i t h e l i e n der S c h a l t s t ü c k e und der H e n l e'schen S c h l e i f e n unter den gleichen Bedingungen dieselbe Pigmentirung (s. Niere). Auch die g l a t t e M u s k u l a t u r des Dünndarms kann in derselben Weise gefärbt sein (s. Darm), jedoch weniger im Zusammenhang mit dem Alter als mit anderen Zuständen (z. B. Potatorium). Man nennt den gelben eisenfreien, aber aus dem Hämoglobin abzuleitenden Farbstoff H ä m o f u s c i n.

2. Pigmentirung bei Morbus Addisonii.

Ein seiner Genese und Bedeutung nach noch nicht aufgeklärter Farbstoff bildet sich bei dem M o r b u s A d d i s o n i i in der Haut, die einen schmutzig graubraunen Farbenton erhält. Unter dem Mikroskop (Fig. 12) findet man die untersten Zelllagen der Epidermis mit einem feinkörnigen gelbbraunen Pigment versehen, welches gleichmässig eingelagert ist, oder den oberen Zellpol bevorzugt. Sehr häufig sieht man es, zumal bei Flächenbetrachtung vorwiegend in der Randzone des Protoplasma. Die übrigen Epidermiszellen enthalten weniger Pigment. Im Bindegewebe trifft man es gleichfalls in rundlichen, ovalen, mit Ausläufern versehenen, verästigten Zellen.

3. Melanotisches Pigment.

Eine letzte Art von gelbbraunem, bis tiefbraunem Pigment findet sich in der sogenannten m e l a n o t i s c h e n G e s c h w u l s t (Tafel 4). Es soll dort genauer besprochen werden.

4. Gallenfarbstoff.

Bei Icterus kommt es theils zu einer diffusen Gelbfärbung, theils zur Abscheidung körnigen Farbstoffs zunächst in der Leber, dann auch an anderen Körperstellen. Genaueres siehe unter Leber.

b) Dem Körper aus der Aussenwelt zugeführtes Pigment.

1. Aufnahme durch die Athmung. Kohle.

Die mit der Athemluft in unsere Lunge gelangenden Partikel von Kohle, Russ u. dgl. dringen, soweit sie nicht mit dem Sekret der Respirationsschleimhäute wieder nach aussen befördert werden, in das Lungengewebe ein und werden hier theils abgelagert, theils bis zu den Bronchialdrüsen weitergeführt, von wo aus sie auch in manchen Fällen in den Blutkreislauf übertreten, um in der Leber und Milz abgeschieden zu werden.

Die mit solchem Pigment versehenen Gewebe erhalten eine schwarze Farbe und oft durch Bindegewebsneubildung eine vermehrte Consistenz.

Fig. 13. Von der Schnittfläche einer schwarz gefärbten Bronchiallymphdrüse abgeschabte, in Wasser vertheilte Zellen. Man sieht grössere rundliche, unregelmässige, spindelige Zellen mit schwarzen Pigmentkörnchen (Kohle), die den Kern aber nicht ganz verdecken, daneben pigmentfreie ebensolche Zellen und Lymphocyten. Frisches Präparat. Vergr. 400.

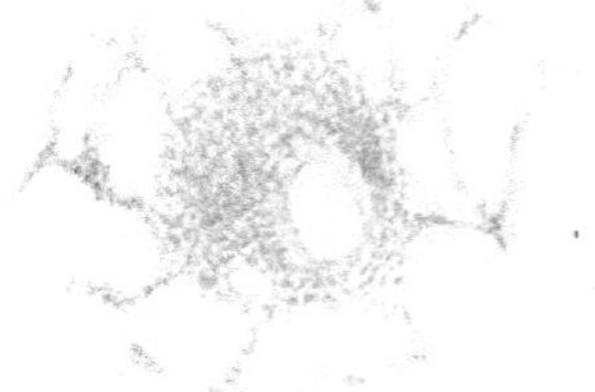

Fig. 14. Kohleablagerung in der Lunge. Um den Querschnitt einer Arterie ist viel Kohle abgelagert, die auch auf die Alveolarsepta übergeht. Vergr. 40.

Die Beschaffenheit des Farbstoffs und seine Beziehung zu den Gewebselementen lässt sich am besten an einer schwarz gefärbten Bronchialdrüse untersuchen, indem man mit dem Messer von der Schnittfläche etwas Zellbrei abschabt und in Wasser vertheilt. Man findet dann (Fig. 13) theils grössere polymorphe Zellen, theils Lymphocyten, deren Protoplasma vielfach aufgelöst ist, so dass die nackten Kerne umherschwimmen. Das Pigment liegt in Gestalt feinster schwarzer Körnchen nur in den grossen Zellen und in geringeren Graden der Veränderung nur in einem Theil derselben, niemals in den Lymphocyten. Jene Zellen sind rundlich, eckig, vielgestaltig, länglich, spindelig etc. Der Farbstoff ist entweder so angehäuft, dass man von der Zelle im Uebrigen nichts sieht, oder er lässt einen Theil des Protoplasmas und stets auch den Kern frei, der aber durch dicht gedrängte Körnchen verdeckt sein kann, oder seine Gegenwart durch eine helle Lücke verräth oder auch ganz oder theilweise sichtbar ist. Die pigmenthaltigen Zellen sind die Endothelien der Lymphbahnen. Genaueres über die Localisirung des Pigmentes in den Lymphdrüsen folgt bei Schilderung dieser Organe.

In der Lunge findet sich der Farbstoff weniger in den Wandungen der Alveolen als in den grösseren Bindegewebszügen um die Gefässe und Bronchen (Fig. 14). Auch er liegt in Zellen, wie man schon aus seiner Gruppirung in rundlichen, ovalen, zackigen Figuren leicht erkennt. Er lagert sich aber oft so dicht ab, dass die Gewebsstruktur unkenntlich wird. Er bedingt ferner wie in den Lymphdrüsen Wucherungsprozesse am Bindegewebe, die bei Besprechung der Lunge (Anthrakosis) genauer beschrieben werden sollen.

In der Milz findet sich die Kohle nur in verhältnissmässig kleinen Fleckchen in der Scheide der Arterien, in der Leber ebenfalls gruppenweise, im Bindegewebe und im Acinus. Genaueres bei diesen beiden Organen.

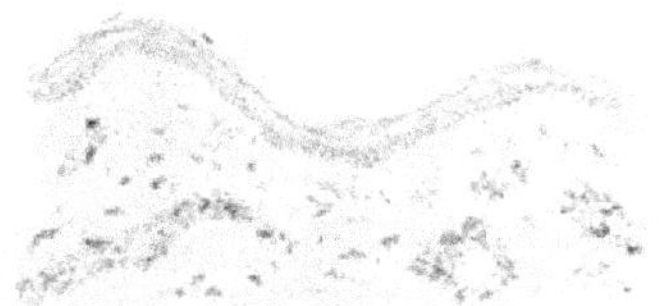

Fig. 15. Tätowirung der Haut.

Man sieht in dem Bindegewebe theils vereinzelte schwarze zackige Fleckchen, theils zug- und heerdförmige zellreichere Bezirke mit reichlicherer Ablagerung von Pigment. Vergr. 10.

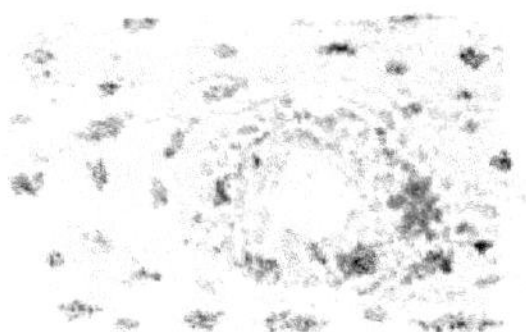

Fig. 16. Tätowirte Haut.

Man sieht ein Gefäss mit zelliger Umgebung und faseriges Bindegewebe. In diesem bemerkt man in der Umgebung der Kerne schwarz erscheinende Pigmentkörnchen. Grössere Pigmentmengen liegen in dem zelligen (lymphoiden) perivasculären Gewebe. Das Pigment ist Zinnober. Vergr. 100.

2. Tätowirung.

Eine andere Art von Pigmentzufuhr ist durch die Tätowirung gegeben. Die in den Stichöffnungen der Haut eingeriebenen blauen und rothen Farbstoffe (Anilinfarben, Zinnober) sieht man an senkrecht durch die Haut geführten Schnitten in kleinen zerstreut liegenden Fleckchen oder grösseren unregelmässigen, meist gruppenweise angeordneten Häufchen (Fig. 15). Bei starker Vergrösserung entsprechen jene den einzelnen mit Kohlekörnchen versehenen Bindegewebszellen. Die grösseren Häufchen aber finden sich in der Umgebung von Gefässen, die sie auf kürzere oder längere Strecken begleiten. Das Pigment liegt aber hier nicht in gewöhnlichen Bindegewebszellen, sondern in einer unter normalen Verhältnissen sehr wenig entwickelten, unter pathologischen dagegen an Masse zunehmenden lymphoiden Substanz, von der auch bei der Entzündung noch die Rede sein wird (Fig. 16). Von der Haut aus gelangt das Pigment bis an die Lymphdrüsen, wo es sich (z. B. in den Axillardrüsen bei der häufigsten Tätowirung des Unterarms) in gleicher Weise wie Kohle ablagert und bei frischer Untersuchung nachgewiesen werden kann. Für die mikroskopische Untersuchung des Zinnobers ist zu beachten, dass er bei durchfallendem Licht schwarz aussieht oder nur Andeutungen von rother Farbe zeigt. Man kann diese aber dadurch deutlich machen, dass man die vom Spiegel kommenden Strahlen abblendet, so dass nur die von oben auf das Präparat fallenden und von ihm reflectirten in unser Auge gelangen.

3. Argyrosis.

Ein weiterer von aussen eingeführter Farbstoff ist das Silber, welches sich, in den Darm als salpetersaures Silber zu therapeutischen Zwecken eingeführt und resorbirt, vor Allem in der Niere ablagert. Hier findet man es besonders in der Marksubstanz und zwar in Gestalt äusserst feiner schwarzbrauner Körnchen in der Wand der Gefässe und in der Membrana propria der Harnkanälchen (Fig. 17). Ferner sieht man es oft in der Wand der Glomeruluscapillaren. Auch im übrigen Körper lagert es sich ab und bevorzugt auch hier z. B. in der Haut die Gefässwandungen, doch wird es auch im Bindegewebe, dagegen nicht in der Epidermis abgeschieden.

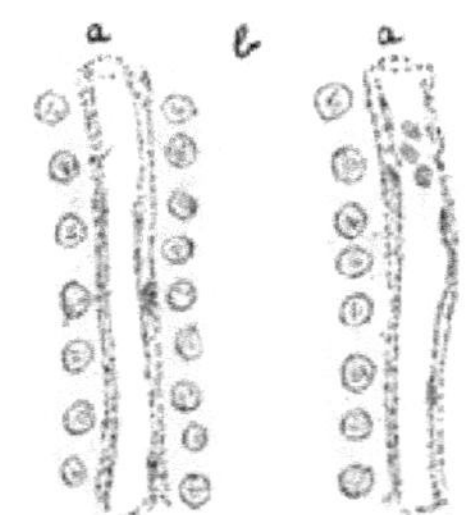

Fig. 17. Ablagerung von Silberkörnchen in der Niere.

a a zwei längsgetroffene Capillaren, in deren Wand feine schwarze Körnchen, b ein weites gerades Harnkanälchen, in dessen Membrana propria die gleichen Pigmentkörnchen. Vergr. 600.

5. Regressive Metamorphosen, welche mit Bildung homogener Substanzen einhergehen.

a) Schleimige Entartung.

Die als Schleimentartung bezeichnete Veränderung betrifft Zellen oder Zwischensubstanzen. Die dabei auftretenden homogenen Massen sind reich an Mucin, welches in Wasser leicht aufquillt, durch Essigsäure aber wieder niedergeschlagen wird.

Von den Zellen kommen hauptsächlich die Epithelien der Schleimhäute und Drüsen und die von ihnen bei Gewebsneubildungen abstammenden Zellen in Betracht. Ihre schleimige Umwandlung erfolgt nach Analogie der normalen Schleimsecretion unter Auftreten von Schleimtropfen im Protoplasma (Becherzellen) oder auch durch eine mehr oder weniger gleichmässige Umwandlung des letzteren bis zum völligen Zerfall.

Untersucht man desquamirte Epithelien entzündlich erkrankter Schleimhäute oder fertigt man durch diese im frischen Zustande Schnitte an, so sieht man im Zellleib hyaline Tropfen oder man findet das Protoplasma hell, durchsichtig und nur noch am Rande gekörnt. Der Kern ist bei Seite gedrängt. Viele der abgelösten Zellen bestehen fast nur aus Schleim, der nur durch eine zarte Protoplasmahülle zusammengehalten wird. So versteht man, dass sie sich ganz auflösen können.

Besonders hochgradig wird die Entartung in manchen Geschwülsten, bei denen davon noch die Rede sein soll, so in den Kystomen des Ovariums und in den Gallertkrebsen.

Einen makroskopisch schleimigen Charakter können auch viele Theile bindegewebiger Abkunft gewinnen, so z. B. die gewöhnliche Bindesubstanz, ebenso die von Fibromen, ferner der Knorpel, das Knochenmark etc. Doch handelt es sich hier entweder um ein einfaches Oedem oder um eine Veränderung, die bei dem Myxom genauer zu besprechen sein wird.

b) Colloide Entartung.

Das Colloid ist eine in Wasser nicht aufquellende, durch Essigsäure nicht ausfallende hyaline Substanz, deren Bildungsstätte die Schilddrüse ist. Hier liegt es im Innern der Drüsenalveolen. Unter normalen Verhältnissen entsteht es im epithelialen Protoplasma in Gestalt homogener Tröpfchen, die in das Alveolarlumen ausgestossen werden.

Unter pathologischen Verhältnissen bei der mit dem Namen Colloidkropf belegten Vergrösserung der Schilddrüse ist der Process der Colloidbildung erheblich gesteigert. Da die homogene Masse auch hier in die Alveolen abgelagert wird, so erweitern diese sich zum Theil ausserordentlich und treten in Schnitten als helle, grössere und kleinere rundliche Räume hervor (Fig. 18). Das Aussehen des Colloids ist an frischen Schnitten am meisten charakteristisch.

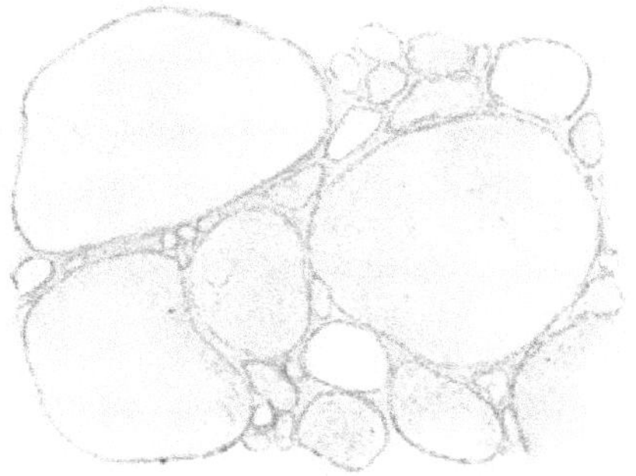

Fig. 18. Struma gelatinosa.
Frisches Präparat. Die ungleich grossen Alveolen sind mit homogenem oder leicht körnig erscheinendem Colloid ausgefüllt. Vergr. 50.

Von dem frischen Organ lassen sich mit dem Rasirmesser keine sehr dünnen Präparate anfertigen, aus feinen Gehirnmikrotomschnitten aber fällt zuviel Substanz aus. Man kommt aber auch für die nächsten Zwecke ganz gut aus, wenn man dickere Schnitte durch Druck auf das Deckgläschen abplattet. Dann kann man die Lagerungs- und Durchsichtigkeitsverhältnisse des Colloids ausreichend feststellen. Dabei lösen sich aber stets Colloidmassen aus den Alveolen und gelangen in die Zusatzflüssigkeit, wo man sie mit Vortheil für sich allein untersuchen kann. Ebenso gut gewinnt man sie dadurch, dass man mit dem Messer von der frischen Schnittfläche einer Struma etwas Material abschabt. In den colloiden Gebilden haften oft noch Epithelien der Alveolen fest, aus denen sie entleert wurden. In vorgeschrittenen Fällen ist die colloide Substanz nicht immer cohärent, sondern sie zerfliesst im Wasser. Dann sieht man in ihr, weniger auch im ersteren Falle, zahlreiche Zellen, die den Uebergang zur Colloidbildung demonstriren (Fig. 19). Man bemerkt neben un-

Fig. 19. Von der Schnittfläche einer frischen **Struma** durch Abschaben gewonnene und in Wasser vertheilte Massen. Bei *a* Colloidkugeln mit anhängenden Epithelien, bei *b* isolirte Epithelien, deren Protoplasma theils erhalten, theils colloid umgewandelt ist, und freie Colloidtropfen. Vergr. 400.

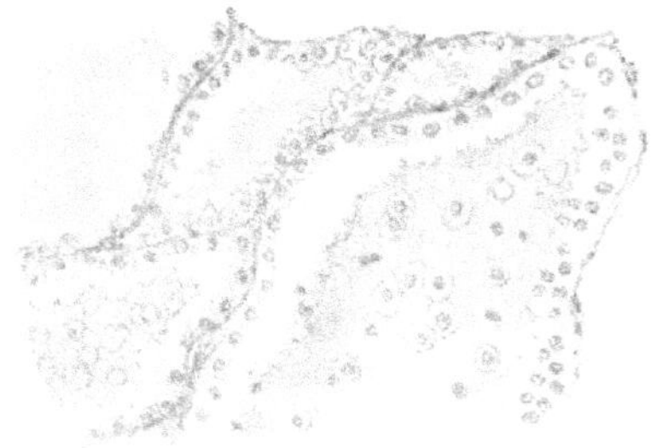

Fig. 20. Struma gelatinosa.

In den weiten Alveolen viel Colloid, welches sich meist durch Schrumpfung in Folge der Härtung von dem Epithel zurückgezogen hat und eine zackige Begrenzung zeigt. In zwei Alveolen liegen in dem Colloid zahlreiche colloid aufgequollene Zellen u. kernlose Colloidtropfen. Vergr. 100.

veränderten Epithelien solche, deren Protoplasma zum kleineren oder grösseren Theil in Form kugeliger Massen homogen geworden ist, aber den Kern neben den Kugeln noch erkennen lässt und ferner homogene Tropfen verschiedenen Umfanges, die keine Anzeichen zelliger Structur besitzen. Das sind völlig colloid gewordene Zellen, oder Tropfen, die aus ihnen frei geworden und event. zusammengeflossen sind. Die Kugeln liegen häufig gruppenweise. Man darf aus diesen Befunden schliessen, dass die Epithelzellen völlig colloid entarten können. Wäre das durchgängig der Fall, so würde darin ein prägnanter Unterschied gegenüber der Colloidbildung in normalen Schilddrüsen liegen. Aber jene Colloidentartung betrifft nur die in Folge lebhafter Proliferation abgelösten Epithelzellen, die auf diese Weise bis auf geringe, als feine körnige Massen zurückbleibende Reste in die hyalinen Massen aufgehen können. Die auf der

Wand noch festsitzenden Epithelien haben die unter normalen Verhältnissen stattfindende Colloidbildung nicht geändert. An gehärteten Präparaten kann man sich von diesen Verhältnissen ebenfalls überzeugen. Die colloiden Ausfüllungsmassen der Alveolen liegen dem Epithel, da sie stärker als das übrige Gewebe zu schrumpfen pflegen, nicht überall an, haben sich vielmehr von ihm zurückgezogen, als Ausdruck der früheren Anlagerung aber regelmässig nebeneinander liegende concave Eindrücke behalten, welche den Kuppen der einzelnen Epithelzellen entsprechen (Fig. 20). Von der Fläche gesehen sind dann die Colloidkörper scheinbar mit zahlreichen Vacuolen besetzt, die aber in Wirklichkeit gewöhnlich den optischen Querschnitten der concaven Eindrücke entsprechen und daher nicht mit abgeschlossenen Colloidkugeln verwechselt werden dürfen. Als solche darf man daher nur mitten in den hyalinen Massen gelegene vacuolenähnliche Gebilde ansprechen, die auch hier gern gruppenweise liegen. Neben ihnen fallen dann auch ähnliche kleine Kugeln auf, die sich durch die Gegenwart eines Kernes als degenerirende Epithelzellen zu erkennen geben. Auch wohlerhaltene Epithelien trifft man in dem Colloid und ferner auch freie epitheliale Kerne. Da die Abgrenzung aller dieser kugeligen Gebilde nicht etwa nur dadurch möglich ist, dass ein Rest von Protoplasma noch eine Art trennender Hülle um sie bildet, sondern da sie auch deutlich heller sind als das umgebende Colloid, so können die in den Zellen entstandenen Tropfen noch nicht die Beschaffenheit des älteren Colloides haben, sondern sie erst gewinnen, wenn sie sich mit ihm vermischen. Dabei verlieren die Kugeln ihre scharfen Grenzen und gehen allmählich in die Umgebung über. Die Vermischung kann schon vor Untergang des Kernes stattfinden, der dann isolirt in der homogenen Substanz liegt.

Zur Färbung des Colloides empfiehlt sich ganz besonders die Anwendung des Haemalaun mit nachfolgender Ueberfärbung durch Säurefuchsin-Pikrinsäure.

Zum Colloid rechnet man auch gewisse homogene Substanzen, die man in Cysten der Niere (s. diese) findet. Sie sind aber als Producte der Eiweissgerinnung aufzufassen und daher mit dem Schilddrüsencolloid nicht gleichwerthig.

c) Hyaline Entartung.

Mit dem Namen Hyalin belegte v. Recklinghausen (Handb. d. allgem. Pathologie des Kreislaufs und der Ernährung) eine grössere Reihe homogener, in verschiedenen Geweben und Organen entstandener eiweissartiger Substanzen. Die hyalinen Theile sehen, wie es im Namen liegt, homogen, durchsichtig, glänzend, farblos aus. Sie haben die Neigung, sich mit Eosin, Pikrokarmin, Säurefuchsin,

wenn auch nicht immer und nicht in gleichem Maasse zu färben. Die hyalinen Massen bestehen aber nicht, wie das noch zu besprechende Amyloid, aus einer chemisch einheitlichen Substanz.

Zur Färbung des Hyalin hat Ernst das Säurefuchsin-Pikrinsäure-Gemisch (Seite 7) empfohlen. Es eignet sich in der That vortrefflich und giebt event. verschiedene Nüancen der Rothfärbung.

Hyaline Umwandlungen zeigt einmal das Bindegewebe. Seine Fasern verschmelzen mit einander, oder verdicken sich wie besonders die Reticula adenoider Gewebe, entweder durch die homogenen Niederschläge eiweisshaltiger Flüssigkeiten oder durch hyaline Zellprodukte. Das kommt vor in dem Bindegewebe verschiedener Geschwülste, wie der Fibrome und Fibromyome, in denen die Veränderung oft eine Verkalkung einleitet (Fig. 37), der Lymphome (Fig. 146), der Cylindrome (Fig. 138 u. 139), der

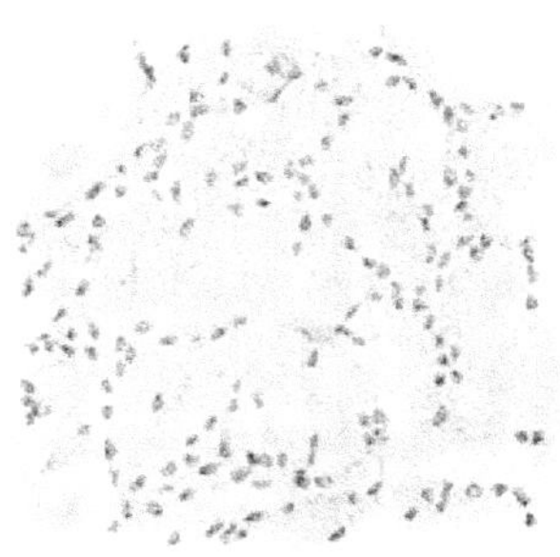

Fig. 21. Hyaline Umwandlung der Grundsubstanz eines neugebildeten Bindegewebes aus der Wand eines Hygroma praepatellare. Die hyaline Substanz bildet Schollen und Balken und zeigt theilweise noch eine leichte Faserung, zumal da, wo die Kerne liegen. Vergr. 100.

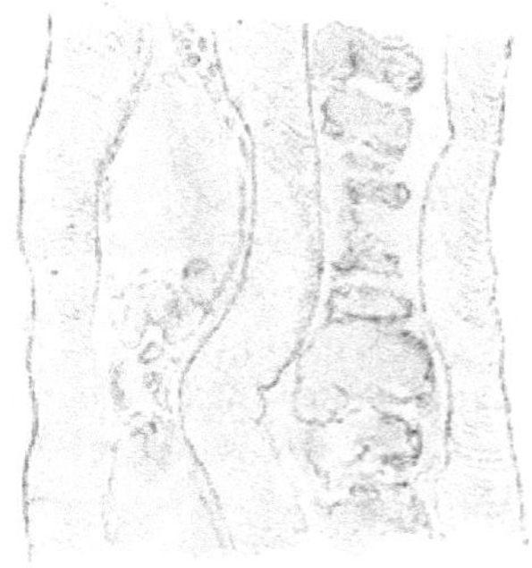

Fig. 22. Wachsartige Degeneration eines quergestreiften Muskels. Zwischen drei nur etwas verschobenen, sonst unveränderten Muskelfasern sieht man zwei in homogene kleinere und grössere Schollen umgewandelte. In der links gelegenen kann man erkennen, dass die Schollen innerhalb des Sarkolemmschlauches liegen. Vergr. 400.

Psammome (Fig. 134 u. 135) etc., ferner in dem Bindegewebe der verdickten Gefässintima und des Endocard, in ersteren zuweilen auch als Einleitung zur Verkalkung, in endzündlichen bindegewebigen Neubildungen, z. B. den zottigen Wucherungen von Sehnenscheiden und Schleimbeuteln (Fig. 21), endlich auch in atrophirendem Bindegewebe. Auch die ganzen Wandungen kleinerer Gefässe können hyalin werden. Im Bindegewebe und in Gefässen bildet das Hyalin ferner zuweilen eine Vorstufe des Amyloids.

Hyaline Umwandlungen erleiden ferner die quergestreiften Muskeln bei der nach dem makroskopischen Aussehen sogenannten wachsartigen Degeneration, die durch verschiedene Momente, besonders Traumen wie Zerrungen, Quetschungen hervorgerufen wird. Die Muskelfasern zerlegen sich meist innerhalb des Sarkolemms in Stücke verschiedener Länge, die sich durch eine letzte Contraction auf schollige Gebilde zusammenziehen (Fig. 22). Diese sind daher meist breiter als normale Fasern. Dabei verlieren sie ihre Querstreifung, die anfangs noch angedeutet sein kann, und werden homogen. Doch zeigen sie häufig Risse und Sprünge, die quer herübergehen und die Schollen in kleinere Theile zerlegen können. Zwischen den grösseren hyalinen Massen finden sich dann noch kleinere Stücke homogener Substanz in dem zusammenfallenden Sarkolemmschlauch. Da die Veränderung, bei der es sich offenbar um eine Art Gerinnung handelt, meist nicht an allen Muskelfasern eintritt, so hat man im Mikroskop Gelegenheit, normale und veränderte Muskelfasern neben einander zu sehen.

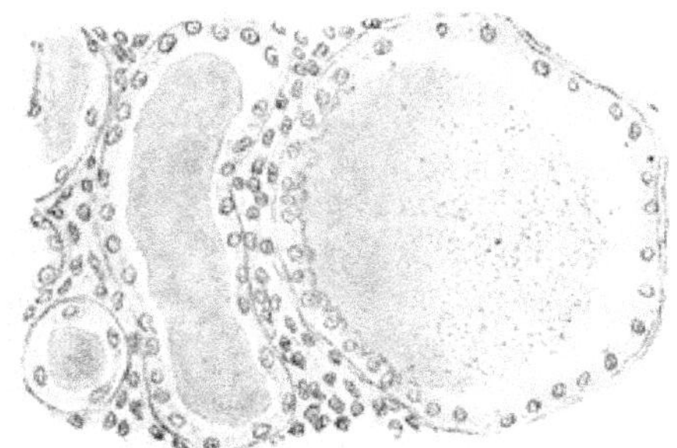

Fig. 23. Hyaline Cylinder in Harnkanälchen. In den in runder Form stark erweiterten Harnkanälchen sieht man feinkörnig geronnenes Eiweiss, welches in eine hyaline Masse sich umwandelt. In den engeren längs und quer getroffenen Kanälchen ist die hyaline Umbildung vollendet, so dass hier typische Cylinder vorliegen. Vergr. 400. Gehärtetes Präparat.

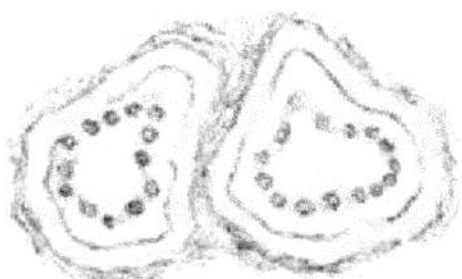

Fig. 24. Hyaline Verdickung der Membrana propria zweier Harnkanälchen. Das Epithel ist im Zusammenhang abgelöst. Vergr. 100.

Hyaline Substanzen gehen ferner nicht selten aus gerinnenden, bis dahin gelösten Eiweisskörpern hervor. Hierher gehören vor Allem die hyalinen Harncylinder (Fig. 23), die aus einer Metamorphose des aus den Glomerulis ausgeschiedenen und in den Harnkanälchen geronnenen Eiweisses entstehen (s. Niere). Geschieht diese Gerinnung im cystisch erweiterten Harnkanälchen, aus denen die hyalinen Massen nicht entleert wurden, so bilden sich tropfen- und kugelförmige, zuweilen geschichtete Körper (s. Niere), die eine grosse Cyste ausfüllen oder zu mehreren in derselben vorhanden sein können. An ihrer Bildung mögen auch hyalin degenerirte Zellen betheiligt sein. Man vergleicht diese Gebilde wohl mit den Colloidmassen der Schilddrüse.

Hyalin wird auch oft das Fibrin, welches bei Entzündungen

ausgeschieden wird und gerinnt, z. B. in den diphtherischen Membranen (Fig. 48 u. 49), zuweilen auch bei Pneumonien (s. diese), ferner auch das Fibrin in Thromben (s. diese).

Weiterhin können Theile, die schon in der Norm hyalin sind, sich in gleicher Form beträchtlich verdicken. So kann z. B. die Membrana propria der Harnkanälchen in Querschnitten die Beschaffenheit eines breiten homogenen Bandes annehmen (Fig. 24).

d) Amyloide Entartung.

1. Amyloidentartung als Allgemeinerkrankung.

Das Amyloid (Virchow) ist eine homogene Eiweisssubstanz, die vor anderen im ungefärbten Zustand gleich oder ähnlich aussehenden Gewebsbestandtheilen (Colloid, Hyalin) dadurch charakterisirt ist, dass sie bei Behandlung mit (Lugol's) Jod-Jodkaliumlösung eine dunkelbraunrothe, »mahagoni«-rothe Farbe annimmt. Bei Zusatz verdünnter Schwefelsäure kann dieser braunrothe Ton in einen violetten übergehen. Das Amyloid zeigt bei seiner Entstehung enge Beziehungen zum Blutgefässsystem, besonders zu den Capillaren, auf deren Aussenfläche es abgeschieden wird. Es bildet sich entweder als Gewebsprodukt oder, wahrscheinlicher, durch Veränderung eines aus dem Blute austretenden Eiweisskörpers, der sich zu Amyloid umwandelt, weil er von den Geweben nicht weiter verarbeitet wird und liegen bleibt, oder weil er sich mit Produkten der Gewebszellen verbindet. Die specifischen functionellen Zellen der Organe werden nicht amyloid. Besonders hochgradig pflegt die Veränderung in der Leber, Milz und Niere, dem Darm und der Nebenniere zu werden. Die erkrankten Theile bekommen ein durchscheinendes speckiges Aussehen. Die amyloide Degeneration entsteht besonders nach chronischen (tuberculösen, syphilitischen und actinomycotischen) Eiterungen.

Die mikroskopische Untersuchung kann an frischen und gehärteten Präparaten vorgenommen werden. Die feste Consistenz der hochgradig degenerirten Organe erleichtert die Anfertigung von Rasirmesserschnitten. Die frische Untersuchung hat vor der anderen den Vortheil voraus, dass die Farbenreaktionen besser gelingen. Zum Zwecke der charakteristischen Jodfärbung bringt man die Schnitte in etwa dreifach verdünnte Lugol'sche Lösung und lässt diese so lange einwirken, bis das Gewebe einen dunkelbraunrothen Ton angenommen hat, was nach $^1/_4$—1 Minute der Fall ist. Unterbricht man die Tinction zu früh, so nimmt die amyloide Substanz nur einen nicht ausreichend charakteristischen dunkelgelben Farbenton an, der in ähnlicher Weise auch bei anderen hyalinen Substanzen auftreten kann. Das nicht amyloide Gewebe wird hellgelb mit einem Stich ins grünliche. Auch frische Präparate bringt man, nachdem sie braun geworden sind, in Glycerin, doch müssen sie vorher in Wasser abgespült werden, da sie in Jod sich mit verunreinigenden Eiweissniederschlägen zu bedecken pflegen. Wenn dann der Farbengegensatz von gelb und dunkelbraun nicht ausreichend hervortritt, lässt er sich oft durch Zusatz von etwas Essigsäure oder durch Eintauchen in angesäuertes Wasser verbessern. Auch durch Einwirkung von verdünnter Salzsäure gewinnt die Intensität der Jodfärbung. Solche Schnitte haben ausserdem die angenehme Eigenschaft, dass sie sich längere Zeit aufheben lassen, während sonst die Tinction sich rasch, oft in wenigen Stunden wieder verliert.

Die Violettfärbung durch Zusatz von Schwefelsäure gelingt gut nur an frischen Präparaten und bleibt auch dann oft unvollkommen. Man setzt einen Tropfen concentrirter Säure an den Rand des Deckglases, unter dem sich der in wenig Wasser liegende jodgebräunte Schnitt befindet. Durch Diffusion dringt die Säure allmählich in das Gewebe ein und nach einiger Zeit, bald rascher, bald langsamer, erfolgt der Uebergang ins Violette. Der Farbenton bleibt aber oft ein schmutzig brauner oder blauer.

Durch die Härtung büsst das Amyloid an charakteristischer Reaktionsfähigkeit etwas ein, zuweilen so viel, dass die Jodfärbung ganz unvollkommen bleibt und das Amyloid nur einen schmutzig braunen Ton bekommt.

Die Färbung mit Anilinviolett (Gentianaviolett) wird so vorgenommen, dass man die Schnitte in eine etwa $^1/_2$—1$^0/_0$ Lösung bringt und $^1/_2$—1 Minute darin lässt. Die dann dunkelblau gefärbten Schnitte kann man mit angesäuertem Wasser behandeln und dann in Glycerin untersuchen. Doch ist die Säureeinwirkung im Allgemeinen nicht erforderlich, man kann die Präparate daher auch sofort in Glycerin einlegen. Besonders für frische Präparate reicht diese Methode vollkommen aus. Die amyloide Substanz erscheint schön hellrothviolett, das nicht degenerirte Gewebe dunkelblauviolett. An gehärteten Objekten fällt die Färbung oft weniger gut aus. Hier lässt sich zuweilen mit angesäuertem Wasser etwas erreichen. Aber die Schnitte gewinnen auch, wenn sie einige Zeit (ev. 24 Stunden) in Glycerin liegen, welches überflüssigen Farbstoff allmählich auszieht.

Ein Punkt erfordert noch besondere Beachtung. Die Färbung mit Violett tritt nämlich nicht bei jedem Tageslicht gleich gut hervor. Am besten benutzt man das von hellen Wolken zurückgeworfene Licht, während blauer Himmel sich wenig eignet. Man muss sich im letzteren Falle dadurch helfen, dass man den Spiegel auf hell beleuchtete weisse Vorhänge einstellt. Zu bemerken ist ferner, dass manche Augen wenig empfindlich für die angegebenen Farbenunterschiede sind.

Die Tinction mit Anilinviolett ist für das Amyloid differentialdiagnostisch nur mit Vorsicht zu gebrauchen, denn auch andere homogene Substanzen (Hyalin, Colloid s. u.) können die gleiche Farbe geben, was um so wichtiger ist, als das Hyalin zuweilen neben dem Amyloid vorkommt und nahe mit ihm verwandt ist. Eine sichere Differenzirung mit Methylviolett ist also in solchen Fällen nicht möglich. Nur das Jod kann entscheiden (vergl. auch noch das zu erwähnende Verhalten der hyalinen Harncylinder).

Die amyloide Degeneration soll nun an den einzelnen Organen genauer untersucht werden. Wir beginnen zu dem Zwecke mit der Leber.

Eine hochgradig amyloid degenerirte Leber ist vergrössert, härter als gewöhnlich und auf der Schnittfläche speckig glänzend. Makroskopisch und mikroskopisch sind die Acini leicht abzugrenzen, da die Degeneration meist die centralen und die peripheren Theile derselben verschont oder geringer betheiligt. Das Parenchym erscheint an frischen oder gehärteten Präparaten bei schwacher Vergrösserung aussergewöhnlich hell, weil das Amyloid nur um ein Geringes weniger durchscheinend ist, als Wasser oder Glycerin, aber seine Gegenwart freilich durch eine glänzende Beschaffenheit verräth, so dass man es besonders am Rande der Schnitte der Zusatzflüssigkeit gegenüber deutlich wahrnehmen kann. Der Anfänger übersieht es aber leicht und kann auf den Gedanken kommen, es sei überhaupt nur an den nicht degenerirten, gelbgrau oder bei gleichzeitigem Fettgehalt dunkel erscheinenden Stellen Gewebe vorhanden. Diese erhaltenen Theile sind gewöhnlich in der Peripherie und im Centrum der Acini reichlicher vorhanden als in der mittleren Zone, in welcher sie in Form der radiären schmalen, verzweigten oder netzförmigen Streifen erkennbar sind (Fig. 25). Bei starker Vergrösserung erweisen sich die hellen Abschnitte zusammengesetzt aus homogenen, glänzenden, scholligen Massen, zwischen denen von den Leberzellen oft höchstens noch Spuren in Gestalt dünnster protoplasmatischer Bänder vorhanden sind (Fig. 26). Die Schollen sind längliche, häufig zu zweien parallel verlaufende balkenförmige Gebilde, oder sie erscheinen als halbmondförmige Figuren oder als geschlossene Ringe. Diese Formen sind bedingt durch die enge Beziehung des Amyloids zur Gefässwand. Die parallelen Balken liegen einer längsgetroffenen Capillare beiderseits an und zeigen innen einen glatt begrenzten, aussen einen buckeligen Contur, die ringförmigen Gebilde umgeben in scharfer Linie ein quergetroffenes Gefäss, zeigen aber am Aussenrande ebenfalls eine buckelige Beschaffenheit. Geht man von den hochgradig degenerirten Theilen allmählich gegen die Peripherie der Acini oder auch gegen das Centrum,

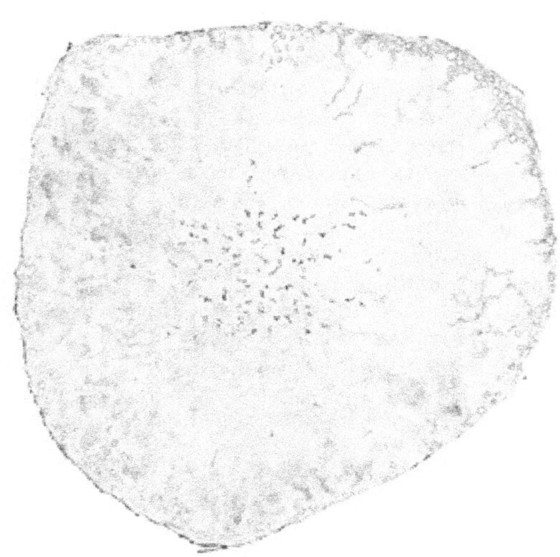

Fig. 25. Amyloidleber.

Vergr. 60. Die Figur stellt einen Leberacinus dar, der grösstentheils in ein helles, durchscheinendes Gewebe umgewandelt ist. Alles Helle ist Amyloid. Erhaltene, zum Theil mit Fetttröpfchen versehene Leberzellen finden sich nur noch in der Peripherie und in unregelmässigen radiären, grau aussehenden Zügen. Im Centrum des Acinus Pigment in Gestalt (schwarz gezeichneter) Körnchen in den Leberzellenreihen. Frisches Präparat.

so treten zwischen den Balken und Schollen mehr und mehr deutliche Zellreste und schliesslich gut erhaltene Leberzellen auf. Ganz am Rande kann das Amyloid fehlen, während die Leberzellen hier oft Fettinfiltration zeigen. Alle diese Verhältnisse werden bei Färbung mit Jod besser sichtbar (Fig. 1, Tafel II). Für die Untersuchung mit starken Linsen darf aber die Färbung nicht zu intensiv sein, da die Schnitte sonst leicht zu undurchsichtig werden. Schöner werden die Präparate bei Behandlung mit Methylviolett. Man erkennt vor Allem auch die Leberzellen und ihre Reste besser, besonders deshalb, weil auch eine gute Kernfärbung zu Stande kommt.

Ist die Degeneration nicht ganz so ausgedehnt, so beschränkt sie sich mehr und mehr auf die mittlere Zone der Leberläppchen. Hier beginnt also die Entartung. Auch in diesen mittleren Graden ist häufig eine ausgedehnte Fettinfiltration gleichzeitig vorhanden.

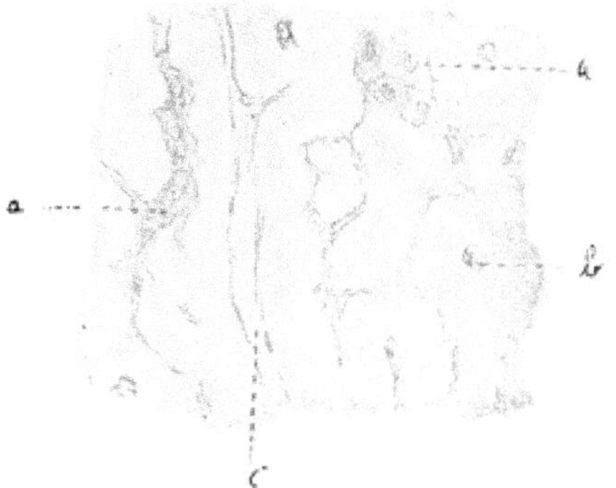

Fig. 26. Amyloide Degeneration der Leber.
Die homogenen unregelmässigen Balken bestehen aus Amyloid. Bei *a a* erhaltene aber verschmälerte Leberzellenreihen, bei *b* eine quer getroffene Capillare, von einem Ring amyloider Substanz umgeben, bei *c* eine längsgetroffene Capillare. Vergr. 100.

Hat man Gelegenheit, Lebern zu untersuchen, in denen die amyloide Entartung in den ersten Anfängen sich befindet, so ist sie ohne die Färbungen nur schwer aufzufinden. Am besten benutzt man dann für die feinere Untersuchung das Methylviolett. Man sieht das Amyloid nun nicht etwa gleichmässig vertheilt, sondern bald an dieser bald an jener Stelle, immer aber im Bereich der mittleren Zone des Acinus. In manchen Läppchen kann es ganz fehlen, während es in anderen schon reichlicher ist. Solche Präparate eignen sich aber ganz besonders gut zur Feststellung der Genese der Degeneration. Man sieht (Fig. 2, Tafel II) das Amyloid deutlich am Aussenrande der Capillarwand, zwischen ihr und den noch gut erhaltenen Leberzellenreihen. Man bemerkt isolirte, oder doppelte, den Windungen der Gefässe parallel laufende rothe Streifen, oder halbmondförmige und ringförmige Figuren, an deren Innenfläche die Endothelkerne gut sichtbar sein können. Man bekommt dann leicht eine Vorstellung, wie durch Verbreiterung dieser Amyloidstreifen die Leberzellen mehr und mehr comprimirt und auf diese Weise vernichtet werden müssen. Niemals dagegen sieht man, dass die Leberzellen selbst an der Amyloidablagerung theilnehmen.

Ein zweites Organ, welches häufig amyloid degenerirt, ist die Milz, in der entweder vorwiegend die Follikel (Sagomilz) oder die Pulpa (Speckmilz, Wachsmilz) entarten. In letzterer tritt die nahe Beziehung zu den Blutgefässen aufs Deutlichste hervor. Die weiten, venösen Capillaren sind als runde oder buchtige oder kanalförmige Lumina sichtbar (Fig. 4 auf Tafel II) und ganz oder theilweise umgeben von einem amyloiden Saum, auf dessen glatter Innenfläche die Kerne der Endothelzellen meist deutlich prominiren und deshalb gut wahrgenommen werden. Der Aussenrand der Amyloidsäume ist meist nicht glatt. Es kommt dies daher, dass die Degeneration von den Gefässwänden sich fortsetzt auf das zwischen ihnen ausgespannte Reticulum, welches in dicke glänzende, knorrige und netzförmig verbundene Balken umgewandelt wird. In den Maschen dieses Netzwerkes liegen noch die Rundzellen der Milz, so weit der Raum ausreicht. Werden die Amyloidmassen reichlicher, so verdrängen sie schliesslich alle diese Zellen. Auch die Arterien der Milz degeneriren. Am besten sieht man sie da, wo sie durch die meist nicht entarteten aber verkleinerten Follikel hindurchziehen.

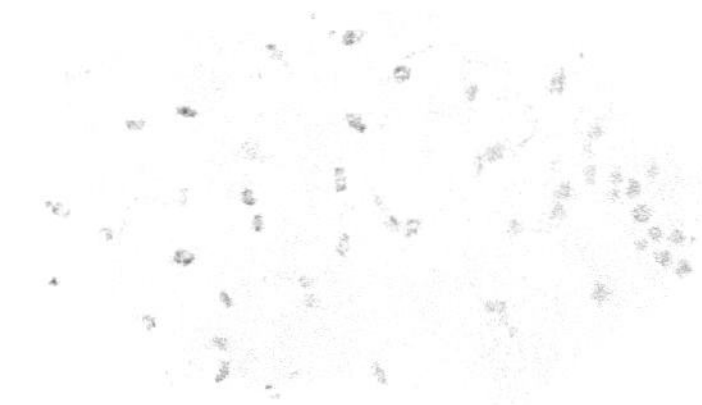

Fig. 27. Sago-Milz.
Stelle aus einem amyloid entarteten Follikel. Man sieht die hyalinen amyloiden Balken, zwischen denen nur noch vereinzelte Kerne erhalten sind.

In der Sagomilz (Fig. 27) zeigen sich die Follikel erkrankt. Man erkennt sie bei schwacher Vergrösserung als grosse, das Gesichtsfeld zuweilen überragende, transparente, glänzende runde Körper. Bei starker Vergrösserung bestehen sie aus einem dickbalkigen, knorrigen Netzwerk, in dem die Lymphocyten bald ganz verschwinden. Es handelt sich um das amyloid entartete engmaschige Reticulum.

Neben Leber und Milz degenerirt ferner die Niere (Fig. 3, Tafel II) und war sowohl in Rinde wie in Mark, am häufisten aber in jener. In ihr entarten die Glomeruli, die Arterien, Capillaren und die Membranae propriae, im Mark die letzteren ebenfalls neben den Gefässwänden. Niemals werden die Epithelien amyloid.

An frischen und gehärteten Präparaten sieht man bei schwacher Vergrösserung vor Allem die Glomeruli als helle glänzende, leicht gelbliche, etwas vergrösserte Körper. Ein Kapselraum ist meist nicht wahrnehmbar, da die amyloiden Capillarknäuel der Kapsel dicht anliegen. Arterien und die anderen degenerirten Theile treten am ungefärbten Objekt weniger gut hervor. Jod oder Methylviolett sind daher zur Untersuchung der feineren Verhältnisse unentbehrlich. Der zweite Farbstoff ist vor Allem für das Studium frischer Präparate geeignet.

Tafel II.

Fig. 1. Hochgradige Amyloiddegeneration der Leber. Färbung mit Jod. Frisches Präparat. Vergr. 60. Das Amyloid ist braunroth gefärbt. Es erscheint in Gestalt gewundener, ringförmiger und zu zweien parallel verlaufender Balken, entsprechend seiner Lagerung an der Aussenfläche der Capillaren. Das Lebergewebe ist gelb gefärbt.

Fig. 2. Geringgradiges Amyloid der Leber. Färbung mit Anilinviolett. Vergr. 400. Das Amyloid ist roth, die Leberzellen sind blauviolett. Das Amyloid umgiebt die Capillaren, deren Endothel sichtbar ist, ringsum, wie besonders gut an den Querschnitten zu sehen ist.

Fig. 3. Amyloid der Niere. Färbung mit Anilinviolett. Vergr. 60. Das Amyloid ist roth gefärbt. Dadurch erkennt man deutlich, dass die Degeneration betrifft: 1. Theile der Glomeruli, in denen man den Capillarwindungen entsprechende Figuren sieht, 2. die Arterien, von denen eine der Länge nach durchschnitten in den oberen Glomerulus einmündet, 3. die Membrana propria der Harnkanälchen (besonders deutlich oben links).

Fig. 4. Amyloid der Milz, Speckmilz. Die Lumina der Capillaren sind offen, die Endothelien deutlich sichtbar. Diese sitzen ringsum auf der roth gefärbten Amyloidsubstanz, die sich balkenförmig zwischen den Capillaren ausspannt und Gruppen von Pulpazellen einschliesst. Vergr. 400.

Fig. 5. Prostata mit Amyloidkörperchen. Natürliche Farbe. Vergr. 400. Die Körperchen erscheinen theils tief-, theils blassbraun, theils (die kleinsten) farblos. Am unteren Rande ein Körperchen mit farblosem Rand und brauner Mitte.

Fig. 6. Zellen aus einem Endotheliom. Jodfärbung. Die Zellen enthalten grössere, fast das Protoplasma ganz ersetzende und kleinere braune Tropfen: Glykogen. Dasselbe ist theils dunkel, theils hellbraun gefärbt. Vergr. 600.

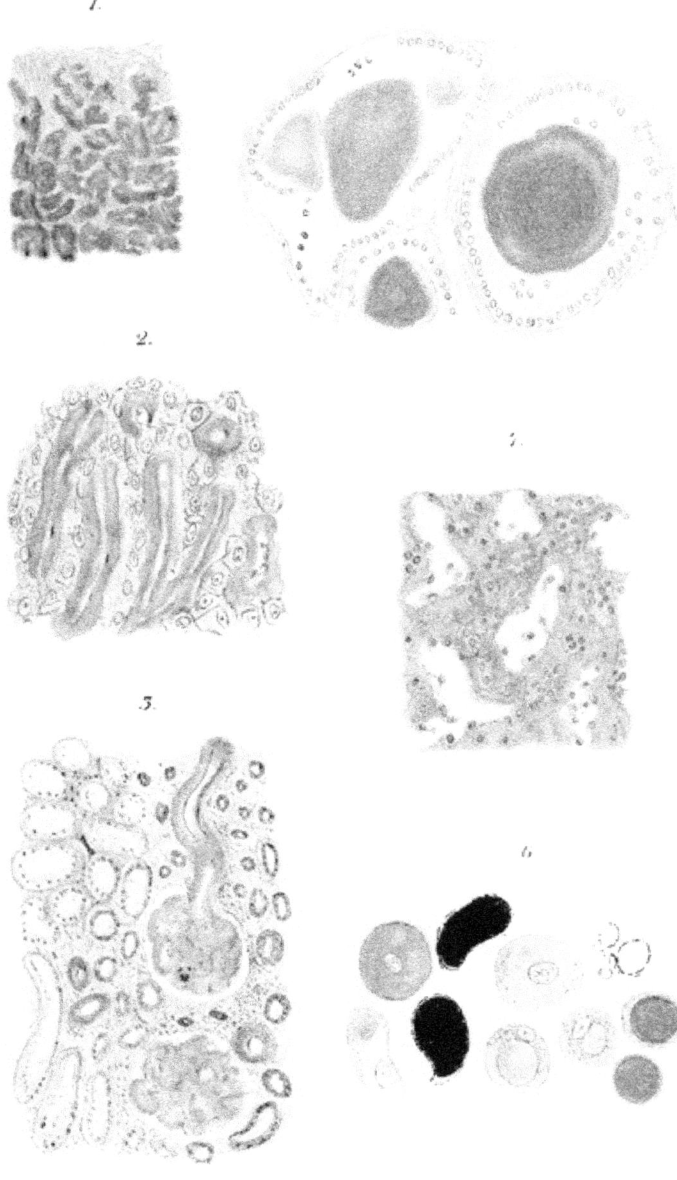

Die Glomeruli zeichnen sich ausser durch die Zunahme der homogenen Umwandlung auch durch die Abnahme ihrer Kerne aus, die an den hochgradig entarteten Capillarknäueln nur noch sehr spärlich sind. Die Abtheilung in die einzelnen Schlingen bleibt aber auch dann noch erkennbar. In geringeren Graden sind nur einzelne Capillaren oder nur Abschnitte derselben verändert. Man sieht dann nicht selten quergetroffene Gefässe als amyloide Ringe, oder parallele Bänder bei längsgetroffenen Capillaren. Also auch hier handelt es sich um Ablagerung des Amyloids auf die Gefässwand. Die Epithelzellen sitzen auf der so veränderten Unterlage nicht mehr fest, sie lösen sich nach und nach ab und bedingen so, da sie nicht wiederersetzt werden, die Kernarmuth des Capillarknäuels. Im Anfang des Prozesses bemerkt man an dem noch kernreichen Glomerulus nur vereinzelte kleine glänzende, resp. durch die Färbung hervorgehobene Fleckchen oder Pünktchen.

Sehr oft sieht man amyloide Arterien im Hilus der Glomeruli eintreten. Dieser Zusammenhang ist häufiger als in der Norm wahrnehmbar, weil die durch den Prozess verdickten Arterien in zahlreicheren Schnitten hervortreten müssen. Von Anfängern werden sie wegen ihres meist gewundenen Verlaufes gern für Harnkanälchen angesprochen, zumal sie wegen ihrer Verdickung viel breiter erscheinen und so leichter ins Auge fallen. Die amyloide Substanz findet sich fast ausschliesslich in der Media, wo sie die Muskelzellen einhüllt, die gleichzeitig zu Grunde gehen. Man sieht oft im Querschnitt der Wandung die Muskelkerne von einem kleinen amyloiden Ring umgeben. Auf Flächenschnitten bildet das Amyloid entsprechend der circulären Muskelanordnung parallele Streifen und dichtgedrängte Bänder. Die Intima bleibt verschont.

Im Interstitium zwischen den Harnkanälchen sieht man die amyloid degenerirten Capillaren. Doch ist diese Entartung verhältnissmässig selten. Ausserdem und zwar häufiger bemerkt man die amyloiden Membranae propriae. Die Harnkanälchen werden entweder von einem amyloiden Ring oder nur von einem Halbmond umgeben oder es ist ein noch kleinerer Theil der Circumferenz verändert. Da die Membranae propriae wegen der Schmalheit der Interstitien enge zusammenliegen, so bilden sie oft gruppenweise ein amyloides Netzwerk zwischen den Harnkanälchen. Niemals ist diese Degeneration gleichmässig auf die ganze Rinde ausgedehnt, sondern sie tritt stets fleckweise auf. Sie betheiligt vor Allem die Henle'schen Schleifen und die geraden Harnkanälchen der Marksubstanz. Auf der Innenfläche der so veränderten Membranae propriae kann das Epithel noch wohl erhalten sein oder es ist in Ablösung begriffen.

In der Marksubstanz der Niere sieht man bei amyloider Entartung an Längsschnitten parallel verlaufende, resp. radiär angeordnete Kanäle mit homogenen Wandungen, bei Schräg- und Querschnitten ovale oder runde mit amyloiden Säumen umgebene Lumina. Es handelt sich um die degenerirten Harnkanälchen oder Blutgefässe. Aber es kann, wenn das unter diesen Umständen abgestossene oder in den Schnitten sich leicht loslösende Epithel fehlt und andererseits das Endothel undeutlich ist, schwer sein, zwischen beiden zu entscheiden.

(Wegen der Combination der amyloiden Entartung mit anderen degenerativen und mit entzündlichen Erkrankungen der Niere vergl. dieses Organ.)

Ausser in Leber, Milz und Niere treffen wir amyloide Degeneration nicht selten in dem D a r m. Hier entarten vor Allem die Gefässwandungen der Mucosa und das Reticulum der Zotten.

Auch die L y m p h d r ü s e n können in gleicher Weise erkranken. Hier wird das Reticulum amyloid, indem es sich in ein knorriges Balkenwerk umwandelt und dann ähnliche Bilder liefert wie die Sagomilz.

2. Locales Amyloid.

Neben der als Ausdruck einer Allgemeinerkrankung in den genannten Organen auftretenden Amyloidentartung giebt es auch eine local beschränkte Degeneration. Sie kommt an verschiedenen Körperstellen, z. B. der Conjunctiva, im Bindegewebe vor, welches entweder keine deutlichen anderweitigen Veränderungen erkennen lässt oder Entzündungserscheinungen darbietet. Sie findet sich ferner auch in Geschwülsten.

Besondere eingehende Angaben über die Histologie des localen Amyloids sind nicht erforderlich. Es scheidet sich auch vorwiegend intercellulär ab in Schollen und runden, den gleich zu betrachtenden Corpora amylacea ähnlichen Gebilden. Es wird ferner angegeben, dass auch Geschwulstzellen amyloid werden können.

3. Corpora amylacea.

An die Besprechung der amyloiden Degeneration schliesst sich die der C o r p o r a a m y l a c e a an. Bei ihnen handelt es sich allerdings um rein locale Produkte, die mit der allgemeinen amyloiden Organerkrankung nichts zu thun haben. Sie bilden sich am häufigsten in der P r o s t a t a, ferner im C e n t r a l n e r v e n s y s t e m, seltener in der L u n g e und in G e s c h w ü l s t e n. Zum Amyloid stellt man sie, weil sie zuweilen in ähnlicher Weise auf Jod reagiren. Die Körper des Centralnervensystems färben sich mit Jod und Schwefelsäure meist blau, die übrigen, besonders die der Prostata

bei Jodzusatz nicht gerade häufig braunroth oder blaugrün, meist nur gelb.

In der Prostata (Fig. 5, Tafel II) liegen die Amyloidkörper im Inneren der Drüsenlumina und erscheinen als homogene runde oder ovale, auch der dreieckigen Form angenäherte, mit glattem oder leicht welligem Rande versehene Gebilde von der Grösse einer Epithelzelle bis zu einem solchen Umfange, dass sie mit blossem Auge sichtbar sind. Die grossen erscheinen schon ohne weitere Färbung meist gelb, braun oder schwarzbraun, besitzen aber gelegentlich einen farblosen Randsaum. Sie verleihen der Prostataschnittfläche makroskopisch ein braungekörntes Aussehen. Die kleineren sind leicht gelblich oder wie die kleinsten farblos. Grosse und kleine liegen oft zu mehreren in einem Drüsenlumen. Bei Kindern kommen nur die kleinsten hyalinen, ungefärbten, im höheren

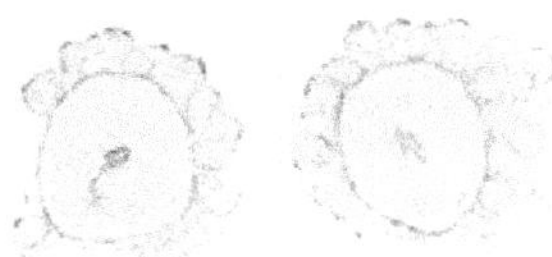

Fig. 28. Amyloidkörperchen aus einer Stauungslunge,
von Epithelien eingehüllt. In der Mitte des einen ein Kohlepartikelchen, in der des anderen glänzende Splitterchen. Vergr. 100.

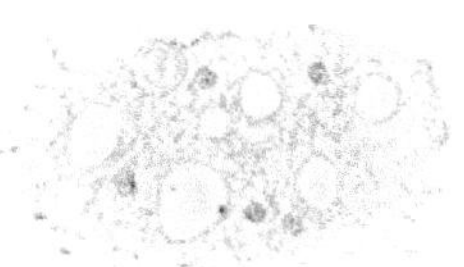

Fig. 29. Corpora amylacea
aus dem Rückenmark bei Tabes dorsalis. In der feinfaserigen, wenig kernhaltigen Grundsubstanz sieht man mehrere ungleich grosse rundliche hyaline Körper, von denen einer doppelt conturirt ist. Vergr. 100.

Alter vorwiegend die braunen Concremente vor. Diese letzteren sind entweder gleichmässig concentrisch gestreift oder sie enthalten einen homogenen oder scholligen centralen Kern, der eine, zuweilen auch den ganzen Körper auszeichnende radiäre Streifung darbieten kann. Die älteren Amyloidkörper zeigen gelegentlich Verkalkung. Man untersucht sie für sich am besten, indem man sie von der Prostataschnittfläche abkratzt. Druck auf das Deckglas ruft in den härteren Gebilden gern radiäre oder unregelmässige Sprünge hervor. Aus Schnitten fallen sie leicht zum grossen Theil aus resp. werden sie durch das Messer herausgerissen. Sie entstehen aus Verschmelzung von hyalin degenerirenden Epithelien oder Theilen von solchen und von Niederschlägen aus dem flüssigen Inhalt der Drüsenlumina.

In der Lunge (Fig. 28) findet man Amyloidkörper im Innern der Alveolen entzündeter, emphysematöser, hämorrhagischer Organe, eingebettet in die hier befindlichen Massen wie Zellen, Fibrin etc. Sie stellen meist kleine, sehr selten die Alveolen ausfüllende, annähernd kugelrunde Gebilde dar. Sie sind in den kleineren Formen gleichmässig homogen, in den grösseren oft concentrisch geschichtet, dabei meist auch radiär gestreift. Im Centrum findet man gewöhnlich irgend welche Gebilde, wie veränderte Zellen, Kohlepartikel, Blutfarbstoff, Krystalle (Fig. 28), um welche die Abscheidung der homogenen Substanz erfolgte. Diese selbst ist abzuleiten aus hyalinen Produkten zerfallender Zellen und den Niederschlägen albuminöser Flüssigkeit. Man untersucht die Amyloidkörper am besten in Schnitten frischer Lungen.

Im Centralnervensystem (Fig. 29) finden sich Corpora amylacea im Ependym der Ventrikel und in Herden und Strängen, in denen eine Gliawucherung und Degeneration der Nervenfasern stattgefunden hat, z. B. besonders bei der Tabes dorsalis (s. diese). Sie sind kleiner als die beiden betrachteten Formen, immerhin aber um das Mehrfache grösser als Gliakerne. Sie erscheinen homogen oder leicht concentrisch gestreift, besonders in den äusseren Theilen, immer aber aussen scharf begrenzt und im Allgemeinen kugelrund, aber auch oval. Sie entstehen wahrscheinlich aus den Zerfallsprodukten der Nervenfasern, aus Mylintropfen, vielleicht unter Vereinigung mit hyalin ausfallendem Eiweiss.

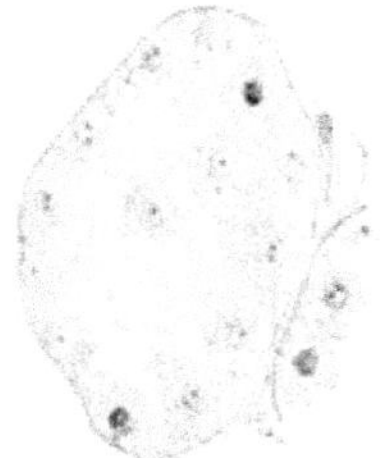

Fig. 30. In Nekrose begriffene Harnkanälchen aus einem ca. 12 Stunden alten Niereninfarkt. Kernfärbung. Die Kerne der Epithelzellen zeigen verschiedene Zustände. Einzelne färben sich ganz dunkel, andere lassen ausser ihrer Grenzcontur nur noch die Kernkörperchen hervortreten, in wieder anderen sieht man nur noch diese letzteren. Vergr. 400.

Fig 31. Nekrose (Gangraen) der Haut. Die Epidermis ist in ihren Conturen dem Corium gegenüber noch abgegrenzt. Sie enthält aber nur noch vereinzelt Kerne, die im Corium ganz fehlen. Vergr. 100.

c) Ablagerung von Glykogen.

Glykogen ist eine in Wasser in wechselndem Maasse lösliche homogene Substanz, die sich unter pathologischen Verhältnissen nicht selten in den verschiedensten Geweben und zwar gewöhnlich in den Zellen in Gestalt von Tropfen und Kugeln ablagert.

Das Glykogen ist an seiner Eigenschaft, sich mit Jod braunroth zu färben, leicht nachweisbar. Wegen seiner leichten Löslichkeit benutzt man aber, auch bei frischen Präparaten, am besten statt einfacher wässeriger Lösung von Jod eine mit Glycerin oder Gummi hergestellte. Durch Härtung der Gewebe in concentrirtem Alkohol lässt sich das Glykogen meist conserviren und in gleicher Weise färben (über andere Färbemethoden s. Lubarsch Virch. Archiv Bd. 135. S. 157 ff.).

Das Verhalten des Glykogens zu Zellen ergiebt sich aus der Fig. 6, Taf. II, welche nach den aus einem frischen Endotheliom gewonnenen und mit Jod behandelten Zellen hergestellt wurde. Man sieht die verschiedene Grösse und wechselnde Färbungsintensität der hyalinen Gebilde. Das Glykogen findet sich in manchen Geschwulstarten, z. B. Chondromen und Rhabdomyomen nicht selten und soll dort noch erwähnt werden. Es lagert sich ferner bei Diabetes in die Leberzellen und die Epithelien der Henle'schen Schleifen der Niere ein.

6. Nekrose.

Unter Nekrose verstehen wir den lokalen Gewebstod, wie er durch Abschluss der Blutzufuhr, durch hohe Hitze- und Kältegrade, durch chemische Einwirkungen (gewöhnliche chemische und bacterielle Gifte) zu Stande kommt.

Abgestorbene Gewebe sehen unter dem Mikroskop meist trüber und dunkler aus als normale. Ihre Struktur geht allmählich verloren und macht schliesslich einer mehr gleichmässigen Zusammensetzung Platz. Zuweilen sehen todte Theile homogen und glänzend aus.

Ein charakteristisches Merkmal ist die mangelnde Färbbarkeit der Kerne. Sie ist die Folge eines Auflösungsprozesses (Karyolysis), der durch eine von der Umgebung aus erfolgende Durchströmung des abgestorbenen Gewebsbezirkes mit Parenchymflüssigkeit bedingt ist. Der Kern verliert zunächst seine chromatische Substanz. Man kann ihn dann im frischen Zustande wohl noch eben sehen, aber er färbt sich gar nicht mehr oder leicht diffus. Die Figur 30 giebt verschiedene Grade dieser Kernveränderungen an Harnkanälchenepithelien, Fig. 31 eine abgestorbene Epidermis wieder (bei Gangrän eines Fusses), in welcher nur noch einzelne Kerne sichtbar sind. Oft erhalten sich in den im Uebrigen verschwindenden Kernen einzelne Chromatinkügelchen längere Zeit und bleiben intensiv färbbar. Schliesslich verschwindet der Kern völlig (Fig. 32). Dadurch sind todte Gewebsbezirke in gefärbten Schnitten von der lebenden Substanz leicht abzugrenzen. Sie nehmen meist Eosin und ähnliche Farben noch gut an. Das Zellprotoplasma erleidet ebenfalls Veränderungen. Es büsst zunächst seine typischen Strukturen, die Granulationen, Stäbchenzeichnungen etc. ein, es wird gleichmässig trübe, körnig oder mehr homogen. Die trübe Beschaffenheit verliert sich bei reiner Nekrose im frischen Zustande auf Zusatz von Essigsäure, da sie durch Eiweisskörnchen und nicht durch Fetttröpfchen bedingt ist. Das Protoplasma nimmt auch bald an Volumen ab, es wird zum Theil aufgelöst, zum Theil zerfällt es (Fig. 32). Zelle und Zwischensubstanz verschwinden mehr und mehr zu einer gemeinsamen Masse, in der nur noch Andeutungen der früheren Struktur zurückbleiben, die endlich auch verloren gehen.

Eine besondere Form der Nekrose ist die Verkäsung, die vorwiegend durch die Einwirkung der Tuberkelbacillen erzeugt wird (s. u. Tuberkulose). Die wegen ihrer trockenen, zähen, gelben Beschaffenheit sogenannten käsigen Theile zeigen im frischen Zustande meist keine gleichmässige Zusammensetzung. Man sieht kleine homogene Körnchen, undeutliche fädige Struktur, vielfach auch noch Spuren von Kernen (Fig. 33). Essigsäurezusatz hellt die Masse nicht ganz auf. Es bleiben kleine Tröpfchen zurück, die sich dadurch als Fetttröpfchen zu erkennen geben. Diese rühren daher, dass das Gewebe unter dem Einfluss der Bacillen allmählich abstirbt (Nekrobiose) und dabei häufig zunächst fettig degenerirt.

Das nekrotische Gewebe wird, wie hervorgehoben, mit Gewebsflüssigkeit durchspült. Die in ihm ablaufenden Umsetzungen können eine

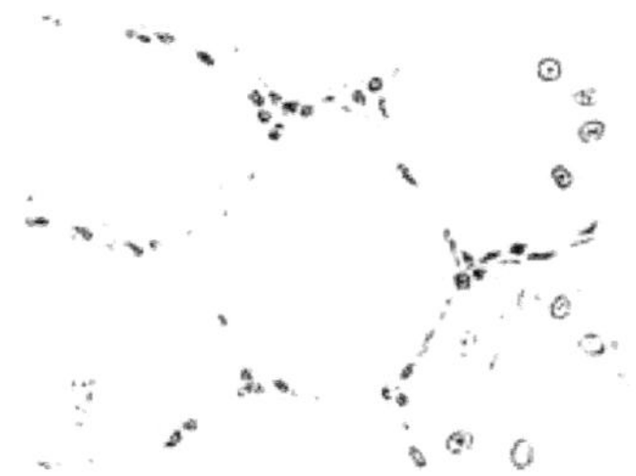

Fig. 32. Nekrose von Harnkanälchen (bei Icterus). In zwei Harnkanälchen ist ein Theil der Kerne noch erhalten, die andern noch angedeutet. In drei Kanälchen fehlt jeder Kern, die Epithelien sind abgelöst, unregelmässig geformt. Vergr. 400.

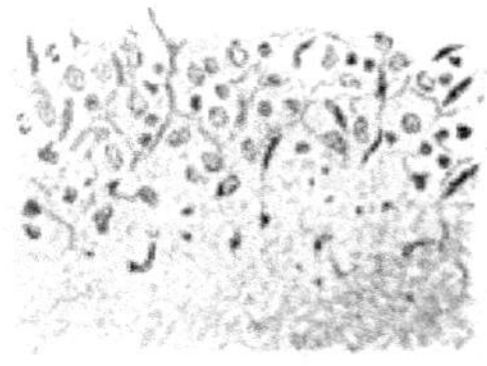

Fig. 33. Vom Rande eines tuberculösen Käseherdes einer Lymphdrüse. Das Gewebe der letzteren zeigt ein mit langen schmalen dunklen Kernen versehenes Reticulum, in dessen Maschen grössere ovale helle, endotheliale Kerne und Lymphocyten. Diese Bestandtheile verlieren sich beim Uebergang in die trübe feinkörnige Masse, in der zunächst noch dunkle Kernfragmente sichtbar sind. Vergr. 400.

Gerinnung der Flüssigkeit hervorrufen, bei der das Fibrin die todten Substanzen durchtränkt und sich mit ihnen verbindet (Coagulationsnekrose). Dann wird die nekrotische Substanz homogener als sonst, zuweilen geradezu hyalin. Es ist das besonders der Fall, wenn die Massen vorwiegend aus Fibrin bestehen. (Vergl. die Diphtheriemembran Fig. 46.)

Die nekrotischen Theile verkalken gern, besonders die verkästen Gewebe. Anämische Nekrosen werden resorbirt.

7. Verkalkung.

Kalkablagerung kommt im Körper als Verkalkung und Verknöcherung vor. Erstere besteht in Ablagerung von Kalksalzen in den verschiedensten Geweben, aber niemals in völlig lebenskräftigen sondern entweder in abgestorbenen oder schlecht oder weniger gut ernährten. Der Verknöcherung geht eine Umwandlung des Gewebes in osteoide Substanz voraus, in deren homogene Theile der Kalk abgeschieden wird. Sie gelangt hauptsächlich bei Regeneration, Entzündung und Geschwulstbildung am Knochensystem zur Beobachtung.

Die Verkalkung erfolgt in kleinen Körnchen (Fig. 34 und 36), die vom Anfänger leicht mit Fetttröpfchen verwechselt werden, aber einen matteren Glanz haben und weniger scharf dunkel conturirt sind. Die Körnchen werden dann grösser, bleiben dabei aber nicht rund, sondern werden leicht knollig, unregelmässig. Sie fliessen ferner (Fig. 34) zu netz- resp. balkenförmig verbundenen knorrigen Figuren zusammen, deren Zwischenräume immer enger werden, so dass grössere glänzende homogene verkalkte Flächen resp. Körper entstehen, deren Form, so lange sie von mikroskopischer Grösse sind, sehr verschieden, unregel-

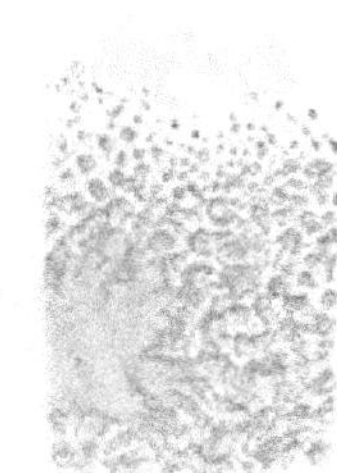

Fig. 34. Verkalkung der Aortenintima bei Arteriosclerose. Neben einer grösseren homogenen Kalkplatte sieht man kleinere unregelmässige Kalkkonkremente bis herab zu den feinsten Körnchen. Vergr. 100.

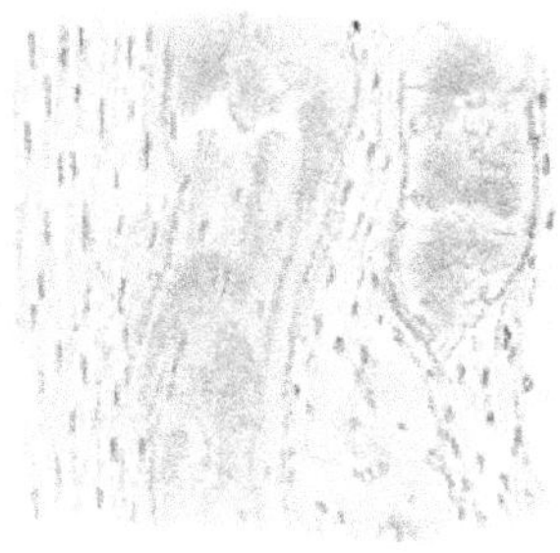

Fig. 35. Verkalktes Bindegewebe nach Auflösung der Kalksalze. Die homogenen, dunklen scholligen Theile waren verkalkt. In ihnen sieht man nur einzelne Kerne. Vergr. 400.

mässig, kugelig (und dann oft concentrisch geschichtet, Fig. 134), spiess- oder nadelförmig sein kann. Die Verkalkung kann beträchtlichen Umfang erreichen, z. B. ganze faustgrosse Geschwülste ergreifen. So lange sie in nicht zu dicht gedrängten Körnchen und tropfenförmigen Körpern auftritt, kann man die Gewebe meist noch schneiden, freilich nicht ohne Schaden für das Messer. Auch von grösseren Verkalkungen lassen sich mit einem kräftigen Messer zuweilen noch genügend dünne Scheiben abtragen, z. B. von der verkalkten Intima der Aorta (Fig. 34). Meist ist das aber natürlich nicht mehr möglich. In manchen Fällen lassen sich die Kalkkörper aus dem Gewebe auskratzen und für sich untersuchen.

Der Kalk lässt sich mit Salzsäure und anderen Mineralsäuren gewöhnlich leicht lösen. Die Procedur kann zur Differentialdiagnose gegenüber Fetttropfen dienen. Kohlensaurer Kalk lässt dabei Gasblasen entstehen, phosphorsaurer nicht. Setzt man die Säure am Rande des Deckglases zu, so kann man die Auflösung, die wegen der langsamen Diffusion allmählich vor sich geht, unter dem Mikroskop direkt verfolgen.

Die Ablagerung der Kalksalze erfolgt niemals in ganz normales Gewebe. Freilich sind die Veränderungen oft geringfügig, z. B. im Knorpel seniler Individuen, besonders den Rippenknorpeln, in denen die Kalkablagerung in ähnlicher Weise erfolgt wie in Chondromen (Fig. 88). Sehr häufig geht eine hyaline Umwandlung des Gewebes voraus, z. B. des Bindegewebes (Fig. 35) und zwar des gewöhnlichen sowohl wie des entzündlich neugebildeten, wie des in Geschwülsten, z. B. Fibromen (Fig. 83) und Psammomen (Fig. 134) enthaltenen und des die Intimaverdickungen bildenden (Fig. 227). Auch andere Gewebe wie die atrophischen geschrumpften Glomeruli in der Niere von Greisen (Fig. 36), die Muskulatur der Uterusfibroide, die Epithelperlen der Carcinome, die geschichteten

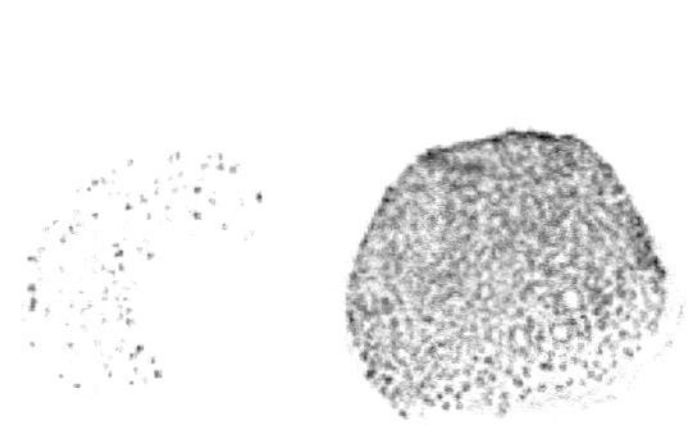

Fig. 36. Verkalkung zweier Nierenglomeruli.
Die Glomeruli sind hyalin geworden und bedeckt mit spärlichen oder dicht gedrängten und confluirenden Kalkkörnchen. Frisches Präparat. Vergr. 100.

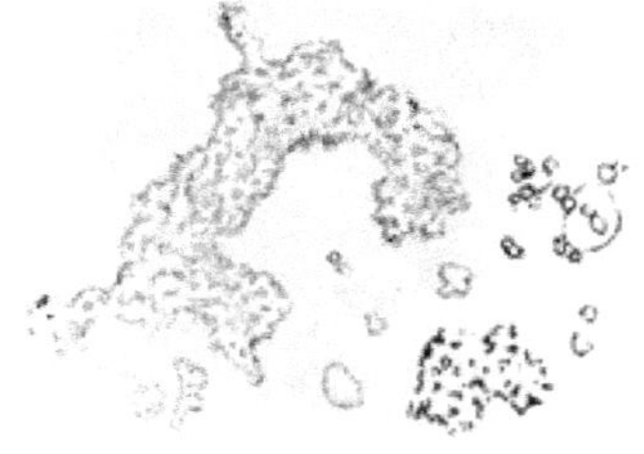

Fig. 37. Verknöcherung und Verkalkung aus einem Fibrom.
Der Knochen bildet unregelmässige zackige Balken, die Verkalkung tritt auf in Gestalt kugeliger, gruppenweise liegender und zusammenhängender hyaliner kugeliger Gebilde. Vergr. 100.

Körper der Psammome (Fig. 135), die Corpora amylacea werden hyalin oder bilden schon an sich eine hyaline Grundlage für Kalkablagerung. Wenn man derartige Objekte entkalkt, so ist es meist noch möglich, die freilich meist nur spärlichen Kerne zu färben. Das ist natürlich nicht mehr der Fall, wenn die Kalkabscheidung in todtes Gewebe erfolgte, z. B. in nekrotisches Nierenepithel und in hyaline Cylinder (besonders nach Sublimatvergiftung), in Gewebe, die unter dem Einfluss von Bacterien (z. B. Tuberkelbacillen) abstarben, in zu Grunde gegangenen thierischen Parasiten, u. s. w.

Die Verknöcherung bildet sich ausser in den oben genannten mit dem Knochensystem in direkter Beziehung stehenden Gewebsarten auch, obschon seltener, in anderen Objekten. Es handelt sich dann stets um eine vorausgehende Umwandlung des betreffenden Gewebes in osteoide Substanz und nachherige Kalkablagerung. Die verkalkten Abschnitte haben also die Struktur eines in unregelmässigen Balken angeordneten Knochens (Fig. 37, vergl. ferner die Figg. 83, 122).

Nach Entfernung der Kalksalze lassen sich die verkalkt gewesenen Stellen theils an ihrer homogenen, resp. nekrotischen oder der Knochenstruktur entsprechenden Beschaffenheit leicht wiederfinden, theils daran erkennen, dass die Hämatoxylinfärbung meist fester an ihnen haftet und ihnen eine dunkelblaue Farbe verleiht.

B. Hypertrophie.

Soweit die als Hypertrophie bezeichnete Vergrösserung von Organen und Organtheilen auf einer Vermehrung ihrer histologischen Bestandtheile, vor Allem ihrer Zellen, also auf einer Hyperplasie, beruht, bietet sie in vielen Fällen unter dem Mikroskop keine charakteristischen Verhältnisse. Eine Zunahme der Muskelfasern an Zahl kann man z. B. mikroskopisch nicht erkennen. Nur wenn die Zellen in den normalen Organen in bestimmter Weise und ungefähr gleicher Zahl gruppirt sind, lässt sich aus ihrer Vermehrung innerhalb dieser Gruppen ein Schluss aufbauen. So ist es z. B. bei der Niere, in welcher die Querschnitte der Harnkanälchen mehr Zellen als sonst aufweisen können. Dasselbe gilt für die Glomeruli. Auch in der Leber sind dadurch Anhaltspunkte gegeben, dass die Acini einen grösseren Umfang haben können und dementsprechend zahlreichere Zellen einschliessen. Im Experiment ist es möglich, aus dem Vorhandensein von Mitosen in den Zellen auf Zellvermehrung zu schliessen. Beim Menschen wird sich dazu nur selten Gelegenheit bieten. Es könnte etwa der Fall sein in der einen Niere nach Exstirpation der anderen, aber nur in den ersten Wochen nach der Operation.

Die Volumenzunahme durch Vergrösserung, Hypertrophie, der einzelnen histologischen Organbestandtheile, bietet ebenfalls unter dem Mikroskop nur wenig hervortretende Anhaltspunkte. Da es sich vorwiegend um Grössendifferenzen handelt, so muss man die Elemente mit denen normaler Organe gleich alter Individuen eventuell durch Messung vergleichen. So verfährt man z. B. um festzustellen, ob die Dickenzunahme des Herzmuskels auf einer Verdickung der einzelnen Muskelfasern beruht. Hypertrophien einzelner Zellen kommen nur in verhältnissmässig geringem Umfange in der Niere und Leber vor, den beiden Organen, die am ausgesprochensten die Erscheinungen der compensatorischen Grössenzunahme darbieten. Dieselbe beruht also vorwiegend auf Hyperplasie, auch wenn es sich um Vergrösserung einzelner Abschnitte nach Untergang anderer Theile handelt.

C. Regeneration.

Was wir über die pathologische Regeneration der verschiedenen Gewebe wissen, ist uns hauptsächlich durch Untersuchungen am Thiere bekannt geworden. Durch Studium menschlicher Objekte lässt sich ein zusammenhängendes Bild der regenerativen Prozesse nur schwer und unvollkommen gewinnen. Denn da sie uns fast ausschliesslich bei Heilung traumatischer oder operativer Wunden entgegentreten, so könnten genügende Einzelstadien nur unter besonders günstigen Umständen gesammelt werden. Nur für die Regeneration der Epidermis sind diese Schwierigkeiten verhältnissmässig gering.

Es kann sich daher an dieser Stelle nur darum handeln, eine kurze Uebersicht von dem zu geben, was über die Regeneration bekannt ist, die Möglichkeiten hervorzuheben, unter denen beim Menschen weitere Studien möglich sind und die Stellen, an denen in diesem Buche als Ergänzung anderer pathologischer Prozesse von regenerativen Vorgängen die Rede ist.

Die Regeneration kann nur von Zellen ausgehen, Zwischensubstanzen können sich nicht aus sich heraus vermehren. Die wichtigste auf eine Proliferation der Zellen deutende Erscheinung ist die indirekte Kerntheilungsfigur, die Mitose. Sie wird ausgezeichnet durch Flemming's und Zenker's Lösung fixirt, durch Saffranin und Hämalaun gefärbt. Meist nimmt man an, dass das aus der Leiche gewonnene Gewebsmaterial zur Fixirung der Mitosen nicht mehr geeignet sei. Das ist aber nicht völlig richtig. Die Mitosen halten sich viele Stunden lang ziemlich unverändert und werden erst allmählich (nach 12—24 Stunden) undeutlich.

Die Zellen liefern durch Theilung gleichartige Tochterzellen. Nur nahe verwandte Zellformen können aus ihnen ebenfalls hervorgehen, so Drüsenzellen aus den Epithelien der Ausführungsgänge, Knochenkörperchen und Knorpelzellen aus den Elementen des Periostes, Knorpelzellen auch aus denen des Perichondriums, die beiden letzteren Zellarten auch aus denen des Bindegewebes. Eine weitergehende Metaplasie ist aber ausgeschlossen, oder doch nur bis zu einer äusseren Formähnlichkeit möglich. (Vergl. z. B. die Endothelien im Endotheliom [Fig. 128] und bei der Entzündung).

Die Regeneration des ectodermalen Epithels kann an den verschiedensten, besonders den operativen Wunden der Haut leicht verfolgt werden. Einfache, eventuell durch Näthe geschlossene Schnittwunden müssen, auch mit Rücksicht auf das etwaige Studium der Bindegewebsregeneration sorgfältig herausgeschnitten werden, damit nicht eine Trennung der eben verklebten Wundränder erfolgt. Die Regeneration des Epithels macht sich zunächst dadurch geltend, dass es sich über das noch unbedeckte, eventuell neugebildete Bindegewebe in einer anfänglich dünnen Lage herüberschiebt, bis es die Wunde wieder ganz bekleidet. Dabei beobachtet man in dem nicht verletzten und in dem sich neu bildenden Epithel mehr oder weniger zahlreiche Mitosen. Durch die ihnen entsprechenden Zelltheilungen nimmt die ganze Zellschicht an Dicke rasch zu. Sie setzt sich dabei gegen das Bindegewebe meist in glatter, nicht papillärer Linie ab und behält diese Beschaffenheit über narbigem Bindegewebe dauernd. Wenn aber die Wucherung des letzteren nach der völligen Neubildung der Epitheldecke noch lebhaft andauert, so kann es auch zu aussergewöhnlich ausgesprochener Papillenbildung kommen (s. Carcinom, Fig. 185).

Den Wiederersatz entodermalen Epithels kann man nach operativen Eingriffen seltener verfolgen, häufiger dagegen bei Heilung geschwüriger Prozesse, z. B. der runden Magen- und der typhösen und anderer Darmgeschwüre. Das Epithel schiebt sich vom Rande her über das im Wundboden aufspriessende Granulationsgewebe und bildet eventuell auch neue Drüsen (vergl. das runde Magengeschwür).

Von drüsigen Organen könnte gelegentlich jedes nach chirurgischen Eingriffen und Verletzungen zum Studium der Regeneration geeignet sein. Am häufigsten könnte die Mamma in Betracht kommen, doch wird man nur selten Gelegenheit haben, das Organ frisch genug zur Untersuchung zu bekommen. Von den zahlreichen Thierversuchen wissen wir, dass in den Milchdrüsen, den Speichel- und Thränendrüsen die Epithelien der feineren Ausführungsgänge vor Allem an der Regeneration betheiligt sind. Es können sich neue Drüsenendbläschen bilden.

Die bei Thieren viel studirte Leber kann nach schwereren zu Rissen oder sonstigen Verletzungen des Organs führenden Traumen zum Gegenstand der Untersuchung werden. Wir wissen, dass besonders die Gallengänge lebhafte Regenerationsprozesse zeigen können. Auch beim Menschen hat man diese beobachtet (Hess). Ich selbst sah nach einer fast verheilten Schussverletzung der Leber in dem den Schusskanal ausfüllenden zellreichen Bindegewebe ziemlich zahlreiche neugebildete Gallengänge. Häufiger als nach Traumen sieht man eine Wucherung der Gallengänge bei Untergang von Theilen des Organes, wie er bei der Lebercirrhose (s. diese) und bei der acuten gelben Leberatrophie (s. diese) eintritt.

Die Niere kommt ebenfalls nach Traumen hier und da in Betracht, nur selten dagegen nach operativen Eingriffen. Das Organ zeigt nur geringe Regenerationsprozesse. Bei Thieren proliferirt das Epithel besonders in den geraden Harnkanälchen. Doch bilden sich niemals typische neue Kanälchen.

Das für die Untersuchungen regenerativer Prozesse beim Menschen am besten geeignete Gewebe ist das Bindegewebe. Da es überall anzutreffen ist, so muss jede Wunde, die nicht etwa nur gerade das Oberflächenepithel schädigt, zu regenerativer Wucherung desselben führen. Die in ihm ablaufenden Erscheinungen sind genau dieselben, die bei der Entzündung in ihm beobachtet werden und mag deshalb hier auf diese verwiesen werden. Auch über die im Bindegewebe verlaufenden Gefässe soll an gleicher Stelle Einiges mitgetheilt werden.

Regenerationsprozesse an grossen Gefässen sind naturgemäss sehr selten Gegenstand des Studiums. Die Wucherungsfähigkeit ihrer Bestandtheile wird bei den Gefässerkrankungen ihre Besprechung finden.

Die Regenerationsfähigkeit des Knochensystems wird beim Menschen nicht selten in Anspruch genommen, so bei jeder Fractur. Im speciellen Theile wird sie Gegenstand der Erörterung sein.

Der Wiederersatz der Muskulatur lässt sich an Wunden sowie nach Quetschungen und Zerreissungen verfolgen. Doch ist es nur in zusammenhängenden und deshalb nur beim Thier zu gewinnenden Untersuchungsreihen möglich, sich über die nicht gerade einfachen Prozesse Klarheit zu verschaffen. Die Neubildung erfolgt unter Wucherung der Muskelzellen in den Enden verletzter Fasern und durch eine damit im Zusammenhang stehende Sprossenbildung, ferner durch Wucherung isolirter Muskelzellen und solcher, die in gezerrten und gequetschten Muskeln aus der Faser frei geworden sind. Diese Wucherung der Sarkoplasten führt oft zur Bildung von Riesenzellen, die man in älteren menschlichen Muskelwunden nicht selten antrifft, die aber wohl ausnahmslos wieder zu Grunde gehen, ohne regenerative Bedeutung zu haben. Auch der Wiederersatz durch Sprossenbildung bleibt stets unvollkommen.

Das centrale Nervensystem zeigt nur sehr geringe Regeneration. Aus Thierversuchen wissen wir, dass an Ganglienzellen Mitosen vorkommen, doch ohne dass eine Zellneubildung nachgewiesen wäre. Die Nervenfasern des Gehirns und Rückenmarkes können in geringem Umfange Neubildungserscheinungen zeigen. Ueber diese Vorgänge weiss man nach Untersuchungen an menschlichen Objekten nichts Sicheres. In den häufigen Fällen, in denen man nach Untergang von Theilen des Centralnervensystems die Proliferationsprozesse des erhaltenen Gewebes studirte, hat man stets nur Wucherungen der Glia, der Gefässe und des sie begleitenden Bindegewebes gesehen (vergl. das Centralnervensystem im speciellen Theil).

Die peripheren Nerven besitzen dagegen eine grosse Regenerationsfähigkeit. In Thierversuchen hat man festgestellt, dass von dem centralen Stumpf eines durchschnittenen Nerven eine Neubildung von Achsencylindern ausgeht, welche sich in dem peripheren Theil bis zu den Endorganen fortsetzt. Es scheint, dass es sich um eine direkte Verlängerung der alten Achsencylinder handelt. Beim Menschen wird man analoge Untersuchungen nur durch Zufall auszuführen Gelegenheit haben. Etwas häufiger kann man die Wucherung von Nervenstümpfen nach Amputationen verfolgen. Sie ist zweifellos in der Hauptsache dieselbe wie nach Nervendurchschneidung, führt aber in diesen Fällen zur Bildung der sogenannten Amputationsneurome (s. diese, Fig. 105).

D. Entzündung.

Die Entzündung setzt sich aus mehreren einzelnen Vorgängen zusammen, deren relative Intensität in weiten Grenzen verschieden ist. Sie wird ausgelöst durch traumatische, chemische, thermische, elektrische Einwirkungen, durch Fremdkörper, vor Allem aber durch Mikroorganismen. Alle diese Einflüsse bewirken meist den Untergang kleinerer oder grösserer Gewebsbezirke. Die so abgestorbenen Theile kommen ihrerseits wieder als chemisch differente Fremdkörper in Betracht und tragen somit zur Unterhaltung der Entzündung bei. Bei dieser lassen sich in der Hauptsache zwei Vorgänge, nämlich exsudative an den Gefässen und proliferative an diesen und an dem fixen Gewebe unterscheiden. Jene bestehen in Austritt flüssiger und zelliger Bestandtheile. Die ersteren gerinnen oft in grossem Umfange, besonders auf freien Oberflächen, und schliessen dabei Zellen ein. Die emigrirenden Leukocyten sind die mit mehreren Kernen versehenen neutrophilen. Rothe Blutkörperchen treten in grösseren Mengen nur in einzelnen Fällen aus (hämorrhagische Entzündung). Die Leukocyten sammeln sich in den Gewebsspalten an (»zellige Infiltration«), sie werden von den entzündungserregenden Ursachen angezogen (Chemotaxis), bewegen sich gegen sie hin und dringen in die geschädigten und abgestorbenen Theile, in die Fremdkörper, in die geronnenen Exsudatmassen ein. Ihre Anhäufung kann unter gleichzeitiger Einschmelzung des Gewebes bis zur Eiterung gehen. An die Exsudation schliesst sich Proliferation der fixen Elemente, d. h. vor Allem der Endothelien der Saftspalten, Lymph- und Blutbahnen und der verschiedenen fixen Bindegewebszellen, in geringerem Umfange auch anderer Zellen, wie der Epithelien an. Dabei werden die fixen Zellen, vor Allem die Endothelien, wanderfähig wie die Leukocyten und treten in dieselbe Beziehung zu den Entzündungsursachen. Alle die genannten Zellformen, besonders aber die Leukocyten und die Endothelien, sind Phagocyten, sie nehmen die Mikroorganismen, die Fremdkörper, zerfallene Gewebstheile und Exsudate in sich auf. Dabei bilden die Endothelien oft Riesenzellen. Durch die Proliferationsprozesse nimmt bei gleichzeitiger lebhafter Gefässneubildung das Bindegewebe an Masse oft beträchtlich zu und setzt sich an Stelle untergegangenen und resorbirten Gewebes, aufgesaugter Fremdkörper und Exsudatmassen. Nicht resorbirbare Fremdkörper werden in ihm eingeschlossen. Das neue Gewebe ist sehr häufig, aber fast immer fleckweise, mit einkernigen Rundzellen infiltrirt, die theils modificirte Abkömmlinge der fixen Elemente, vorwiegend aber Lymphocyten darstellen. Diese letzteren liegen meist an den Stellen, an denen schon in der Norm kleine Bezirke lymphatischen Gewebes und zwar vorwiegend in der Umgebung von arteriellen oder venösen Gefässen, aber auch von Drüsen, Haarbälgen, vorhanden sind. Die Lymphocyten sind eine besondere Zellart, die sich aus sich heraus vermehrt und für sich bestehen bleibt, d. h. also an der Gewebsneubildung nicht theilnimmt. Das zunächst zellreiche neue Gewebe wird später zellarm, faserig, narbig. Die nach Entfernung der Entzündungsursachen ablaufenden Prozesse sind lediglich die dem Uebergang in den definitiven Zustand entsprechenden Umwandlungen des Gewebes.

Die Bedeutung der zahlreichen Einzelheiten der Entzündung liegt darin, dass sie die auf das Gewebe einwirkenden Schädlichkeiten (also auch die abgestorbenen Theile und die geronnenen Exsudate) beseitigen oder unschädlich machen können. Dahin wirkt der auflösende und eventuell bactericide Exsudatstrom, die Phagocytose, zellige Umhüllung und eventuelle Produktion bactericider Stoffe seitens der Zellen.

Man kann also die Entzündung definiren als die Summe aller jener Vorgänge, welche, durch die verschiedenen gewebeschädigenden Ursachen ausgelöst, eine direkte Einwirkung der Zellen und Säfte des Körpers auf dieselben herbeiführen.

Der Verlauf der Entzündung ist in den einzelnen Fällen ein sehr verschiedener. Bald entsteht sie rasch und verläuft ebenso (acute, exsudative E.), bald langsam (chronische Entz., die meist proliferirend ist), bald geht aus einer rasch entstandenen eine chronisch verlaufende hervor. Scharfe Trennung nach dem Verlauf ist also nicht möglich, ebenso wenig auch nach dem histologischen Befund, da die verschiedenen Vorgänge neben einander hergehen können.

Es ist ferner auch eine Unterscheidung der Entzündungs-Erscheinungen nach den veranlassenden Momenten nicht durchführbar. Zwar beeinflussen die verschiedenen aetiologischen Einwirkungen das Gewebe mit Vorliebe in bestimmten Richtungen, rufen also entweder vorwiegend Exsudation und Emigration, oder Proliferation mit wechselnden Eigenthümlichkeiten, oder Beides zugleich hervor. Aber je nach der Intensität der Entzündungserreger und je nach der Empfänglichkeit des Körpers kann das Verhalten des Gewebes auch ein anderes sein, so dass z. B. statt Exsudation hauptsächlich Wucherung eintritt, und dass sich die Exsudation bei den proliferirenden Formen erheblich steigert. Aber im Allgemeinen müssen wir daran festhalten, dass in gefässhaltigen Geweben die Entzündung mit Exsudation beginnt, an die sich aber sehr bald die Veränderung der fixen Zellen anschliesst, welche in gefässfreien Geweben zunächst den einzigen Ausdruck der Entzündung darstellt. Manche Formen (z. B. die eitrigen) können wir meist nur kurz nach ihrem Beginn, die anderen (z. B. die tuberkulösen) gewöhnlich erst im späteren Verlaufe untersuchen. Deshalb herrscht dort die Exsudation, hier die Proliferation vor.

1. Die exsudativen Prozesse.

Die exsudativen Prozesse der Entzündung beginnen mit Hyperaemie und rasch vorübergehender Blutstrombeschleunigung, daran schliesst sich länger dauernde Stromverlangsamung, die partiell in Stase übergehen kann, sodann Austritt von Blutflüssigkeit, Randstellung und Emigration von Leukocyten (Cohnheim). Alle diese durch das Experiment an durchsichtigen Organen leicht festzustellenden Erscheinungen sind in menschlichen Organen natürlich nicht direkt zu beobachten, sondern nur post mortem, und zwar gut nur im gehärteten Zustande erkennbar.

a) Die Emigration.

Man wählt zum Nachweis der exsudativen Vorgänge am besten rasch verlaufende, mit besonderem Vortheil eitrige Entzündungen und zwar die Anfangsstadien, so z. B. entzündetes Mesenterium bei Peritonitis, entzündete Pleura, Schleimhaut u. s. w. einige Stunden oder wenige Tage nach Beginn des Processes. In guten Schnitten bekommt man dann unschwer folgende Bilder (Fig. 38): Die Gefässe, besonders die kleinen Venen sind strotzend mit Blut gefüllt. Sie enthalten viel mehr Leukocyten als unter normalen Verhältnissen. Dieselben sind zum Theil deutlich randständig, zum anderen Theil unter die rothen Blutkörperchen gemischt. Die gleichen Zellen bemerkt man ausserhalb der Gefässe im Gewebe und zwar entweder nur in der näheren Umgebung der Venen oder auch in weiterer Entfernung, nicht selten haufenweise zusammenliegend. Die intra- und extravasculären Zellen entsprechen nur in sehr geringer Zahl den sogenannten Lymphocyten, dem weitaus grössten

Theile nach gehören sie zu den mit neutrophilen Körnungen (s. u.) versehenen, fast ausnahmslos polynucleären Leukocyten. Ihre Mehrkernigkeit fällt meist sehr leicht ins Auge, in anderen Zellen erschliesst man sie aus der eckigen, unregelmässigen, hufeisenförmigen Gestalt der Kerne, auch wenn im Schnitte nur einer derselben sichtbar ist. Alle diese demselben Typus angehörigen Zellen betrachten wir, soweit sie im Gewebe liegen, auf Grund der Experimente mit vollem Recht als emigrirte. Aber da sie wanderfähig sind, müssen sie nicht nothwendig aus denjenigen Gefässen ausgetreten sein, die man zufällig in den Schnitten getroffen hat. Der Auswanderungsvorgang selbst wird durch die Härtung nur selten fixirt. Es scheint, dass die in der Durchwanderung begriffenen Zellen ihren Austritt in der Agone oder nach dem Tode des Menschen noch vollenden, während neue Leukocyten nicht mehr in die Wand eintreten. Mit ihnen gelangen durch Diapedese in manchen Fällen, z. B. den eitrigen, tuberkulösen Entzündungen auch grössere oder geringere Mengen von rothen Blutkörperchen nach aussen in die Gewebsspalten. Die Gefässwandzellen lassen in den frühesten Stadien noch keine Veränderungen oder höchstens leichte Schwellung von Protoplasma und Kern erkennen. Das Gleiche ist bei den fixen Bindegewebszellen der Fall.

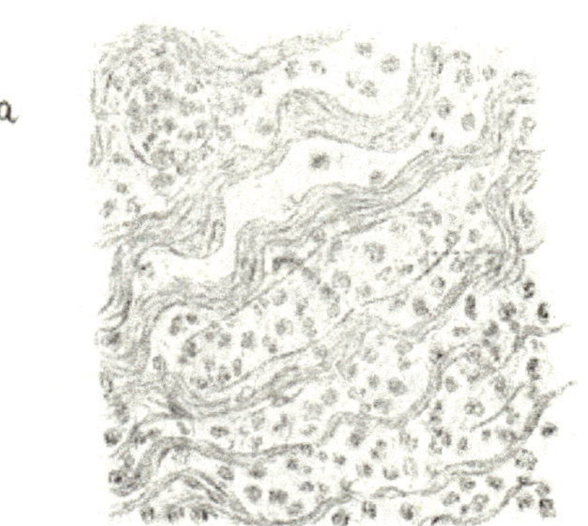

Fig. 38. Eitrige Entzündung des Pericard. Die Faserbündel sind weit auseinandergedrängt. Zwischen denselben bei *a a* weite capilläre Gefässe mit einem an mehrkernigen Leukocyten sehr reichen Blut. Ausserhalb der Gefässe in den Gewebsspalten ebenfalls zahlreiche Leukocyten und rothe Blutkörperchen. Vergr. 100.

Die emigrirten Leukocyten sind nun in hohem Maasse wanderfähig. Sie bewegen sich in den Gewebslücken in der Richtung gegen die Reizquelle und sammeln sich um diese (d. h. um Fremdkörper, um Bakterien) oft in grossen Mengen an (Fig. 43). Man bezeichnet diesen Vorgang als Chemotaxis. Aber die Leukocyten umgeben die fremden Massen nicht nur, sie dringen auch in sie (z. B. auch in Bakterienhaufen) ein. In gleicher Weise verhalten sie sich auch gegenüber den durch die ursächlichen Schädlichkeiten getödteten oder sonstwie abgestorbenen und dann ebenfalls entzündungserregenden Gewebsbestandtheilen. So giebt die Figur 39 einen Bezirk nekrotischen Nierengewebes wieder, in dessen bindegewebige Interstitien zahlreiche Leukocyten eingewandert sind. Die gruppenweise liegenden, unregelmässigen dunklen kleinen

Kerne sind durchaus für diese Zellen so charakteristisch, dass man sie dadurch stets von allen anderen noch weiterhin zu betrachtenden Zellformen unterscheiden kann. Diese Einwanderung der Leukocyten in die verschiedensten fremden und abgestorbenen Substanzen ist von grosser Bedeutung für die Beseitigung derselben (s. u. Organisation). Denn die Zellen sind fähig, kleine Theile der Massen in sich aufzunehmen und weiter zu transportiren. Auch Bakterien schliessen sie in ihr Protoplasma ein.

Metschnikoff (u. A.: Leçons sur la pathologie comparée de l'inflammation 1892) nimmt an, dass die Leukocyten die Bakterien durch eine Art intracellularer Verdauung vernichten. Diese Anschauung wird aber von vielen Seiten bestritten. Die Leukocyten können auch durch die dichte Umhüllung (Ribbert) der Mikroorganismen ihre Entwicklung unter Beihülfe baktericider Substanzen hemmen.

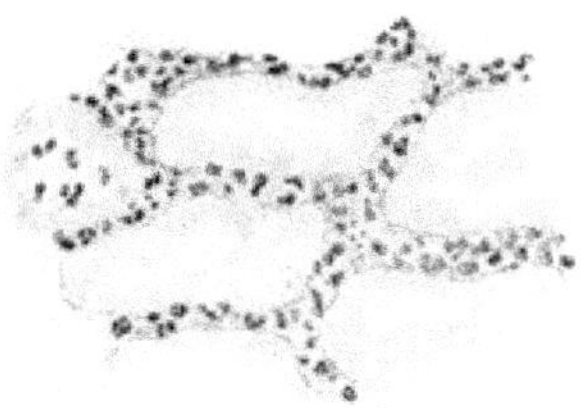

Fig. 39. Vom Rande eines anaemischen Niereninfarktes. Zwischen den völlig nekrotischen, mit zerfallendem Epithel versehenen Harnkanälchen enthält das Interstitium sehr viel kleine eckige Kerne, die den polynucleären Leukocyten entsprechen. In ein quergetroffenes Harnkanälchen (links) sind Leukocyten eingedrungen. Vergr. 400.

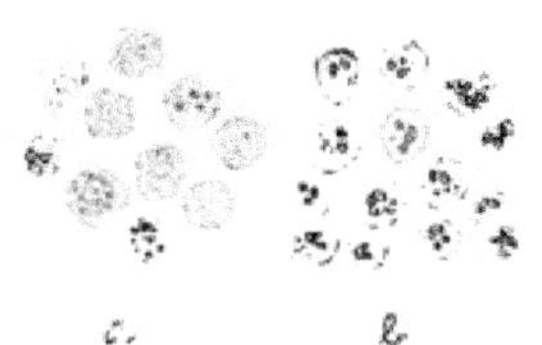

Fig. 40. Frischer Eiter.
a Eiterkörperchen mit trübem Protoplasma. Einzelne mit Fetttröpfchen. b dieselben nach Zusatz von Essigsäure. Protoplasma aufgehellt, in ihm neben feinen Fetttröpfchen die kleinen unregelmässigen, zu zwei und drei vorhandenen Kerne. Vergr. 400.

Die Emigration kann nun so lebhaft werden, dass man an Schnitten kaum noch andere Gewebsbestandtheile wahrnehmen kann. Man redet dann von eitriger Infiltration. Wird nun durch den Einfluss der entzündungserregenden Schädlichkeiten, insbesondere durch Bakterien unter Mitwirkung der Leukocyten selbst das Gewebe eingeschmolzen, so entsteht eine mit Zellen gefüllte Höhle, ein Abscess.

Wir wollen den in ihm enthaltenen Eiter untersuchen.

b) der Eiter.

Der auch dem Laien bekannte Eiter (Fig. 40) setzt sich, wenn er ein sogenannter guter Eiter ist, d. h. eine rahmige Consistenz und eine gelbgrüne Farbe hat, lediglich aus emigrirten Leukocyten, den Eiterkörperchen, zusammen. Zertheilt man ein Tröpfchen in 0,6 % Kochsalzlösung oder auch in gewöhnlichem Wasser, so dass eine leicht milchig trübe Flüssigkeit entsteht, dann bemerkt man in dieser nur runde, ziemlich gleichmässig grosse Zellen, die uns in gleicher Weise im normalen Blute als weisse Blutkörperchen bekannt sind. Ihr Protoplasma ist feinkörnig trübe und lässt je nach seiner Durchsichtigkeit die Kerne gar nicht, oder nur undeutlich oder gut erkennbar hervortreten. Letzteres ist dann der Fall, wenn der Zellleib durch das Wasser eine Aufquellung und theilweise Lösung seiner Substanz erfährt. In dem Protoplasma treten bald nur sehr vereinzelte, bald zahlreichere kleine Fetttröpfchen hervor. Diese und die Kerne werden aber erst gut sichtbar, wenn man zum Präparat gewöhnliche Essigsäure setzt, wobei man am besten, damit man die sich stark aufhellenden Zellen leichter wieder findet, eine etwas dichtere Aufschwemmung verwendet und den Zutritt der Säure durch leichtes Aufheben des Deckglases befördert. Dann werden die Zellen so durchsichtig, dass das Protoplasma nicht mehr wahrgenommen wird, oder um die Kerne (je nach der Concentration der Essigsäure) nur noch eine helle, durch einen feinen Contur begrenzte Zone bildet, in welcher nur die Fetttröpfchen übrig blieben und um so deutlicher sichtbar wurden. Jetzt sieht man leicht, dass die Zellen mit wenigen Ausnahmen mehr als einen Kern haben, wie es bei den polynucleären weissen Blutkörperchen der Fall ist. Man bemerkt zwei, drei, vier, seltener noch mehr, natürlich kleine, verschieden gestaltete Kerne, die in ihrer gegenseitigen Lagerung durch das zwar aufgehellte aber nicht ganz aufgelöste Protoplasma fixirt sind. Statt mehrfacher Kerne kommen auch vielgestaltige, hufeisenförmige vor, deren optischer Durchschnitt unter Umständen mehrere einzelne Kerne vortäuscht. Viel seltener sind Zellen mit einem runden Kern. Sie haben eine zweifache Bedeutung. Einmal handelt es sich um die gleichen Gebilde wie bei jenen vielkernigen Zellen, nur hat ihr Kern noch die Beschaffenheit beibehalten, welche den im Knochenmark befindlichen Elementen, von denen die Leukocyten sich herleiten, noch grösstentheils zukommt. Zweitens aber entsprechen einzelne, aber stets nur wenige, die man zuweilen nur mit Mühe auffindet oder auch völlig vermisst, in ihrer Grösse und in dem relativen Umfange ihres Kernes den in den Lymphdrüsen befindlichen Lymphkörperchen, den Lymphocyten. Von ihnen kann man jene einkernigen Leukocyten nicht immer gut unterscheiden.

Leicht ist es dagegen, wenn man von frischem Eiter Präparate in der Weise herstellt, dass man auf ein gut gereinigtes Deckgläschen ein stecknadelkopfgrosses Eitertröpfchen bringt, ein zweites darauf legt, so dass sich die Flüssigkeit zwischen beiden ausbreitet und diese dann parallel von einander abzieht. Dann haftet auf jedem Gläschen eine dünne Eiterschicht, die noch fixirt werden muss. Man lässt sie an der Luft trocknen und legt die Deckgläschen dann einige Minuten bis zwei Stunden in eine Mischung aus gleichen Theilen von Alkohol und Aether, die man nach der Herausnahme am besten verdunsten lässt. Man kann die Deckgläschen auch mit einer Pincette fassen und mit der nach oben gewendeten, eiterbedeckten Seite einige Male durch eine Gasflamme ziehen, doch nicht zu langsam, damit das Präparat nicht verbrennt. Nach Ehrlich verfährt man besonders sorgfältig, wenn man die trockenen

Deckgläschen für 1 Stunde auf ein zu 120° C. erwärmtes Kupferblech legt. (Für die weiter unten zu betrachtende Bakterienfärbung reicht das Durchziehen durch die Flamme vollkommen aus.)

Wendet man nun auf solche Präparate die von Ehrlich angegebene neutrale Farblösung an, die zur Untersuchung des normalen und pathologischen Blutes (s. dieses) verwandt wird, so treten in den polynucleären und den gleichartigen einkernigen Eiterkörperchen zahllose feinste roth gefärbte Granula hervor, während die Kerne blaugrün erscheinen. Dabei nimmt man zugleich wahr, dass nicht alle Leukocyten genau gleich gross sind, sondern dass neben kleineren ausserordentlich dicht granulirten grössere weniger reichlich mit Granulis versehene vorhanden sind. Dazwischen finden sich Uebergänge. Es handelt sich bei den grösseren zum Theil um eine extravasculär eingetretene Volumszunahme, um eine Art Aufquellung, die natürlich auch zu einem Auseinanderrücken der Granula führen musste. Die rothen Körnchen fehlen den Lymphocyten ganz, ihr Protoplasma färbt sich gleichmässig röthlich.

Neben den Eiterkörperchen enthält der Eiter gewöhnlich auch rothe Blutkörperchen entweder als Folge des entzündlichen Processes (s. u.) oder des operativen Eingriffes. Sind sie reichlich vorhanden, so kommt es bei Zusatz von Essigsäure zu einer Färbung der Leukocytenkerne durch aufgelöstes Haemoglobin. Die Kerne treten dann gelbbräunlich hervor. Es gilt dies naturgemäss auch für andere unter gleichen Bedingungen untersuchte Präparate (z. B. für Blut und blutreiche oder blutig durchtränkte Gewebe, s. u.).

Der Eiter bietet nun aber je nach dem Orte seiner Entstehung, je nach seinem Alter und je nach den ursächlichen Momenten mancherlei Modificationen dar. Bildet er sich an epithelhaltigen Stellen, so können ihm abgelöste, mehr oder weniger zerfallene Epithelien beigemischt sein, entsteht er lediglich im Bindegewebe, so kann er zuweilen viele grössere Zellen enthalten, die den fixen Elementen desselben entsprechen u. s. w. Aelterer Eiter zeigt zunehmende fettige Degeneration seiner Zellen bis zum völligen Zerfall. Daneben finden sich spärliche oder reichlichere grössere mit Fetttröpfchen vollgepfropfte Zellen, die entweder Leukocyten oder Bindegewebszellen sind, welche das aus zerfallenen Gewebstheilen frei werdende Fett in sich aufgenommen haben (Körnchenkugeln s. o. S. 8). Untersucht man ferner Eiter aus tuberkulösen Herden (Fig. 41), so zeigt er sich zwar ebenfalls grösstentheils aus Rundzellen zusammengesetzt, aber diese sind weniger gut erhalten, trüber als dort, und lassen die Kerne nur undeutlich oder gar nicht erkennen. Viele von ihnen zeigen Zerfallserscheinungen, sie sind wie angenagt und in Stückchen zerlegt, denen man den Zellcharakter nicht mehr ansieht. Dazwischen schwimmen trübe Körnchen und Fetttröpfchen. Auch hier kommen jene grossen Zellelemente vor, aber ebenfalls trüber als dort und vielfach zerfallend. Setzt man Essigsäure zum Präparat, so sieht man, dass die Zellen keine Kerne mehr hervortreten lassen. Es ist das der Ausdruck der Nekrose, Verkäsung (S. 42). In der Flüssigkeit gerinnt meist eine feinfädige oder trübkörnige Masse, welche die Zellen und Zellreste einschliesst und als Mucin zu betrachten ist, welches aber auch fehlen und in anderen Eiterarten vorkommen kann.

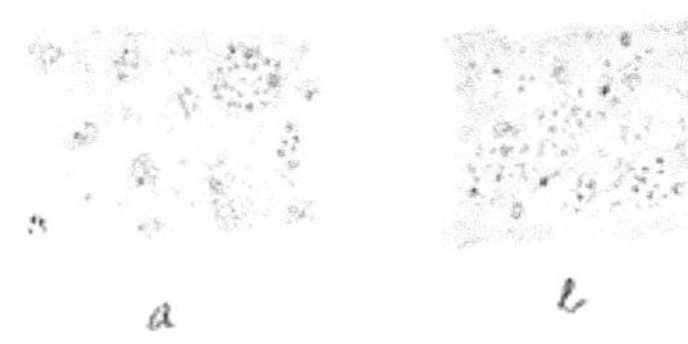

Fig. 11. Tuberkulöser Eiter.

a zeigt in frischem Zustande zwei gut conturirte aber trübe und fettig degenerirte, ferner mehrere kleine, zerfallende, unregelmässige Eiterkörperchen und Detritus. b dasselbe Präparat nach Essigsäurezusatz. Hier sind die Kerne undeutlich. Man sieht die feinen Fetttröpfchen und ausgefällte Mucinfäden. Vergr. 400.

Neben den Zellen finden sich im Eiter, von zerfallenen und je nach dem Sitze des Processes verschiedenen Gewebsbestandtheilen abgesehen, gewöhnlich auch Mikroorganismen, die meist als die Erreger der Eiterung, zuweilen aber auch, zumal wenn es sich um Oberflächenprocesse handelt, als secundäre Beimischungen zu betrachten sind. Zu ihrem Nachweis ist das frische Präparat meist nicht ausreichend, man muss vielmehr gewöhnlich besondere Präparations- und Färbemethoden anwenden.

Wenn es sich in erster Linie darum handelt, das Vorhandensein von Mikroorganismen festzustellen, so bedient man sich in gleich zu besprechender Weise des Deckglaspräparates. Zur Färbung benutzt man je nach der Art der festzustellenden Mikroorganismen verschiedene noch kurz für die einzelnen Fälle anzugebenden Methoden. Ueber die Beziehung der Organismen zu den Eiterzellen geben die Deckglaspräparate nicht immer völlig sicheren Aufschluss, da durch Zerfall von Zellen etwa in ihnen eingeschlossene Bakterien frei werden können. Immerhin lässt sich soviel gut feststellen, ob die Mikroben vorwiegend in den Zellen oder ausschliesslich zwischen ihnen liegen.

Klarer sind die Lagerungsverhältnisse an guten Schnittpräparaten zu übersehen. Der Eiter lässt sich freilich für sich allein nicht mit genügendem Erfolg härten, da er zu sehr zerbröckelt. Dagegen erzielt man mit eitrig infiltrirten Geweben, auch wenn sie kleine Abscesse enthalten, gute Ergebnisse.

Eiterung ist nicht das Resultat einer ausschliesslichen Einmischung bestimmter einzelner Bakterienarten, wenn auch einige wenige ganz besonders in Betracht kommen. Vielmehr können die meisten pathogenen Bakterienarten, auch solche, die meist völlig andere, wohl charakterisirte, später zu besprechende Processe veranlassen, eine eitrige Entzündung hervorrufen. Unter welchen Bedingungen sie bald das eine, bald das andere thun, müsste für jeden einzelnen Fall gesondert festgestellt werden. Auch die im engeren Sinne „pyogen“ genannten Mikroorganismen erzeugen Eiterung nicht unter allen Umständen. Hat eine solche schon lange Zeit bestanden, so können die Bakterien in ihr abgestorben sein. Dagegen werden Eiterungen, die von vornherein bakterienfrei sind und bei Thieren mit Chemikalien hervorgerufen werden können, beim Menschen nur ausnahmsweise angetroffen.

Die gewöhnlichsten im Eiter vorkommenden Mikroorganismen sind die Staphylokokken und Streptokokken. Man kann sie auch schon ungefärbt im frischen Präparat wahrnehmen. Doch gehört dazu, dass sie nicht einzeln liegen, da sie sonst von anderen körnigen Gebilden z. B. Fetttröpfchen nicht sicher zu unterscheiden sind. Besonders deutlich treten sie hervor, wenn sie grosse Colonien bilden, die einen gelblich-bräunlichen Farbenton haben und in frischen Schnitten nach Essigsäurebehandlung sich scharf abheben (s. Niere). Streptokokken erkennt man an ihrer charakteristischen Kettenbildung.

Zur Untersuchung des Eiters auf die Kokken- und andere Bakterien-Arten benutzt man einmal das Deckglastrockenpräparat. Dasselbe wird so hergestellt, dass man ein wenig über stecknadelkopfgrosses Eitertröpfchen auf ein gut gereinigtes Deckgläschen bringt und ein anderes Gläschen darauf legt. Dann breitet sich der Eiter zwischen beiden in dünner Schicht aus. Man zieht nun die beiden Gläschen, am besten mit Pincetten, parallel von einander, so dass auf beiden eine dünne Eiterschicht haftet, die man nun zunächst antrocknen lässt. Zur besseren Fixirung zieht man nun die Präparate mit der nach oben gewandten eiterbedeckten Seite drei Mal horizontal durch eine Flamme (S. 51).

Zur Färbung benutzt man wässerige Lösungen von Anilinfarbstoffen (Fuchsin, Gentianaviolett), die man durch Einträufeln concentrirter alcoholischer Lösungen in Wasser bis zur dunklen Färbung desselben gewinnt. Besser noch eignet sich zur Herstellung der Lösung das Anilinwasser, welches man dadurch anfertigt, dass man Wasser in einem Reagenzcylinder mit einigen Tropfen Anilinöl schüttelt und die so entstandene trübe Flüssigkeit filtrirt. Auf die Farbemischung legt man nun das Deckglas für einige Minuten, wäscht es dann mit Wasser gut ab, trocknet es ev. in der Wärme sorgfältig und legt es mit Canadabalsam auf den Objectträger. Statt oder nach der Wasserabspülung kann man auch Alkohol anwenden, der stärker, aber auch leicht zu stark extrahirt. Die Untersuchung ist auch in Wasser, Glycerin und Oel möglich.

Schnitte können ebenso gefärbt, müssen aber mit Alkohol extrahirt werden. Besser eignet sich die von Gram angegebene, zur Entfärbung dienende Methode, die darin besteht, dass man die (Deckgläschen und) Schnitte nach etwa 5 Minuten dauernder Färbung in Anilinwassergentianamischung für 1 Minute (oder kürzer) in eine auf das dreifache verdünnte Lugol'sche Jodlösung und dann in Alcohol bringt, in welchem das Gewebe weit stärker, oft fast ganz entfärbt wird, während die Bakterien blau bleiben. Auch die Kerne behalten oft einen blauen Ton, der aber stets schwächer ist als derjenige der Bakterien. Man kann dann noch eine Ueberfärbung mit wässerigem Vesuvin vornehmen, welches die Kerne braun färbt und mit Alcohol ausgezogen wird. Aus dem Alkohol kommen die Schnitte in Oel und Canadabalsam.

Handelt es sich um Theile von Furunkeln, osteomyelitischen Processen, eitrigen Parotitiden etc., so trifft man meist Staphylokokken an. Man sieht sie einzeln oder besonders in traubenförmigen Haufen, die einen beträchtlichen Umfang erreichen können, sich aber unter Auflösung in die einzelnen Kokken zwischen die Leukocyten verlieren (Fig. 1a, 1b, Taf. III). Grosse Pilzhaufen pflegen die Zellen nicht intact zu lassen, sondern in grösserer und geringerer Ausdehnung zur Degeneration, zum Zerfall, zur Nekrose zu bringen. Liegen die Kokken mehr isolirt, so sind die Leukocyten wohl erhalten und in ihrem Protoplasma trifft man jene nicht selten vereinzelt oder reichlich an.

In metastatischen Abscessen füllen sie häufig Gefässe auf kürzere oder längere Strecken aus (vergl. oben Embolie, ferner die eitrige Entzündung der Niere und des Herzens).

Die Streptokokken (Fig. 2a, 2b, Taf. III) findet man hauptsächlich in dem Eiter bei Erysipel und manchen Phlegmonen. Sie zeichnen sich durch die reihenförmige Aneinanderlagerung der Kokken aus und bilden so oft ausserordentlich lange Ketten, die bei reichlichem Wachsthum auch in zierlicher Weise in einander verschlungen sein können. Sie liegen dann extracellular im Gewebssaft. Wenn man sie, wie es nicht selten der Fall ist, im Zellprotoplasma antrifft, so können sie hier natürlich aus äusseren Gründen nur in kurzen Ketten und einzeln vorhanden sein. Wenn sie sich sehr reichlich entwickelten, ist eine Nekrose des Gewebes die gewöhnliche Folge. Sie füllen zuweilen die Lymphbahnen auf längere Strecken in Gestalt cylindrischer, unregelmässig aufgetriebener Züge aus.

Während die beiden genannten Kokkenarten sich in Eiterungen verschiedenster Herkunft finden können, kommt der Gonokokkus (Fig. 42) nur in bestimmten eitrigen Processen, vor Allem denen der männlichen Harnröhre bei der Gonorrhoe zur Beobachtung. Er liegt hier vorwiegend im Protoplasma der Eiterkörperchen und zwar einzeln oder reichlich oder so, dass er die Zellen fast ganz ausfüllt. Auch ausserhalb der Zellen sieht man ihn, doch mag er dahin zum Theil durch Zerfall der Zellen gelangt sein. Er bildet fast stets Diplokokken, deren beide Hälften bei starken Vergrösserungen gegen einander abgeplattet erscheinen.

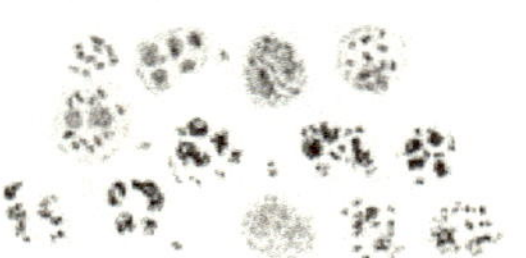

Fig. 42. Eiter bei Gonorrhoe. Die Gonokokken liegen grösstentheils in den Leukocyten, zum Theil auch ausserhalb derselben. Sie bilden Diplokokken, deren beide Hälften gegen einander abgeflacht sind, was freilich bei dieser Vergrösserung nur wenig hervortritt. Deckglas-Präparat. Vergr. 600.

Der Gonokokkus macht auch Eiterungen anderer Schleimhäute z. B. der Conjunctiva und ebenso metastatische eitrige Processe besonders der Gelenke.

Er lässt sich nach Gram nicht färben, dagegen leicht mit gewöhnlichen wässrigen Anilinfarben, z. B. Methylenblau, auf denen man das

Tafel III.

Fig. 1. Eiterung durch Staphylokokken. Färbung nach Gram. In Fig. 1a bilden die Kokken einen grossen unregelmässigen Haufen, in dessen näherer Umgebung die Zellkerne sich nicht mehr gefärbt haben. Vergr. 400. In Fig. 1b, Vergr. 600, bilden die Kokken kleinere Gruppen zwischen gut erhaltenen mehrkernigen Leukocyten.

Fig. 2. Eitrige Entzündung durch Streptokokken. Färbung nach Gram. In den Spalten faserigen Bindegewebes liegen Leukocyten und blau gefärbte Kokken. In 2a sind die Kokken fast ausnahmslos in die Zellen eingeschlossen, in 2b liegen sie meist frei und bilden längere Ketten. Vergr. 600.

Fig. 3. Fibrinöse Pneumonie. Aus der Mitte einer Alveole. Man sieht polynucleäre Leukocyten und nach Gram blau gefärbte Diplokokken, die meist in den Zellen liegen. Vergr. 600.

Fig. 4. Aus einer herdförmigen Ansammlung von Leukocyten bei Milzbrand. Die Bacillen liegen theils zwischen, theils in den Zellen und haben sich nach Gram als Ausdruck ihres Untergangs nur schwach gefärbt. In gleichem Sinne ist ihre vielfach gewundene Form und ihre körnige Beschaffenheit zu deuten. Vergr. 600.

Fig. 5. Tuberkelbacillen in zellreichem Granulationsgewebe der Lunge, in der Umgebung eines bronchopneumonischen Knötchens. Färbung nach Ehrlich. Vergr. 600.

Fig. 6. Leprabacillen, mit Carbolfuchsin gefärbt. Sie liegen grösstentheils in Zellen, die sie ganz oder theilweise ausfüllen. Vergr. 600.

Fig. 7. Eine Colonie von Typhusbacillen in einer mesenterialen Lymphdrüse. Zwischen den umgebenden Zellen liegen noch einzelne Bacillen zerstreut. Färbung mit Löfflers Methylenblau. Vergr. 600.

Fig. 8. Actinomycescolonie mit umgebenden Eiterzellen, nach Gram gefärbt. Man sieht die radiär angeordneten feinen Pilzfädchen. Vergr. 400.

Fig. 9. Actinomycescolonien bei schwacher Vergrösserung in natürlicher Farbe. Frisches Präparat. Vergr. 60. Die Colonien liegen in feinkörnig aussehendem Eiter und zeigen einen feinen radiär gestreiften Randsaum.

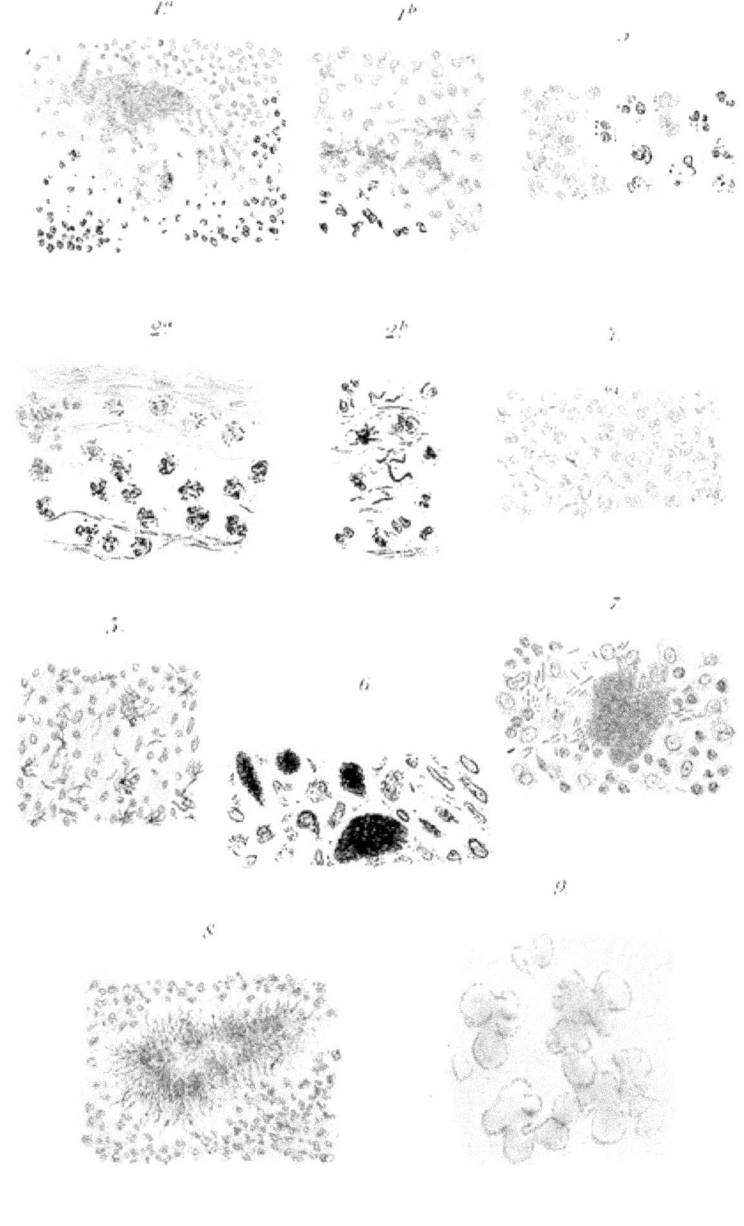

Deckglas einige Minuten schwimmen lässt, um es dann in Wasser abzuwaschen, zu trocknen und in Oel oder Balsam zu untersuchen.

In Eiterungen verschiedenster Körpertheile kann man ferner den Diplokokkus pneumoniae (Fig. 3, Tafel III) antreffen, der aber durch die histologische Untersuchung allein von den anderen Kokkenarten nicht immer sicher getrennt werden kann, mit denen er morphologisch und tinctoriell übereinstimmt. Von ihm soll bei den fibrinösen Entzündungen noch mehr die Rede sein. Ihm ähnlich und nahe verwandt ist der im Eiter der weichen Hirnhäute bei der Cerebrospinalmeningitis gefundene Diplokokkus intracellularis, der das gleiche Färbeverhalten zeigt und sich, wie der Name zeigt, hauptsächlich in den Eiterkörperchen eingeschlossen findet.

In dem von tuberkulösen Prozessen herrührenden Eiter trifft man, wenn auch meist nur in geringer Menge, den Tuberkelbacillus an (s. u. S. 91).

Die nach Typhus entstehenden metastatischen Abscesse werden nicht selten durch den Typhusbacillus veranlasst, über dessen Färbungseigenthümlichkeiten unten Genaueres folgt (S. 94). Man wird ihn aber mikroskopisch im Eiter kaum mit Sicherheit nachweisen können, da er sich nicht in charakteristischer Weise tingiren lässt und da seine Menge zu gering ist. Dasselbe gilt für das in gleicher Weise zu färbende Bacterium coli commune, welches oft die nach Darmperforationen und Nekrosen der Darmwand entstehenden eitrigen Peritonitiden hervorruft.

Ausgedehnte Eiterungen erzeugt ferner der Actinomyces oder der Strahlenpilz, vor Allem in der Umgebung der Mundhöhle aber auch an verschiedenen Stellen des Darmes, in den Lungen etc. Doch handelt es sich meist nicht um eine reine Eiterung, sondern um gleichzeitige Neubildung von Granulationsgewebe (s. u.), welches mit Eiter durchtränkt und mit Abscesschen durchsetzt ist. In dem Eiter findet man schon bei blossem Auge die charakteristischen Colonien des Pilzes leicht auf. Man bemerkt nämlich in ihm, wie auch in dem Granulationsgewebe makroskopisch kleinste, aber auch 1 Millimeter im Durchmesser haltende Körnchen von meist gelblicher, aber auch solche von weisser und gelbgrünlicher Farbe in bald grösserer, bald geringerer Zahl. Bringt man sie in Wasser suspendirt unter das Mikroskop, so erkennt man bei schwacher Vergrösserung als ihren wesentlichsten Bestandtheil blassgelbe und theilweise oder ganz hellgelbe rundliche, ovale, eingeschnürte, mit flachen rundlichen Vorsprüngen versehene, einzeln liegende, oder in unregelmässigen Verbänden vereinigte, fast homogen aussehende Gebilde von der Grösse etwa eines Nierenglomerulus (Fig. 9, Tafel III). Einzeln sind sie makroskopisch kaum wahrnehmbar, zu vielen vereinigt bilden sie die grösseren Körnchen, deren für das blosse Auge bald mehr, bald weniger gelbe Farbe hauptsächlich davon abhängt, ob sie von fester anhaftendem Eiter, der ihnen eine hell graugelbe Farbe verleiht, eingehüllt sind, oder ob die leicht sich ablösenden Eiterkörperchen die gelbe oder grünliche Eigenfarbe der Colonien zur Geltung kommen lassen. Diese letzteren besitzen bei schwacher Vergrösserung einen dunkleren Saum, von welchem eine feine radiäre Ausstrahlung allseitig abgeht, um sich zwischen den die Drüsen dicht umgebenden Zellen zu verlieren. Bei starker Vergrösserung sind die Colonien äusserst dicht, fein und gleichmässig punktirt, am Rande aber erweist sich jene Ausstrahlung bedingt durch sehr zarte dünnste Fäserchen, die aus dem Inneren sich loslösen und in geradem, gewundenen und geknickten Verlauf oft weit zwischen die Eiterkörperchen vordringen. Man sieht sie dann besonders gut, wenn man den Eiter vorher theilweise abspült, etwa dadurch, dass man die Körnchen in dem Wasser mit der Nadel hin und her bewegt. Dadurch kommen auch andere Gebilde zum Vorschein, die man vor Entfernung der Zellen nicht so gut sieht, nämlich hell glänzende keulenförmige Körper (Fig. 43), die zwischen den am weitesten ausstrahlenden Fibrillen als Verdickungen anderer Fädchen erscheinen und als Degenerationsprodukte derselben zu betrachten sind. Sie liegen bald dicht gedrängt und bilden einen regelmässigen Saum, bald sind sie, zum Theil wohl in Folge der Präparation, bei der sie sich ablösen, spärlicher und können hier und da auch ganz fehlen. Die feine Punktirung der Drusen im Inneren ist der Ausdruck des optischen Querschnittes der sie in ganzer Ausdehnung zusammensetzenden Fädchen. Man kann sich davon durch Zerzupfen der Colonien, besser aber noch an gehärteten und nach Gram's (s. o. S. 58) oder Weigert's Methode (s. u. S. 63) gefärbten Präparaten überzeugen (Fig. 8, Tafel III). Man sieht ein äusserst dichtes blaues Flechtwerk feinster geknickter Fädchen einen rundlichen oder unregelmässig gestalteten Körper bilden, aus welchem sich an der Peripherie zahlreiche zarte Fäserchen radiär zwischen die polynucleären Eiterkörperchen fortsetzen. Die keulenförmigen Körper bleiben dabei ungefärbt und bilden in vielen Fällen in Präparaten, die mit Carmin vorgefärbt waren, einen gleichmässigen röthlichen Randsaum (in der Figur grau), durch welchen die blauen Fädchen hindurchtreten.

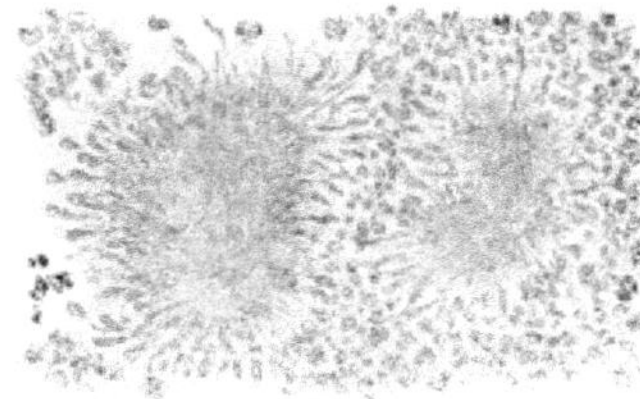

Fig. 43. Colonien des Actinomyces.
Vergr. 400. Man sieht zwei körnige Felder, von denen allseitig keulenförmig endende Fäden ausstrahlen. Die Gebilde sind umgeben von dichtgedrängten Leukocyten. Frisches Präparat.

c) Die flüssigen Exsudatbestandtheile.

Mit den weissen und rothen Blutkörperchen treten aus den Gefässen auch flüssige, eiweisshaltige Bestandtheile aus, die sich in den Spalten des Gewebes ansammeln, durch Erweiterung derselben und etwaiger neu entstandener Lücken blasige Hohlräume bilden und die natürlichen Höhlen des Körpers in grosser Quantität ausfüllen. Diese Flüssigkeiten sind bald mehr, bald weniger trübe, und die mikroskopische Untersuchung stellt kleinere und grössere Mengen von Leukocyten fest. Ist die Transsudation im Bindegewebe erfolgt, so redet man von einem entzündlichen Oedem. Die Fasern und sonstigen Bestandtheile sind maschenförmig weit auseinandergedrängt. Im gehärteten Zustand enthalten die dadurch gebildeten unregelmässigen Räume geronnene Eiweissmassen.

Wenn die Flüssigkeitsausscheidung in die äussere Haut stattfindet, so kommt es in manchen Fällen zur Bildung von Blasen. Das ist z. B. der Fall nach Verbrennungen. Die Blasen entstehen meist innerhalb der Epidermis. Die oberen, fester zusammenhängenden, verhornenden Schichten trennen sich von den am Bindegewebe festhaftenden tieferen Lagen. Doch erfolgt die Trennung allmählich und nicht mit einem scharfen Riss. Die Folge davon ist, dass die sich von einander lösenden, aber zunächst noch an einander klebenden Zellen in einer zum Bindegewebe senkrechten Richtung in die Länge gezerrt werden. So kann man dann in der Epidermis ein unregelmässiges Lückenwerk finden, welches durch die gedehnten Epithelien gebildet wird. Erweitert sich durch zunehmende Flüssigkeitsansammlung das Maschensystem, so reissen die Zellen ganz durch und viele gelangen dann frei in die Flüssigkeit, in der sie aufquellen und zu Grunde gehen. In vielen Fällen erfolgt die Blasenbildung nicht innerhalb der Epidermis, sondern an Stelle der ganz zu Grunde gehenden tieferen Epithelschichten zwischen der Hornschicht und dem Bindegewebe. In diesem sieht man stets ausgesprochene Hyperämie und Emigration, die auch zu einem Einwandern von Leukocyten in die Blasen führt.

Ein ähnlicher Prozess liegt vor bei der Bildung der Pockenpustel. Auch hier erfolgt eine Exsudation in die Epidermis, in welcher man, zumal in den mittleren Theilen der Pustel nach den Seiten aber abnehmend, ein unregelmässiges Lückenwerk zwischen auseinandergezerrten von oben nach unten gedehnten, fadenförmig verzerrten, abgestorbenen Epithelien sieht. Die Ausdehnung des Prozesses ist auch hier eine wechselnde. Die Nekrose des Epithels kann mit Ausnahme der Hornschicht die ganze Dicke der Epidermis einnehmen, also bis an das Bindegewebe reichen. Aber die Flüssigkeit ist hier stets reicher an Leukocyten als bei der Brandblase. Unter dem Mikroskop findet man die Lücken der Blase grösstentheils oder ganz mit Eiterkörperchen ausgefüllt. Auch rothe Blutkörperchen können sich wie bei der Brandblase beimischen und so dem Prozess einen hämorrhagischen Charakter verleihen.

d) Das fibrinöse Exsudat.

Im frischen Zustande kann man die Flüssigkeit unter dem Mikroskop nicht wahrnehmen, da sie, von den zelligen Bestandtheilen abgesehen, klar und farblos ist. Es tritt aber sehr oft in endzündlichen Transsudaten eine Gerinnung ein, die zur Ausfällung fadenförmiger, oft sehr reichlicher und dichter Massen führt. Diese haben die charakteristischen Eigenschaften des Fibrins. Die Gerinnung kann im Gewebe geschehen, tritt aber häufiger ausserhalb desselben auf freien Oberflächen ein, z. B. in den Lungenalveolen, auf Schleimhäuten, serösen Häuten etc., auf denen das Fibrin als ein membranöser abhebbarer Belag erscheint.

Wir wollen es zunächst im frischen Zustande untersuchen. Dazu

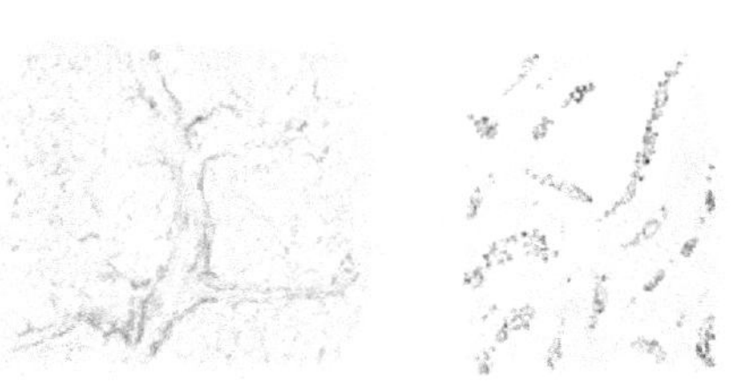

Fig. 44. Fibrin aus einem fibrinösen Belag der Pleura. Frisches Präparat. Links ohne weitere Behandlung in Wasser untersucht. Man sieht einen dicken verästigten Balken und ein Netz feiner Fädchen. Rechts nach Behandlung mit Essigsäure. Die Fibrinfäden haben sich aufgehellt und die Kerne der Leukocyten und die zu ihnen gehör. Fetttröpfchen sind sichtbar geworden. Vergr. 100.

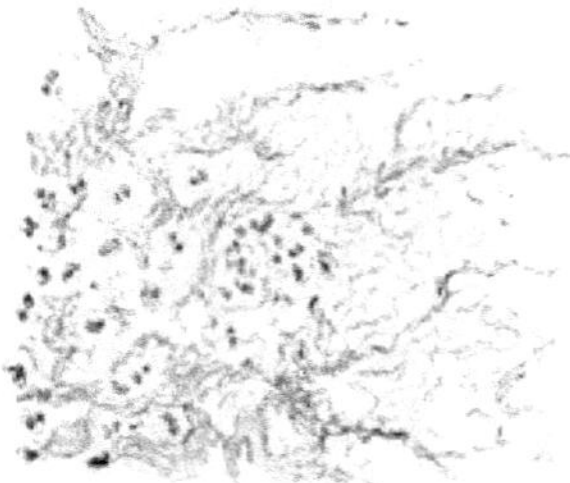

Fig. 45. Gehärtete **Fibrinschicht** einer Pericarditis. Die Masse besteht theils nur aus feinfädigem Fibrin, theils auch aus mehrkernigen Leukocyten. Vergr. 400.

benutzen wir die auf serösen Häuten so häufig vorkommenden geronnenen Massen. Von dicken Schichten kann man sehr gut Schnitte anfertigen, während man dünne Fibrinmembranen direkt als solche in Wasser untersucht. Sie erscheinen zusammengesetzt aus trüben, leicht grauen, körnig-scholligen Theilen oder aus feinen, glänzenden, vielfach geknickten Fäden, welche einzeln dahinlaufen, oder ein lockeres und dichteres Geflecht bilden (Fig. 44). Durch balkige Verdickung der Fäden und durch Verklebung derselben mit einander entstehen jene trüben grauen Massen. Von Zellen kann man meist nichts wahrnehmen. Lässt man aber Essigsäure (Fig. 44) zufliessen, so verschwindet das Fibrin fast ganz für das Auge und nun treten Kerne deutlich zu Tage, die durch ihre Vielgestaltigkeit auffallen. Sie sind eckig, länglich, kolbenförmig, zu langen schmalen Gebilden, ja fast zu Fäden ausgezogen. Es handelt sich um die Kerne der emigrirten Leukocyten, die bei der kriechenden Bewegung der Zellen jene mannigfachen Formen annehmen. Um sie herum bemerkt man feine Fetttröpfchen als Ausdruck einer Degeneration des Protoplasmas, der die Leukocyten auch im Innern des Fibrins sehr bald anheimfallen.

Im gehärteten Zustande ist das Fibrin ebenfalls gut zu erkennen. Es nimmt die Protoplasmafarben, Eosin und Säurefuchsin gut an und kann deshalb in Schnitten, die mit Hämalaun vorgefärbt wurden, gut nachgewiesen werden. Man sieht es dann (Fig. 45) als grob- und feinfaserige Masse, in der die Leukocyten meist ungleichmässig vertheilt sind. Für viele Zwecke aber empfiehlt sich zu seinem Nachweis und zu einer Vermeidung von Verwechslungen mit manchen anderen fädig aussehenden Substanzen eine von Weigert angegebene, sich ausgezeichnet bewährende Methode.

Die mit derselben zu behandelnden Objekte müssen in Alkohol oder Zenker's Lösung gehärtet sein. Die dünnen Schnitte (oder feinen Membranen) kommen für 5—15 Minuten in eine Anilinwassergentianaviolettlösung (s. o. S. 57). Daraus bringt man sie in Wasser und nun auf den Objektträger. Von diesem lässt man das überschüssige Wasser ablaufen und trocknet den Schnitt mit Fliesspapier, das man fest aufdrückt, ab. Dann setzt man einen Tropfen Jodlösung (1 Jod, 2 Jodkali, 300 Wasser) zu, lässt sie $1/2$ Minute einwirken und trocknet sie ebenfalls gut ab. Nun träufelt man eine Mischung von Xylol und Anilinöl aa auf, die sofort das Gentianaviolett zu extrahiren beginnt und so lange auf dem Schnitt verweilt, bis sie dunkelblau geworden ist. Dann wird sie durch neue ersetzt. Die Mischung durchtränkt den Schnitt nach und nach und hellt ihn auf. Ist dies geschehen und zieht das Anilinöl-Xylol keinen Farbstoff mehr aus, so entfernt man dieses zunächst durch Abtrocknen und dann noch durch reines Xylol, welches man zwei bis drei Mal hintereinander anwendet, um alles Anilinöl zu entfernen, welches anderenfalls den Canadabalsam in störender Weise bräunt. Man thut oft gut, die Aufhellung des Schnittes unter dem Mikroskop bei schwacher Vergrösserung zu verfolgen, damit man nicht zu früh und nicht zu spät unterbricht.

Macht es die Beschaffenheit des Objektes nothwendig, dass zur Herstellung der Schnitte benutzte Celloidin in ihnen zu belassen, um ein Zerbröckeln zu verhüten, so entsteht dadurch keine andere Störung, als dass die Schnitte sich in der Farbmischung gern rollen und falten und nur schwer wieder glatt ausgebreitet werden können. Man verfährt dann so, dass man sie aus dem Alkohol auf den Objektträger bringt, leicht abtrocknet und nun mit einem Tropfen Aether befeuchtet, den man höchstens eine halbe Minute einwirken lässt, um dann die Schnitte wieder abzutrocknen. Diese kleben nun fest auf dem Glas und bleiben so während der folgenden Proceduren, die nur dadurch eine Aenderung erfahren, dass man auch die Färbung auf dem Objektträger vornimmt.

Die Entfärbung geht oft nicht vollständig vor sich, da die Kerne gern etwas Farbe behalten. Meist stört das nicht. Will man es aber, zumal in zellreichen Geweben, vermeiden, und will man andererseits auch eine gute Contrastfärbung erzielen, so wendet man vor der Fibrinfärbung eine Kerntinktion durch irgend eine Carminlösung an und verfährt im Uebrigen wie angegeben. Die Kerne werden dann bei der Extraction des Gentianaviolett wieder roth. Das Fibrin aber tritt tief dunkelblau hervor.

Die Methode eignet sich auch für alle Bakterien, die sich nach Gram (s. o. S. 57) färben. Mittelst dieser Färbung kann man auch die feinsten Fibrinfädchen aufs Deutlichste sichtbar machen. Auch die vorher trübgrauen Massen zeigen nun eine ausgesprochene fädige Beschaffenheit.

Im Gewebe sieht man dann zuweilen, dass das Fibrin sich fleckweise dichter anhäuft, dass es hier gleichsam von Knotenpunkten allseitig ausstrahlt. Sieht man genauer zu, so überzeugt man sich bald, dass in der That bestimmte Gebilde für die Fibrinanordnung zu Grunde liegen, nämlich Kerne, die im Allgemeinen denen der polynucleären Leukocyten entsprechen. Der Befund ist so aufzufassen, dass die Zelle durch ihren Gehalt an Fibrinferment die Fibringerinnung veranlasste (Hauser). Besonders geeignet zu seinem Nachweis ist das entzündlich ödematöse Gewebe, welches in der Umgebung der diphtheriekranken Rachenorgane nicht selten vorhanden ist. Man darf aber nicht erwarten, die Erscheinung hier immer zu finden und auch an anderen Stellen wird man sie oft ganz vermissen. Denn da das aus zerfallenden Leukocyten stammende Ferment in den Gewebssaft übergeht, so kann es überall eine Fibrinausscheidung herbeiführen.

Wo das Fibrin sehr reichlich ausgeschieden wurde, sieht man es in gehärteten Präparaten theils in groben oder feinfaserigen Balken und Netzen (Fig. 44), theils in einem dichten Geflecht von Fasern und Fäserchen, die wegen ihrer gedrängten Lagerung, ihrer Verfilzung und ihrer vielfachen Knickungen, die den Faden immer wieder im optischen Querschnitt erscheinen lassen, das Bild einer körnigen Masse hervorrufen können (vgl. Fig. 1, Taf. VI, Fig. 252).

Das Fibrin kann in grossen Abschnitten ganz frei von Zellen sein, oder es enthält nur vereinzelte und zerstreute (Fig. 44). Fleckweise pflegen sie dann reichlicher zu liegen und die Lücken des Fibrinnetzwerkes auszufüllen. Es handelt sich auch hier zunächst nur um polynucleäre Formen, denen sich aber bald andere Zellformen beigesellen. Davon soll bei der Organisation des Fibrins genauer die Rede sein (S. 73).

Das Fibrin zeigt sehr oft in grosser Ausdehnung eine hyaline Metamorphose, so besonders in den bei der Diphtherie auftretenden Pseudomembranen, die sich grösstentheils aus Fibrin zusammensetzen, aber auch Zellen, vor Allem Leukocyten, einschliessen. Macht man senkrecht zur Fläche gelegene Schnitte, so sieht man die oberen Schichten bei schwacher Vergrösserung trübgrau (Fig. 46). In manchen Fällen sind die Massen in ganzer Ausdehnung von dieser Beschaffenheit, in anderen aber zeigen die tieferen Lagen ein glänzendes Aussehen, sind aber doch nicht ganz gleichmässig homogen, sondern lassen ein netzförmiges Gefüge schon mit schwachen Linsen erkennen. Sie gehen in die grauen Abschnitte allmählich über. Bei starker Vergrösserung erweisen sich diese als feinfädiges und feinkörnig aussehendes Fibrin, die homogenen dagegen als aus einem engen Netzwerk glänzender Balken zusammengesetzt, die in das faserige Fibrin übergehen (Fig. 47). Das Ganze hat eine gewisse Aehnlichkeit mit osteoidem Gewebe, dessen Knochenkörperchen die etwas zackigen Lücken des Netzwerkes entsprechen. Diese sind aber so enge und die Balken so glänzend, dass man etwa in ihnen vorhandene zellige Gebilde nicht wahrnimmt. Nach Essigsäurezusatz und Färbung treten die Kerne aber auch hier hervor. Ueber ihre Beschaffenheit siehe Genaueres unter Diphtherie im speciellen Theile.

Die hyaline Beschaffenheit des Fibrins sieht man am besten in frischen Präparaten, demnächst an gehärteten und in Glycerin eingebetteten, auch an solchen, in denen die Kerne gefärbt wurden. Einlegen in Balsam verwischt dagegen die Struktur.

Fig. 46.
Pseudomembran bei Rachendiphtherie. Senkrechter Durchschnitt. Vergr. 50. Die oberen Schichten (*a*) bestehen aus trübem, die mittleren (*b*) aus **hyalisirtem Fibrin**, an das sich wieder in *c* eine trübere Zone anschliesst. (Gehärtetes Präparat, in Glycerin liegend).

Die **Diphtherie** ist der beste Fundort für diese Fibrinumwandlung. Aber sie kann auch an allen anderen Stellen beobachtet werden. In geringem Umfange kommt sie auch bei der fibrinösen Pneumonie vor (Fig. 288). Nirgendwo aber hat sie das typisch balkig-netzförmige Gefüge wie bei der Diphtherie, oder überhaupt den Pseudomembranen des Rachens und der Respirationswege.

Die Fibrinausscheidung kommt nun zwar bei einigen durch bestimmte Aetiologie charakterisirten Entzündungszuständen in besonders grosser Ausdehnung vor, fehlt aber auch bei allen anderen nicht ganz, wie aus den weiteren Erörterungen noch hervorgehen wird. So kann auch bei den durch Staphylokokken und Streptokokken bedingten Prozessen, zumal der serösen Häute viel Fibrin zur Abscheidung kommen, ebenso bei den an gleichen Stellen entstehenden tuberkulösen Entzündungen (S. 91). Ferner ist es auch in grösserer oder geringerer Menge bei den Milzbrand-, Typhus-, Dysenterie-Erkrankungen nachweisbar, bei denen noch davon die Rede sein soll. Aber auch nicht bacterielle Erkrankungen wie Aetzungen von Schleimhäuten durch manche Chemikalien lassen Fibrinbildung zu Stande kommen.

Hier sei aber noch im Zusammenhang mit den genannten besonders typischen fibrinösen Entzündungen der sie veranlassenden Mikroorganismen gedacht, nämlich der Diphtheriebacillen und der Diplokokken der Pneumonie.

Die ersteren betrachtet man jetzt ziemlich allgemein als die Erreger der epidemischen Diphtherie. Doch ist zu beachten, dass es auch eine, besonders bei Scharlach auftretende pseudomembranöse Rachenerkrankung giebt, die auf Streptokokken zurückzuführen ist. Da jene Bacillen im Gewebe, dessen Veränderungen bei den Verdauungsorganen noch zu beschreiben sein werden, nur ausnahmsweise vorkommen und im Allgemeinen nur in den tieferen Schichten der Pseudomembranen reichlicher angetroffen werden, so verfährt man zu ihrem mikroskopischen Nachweis so, dass man die frisch von der Schleimhaut abgelösten Membranen für sich in Alkohol härtet, möglichst horizontal mit der nach oben gerichteten Basis aufklebt und von dieser feine Schnitte anfertigt.

Der Diphtheriebacillus (Fig. 48) färbt sich nicht nach Gram. Man benutzt zu seinem Nachweis das Löffler'sche Methylenblau (Methylen-

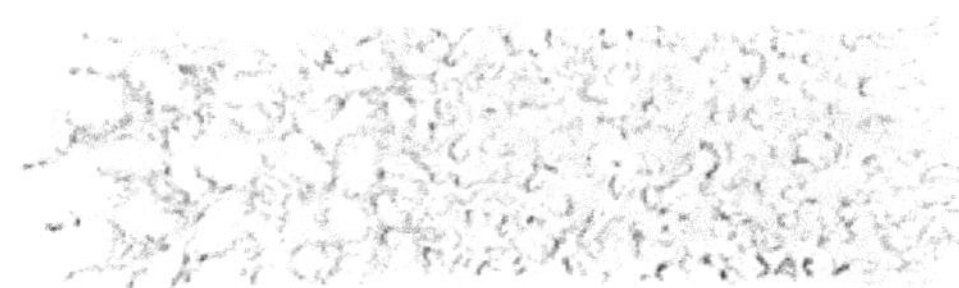

Fig. 47. Pseudomembran bei Rachendiphtherie. Senkrechter Durchschnitt. Vergr. 100. Frisches Präparat. Die oberen, links befindlichen Schichten bestehen aus fädigem Fibrin, die breitere mittlere Schicht aus dicken, netzförmigen, hyalinen Balken, zwischen denen enge Lücken sichtbar sind. Nach unten (rechts) geht die hyaline Zone wieder in eine faserige über.

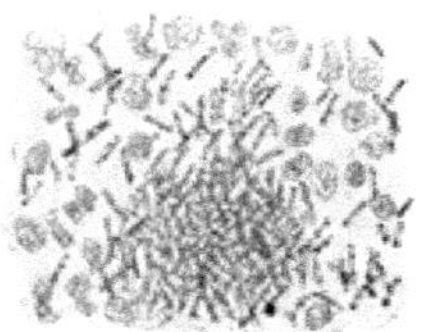

Fig. 48. Diphtheriebacillen. Vergr. 600. Von der Unterfläche einer diphtherischen Rachenmembran. Die Bacillen liegen dicht gedrängt und einzeln und zeigen z. Th. eine körnige Beschaffenheit.

blau concentr. alkoh. Lösung 30,0, Kalilauge 0,01 : 100, Wasser 100 ccm), doch ist auch die concentrirte wässrige Lösung geeignet. Man färbt einige Minuten und extrahirt mit Alkohol, dem man am besten ein wenig Methylenblau zusetzt. Einlegen in Xylol, Canadabalsam.

Man findet die Bacillen zuweilen nur spärlich, in anderen Fällen in grosser Menge. Sie liegen einzeln zerstreut oder in kleineren und grösseren Colonien zusammen, innerhalb deren man die einzelnen Stäbchen nicht gut von einander trennen kann, da sie zu dicht gedrängt sind. Am Rande lösen sich die Haufen aber in die einzelnen Bacillen auf. Sie sind ebenso lang wie die Tuberkelbacillen, aber etwas dicker und zeigen häufig eine körnige Beschaffenheit durch blau gefärbte Granula, die besonders an den Enden zu sehen sind. Die Stäbchen liegen innerhalb der Membranen nicht intracellular. Neben ihnen kommen in manchen Fällen auch Streptokokken zur Beobachtung.

Ausgesprochen fibrinöse Entzündungen sind ferner die verschiedenen

Formen der nicht tuberkulösen Pneumonien. Bei ihnen kommen die pyogenen Kokken ebenfalls zur Beobachtung, der ätiologisch wichtigste Organismus ist aber der Fraenkel'sche Diplococcus pneumoniae (Fig. 3, Tafel III). Man kann ihn an seiner Eigenschaft, eine Kapsel zu bilden, im Sputum und im Saft pneumonischer Exsudate gut nachweisen. Er findet sich in Gestalt von Diplokokken, deren beide Hälften mehr oder weniger deutlich eine lancettförmige Zuspitzung der von einander abgewandten Enden erkennen lassen können, oder auch in kürzeren Ketten an einander gereiht. Charakteristisch für ihn ist eine durch Anilinfarben schwächer als die Kokken färbbare, homogene, ziemlich breite Hülle, die sowohl die Diplokokken wie die Ketten ringsum einhüllt und sich scharf nach aussen absetzt.

Am Deckglaspräparat färbt man Kokken und Kapsel entweder durch Carbolfuchsin (Fuchsin 1,0, Carbolsäure 5%, Wasser 100,0), welches man nach längerer Einwirkung durch Alkohol nicht zu sehr extrahirt oder durch eine Dahlialösung (Wasser 100,0, Alkohol 50,0, Eisessig 12,5, Dahlia bis zur Sättigung), auf welche man das Deckgläschen für einige Sekunden legt, um es dann in Wasser abzuspülen, abzutrocknen und in Canadabalsam zu untersuchen. Die Kokken sind bei beiden Methoden intensiv, die Kapseln schwach (roth resp. blau) gefärbt.

Auch der in einzelnen Fällen von Pneumonie beobachtete und dann für ätiologisch bedeutsam angesehene von Friedländer beschriebene Bacillus zeigt die gleiche Kapselbildung.

In Schnitten kann man die Kokken nach Gram's oder Weigert's Methode gut färben. Sie liegen bald ausserhalb der Zellen, bald hauptsächlich intracellular. Ueber ihre weiteren Lagebeziehungen soll bei der Lunge die Rede sein.

c) Das hämorrhagische Exsudat.

Ausser Leukocyten und Fibrin treten per diapedesin nicht selten auch rothe Blutkörperchen aus. Das ist sowohl bei eitrigen und septischen Prozessen, wie besonders bei dem Milzbrand und der später zu betrachtenden Tuberkulose der Fall. Man redet dann von hämorrhagischer Entzündung.

Da vor allem der Milzbrand sich durch blutiges Exsudat auszeichnet, so sei seiner an dieser Stelle etwas genauer gedacht.

Die Milzbrandbacillen sind durch die Gram'sche Färbung sehr leicht auffindbar. Bei Allgemeininfection kann man sie daher in inneren Organen, vorwiegend innerhalb der Blutgefässe oft sehr leicht nachweisen. Sie füllen dieselben auf weite Strecken dicht aus.

Beginnt die Infection wie gewöhnlich in der äusseren Haut, so findet man hier hyperämische, prominirende Entzündungsherde, die sich bald dunkelblauschwarz färben, Blasen auf ihrer Oberfläche erhalten, das Epithel verlieren und durch Gerinnung und Eintrocknung der ausfliessenden blutigen Flüssigkeit Borken bekommen.

An senkrecht zur Oberfläche der Haut geführten Schnitten sieht man die Bestandtheile der oberen Coriumschichten und der Papillen auseinandergedrängt durch ein haemorrhagisches Exsudat, in welchem man bald grosse, bald geringere Fibrinmengen und polynucleäre Leukocyten nachweisen kann, die sich aber noch reichlicher in den tieferen Coriumschichten finden und hier eine Art Grenze gegen die übrigen Hauttheile bilden. Die Bacillen liegen besonders in jenen subepithelialen Abschnitten, und zwar oft in sehr grossen Mengen. Man findet aber die Milzbrandbacillen nicht immer in den Entzündungsherden, sie gehen in ihnen bei längerer Dauer des Processes oft zu Grunde und sind dann mikroskopisch nicht mehr nachzuweisen. So kann man Hautpusteln zuweilen vergeblich nach Bacillen durchsuchen, auch wenn die histologischen Verhältnisse noch keine wesentliche Veränderung erfahren haben. Meist freilich sind dann auch die mehrkernigen Leukocyten nicht mehr vorhanden, weil sie ebenfalls zu Grunde gegangen sind. Zuweilen hat man Gelegenheit, den Untergangsprozess der Bacillen in charakteristischer Weise genauer zu beobachten. Man bemerkt in dem im Uebrigen bacillenfreien Herd kleinere und grössere, meist scharf abgegrenzte Gruppen von Zellen, die fast lediglich mehrkernige Leukocyten darstellen (Fig. 49). Sie haben das angrenzende Gewebe verdrängt, so dass die zusammengepressten Bindegewebsfasern eine Hülle um den Zellhaufen bilden. In diesem (Fig. 4, Taf. III) kann man dann leicht grössere Mengen von Bacillen nachweisen, die aber ihr normales Aussehen grösstentheils oder alle eingebüsst haben. Sie sind nur zum Theil noch gerade gestreckt, zum anderen Theil flach oder stärker gebogen, hufeisenförmig oder unregelmässig gekrümmt und geknickt. Dabei ist ihre Färbung eine unvollkommene. Viele zeigen ein körniges Aussehen oder bestehen fast nur noch aus einer Reihe kleinster Körnchen, andere sind verschmälert, wieder andere von etwas unregelmässigen

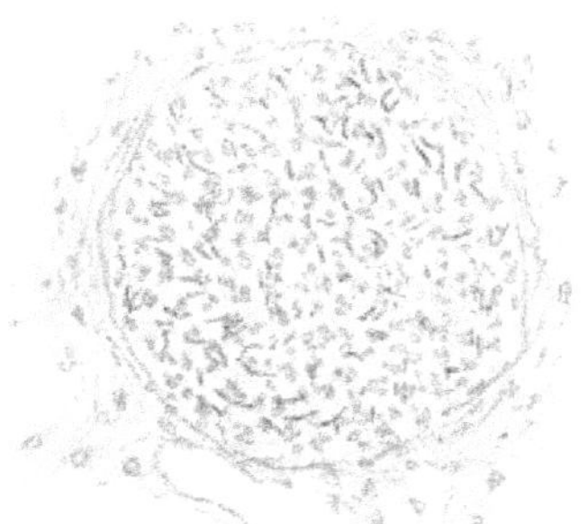

Fig. 49. Milzbrand des Darmes.
In einem aus mehrkernigen Leukocyten gebildeten, durch das etwas bei Seite gedrängte Bindegewebe scharf begrenzten Knötchen sieht man Milzbrandbacillen in grosser Zahl. Sie wird theils scharf conturirt, theils nur noch aus Körnerreihen bestehend, theils gerade, theils gebogen. Vergr. 100.

Conturen, manche nehmen im Innern keinen Farbstoff mehr auf, so dass nur ihr Randabschnitt tingirt erscheint. In den Schnittpräparaten lässt sich nicht sicher entscheiden, ob die Bacillen in den Leukocyten oder ausserhalb derselben liegen, jedoch dürfen die stark gekrümmten Formen wohl auf eine intracelluläre Lage bezogen werden.

f) Das Schicksal der Exsudate.

Das Schicksal der bis jetzt besprochenen Entzündungsprodukte der Leukocyten, des Fibrins und der rothen Blutkörperchen ist im Allgemeinen das des Unterganges. Die Leukocyten zerfallen, soweit sie nicht auf den Lymphbahnen wieder aus dem Entzündungsherd fortwandern, sehr bald. Die Kerne zerbröckeln mehr und mehr, das Protoplasma degenerirt und zerfällt (vgl. Pneumonie, Thrombus). So verschwinden die Leukocyten ziemlich schnell, innerhalb weniger Tage gänzlich wieder, wenn nicht neue beständig emigriren und nachrücken. Das ist vor Allem bei den oft lange dauernden Eiterungen der Fall. Nach Fortfall der Entzündungsursache dagegen, oder auch schon nach Anpassung der intravasculären Leukocyten an dieselbe treten andere Zellen an die Stellen der polynucleären (s. u. S. 71 ff.).

Das Fibrin ist stets dem Zerfall geweiht. Es löst sich nach und nach auf in eine körnige Masse, die mit der Gewebsflüssigkeit einen zur Resorption gelangenden Brei bildet, oder es wird von Gewebszellen beseitigt (s. u. Organisation, S. 73).

Die rothen Blutkörperchen werden in Pigment umgewandelt, an dessen Gegenwart man abgelaufene Entzündungen oft noch lange erkennen kann.

2. Die regressiven Veränderungen der entzündeten Gewebe.

Die entzündungserregenden Schädlichkeiten bedingen in verschiedenem Umfange regressive Veränderungen der betroffenen Gewebe. Sehr gewöhnlich sehen wir kleinere oder grössere Theile absterben. Sie bieten dann die oben besprochenen Erscheinungen der Nekrose.

Sehr gewöhnlich ist ferner eine fettige Degeneration der Gewebsbestandtheile, vor Allem der protoplasmareichen. Bei Entzündung der Herzwand finden wir fettige Entartung der Muskelfasern, bei Entzündung der Niere die gleiche Veränderung an den Harnkanälchenepithelien u. s. w. Die Degeneration führt in solchen Fällen besonders häufig zu einem völligen Untergang der von ihr befallenen Theile. Nimmt man hinzu, dass, wie oben beschrieben wurde, auch die emigrirten Leukocyten fettig zerfallen können, so wird man erwarten müssen, dass in manchen

Fällen die Fettentartung eine sehr in die Augen fallende Folgeerscheinung der Entzündung darstellt.

Verläuft die Entzündung in einer Schleimhaut, so verbindet sich mit ihr sehr gewöhnlich eine stärkere Schleimsekretion. Aber die Epithelien erfahren auch zugleich eine Lockerung und schliessliche Lösung von ihrer Unterlage. Sie finden sich dann, mehr oder weniger schleimig umgewandelt oder zerfallen, in dem Schleimhautsekret wieder.

Hier kann man sie in frischem Zustand untersuchen. Will man gehärtete Präparate herstellen, so darf man natürlich die zu untersuchende Schleimhaut, z. B. die eines Bronchus, nicht vorher mit Wasser abspülen. Der gehärtete Schleim hängt mit der Oberfläche fest genug zusammen, um die Anfertigung von Schnitten zu gestatten. Sehr gut sieht man an solchen Präparaten, wie der reichlich secernirte Schleim aus den Oeffnungen der mit ihm ausgefüllten Drüsen herausragt.

Die mit verstärkter Schleimsekretion, Epithelablösung und Exsudation auf die freie Oberfläche verbundene Schleimhautentzündung nennt man Katarrh.

Die Desquamation des Epithels macht sich auch in den Kanälen drüsiger Organe geltend. Insbesondere findet man bei Entzündungen der Niere oft eine lebhafte Abstossung des Harnkanälchenepithels und des Epithels der Glomeruli (s. Niere).

3. Die progressiven Veränderungen der entzündeten Gewebe.

Mit den exsudativen Processen verbinden sich stets progressive Veränderungen an den fixen Gewebsbestandtheilen.

Die erste und auffälligste Erscheinung ist eine Vergrösserung der Zellen. Die normalen Bindegewebszellen sind sehr dünne, protoplasmaarme Elemente mit einem wenig entwickelten, im Schnitt fast strichförmig schmalen Kern. Bei der Entzündung schwellen beide Zellbestandtheile an. Es entstehen umfangreichere grosskernige Gebilde, die einer lebhaften Vermehrung fähig sind.

Die Vergrösserung der Zellen erweckt wegen ihrer viel leichteren Sichtbarkeit, auch ohne dass sie sich vermehrt haben, und abgesehen von den emigrirten Leukocyten den Anschein eines weit grösseren Zellreichthums als er normal vorhanden ist. Dazu trägt auch der Umstand bei, dass die Zwischensubstanz jetzt den vergrösserten Zellen gegenüber weniger entwickelt erscheint. An der Grössenzunahme der gewöhnlichen Bindegewebszellen nehmen auch, wenn die Entzündung in ihrer Umgebung abläuft, die Zellen des Periostes und des Perichondriums Theil. Ebenso sehen wir die gleiche Erscheinung an den Endothelien der Bindegewebsspalten, der grösseren Lymphbahnen und der feineren Blutgefässe.

Auch die Endothelien (Epithelien) der serösen Häute schwellen an und werden oft zu grossen protoplasmareichen kubischen Zellen. Man hat besonders gut an dem entzündeten Netze Gelegenheit, diese Erscheinung zu untersuchen.

Die Zellen der im engeren Sinne functionellen Bestandtheile, der Muskeln und Nerven, ebenso die verschiedenen Arten der Epithelien, zeigen gleichfalls eine Grössenzunahme. Nur tritt sie an ihnen weniger gut hervor. Die Epithelien insbesondere sind schon in der Norm so protoplasmareich, dass ihre Anschwellung nicht so sehr auffällt.

Alle diese Zellveränderungen im Zusammenhang mit den noch zu erörternden sich anschliessenden Theilungsvorgängen waren die Grundlage der Anschauungen Virchow's, der aus ihnen seine Lehre von der parenchymatösen Entzündung ableitete. Sie behalten auch jetzt noch, nachdem wir durch Cohnheim die Emigration kennen gelernt haben, ihre grosse Bedeutung.

a) Die Vergrösserung und Vermehrung der im Bindegewebe befindlichen Zellen.

Wir gehen nun zum Studium der Einzelheiten über. Untersucht man irgendwelche Entzündungsherde nach Ablauf der ersten exsudativen Vorgänge d. h. etwa 2—3 Tage nach Beginn des Processes (oder auch Randabschnitte älterer Herde), so findet man neben den mehrkernigen Leukocyten auch andere Zellen in den Gewebsspalten, nämlich grössere rundliche oder ovale oder etwas unregelmässig gestaltete oder auch spindelförmige Elemente mit reichlichem Protoplasma und grösserem, runden, ovalen, gebogenen, eingekerbten Kern, der weniger dunkel gefärbt ist, als die Kerne der Leukocyten. Das sind offenbar keine ausgewanderten Blutzellen, sondern fixe Zellen des Gewebes, die sich in der erwähnten Weise vergrössert, abgelöst und abgerundet haben.

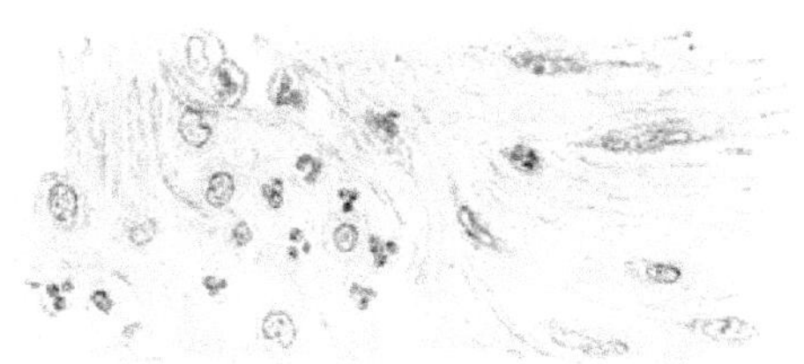

Fig. 50. Bindegewebe vom Rande einer erysipelatösen Entzündung. Fixe Bindegewebszellen mit länglichem, dunklem, und Endothelien mit hellem, ovalem Kern sind angeschwollen, protoplasmareich, die letzteren vielfach frei in den erweiterten Saftspalten, in denen auch eine Anzahl mehrkerniger Leukocyten. Vergr. 600.

Betrachtet man bei Entzündungsherden der Haut (z. B. bei Erysipel Fig. 50) die äusseren Abschnitte, die noch weniger stark betheiligt sind, so erkennt man hier die gegenüber der Norm vergrösserten länglichen, oder langen dem Faserverlauf parallel gerichteten Kerne. Zu ihnen gehört mehr oder weniger reichliches Protoplasma, welches einen länglichen spindelig erscheinenden, der Gewebslücke sich anpassenden Zellleib bildet. Je mehr man sich der ausgesprochenen Entzündung nähert, desto grösser werden diese Zellen, aber schliesslich verschwinden sie in der eben beschriebenen Form völlig und machen ovalen gut abgegrenzten und grossen runden Zellen Platz, die nicht selten durch die Gegenwart der Mitosen ihre Vermehrung anzeigen. Die Verhältnisse sind meist so typisch, dass über die Zellumwandlung in dem eben besprochenen Sinne kein Zweifel sein kann. Sind nach einiger Zeit, wie oben erwähnt, die Leukocyten wieder verschwunden, so hat gewöhnlich die Vermehrung der fixen Zellen einen höheren Grad erreicht, man findet in den Gewebsspalten nur noch grosse protoplasmareiche Elemente, die unter sich aber nicht alle gleich sind (Fig. 51). Man sieht solche mit runden ovalen, sehr hellen oder chromatinreicheren Kernen und reichlichem Protoplasma, aber auch gestreckte spindelige Elemente mit länglichem dunkleren Kern. Es kann sich da um Zellen eines Typus handeln, die nur in der Form verschieden sind, aber es giebt noch eine andere Möglichkeit, die sich durch Betrachtung der umgebenden weniger entzündeten Gewebe in manchen Fällen gut analysiren lässt. Man findet nämlich neben den sich vergrössernden Zellen mit länglicher Gestalt und längeren dunkleren Kernen auch solche (Fig. 50) mit einem grossen, sehr hellen, rundlich-ovalen Kern, dessen zugehöriges Protoplasma sich nicht immer gut zur Zelle abgrenzen lässt. Diese Gebilde wird man als Endothelien deuten dürfen. In weichen, saftspaltenreichen Geweben sieht man sie zahlreicher als in derben, faserigen. Sie lösen sich wie die Bindegewebszellen ab, aber da diese auch sich abrunden, vergrössern und einen helleren Kern bekommen können, so ist eine Trennung der frei liegenden Zellen in die beiden Arten meist nicht mehr möglich. Nur wo beide ihre charakteristischen Eigenthümlichkeiten in der Hauptsache noch besitzen oder nach Ablauf der Entzündung (Fig. 58) wieder angenommen haben, kann man sie sicher unterscheiden. So viel ist wahrscheinlich, dass die Endothelien sich rascher ablösen und leichter wanderfähig sind als die Bindegewebszellen.

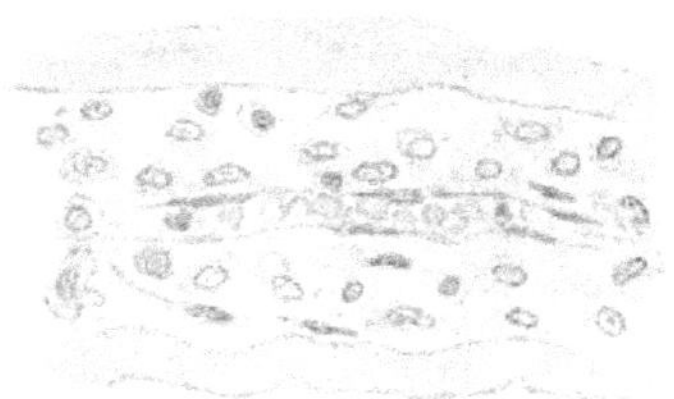

Fig. 51. Spaltraum zwischen zwei Muskelfasern in der Nähe einer granulirenden Hautwunde. In der Mitte eine längsgetroffene Capillare. Rings herum grosse rundliche Zellen, spindelförmige Zellen mit langem, dunklem Kern und vereinzelte Lymphocyten. Vergr. 600.

Je länger die Entzündung bereits dauert, um so mehr treten in den Bezirken, in denen nicht bei weiter wirkender Entzündungsursache die Exsudation und Emigration sich ausdehnt, einkernige Rundzellen auf, die sich von den abgelösten fixen Elementen durch ihre runde Form, geringeren Umfang und verhältnissmässig grossen Kern, der sich sehr dunkel färbt, gut unterscheiden lassen, womit freilich nicht gesagt sein soll, das man ausnahmslos jeder Zelle ihren Charakter ansehen kann. Die

Rundzellen stimmen mit den einkernigen Zellen der Lymphdrüsen überein und werden deshalb passend Lymphocyten genannt (Fig. 54 e, 56, 64). Sie sind nicht alle gleich gross, ein Theil hat mehr Protoplasma als der andere. An vielen gelingt es nur mit Mühe, den Zellleib überhaupt wahrzunehmen. Sie liegen gern gruppenweise und bilden Lymphknötchen ähnliche Bezirke (Fig. 64), ausserdem aber zerstreuen sie sich in den Gewebsspalten zwischen die anderen Zellen. Sie sind nicht aus den Gefässen ausgewandert. Die zweifellos festgestellte Emigration betrifft nur die polynucleären Leukocyten; die einkernigen sind auch im Blute relativ spärlich vorhanden. Sie sind theils auf den Lymphbahnen aus benachbarten lymphatischen Organen zugewandert, theils sind sie durch Vermehrung an Ort und Stelle entstanden und zwar entweder der dorthin gewanderten Zellen oder der in der Norm in jedem Bindegewebe vereinzelt vorhandenen Lymphocyten. Sie sind es, die durch ihre Anhäufung im Bindegewebe bei chronischer Entzündung das Bild der kleinzelligen Infiltration bedingen (Fig. 64).

Diese Zellansammlung unterscheidet sich in typischer Weise von derjenigen der polynucleären Leukocyten. Man vergleiche die Figuren 56, 63 und 64 mit den Figuren 38 und 39, ferner innerhalb der Figur 54 die mit e und d bezeichneten Stellen mit einander, so wird man bald einsehen, dass es jeder Zeit leicht ist die klein- und rundzellige Infiltration zu unterscheiden von der durch Leukocyten bedingten. Man kann also auch immer gut feststellen, ob eine Entzündung acut entstanden ist oder wenigstens andauernd unterhalten wird, oder ob sie nach völliger oder theilweiser Entfernung der entzündungserregenden Schädlichkeiten einer Ausheilung oder einem definitiven, narbenbildenden Zustand entgegen geht.

An den bisher besprochenen Geweben war zunächst vorausgesetzt worden, dass sie gefässhaltig seien. Aber die Gefässe sind zum Begriff der Entzündung nicht erforderlich. Die beschriebene Wucherung der fixen Gewebselemente ist auch an gefässlosen Theilen, z. B. der Cornea, den Herzklappen möglich. Am reinsten tritt sie an letzteren (s. Fig. 221) auf, weil es bei ihnen längere Zeit dauert, ehe von der Ansatzstelle der Klappen oder von gefässhaltigen Abschnitten derselben Leukocyten und schliesslich auch neue Gefässe an die entzündete Stelle gelangen. Rascher erfolgt die Exsudation und Leukocyteneinwanderung vom Rande der Cornea aus in diese hinein.

b) Die Wanderfähigkeit der verschiedenen Zellformen. Die Organisation.

In den bisherigen Betrachtungen über die Veränderungen an den fixen Gewebsbestandtheilen haben wir eine wichtige Erscheinung noch nicht in Betracht gezogen, da ist die **Wanderfähigkeit** der aus dem Gewebe losgelösten und vermehrten Zellen und der Lymphocyten.

Es handelt sich hier freilich nur um die fixen Bindegewebszellen und die Endothelien der Lymphspalten. Die Epithelien sind an diesen Wanderungsvorgängen nicht betheiligt. Ihre Vergrösserung kann zwar auch von Zelltheilung gefolgt sein, aber sie bleiben im normalen Verbande oder gehen zu Grunde. Eine selbständige Bewegung der einzelnen Epithelien kommt nur in soweit vor, als ein **continuirliches** Auswachsen epithelialer Lagen und drüsiger Theile in Gewebslücken hinein erfolgt, wobei allerdings die einzelnen Zellen nicht lediglich mechanisch vorgeschoben werden, sondern aus eigener Kraft vordringen. Noch deutlicher ist dieses Verhalten an den Blutgefässendothelien. Ihre Abkömmlinge zeigen die ausgesprochene Fähigkeit in das entzündete Gewebe und in Exsudate etc. hineinzuwachsen, aber doch auch nur in voller Continuität.

Die Bindegewebszellen, Lymphspaltenendothelien und Lymphocyten sind nicht weniger als die Leukocyten im Stande, sich im Gewebe vorwärts zu bewegen und chemotaktischen Einflüssen zu folgen. Sie dringen dabei im Gewebe gegen den eigentlichen Herd der Entzündung vor, äussern ihre Wanderfähigkeit aber vor Allem dadurch, dass sie in die Exsudate, in Blutergüsse, in abgestorbene Massen und in Fremdkörper hineinkriechen. Die Fähigkeit ist von grosser Bedeutung für die Beseitigung jener verschiedenen Substanzen und ihren Ersatz durch gefässhaltiges Bindegewebe. Man nennt diesen auch im Innern von Blutgefässen vorkommenden und dort ebenfalls noch zu besprechenden Vorgang **Organisation**. Wir wollen ihn betrachten, wie er an den auf der Pleura, dem Pericard und anderen serösen Häuten vorkommenden Fibrinbelägen sich gestaltet.

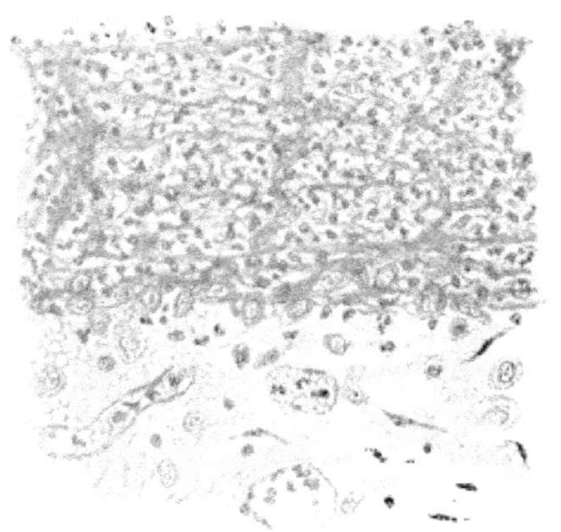

Fig. 52. Wenige Tage alte **fibrinöse Pleuritis**. Senkrechter Durchschnitt. *a* Pleura mit hyperämischen Gefässen. Man sieht in ihr grosse endotheliale Zellen mit hellem, ovalem Kern, spindelige schmalere Zellen mit dunklem, länglichem Kern und einzelne Leukocyten. *c* Grenze von Pleura und Exsudat, hier liegen besonders viele endotheliale Zellen. *b* Fibrinöses Exsudat. In dem dunklen Fibrinnetz viel Leukocyten. Vergr. 100.

Zur frischen Untersuchung eignen sich solche Objecte nicht. Man muss sie sorgfältig (sehr vortheilhaft in Zenker's Lösung härten) und genau senkrecht zur Oberfläche schneiden.

Einige Tage altes Exsudat (Fig. 52) ist mit mehrkernigen Leukocyten viel dichter als vorher durchsetzt. Sie sind nicht mehr alle wohlerhalten, sondern zeigen undeutliche Conturirung und vor Allem auch eine Zerbröckelung ihrer Kerne in kleine Stückchen. In der Nähe der serösen Oberfläche sieht man vereinzelte grosse Kerne. In dem angrenzenden Gewebe aber fallen weite blutgefüllte und mit reichlichen mehrkernigen Leukocyten versehene Gefässe auf, in den Gewebsspalten aber neben den emigrirten Elementen grosse Zellen, theils runde von endothelialem, theils spindelige von bindegewebigem Charakter und einige Lymphocyten. Die grossen runden Zellen finden sich besonders in der Nähe des Exsudates, ihm zuweilen reihenweise angelagert und in dasselbe eindringend. Im Einzelnen ergeben sich natürlich, was die relative Menge der einzelnen Zellarten u. s. w. angeht, manche Verschiedenheiten in den einzelnen Fällen.

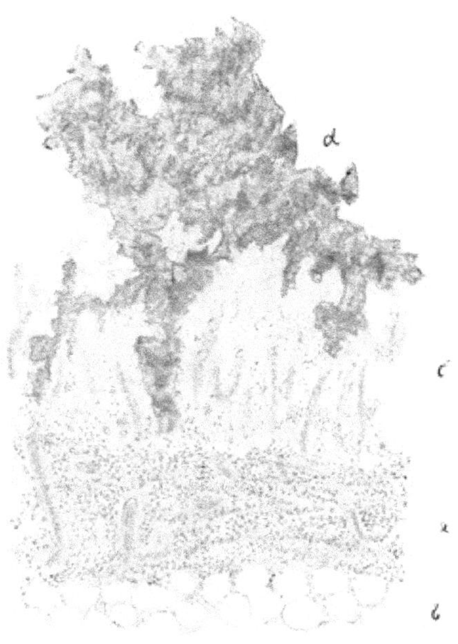

Fig. 53. Pericarditis fibrinosa. Organisation.

a Verdicktes und zellreiches Epicard, darunter das epicardiale Fettgewebe (b), c in Bildung begriffene neue Gewebsschicht mit zahlreichen Gefässen, die als graue, zum Theil verzweigte Streifen hervortreten und senkrecht zum Epicard nach aufwärts ziehen. d Fibrin, welches früher bis zum Epicard reichte, aber durch das Gewebe c ersetzt wurde.

Vergr. 50.

Untersuchen wir nun ein Exsudat, dessen Alter auf 2 bis 3 Wochen zu schätzen ist, so stellen wir folgende Verhältnisse fest:

Bei schwacher Vergrösserung (Fig. 53) erkennt man, dass das in gefärbten Präparaten dunkel hervortretende Fibrin grösstentheils verschwunden ist. Es ist noch vorhanden in den oberflächlichen Lagen als zottige Masse von wechselnder Dichtigkeit, die mit unregelmässigen Fortsätzen in die Tiefe ragt. An seiner Stelle findet sich jetzt eine Schicht kernreichen, theils und zwar besonders in den oberen Schichten dicht, theils locker gefügten Gewebes, welches mit der serösen Haut fest aber doch noch in gut erkennbarer Grenze zusammenhängt. Man bemerkt in ihm theils blasse, theils dunkler gefärbte Kerne, ferner viele senkrecht zur Oberfläche gegen das Fibrin aufwärts strebende weitere und engere Gefässe, die man zum Theil deutlich aus dem alten Gewebe heraustreten und sich in die neue Lage fortsetzen sieht. Sie sind theils blutgefüllt und dann an ihrem bei Orangefärbung gelben, bei Eosinfärbung rosarothen Ton leicht zu erkennen, theils bilden sie im leeren Zustand nur zellig-streifige Züge, denen man aber an der parallelen Anordnung und den gelegentlichen Verzweigungen ihren Charakter gut ansieht. Die seröse Haut selbst erscheint sehr dicht mit vorwiegend dunklen, zum Theil auch blasseren Kernen durchsetzt.

Bei starker Vergrösserung (Fig. 54) nimmt man wahr, dass die theils längs- theils quergetroffenen Gefässe des neuen Gewebsbezirkes zart, dünnwandig sind. Sie bestehen fast nur aus Endothel, welches aber dicker und protoplasmareicher ist als sonst, die einzelnen Zellen gut abgrenzen lässt und helle chromatinarme Kerne besitzt. Der Inhalt ist bald Blut von gewöhnlicher Zusammensetzung, bald ist es reicher an Leukocyten, die auch hier fast ausnahmslos mehrkernig sind. Die Gefässe sind am weitesten in den unteren Lagen, werden nach oben enger und können in den obersten Schichten noch ganz fehlen. Zwischen den Gefässen bemerkt man die verschiedenen schon besprochenen Zellarten, d. h. die grossen endothelähnlichen Elemente, zahlreiche kleinere und grössere gruppenweise liegende Lymphocyten, wenige spindelige Zellen vom Charakter der Bindegewebszellen und, meist fleckweise vertheilt, mehrkernige Leukocyten. Die grossen Zellformen können nur aus der serösen Haut in das Exsudat eingewandert sein, ebenso die Lymphocyten, da wir sie nach dem oben Gesagten nicht als emigrirt ansehen können. Alle diese Elemente können im Exsudat proliferiren. Die Leukocyten sind entweder ebenfalls eingewandert oder aus den neuen Gefässen ausgetreten. Zwischen den Zellen finden sich als Reste des Exsudates noch zarte Fibrinfäden.

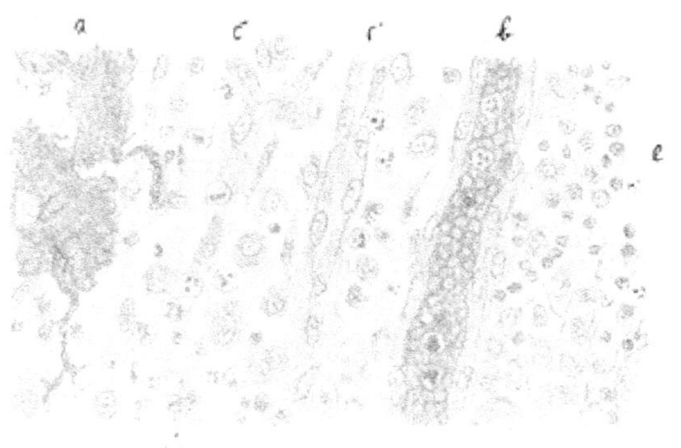

Fig. 54. Organisation eines pericarditischen Exsudates.
Unterhalb *d* ist das Pericard zu denken. *a* Rest von Fibrin. *b* älteres Blutgefäss mit Blut. *c c* jüngeres Blutgefäss ohne Blut mit deutlich endothelialer Wand. Der grösste Theil der organisirenden Zellen sind grosse endotheliale Zellen mit grossem, hellem Kern, dazwischen einzelne spindelige Elemente, bei *d* mehrkernige Leukocyten, bei *e* Lymphocyten. Vergr. 100.

Geht man nach oben gegen die Oberfläche (Fig. 55), so wird das Bild einförmiger. Die Zellen liegen hier grösstentheils dichter, aber es handelt sich fast nur um gross- und hellkernige Zellen. Sie sind eingebettet in ein dichteres Netz von Fibrinfäden, als es in den tieferen Schichten vorhanden ist. Nur bei starken Vergrösserungen kann man entscheiden, dass die grossen, vielfach deutlich spindeligen Zellen scharf gegen die Fibrinfäden begrenzt und dass diese nicht etwa ihre Ausläufer sind. Vereinzelt sieht man auch hier Spindelzellen mit dunklerem Kern, Lymphocyten und zarte Gefässe.

Fig. 55. **Aus den oberen Lagen eines in Organisation begriffenen pericarditischen Exsudates.** An die Stelle desselben sind grosse rundliche und spindelige Zellen getreten, die parallel neben einander liegen. Zwischen ihnen sieht man besonders in der bei stärkerer Vergrösserung gezeichneten rechts gelegenen Figur feine Fibrinfädchen. Vergr. 100 u. 600.

Das dichte dunkle Fibrin zeigt gegen das neue Gewebe eine zackige Begrenzung mit grubenähnlichen Vertiefungen, in denen Zellen eingebettet liegen.

Die seröse Haut (Fig. 56) ist gleichfalls mit vielen Zellen durchsetzt. Die Gefässe sind stark blutgefüllt, ihr Endothel ist viel protoplasmareicher als sonst und im Blut findet man viele mehrkernige Leukocyten. In den Gewebsspalten liegen besonders zahlreich grössere und kleinere Lymphocyten in wenig scharf begrenzten Gruppen.

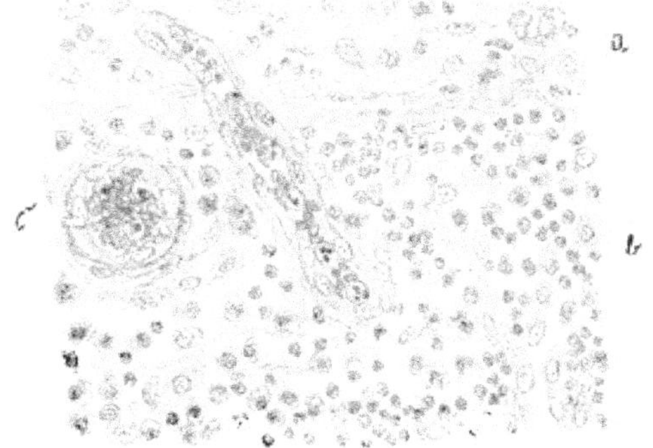

Fig. 56. Pericarditis.
a in Organisation begriffene Fibrinschicht, *b* das eigentliche Epicard, von *a* durch eine wellig verlaufende Faserlage getrennt, bei *c* Querschnitt eines grösseren, rechts davon Längsschnitt eines etwas kleineren, in die Fibrinlage hineinragenden Blutgefässes. In dem Epicard (*b*) sieht man grosse protoplasmareiche Zellen mit grossem, hellem Kern, ebenfalls runde mit dunklem, rundem Kern und Lymphocyten. In *a* sind diese Zellen spärlicher. In dem längsgetroffenen Blutgefäss mehrere polynucleäre Leukocyten. Vergr. 400.

Alle für die fibrinösen Exsudate beschriebenen Verhältnisse findet man in gleicher Weise auch bei den durch abgestorbenes Gewebe und Blutergüsse hervorgerufenen Entzündungen. Diese Massen werden durch die vordringenden Zellen aufgelöst und ersetzt, oder, wie wir es ausdrücken, organisirt, denn aus den zelligen Neubildungen wird, wie wir es später auch für die Thrombenorganisation kennen lernen werden im weiteren Verlauf ein definitives Gewebe. Dasselbe ist der Fall bei den Zellproliferationen, die sich ohne Vorhandensein grösserer Exsudatmassen, Blutergüsse oder abgestorbener Gewebe entwickeln. Die Umwandlung geht so vor sich, dass die neuen Zellen sich in regelmässiger Weise zu Zügen ordnen, deren Richtung im Allgemeinen durch die Gefässe bestimmt wird. Dann entsteht zwischen ihnen eine fibrilläre Grundsubstanz (Fig. 57), die an Menge mehr und mehr zunimmt und ein immer dichteres Gefüge bekommt. Die Zellen sind zunächst noch gross, protoplasmareich, meist von spindeliger Gestalt, oft mehrkernig. Man nennt sie zu dieser Zeit Fibroblasten. Sie behalten diese Gestalt zum Theil noch bei, wenn die Grundsubstanz schon reichlich entwickelt und dicht ist (Fig. 58). Meist aber nimmt ihr Protoplasmareichthum allmählich ab, sie werden ebenso wie ihre sich nun offenbar wegen ihres dichteren Gefüges dunkler färbenden Kerne schmal. Da die Zellen oft ausserordentlich lang und dünn sind und mehrere Ausläufer haben können, die wie Fibrillen aussehen (Fig. 59), so hat man wohl geglaubt, dass die letzteren überhaupt aus einer Metamorphose des Zellprotoplasmas hervorgingen. Indessen entsteht die eigentliche faserige Grundsubstanz intercellular, aber die Zellausläufer können Fibrillen vortäuschen und wenn sie in zellreichen Geweben reichlich sind, auch sehr wesentlich zur fibrillären Struktur derselben beitragen, indem sie sich parallel aneinanderlegen und auch wohl ein Flechtwerk bilden (vergl. das Sarkom und Myxom Fig. 149).

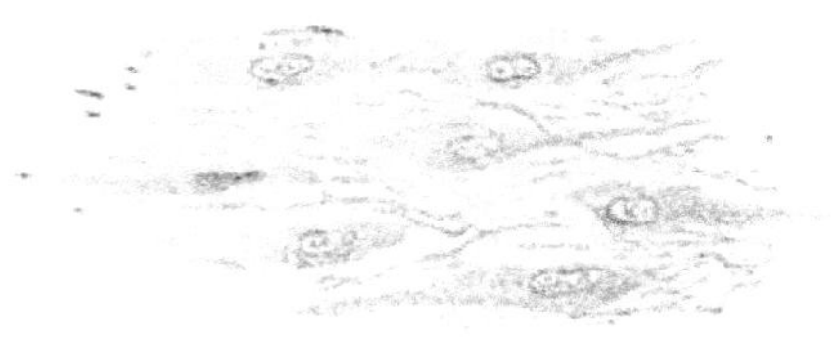

Fig. 57. Aus dem Rande einer granulirenden Hautwunde. Grosse, spindelige Bildungszellen in feinfibrillärer Grundsubstanz. Vergr. 600.

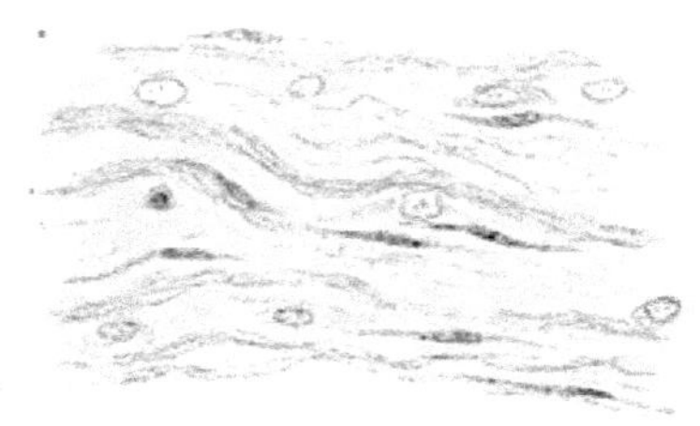

Fig. 58.

Aus dem Rande einer granulirenden Hautwunde.

Etwas älteres, d. h. entfernter von der Wundfläche gelegene Stelle als die in Fig. 57 gezeichnete. Reichlichere fibrilläre Zwischensubstanz, grosskernige, nicht überall deutlich begrenzte endotheliale und spindelige schmale Zellen mit dunklem Kern. Vergr. 600.

c) Die Narbenbildung.

Das zellig faserige Gewebe ist nun aber nicht das Endstadium der Entzündung. Vielmehr geht die Reduktion der Zellen noch weiter. Sie werden so schmal, dass man ihr Protoplasma noch weniger deutlich sieht, als es schon in normalem Bindegewebe der Fall ist. Die Kerne werden ebenfalls dünner und stellen schliesslich nur noch dunkel sich färbende Gebilde dar, die man fast linear nennen kann (Fig. 60). Gleichzeitig wird die Zwischensubstanz immer dichter, die Fasern werden dicker, bilden feste Bündel und verschmelzen vielfach zu homogenen Balken. So entsteht ein sehr derbes Gewebe, welches die pleuritischen, die pericarditischen und andere Schwarten bildet. Es stimmt in seinem Bau mit dem Gewebe überein, welches die als Endresultate von Wundheilungsprocessen auftretenden Narben zusammensetzt. Wir begegnen diesen in typischer Form auf den Haut- und Schleimhautoberflächen. Sie gehen hervor aus einem die Defekte schliessenden zell- und gefässreichen neugebildeten Gewebe, welches in der Hauptsache mit dem der besprochenen Organisationsprocesse übereinstimmt. Es hat dadurch, dass die einzelnen Gefässterritorien mit den zugehörigen Zellen auf der freien Wundfläche als kleine Knöpfchen, Granula, vorspringen, eine feinwarzige Beschaffenheit und wird daher Granulationsgewebe genannt. Seine Verwandlung in Narbengewebe vollzieht sich in der eben besprochenen Weise. Die Narbe kann in Schnitten durch ihr dichteres Gefüge, ihre reichlichere und enger verfilzte Zwischensubstanz gut von der Umgebung abgegrenzt werden.

Fig. 59. Aus einer derben knötchenförmigen endocarditischen Klappenverdickung. In homogener Zwischensubstanz grosse Zellen mit einem oder zwei Kernen und sehr langen, vielfach verzweigten Ausläufern. Vergr. 600.

In charakteristischer Weise bildet sich ein Narbengewebe auch unter dem Einfluss von Fremdkörpern, die, oft nach anfänglicher Erregung exsudativer Processe, schliesslich in das Gewebe einheilen. Dahin gehört vor Allem die eingeathmete Kohle. Sie wird, wie wir oben (Seite 24) bereits betonten, von Bindegewebszellen und Endothelien aufgenommen (Fig. 61), und da diese Zellarten sich dabei vermehren und vergrössern und da auch Lymphocyten sich ansammeln, so entsteht zunächst ein zellreiches Gewebe. Es wandelt sich aber, wenn auch sehr allmählich und in längerer Zeit in ein ausserordentlich festes, dichtes, sclerotisches Bindegewebe um (Fig. 62). Die Kohle liegt in ihm meist nicht mehr deutlich in Zellen, da sie wohl meist auch untergehen, sondern in den schmalen spaltförmigen Lücken zwischen den Fasern. Da das Gewebe hart ist und wegen der Kohleeinlagerung makroskopisch eine an Schiefer erinnernde Farbe hat, so nennt man es schiefrig inducirt (s. Lunge, Fig. 314).

Wenn die Entzündung im Allgemeinen, besonders aber die Gewebsneubildung zwischen den functionellen Bestandtheilen von Organen, vor

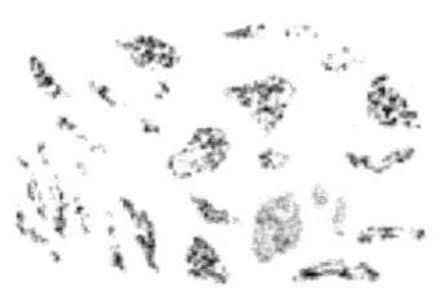

Fig. 61.

Aus einem durch Ablagerung von Kohle in das Lungengewebe hervorgerufenen subpleuralen Knötchen. Man sieht grosse rundliche, dicht mit Kohlepartikeln gefüllte und längliche, schmale Bindegewebszellen, in deren Polen ebenfalls Kohle abgelagert ist. Dazwischen feinfaserige Substanz. Vergr. 100.

Fig. 60.

Chronisch entzündetes, indurirtes Bindegewebe (aus der Haut über einem tuberkulösen Knochenprozess). In der dichtfaserigen Zwischensubstanz sieht man mehrere dunkle, aber sehr schmale, lange, ferner zwei grössere ovale, helle Kerne und zwei Lymphocyten. Vergr. 100.

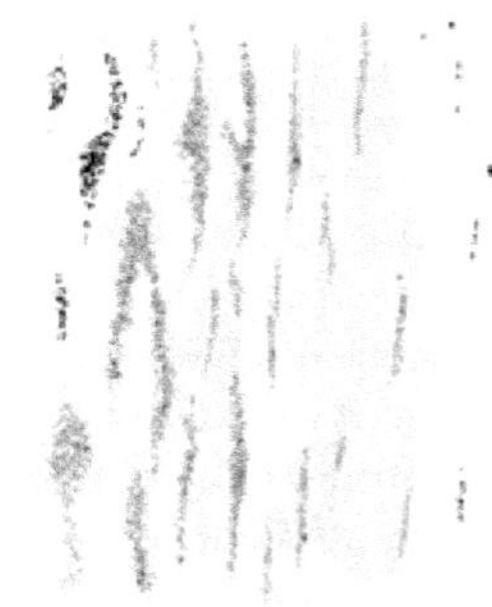

Fig. 62. Schiefrige Induration einer Lymphdrüse. Das Gewebe besteht nur noch aus homogenen dicken Balken, zwischen denen in den spaltförmigen Räumen Kohle angehäuft ist. Hier sieht man nichts von Zellen, während in der rechten Hälfte noch einige kleine Kerne sichtbar sind, zu denen in spindeliger Anordnung etwas Kohle gehört. Vergr. 100.

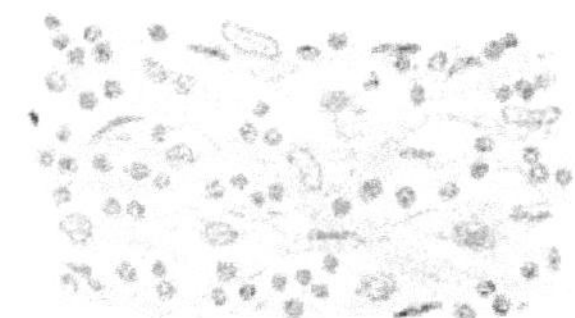

Fig. 63.

Zellige Infiltration des Bindegewebes bei Lebercirrhose.

Zu den Fasern gehören dunkle, längliche, schmale Kerne. In den Spalträumen erstens grosse, helle, ovale, endotheliale Kerne und Lymphocyten, von denen nur die Kerne sichtbar sind. Vergr. 600.

Allem von Drüsen verläuft, so redet man von einer interstitiellen Entzündung (vergl. die einzelnen Organe). Auch hier wandelt sich die zellreiche Substanz schliesslich in derbes, narbenähnliches Gewebe um, dessen Menge schon allein schädigend auf die Epithelien, Muskelfasern u. s. w. wirkt. Dazu kommt die Neigung des Narbengewebes zur Contraction, durch welche die nachtheilige Wirkung noch erhöht wird (vergl. die interstitiellen Entzündungen der Leber, Niere etc.).

Die Dauer der Proliferation und der Umwandlung in ein definitives Gewebe ist eine sehr verschiedene, über Wochen, Monate oder Jahre ausgedehnte. Bei den chronischen Entzündungen parenchymatöser Organe bleibt ein zellreiches Bindegewebe oft sehr lange bestehen. Es bildet ein Reticulum mit langen schmalen Kernen, deren Protoplasma nicht wahrzunehmen ist (Fig. 63). In seinen Maschen sieht man grosse, helle endotheliale Kerne und viele Lymphocyten.

Letztere ordnen sich bei allen Arten von bindegewebiger Proliferation, zumal aber wenn es sich um Entzündungen im Inneren eines alten Gewebes und nicht um völlige Neubildungen handelt, sehr gern gruppenweise an (Fig. 64). Diese Zellanhäufungen sind bald mehr, bald weniger gut begrenzt, bald grösser, bald kleiner. Ihre Anordnung deutet schon

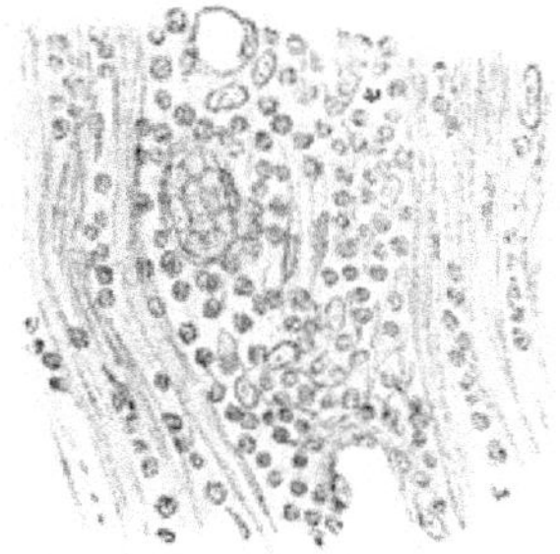

Fig. 64. Herdförmige zellige Infiltration aus dem Rande einer granulirenden Wunde. Die infiltrirenden Zellen mit runden dunklen Kernen sind Lymphocyten. Sie liegen in der Umgebung von Gefässen und in geringerer Zahl auch in den benachbarten Spalten. Zwischen den Lymphocyten hellere grosse, im Fasergewebe dunkle, lange und schmale Kerne. Vergr. 400.

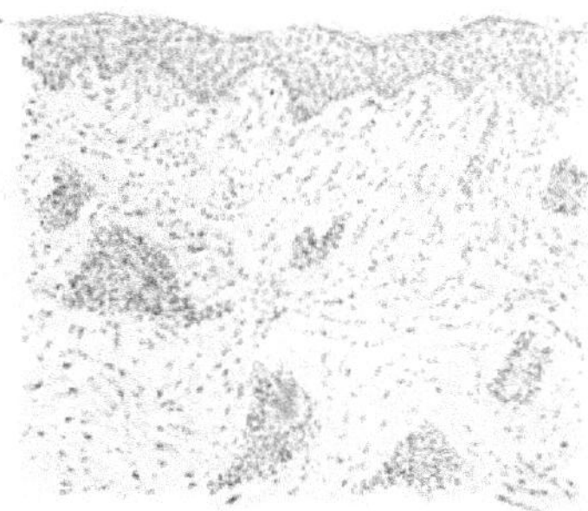

Fig. 65. Haut des Armes, einige Wochen nach Ablauf eines Erysipels.

Senkrechter Durchschnitt. Das Bindegewebe ist dichtfaserig. In ihm sieht man sieben knötchenförmige lymphoide Anhäufungen von Rundzellen (Lymphocyten) um Gefässe. Vergr. 50.

darauf hin, dass es sich nicht um beliebige Stellen handelt, an denen die Lymphocyten sich festsetzen, sondern dass besondere Einrichtungen diesen Gruppenbildungen entsprechen. Untersucht man sie genauer, so sieht man dann auch, dass die Rundzellen in ein Reticulum eingelagert sind und dass in diesem sich grössere helle, ovale, endothelähnliche Kerne finden. Die Zellhaufen sind demnach Analoga lymphatischer Knötchen und bilden sich entweder völlig neu, oder sie stellen Vergrösserungen der schon in der Norm in den in Entzündung gerathenen Geweben vorhandenen Gebilde dar. Diese liegen von Strecke zu Strecke, oder auch in grösserer Ausdehnung in der Umgebung der stärkeren Gefässe. Im völlig normalen Bindegewebe sind sie kaum wahrzunehmen, aber jede entzündliche Einwirkung lässt sie deutlicher hervortreten (s. oben Tätowirung S. 25, Fig. 15 u. 16). Sie werden dann erheblich grösser und bleiben oft noch lange bestehen, nachdem die Entzündung im Uebrigen abgelaufen ist (Fig. 65).

d) Die Phagocytose. Die Riesenzellen.

In den bisherigen Auseinandersetzungen war im Allgemeinen davon die Rede, dass bei der Durchwanderung der Exsudate, Blutgerinnsel etc. diese Massen von den eindringenden Zellen ersetzt werden. Ueber die Einzelheiten dieses Vorganges sind aber noch einige Bemerkungen erforderlich. Die von dem neuen Gewebe verdrängten Substanzen werden zum Theil durch den Saftstrom aufgelöst, zum anderen Theil durch die Zellen zerstört, die dabei kleinere und grössere Partikel in ihr Protoplasma aufnehmen und deshalb Fresszellen, Phagocyten genannt werden. Das farblose Fibrin kann man freilich in dem Zellleib nicht wahrnehmen, aber wenn es sich um leicht nachweisbare Massen handelt, kann man sie in den Zellen gut wiederfinden. Dahin gehört das Fett aus fettig zerfallenen Geweben (s. oben Körnchenkugeln S. 18), der Blutfarbstoff aus Blutergüssen (s. oben S. 20), das Pigment (besonders die Kohle), welches von aussen in den Körper hineingelangte (s. oben S. 24).

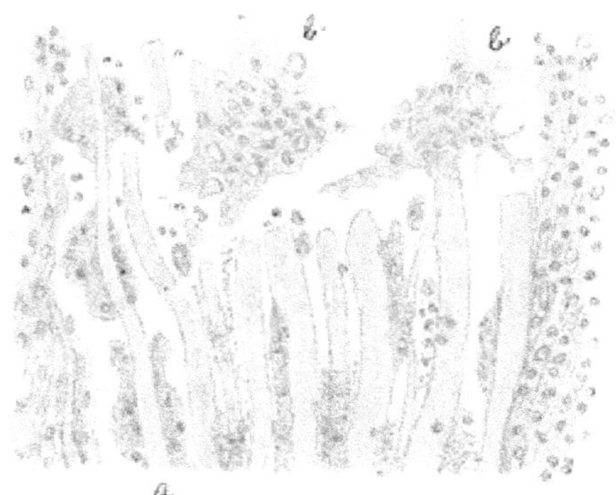

Fig. 66. Bildung von Riesenzellen an einem in die menschliche Haut eingenähten Seidenfaden. Die einzelnen Fadenbestandtheile bilden parallele homogene Bänder. An einem (a) haften 3 grosse Riesenzellen. b u. c sind umfangreiche zackige Riesenzellen, in denen neben den Kernen einzelne homogene rundliche Gebilde als Querschnitte von Seidenfädchen sichtbar sind. Zwischen den parallelen Fäden Detritus, beiderseits Granulationsgewebe. Vergr. 400. Gehärtetes und gefärbtes Präparat.

An dieser Aufnahme in das Protoplasma sind alle Zellarten betheiligt. Zunächst kommen die Leukocyten in Betracht, von denen wir oben bereits berichteten, dass sie sich gern Bacterien einverleiben. Aber die Abkömmlinge der fixen Zellen haben nicht weniger Antheil an der Phagocytose. Sie sind es vor Allem, welche Blut- und andere Pigmente in sich aufnehmen; aber auch Bacterien verschiedener Art werden oft in ihnen gefunden. Davon soll sogleich noch die Rede sein.

Handelt es sich bei den einer Resorption oder Durchwachsung anheimfallenden Dingen um festere oder sehr reichlich und dicht liegende Substanzen, so kommt es nicht selten zur Bildung abnorm grosser, vielkerniger Zellen, die man deshalb Riesenzellen (Fig. 66) nennt

Auch unter der Einwirkung von Bacterien können sie entstehen. Ihre Grössenverhältnisse sind sehr wechselnd, sie können sich in seltenen Fällen bei starker Vergrösserung durch ein ganzes Gesichtsfeld erstrecken und zeigen andererseits alle Uebergänge zu gewöhnlichen Grössenverhältnissen. Die Kerne liegen entweder ohne bestimmte Regel, oder, wenn die Riesenzelle sich um central in ihr vorhandene Substanzen gebildet hat, in randständiger Anordnung (s. die Tuberkulose S. 88). Die Riesenzellen entstehen in erster Linie aus endothelialen Elementen, aber ebenfalls aus fixen Bindegewebszellen. Ob sie dagegen auch aus Leukocyten und Lymphocyten hervorgehen, ist fraglich. Da man meist nur in kleineren Formen und auch da nur selten Mitosen antrifft, so muss man annehmen, dass die Riesenzellen für gewöhnlich entweder durch direkte Kerntheilung oder durch Zusammenfliessen an einander stossender Zellen entstehen (s. Tuberkulose). Für beide Arten giebt es Anhaltspunkte. Für die zweite spricht nicht selten die Form der Gebilde, die lange, protoplasmatische kernhaltige Fortsätze haben und aus einzelnen durch schmale Brücken verbundenen Theilen bestehen können. Eine solche Vereinigung ist besonders leicht bei den weichen Endothelien denkbar, zumal es sich stets um neugebildete Elemente handelt, die sich nicht immer völlig von einander getrennt haben und daher um so leichter zusammenfliessen können.

Die Beziehung der Riesenzellen zu den Fremdkörpern ist eine ausserordentlich verschiedene. Handelt es sich um kleine Gebilde, wie degenerirte Zellen, so können sie ganz in das Zellprotoplasma eingelagert, von ihm rings umgeben werden. Um grössere Körper bilden sich oft mehrere Riesenzellen. Fig. 66 giebt das Verhalten derselben zu einem operativ verwendeten Seidenfaden wieder. Man sieht zahlreiche Riesenzellen, die den einzelnen Fädchen entweder nur angelagert sind, oder um sie, wie besonders die Querschnitte durch dieselben lehren, herumgeflossen sind. Auch mehrere Fibrillen können auf diese Weise in einen gemeinsamen Protoplasmaleib aufgenommen sein. (Vergl. im Uebrigen die Riesenzellenbildung bei der Tuberkulose, dem Carcinom, den Dermoiden, den Riesenzellensarkomen, den Resorptionsprozessen am Knochensystem u. s. w.)

c) Die Gefässneubildung.

Einer besonderen kurzen Besprechung bedürfen schliesslich noch die Gefässwucherungen bei den länger dauernden Entzündungen. Es war von ihnen im Zusammenhang schon mehrfach die Rede. Die Gefässe sind an allen Entzündungen betheiligt, die mit Gewebsneubildung einhergehen. Wir sahen, dass sie bei den Organisationsprozessen in grosser Zahl in das Exsudat etc. vordringen, aber auch bei den im Innern der Gewebe ablaufenden Wucherungen vermehren sie sich bald mehr, bald weniger lebhaft. Sie entstehen als seitliche Sprossen aus den alten Gefässen genau so wie bei einfachen Regenerationsvorgängen. Es bilden sich protoplasmatische Erhebungen der Endothelzellen, die sich in das Exsudat und das umgebende Gewebe hinein in Form spitzer Ausläufer verlängern und durch Theilung der Endothelkerne ebenfalls kernhaltig werden. Indem nun das neue Protoplasma sich in einzelne Zellen differenzirt und sich vom Lumen des alten Gefässes her zwischen diesen Zellen aushöhlt, entsteht ein lediglich endotheliales Rohr, welches sich durch Grösse und Protoplasmareichthum seiner Zellen, durch Umfang der nach innen stark prominirenden Kerne und durch das häufige Vorkommen von Mitosen auszeichnet. Sind die Gefässe bluthaltig, so sind sie meist erheblich weiter als gewöhnliche Capillaren. In dieser Form sahen wir sie in dem Exsudat (Fig. 53, 54).

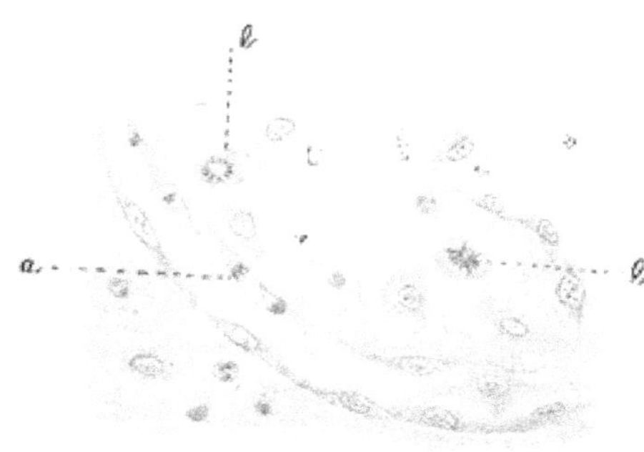

Fig. 67. Junge Gefässe
in einem grosszelligen, feinfibrillären Gewebe aus einer Mitralis bei Endocarditis. *a* Mitose in einer Endothelzelle, *b b* je eine Mitose in einer grossen Bindegewebszelle. Vergr. 600.

Den ersten Beginn einer Proliferation der alten Gefässe wird man, wenigstens beim Menschen, wesentlich seltener zu sehen bekommen, als die weiteren Entwicklungsprozesse an bereits neugebildeten Capillaren. Da aber an diesen auch, nachdem sie sich mit Blut gefüllt haben, noch viele Mitosen nachweisbar sind, so ist es klar, dass ihre Neubildung mit der Aushöhlung des erwähnten protoplasmatischen Fortsatzes ihr Ende noch nicht erreicht hat, sondern dass sie sich durch fortgesetzte Endothelwucherung noch mehr erweitern und verlängern. Am besten eignet sich zum Studium der Gefässproliferation ein völlig neugebildetes Granulationsgewebe oder ein Organ, welches in der Norm gefässlos ist, bei Entzündungen aber von Gefässen durchwachsen wird. Dahin gehören die Cornea und die Herzklappen. Die erstere ist beim Menschen nur selten einer Untersuchung zugängig und wird auch in der Leiche nur zufällig in geeigneter Verfassung angetroffen. Die Herzklappen dagegen bieten nicht selten Gelegenheit zur Untersuchung, da bei Endocarditis (Fig. 67), sobald sie einige Zeit bestanden hat, stets Gefässe von der Ansatzstelle her in das Gewebe hineinsprossen. Aber bei diesen Objekten kann man nur Schnitte anwenden, welche die Struktur der bereits gebildeten Gefässe zwar gut erkennen, bei Beobachtung der Sprossenbildung aber leicht Täuschungen entstehen lassen, da Schrägschnitte durch die Basis bereits bestehender Aeste die etwa gesuchten Fortsätze vortäuschen können. Besonders gut aber sind die in membranöser Form neugebildeten Gewebe verwendbar, so z. B. die auf der Innenfläche der Dura bei der sogen. Pachymeningitis (s. diese) entstehenden zarten Membranen, die frisch und gehärtet wie Schnitte behandelt und untersucht werden können.

4. Einige besondere Entzündungsformen.

War bisher von den proliferirenden Entzündungsprocessen im Allgemeinen die Rede, so müssen nun noch die besonderen Verhältnisse in's Auge gefasst werden, wie sie sich unter dem Einfluss verschiedener Bakterienarten herausbilden. Denn wenn hier auch die Vorgänge in allen wesentlichen Punkten den bisher erörterten entsprechen, so ergeben sich doch in Einzelheiten, nach der Anordnung der wuchernden Zellen, nach der Art der vorwiegend in Betracht kommenden Elemente, nach den befallenen Organen manche Eigenthümlichkeiten, die eine gesonderte Besprechung erheischen. Es handelt sich aber, um es nochmals zu betonen, nicht um principielle Verschiedenheiten, die zur Aufstellung specifischer Entzündungsformen führen könnten. Vielmehr beginnen auch die hier zu besprechenden Prozesse wie alle anderen Entzündungen mit Exsudation und Emigration, die sich freilich meist in engeren Grenzen halten. Erst an sie schliesst sich Gewebswucherung an, und nur, weil uns die meisten dieser Zustände erst in den späteren Stadien, jedenfalls nur selten ganz im Anfang zu Gesicht kommen, sind wir gewohnt, die granulirenden Gewebsveränderungen als die charakteristischen anzusehen. Aber die Exsudation kann sehr wohl auch die späteren Stadien begleiten und bei ihnen unter Umständen lebhaft werden.

Hierher gehören vor allen Dingen die durch die Tuberkelbacillen hervorgerufenen Entzündungen. Wenn man kurzweg von Tuberkulose redet, denkt man gewöhnlich an bestimmte aus Granulationsgewebe bestehende Gebilde, die auch abgesehen von der Gegenwart der Bacillen von anderen granulirenden Prozessen meist leicht unterschieden werden können, nämlich an die sogen. Tuberkel. Das sind kleine rundliche Gewebsbezirke, die makroskopisch gerade als kleinste Knötchen wahrnehmbar, aber strenge genommen nicht identisch sind mit dem, was man gewöhnlich bei blossem Auge Tuberkel zu nennen pflegt. Letztere haben durchschnittlich die Grösse eines Hanfkornes (Milium, Miliartuberkel) und auch beträchtlicheren Umfang, sind aber, wie das Mikroskop ergiebt, meist aus mehreren einzelnen, dicht zusammenliegenden und vielfach confluirenden Knötchen aufgebaut (Fig. 68).

Wir wollen den Tuberkel im engeren Sinne zunächst betrachten, um dann auch die weniger typischen übrigen tuberkulösen Entzündungsprozesse zu berühren.

Untersuchen wir bei schwacher Vergrösserung (Fig. 68) frische Schnitte aus tuberkulösen Lymphdrüsen oder aus tuberkulösem Granulationsgewebe verschiedenster Herkunft, so finden wir darin bald schärfer, bald verwaschen begrenzte Bezirke, von rundlicher oder buchtiger unregelmässiger Gestalt, die sich durch dunklere, meist leicht gelbliche Beschaffenheit aus dem hellgrauen Zwischengewebe abheben. Sie theilen sich meist wieder in kleinere und grössere rundliche Felder ab, in denen man central, aber auch excentrisch gelegene helle blassgelbe Fleckchen sieht, die aber nicht in allen Feldern vorhanden sind. Doch kann dies sehr wohl darin seinen Grund haben, dass sie ausserhalb des Schnittes in dem anderen Theile des Knötchens liegen. Diese Fleckchen erscheinen nicht selten dunkel umrandet oder ganz dunkel. Ihre nächste Umgebung ist oft gleichfalls dunkler als der übrige Theil der Knötchen, die zuweilen auch in grösserer Ausdehnung diese Beschaffenheit zeigen. Dann pflegen jene hellen Fleckchen zu fehlen.

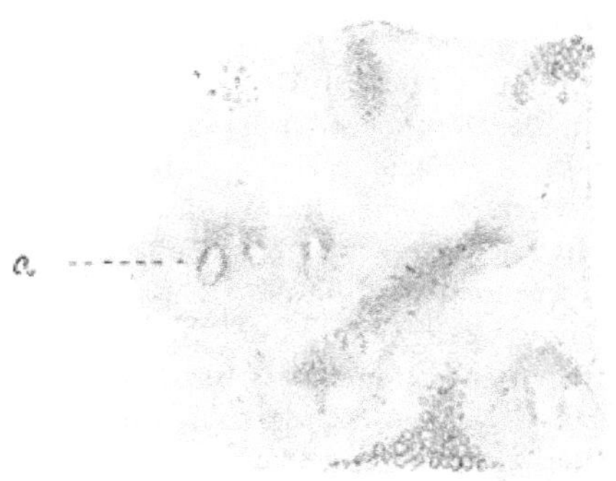

Fig. 68. Tuberkulose des Peritoneums.
Frisches Präparat. Vergr. 10. In einem hellgrauen Grundgewebe sieht man rundliche und langgestreckte Knötchen, die im Centrum theils körnig dunkel sind, theils (z. B. bei a) Riesenzellen enthalten, die man bei dieser Vergrösserung nur als helle, dunkel umrandete Fleckchen sieht. Unten und oben rechts Haufen von Fettzellen.

Die starke Vergrösserung lehrt (Fig. 69), dass die letzteren grosse Zellen sind, die aus einem sehr feinkörnigen Protoplasma bestehen, welches oft central trübe erscheint als Ausdruck einer partiellen Nekrose. Es grenzt sich in runder, ovaler, unregelmässiger zackiger Form gegen die Umgebung ab und enthält in seiner Peripherie viele helle rundliche und ovale, oft deutlich radiär gestellte Kerne, die nach Essigsäurezusatz deutlicher werden. Dadurch charakterisirt sich das Fleckchen als Riesenzelle, deren Grössenverhältnisse aber manchen Schwankungen unterliegt. Jene dunkle Umrandung rührt her von der Einlagerung zahlreicher feinster Fetttröpfchen in das die Kerne umgebende Protoplasma (Fig. 69). Sieht man die Zelle statt im Durchschnitt von der Fläche, so erscheint sie ganz mit Fetttröpfchen versehen, also ganz dunkel.

Zusatz von Essigsäure hebt die Knötchen bei schwacher Vergrösserung deutlicher hervor. Sie erscheinen dunkler gekörnt als die Umgebung. Die Körnung ist, wie starke Linsen lehren, durch die Gegenwart zahlreicher Kerne bedingt, die nur dort fehlen, wo, und zwar in den erwähnten dunklen Abschnitten Nekrose eingetreten ist.

In gehärteten und gefärbten Präparaten (Fig. 70) heben sich die Riesenzellen schon bei geringer Vergrösserung wegen ihres Kerngehaltes meist sehr gut ab. Sie sind in typischen Fällen umgeben

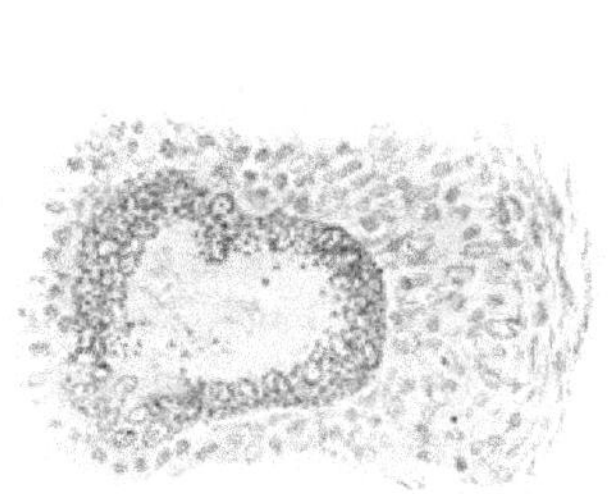

Fig. 69.
Centraler Theil eines Tuberkels.
Frisches Präparat. Eine Riesenzelle zeigt ausgedehnte fettige Degeneration ihrer Randabschnitte, in denen die Kerne liegen. Vergr. 100.

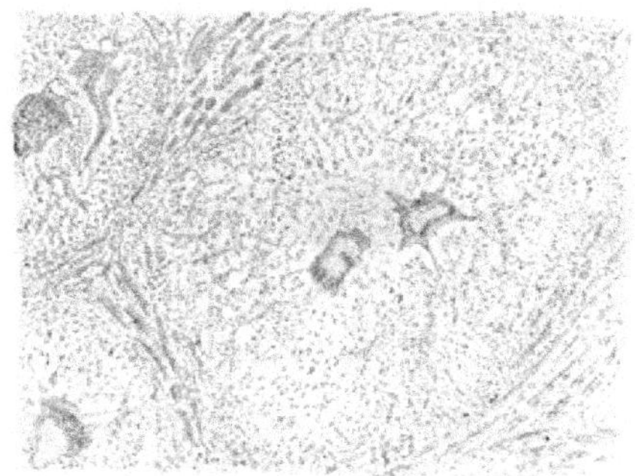

Fig. 70. Drei **Tuberkel** aus der Zunge bei schwacher Vergrösserung, der eine ganz, die beiden anderen nur zum Theil gezeichnet. Im Centrum derselben zackige Riesenzellen. Die Abgrenzung der Knötchen geschieht durch Bindegewebe mit quergestreiften Muskelfasern. Neben den beiden Riesenzellen des grösseren Knötchens eine trübe (verkäsende) Stelle.

von einem mit vielen Kernen versehenen Gewebe, welches um die Riesenzellen lockerer und oft radiär angeordnet ist. Es wird in der Peripherie der Knötchen dichter und geht über in eine circulär gestreifte festere aber ebenfalls kernhaltige Zone, die sich nur allmählich in die weitere, nicht selten dicht zellig infiltrirte Umgebung verliert. Etwaige nekrotische Stellen (Fig. 70) in dem Knötchen verrathen sich durch Kernmangel und homogene Färbung, die mit der des Protoplasmas übereinstimmt.

Bei starker Vergrösserung fällt zunächst die Form der Riesenzellen (Fig. 70, 71, 72, 73) auf. Sie sind rund, oval, lang ausgezogen, unregelmässig gestaltet, von sehr verschiedenem Umfange. Die Kerne nehmen die ganze Peripherie ein und sind dann oft regelmässig radiär gestellt, oder sie liegen nur in einem kleineren oder grösseren Theil des Randes, zuweilen nur an einer Seite, an kolbig geformten Zellen nur in dem dickeren Ende. Die radiäre Stellung ist oft nicht gut ausgeprägt, die Kerne können unregelmässig oder dem Rande parallel angeordnet sein. Sie finden sich aber nur selten und vereinzelt auch im inneren Protoplasma. Diese Lage kann indessen durch Betrachtung der Zelle von der Fläche vorgetäuscht werden. Vom Rande der Zelle gehen bald mehr, bald weniger deutlich radiäre zarte einzelne oder zahlreiche Ausläufer aus, die sich in dem umgebenden Gewebe verlieren, resp. ihre Fortsetzung zu finden scheinen in der hier vorhandenen reticulären dem Netzwerk lymphoider Theile ähnlichen Substanz. Zu dem Reticulum gehören lange schmale oder auch rundlichere dunkle Kerne, die sich in den Ausläufern der Riesenzelle auch nahe am Protoplasma finden können. Dieser Umstand lässt sich dahin verwerthen, dass die Riesenzelle sich durch Einbeziehung netzförmig mit ihr verbundener Zellen in ihren Leib vergrössert. In den engen Maschen des Netzwerks sieht man runde dunkle, den Lymphocyten entsprechende Kerne, zuweilen auch grössere sogenannte epithelioide Zellen. Das Reticulum geht nach aussen über in die circulär gestreifte Substanz.

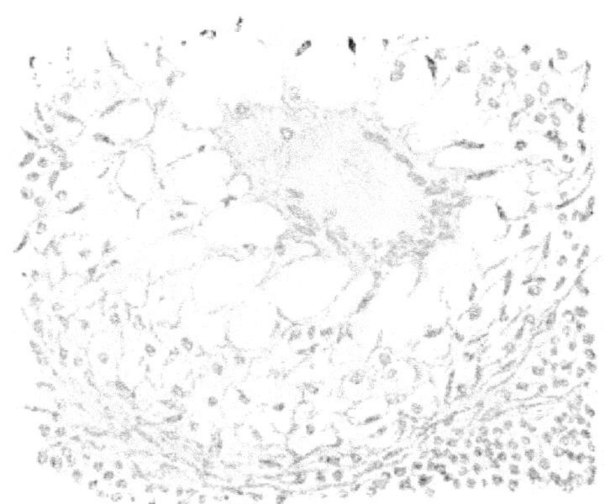

Fig. 71. Ein **Tuberkel** bei 400facher Vergrösserung. Nach oben ist er nicht bis zum Rande ausgeführt. Die zahlreichen Ausläufer der centralen Riesenzelle verlieren sich in einem faserigen Reticulum, welches in eine concentrisch gestreifte Grenzlage übergeht.

Die Tuberkel zeigen nun keineswegs immer diesen typischen Bau. Besonders schön entwickelt können wir ihn finden in Lymphdrüsen, in den Granulationsgeweben der tuberkulösen Gelenkentzündungen, in den tuberkulösen Prozessen des Hodens und Nebenhodens, der Zunge etc. Im Allgemeinen kann man sagen, dass die klare Entwicklung der beschriebenen Struktur sich in lockerem, weitmaschigem Gewebe und besonders auch in solchem findet, welches von vornherein eine reticuläre Beschaffenheit hat. Dadurch wird uns auch die Beziehung der Riesenzelle zu dem Reticulum klar, welches vor ihr auszustrahlen scheint. In Wirklichkeit liegt nämlich das Verhältniss so, dass die aus Endothelien hervorgehende Riesenzelle in engem Zusammenhang mit dem Reticulum stehen muss, dem ja jene Zellen ohnehin enge anliegen. So scheint es denn, als ob die Ausläufer der Riesenzellen, die als mit ihr verschmelzende Endothelien aufzufassen sind, eine direkte Fortsetzung in dem Reticulum fänden, während sie ihm doch nur dicht angeschmiegt sind.

Fehlt der typische Bau im Tuberkel, so kann deshalb doch die Riesenzelle sehr schön entwickelt sein, aber die übrigen Theile des Knötchens sind weniger deutlich ausgeprägt. So ist es besonders bei der Miliartuberkulose der verschiedensten Organe, z. B. der Leber. Oder die Riesenzellen liegen, zuweilen in grosser Zahl zerstreut, in einem zellreichen Granulationsgewebe, ohne dass dieses zu Knötchen abgegrenzt wäre, so besonders häufig in der Lunge (s. diese), in der Wand von Abscessen etc. Es kommt auch vor, dass man Riesenzellen abseits von zellreichen Gewebsabschnitten in faserigem Bindegewebe isolirt liegen sieht. Andererseits giebt es auch gut abgegrenzte zellige Knötchen, denen die centrale Riesenzelle fehlt. An ihrer Stelle finden sich dann nur grössere epithelioide Zellen.

Wenn nun auch die Riesenzellen im Allgemeinen einen sehr charakteristischen Bestandtheil der tuberkulösen Prozesse bilden, so muss man doch daran festhalten, dass ihre Gegenwart nicht immer dazu berechtigt, Tuberkulose anzunehmen. Denn auch durch die Einwirkung der verschiedenartigsten Fremdkörper können, wie oben beschrieben wurde (s. S. 82), Riesenzellen entstehen, die von den hier besprochenen nicht zu unterscheiden sind. Um die Gebilde als tuberkulöse anzusprechen ist daher strenge genommen die Gegenwart der Tuberkelbacillen erforderlich, von denen sogleich noch die Rede sein soll. Da diese aber oft so spärlich sind, dass sie trotz grosser Mühe nicht aufgefunden werden, so lässt sich dieses Kriterium nicht immer verwerthen. Für Tuberkulose spricht dann mit grosser Wahrscheinlichkeit der typische knötchenförmige Aufbau mit centralen Riesenzellen und die Abwesenheit von Substanzen, welche die Bildung der letzteren hätten veranlassen können.

Die Tuberkel entwickeln sich aus Elementen des Bindegewebes. Ob an der Riesenzellenbildung auch Epithelzellen der betreffenden Organe betheiligt sein können, ist fraglich. Jedenfalls kommen in erster Linie, wahrscheinlich ausschliesslich Bindegewebs- und Endothelzellen in Betracht. Letztere spielen besonders deutlich in den Lymphdrüsen eine Rolle (Fig. 72). Ist die Erkrankung dieser Organe noch nicht weit vorgeschritten, so findet man leicht alle Uebergänge zwischen den grossen Riesenzellen und den einkernigen, grossen unregelmässig gestalteten Endothelien, um welche sich mit ihrer Vergrösserung das reticuläre Gewebe unter Zunahme der eingelagerten Rundzellen knötchenförmig abgrenzt. Auch im sonstigen Bindegewebe kann man in geeigneten Fällen aus den anatomischen Befunden schliessen, dass die

Tuberkelentwicklung mit dem Auftreten epithelioider Zellen ihren Anfang nimmt und dass diese sich zu Riesenzellen vergrössern. Ihre Entstehung ist im Einzelnen noch ebenso wenig gesichert wie die der Fremdkörperriesenzellen. Wahrscheinlich können sie sowohl durch Wachsthum einer einzelnen Zelle wie durch Zusammenfluss mehrerer entstehen.

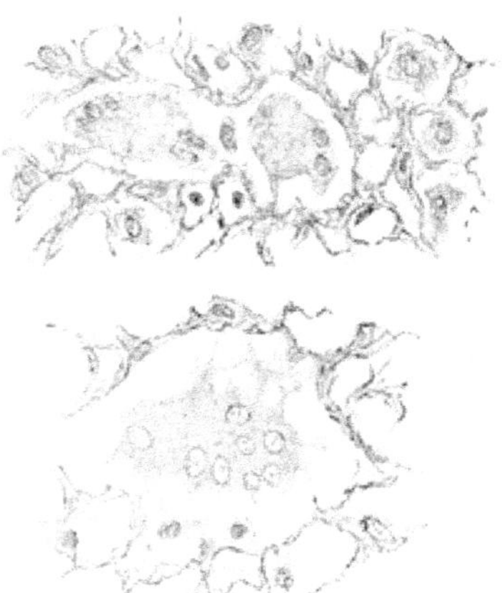

Fig. 72. Beginnende und fortschreitende **Riesenzellenbildung bei Tuberkulose** in einer Lymphdrüse. *a* zeigt neben einzelnen abgelösten Endothelien zwei bereits mit zwei resp. 5 Kernen versehene Zellen, die offenbar aus Endothelien hervorgingen, *b* zeigt eine weiter ausgebildete, mit Ausläufern versehene Riesenzelle. Vergr. 100.

Im Tuberkel spielt nun mit zunehmendem Alter eine nekrotische Umwandlung, die Verkäsung, eine grosse Rolle (Fig. 33, S. 42). Zunächst äussert sie sich schon sehr früh an den Riesenzellen, deren centrales Protoplasma ihr anheimfällt. Es erscheint trüber als das periphere und leichter geneigt, Protoplasmafarben aufzunehmen. Weigert hat angenommen, dass die centrale Nekrose die Zelltheilung verhindere, die sonst eintreten würde und dass dadurch die Bildung der Riesenzellen bedingt sei. Die Verkäsung dehnt sich aber bald weiter aus. Anfänglich sieht man auch in der Umgebung der Riesenzellen abgestorbene Theile des Reticulum und der Zellen (Fig. 70), dann werden die Riesenzellen in ganzer Ausdehnung und ebenso die angrenzenden Abschnitte ergriffen, und nun besteht die Mitte des Tuberkels nur noch aus käsigem Material. Die Nekrose schreitet dann nach aussen fort, während hier andererseits die Granulationswucherung sich ausdehnt. So nehmen die Knötchen an Grösse zu und bestehen also, so lang ihr Wachsthum dauert, aus einem verkästen mittleren Abschnitt und einer umgebenden Granulationszone. In dieser finden sich meist Riesenzellen, um welche sich das Gewebe nicht selten knötchenförmig absetzt. Durch Zusammenfluss der einzelnen Tuberkel entstehen grössere, unregelmässig verkäste Abschnitte. Die Verkäsung beruht auf der Einwirkung der Bacillen. Es trägt aber auch der Umstand dazu bei, dass die Tuberkel in ihrer peripheren Zone nur wenige oder keine Gefässe mehr haben, da diese in der Wucherung obliteriren.

Verkäsung ist aber auch nicht das nothwendige Schicksal von Tuberkeln. Sie können auch eine Art Heilungsprozess (s. Lungentuberkulose) durchmachen, der darin besteht, dass an Stelle des zellreichen Gewebes ein derbfaseriges, schliesslich sclerotisches tritt und dass die Riesenzellen in ihm zu Grunde gehen.

Wenn nun oben schon die Rede davon war, dass der typische Tuberkel nicht die einzige Form ist, unter welcher der tuberkulöse Prozess erscheint und gewisse Abweichungen schon erwähnt wurden, so muss doch nun noch betont werden, dass sich zuweilen die Erkrankung unter der Bildung eines Granulationsgewebes ohne alle charakteristischen Bestandtheile, ohne Riesenzellen darstellt. Im Allgemeinen kann man sagen, dass die Knötchen- und Riesenzellenbildung um so deutlicher ist, je langsamer die Entzündung verlief und so mehr als einfaches Granulationsprodukt auftritt, je rascher jene vorschritt, oder was ungefähr zusammenfällt, je weniger Bacillen dort und je mehr hier vorhanden, resp. je virulenter sie sind. Aber wenn das Gewebe sich auch in seiner Zusammensetzung indifferent verhält, so ist doch seine Metamorphose, nämlich seine Verkäsung meist rascher fortschreitend. Daher man denn gerade in diesen Fällen, besonders z. B. in der Lunge, im Nierenbecken eine ausserordentlich ausgedehnte Nekrose antrifft.

Aber auch mit dieser Varietät ist das Bild der tuberkulösen Entzündungen noch nicht vollständig. Es geht nämlich häufig neben der Proliferation noch eine Exsudation einher, die sich besonders durch Ausscheidung von Fibrin auszeichnet. Gross wird seine Menge freilich nur in der Lunge, wo von ihm noch weiter die Rede sein soll. Aber auch in anderen Organen kann das Fibrin mit der Weigert'schen Methode hier und da nachgewiesen werden und zwar auch im Innern von Tuberkeln.

Die Tuberkelbacillen finden sich nun sowohl in Riesenzellen (Fig. 73), wie in epithelioiden Elementen und im Gewebe ausserhalb der Zellen. Beim Menschen hält der Nachweis oft sehr schwer. Zumal in Riesenzellen sucht man häufig vergeblich nach ihnen. Selten trifft man sie hier in grösserer Zahl, wie es beim Rindvieh häufig der Fall ist. Oft ist nur ein einziges Stäbchen vorhanden, oder es sind nur zwei oder drei nachweisbar. Besonders schwer zu sehen sind sie, wenn sie senkrecht von oben nach unten gerichtet sind, so dass der Untersucher nur ihren optischen Querschnitt wahrnimmt. Sie liegen meist in der Nähe der Kerne oder auch zwischen ihnen. Im Granulationsgewebe finden sie sich oft in ungeheurer Zahl, einzeln oder in Gruppen angeordnet, in denen sie ohne Regel sich in verschiedenen Richtungen kreuzen.

Zum Nachweis der Tuberkelbacillen benutzt man am besten entweder Carbolfuchsin (nach Ziehl, Fuchsin 1,0, 5 proc. Carbolsäure 100,0) oder Lösungen von Fuchsin oder Gentianaviolett in Anilinwasser (nach Ehrlich). Man schüttelt Wasser in einem Reagenzcylinder mit einigen Tropfen Anilinöl, filtrirt und setzt zu dem Filtrat concentrirte wässerige Lösung eines jener beiden Farbstoffe, bis zur dunklen (rothen oder blauen) Färbung. Handelt es sich um Eiter,

Sekrete tuberculöser Processe, Sputum, so macht man in der Seite 57 besprochenen Weise Deckglaspräparate und legt sie für 2 Minuten auf Carbolfuchsin oder für 15 Minuten auf die Anilinwasserlösungen. Im letzteren Falle kann man die Procedur durch Erwärmen (nicht Erhitzen) der Flüssigkeit auf einige Minuten abkürzen. Darauf bringt man das Deckglas für $^1/_4$—1 Minute auf 20 % Salpetersäure, durch welche es entfärbt wird, wäscht dann mit Alkohol ab und kann das Objekt nun gleich untersuchen oder vorher durch Ueberfärbung mit wässerigem Methylenblau resp. Vesuvin und Entfärbung in Alkohol eine Contrastfärbung erzielen, welche von den Bacillen nicht angenommen wird. Diese erscheinen nun roth, resp. blau, die übrigen Bestandtheile (auch die etwa vorhandenen anderen Bakterienarten) blau resp. braun.

Bei Schnitten verfährt man in der gleichen Weise, nur ist die Färbungsdauer eine längere (bei Carbolfuchsin 5, bei den Anilinwasserlösungen mindestens 20 Minuten).

Die Färbung mit Fuchsin dürfte im Allgemeinen den Vorzug verdienen, es kommt aber dabei viel auf Uebung und Gewohnheit an. Das Anilinwasserfuchsin giebt im Allgemeinen leuchtendere Bilder als das Carbolfuchsin.

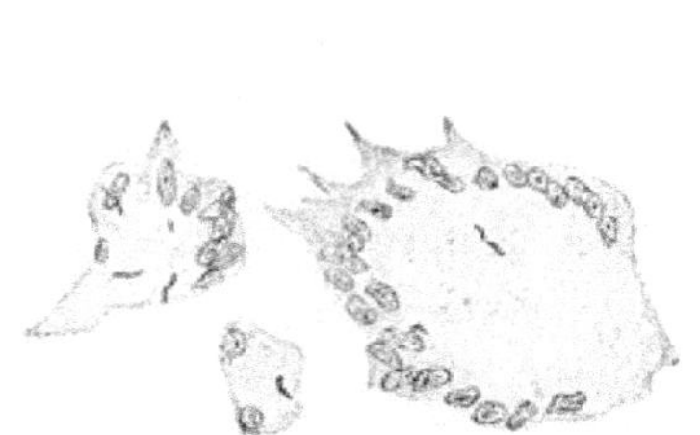

Fig. 73. Riesenzellen verschiedener Grösse aus tuberkulösem Lungengewebe. In denselben vereinzelte Bacillen. Vergr. 600.

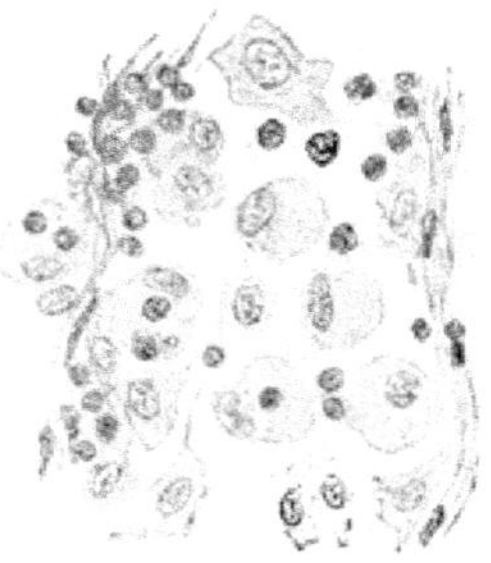

Fig. 74. Aus einer mesenterialen Lymphdrüse bei Ileotyphus. Man sieht grosse rundliche Zellen: abgelöste Endothelien, dazwischen Lymphocyten und zwei Züge des Reticulums. Vergr. 400.

Die oben gegebene Darstellung von der Genese der Tuberkelelemente aus den fixen Gewebszellen ist jetzt die ziemlich allgemein angenommene. Sie basirt hauptsächlich auf B a u m g a r t e n 's experimentellen Untersuchungen (Zeitschr. f. klin. Med. XI).

Die s y p h i l i t i s c h e n E n t z ü n d u n g e n sind ausgezeichnet durch die Bildung eines zellreichen Gewebes, welches aber in den histologischen Einzelheiten keine Merkmale darbietet, die es s i c h e r von anderen entzündlichen Gewebsproliferationen unterscheiden liessen. In den jüngeren Stadien, z. B. den Initialsclerosen trifft man die Gewebsspalten in Gestalt breiter Züge und Herde mit Zellen erfüllt, die theils die Charaktere der Lymphocyten, theils grösserer, offenbar fixer Elemente haben. Letztere sind rundlich oder oval oder oft auch durchgängig spindelig, ohne aber im Uebrigen irgend welche Besonderheiten darzubieten. Die grosszellige Zusammensetzung des Gewebes ist aber im Allgemeinen mehr ausgesprochen als bei anderen Entzündungen. Auch in inneren Organen finden sich dieselben Verhältnisse, auch hier oft die grosszellige an Spindelzellen reiche Wucherung (vgl. z. B. die Syphilis der Lunge und des Darmes im speciellen Theil). In den grösseren, in Form von Knoten auftretenden syphilitischen Neubildungen innerer Organe, den sogenannten Gummigeschwülsten, kommt zu den genannten Merkmalen die Nekrose der älteren Theile hinzu. Diese wandeln sich in eine käseähnliche, trockene, zäh elastische Masse um, die mikroskopisch keine Kerne mehr hervortreten lässt und entweder eine scharfe Grenze gegen das umgebende lebende Gewebe besitzt oder allmählicher darin übergeht. Sehr gewöhnlich stösst zunächst an die nekrotische Masse eine derbe, dichte, faserige und mässig zellreiche Zone an, die erst nach aussen wieder in jugendliche Substanz übergeht. Der spindelzellige Charakter tritt auch hier nicht selten hervor, in anderen Präparaten fallen nur rundliche aber protoplasmareiche Zellen und Lymphocyten auf. Zuweilen ist das syphilitische Gewebe stark durchfeuchtet. Dann erkennt man besonders deutlich die weiter auseinander liegenden Spindelzellen. Die meist zahlreichen, zum Theil offenbar neugebildeten Gefässe zeigen manches Mal Wucherungen des Endothels, doch gehört das keineswegs zur Regel. Etwas häufiger dagegen als bei andersartigen Entzündungen kommt eine Veränderung der Lymphgefässe zur Beobachtung, deren Endothelzellen durch Wucherung das Lumen ausfüllen können (vergl. Syphilis des Darmes, Fig. 264).

Die L e p r a b a c i l l e n erzeugen ein zellreiches in grösseren Knoten und kleinen Herden auftretendes Gewebe, in welchem sie sich ausserordentlich stark vermehren (Taf. III, Fig. 6). Die Zellen haben die Grösse gewöhnlicher endothelialer Elemente oder sie sind erheblich umfangreicher und stellen nicht selten vielkernige Riesenzellen dar. Zwischen den Zellen verläuft eine faserige Grundsubstanz mit Gefässen. Die charakteristische Beschaffenheit erhält das Gewebe erst durch die Anwesenheit der Bacillen, die zwischen, besonders aber in den Zellen liegen und ihr Protoplasma oft so durchsetzen, dass man von ihm und dem Kern nichts wahrnimmt. Vor Allem sind die grossen und die Riesenzellen der Art verändert. Sie gehen schliesslich unter dem Einfluss der Bacillen zu Grunde.

Der Leprabacillus wird nach den gleichen Methoden wie der ihm sehr ähnliche Tuberkelbacillus gefärbt.

Die durch T y p h u s b a c i l l e n verursachte Entzündung erhält ihr Gepräge von vorneherein dadurch, dass sie fast ausschliesslich im Inneren lymphatischer Apparate abläuft. Die Bacillen dringen in die Lymphbahnen vor und vermehren sich in ihnen (Tafel III, Fig. 7). Sie erregen nach Aufhören der anfänglich auch hier vorhandenen exsudativen Prozesse eine lebhafte Proliferation und Desquamation der Endothelien, die als grosse protoplasmareiche, runde oder unregelmässig gestaltete

Zellen die Lymphbahnen ausfüllen (Fig. 74) und erweitern und dadurch die Vergrösserung der Follikel, Peyer'schen Plaques und Lymphdrüsen herbeiführen. Neben ihnen sind verhältnissmässig wenig Lymphocyten vorhanden, von denen man einige auch im Inneren von Endothelien antrifft, die somit auch hier als Phagocyten wirken. Der Mangel entsprechender Profilbilder schliesst aus, dass es sich hier etwa nur um eine Einlagerung der Lymphocyten in grubige Vertiefungen der Endothelien handeln könnte. Um so bemerkenswerther ist es, dass man die Bacillen nicht im Zellprotoplasma antrifft, sondern nur in Gestalt grösserer oder kleiner zerstreut liegender, unregelmässiger, dichter Haufen, die sich peripher auflösen, so dass einzelne Stäbchen zwischen den angrenzenden Zellen sich vertheilen (Taf. III, Fig. 7). Die eigentlichen Follikel der lymphatischen Apparate sind an dem Prozess unbetheiligt.

Die Entzündung greift auch über die Grenzen der Lymphknötchen in die Nachbarschaft über. Auch hier entstehen Wucherungen der Endothelien der Saftspalten, aber auch der weiteren Lymphgefässe, die nicht selten durch grosse festsitzende oder desquamirte, auch wohl zu Riesenzellen anschwellende Zellen verschlossen werden. Aber diese Erscheinung ist ebenso wenig wie die mikroskopische Veränderung des lymphatischen Gewebes ausreichend charakteristisch. Die Endothelwucherung der Lymphkanäle kommt auch bei andern Entzündungen vor (Fig. 261).

Der Typhusbacillus färbt sich nicht nach G r a m oder W e i g e r t. Man benutzt in Schnitten besonders die auch für den Diphtheriebacillus (S. 66) angegebene Methode der Methylenblaufärbung. Da die Stäbchen besser als das Gewebe den Farbstoff festhalten, so heben sie sich, vor Allem als Colonien, aus ihm deutlich ab.

E. Geschwülste.

Geschwülste sind umschriebene Neubildungen von Geweben, welche zwar keine anderen als die im normalen Körper vorkommenden Bestandtheile enthalten, im Aufbau aber grössere oder geringere Abweichungen zeigen und im Allgemeinen keinen definitiven Abschluss ihres Wachsthums erreichen.

Die Geschwülste gehen hervor aus Gewebskeimen, welche aus ihrem physiologischen Zusammenhang durch irgend eine Einwirkung, besonders durch abnorme, zuweilen entzündliche Wachsthumsvorgänge getrennt wurden. Sehr häufig erfolgen diese Abschnürungen im embryonalen (C o h n h e i m, Vorlesungen über allgemeine Pathologie), in den übrigen Fällen im postembryonalen Leben. Das Maassgebende für die Geschwulstentwicklung ist bei der theilweisen oder völligen Trennung der Gewebskeime der Umstand, dass sie, dem Einfluss des organischen Ganzen entzogen, für sich weiterwachsen. W i r k ö n n e n a l s o d i e A n n a h m e e i n e r b e s o n d e r e n W a c h s t u m s s t e i g e r u n g d e r G e s c h w u l s t z e l l e n e n t b e h r e n (R i b b e r t, Das pathologische Wachsthum 1895).

Die Geschwülste behalten in der Hauptsache die Eigenthümlichkeiten der Gewebe bei, aus denen sie hervorgingen, so dass man aus ihrer Structur bis zu einem gewissen Grade Rückschlüsse auf den Ort ihrer Entstehung machen kann.

Sie entwickeln sich, nachdem sie einmal entstanden sind, auch in Metastasen aus sich heraus. Sie durchwachsen und verdrängen das umgebende Gewebe. Eine Umwandlung desselben in Geschwulstgewebe findet niemals statt. Daher ist es nicht möglich, sich in den Randtheilen eines Tumors über seine erste Entstehung Klarheit zu verschaffen. Dazu sind lediglich die ersten Anfangsstadien geeignet, die freilich nur sehr selten zur Beobachtung gelangen.

Weitaus die meisten Gewebsarten unseres Körpers können Geschwülste liefern. Nur sehr wenige enthalten nur einen Bestandtheil, die meisten besitzen neben dem vorwiegenden zum Mindesten noch Blutgefässe, viele bauen sich aus zwei Gewebsarten (z. B. Epithel oder Endothel und Bindegewebe), wieder andere aus mehreren auf.

Demgemäss ist die histologische Zusammensetzung vieler Tumoren leicht verständlich, andere dagegen bereiten der Untersuchung dadurch Schwierigkeiten, dass die gegenseitigen Wachsthumsverhältnisse der einzelnen Bestandtheile erheblich von denen der Organe abweichen, aus deren Elementen die Neubildungen hervorgingen.

1. Fibrom.

Das F i b r o m kann in seinem Aufbau den verschiedenen Formen des normalen Bindegewebes analog gebaut sein. Es geht als sehr weiche Geschwulst von den Schleimhäuten aus (z. B. Nasenpolyp) als ebenfalls weiche, aber auch als härtere Neubildung von der Haut (cutis pendula, Elephantiasis), als derber Tumor von den Fascien und dem Periost (z. B. Nasenrachenpolyp), es findet sich in äusserst fester Structur als sogenanntes Keloid.

Untersuchen wir einen gewöhnlichen N a s e n p o l y p e n, der durch eine gallertig-schleimige Beschaffenheit ausgezeichnet ist, so finden wir ihn im f r i s c h e n Z u s t a n d e an Zupfpräparaten aus feinen, sich einzeln oder bündelweise locker durchflechtenden F i b r i l l e n zusammengesetzt, zwischen wel-

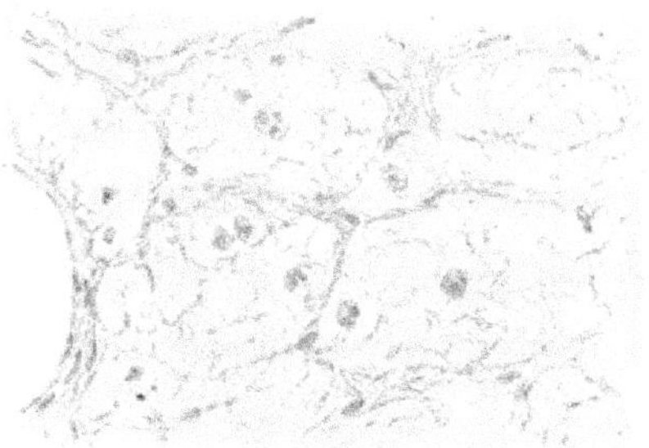

Fig. 75. Schleimhautpolyp der Nase. Eine feinfaserige Grundsubstanz bildet netzförmig angeordnete breitere Züge. In den Maschen zeigt sie eine lockere Beschaffenheit. Sie hängt mit der links theilweise sichtbaren Gefässwand zusammen. Die grau gehaltenen weiten Lücken des Gewebes müssen durch Lymphe ausgefüllt gedacht werden. In den Faserzügen bemerkt man längliche, schmale Kerne, in den Maschen rande mehr- und einkernige Wanderzellen. Vergr. 400.

chen weite, durch eine durchsichtige, vorwiegend als Oedem aufzufassende, etwas mucinhaltige Flüssigkeit ausgefüllte Räume hervortreten. In diesen sieht man einzelne, mehrere oder viele freie, kleine, runde Zellen. In Schnitten des gehärteten Objectes ist die fibrilläre Structur nicht gleichmässig (Fig. 75). Die Fasern legen sich zu unregelmässigen Bündeln zusammen, die netzförmig angeordnet sind und von denen feinste Fädchen, welche aber grösstentheils Gerinnungsprodukte der mucinhaltigen Gewebsflüssigkeit sind, in die Maschenräume abgehen. In letzteren findet man ferner einzelne oder zahlreiche Rundzellen, in den Fibrillenbündeln zerstreut schmale, sich dunkel färbende Kerne

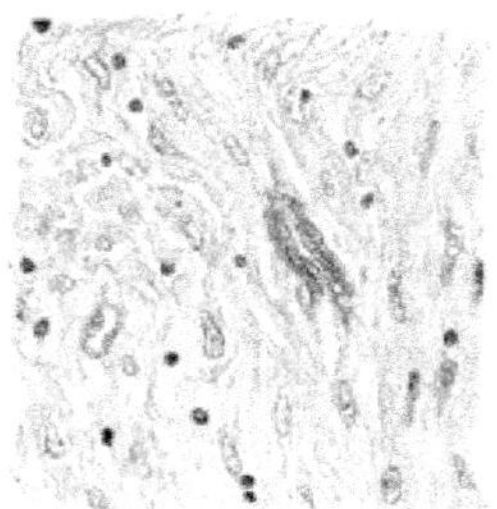

Fig. 77. Derbes Fibrom vom Oberkiefer einer alten Frau. Die Fibrillen liegen, bündelweise angeordnet, dicht zusammengedrängt. An einer Stelle links sind sie quergetroffen. Zwischen ihnen liegen relativ wenige grössere ovale Kerne und vereinzelte Lymphocyten.

Fig. 76. Oedematöses Fibrom der Haut. Einzelne und bündelweise angeordnete gewundene Fasern durchflechten sich in mannichfaltiger Weise. Zwischen ihnen liegen grosse protoplasmatische, mit langen Ausläufern versehene Zellen, die einen grossen ovalen Kern besitzen. Die Spalten sind mit Gewebsflüssigkeit ausgefüllt, die durch den grauen Ton angedeutet ist. Vergr. 400.

von fixen Zellen, deren Protoplasma nicht sichtbar ist. Die Rundzellen sind meist einkernig und auch sonst den Lymphocyten ähnlich. Sie liegen um weitere Gefässe nicht selten in grösseren Gruppen, die den lymphoiden Herdchen der normalen Schleimhaut entsprechen. Sie dürfen also um so weniger als ausgewanderte weisse Blutzellen betrachtet werden, als ja aus den grossen Gefässen, in deren Umgebung sie liegen, eine Emigration nicht stattfindet. Ausser den Lymphocyten, die in der subepithelialen Schicht oft besonders reichlich vorhanden sind, kann man auch die mehrkernigen Leukocyten in wechselnder Zahl antreffen.

Die Polypen haben einen Schleimhautüberzug, der als Fortsetzung der übrigen Nasenschleimhaut nicht zur Geschwulst gehört.

Etwas anders sind die weichen Fibrome der Haut gebaut.

Hier durchflechten sich die etwas dickeren, gerade oder besonders gern wellig verlaufenden Fibrillen gleichmässiger. Sie liegen, je nachdem die Geschwulst oedematös ist oder nicht, weiter auseinander oder näher zusammen. Zwischen ihnen bemerkt man nicht selten die wohlausgeprägten, protoplasmareichen, meist spindeligen Bindegewebszellen, die oft sehr lange Fortsätze aufweisen (Fig. 76). Je derber die Geschwulst ist, um so dichter liegen die Fibrillen zusammen, so dass schliesslich nur noch eben Raum bleibt für die schmalen länglichen Kerne, um welche ein Protoplasma zu fehlen scheint, jedenfalls aber nicht wahrnehmbar ist (Fig. 77, aus einem derben Oberkieferfibrom). In mässig derben Fibromen kann man in den älteren centralen Theilen und den peripheren jüngeren typisch verschiedene Bilder bekommen. Hier sieht man zwischen den Fibrillen grosse Bindegewebszellen mit vielem, aber wegen seiner Zartheit nicht immer gut abgrenzbarem Protoplasma und grossem, rundlich-ovalem hellem Kern, dort sind dieselben Zellen schmaler geworden, das Protoplasma ist vermindert, aber besser begrenzt (Fig. 78). Daher kann man die Zellform besser erkennen und sieht nun oft überraschend lange, schmale Elemente, die sich von Fibrillen oft kaum unterscheiden lassen, zumal sie mit ihnen parallel laufen. Der Kern ist kleiner, schmäler geworden und färbt sich intensiver. Hier und da scheint er auch des Protoplasmas zu entbehren und liegt für sich zwischen den Fasern. Dies Verhalten ist in manchen Fibromen durchgängig vorhanden. So gehen von der harten Hirnhaut Fibrome aus (Fig. 79), die sich aus dichtgedrängten, oft in grosser Ausdehnung parallelen Fibrillen aufbauen, welche mit sehr zahlreichen langen und schmalen Kernen, ohne sichtbares Protoplasma, besetzt sind. Solche und andere Fibrome lehren zugleich, dass die Zahl der Zellen resp. Kerne verschieden sein kann, was wegen der Differentialdiagnose gegenüber dem später zu betrachtenden Sarkom und wegen der Uebergänge zu ihm bedeutungsvoll ist. Denn auch eine grosse Zahl von Kernen ändert nichts an dem fibrösen Charakter der Geschwulst, so lange die Zellen

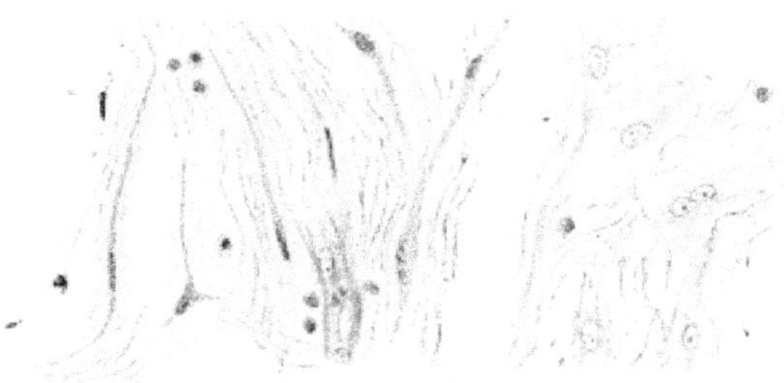

Fig. 78. Fibrom vom Oberkiefer. Links jüngerer Abschnitt mit grossen protoplasmareichen Zellen mit Ausläufern, rechts aus demselben Schnitte stammende ältere, der Geschwulstmitte näher liegende Stelle. Die Zellen sind weniger protoplasmareich, mit weit dunklerem, zum Theil sehr schmalem Kern versehen. Vergr. 400.

nicht als protoplasmatische Gebilde selbständig abgegrenzt sind.

Besonders charakteristisch ist das Keloid gebaut (Fig. 80 u. 81). Es setzt sich zusammen aus breiten Faserbündeln, in denen die einzelnen Elemente so dicht zusammengelagert resp. gekittet sind, dass man sie nur an leichter Streifung der im Uebrigen homogen aussehenden Züge erkennt. Diese erscheinen als glänzende, gewundene, sich kreuzende längs- und quergetroffene Balken. Sie liegen nahe zusammen, so dass nur ein schmaler Streifen faserigen, grauen Gewebes zwischen ihnen bleibt. Bei starker Vergrösserung (Fig. 81) bemerkt man, dass in den faserigen Streifen einzelne Kerne, manchmal auch gut ausgeprägte Zellen vorhanden sind, die als spindelige Elemente sich in der Längsrichtung der Bündel anordnen. Die faserige Substanz ist bald deutlicher, bald weniger gut gegen die homogenen Gebilde begrenzt. Am Rande der Tumoren, also in den jüngeren Theilen, sieht man beide in einander übergehen.

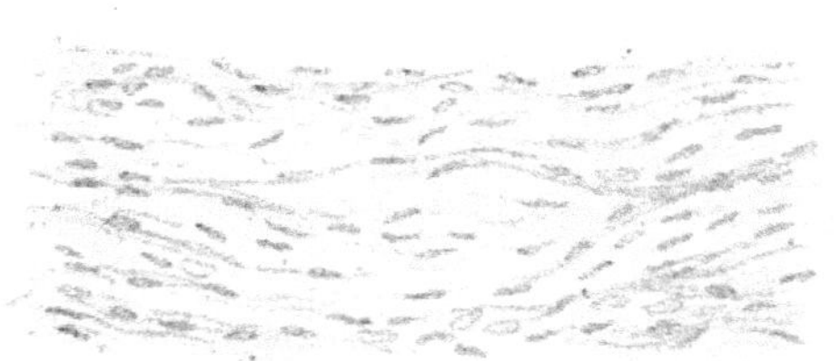

Fig. 79. Fibrom der Dura. Zu der feinfaserigen Zwischensubstanz gehören lange, schmale, dunkle, und einzelne grössere helle Kerne. Das Protoplasma ist nicht sichtbar. Vergr. 400.

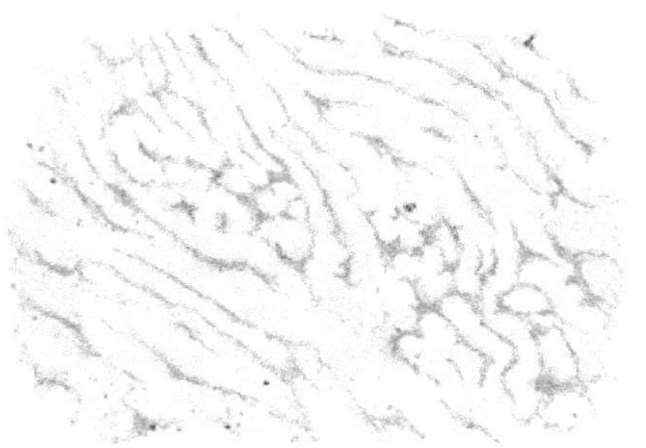

Fig. 80. Keloid. Vergr. 50. Man sieht parallel verlaufende und in einander gewundene dicke homogene Bänder, die an den Rändern fibrilläre Streifung erkennen lassen.

Die Fibrome sind bald mehr, bald weniger reich an Gefässen, die enge und sehr weit, dick- und dünnwandig sein können und sich im Allgemeinen parallel dem Faserverlauf anordnen (Fig. 82). Zuweilen bilden die Fibrillen um die Gefässe herum mehr oder weniger gut abgegrenzte Bündel, so dass der Tumor einen plexiformen Bau bekommt. Die Fibrome haben Neigung zu oedematöser Anschwellung (z. B. der Nasenpolyp). Dabei kann die Gewebsflüssigkeit an Mucingehalt zunehmen. So entstehen myxomatöse Massen (vgl. Myxom).

Ferner kommt nicht selten Kalkablagerung und Verknöcherung vor (Fig. 83). Der Kalk lagert sich entweder in kleinen Körnchen in die

Fibrillen oder in glänzenden unregelmässigen Kugeln und drusenförmigen Gebilden ab. Bei der Verknöcherung wandelt sich die fibrilläre Substanz unter Verbreiterung und Verklebung der Fasern in eine homogene Masse um, in welcher die Zellen in zackigen Höhlen liegen. So entsteht osteoide Substanz und durch deren Verkalkung Knochen.

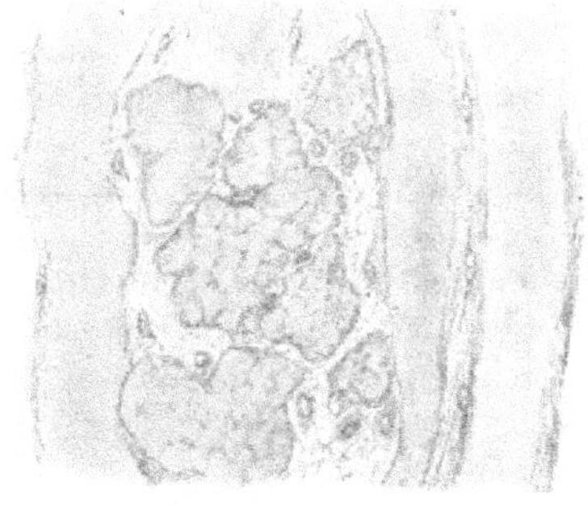

Fig. 81. Keloid. Dicke glänzende Faserbalken, theils längs-, theils quergetroffen. Die letzteren von verschiedenem Umfang und unregelmässigen Conturen. In den Zwischenräumen faserige Substanz und spindelige, im Querschnitt rundliche Zellen. Vergr. 400.

Fig. 82.

Angiofibrom.

Das faserige, mit langen, dunklen, schmalen Kernen versehene Gewebe enthält zahlreiche Gefässe mit relativ dicker, kernreicher Wand.

Vergr. 100.

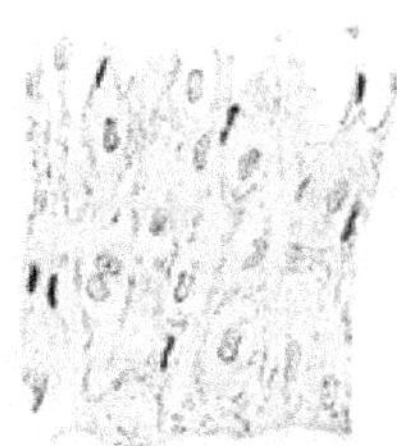

Fig. 84.

Fibrom der Bauchdecken.

In dem faserigen Reticulum liegen dunkle schmale Kerne, in den Maschen grössere, protoplasmatische, hellkernige, endotheliale Zellen.

Vergrösserung 400.

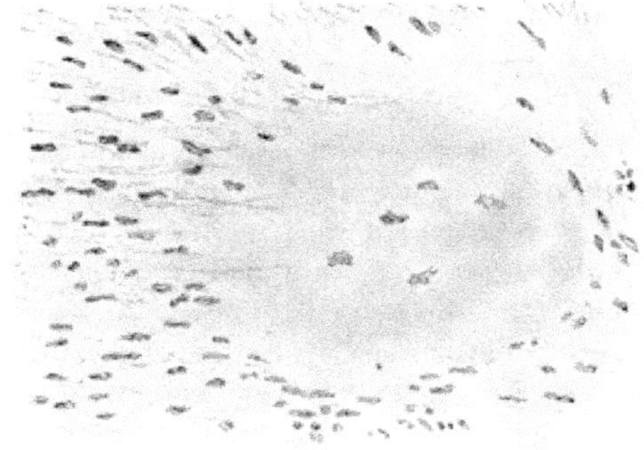

Fig. 83. Fibro-Osteom. In dem fibrösen, ziemlich kernreichen Gewebe des Fibroms ist durch direkte Umwandlung derselben ein Bezirk entstanden, der sich durch homogene Grundsubstanz und zackige Zellen in hellerer Umgebung auszeichnet und verkalkt war. Vergr. 400.

Die Fibrome enthalten nicht immer nur die eine Zellart, die Bindegewebszellen, sondern in den Saftspalten sieht man grössere protoplasmatische Elemente (Fig. 84), mit grossem hellem Kerne, der sich von den dunklen Bindegewebskernen gut unterscheidet. Nicht immer prägt sich der Gegensatz scharf aus, ist er aber deutlich vorhanden, so wird dadurch klar, dass die grossen Zellen die Endothelien der Saftspalten sind, die an der Geschwulstbildung theilnehmen. Durch reichliches Wachsthum derselben entstehen dann Uebergänge zum Endotheliom (s. dieses).

Das Wachsthum der Fibrome erfolgt vorwiegend durch eine mehr oder weniger gleichmässige Zunahme aller Bestandtheile, also der Gefässe, Zellen und Fasern. Nicht selten ist es in den peripheren Theilen am ausgesprochensten. Man findet dann hier mehr Zellen und jüngere Gefässe als in den centralen Theilen. Aber auch hier erfolgt wie dort die Vergrösserung der Geschwulst fast immer durch Verdrängung des ganzen umliegenden Gewebes. Nur ausnahmsweise dringen Gefässe und Zellen unregelmässig, in Zügen, in das angrenzende Gewebe vor, und indem sie sich in seinen Spalten unter Bildung von Intercellularsubstanz ausbreiten, schieben sie es nach und nach zur Seite. Niemals nimmt Bindegewebe, welches nicht von vornherein zur Geschwulst gehörte, an seiner Bildung Theil.

2. Lipom.

Das aus Fettgewebe bestehende Lipom erfordert keine eingehende histologische Schilderung, da sich ausser der beträchtlicheren Grösse der Fettläppchen und einzelnen Zellen kein wesentlicher Unterschied gegenüber der Norm findet. Nicht selten ist das Bindegewebe in Zügen reichlicher entwickelt, so dass man von einem Fibrolipom reden kann.

3. Chondrom.

Das Chondrom ist eine aus Knorpelgewebe bestehende Geschwulst. Entweder ist der ganze Tumor daraus zusammengesetzt oder es finden sich in ihm in grösserer oder geringerer Ausdehnung Uebergänge in andere Gewebsarten, die dann bei der Namengebung Berücksichtigung finden, so in Knochen (Osteochondrom), in Sarkom (Chondrosarkom), in Myxom (Myxochondrom). In manchen Mischgeschwülsten bildet der Knorpel nur kleinere oder grössere Inseln, die zuweilen nur mikroskopisch nachweisbar sind (s. Fig. 202), in anderen finden sich fleckweise Metamorphosen des Bindegewebes im Knorpel.

Die Chondrome bestehen meist aus hyalinem Knorpel, die Grundsubstanz kann aber auch streifig und faserig sein. Die zelligen Elemente verhalten sich entweder ähnlich wie in der Norm oder zeigen mancherlei Abweichungen. Sie haben bald alle eine Kapsel, bald nur zum Theil, oder sie liegen frei in der Grundsubstanz (Fig. 85). Die Kapsel ist von gewöhnlichem Umfang oder mehr oder weniger erweitert, so dass die

Grössendifferenzen sehr beträchtlich sein können. Mit der Kapsel nimmt meist auch die Grösse der Zelle, aber niemals in gleichem Maasse zu. Der nicht von der Zelle eingenommene Raum wird von einer in gehärteten Präparaten geronnenen Flüssigkeit ausgefüllt. Oft aber sieht man in einer Kapsel mehrere oder viele Zellen. Gruppen von Knorpelzellen,

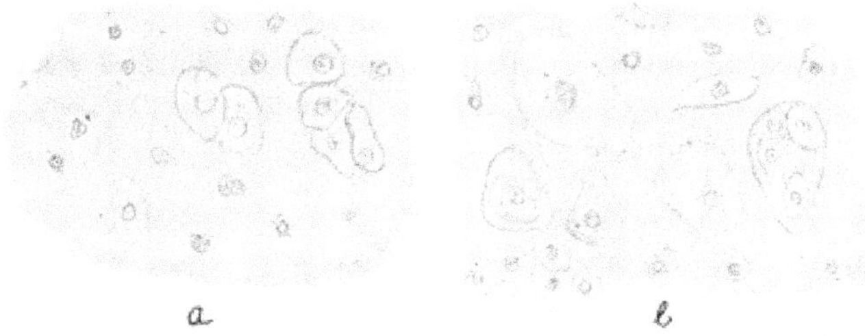

Fig. 85. Zwei verschiedene **Enchondrome**. In *a* theils freiliegende, theils in Kapseln eingeschlossene einzelne Zellen, in *b* neben jenen Zellformen sehr weite Kapseln und solche mit mehreren Zellen. Vergr. 400.

analog denen bei der normalen chondralen Ossification entstehenden, lassen auf Proliferationsprozesse schliessen. Die frei in der Grundsubstanz liegenden Elemente haben eine rundliche oder zackige Form. Alle diese mehr oder weniger abnormen Zellen liegen oft regellos durcheinander.

Die Chondrome sind selten in grösserer Ausdehnung gleichmässig zusammengesetzt. Meist tritt auch mikroskopisch ein l a p p i g e r B a u

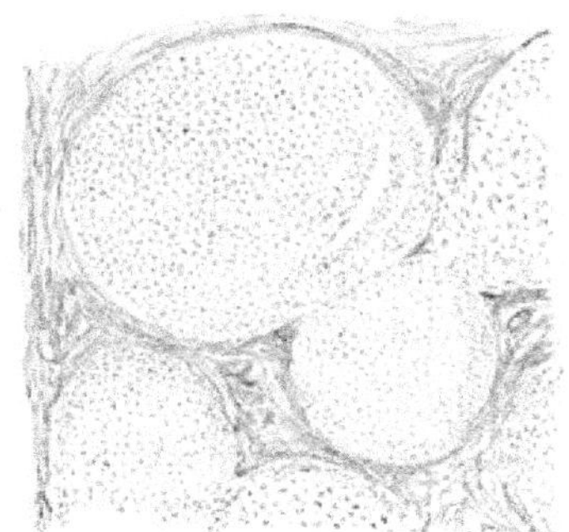

Fig. 86. Enchondrom des Hodens. Der Knorpel ist in rundlichen, zum Theil unter einander zusammenhängenden Inseln angeordnet, die durch Bindegewebszüge von einander getrennt sind. Vergr. 50.

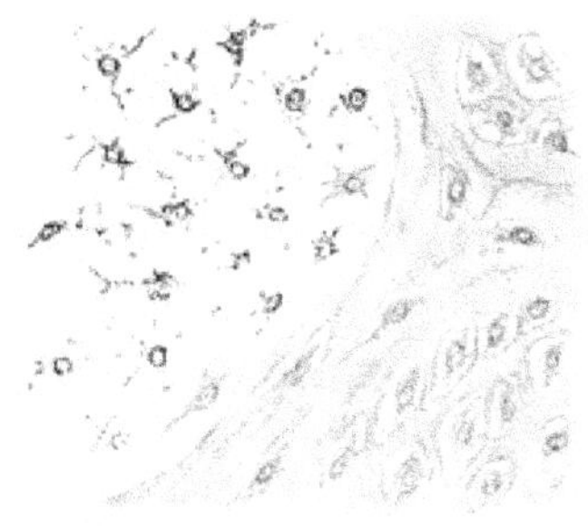

Fig. 87. Enchondrom mit Erweichung. Vergr. 400. In der rechten Hälfte der Figur sieht man gut ausgebildete Kapseln mit zackigen Zellen in homogener Grundsubstanz, in der linken Hälfte liegen die sternförmigen, mit langen Ausläufern versehenen Zellen in einer (nicht sichtbaren) flüssigen Zwischensubstanz.

hervor, so vor Allem auch in den Enchondromen der Weichtheile, insbesondere der Parotis und des Hodens (Fig. 86). Die einzelnen Lappen werden gegen einander begrenzt durch ein faseriges Bindegewebe oder durch andere Geschwulstarten.

Ausser den besprochenen Abnormitäten finden sich nun noch häufig weitere Besonderheiten. So zeigt der Knorpel nicht selten Neigung zu schleimiger Umwandlung und cystischer Erweichung (Fig. 87). Im ersteren Falle nehmen die Zellen oft unter Verlust der etwa vorhandenen Kapsel in der weichen Grundsubstanz eine andere Form an. Sie werden zackig, die Fortsätze verlängern sich zu feinen, weit ausstrahlenden verästigten und auch wohl anastomosirenden Ausläufern. Nicht selten geschieht dies nur in einzelnen Lappen, während andere danebenliegende unverändert bleiben. Die schleimige Umwandlung kann eine dünne, wässerige Beschaffenheit annehmen. Diese kann auch ohne schleimige Vorstufe sich ausbilden. Dann wird die Grundsubstanz immer weicher und schliesslich flüssig. Die Knorpelzellen bleiben dabei zunächst als runde oder verästigte Gebilde erhalten, zerfallen aber weiterhin bald früher, bald später vollständig.

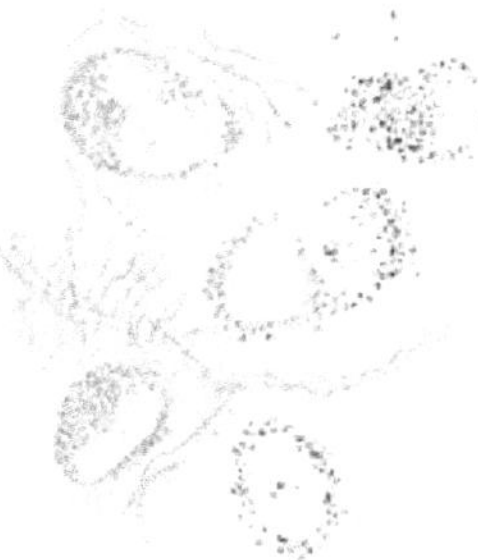

Fig. 88. Verkalkendes Chondrom der Parotis. Die Zwischensubstanz ist mit feinen Fasern durchzogen. Um die Kapseln der Zellen liegen mehr od. weniger feine Kalkkörnchen. Vgr. 100.

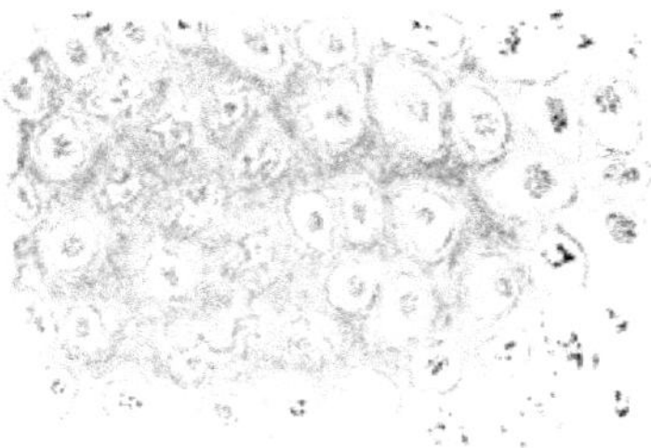

Fig. 89. Chondro-Osteom. Der hyaline, mit weiten Kapseln versehene Knorpel geht nach links in Verknöcherung über, indem die Kapseln kleiner und zackig werden und die Grundsubstanz Kalksalze aufnimmt, nach deren Auflösung sie sich mit Hämatoxylin dunkel gefärbt hat. Vergr. 100.

In umfangreicheren Tumoren trifft man ferner in grösserer Verbreitung eine geringere fleckige oder eine stärkere fettige Degeneration der Zellen.

Eine weitere Erscheinung besteht in Kalkablagerung (Fig. 88), die in Gestalt feiner glänzender Körner zunächst in die Umgebung der Zellkapseln erfolgt und sich von hier weiter in die Umgebung und in das Innere der Kapsel ausbreitet. So wird die Grundsubstanz oft in ein glänzendes Balkenwerk umgewandelt.

Auch Verknöcherung ist nicht selten (Fig. 89). Sie geht entweder nach Art der normalen Ossification unter Markraumbildung vor sich, oder der Knorpel wandelt sich direkt in Knochen um. Die Grundsubstanz geht dabei chemische Veränderungen ein, die sich in einem anderen Verhalten zu Farbstoffen äussert. Während z. B. der Knorpel sich mit Haematoxylin dunkelblau färbt, nimmt die Knochengrundsubstanz die Protoplasmafarben an. In sie erfolgt die Ablagerung der Kalksalze. Die Höhlen der Knorpelzellen verlieren bei diesem Uebergang allmählich ihre runde Form, sie werden eckiger und zugleich kleiner. Die Zellen selbst nehmen dabei ebenfalls an Umfang ab und passen sich der Form der den Knochenkörperchen ähnlich gewordenen Räume an. Diese Verknöcherung tritt bald in grösseren, bald in kleineren Herden und Fleckchen auf.

Das Wachsthum der Chondrome erfolgt meist lediglich unter Verdrängung der angrenzenden Gewebe. Niemals betheiligen diese sich an der Knorpelbildung. In manchen Fällen aber dringt der wachsende Knorpel in die Spalträume des Gewebes vor und erweitert sie durch sein Wachsthum. Dann sieht man in der Umgebung der Hauptgeschwulst, in der Bindesubstanz und je nachdem auch in anderen Theilen, z. B. im Muskel, kleinere und grössere, im Schnitt inselförmig abgegrenzte Knorpelherde, die aber meist unter einander zugförmig zusammenhängen. Doch kann auch durch Transport von Knorpelzellen mit dem Saftstrom eine Bildung isolirter Inseln zu Stande kommen. Auch in diesen Fällen wächst ja freilich das Chondrom durch Verdrängung des die Saftspalten umgebenden Gewebes, der Muskeln etc., aber es geschieht von vielen einzelnen Herden aus und so, dass die normalen Theile zwischen den einzelnen Knoten zusammgedrückt werden, nicht wie bei dem zuerst erwähnten Modus durch Verdrängung der umliegenden Theile als Ganzes. Die Wucherung in den Spalträumen führt dabei leicht, insbesondere auch durch Ablösung einzelner Zellen, zur Ausbreitung auf weitere Entfernung. Auch dringen die wachsenden Knorpelmassen in die Wand von Venen und durch dieselbe nach innen. Dann sind unter Umständen Metastasen die Folge.

Als eine besondere Form des Chondroms wird gewöhnlich das Osteoidchondrom (Virchow) aufgeführt. Es besteht aus osteoider, d. h. aus einer Substanz, die dem kalklosen Knochengewebe im Aufbau entspricht, also sich zusammensetzt aus homogener Grundsubstanz und Zellen, die in zackigen Höhlen ohne Kapsel liegen. Ihrem Aufbau entsprechend kommt die Geschwulst nur am Knochensystem und zwar nur als periosteale Neubildung vor. Sie verkalkt sehr gern in grösserer oder geringerer Ausdehnung. In reiner Form ist es eine seltene Geschwulst. Sie lässt sich auch nicht scharf gegen das später zu besprechende Osteosarkom abgrenzen, welches streckenweise einen ganz ähnlichen Bau zeigen kann.

4. Chordoma („Ecchondrosis physalifora" Virchow).

Unter Ecchondrosis physalifora verstehen wir eine auf dem Clivus Blumenbachii, seltener an der Wirbelsäule vorkommende, aus

der Synchondrosis sphenooccipitalis herauswachsende und die Dura durchbrechende, gallertige, meist etwa kirschgrosse Geschwulst, die sich aus einem abnormen Reste der Chorda dorsalis entwickelt.

Frisch untersucht (Fig. 90) setzt sie sich zusammen aus grossen blassen Zellen mit einer grossen oder vielen kleinen Blasen, Vacuolen, die so umfangreich sein können, dass sie das Protoplasma auf einen schmalen Saum zusammendrängen, der nur an der Stelle des hellen Kerns eine leichte Verdickung zeigt. Nur wenige Zellen sind frei von Hohlräumen. Das Protoplasma erscheint hell, mit kleinen glänzenden Granulis versehen. Bei Zerzupfen der gallertigen Massen in Wasser werden die Zellen zum Theil leicht isolirt. Wenn sie zusammenhängend bleiben, sind sie nur schwer abzugrenzen, man sieht dann vor Allem die dichtgedrängten Vacuolen und zwischen ihnen die Zellkerne. In gehärteten Präparaten imponiren besonders wieder die Vacuolen, die jetzt aber nicht mehr rund, sondern gegenseitig etwas abgeflacht erscheinen (Fig. 91).

Fig. 90. Chordoma. Isolirte Zellen und Zellhaufen aus einer frischen Geschwulst. Die Zellen enthalten grosse und kleine blasige Hohlräume. Wo sie dicht zusammenliegen, sieht man keine Zellgrenze. Vergr. 400.

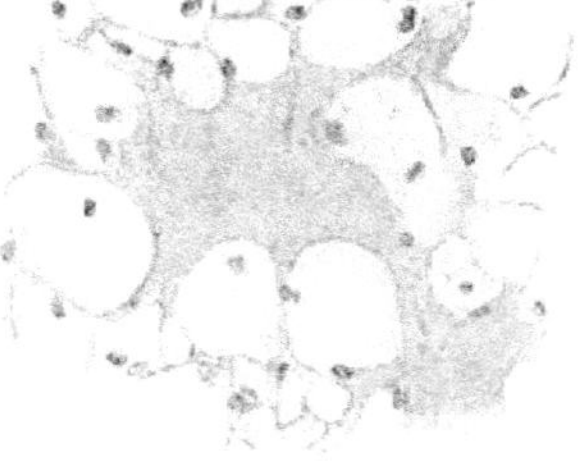

Fig. 91. Chordoma. Man sieht die grossen und kleinen, sich gegenseitig abplattenden hellen vacuolären Zellen und eine homogene (graue) Zwischensubstanz. Vergr. 400.

Das Protoplasma tritt noch weniger hervor als in frischen Objecten, dagegen sind die Kerne am Rande der Hohlräume oder, wenn von der Fläche der Zelle gesehen, scheinbar im Lumen derselben gut sichtbar. In den Schnitten wird aber noch ein weiterer Bestandtheil erkennbar, nämlich zwischen den Zellen eine homogene Intercellularsubstanz, die in schmaleren oder breiteren Zügen auftritt. Gefässe sind in dem Tumor nicht vorhanden.

Ueber die Beziehung der Neubildung zu dem unterliegenden Knochen (Fig. 92) lässt sich nur durch Härtung und Entkalkung guter Aufschluss gewinnen. In der Längsrichtung des Clivus angefertigte Schnitte zeigen, dass das Tumorgewebe sich durch die Lücke in der Dura unter dieser fortsetzt und hier an Stelle des Markes oberflächlich gelegene Räume ausfüllt. Bei jüngeren Individuen, deren Knorpelfuge noch erhalten ist, gewinnt man gelegentlich frühere Stadien der Geschwulstbildung. Man sieht unterhalb der Dura, die nur leicht emporgehoben zu sein braucht, das Chordagewebe in einem rundlichen oder flachen Bezirk ausgebreitet, nach abwärts aber an das Knorpelgewebe anstossen, von dem es sich in scharfer, wenn auch unregelmässiger Linie absetzt (Fig. 92). Uebergänge zwischen beiden Geweben sind nicht vorhanden.

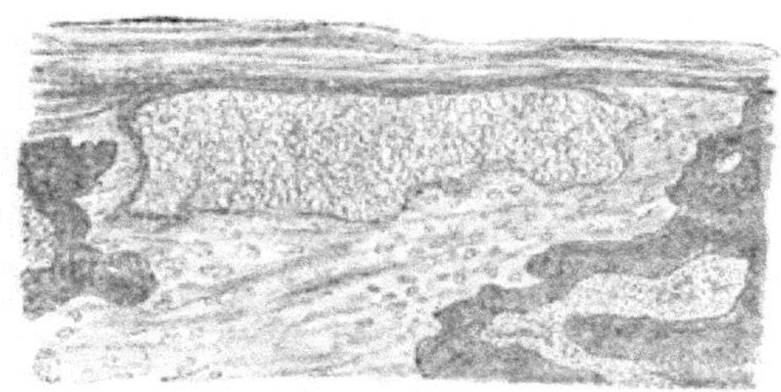

Fig. 92. Chordagewebe unterhalb der Dura des Clivus. Die nach oben gelegene faserige Lage ist die Dura. Unter ihr liegt in grösster Ausdehnung der Figur eine Schicht vacuolär erscheinenden Chordagewebes. An dieses grenzt seitlich und unten Knorpel, an diesen wieder Knochen mit dunklen Knochenbälkchen und Markräumen. Vergr. 50.

5. Osteom.

Das **O s t e o m** bietet wenig Veranlassung zu histologischen Besprechungen. Die meist am Knochensystem entstehende Neubildung setzt sich aus Knochenbälkchen oder seltener aus Knochenlamellen zusammen. Sie geht unter Vermittelung von Osteoblasten aus Periostwucherung oder aus Knorpel nach Analogie der normalen Ossificationsprozesse hervor. Knochen bildet sich ferner häufig in anderen Geschwülsten (s. Fibrom, Chondrom, Sarkom).

Nur eine Form des Osteoms sei hier etwas genauer betrachtet, nämlich das in der T r a c h e a unter ihrer Schleimhaut in Form multipler, kleiner zackiger Hervorragungen entstehende (Fig. 93). Macht man durch die entkalkten Höckerchen und die Trachealknorpel senkrecht zur freien Fläche, am besten in der Längsrichtung der Trachea geführte Schnitte, so bemerkt man eine bestimmte Beziehung der knöchernen Gebilde zu den Trachealknorpeln. Von letzteren gehen nämlich einmal knorpelige Vorsprünge, Ecchondrome, andererseits als

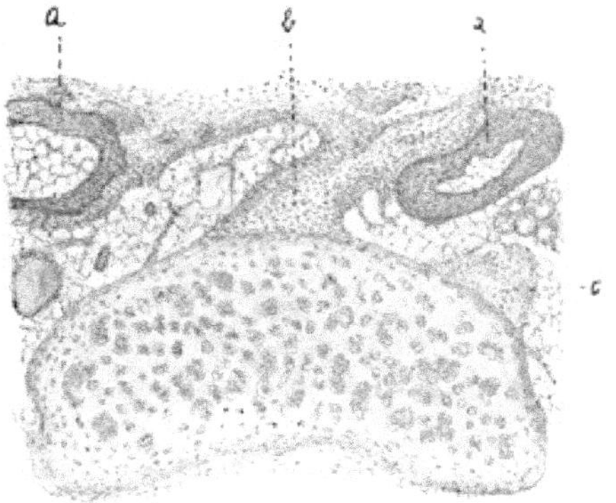

Fig. 93. Osteom der Trachea. Das grössere halbmondförmige Gebilde in der unteren Hälfte der Figur ist ein querdurchschnittener Trachealknorpel. Von seinem Perichondrium geht ein breiter Strang (*b*) aus, der weiter oben sich nach rechts und links ausdehnt. In ihm liegen bei *a a* knöcherne Gebilde mit Markraum. *c* Ecchondrose. Vergr. 50.

Fortsetzungen des Perichondriums bindegewebsähnliche breitere und schmale Züge aus, die senkrecht oder schräg nach aufwärts ziehen, sich verzweigen, umbiegen und schliesslich vielfach horizontal, parallel mit dem Epithel, verlaufen. In ihnen finden sich theils im Zusammenhang mit dem Knorpel, theils völlig unabhängig und oft in weiter Entfernung von ihm rundliche, ovale Inseln von Knorpel und knöcherne Gebilde verschiedener Gestalt, die auch mit den Knorpelinseln zusammenfliessen können. Sie bestehen aus breiteren und schmaleren, oft sehr langen gewundenen Balken, die längsgestreift erscheinen, im Uebrigen aber wie gewöhnlicher Knochen aussehen. Sehr gern nehmen sie die Form von Hohlgebilden an, indem eine Art knöcherner, aber nicht völlig geschlossener Schale einen Kern von Fettgewebe umschliesst. Auch sonst findet sich in der Schleimhaut viel Fettgewebe. Es handelt sich also um die Entwicklung von Knorpel und Knochen in einem als Fortsetzung des Perichondriums aufzufassenden Gewebe. Auch die Ecchondrome gehen nicht ohne Grenze aus dem Trachealknorpel hervor, sondern zwischen beide schiebt sich eine die Fortsetzung des übrigen Perichondriums bildende mehr streifige Lage ein.

6. Myom.

Myome nennt man diejenigen Geschwülste, welche als vorwiegende Bestandtheile muskuläre Elemente enthalten. Handelt es sich um quergestreifte Muskelfasern, so redet man von Rhabdomyom oder Myoma striocellulare, während das Leiomyom oder das Myoma laevicellulare durch glatte Muskelfasern charakterisirt ist. Wie die normale Muskulatur enthält natürlich auch das Myom neben den specifischen Bestandtheilen noch gefässhaltiges Bindegewebe und zwar in sehr wechselnden Mengen.

a) Rhabdomyom.

Die Diagnose des Rhabdomyoms würde sehr einfach sein, wenn man die quergestreiften Fasern immer leicht auffände. Aber sie sind zuweilen nur spärlich oder doch nur in einzelnen Theilen der Geschwulst zu finden, während die Substanz, in welcher sie liegen, und die übrigen muskelfreien Abschnitte aus einem faserigen oder zellreichen oder sarkomatösen Gewebe bestehen, welchem dann auch ein Antheil an der Namengebung der Geschwulst zufällt (z. B. Myosarkom). In andern Myomen sind die Muskelfibrillen sehr reichlich und so dicht gedrängt, dass ausser ihnen nur noch wenig Gewebe vorhanden ist. Im ersteren Falle muss man zuweilen auf die Auffindung der quergestreiften Elemente einige Mühe verwenden, hat aber dazu im Allgemeinen nur bei bestimmten Neubildungen Veranlassung, da die Rhabdomyome bisher fast nur am Urogenitaltractus (Niere, Hoden, Harnblase, Uterus), ferner im Zusammenhang mit quergestreifter Muskulatur und ein Mal am Oesophagus beobachtet wurden. Die Muskelfasern sind stets viel schmaler als normale erwachsene und gehen bis zu feinsten Fibrillen herab (Fig. 94). Auch im Uebrigen sind sie abweichend gebaut, da sie immer embryonalen Charakter haben. Sie stellen demgemäss meist Röhren mit relativ dicker, meist quergestreifter Wand dar, in deren Lumen sich das Sarkoplasma befindet mit den ungleichmässig vertheilten, nicht selten in dichtgedrängten Reihen liegenden Kernen (Fig. 95). Die Querstreifung der Wand kann als Folge von Degeneration oder ungenügender Ausbildung ganz oder theilweise fehlen. Ebenso kann der röhrenförmige Aufbau mangeln

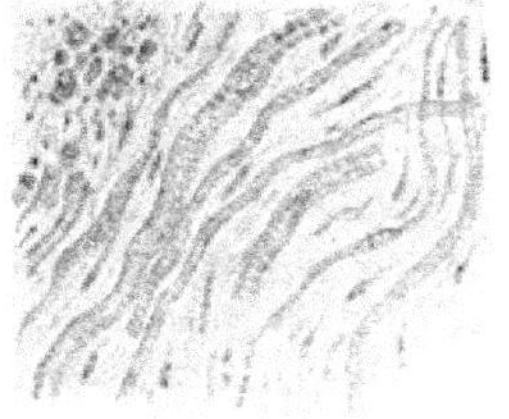

Fig. 94. Rhabdomyom der Niere. Man sieht in faserigem, mässig kernreichem Grundgewebe lange Fasern verschiedener Dicke, die zum grössten Theil deutlich quergestreift sind. Oben links sind einige quer, darunter einige schräg durchschnitten. Vergr. 400.

Fig. 95. Zellen und Faserabschnitte aus einem **Rhabdomyom.** Vergr. 400. *a a* Fasern mit vielen Kernen und homogenem Protoplasma, *b* spindelig aufgetriebene Faser mit viel Sarkoplasma und quergestreifter Substanz, *c* grössere quergestreifte Faser, *d* runde Zelle mit streifigem Protoplasma, *e* grössere mehrkernige spindelige Zelle mit streifigem Protoplasma, *f* Fasern mit vielen Kernen und quergestreifter Substanz.

und dadurch die Faser einer normalen ähnlicher werden. Die Muskelfibrillen sind meist deutlich in Bündeln angeordnet, die sich durchflechten. (Fig. 96), wie besonders bei schwacher Vergrösserung, aber auch schon bei blossem Auge wahrgenommen werden kann. An der Stelle der Kerne findet sich oft eine spindelige Auftreibung, während die Zwischenstrecke sehr dünn sein kann. Dann scheint es an Schnitten oder auch an Zupfpräparaten, wenn die Elemente zerreissen, als ob die Geschwulst aus mehr oder weniger deutlich quergestreiften Spindelzellen bestände. Auch solche Myome pflegt man deshalb wohl Myosarkome zu nennen. Ausser den bisher erwähnten Elementen hat man nun nicht selten auch polymorphe, im Allgemeinen rundliche oder keulenförmige Zellen gefunden, die als primäre Bildungszellen angesprochen werden (Fig. 95). Auch ihr

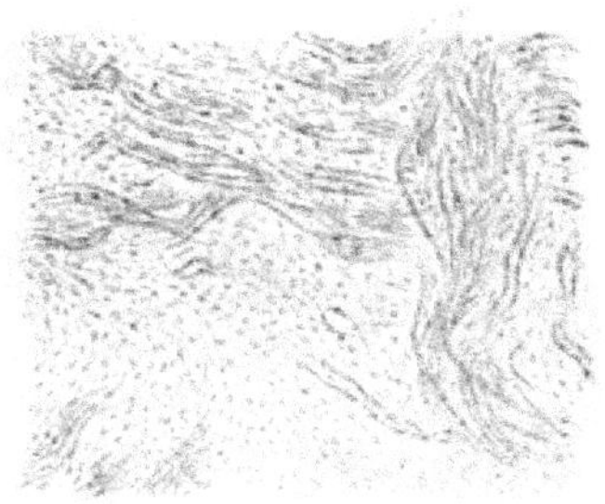

Fig. 96.

Rhabdomyom der Niere.

In dem zellreichen Grundgewebe sieht man parallele und sich kreuzende Bündel quergestreifter schmaler Muskelfasern. Vergr. 50.

Protoplasma kann Andeutungen von Querstreifung zeigen. In ihnen, seltener auch in den Fasern, findet sich noch als ein besonderer, dem embryonalen Charakter entsprechender Bestandtheil, **Glykogen** in Tropfenform. Die Rhabdomyome schliessen häufig auch zerstreute epitheliale Gebilde von drüsenähnlichem Charakter, Fettgewebs- und selten Knorpelinseln ein, sind also sehr zusammengesetzte Tumoren.

Ueber die Structur der Muskulatur der Rhabdomyome sind wir besonders durch die Arbeiten von Marchand (Virchow's Archiv Bd. 100), von mir (ebendaselbst Bd. 130) und von Wolfensberger (Ziegler's Beitr. Bd. 15) unterrichtet, der einen Tumor des Oesophagus untersuchte.

b) Leiomyom.

Die glatten Muskelfasern, welche das **Leiomyom** zusammensetzen, stellen wie die der normalen Gewebe lange dünne, an den Enden zugespitzte Zellen dar, mit gleichfalls langen, stäbchenförmigen, überall ziemlich gleich breiten, beiderseits abgestumpft endenden Kernen. Die Zellen lassen sich frisch nur schwer, leichter nach 24stündiger Behandlung mit 20 proc. Salpetersäure, durch Zerzupfen isoliren. In Schnitten kann man sie nicht abgrenzen und es bleibt daher die Beschaffenheit des Kerns für die Feststellung der Gegenwart glatter Muskelfasern von besonderer Wichtigkeit. Die Diagnose macht freilich bei grosser Zahl der Muskelzellen keine Schwierigkeit. Denn sie lagern sich parallel zu Bündeln zusammen und ihre Kerne treten als zahlreiche, gleichfalls parallel angeordnete, stäbchenförmige, alle gleich aussehende Gebilde typisch hervor. Ist aber das gefässführende Bindegewebe sehr reichlich (**Fibromyom**), so können die darin zerstreuten Muskelzellen oft nur schwer aufgefunden werden, zumal die Kerne des Bindegewebes auch zuweilen in der Form grosse Aehnlichkeit mit Muskelkernen haben können. Die letzteren sieht man aber meist deutlich in einem protoplasmatischen Zellleib liegen, während er bei jenen nicht gut oder gar nicht zu erkennen ist. Für die Diagnose liefert aber der Umstand eine maassgebende Stütze, dass die Leiomyome gewöhnlich nur aus muskelreichem Gewebe, wie vor

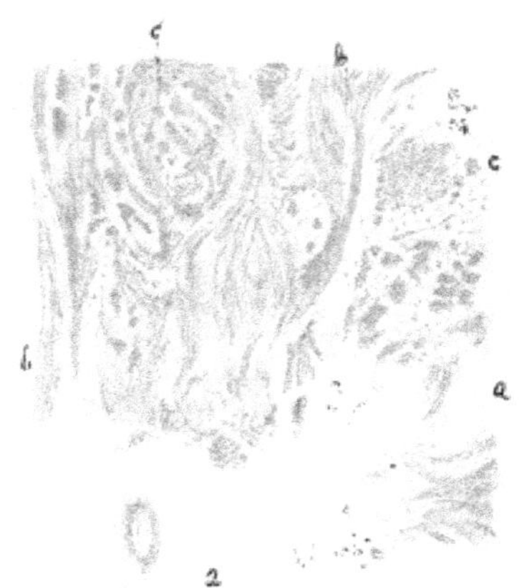

Fig. 97. Fibromyom des Uterus. Die dunklen Bestandtheile sind glatte Muskelfasern, die hellen Bindegewebe (*a*). Jene bilden längsgetroffene (*bb*) und quer durchschnittene Bündel (*cc*), welche zum Theil durch Bindegewebe von einander getrennt sind. Vergr. 50.

Allem aus dem Uterus hervorgehen. Sie kommen aber z. B. auch in der Haut multipel vor. Bindegewebe und Muskulatur lassen sich auch bis zu einem gewissen Grade durch Färbung auseinanderhalten. Durch Pikrokarmin und durch Fuchsin-Pikrinsäurelösung wird das Bindegewebe roth, die Muskulatur gelb gefärbt. Jedoch reicht die Tinktion nicht aus, um jede einzelne Zelle zu differenziren.

Macht man einen Gefriermikrotomschnitt durch ein frisches Myom, so ergiebt sich bei schwacher Vergrösserung dadurch gewöhnlich ein typisches Bild, dass helle Gewebszüge sich verzweigend und netzförmig zusammenhängend, dunkle grössere und kleinere Felder einschliessen, die, von sehr verschiedener Form, vielfach gruppenweise zusammenliegen. Auch an den gehärteten, besonders den ungefärbten, in Glycerin eingeschlossenen Präparaten erhält man dieselben Bilder. Es handelt sich um Längs- und Querschnitte der Muskelbündel, zwischen denen sich in Fibromyomen Streifen und Felder gleichfalls hell erscheinenden Bindegewebes eingeschoben finden (Fig. 97). Die hellen und dunklen Theile sind theils scharf gegen einander begrenzt, theils gehen sie, wie man besonders bei Verschiebung des Tubus feststellt, in einander über, indem die quergetroffenen Züge schräg umbiegen und so allmählich sich mit dem längsdurchschnittenen vereinigen. Viele Züge werden natürlich in ganzer Ausdehnung schräg getroffen. Ohne weitere Behandlung der frischen und gehärteten Präparate macht nun auch das Muskelgewebe einen dem Bindegewebe ähnlichen Eindruck, da man die Kerne nicht deutlich wahrnimmt. Diese treten nach intensiver Essigsäurewirkung sehr deutlich hervor. Zu beachten ist aber, dass wie bei den Fibromen das durch die Essigsäure wellig gewordene Gewebe durch einen Druck auf das Deckglas wieder abgeplattet werden muss. Die Kerne zeigen, besonders gut in gehärteten und gefärbten Präparaten (Fig. 98), in den Quer- und Schrägschnitten natürlich nicht ihre stäbchenförmige, sondern entweder eine runde oder eine ovale Gestalt. Das Protoplasma muss dann ebenfalls in rundlicher oder in Folge der gegenseitigen Abplattung leicht polygonalen Form erscheinen, so dass Rundzellen vorgetäuscht werden. Auch müssen, da der Kern nur die Zellmitte einnimmt, runde Protoplasmadurchschnitte der kernfreien Zelltheile entstehen und zwischen kernhaltigen zerstreut sein.

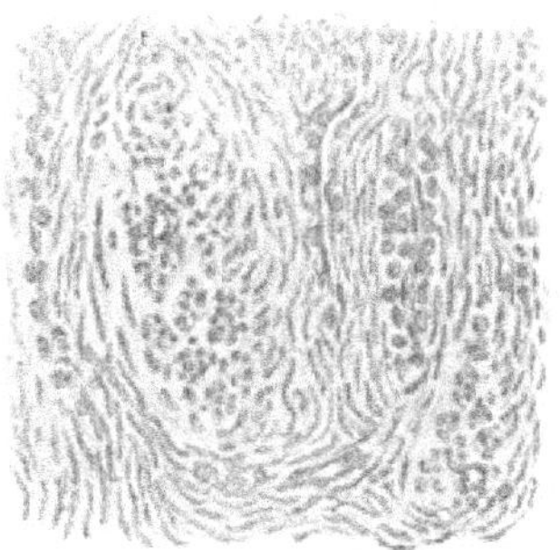

Fig. 98. Leiomyom des Uterus. Man sieht in erster Linie die langen, schmalen (stäbchenförmigen) Kerne, die in paralleler Anordnung zu Bündeln vereinigt sind. Das Protoplasma der Muskelzellen ist nicht abgrenzbar. An zwei Stellen sieht man die Muskelbündel quer durchschnitten, daher die Kerne rund. In den Längsgetroffenen Zügen liegen lange, enge Gefässe mit Endothel und grösseren runden Kernen in ihrer Umgebung. Vergr. 100.

Alles das ist an gefärbten Präparaten besonders gut zu sehen, an denen auch an den Längszügen zwischen den Muskelkernen ovale Bindegewebs- und Gefässendothelkerne sichtbar werden. Das Bindegewebe der Fibromyome hat im Allgemeinen den Charakter des Gewebes der Fibrome, in dem Uterusmyome ist es zuweilen zellreich, enthält viele ovale grosse Kerne und bekommt so Aehnlichkeit mit der Mucosa der Uterusschleimhaut.

Dem beschriebenen mikroskopischen Bilde entspricht auf der Schnittfläche des makroskopischen Objectes ein analoger, wirbelförmiger Aufbau.

Als besondere Bestandtheile finden sich in den Leiomyomen des Uterus häufig viele Mastzellen, zuweilen fleckige Rundzelleninfiltration und nicht ganz selten epitheliale drüsenähnliche, verzweigte Gebilde, die sich zu Cystenräumen erweitern können. Es ist dies besonders in den kleineren Myomen der Fall. Man betrachtet das Epithel als ein Derivat des Wolf'schen Ganges.

Nachdem u. A. Hauser (Münch. med. Woch. 1893, 10) die Gegenwart eines drüsenähnlichen Epithelschlauches in einem Uterusmyom beschrieben hatte, und auch von anderen Seiten ähnliche Mittheilungen gemacht waren, hat Ricker (Virchow's Archiv Bd. 142) auf die Häufigkeit dieses Vorkommnisses und auf seine Bedeutung für die Geschwulstgenese hingewiesen. Eine grössere Monographie über die „Adenomyome" lieferte v. Recklinghausen (Berlin, Hirschwald, 1896).

In den Myomen des Uterus kommt es ferner oft zu hyalinen Degenerationen ganzer Geschwulstabschnitte und zu einer Kalkablagerung in solche Theile. Durch eine Wucherung von Bindegewebszellen können die Uterusmyome ferner partiell sarkomatös werden.

7. Angiom.

Angiom ist eine aus Blutgefässen oder aus Lymphgefässen bestehende Neubildung. Im ersteren Falle nennen wir sie Hämangiom oder kurzweg Angiom, im zweiten Falle Lymphangiom. Zu den Hämangiomen gehört die Teleangiectasie und das cavernöse Angiom.

a) Das Hämangiom.

Die bei Kindern nicht seltene, in der Haut, besonders des Kopfes und Halses sitzende, wenig oder stärker prominirende blauroth gefärbte Teleangiectasie setzt sich aus dichtgedrängten Gefässen zusammen, welche zwar nicht die Struktur von Venen oder Arterien haben, aber durch grössere Weite und Dicke der Wand sich von Capillaren unterscheiden. Untersucht man gehärtete und gefärbte Objekte bei schwacher Vergrösserung an senkrechten Durchschnitten (Fig. 99), so sieht man, von der bedeckenden intacten Epidermis meist durch eine schmale Bindegewebslage getrennt, ein in unregelmässige durch schmale Bindegewebssepta getrennte Felder abgetheiltes, dichtes, kernreiches Gewebe, dessen Zusammensetzung aus Gefässen nur da gut erkannt werden kann, wo sie durch offene Lumina sich auszeichnen. Das ist in manchen Feldern durchweg, in anderen wenig, in wieder anderen gar nicht der Fall. In den trennenden Septen bemerkt man vielfach grössere arterielle und venöse Gefässe. In den Feldern andererseits oder auch zwischen ihnen treten runde oder längliche, durch dunklere Färbung und dickere Wand ausgezeichnete Gebilde hervor, die als Quer- und Längsschnitte von Drüsenkanälen aufzufassen sind. Auch Haarbälge können sichtbar sein. Verschiebt man den Schnitt gegen die Tiefe, so kommt man bald an Felder, in denen in dem Gewebe zerstreute runde helle Lücken auftauchen, die Fettzellen entsprechen, weiterhin werden diese reichlicher und setzen schliesslich die Felder vorwiegend oder allein zusammen. So erkennt man, dass sich die Neubildung in den Fettträubchen entwickelt und daher ihre Felderabtheilung herleitet.

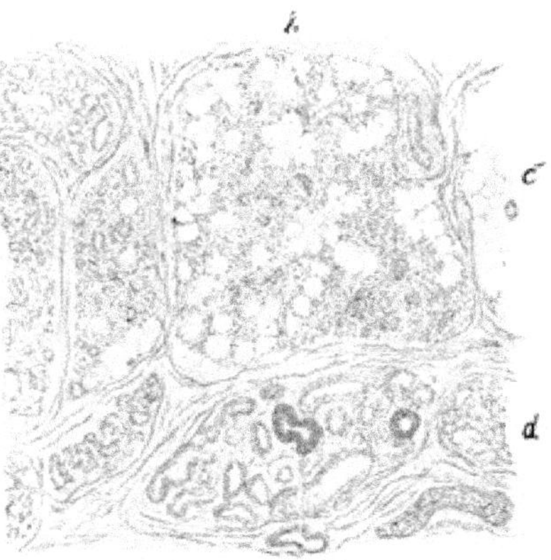

Fig. 99. Teleangiectasie. Vergr. 50. Das Präparat erscheint in Felder abgetheilt, die früheren Fettgewebsläppchen entsprechen. In ihnen sieht man zwischen *d-d* grössere, zum Theil offene, gewundene und runde Gefässe und zwei Drüsenquerschnitte (vgl. Fig. 100), bei *a* kleinere, engere Gefässe, nur zum Theil mit Lumen, bei *b* zwischen erhaltenen Fettzellen ein dichtes kernreiches Gewebe, dessen Gefässnatur nur hier und da hervortritt, bei *c* ein unverändertes Fettläppchen.

Bei starker Vergrösserung (Fig. 100) kann es, zumal an frischen Präparaten, das Aussehen haben, als seien die Gefässe drüsige Gebilde. Denn das Blut wird bei Exstirpation der Geschwulst durch Zusammensinken des Gewebes aus vielen oder den meisten Gefässen ausgepresst und die Innenfläche zeigt nicht selten stark prominirende, epithelähnliche Endothelien. Unter diesen sieht man meist noch eine zweite Zelllage und dann folgt eine homogene Zone, die man für eine Mem-

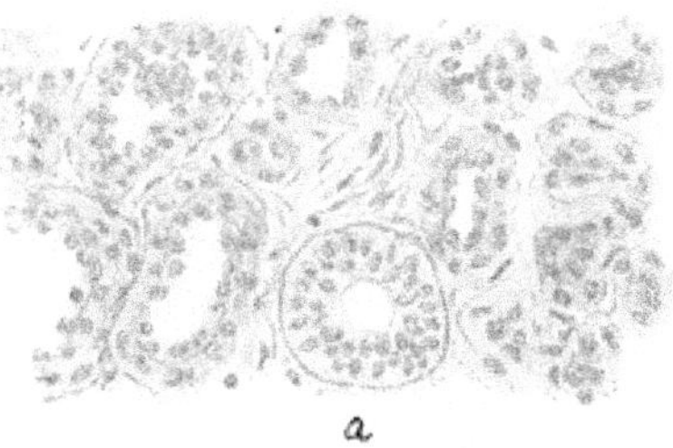

Fig. 100. Teleangiectasie.

Vergr. 100. Man sieht die querdurchschnittenen, theils (rechts) zusammengefallenen, theils offenen und leeren oder bluthaltigen, dickwandigen Gefässe mit deutlichem Endothel. Bei *a* ein quer durchschnittener Drüsenkanal. Das Grundgewebe ist faserig.

brana propria ansprechen kann. Die Verwechslung lässt sich indessen durch Vergleich mit den wirklichen Drüsenschläuchen vermeiden, in denen die Epithelzellen gegen einander, gegen das Lumen und gegen die Membrana propria schärfer begrenzt sind. Auch ist die Form der Gefässe nur theilweise eine runde oder ovale, nicht selten ist sie unregelmässig, buchtig, offenbar durch ungleichmässiges Zusammenfallen nach der Entleerung des Blutes. Ihre Bedeutung unterliegt ferner dann keinem Zweifel, wenn sie noch Blut enthalten, wie das bei einzelnen oder vielen, seltener bei allen der Fall sein kann.

Die bindegewebigen Septa zwischen den Feldern sind von faseriger, mässig kernreicher Beschaffenheit. Ebenso verlaufen zwischen den einander fast berührenden Gefässen innerhalb der Felder schmale Züge von Fibrillen mit wenigen dünnen Kernen.

Inwieweit die Vergrösserung der Teleangiectasie durch Bildung neuer Gefässe erfolgt, lässt sich schwer feststellen. Da das Wachsthum hauptsächlich im Fettgewebe vor sich geht, in welchem ohnehin ein dichtes Netz von Capillaren vorhanden ist, so lassen sich die histologischen Verhältnisse auch unter der Annahme erklären, dass die Wachsthumsvorgänge in den Gefässen des Tumors sich auf die Wände der angrenzenden Capillaren fortsetzen, die sich dadurch erheblich erweitern und verlängern und das zwischen ihnen vorhandene Fettgewebe durch Druck zur Atrophie bringen. Das gelegentliche Vorhandensein von Mitosen würde sich auch bei dieser Auffassung erklären.

Da die Gefässe bei der Entleerung des Blutes zusammensinken, so muss ihre Wand nothwendig dicker erscheinen, als sie im Leben ist. Gelingt es, die Gefässe sammt dem Blut zu conserviren, so zeigt das Endothel im Allgemeinen nicht die vorspringende protoplasmatische, sondern mehr die den normalen Capillaren zukommende Form. Dann verschwindet die Aehnlichkeit mit Drüsenschläuchen. Zuweilen ist wenigstens in einzelnen Theilen einer Teleangiectasie diese Gefässfüllung erhalten.

Ausser den typischen Teleangiectasien giebt es in der Haut auch warzenähnlich vorspringende, dunkelblaurothe, besonders bei älteren Leuten, oft multipel vorkommende Angiome. Auch diese (Fig. 101) bestehen aus weiten, oft sehr und ungleichmässig weiten Gefässen mit dünner, fast nur endothelialer Wand. Auf die offenbar mangelhafte Circulation in diesen Gefässen ist es zurückzuführen, dass das Blut meist aussergewöhnlich reich an Leukocyten ist.

Ferner giebt es sogenannte cavernöse Angiome. Diese bestehen nicht aus regelmässig geschlossenen Röhren, sondern aus einem Maschenwerk von Bluträumen, die freilich aus Blutgefässen und zwar wohl vorwiegend Capillaren hervorgingen, aber durch starke unregelmässige Erweiterung, enge Windung und vielfache reichliche Anastomosenbildung unter Resorption von Wandtheilen den Charakter von Röhren verloren. In Schnitten findet man demgemäss grössere und kleinere unregelmässige, buchtige, mit Blut gefüllte Räume (Fig. 102), die durch meist schmale bindegewebige Septa von einander getrennt werden. Das Endothel der Gefässräume sitzt dem Bindegewebe unvermittelt auf. Letzteres ist in

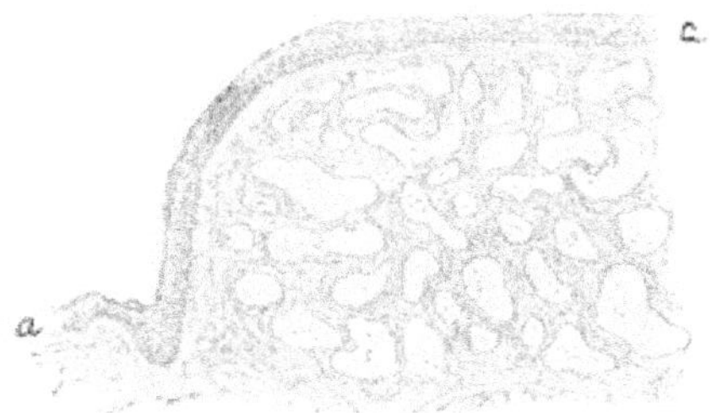

Fig. 101. Linsengrosses Angiom der Haut eines Erwachsenen. a-a Epidermis. Die unregelmässig geformten hellen Lücken sind dünnwandige weite Gefässe, deren reichlicher Leukocytengehalt durch Punkte angedeutet ist. Das Zwischengewebe ist dichtfaserig. Vergr. 50.

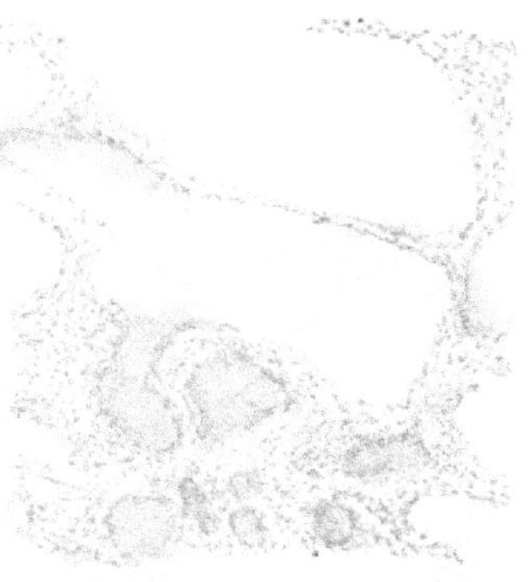

Fig. 102. Cavernom der Haut, Randabschnitt. Aus den grossen Bluträumen ist der Inhalt ausgefallen. Gegen das normale Gewebe (nach unten hin) werden die Räume enger, während das Zwischengewebe breiter und zellreicher ist. Vergr. 50.

den Randtheilen der Tumoren meist erheblich reichlicher als in den mittleren Abschnitten und zugleich gewöhnlich reich an Zellen. Daraus geht hervor, da in der Peripherie das Wachsthum stattfindet, dass an diesem das Bindegewebe sehr wesentlich mitbetheiligt ist. In der That muss dies auch vorausgesetzt werden, da eine nur aus Endothel bestehende Wand nicht durch eigenes Wachsthum cavernöse Räume bilden kann, eine Druckerweiterung durch venöse Stauung aber bei den typischen Cavernomen, wenigstens denen der äusseren Weichtheile nicht nachgewiesen werden kann. Das Bindegewebswachsthum führt zur Dehnung der Wand und damit zur Erweiterung der Bluträume. Immerhin wird der normale, aber auf verändertem Gewebe lastende Blutdruck das seinige zur Erweiterung der Bluträume beitragen. Das wird auch bei den häufigen

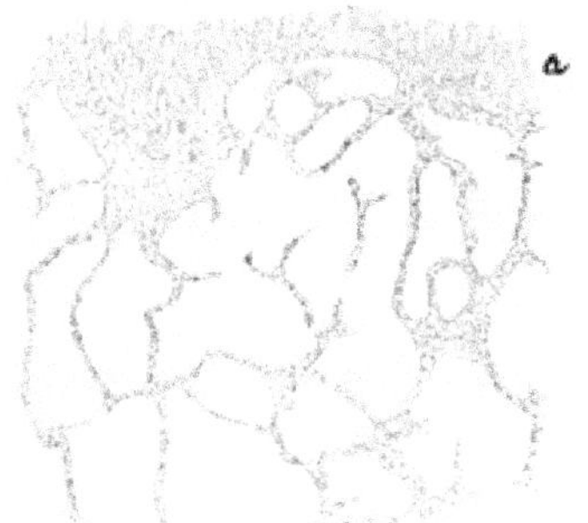

Fig. 103. Cavernom der Leber. Bei a Lebergewebe, welches sich durch eine bindegewebige Zone gegen das Maschenwerk des Cavernoms abgrenzt. Das Blut ist aufgelöst, die Maschenräume erscheinen daher leer. Vergr. 50.

Cavernomen der Leber der Fall sein (Fig. 103), deren Ursprung im interacinösen Gewebe zu suchen ist, wo bindegewebige Prozesse die Wand der venösen Gefässe modificiren und dann auf die Capillaren des Acinus übergreifen. Die Bluträume enthalten in den Cavernomen oft vermehrte Leukocyten, zuweilen Thromben. In der Leber finden sich ferner, aber wohl nur als Folge der mechanischen Insulte bei Herausnahme des Tumors, im Blute mehr oder weniger reichliche Leberzellen.

b) Das Lymphangiom.

Die Lymphangiome enthalten als charakteristische Bestandtheile weite Lymphgefässe, oder genauer Lymphräume, die, wie die Bluträume des cavernösen Angioms in weiten Anastomosen mit einander stehen. Ausser ihnen findet sich ein mehr oder weniger reichliches Bindegewebe. Da die Lymphe bei Herausschneiden des Tumors ausfliesst, so fallen die Räume, falls sie nicht, was vorkommt, durch starres Zwischengewebe offen erhalten werden, zusammen. Man findet dann in Schnitten nur spaltförmige Lücken, die seltener lang und gerade oder leicht gebogen, meist, weil die Wand sich faltet, unregelmässig verästigt erscheinen (Fig. 104). Ihre Innenfläche ist durch ein nach dem Zusammenfallen gut sichtbares, mit prominenten Kernen versehenes Endothel ausgekleidet, welches dem Bindegewebe direkt aufsitzt. Bleibt die Wand gespannt, so tritt es weniger deutlich hervor, kann aber durch Behandlung mit Höllensteinlösung gut sichtbar gemacht werden. Das Bindegewebe ist faserig, aber zumal in den jüngeren Theilen sehr zellreich, und meist auch fleckweise zellig infiltrirt, resp. mit lymphatischen Herdchen versehen. Daraus geht hervor, dass es an der Neubildung lebhaft betheiligt ist. Sein Wachsthum führt zur Vergrösserung der Wandfläche und damit zur Erweiterung des Lumens der Lymphräume. Denn die Lymphangiome sind nicht so aufzufassen, als entständen sie durch Stauung der Lymphe, die ja bei den allseitigen Anastomosen der Lymphgefässe an umschriebenen Stellen kaum kennbar ist.

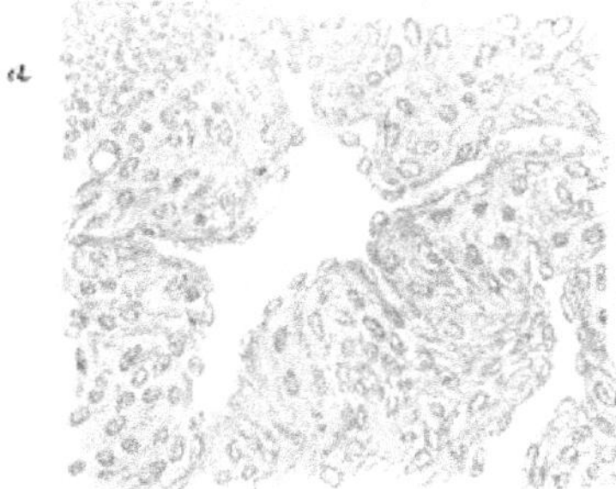

Fig. 104. Lymphangiom der Lippe. Die mit Lymphe erfüllten Spalten bilden unregelmässige zackige weite Räume, die mit Endothel ausgekleidet sind. Das Grundgewebe ist grobfaserig, dicht, ziemlich kernreich. Oben links bei *a* eine Lymphocytengruppe.

Im Leben und bei operativer Entfernung der Lymphangiome kann **Blut** in die Räume gelangen und diagnostische, zuweilen schwer zu vermeidende Irrthümer hervorrufen. Die Lymphe kann ferner und zwar meist homogen gerinnen und dann auch verkalken. Die Lumina behalten dann im Schnitte ihre natürliche Form.

8. Neurom.

Unter Neurom im engeren Sinne haben wir eine aus neugebildeter Nervensubstanz bestehende Geschwulst zu verstehen. Man pflegt mit diesem Namen aber auch Tumoren zu belegen, die durch eine umschriebene oder auf grössere Strecken eines Nerven und seiner Verzweigungen ausgedehnte Bindegewebswucherung entstehen, daher auch Neurofibrome genannt werden.

Echte Neurome gehören mit Ausnahme der an den Enden von Nerven in Amputationsstümpfen vorkommenden geschwulstähnlichen Anschwellungen zu den seltensten Neubildungen. Die Amputationsneurome (Fig. 105) bilden rundliche, keulenförmige Verdickungen des Nerven und bestehen aus neugebildeten, aus seiner Schnittfläche hervorgewachsenen Nervenfasern, oder vielmehr zunächst nur aus Axencylindern, die sich erst weiterhin mit einer meist nur dünnen Markscheide umgeben. Diese neugebildeten Elemente zeigen eine unregelmässige Anordnung, insofern dünnere und dickere Bündel sich in der mannigfaltigsten Weise durchflechten, so dass sie in Schnitten uns bald quer-, bald schräg-, bald längsgetroffen entgegentreten. Macht man Längsschnitte durch den Nerven und das Neurom, so kann man die neuen Massen sich direkt aus jenem entwickeln sehen. Wir müssen demnach das Amputationsneurom auffassen als entstanden durch regenerative Vorgänge, wie sie nach einfacher Durchschneidung des Nerven zu einer experimentell festgestellten Wiedervereinigung mit dem untergehenden peripheren Theile und zur Durchwachsung desselben führen. Nach Amputation aber sind die wachsenden Fasern, da ein gegenüberliegender Nerv fehlt, bei dem Widerstande des umgebenden Gewebes gezwungen, sich zu einer zusammenhängenden Masse zusammenzudrängen, wobei die einzelnen Nervenbündel jene verschlungene Anordnung annehmen. Dabei kann es sich ereignen, dass sie ringsum am Nervenende gleichsam rückwärts in die Höhe wachsen und ihn so eine Strecke weit einhüllen.

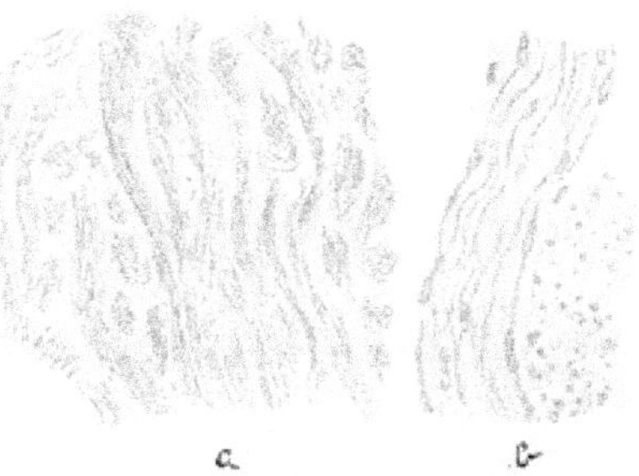

Fig. 105. Aus einem Amputations-Neurom. *a* schwache Vergrösserung. Man sieht die längs-, schräg- und quergetroffenen Bündel der neugebildeten Nervenfasern. *b* starke Vergr., ein längs- und ein quergetroffenes Nervenbündel. In letzterem sind die dunkel hervortretenden Achsencylinder z. Th. in Mark eingescheidet.

Die sehr häufig multipel, über den ganzen Körper hin auftretenden

Neurofibrome (Fig. 106) entstehen durch eine Zunahme des Nervenbindegewebes in Gestalt einer „faserigen“ mässig kernreichen Substanz. Die Neubildung erfolgt bald mehr im Inneren der Nervenbündel durch Wucherung des Endoneurium, bald mehr in den äusseren Theilen durch Proliferation des Perineurium. Im ersteren Falle werden die Nervenfasern auseinander gedrängt (Fig. 106). Man sieht sie dann zerstreut in dem reichlichen Bindegewebe liegen, wird sie aber in grösseren Tumoren nicht selten ganz vermissen, da sie durch den Druck der wuchernden Zwischensubstanz schliesslich zu Grunde gerichtet werden. Erfolgt die Geschwulstbildung durch Zunahme des Perineurium, so wird das central liegende Nervenbündel resp. der ganze Nerv ringsum durch Bindegewebe eingehüllt. Die Grösse des Tumors hängt nicht von der Dicke des Nerven ab. Auch von kleinen Hautästen können umfangreiche Neubildungen ausgehen, in denen die Nerven gar nicht mehr aufzufinden sind. Man hat daher früher stets von multiplen Fibromen gesprochen, bis v. Recklinghausen (Die multiplen Fibrome der Haut, Berlin 1882) ihre Natur aufklärte, der aber auch angegeben hat, dass die Neubildung ausser im Nerven auch um Haarbälge, Drüsen und Lymphgefässe der Haut entstehen kann.

Fig. 106. Aus einem **Fibro-Neurom** der Haut, bei multipler Tumorbildung. Die dunkel gehaltenen Gebilde sind die schräg durchschnittenen Nervenfasern, die durch faseriges, mässig kernreiches Bindegewebe auseinandergedrängt sind. Vergr. 100.

Die Untersuchung über den Zusammenhang der Nerven mit dem wuchernden Bindegewebe wird man am besten an den kleineren Tumoren vornehmen, da ja in den grossen die Nerven fehlen können. Zur Conservirung der letzteren eignen sich vor Allem die osmiumsäurehaltigen Lösungen, die freilich, da sie wenig eindringen, nur auf dünne Stücke angewandt werden dürfen.

Bei den über grosse Strecken eines Nerven und seiner Verzweigungen ausgedehnten plexiformen Neuromen soll auch eine Neubildung von Nervenfasern stattfinden.

Das Bindegewebe der Neurofibrome nimmt zuweilen zellreicheren Charakter an, ja kann völlig sarkomatös sein und auch die Malignität der Sarkome zeigen.

9. Sarkom.

Unter Sarkom versteht man gewöhnlich eine Geschwulst des Bindegewebes mit vorwiegender, oft fast ausschliesslicher Entwicklung der zelligen Elemente. Um diese Definition voll zu würdigen, muss man sich aber gegenwärtig halten, dass nicht alle im Bindegewebe wachsenden Zellen im engeren Sinne als zu ihm gehörig anzusehen sind. Denn ausser den eigentlichen Bindegewebszellen giebt es in ihm noch Endothelien, welche die geschlossenen Lymphgefässe und, in wechselndem Umfange, auch die Saftspalten auskleiden und Wanderzellen vom Charakter der Leukocyten und der Lymphocyten. Für die Geschwulstbildung kommen von den Wanderzellen letztere allein in Betracht, zumal von den Stellen aus, in denen sie schon in der Norm angehäuft sind, also in den kleinen lymphatischen Knötchen, in den solitären Follikeln und in den Lymphdrüsen. Nur die aus den eigentlichen Bindegewebszellen hervorgehenden Tumoren darf man Sarkome nennen. Dazu gehören aber auch die aus dem Periost und dem Perichondrium, die ja beide nur Abarten des Bindegewebes sind, sich entwickelnden Geschwülste. Die durch Wucherung der Endothelien entstehenden Neubildungen heissen Endotheliome, die von den Lymphocyten abstammenden Lymphosarkome oder besser maligne Lymphome.

Eine nicht geringe Schwierigkeit in der Beurtheilung ist dadurch gegeben, dass Geschwülste vorkommen, in denen zwei der genannten Zellarten oder alle drei zugleich in Wucherung begriffen sind. Auch giebt es Tumoren, in denen sich schwer entscheiden lässt, ob die sie zusammensetzenden Zellen bindegewebiger oder endothelialer Abkunft sind.

In den Sarkomen kommt ausser den Zellen die oft äusserst spärliche Zwischensubstanz und das für die Entwickelung und den Aufbau des Tumors sehr wichtige Gefässsystem in Betracht.

a) Spindelzellensarkom.

Die häufigste Form des Sarkoms ist das Spindelzellensarkom. Man orientirt sich über seine Zellen weitaus am besten an Zupfpräparaten der frischen Geschwulst. Man muss zu ihrer Herstellung die Geschwulststückchen in der meist deutlich erkennbaren Zugrichtung des Gewebes zerlegen, um die Zellen möglichst wenig zu zerreissen. Denn sie sind oft mit sehr langen und zarten Fortsätzen versehen, die leicht abreissen.

Am häufigsten bekommt man die Bilder der Figur 107. Man sieht spindelige Gebilde mit dünnen fibrillenähnlichen Ausläufern und einem Kern in dem mehr oder weniger reichlichen Protoplasma. Die Grösse der Zellen ist in den einzelnen Fällen sehr verschieden. In manchen Tumoren sind sie gleichmässig klein, in anderen alle sehr gross, in wieder anderen von ungleichem Umfange. In den kleinzelligen Geschwülsten sind sie

Fig. 107. Isolirte Zellen aus einem **Spindelzellensarkom.** Sie zeigen zum Theil lange Ausläufer, sind aber im Uebrigen von ziemlich gleicher Beschaffenheit. Links oben eine Gruppe noch zusammenhängender Zellen. Vergr. 400. Frisches Präparat.

Fig. 108. Isolirte Zellen aus einem **Spindelzellensarkom.** Sie sind in diesem Falle nur zum Theil einfach spindelig, zum anderen Theil mit mehreren zackigen Ausläufern versehen, ein- und zweikernig. Bei *a* eine mehrkernige Riesenzelle. Frisches Präparat. Vergr. 400.

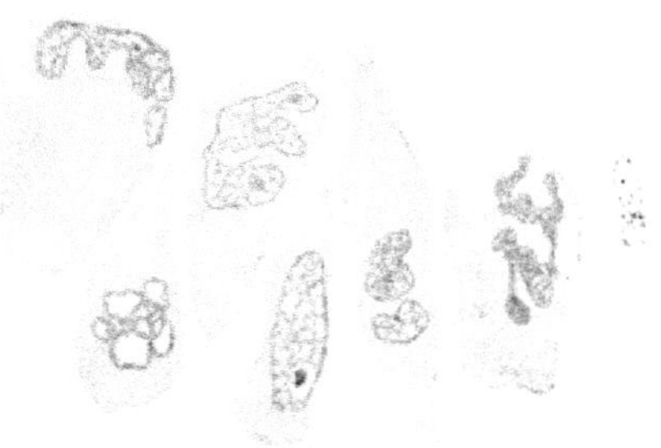

Fig. 110. Ungewöhnlich grosse Zellen aus einem Spindelzellensarkom. Vergr. 600. Die rechts liegende Spindelzelle zeigt die durchschnittliche Grösse der Geschwulstzellen, die andern haben ausser reichlichem Protoplasma grosse, unregelmässige verästigte Kerne, mit netzförmigem Chromatingerüst.

Fig. 109. Zellen aus einem metastatischen Spindelzellensarkom der Pleura. Sie zeichnen sich durch sehr lange schmale Ausläufer, durch reichliches, zum Theil mit Fetttröpfchen versehenes Protoplasma und grosse, in zwei Zellen doppelte Kerne aus. Frisches Präparat. Vergr. 400.

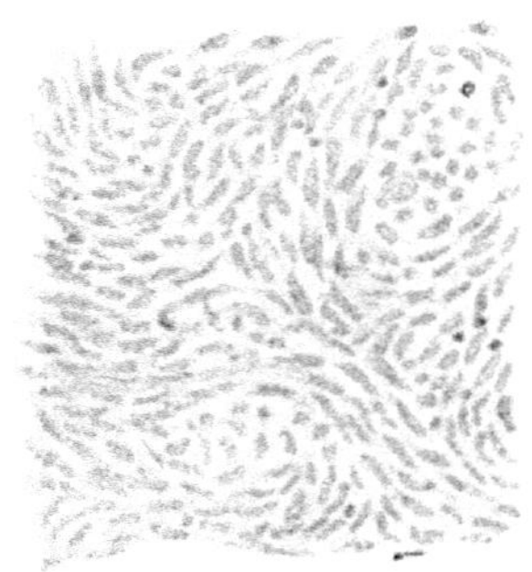

Fig. 111. Kleinzelliges Spindelzellensarkom. Vergr. 400. Die Kerne der Spindelzellen sind dunkel gefärbt, letztere selbst, besonders am Rande gut abzugrenzen. Sie verlaufen bündelweise und sind an zwei Stellen quer getroffen. Zwischen den längs getroffenen Zellen eine parallel verlaufende Capillare. Im Gewebe zerstreut einzelne Lymphocyten.

Fig. 112. Aus einem Spindelzellensarkom. Die Figur zeigt die Beziehung der Spindelzellen zu dem weiten endothelialen Gefässrohr. In mehreren Zellen Mitosen. Vergr. 400.

unter einander gewöhnlich von gleichem Aussehen, in den grosszelligen finden sich meist beträchtlichere Variationen (Fig. 108). Man sieht solche, die um das Doppelte und Dreifache, sowie solche, die um das Vierfache grösser sind als die typische Form. Man kann sie dann Riesenzellen nennen. Diese umfangreicheren Gebilde haben nicht immer eine spindelige, sondern häufiger eine ovale oder auch rundliche oder unregelmässige Gestalt. Auch kleinere rundliche Elemente werden angetroffen. In einzelnen Fällen gewinnen ferner die Spindeln dadurch ein abweichendes Aussehen, dass die Fortsätze sich gleichmässig oder ungleichmässig bandförmig verbreitern und zugleich erheblich verlängern, so dass es kaum gelingt, sie durch Zerzupfen unverletzt zu isoliren. Meist findet man die Enden der schmalen Bänder abgestumpft oder zackig zum Zeichen, dass noch ein kürzeres oder längeres Stück abgerissen wurde (Fig. 109).

Die kleinen Spindeln haben meist nur einen ovalen oder länglichen Kern, nur zuweilen deren zwei, die grossen dagegen häufiger zwei oder mehr Kerne. Insbesondere sieht man letzteres in den umfangreichen rundlichen Zellen und in den Riesenzellen, die zahlreiche Kerne aufweisen können. Diese sind von verschiedener Grösse, nicht selten von so bedeutendem Umfange, dass sie wahre Riesenkerne darstellen (Fig. 110). Sie sind entweder deutlich von einander getrennt oder sie hängen unter einander durch schmalere oder breitere Brücken zusammen, so dass nur ein grosser verästigter oder mit knospenförmigen Sprossen versehener Kern vorhanden ist.

Auch in frischen Präparaten werden durch das Zerzupfen meist nicht alle Zellen von einander getrennt, sondern nicht selten findet man viele noch zusammenhängen und erkennt, dass sie mit den Längsseiten der Art an einander liegen, dass Zellleib und Fortsätze abwechseln, dass also letztere sich zwischen die Körper der nächstfolgenden Zellen einschieben (Fig. 107). Dieser Aufbau lässt sich nun auch leicht in Schnitten feststellen (Fig. 111). Die Zellen liegen stets bündelweise parallel und zwar gruppirt um die in gleicher Richtung verlaufenden Blutgefässe (Fig. 112). Da diese nun nur zum Theil in der Schnittebene verlaufen, zum anderen Theil nach oben, unten und seitlich umbiegen, so müssen auch die Zellbündel bald quer, bald schräg getroffen werden oder sich seitlich von einander abzweigen. Dadurch entsteht ein je nach der Dicke der Bündel bald mehr bald weniger wechselndes Bild (Fig. 111), welches noch auffallender sein würde, wenn die einzelnen Fascikel scharf von einander getrennt wären. Das ist aber im Allgemeinen nicht der Fall, da ihre Randzellen gern durch einander wachsen.

Die quer durchschnittenen Bündel können den Anfänger dadurch leicht täuschen, dass sie aus Rundzellen zusammengesetzt zu sein scheinen. Das sind natürlich nur die Durchschnitte der Spindelzellen. Sie erscheinen theils kernhaltig, wenn die Mitte der Zelle getroffen wurde, theils kernfrei und dann entsprechend der Verschmälerung der Zellausläufer von geringerem Umfange.

Nicht immer folgen die Spindelzellen allen Verzweigungen der Blutgefässe. Anfänglich ist das zwar wohl stets der Fall. Wenn aber grössere Bündel bereits gebildet sind und die Gefässe neue Sprossen treiben, so wachsen diese oft in schräger und querer Richtung zwischen die parallelen Zellen.

Die Gefässe sind, wie besonders Injectionspräparate lehren, ausserordentlich zahlreich (Fig. 113). Sie sind in den rasch wachsenden Tumoren fast ausnahmslos dünnwandig. Ihre Wand besteht nur aus einer Endothellage, die an ihren langen und verhältnissmässig schmalen Kernen leicht nachweisbar ist (Fig. 112). Findet man dickwandige Gefässe und insbesondere typische Arterien oder Venen, so darf man annehmen, dass sie nicht neugebildet sind, sondern vor der Geschwulstentwicklung bereits vorhanden, in dieselbe aber eingeschlossen wurden und sich höchstens mit dem Wachsthum des Tumors verlängerten und verdickten.

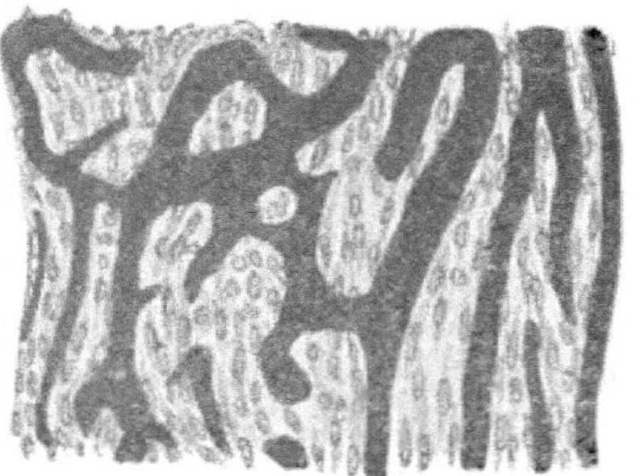

Fig. 113. Spindelzellensarkom mit Gefässinjection. Man sieht den grossen Antheil, den die Gefässe an der Geschwulst haben. Die Zellen sind im Grossen und Ganzen den Gefässen parallel angeordnet. Vergr. 400.

Die erwähnten grossen und Riesen-Zellen liegen ziemlich gleichmässig zwischen den Spindelzellen zerstreut. Das relative Mengenverhältniss beider Zellformen kann auch in den verschiedenen Tumoren eines Individuums wechseln. So kommt es vor, dass die primäre Geschwulst rein spindelzellig ist, während die rascher wachsenden Metastasen viele rundliche grosse Elemente aufweisen oder grösstentheils daraus bestehen.

Fig. 114. Vom Rande eines Spindelzellensarkoms. Die Gewebsbestandtheile sind durch Druck auf das Deckglas etwas auseinandergedrängt. Man sieht zwischen den Spindelzellen eine feinfaserige Intercellularsubstanz. Vergr. 400.

Unter die eigentlichen Tumorzellen findet man nicht selten in geringerer oder grösserer Menge Lymphocyten eingestreut, die auch haufenweise und zwar perivasculär angeordnet sein können.

Den Sarkomen kommt als bindegewebigen Geschwülsten auch Intercellularsubstanz zu. Sie ist aber zuweilen so minimal, dass man Mühe hat, sie nachzuweisen. In anderen Fällen erscheint sie in Gestalt feiner Fibrillen (Fig. 114), die oft nur gerade wahrnehmbar sind. Sie bilden nicht selten ein äusserst feines Flechtwerk. Entwickelt es sich in Gestalt reichlicher und dicker Fasern, so gewinnt der Tumor mehr und mehr Aehnlichkeit mit gewöhnlichem zellreichen Bindegewebe, resp. mit einem Fibrom. So lange dabei die Zellen gross, selbständig, gut abgrenzbar bleiben, ist der sarkomatöse Charakter gewahrt. Denn diese Beschaffenheit deutet auf lebhaftere Proliferation. Man redet dann von einem Fibrosarkom (Fig. 115), in welchem aber der perivasculäre Aufbau noch deutlich hervortreten kann. Die Gefässe können auch in diesen Geschwülsten ausserordentlich zahlreich sein, so dass die Zwischensubstanz mit den Spindelzellen relativ gering ist (Fig. 116). Je mehr die Zellen ihre protoplasmatische Form auf-

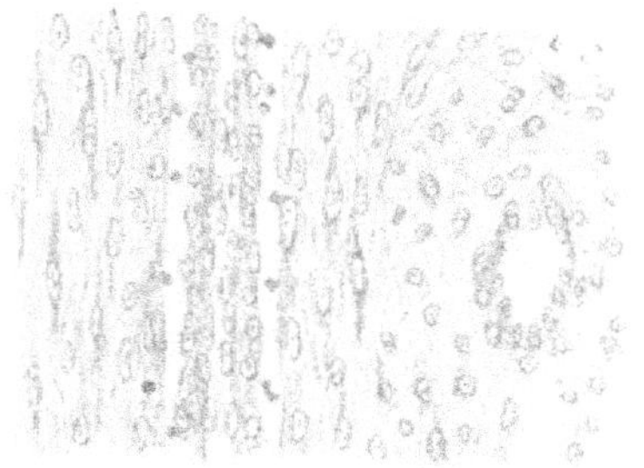

Fig. 115. Fibrosarkom.
Das Gewebe setzt sich aus Spindelzellen und fibrillärer Zwischensubstanz zusammen. Links ist ein Gefäss im Längsschnitt, rechts eines im Querschnitt getroffen. Dementsprechend ändert sich auch das Aussehen der die Gefässe umgebenden Zellen.

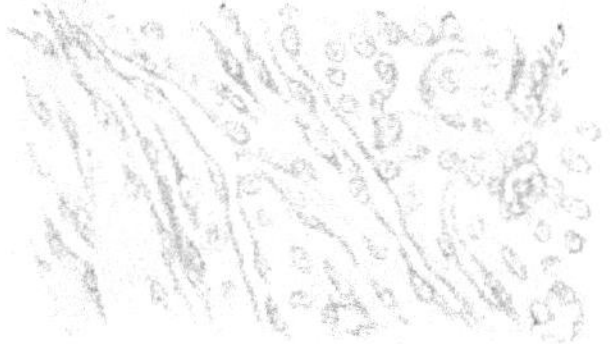

Fig. 116. Angio-fibro-sarkom.
Man sieht längs- und quergetroffene, nur aus Endothel bestehende Gefässe und zwischen ihnen Spindelzellen mit relativ reichlicher fibrillärer Zwischensubstanz. Vergr. 400.

geben und unter Verschmälerung in engere Beziehung zu den Fasern treten, desto mehr sieht der Tumor einem Fibrom ähnlich (s. o. S. 97).

Eine derartige fibröse Umwandlung kann auch in einem sonst unveränderten Sarkom streckenweise auftreten. Dann findet man die ovalen helleren Kerne der Spindelzellen neben und zwischen schmaleren und dunkler gefärbten.

Das meist lebhafte Wachsthum der Sarkome findet histologisch, abgesehen von der Grösse und protoplasmatischen Beschaffenheit der Zellen seinen Ausdruck in der Gegenwart zahlreicher Mitosen (Fig. 117). Da sie meist nicht in typischen Spindeln, sondern in länglich ovalen oder runden Zellen vorhanden sind, so darf man wohl schliessen, dass diese sich bei der Theilung abrunden. Die Mitosen sind entweder durchweg typisch oder, besonders in rasch wachsenden und grosszelligen Tumoren durch allerlei Abweichungen charakterisirt. Es giebt ausserordentlich grosse Riesen-Mitosen mit dicken, plumpen, unregelmässig angeordneten Fäden, ferner solche mit auseinandergesprengten Fäden und Körnchen, mit Zerlegung in ungleiche Theile u. s. w. Dabei sind die Strahlenfiguren oft gut zu sehen. Auch multipolare Mitosen kommen vor. Die Theilung des Protoplasmas erfolgt zuweilen schon, bevor die Korntheilung beendet ist. Dann stehen die beiden Kerne durch die verbindende Protoplasmabrücke hindurch vermittelst schmaler Streifen von Chromatin in Zusammenhang oder die beiden Zellleiber werden nur noch durch einige Kernfäden aneindergehalten.

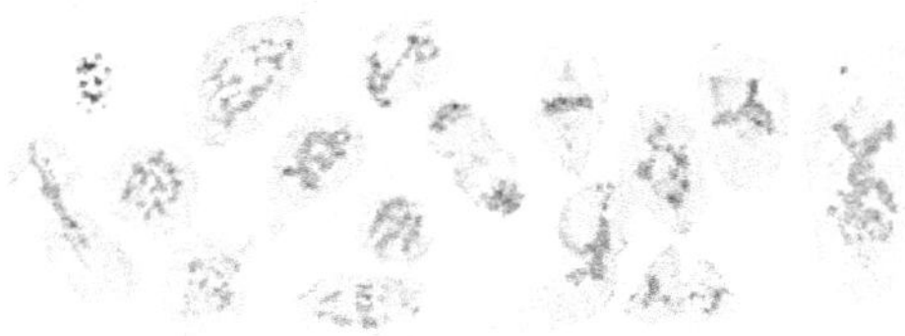

Fig. 117. Zellen mit Mitosen aus einem Spindelzellensarkom. Die Mitosen zeigen unregelmässige Anordnung ihrer Chromosomen, asymmetrische Theilung, Verzerrung bei der Protoplasmatheilung etc.

Die bisher betrachteten Spindelzellensarkome nehmen ihren Ursprung von den verschiedenen Formen des gewöhnlichen Bindegewebes. Aber auch vom Periost können sie ausgehen (periosteale Sarkome) und sind dann durch einige Besonderheiten ausgezeichnet. Sie bilden umfangreiche, oft deutlich senkrecht zum Knochen gestreifte, derbe, nicht selten durch ausgedehnte Kalkablagerung ausgezeichnete Tumoren. Die Zwischensubstanz nimmt häufig in Gestalt einer unter dem Mikroskop homogenen, glänzenden Substanz zu, in welche dann die Sarkomzellen in unregelmässigen, zackigen, den normalen Knochenkörperchen entsprechenden Lücken eingelagert sind (Fig. 118). Diese Räume bieten nicht immer nur Platz für eine Zelle, sondern sie sind spaltförmig, anastomosirend und oft so weit, dass mehrere Zellen nicht nur hinter einander aufgereiht sind, sondern auch in grösseren Complexen neben einander liegen. Dabei geht ihre Spindelform meist verloren. Sie ist freilich auch ohnehin in den periostealen Sarkomen oft wenig ausgeprägt. Denn diese Geschwülste sind zuweilen vorwiegend aus polymorphen Elementen zusammengesetzt. Demgemäss finden wir die Zellen in jenen Zwischensubstanzlücken unregelmässig

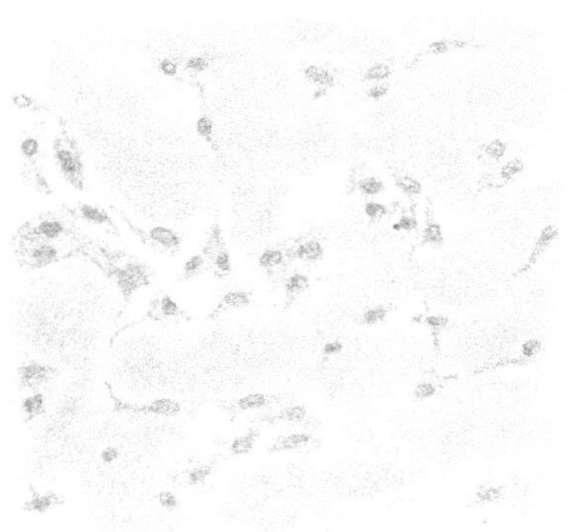

Fig. 118. Osteosarkom. Man sieht die homogene, balkig angeordnete Grundsubstanz, in der spaltförmige weitere und engere, durch polymorphe Zellen ausgefüllte Spalträume vorhanden sind. Vergr. 400.

gestaltet, zackig mit kürzeren oder längeren Fortsätzen versehen, die sich in die feinen Spalten der Grundsubstanz hineinerstrecken. Ist diese Veränderung in grossem Umfange vorhanden, so bezeichnet man den Tumor, weil er der osteoiden Substanz ähnlich gebaut ist, als Osteoidsarkom. Es ist begreiflich, dass ein so verändertes Gewebe gern Kalksalze aufnimmt und dadurch verknöchert (Fig. 119). Der Kalk lagert sich in die homogene Substanz anfangs in Gestalt glänzender Körnchen ab, die weiterhin zusammenfliessen. Die verkalkte Masse wird dunkler, aber zugleich glänzender als die kalkfreie und kann bei schwacher Vergrösserung vor Allem an der ersteren Eigenschaft leicht erkannt werden. Die Verknöcherung tritt nicht ganz gleichmässig, sondern in zackigen, balkenförmigen anastomosirenden Bezirken auf, die gegen den Knochen hin, auf dem sie senkrecht stehen, zusammenfliessen, nach aussen aber sich allmählich verlieren.

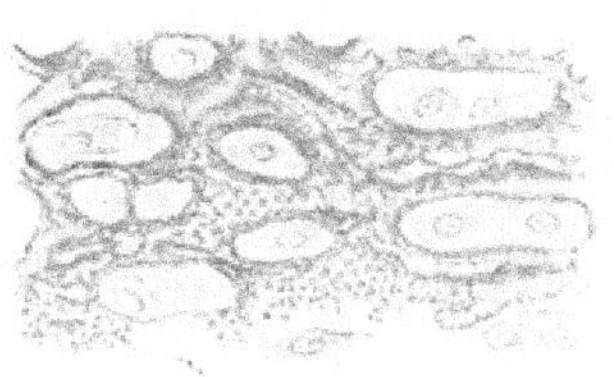

Fig. 119.
Verkalkung in einem Osteosarkom.
Die homogene Grundsubstanz des Sarkoms ist theils, besonders in der Umgebung der Zellen, zu einer glänzenden Masse verkalkt, theils mit kleinen Kalkkörnchen durchsetzt. Vergr. 100.

Am Knochensystem entwickelt sich aber nicht selten noch eine andere, durch besondere Eigenthümlichkeiten charakterisirte Sarkomform, nämlich

b) Das Riesenzellensarkom.

Es ist ausgezeichnet durch die Gegenwart mehr oder weniger zahlreicher, durch ihren beträchtlichen Umfang auffallender Zellen, die man als Riesenzellen bezeichnet. Aber sie bilden den Tumor nicht ausschliesslich, liegen vielmehr zerstreut in einem aus Spindelzellen zusammengesetzten Grundgewebe, welches streckenweise allein vorhanden sein kann. Nun war schon oben von Riesenzellen in Sarkomen die Rede, aber sie traten dort nur als aussergewöhnlich grosse Elemente auf, die durch Uebergänge mit den kleineren verbunden waren. Hier aber ist stets ein so deutlicher Gegensatz zwischen ihnen und den Spindelzellen vorhanden, dass man versucht ist, sie als eine besondere Zellform anzusehen. Sie sind wegen ihres grossen Umfanges schon bei schwachen Vergrösserungen gut wahrnehmbar. Sie finden sich meist nicht in jedem Theile der Geschwulst, sondern in grösseren oder kleineren Bezirken, zwischen denen riesenzellenfreie Abschnitte liegen. Im frischen Zustande besitzen sie ein äusserst feinkörniges gleichmässiges Protoplasma. Da sie sich aus frischen Schnitten, zumal am Rande, leicht auslösen, sich ferner auch von der Schnittfläche der Geschwulst durch Abkratzen mit dem Messer im Zellbrei gewinnen lassen, so kann man in solchen Präparaten mit besonderem Vortheile ihre Formverhältnisse studiren. Doch treten diese auch in gehärteten Objecten noch gut hervor, zumal zwischen den Riesenzellen und dem umgebenden Gewebe dadurch spaltförmige Zwischenräume zu entstehen pflegen, dass ihr Protoplasma stärkere Schrumpfung zeigt (Fig. 121). Die Zellen sind meist rundlich, oval, aber auch lang ausgezogen, keulenförmig, mit Fortsätzen versehen oder sonstwie unregelmässig gestaltet (Fig. 120). Ihr Rand ist glatt oder gewöhnlich zackig mit grubenförmigen Eindrücken. Im Protoplasma sieht man häufig Vacuolen, die leer sind oder eingedrungene resp. aufgenommene Leukocyten enthalten. Die zahlreichen, oft zu Hunderten vorhandenen Kerne liegen meist in den mittleren Zellabschnitten, und zwar haufenweise ohne eine bestimmte Anordnung. Sie sind oval, mit gut ausgeprägtem, besonders in frischem Zustand deutlich glänzenden Kernkörperchen versehen, welches auch in gehärteten, ungefärbten Präparaten dann gut sichtbar ist, wenn die Kerne im Uebrigen, wie es oft der Fall ist, durch das dichte Protoplasma nahezu verdeckt werden. Durch Färbung lassen sie sich leicht zur Anschauung bringen. In manchen Zellen sind sie kleiner, unregelmässig conturirt und stärker färbbar.

Fig. 120. Isolirte umfangreiche **Riesenzellen** aus einem Riesenzellensarkom. Die Kerne liegen dicht gedrängt, haufenweise in der Mitte des Protoplasmas. Dieses enthält sehr zahlreiche Vacuolen resp. concave Eindrücke der Oberfläche. In einzelnen Vacuolen sind Rundzellen eingeschlossen. Vergr. 400.

Die Riesenzellen sind bald spärlicher, bald sehr zahlreich, den sarkomatösen Charakter verdankt die Geschwulst aber dem Grundgewebe. Dieses ist aus Spindelzellen (Fig. 121) aufgebaut, zwischen denen aber zuweilen viel Intercellularsubstanz, dem Fibrosarkom ähnlich, gebildet ist.

Die Tumoren sind reich an Gefässen. Dadurch wird die Farbe des Gewebes eine dunkelrothe. Der Farbenton spielt aber gewöhnlich in's Bräunliche. Das liegt an der Gegenwart mehr oder weniger reichlichen Pigmentes, welches in Gestalt feiner, gelbbrauner Körner in das Grundgewebe und in die Riesenzellen eingelagert ist. Es rührt von häufigen kleineren Blutungen her.

In dem Spindelzellengewebe des Riesenzellensarkoms bilden sich nicht selten in grösserem oder geringerem Umfange Knochenbälkchen (Fig. 122), indem die Zellen eine homogene Grundsubstanz erzeugen, in welche sie dann selbst nach Art der Knochenkörperchen eingelagert sind. Häufig nehmen dabei die Spindelzellen schon vorher rundliche Formen an und sitzen nicht selten dem Knochen nach Art von Osteoblasten auf. Die Riesenzellen sind an diesem Prozess unbetheiligt.

Die typischen Riesenzellensarkome entstehen an der Oberfläche der Knochen, insbesondere an den Kiefern. Aber auch vom Knochenmark gehen riesenzellenhaltige Tumoren aus. Andere myelogene Sarkome setzen sich weniger regelmässig aus spindeligen Elementen zusammen. Ihre Zellform ist häufig eine rundliche oder polymorphe. Das Knochenmark liefert ferner Tumoren, die den Lymphosarkomen nahe stehen.

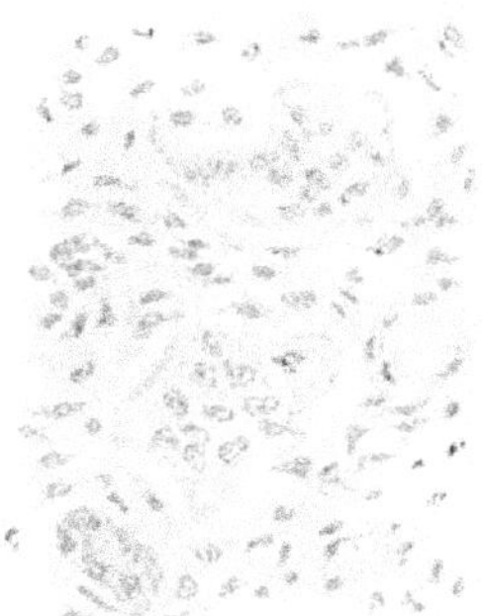

Fig. 121. Riesenzellensarkom. In einem aus Spindelzellen und fibrillärer Zwischensubstanz zusammengesetzten Grundgewebe sieht man zwei grosse und eine kleine Riesenzelle, die durch einen in Folge der Härtung entstandenen Spaltraum von den Spindelzellen getrennt sind. Vergr. 100.

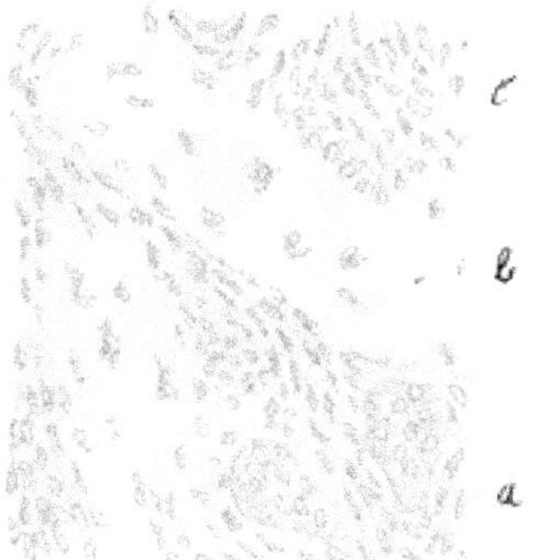

Fig. 122. Riesenzellensarkom mit Knochenbildung. In dem spindelzelligen Grundgewebe (c) liegen bei a zwei Riesenzellen und zwei Balken von Knochensubstanz (b), deren Zellen aus denen des Grundgewebes unter Auftreten der hyalinen Zwischensubstanz hervorgehen. Vergr. 100.

c) Rundzellensarkome.

Unter der Bezeichnung Rundzellensarkome fasst man Geschwülste zusammen, deren Zellen eine rundliche oder besser der runden Form angenäherte aber ungleichmässige Gestalt haben. Man unterscheidet auch wohl gross- und kleinzellige Rundzellensarkome. Die letzteren sind aber den Lymphosarkomen gleichwerthig. Bei den ersteren setzt man voraus, dass die Bindegewebszellen statt in der häufigeren Spindelform in rundlicher Gestalt proliferirten. Es sind aber wohl insofern keine häufigen Geschwülste, als Manches, was man kurzweg Rundzellensarkome nennt, zu den Endotheliomen zu stellen sein dürfte.

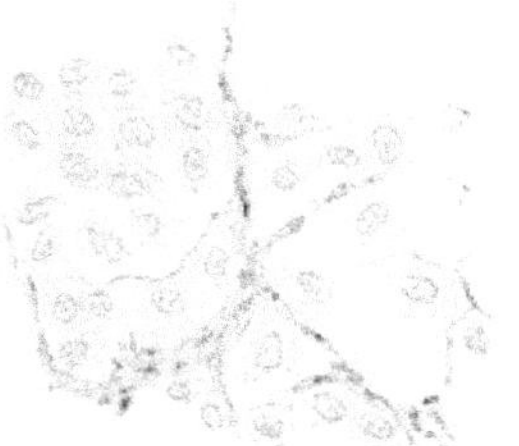

Fig. 123. Grosszelliges „Rundzellensarkom". Die Zellen sind vertheilt in einem theils dick-, theils feinbalkigen Gerüstwerk, dessen breitere Septa kleine Kerne enthalten. Vergr. 400.

Das Rundzellensarkom (Fig. 123) enthält neben den Zellen stets eine deutliche, reticulär gebaute und zu breiteren Zügen anschwellende faserige Zwischensubstanz. Diese zeigt häufig eine alveoläre Anordnung.

Aus dieser Eigenthümlichkeit leitet man wohl auch die Bezeichnung „alveoläres Sarkom" ab. Aber gerade diese Tumoren nehmen eine unsichere Stellung ein und gehören wohl alle zu den Endotheliomen, bei denen sie genauer betrachtet werden sollen.

d) Angiosarkome.

Als Angiosarkome bezeichnet man wohl solche Tumoren, in denen die Zellen in der Weise in sehr enger Beziehung zu den nur oder fast nur aus Endothelien aufgebauten Gefässen stehen, dass sie ihnen unvermittelt aufsitzen und sie in einfacher oder mehrfacher Schicht umgeben. Aber einerseits wurde diese nahe Zusammengehörigkeit auch bei den Spindelzellensarkomen betont und andererseits dürfte es sich bei den im engeren Sinne so genannten Tumoren um Zellen endothelialer Abkunft handeln. Demgemäss sollen die Angiosarkome unter den Endotheliomen Erwähnung finden.

e) Sarkome mit knöchernen und knorpeligen Bestandtheilen.

In periostealen Sarkomen findet sich zuweilen auch Knorpel mit hyaliner Grundsubstanz und mehr oder weniger deutlich ausgeprägten Zellkapseln. Er zeigt direkte Uebergänge in Sarkomgewebe unter Zunahme der Zellen und Verschwinden der homogenen Grundsubstanz. Er kann andererseits

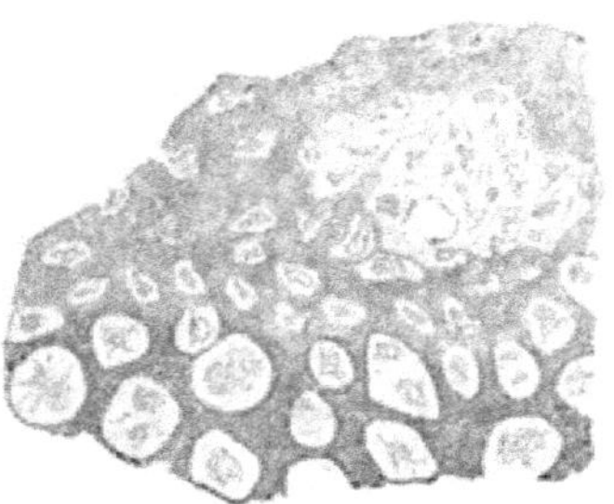

Fig. 124. Aus einem **Sarko-osteo-chondrom** des Oberschenkels. Man sieht den Uebergang des mit weiten rundlichen Zellräumen versehenen dunklen Knorpels in den durch kleine Zellhöhlen ausgezeichneten Knochen, in welchem ein bindegewebig-zelliger Bezirk hervortritt. Das sarkomatöse Gewebe ist nicht gezeichnet. Vergr. 400.

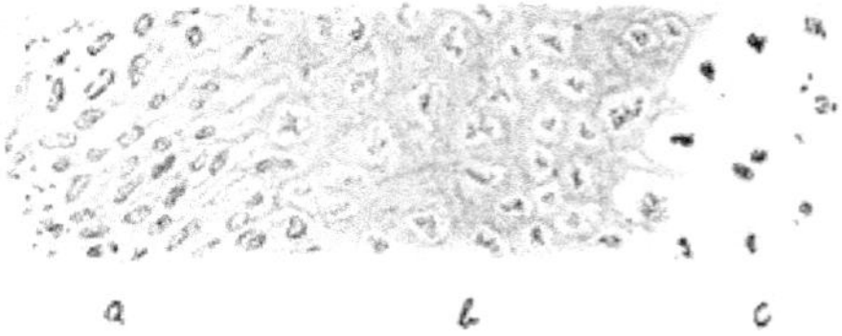

Fig. 125.
Sarko-osteo-chondrom des Femur.
Das Spindelzellengewebe (*a*) geht continuirlich in Knochensubstanz (*b*) über, die wiederum sich in Knorpel (*c*) fortsetzt.

unter entsprechender Metamorphose der Zellen auch in Knochen übergehen (Fig. 124), der sich seinerseits wieder in Sarkomgewebe umwandelt, resp. aus ihm hervorgeht (Fig. 125).

Auch in anderen Sarkomen, z. B. denen der Speicheldrüsen und des Hodens finden sich Uebergänge in Knorpel und seltener auch in Knochen.

f) Wachsthum der Sarkome.

Das Wachsthum der Sarkome erfolgt hauptsächlich an der Peripherie der Geschwulstknoten, aber nicht etwa dadurch, dass das anstossende Gewebe auch sarkomatös würde. Das geschieht auch dann nicht, wenn es dem Ursprungsgewebe des Tumors gleich ist. Vielmehr wachsen die Geschwulstzellen, indem sie sich vor Allem an die bestehenden oder sich neu bildenden Gefässe anlegen, in die sich bietenden Lücken hinein, vermehren sich hier und bringen die Gewebsbestandtheile durch Druck zur Atrophie. Man darf also nicht etwa Uebergänge des Sarkoms zu normalem Gewebe finden und daraus die Histogenese des Sarkoms feststellen wollen. Am besten erkennt man den Wachsthumsvorgang an den Metastasen. In der Leber (Fig. 126) sieht man die peripheren Sarkomzellen in die Capillaren vordringen und die Leberzellen-

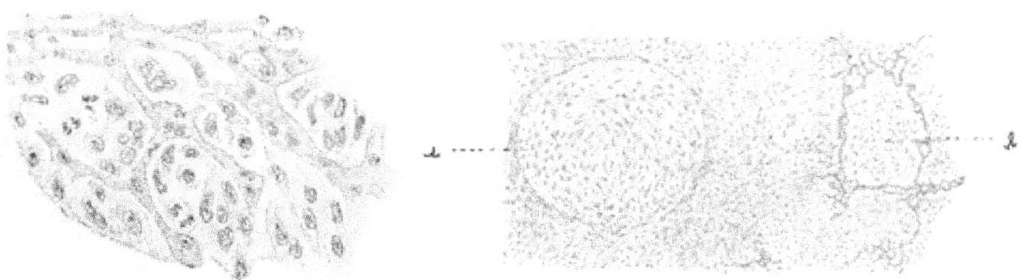

Fig. 126. Metastatisches Spindelzellensarkom der Leber. Die Capillaren sind durch theils rundliche, theils spindelige Geschwulstzellen erweitert, die Leberzellenreihen entsprechend auseinandergedrängt und verschmälert. Nach oben sind sie lediglich als Ganzes bei Seite geschoben. Die Sarkomzellen zeigen mehrere Mitosen. Vergr. 400.

Fig. 127. Metastatisches Spindelzellensarkom der Lunge. *a* ein mit Spindelzellen ausgefülltes Gefäss, in seiner Umgebung reines Sarkomgewebe, bei *b* Alveolen mit Spindelzellen ausgefüllt. Die Gefässe der Alveolarwand sind injicirt. Vergr. 50.

reihen unter Verschmälerung zum Schwunde bringen. Gleichzeitig tritt auch durch Vergrösserung des Tumors von innen heraus eine Compression des anstossenden Lebergewebes ein (vergl. das Wachsthum des Carcinoms Fig. 191). In den Lungenmetastasen wachsen die Zellen in immer neue Alveolen hinein, deren Wandung sammt Blutgefässen durch den Druck der Geschwulstpfröpfe vernichtet wird. In der diese Verhältnisse darstellenden Figur 127 bemerkt man ein mit Sarkommasse ausgefülltes Gefäss. Da die Zellen auf dem Blutwege verschleppt werden, so wachsen sie zunächst in den Gefässen weiter, um nach Durchbrechung ihrer Wand in die Umgebung vorzudringen.

Aus den Arbeiten über die Sarkome sei hier besonders die von Ackermann, Histogenese und Histologie der Sarkome (Samml. klin. Vortr. 233/34) hervorgehoben.

10. Endotheliale Geschwülste.

Die endothelialen Geschwülste sind dadurch charakterisirt, dass ihre Entstehung sich in erster Linie auf eine Wucherung von Endothelien, d. h. den zu dünnen Platten umgewandelten Zellen zurück-

führen lässt, welche die Spalträume unseres Körpers, die grossen serösen Höhlen sowohl wie die Blut- und Lymphgefässe und die Saftspalten des Bindegewebes auskleiden. Sie besitzen die Fähigkeit, unter pathologischen Verhältnissen zu epithelähnlichen runden, kubischen Zellen anzuschwellen und so eventuell die Räume auszufüllen. Bei der Entzündung war von ihnen schon vielfach die Rede. Durch ihre Vergrösserung und Wucherung entstehen, wenn es sich um Lymphgefässe handelt, anastomosirende cylindrische, oft hohle, an den Knotenpunkten aufgetriebene, oder, wenn die Saftspalten in Betracht kommen, unregelmässig geformte netzförmige Züge von Zellen, die uns aber nur in den Schnitten als strangförmige Gebilde entgegentreten, in Wirklichkeit die Anordnung der ausgedehnt anastomosirenden Gewebsspalten zeigen, also keine cylindrische Gestalt haben können. In diesem Aufbau kann ein differentialdiagnostisches Merkmal gegenüber dem Carcinom gegeben sein, in welchem, wie wir sehen werden, die Epithelien vorwiegend in geschlossenen Lymphbahnen, also in Gestalt walzenförmiger, netzartig zusammenhängender Züge wachsen. Aber da sie einerseits auch in den Gewebsspalten wuchern können und da andererseits das Lymphgefässendotheliom ebenfalls strangförmig angeordnet ist, so ist die Grenze beider Geschwulstarten nicht immer sicher zu ziehen. Man ist aber gewohnt, ein Endotheliom, wenn es im Uebrigen carcinomatösen Bau zeigt, da anzunehmen, wo ein epitheliales Organ als Ausgangspunkt der Geschwulst fehlt. Doch ist zu beachten, dass durch entwicklungsgeschichtliche Abschnürungsprozesse Epithel auch an Stellen gelangen kann, wo es sich in der Norm nicht findet, z. B. Plattenepithel in die Tiefe der Halsweichtheile als Rest der Kiemenfurchen, Pankreasabschnitte in die Wand des Duodenums und Magens. Es ist also durchaus wahrscheinlich, dass Manches von dem, was man als Endotheliom aufzufassen pflegt, in Wirklichkeit epithelialer Natur ist. Wenn es sich freilich um eine ausschliessliche Saftspaltenwucherung handelt, ist die Verwechslung weniger gut möglich. Nur ist es im Schnitt nicht immer leicht zu entscheiden, ob man es mit Durchschnitten durch Spaltenausfüllungen oder mit cylindrischen Zellsträngen zu thun hat. Im ersteren Falle müssten runde Querschnitte der Zellmassen fehlen, die bei Lymphgefässwucherungen charakteristisch sind.

In vorstehenden Erörterungen wurde nun zunächst vorausgesetzt, dass die Endothelien in den Spalten und Lymphbahnen wuchern, welche in den von ihnen durchwachsenen Geweben vorhanden waren. Aber die Tumoren bilden ja bei weiterer Vergrösserung nicht nur die Zellen, sondern auch Gefässe und Zwischensubstanz neu, und dabei ergeben sich dann oft noch andere Bilder. Die Zellen wachsen nämlich oft in mehr oder weniger geschlossenen Zügen, die ausgedehnt netzförmig zusammenhängen und nur da, wo sie nicht direkt in einander übergehen, faserige Bestandtheile zwischen sich lassen, die nun in Schnitten eine alveoläre Anordnung zeigen können. Eine weitere Wachsthumserscheinung ist die nahe Beziehung zum Gefässsystem, deren engeren und weiteren Aesten die Zellen unvermittelt in mehreren Lagen aufsitzen. (»Angiosarkome« s. o. S. 126).

Die histologische Untersuchung der endothelialen Tumoren muss also sehr verschiedene Bilder geben. Geht die Entwicklung des Tumors von den Lymphgefässen aus oder erfolgt wenigstens sein weiteres Wachsthum in ihnen, so bilden sich anastomosirende Zellstränge von wechselnder Breite (Fig. 128). Die einzelnen Zellen und Kerne sind gross und hell und oft auffallend deutlich gegen einander begrenzt durch eine scharfe einer Zellmembran ähnliche Linie. Doch finden sich natürlich niemals Bilder, die an die Stachel- und Riffbildung, resp. an die intercellularen Zellbrücken des Plattenepithels erinnern. Die Endothelien passen sich in ihrer Form den gegebenen Raumverhältnissen an, sind also polygonal und sitzen dem Bindegewebe oft epithelähnlich in regelmässiger Reihe und in scharfer Grenze auf. In anderen Fällen freilich fehlt diese typische Anordnung. Die an das Bindegewebe angrenzenden Zellen liegen denselben mit ihrer Längsachse parallel oder schräg an, oder einzelne sind kubisch, andere ragen langgestreckt zwischen die anderen hinein u. s. w. Wo die Zellstränge zu grösserem Umfange anschwellen, schichten sich die central gelegenen Zellen zuweilen concentrisch um einander und sind dabei abgeplattet. Solche Bildungen erinnern an die Plattenepithelcarcinome (s. u.). An anderen Stellen desselben Tumors findet man ferner nicht selten zweireihige Endothelstränge mit Lumen, die Zellen sind dabei oft flacher, normalen Endothelien ähnlicher (Fig. 129). Aber auch in den breiteren Zellzügen kann ein Kanal vorhanden sein, der dann von mehreren Lagen von Zellen umgeben ist, die gegen ihn eine glatte Fläche bieten oder einzeln für

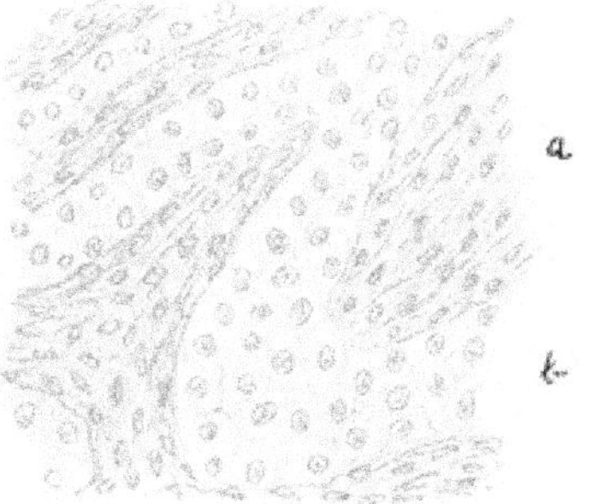

Fig. 128. Endotheliom am Unterkieferwinkel. In einem zellig-faserigen Zwischengewebe (a) liegen anastomosirende Stränge (b) heller grosser, polygonal begrenzter Zellen.

sich prominiren. Im Lumen findet man abgelöste Zellen oder feinkörnige Gerinnsel.

Häufig, offenbar in den jüngeren Theilen, liegen die Zellen auch in einer Reihe hinter einander angeordnet.

Nicht immer sind in einer solchen Geschwulst alle Endothelien zu cylindrischen Strängen zusammengelagert, sondern manche, oft die grössten Abschnitte zeigen einen Aufbau, der auf eine in den Saftspalten erfolgte Wucherung schliessen lässt (Fig. 129). Man sieht dann bald breite, bald schmale, bald unregelmässige, in engen Netzen anastomosirende Züge, die auch in Form grösserer Felder auftreten und in mehr diffuse Infiltrationen des Gewebes übergehen können, wobei sie bei fortschreitendem Wachsthum z. B. auch in die Interstitien von Muskeln gelangen können. Gegen die Zwischensubstanz, die bei den diffuseren Durchwachsungen nur spärlich ist, sind die unter diesen Umständen meist kleinen Zellen nicht epithelähnlich begrenzt, sondern liegen in regelloser Weise zusammen und stossen an das Bindegewebe so an, wie es der Raum gestattet.

Fig. 129. Endotheliom der Parotis.
In einem faserigen, mässig kernhaltigen Grundgewebe liegt ein aus polymorphen aber vorwiegend spindeligen Zellen (Endothelien) zusammengesetztes Netzwerk, welches hier und da Andeutungen von Kanalbildung zeigt und sich mit einzelnen Aesten in der Zwischensubstanz allmählich verliert. Vergr. 100.

Wiederum anders sind die Bilder, wenn die Endothelwucherung in einem nur aus einem Reticulum bestehenden Gewebe erfolgt und wenn dieser reticuläre Bau bei Vergrösserung erhalten bleibt (Fig. 130). Dann besteht das Gewebe fast nur aus Endothelien, zwischen denen sich lediglich ein feines mit Kernen versehenes Netzwerk ausspannt.

Fig. 130. Endotheliom des Uterus (Polyp).
Man sieht ein kernhaltiges Gerüstwerk, in dessen Maschen grosse helle endotheliale Kerne liegen. Das zugehörige Protoplasma ist nicht wahrnehmbar. Links Randabschnitt des Tumors, Vergr. 100. Rechts centraler Abschnitt. Vergr. 600.

Andererseits aber giebt es Tumoren, die vorwiegend aus faserigem Bindegewebe bestehend, in ihren Saftspalten eine verschieden weitgehende Wucherung der Endothelien erkennen lassen, die nach Art ihrer Anordnung im normalen Gewebe, d. h. einzeln abwechselnd hinter einander, oder auch in regelmässigen einfachen Reihen gelagert sind. Dann kann man wohl von einem Fibro-Endotheliom reden (s. Fig. 84, S. 99).

Etwas anders gestaltet sich wiederum der Aufbau, wenn die Endothelien nicht in cylindrischen Strängen und auch nicht als Ausfüllungen spaltförmiger Lücken wachsen, sondern wenn sie grössere rundliche anastomosirende Räume ausfüllen, so dass in Schnitten eine an Alveolen erinnernde Zusammensetzung sichtbar wird. Diese Dinge nennt man meist **Alveolar-Sarkome.** Sie werden aber wohl besser als **Alveolar-Endotheliome** bezeichnet. Die Zellhaufen werden durch eine fibrilläre gefässhaltige Zwischensubstanz von einander getrennt, doch ist die Trennung beider nicht immer eine scharfe (Fig. 131). Denn einmal lässt sich nicht selten verfolgen, dass von den breiteren Septen noch feinere Fibrillen sich zwischen die Zellen fortsetzen, und zweitens giebt es überhaupt keine geschlossenen rundlichen oder kanalförmigen anastomosirenden durch Zellen ausgefüllten Räume, vielmehr ist die Zwischensubstanz nicht in Form continuirlicher, sondern ausgedehnt durchbrochener Scheidewände, ja meist nur netzförmig verbundener, dem Gefässverlauf entsprechender und oft nur aus spärlichen Fasern bestehender Züge aufgebaut, in denen die Bindegewebskerne als längliche schmale Gebilde liegen. Manche Züge scheinen nur von einer Faser gebildet zu sein, zu der hinter einander aufgereihte Kerne gehören.

Fig. 131. Alveolares Sarkom.
Ein sehr zartes, aber kernhaltiges Gerüstwerk bildet verschieden gestaltete Alveolen, die durch polymorphe Zellen nur noch theilweise ausgefüllt sind, da viele ausfielen. Vergr. 400.

Diese alveolären Tumoren stellen also in erster Linie Endothelwucherungen dar, neben denen die fibrilläre Grundsubstanz nur eine geringe Rolle spielt. Man kann sich ihren Bau am besten verständlich machen, wenn man von dem reticulären Bindegewebe, z. B. dem der lymphatischen Apparate ausgeht und sich vorstellt, dass das Reticulum zu breiteren oder schmaleren Zügen auswachsend die Zwischensubstanz bildet, während die Lücken durch Zellen ausgefüllt werden und sich dementsprechend erweitern. In der That gehen die alveolären Endotheliome nicht selten von den Lymphdrüsen, resp. deren Endothelien aus. Nur darf man bei dieser Vorstellung nicht vergessen, dass es sich ja nicht nur um endotheliale Wucherung allein handelt, bei der das Reticulum keine selbstständige Rolle spielt, sondern dass beide Bestandtheile gemeinsam sich neu bilden, die Vermehrung der Endothelien aber der Masse nach das Feld beherrscht. Aber auch von anderen reticulär gebauten Geweben, sowie auch von den bei den Melanomen zu besprechenden endothelialen Hautwarzen geht die Neubildung aus.

Die Zellen sind gross, polymorph, meist ohne bestimmte Anordnung dicht zusammengedrängt, seltener den Faserzügen nach Art von Epithel regelmässig aufsitzend. Besonders deutlich sieht man alle Verhältnisse, wenn aus dünnen Schnitten ein Theil der Zellen ausgefallen ist oder entfernt wurde.

Mit den alveolär angeordneten Endotheliomen sind wahrscheinlich auf die gleiche Stufe zu stellen die sogen. grosszelligen Rundzellensarkome (s. oben S. 25), die in der Hauptsache gleich gebaut sind und sich von jenen nur durch den grösseren Umfang und die mehr rundliche Form ihrer Zellen unterscheiden. Diese können sich zu mehrkernigen Riesenzellen vergrössern.

Die Angio-Endotheliome („Angio-Sarkome") setzen sich fast ausschliesslich aus Zellen und Gefässen zusammen. Aber zwischen beiden besteht eine sehr nahe Beziehung insofern, als die Zellen unmittelbar auf der nur aus Endothelien bestehenden Gefässwand und zwar in einfacher oder mehrfacher Schicht sitzen. So bilden sich aus den centralen Gefässen und den umhüllenden Zellen Stränge, die sich dichtgedrängt durchflechten und meist kaum noch für etwas feinfibrilläre Substanz Raum lassen oder auch direkt aneinanderstossen. Es ist wahrscheinlich, dass diese Tumoren besonders aus solchen Geweben hervorgehen, die schon in der Norm die enge Beziehung von Gefässwand und Endothelien aufweisen. Dahin gehören u. A. am centralen Nervensystem entstehende Neubildungen, von denen jetzt genauer die Rede sein soll.

Endotheliale Tumoren liefern nämlich ganz besonders die harten und weichen Gehirn- und Rückenmarkshäute. Es entstehen hier oft umfangreiche, entweder von der Dura ausgehende und fest und breit mit ihr zusammenhängende oder aus der Pia sich entwickelnde Tumoren, die in beiden Fällen weit in das Gehirn vordringen können. Kleinere, linsen- bis bohnengrosse flache oder halbkugelige Geschwülste der Innenfläche der Dura trifft man als zufällige Sectionsbefunde nicht ganz selten an. Enthalten die Neubildungen viele sandkornförmige Körperchen, so nennt man sie Psammome.

Diese Tumoren sind verschieden gebaut. Selten sind die Endotheliome, welche, von der Pia ausgehend, in cylindrischen netzförmigen Strängen angeordnet sind.

Die aus der Dura herausgewachsenen haben folgende Eigenthümlichkeiten. Sie bestehen meist aus einer von der harten Hirnhaut sich erhebenden netzförmigen, bald breiteren, bald schmaleren Gerüstsubstanz, deren im Schnitt als Alveolen erscheinende Maschenräume mit endothelialen Zellen gefüllt sind (Fig. 132). Diese liegen meist zugweise oder schichten sich concentrisch um einander. Gerüst und Zellmassen sind nicht immer scharf abgesetzt, sondern von den breiteren Zügen des ersteren gehen oft feinere Streifen, einzelne Fibrillen und Gefässe zwischen die Zellen hinein (Fig. 133).

In dem gegenseitigen Mengenverhältniss der beiden Bestandtheile finden sich grosse Differenzen. Das Bindegewebe kann so zunehmen, dass man den Tumor Fibrom nennen muss. Andererseits kann es gegenüber den Zellmassen in den Hintergrund treten.

In allen Formen dieser Geschwülste kommt es oft zur Bildung sandkornförmiger Körper, die der Schnittfläche eine rauhe Beschaffenheit verleihen können. Das Gewebe lässt sich dann ohne Schädigung des Messers nicht mehr schneiden oder die Schnitte zerreissen.

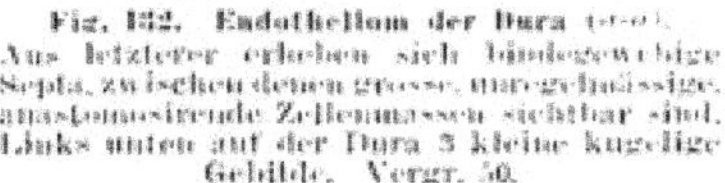

Fig. 132. Endotheliom der Dura (a). Aus letzterer erheben sich bindegewebige Septa, zwischen denen grosse, unregelmässige, anastomosirende Zellenmassen sichtbar sind. Links unten auf der Dura 3 kleine kugelige Gebilde. Vergr. 50.

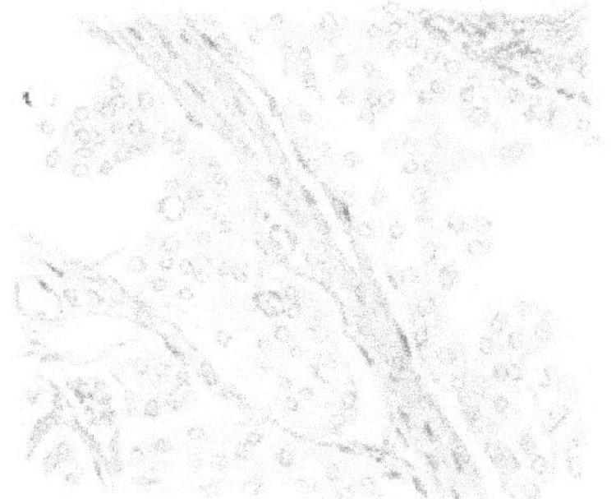

Fig. 133. Endotheliom der Dura. Vergr. 100. Zwischen bindegewebigen Septen liegen helle polymorphe, unter sich wieder gruppen- und strangweise angeordnete Zellen, zwischen die sich mehrfach zarte Ausläufer des Reticulums verlieren.

Untersucht man diese oder zerzupft ein Gewebsstückchen, so sieht man bei schwacher Vergrösserung verschieden gestaltete homogene, dunkel glänzende und dadurch ihre Verkalkung (Fig. 134) verrathende mehr oder weniger deutlich concentrisch gestreifte Gebilde. Viele von ihnen haben einen helleren, weniger glänzenden Randsaum, der unverkalkt ist. Ein Theil ist völlig kalkfrei. In manchen Fällen sind alle diese Dinge von kugeliger Gestalt, in anderen aber finden sich daneben auch viele spiess- und nadelförmige lange schmale Körper. Ihre Menge wechselt ausserordentlich, bald sind sie nur vereinzelt, bald dicht gedrängt nachweisbar (Fig. 135).

Ueber ihre Entstehung lässt sich zunächst im Allgemeinen sagen, dass ihnen eine homogene Substanz zu Grunde liegt, die entweder aus hyaliner Verdichtung der bindegewebigen Fasersubstanz hervorgeht oder in naher Beziehung zu den Zellen abgeschieden wird. Sie ist in beiden

Fällen als Intercellularsubstanz aufzufassen. Die Bindegewebsfasern verdicken sich, treten zusammen und verschmelzen mit einander zu länglichen hyalinen Balken, die durch Verkalkung in jene Nadeln übergehen (Fig. 136). Die Kalkablagerung kann freilich oft lange ausbleiben. In den hyalinen Rändern, oder auch isolirt für sich, bilden sich ferner, dadurch dass die Grundsubstanz statt in verschmelzenden Fasern rings um einzelne Centren kugelschalenförmig sich abscheidet, die runden Körper. Den

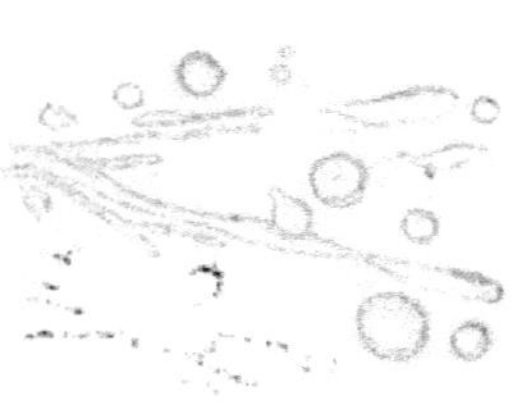

Fig. 134.
Psammom.
Vergr. 50. Man sieht in einem faserig erscheinenden Grundgewebe glänzende verkalkte Kugeln und Balken. Das Präparat liegt ungefärbt in Glycerin.

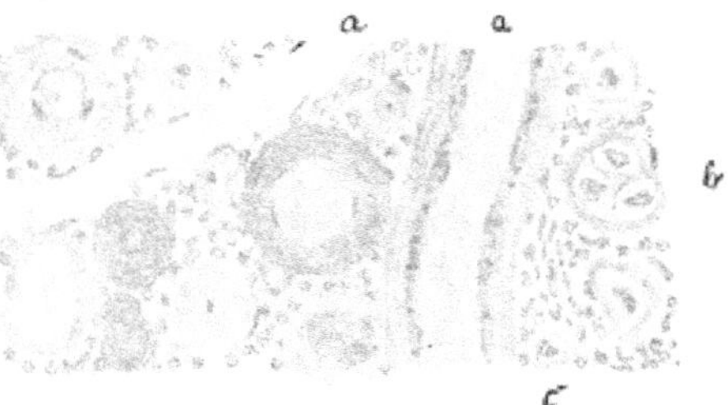

Fig. 135. Psammom der Dura.
Vergr. 500. a a Blutgefässe. Zwischen ihnen kugelförmige Gebilde und Zellen, von denen meist nur die Kerne deutlich sichtbar sind. In den Kugeln sind vielfach dunkle Kerne vorhanden. Bei b eine aus drei Theilen zusammengesetzte Kugel, bei c eine zweikernige Zelle mit homogener Randzone.

Fig. 136. Fibro-Endotheliom der Dura
mit hyalinen, zum Theil kugeligen Theilen. Oben ein ovaliner, quer verlaufender Balken, unten zwei Kugeln. Die eine ist von concentrisch angeordneten Zellen umgeben, die andere liegt in homogener, leicht streifiger Grundsubstanz. Die Kerne sind theils schmal und lang, theils grösser, oval und heller. Vergr. 400.

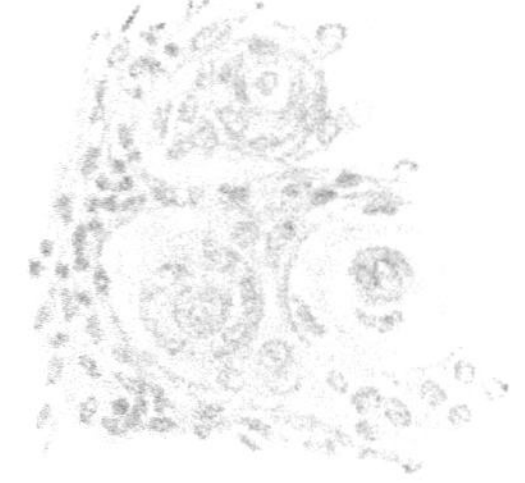

Fig. 137.
Fibro-Endotheliom des Gehirns,
von der Dura ausgehend. In einem faserigen, zellreichen Zwischengewebe liegen in zwei Ränmen Massen grösserer Zellen, die z. Theil concentrisch geschichtet sind und dadurch kugelige Körper bilden, von denen einer fast ganz homogen geworden ist. Vergr. 400.

Mittelpunkt stellen gewöhnlich Zellen dar, die einzeln liegend oder zu mehreren verschmolzen eine offenbar regressive Metamorphose durchmachen (Fig. 137), die mit ihrer Umwandlung in ein hyalines rundes Gebilde endet, um welches nun die Ablagerung der hyalinen Substanz erfolgt. In diese können ab und zu wieder Zellen eingeschlossen werden, die sich dabei ebenfalls concentrisch anordnen, wie aus der Stellung des noch lange färbbaren Kernes zu entnehmen ist. Die Zahl der in die Kugel einbezogenen Zellen ist eine wechselnde. Es giebt solche, die fast nur aus ihnen hervorgehen, aber doch wohl durch eine Grundsubstanz zusammengehalten werden. Die Zellstruktur kann dabei schliesslich völlig verschwinden. Auch in den derben Fibromen der Dura sind die Sandkörner anzutreffen, sie liegen hier meist in den interfibrillären Spalten. Ihre Bildung ist also nicht eine Eigenthümlichkeit bestimmter Tumorenformen, sondern des aus der Dura hervorgehenden Gewebes überhaupt (siehe auch „Pachymeningitis", Fig. 360).

Die endothelialen Geschwülste, die von der Pia ausgehen, sind anders gebaut. Sie zeichnen sich durch ihren reichen Gehalt an Zellen aus und sind in Schnitten gehärteter Präparate oft den Spindelzellensarkomen ähnlich gebaut. Doch findet man auch in ihnen häufig eine bald mehr bald weniger deutliche concentrische Schichtung der Zellen, die bis zur homogenen Umwandlung vorschreiten kann. Von den Duratumoren unterscheiden sie sich aber durch den weniger ausgesprochenen Gegensatz von Gerüst- und Zellmassen. Ersteres wird fast allein repräsentirt durch das Gefässsystem, dessen Beziehung zu den Zellen an frischen Präparaten ausgezeichnet erkannt werden kann. Zerzupft man kleine Geschwulststückchen in Wasser, wozu sich die meist weichen, leicht auseinanderfallenden Gewebe gut eignen, so sieht man, dass die zartwandigen Gefässe sich meist nicht ganz frei aus den Zellen herausholen lassen, sondern dass einzelne oder viele von diesen an ihnen haften bleiben. Die Gefässwand ist dann ringsum besetzt mit spindeligen, rundlichen, keulenförmigen Zellen. Diese enge Zusammengehörigkeit lehrt, dass die Geschwulstelemente aus Bestandtheilen der Wand hervorgegangen sein müssen. Als solche haben wir die Endothelien aufzufassen, welche das Gefäss als Grenze gegen den umgebenden perivasculären Lymphraum rings bedecken und deshalb wohl Perithelien genannt werden.

a) Metamorphosen der Endotheliome.

Die Gerüstsubstanz der Endotheliome kann verschiedene Metamorphosen eingehen. Sie kann einmal in hyaliner Form degeneriren. Dann findet sich in den höchsten Graden statt der fibrillären Substanz eine homogene Masse, die sich meist scharf gegen die Zellzüge absetzt (Fig. 138). Diese sind gewöhnlich verschmälert, oft nur aus einer einzigen Zelllage aufgebaut. Das hat seinen Grund weniger in einer Verdrängung der Zellen, als darin, dass mit dem Wachsthum der Geschwulst reichliche homogene Zwischensubstanz gebildet wird, während die Wucherung der Zellen relativ geringer ist. Die Bildung der hyalinen Masse erfolgt nicht gleichmässig, so dass breite und dünne Strecken auf einander folgen. Auch können die Enden der Züge und kurze Seitenäste für sich rundlich aufquellen. Durch diese Anordnung der Metamorphose erhalten die Schnitte eine eigenartige Zusammensetzung. Die ungleichmässig verdickten homogenen Stränge zeigen sich nicht immer in ihrer ganzen Länge, da die dünnen Stellen im Schnitt oft nicht vorhanden sind. So treten dann scheinbar isolirte kugelige Massen hervor (Fig. 139), die auch durch die erwähnten Endkolben vorgetäuscht werden, zuweilen wohl auch völlig abgetrennt sind.

In Carcinomen ist eine gleich angeordnete Metamorphose nicht wohl denkbar, da das Bindegewebe hier gewöhnlich keine Stränge sondern Septa bildet, aus denen keine cylindrischen oder kugeligen Gebilde entstehen können (vergl. S. 160).

Die hyalinen Massen sind nun meist nicht völlig homogen. Man findet nicht selten noch leichte fibrilläre Zeichnung, zumal in der Nähe der Achse, ferner häufig eine radiäre Streifung, die meist nicht bis ganz an den Rand geht, sondern einen sich heller färbenden Saum frei lässt.

Fig. 138. Cylindrom. Vergr. 60. Man sieht in einem zugförmig angeordneten zellreichen Gewebe, dessen Kerne parallel angeordnet sind, hyaline verästigte Stränge und rundliche, querdurchschnittene Gebilde, in denen zum Theil noch Gefässe längs- und quergetroffen hervortreten.

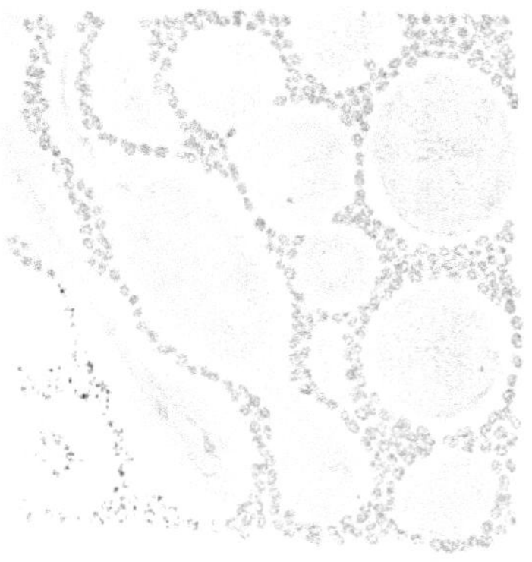

Fig. 139. Cylindrom. Vergr. 100. Zwischen den netz- u. strangförmig angeordneten Zellen, von denen nur die Kerne sichtbar sind, liegt eine in Cylindern u. Kugeln erscheinende hyaline Masse. Unten links ein rundes Gebilde mit quer durchschnittenem, daran anstossend ein Cylinder mit längsgetroffenem Gefäss. Die übrigen hyalinen Körper zeigen nur eine leichte radiäre Streifung.

In jüngeren Stadien sieht man auch noch Kerne in der Mitte, eventuell auch noch Gefässe, zu denen die Kerne gehören und noch früher neben ihnen auch vereinzelte Kerne in der übrigen hyalinen Masse.

Die Entartung des Bindegewebes beginnt bald mehr in der Nähe der Zellzüge, bald mehr in der Umgebung der Gefässe, wo die hyaline Masse dichter sein und sich intensiver färben kann.

Man hat die so veränderten Geschwülste Cylindrome genannt, weil sich im frischen Zustande die hyalinen Stränge als cylindrische Massen oft mit anhängenden Zellen isoliren lassen.

Eine andere Metamorphose ist die schleimige. Die Zwischensubstanz nimmt, wie besonders oft in Parotistumoren (Fig. 129), die Charaktere von Schleimgewebe mit sternförmigen lang verästigten Zellen an. Manchmal bleibt die Veränderung bei dieser Umwandlung stehen, oft aber wird auch das Endothel in den Prozess hineingezogen. Auch die Endothelzellen werden durch schleimige Substanz auseinandergedrängt und auch sternförmig. Fixe Bindegewebszellen und Endothelien lassen sich dann meist nicht mehr von einander unterscheiden. Diese Tumoren bieten dann auch makroskopisch die Charaktere der Myxome, denen im Uebrigen ein besonderer Abschnitt zu widmen ist (S. 143).

Im Zusammenhang mit solchen Veränderungen trifft man ferner, zumal wieder in Parotisgeschwülsten, auch Combinationen mit Bildung von Knorpel, der direkte Uebergänge in das Bindegewebe und eventuell in das Schleimgewebe zeigt. Es ist aber wahrscheinlich, dass in solchen Fällen keine Metaplasie von wucherndem Parotisbindegewebe im Knorpel vorliegt, sondern dass es sich um die Folgen einer fötalen Absprengung von den Kiemenbogenknorpeln handelt, wobei aber dann auch die anderen Geschwulstbestandtheile auf die gleiche Weise entstanden zu denken sind.

b) Wachsthum der Endotheliome.

Die Endotheliome wachsen entweder als Ganzes oder dadurch, dass ihre Zellen in die Spalten des umgebenden Gewebes vordringen und dasselbe durch ihre weitere Wucherung nach allen Richtungen durchziehen, eventuell ganz zu Grunde richten und ersetzen.

Eine ausführliche Arbeit über endotheliale Geschwülste (mit Literaturangaben) lieferte Volkmann (Zeitschr. f. klin. Chir. 1895).

11. Melanome.

Die Melanome oder, wie man sie gewöhnlich nennt, Melanosarkome stehen den endothelialen Tumoren insofern nahe, als ein Theil von ihnen sich aus pigmentirten Hautwarzen entwickelt, die sich hauptsächlich aus endothelialen Zellhaufen aufbauen. Aber der eigenartige Pigmentgehalt und der Umstand, dass auch aus der Chorioidea Melanome entstehen, trennt sie von den gewöhnlichen Endotheliomen, so dass man sie am besten, so lange entscheidende Untersuchungen fehlen, als eine besondere Gruppe aufführt. Sie sind makroskopisch kenntlich an einer bald hell-, bald dunkel-, bald schwarzbraunen Färbung, die entweder in gleichmässiger oder wechselnder Intensität auf alle Theile ausgedehnt ist, oder in Flecken verschiedener Helligkeit, oder auch nur spärlich hier und da auftritt.

Man untersucht mit Rücksicht auf das oft feinkörnige Pigment am besten *ungefärbte frische oder gehärtete Präparate*, da es sich aus dem hellen farblosen Protoplasma am besten abhebt.

Unter dem Mikroskop erkennt man bei schwacher Vergrösserung in mässig gefärbten Tumoren eine meist ungleich vertheilte kleinfleckige *braune Pigmentirung*, die in erster Linie in Zügen angeordnet erscheint, welche netzförmig zusammenhängen (Fig. 1, Tafel IV) können, offenbar also den Faserzügen entsprechen. Spärlicher liegt es auch zwischen diesen Zügen oder fehlt hier ganz. Bei starker Vergrösserung tritt der Bau des Alveolarsarkoms meist ausserordentlich klar hervor und ist an den pigmentfreien Stellen in der schon besprochenen Form nachweisbar. Die Zellen sind gross, schön entwickelt. Das Pigment bildet in den Faserzügen, also in der Nähe der Gefässe, rundliche und längliche Haufen, die so dicht sind, dass man einen Kern meist nicht sieht und den Zellcharakter nur aus der Grösse und Form der Gebilde erschliessen kann. Das Pigment ist braun, bald dunkel, bald auch etwas schmutzig graubraun. Es bildet kleine rundliche und eckige Körnchen und grössere homogene Schollen. Es findet sich ferner auch in den grossen Geschwulstzellen der alveolenähnlichen Räume, in denen es aber zunächst nicht so dicht liegt, wie dort, so dass die Kerne nicht so völlig verdeckt werden. Meist ist nur ein Theil der Zellen pigmentirt, einzelne sind mit vielen, andere mit spärlichen Körnchen versehen. Die stärker und schwächer pigmentirten liegen ohne bestimmte Regel durch einander.

Je stärker der Pigmentgehalt ist, desto ausgedehnter erstreckt sich die Farbstoffablagerung auf alle Zellen. Aber auch wenn keine mehr frei ist, tritt doch gewöhnlich noch eine verschiedene Dichtigkeit der Anfüllung mit Pigment hervor, so dass sich intensiv braune und weniger dicht gefärbte Zellen unterscheiden lassen. Auch bleiben die Faserzüge noch lange durch braunere Farbe erkennbar. Die höchsten Grade der Pigmentbildung gehen schliesslich mit einem Zerfall des Gewebes einher. Man findet dann nur noch unregelmässige Häufchen dichtgedrängter Pigmentkörner. Aber dass es Zellen sind, kann man nicht mehr direkt nachweisen. Zwischen ihnen liegt eine trübe, feinkörnige, sich nicht mehr färbende Substanz, in der vielfach ebenfalls Pigmentkörner zerstreut sind, die durch Zerfall der Zellen frei wurden (Fig. 2, Tafel IV).

Das *melanotische Pigment* giebt keine *Eisenreaktion*, es entsteht durch die Thätigkeit der Geschwulstzellen aus farblosem Eiweiss. Nicht selten kommt es in Melanomen wie in anderen Tumoren zu *Blutungen* und dann trifft man auch eisenhaltiges Pigment, oft in grossen Mengen an.

Die alveolaren Melanosarkome gehen gewöhnlich von der *Haut* aus und zwar besonders von den hier nicht selten vorkommenden *pigmentirten Warzen*. Diese setzen sich zusammen aus dem eigentlichen

Tafel IV.

Fig. 1. Melanom der Haut. Die grossen Zellen sind in kleineren und grösseren alveolenähnlichen Räumen angeordnet, die durch faserige Züge von einander getrennt sind. In diesen liegen unregelmässige, vorwiegend längliche, stark pigmentirte Zellen. Die in den Alveolen angeordneten Zellen sind nur zum kleineren Theil pigmentirt. Vergr. 400.

Fig. 2. Aus einem intensiv schwarzbraun gefärbten metastatischen Melanom der Leber. Die Zellen sind nicht mehr deutlich erhalten. Man sieht nur noch kleinere und grössere Pigmenthäufchen. Vergr. 400.

Fig. 3. Melanom der Haut. In feinfibrillärer Zwischensubstanz sieht man sehr lang ausgezogene Zellen mit mittlerer kernhaltiger Anschwellung. Die Zellen sind braun pigmentirt. Die Farbstoffkörnchen liegen theils um den Kern, theils in den Randtheilen der bandartigen Zellausläufer. Zwischen den langen Zellen liegen fünf rundliche stärker pigmentirte. Vergr. 400.

Fig. 4. Melanom des Auges. Im frischen Zustande isolirte Zellen. Dieselben sind vielgestaltig, mit Ausläufern versehen. Sie enthalten nur zum Theil Pigment, welches den Kern oft verdeckt.

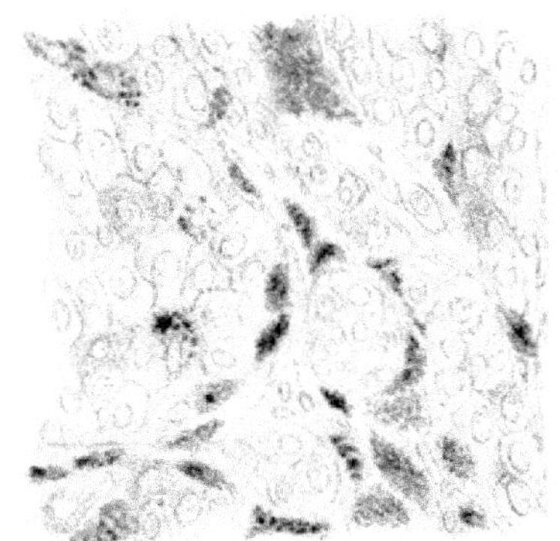

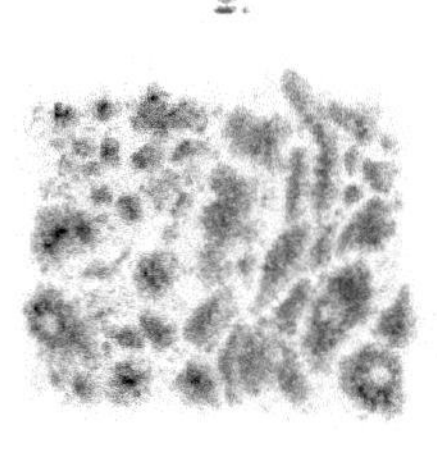

4.

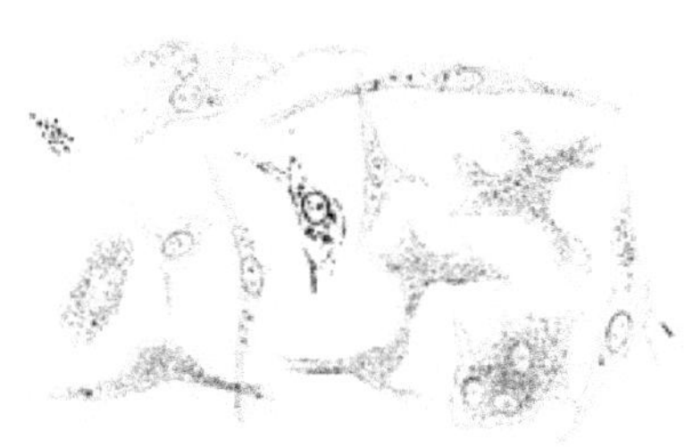

3.

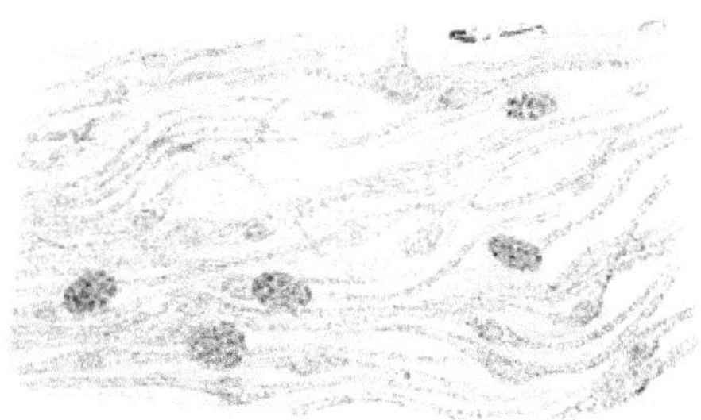

Geschwulstkörper und einem epidermoidalen Ueberzug. Jener zeigt einen ausgesprochen endothelialen Bau (Fig. 140). Er setzt sich zusammen aus einer dem gewöhnlichen Bindegewebe entsprechenden Stützsubstanz und verschieden gestalteten meist länglich ovalen oder auch strangförmigen Zellcomplexen, die bald mehr bald weniger dicht gedrängt liegen und ihre Längsachse meist nach oben richten. Sie haben unter Umständen nach ihrer Genese ein der Lymphbahn entsprechendes Lumen (Fig. 141). Sie gehen an die Epidermis, von der sie meist durch eine schmale Bindegewebslage getrennt sind, zuweilen so dicht heran, dass sie auf den ersten Blick für Ausläufer derselben gehalten werden können. Sie sind aber

Fig. 140. Weiche Warze der Haut. Vergr. 50. Die Epidermis geht continuirlich über die Erhebung hinweg. In letzterer bemerkt man anastomosirende Zellstränge, die allseitig von dem Epithel durch eine schmalere oder breitere Bindegewebszone getrennt sind.

Fig. 141. Weiche Warze von der Haut einer alten Frau. In einem bindegewebigen Maschenwerk liegen grosse, helle, eng zusammengedrängte, polygonal begrenzte Zellen. In dem Zellstrang a ein zackig begrenztes Lumen, durch welches sich bei b noch feine Fäden ausspannen. Vergr. 100.

von ihr durch Kern- und Zellform und Färbung leicht zu unterscheiden und setzen sich meist auch nicht nur aus Endothelien zusammen, sondern enthalten zwischen diesen auch noch Zellen mit dunklen, schmalen, langen Kernen, die den die Lymphspalten trennenden Zügen angehören. Gegen die Epidermis hin werden die Zellgruppen kleiner, bestehen oft im Schnitt nur aus 2 oder 3 Zellen oder es finden sich isolirte Zellen für sich in den Bindegewebsspalten. Dazu kommt nun eine bald geringe, bald stärkere Pigmentirung (Fig. 142). Sie betrifft besonders intensiv die isolirt liegenden runden oder gern ausgezogenen, verzweigten Zellen, die so mit Chromatophoren die grösste Aehnlichkeit haben. Sie erstrecken sich mit Zunahme der Pigmentirung auch in die interalveolären Faserzüge und können sie überall durchsetzen. Die in Gruppen liegenden Endothelien sind stets schwächer pigmentirt und zwar meist nur unterhalb der Epidermis. Das Pigment durchsetzt in feinen Körnchen ihren Leib oder nimmt besonders häufig nur die peripheren Zellabschnitte ein. Diese nicht seltenen Hautwarzen gehen nun zuweilen und zwar um so häufiger, je stärker gefärbt sie sind, in Melanosarkome über.

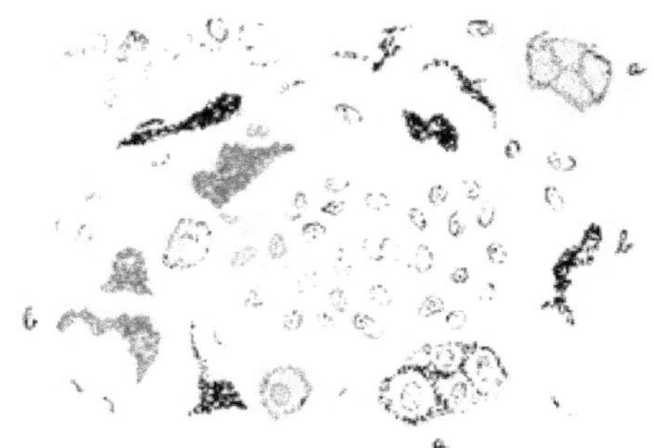

Fig. 112. **Pigmentirte Hautwarze.** In dem faserigen Bindegewebe liegen Haufen endothelialer Zellen, die zum Theil (bei *a*) pigmentirt sind. Das Pigment liegt in den peripheren Theilen des Protoplasmas. Ausserdem sieht man viele unregelmässig gestaltete, gewundene, verästigte, intensiv pigmentirte, einzeln liegende Zellen (*b*). Vergr. 600.

Unna meint, jene Zellhaufen seien abgetrennte Epithelien. Es ist das aber auch deshalb nicht wahrscheinlich, weil man mit besonderer Färbung (s. u. Einleitung zum Central-Nervensystem) zwischen den einzelnen Zellen Fibrillen nachweisen kann.

Erheblich seltener als die alveolaren Melanosarkome sind die Formen, die sich aus langen, schmalen, an Spindelzellen erinnernden Formen zusammensetzen (Fig. 3, Taf. IV). Die Zellen zeigen meist eine mittlere spindelige kernhaltige Anschwellung, von der aus nach entgegengesetzten Seiten 2 lange, gleichmässig breite, bandförmige Fortsätze ausgehen, die gebogen oder gar gewunden verlaufen. Auch Zellen mit drei, seltener mehreren solchen Ausläufern kommen vor. Diese Formen erinnern an die oben erwähnten Chromatophoren. Sie legen sich ähnlich wie Spindelzellen zu Bündeln an einander, die weiter von einander oder dichter gedrängt verlaufen, aber central keine Gefässe einschliessen. Denn diese verlaufen wie in den Alveolarmelanomen in den Zwischenräumen zwischen den Bündeln. In ihrer Umgebung finden sich spärlichere Zellen. Die Bündel sind theils pigmentirt, theils pigmentfrei, aber ein und dasselbe Bündel kann in allmählichem Uebergange theils die eine, theils die andere Beschaffenheit zeigen. Die langen Zellen enthalten den Farbstoff sowohl im Zellleib wie in den Ausläufern, er liegt oft in zierlicher Weise nur in den Randtheilen des Protoplasmas. Zwischen den langen Elementen liegen eingestreut rundliche oder ovale dichter pigmentirte und mit grösseren Körnern versehene Zellen.

Fig. 113. **Melanom des Auges.** Gehärtetes Präparat. Man sieht die spindeligen Zellen mit langen bandartigen Ausläufern, die sich zum Theil gabeln. Zwei Zellen sind dicht pigmentirt, die übrigen zeigen Pigmentkörnchen, hauptsächlich in den Randtheilen des Protoplasmas. Vergr. 600.

Der Zellform nach leiten diese Melanome über zu den im Auge vorkommenden, die ebenfalls nicht alveolär gebaut sind. Sie erinnern in ihrem Aufbau an Spindelzellensarkome, aber ihre Zellen sind modificirte

Pigmentzellen, entsprechend dem Hervorgehen der Neubildung aus der Chorioidea. Meist haben sie eine mittlere Anschwellung (Fig. 143) und nur zwei entgegengesetzte band- oder walzenförmige Ausläufer. Dazwischen finden sich aber auch Zellen mit mehrfachen, oft verästigten Fortsätzen. Solche Formen sind meist stärker pigmentirt. In anderen Fällen ist eine polymorphe Beschaffenheit der Zellen vorherrschend. Im frischen Zustande (Fig. 4, Tafel IV) bekommt man, da das Gewebe leicht auseinanderfällt, die besten Bilder. Man sieht spindelige, meist aber complicirter gebaute Zellen, deren Ausläufer sich theilen oder von deren Mittelstück mehrere Ausläufer ausgehen. Auch vielfach verästigte Gebilde sieht man, daneben aber auch grosse runde, meist intensiv pigmentirte Formen. Die Zellen sind entweder alle oder nur zum Theil gefärbt. Im ersteren Falle wechselt aber auch die Dichtigkeit der Pigmentirung. Manche Zellen erscheinen nur leicht bräunlich. Das Pigment liegt meist, besonders zierlich in den Fortsätzen, in den peripheren Theilen des Protoplasma, nur bei reichlicherer Menge betheiligt es auch die mittleren Abschnitte. Die Zellen stehen in naher Beziehung zu dem Gefässsystem. Sie legen sich zwar mit ihren Längsachsen dicht an einander, aber so, dass sie von der Gefässwand gleichsam radiär ausstrahlen, also anders gelagert sind, als die Zellen des Spindelzellensarkoms. Die stark pigmentirten vertheilen sich zwischen den übrigen, so dass man sie auch bei schwacher Vergrösserung schon erkennen kann. Die grossen runden Gebilde sieht man meist gruppenweise.

Die Melanome machen gern sehr ausgedehnte Metastasen, die in der Hauptsache den gleichen Bau haben wie die primären Tumoren, ganz besonders gern aber die intensivste Pigmentirung mit Gewebsuntergang zeigen.

Das Wachsthum der Melanome erfolgt durch Vordringen der Geschwulstzellen in das angrenzende Gewebe. Figur 144 giebt eine solche Grenzstelle wieder. Man sieht die hier noch nicht pigmentirten Tumorzellen reihenweise in den Lücken des anstossenden faserigen Gewebes liegen, dessen Bestandtheile an dem Fortschreiten der Neubildung nur insofern Antheil haben, als sie einen Theil des Gerüstwerkes bilden. Besonders gut kann man sich davon an den nicht seltenen Metastasen des Gehirns überzeugen, in welchem am Rande kleinerer Knoten die pigmentirten Zellen in den perivasculären Lymphbahnen vor-

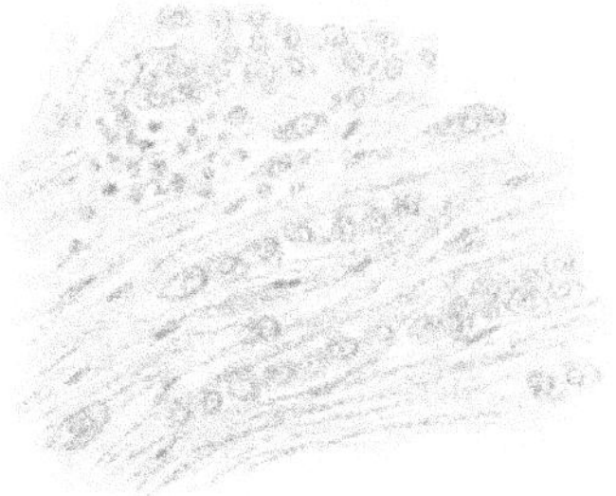

Fig. 144. Vom Rande eines Melanosarkoms. Man sieht in die Spalten des angrenzenden Bindegewebes vorgedrungene Geschwulstzellen, reihenweise angeordnet. Vergr. 400.

dringen und sehr leicht von den hier in der Norm befindlichen Zellen unterschieden werden können. Aber auch lediglich durch Verdrängung des umliegenden Gewebes können die in sich an Masse zunehmenden Geschwülste wachsen. Ferner bilden die metastatischen Melanome nicht selten, so z. B. am Herzen und auf der Dura prominente Tumoren, deren Gefässe und faseriges Gerüst von dem an Ort und Stelle befindlichen Bindegewebe geliefert wird, welches zwischen die proliferirenden Zellen, wie in Fremdkörper hineindringt.

12. Lymphosarkom.

Unter Lymphosarkom verstehen wir den Tumor, dessen charakteristischer Bestandtheil die lymphoide Rundzelle ist und dessen Aufbau dem der lymphatischen Gewebe nahe kommt. Die Geschwulst geht aus Lymphdrüsen, Lymphknötchen und sonstigen lymphatischen Apparaten hervor. Die Grenze gegenüber infectiösen, z. B. tuberkulösen und den leukämischen Anschwellungen einzelner oder vieler Lymphdrüsen ist schwer zu ziehen.

Die Untersuchung frischer Schnitte bietet den Vortheil, dass durch Schütteln in Wasser die Zellen theilweise entfert und so das Reticulum

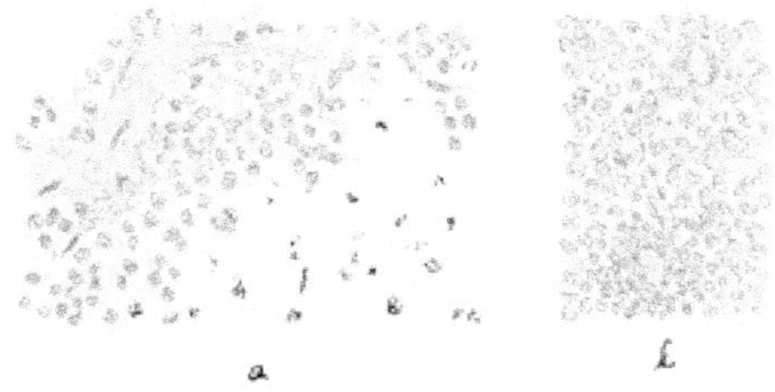

Fig. 145. Weiches Lymphosarkom.
a. Von einem dickeren Faserbalken, der einzelne lange, schmale Kerne enthält, strahlt ein mit denselben Kernen versehenes feines Reticulum aus, in dessen Maschen Lymphocyten liegen. Ein grosser Theil der Zellen ist ausgefallen. b. Ein anderes Objekt ohne Ausfall von Zellen. Zwischen den dicht gedrängten Kernen, die etwas grösser sind als die typischen, um das unten sichtbare Gefäss gelegenen Lymphocytenkerne sieht man einzelne protoplasmareiche endotheliale Zellen. Vergr. 100.

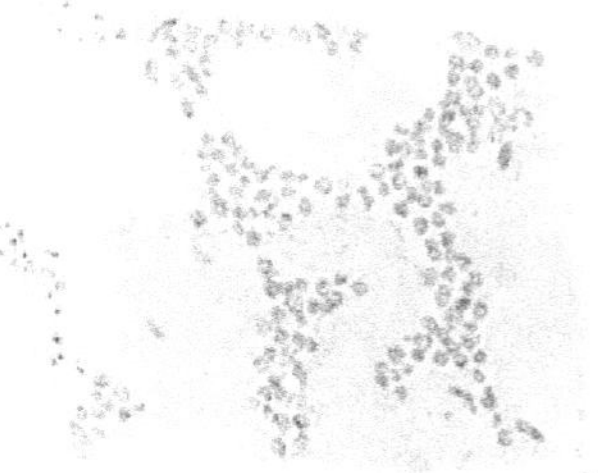

Fig. 146. Hartes Lymphosarkom.
Das Fasergewebe tritt in dicken, knorrigen, hyalinen kernarmen Balken hervor, zwischen denen nur schmale, mit Lymphocyten erfüllte Räume frei bleiben. Von den Lymphocyten sieht man nur die Kerne. Vergr. 100.

besser sichtbar gemacht werden kann, welches, dem Ausgangsgewebe entsprechend, die Grundlage für den Aufbau bildet (Fig. 145). Es ist engmaschig, bald fein-, bald grobfaserig und enthält verhältnissmässig spärliche unregelmässige meist längliche sich dunkel färbende Kerne. In ihm verlaufen die Blutgefässe. In manchen Fällen schwillt es bald hier bald dort, in kleineren oder grösseren Bezirken zu dicken Balken an, die sich zu breiten Zügen vereinigen können oder netzförmig in knorrigen Massen (Fig. 146) zusammenhängen. Das geschieht natürlich auf Kosten der Zellen. Je nach der Weite oder Enge, nach der Feinheit oder groben Beschaffenheit des Reticulums, unterscheiden wir weiche und harte Lymphosarkome. In den Maschen des Reticulums liegen die Rundzellen. Es sind entweder nur Formen mit relativ grossem, dunkel sich färbenden Kern und einem schmalen Hof in Wasser leicht zerfallenden Protoplasmas oder es finden sich auch etwas grössere protoplasmareiche, zuweilen mehrkernige Zellen oder diese vorwiegend. Jene Elemente sind die typischen Lymphkörperchen, diese die genetisch gleichwerthigen Zellen, die wir hauptsächlich in den Keimcentren der Follikel antreffen. Die Endothelien des normalen lymphoiden Gewebes fehlen den Lymphosarkomen ganz oder sind auch in ihnen zerstreut in wechselnder Menge vorhanden (Fig. 145 b). Ihre Proliferation liefert ja aber keine Lymphosarkome, sondern Endotheliome.

Hat man Gelegenheit, eine Lymphdrüse in den früheren Stadien der Geschwulstentwicklung zu sehen, so kann man unter Umständen noch Andeutungen der normalen Struktur wahrnehmen, z. B. daran, dass sich noch Reste der Follikel in Gestalt kleiner Gruppen lymphoider Zellen finden. Später verschwinden auch diese in dem völlig gleichmässigen Bau.

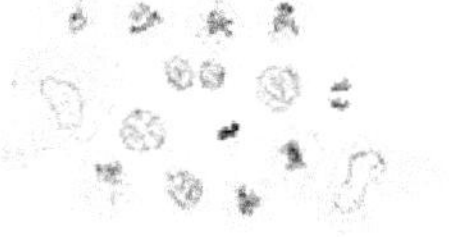

Fig. 147. Zellen aus einem Lymphosarkom. Zwei grosse endotheliale und eine Anzahl kleinerer Rundzellen, in denen regelmässige und unregelmässige Mitosen sichtbar sind. Vergr. 600.

Die Zellwucherung erfolgt auf mitotischem Wege. Die Kerntheilungsfiguren sind aber sehr klein und deshalb schwer zu finden, die Chromonosen kurz und dicht gedrängt (Fig. 147).

Das Wachsthum der Lymphosarkome geschieht durch Infiltration der Umgebung mit Rundzellen. Die Spalten des angrenzenden Bindegewebes der Drüsenkapsel etc. werden erweitert, die Fasern in ein Reticulum auseinander gedrängt. Doch nimmt auch das Reticulum des Tumors selbst zu, indem es sich in die Umgebung ausbreitet.

Nicht selten zeigen die Tumoren hier oder dort kleinere oder grössere nekrotische Abschnitte.

13. Myxom.

Das Myxom ist eine weiche, schleimig-gallertige, gelblich transparente oder mehr weisslich trübe Geschwulst, nicht selten von klebriger, fadenziehender Beschaffenheit. Sie besteht aus Schleimgewebe, also aus protoplasmareichen verästigten Zellen und homogener, schleimiger, mehr oder weniger flüssiger Zwischensubstanz.

Die Myxome sind aber nicht gleichwerthig. Denn verschiedene Geschwülste der Bindegewebsreihe (Lipome, Chondrome, Fibrome, Sarkome) können unter entsprechender Aenderung ihrer Grundsubstanz myxomatös werden. Ihre Zellen werden dabei in dem erweichenden Medium vielgestaltig, verästigt. In manchen Fällen bieten die Tumoren mehr den Charakter ödematösen Gewebes und enthalten dann wenig Mucin.

Oedem allein giebt indessen noch nicht das histologische Bild des Myxoms. Denn ödematöses Bindegewebe, auch das der einfachen Fibrome, z. B. der Nasenpolypen, zeigt diesen Bau nicht. Die faserige Struktur bleibt ja bestehen und man erkennt (Fig. 148) nur Erweiterung der Saftspalten und Vergrösserung der Zellen, die dabei eine sehr zarte Beschaffenheit bieten und meist kleine Fetttröpfchen enthalten (Fig. 148). Auch das gallertig atrophische Herzfettgewebe (S. 11, Fig. 1) zeigt keinen dem Schleimgewebe entsprechenden Aufbau. Damit ein Myxom entsteht, müssen die Zellen selbst lebhafteres Wachsthum zeigen. Von ihnen hängt die Aenderung resp. Bildung der Zwischensubstanz ab.

Fig. 148. Oedematöses subcutanes Bindegewebe. Die Fasern und Faserbündel sind weit auseinandergedrängt. Die Zellen sind erheblich vergrössert, protoplasmareich, rundlich oder spindelig u. mit feinsten Fetttröpfchen versehen. Vergr. 100.

Zur Untersuchung des typischen Myxoms wählt man, da ein Schnitt mit dem Messer schwer anzufertigen ist und das Gefrieren die Struktur schädigt, ein kleines Gewebsstückchen, welches man durch Druck auf das Deckglas abplattet. Man sieht in einer homogenen oder mit einzelnen Körnchen und Fäden resp. Fibrillen versehenen Grundsubstanz ziemlich grosse, oft sehr umfangreiche Zellen mit körnigem Protoplasma (Fig. 149). Ihre Gestalt ist verschieden. Sie senden bald einen, bald zwei, bald mehrere Ausläufer aus, die in der Nähe des Zellleibes meist wie dieser fein gekörnt und oft auch fertig degenerirt erscheinen, in ihrem weiteren Verlaufe aber dünner und fibrillenähnlich werden und, wenn sie zahlreich sind und dicht liegen, sich in mannigfaltiger Weise durchkreuzen.

Fig. 149. Myxom der Parotis. Man sieht sternförmige und vielgestaltige Zellen mit sehr langen, zarten Ausläufern. Saffraninpräparat in Glycerin liegend. Bei *a* eine aus einem frischen Myxom isolirte zweikernige Zelle. Das Protoplasma erscheint hier deutlich granulirt bis in die breiten Theile der Ausläufer. Vergr. 100.

An Schnitten gehärteter Präparate gelingt es weniger gut, diese

Verhältnisse wahrzunehmen, weil die Zellfortsätze durch das Messer vielfach abgetrennt werden. Aber natürlich tritt auch in ihnen der mehr oder weniger zellreiche sarkomähnliche oder deutlich sarkomatöse Charakter des Tumors sehr gut hervor.

Im einzelnen können die Bilder sehr verschieden sein. Während in vielen Fällen sich durchweg der in Figur 149 wiedergegebene Aufbau aus sternförmig verzweigten Zellen zeigt, lassen sich in anderen Verhältnisse feststellen, aus denen auf die Betheiligung zweier Zellformen an der Tumorbildung geschlossen werden darf. So sieht man in Geschwülsten, die theils einen sarkomatösen, theils einen myxomatösen Bau haben, zwischen den Spindelzellen jener Abschnitte sehr grosse, rundliche oder unregelmässige ein- oder mehrkernige Zellen eingestreut, die als riesige Zellen oder als Riesenzellen bezeichnet werden können. Ihr Protoplasma ist sehr zart, ausgedehnt vacuolär durchbrochen. Bei Uebergang in die myxomatösen Theile treten die Spindelzellen mehr und mehr zurück, während an ihre Stelle die schleimige Intercellularsubstanz tritt, in welcher nun die Riesenzellen, meist noch umfangreicher als in den sarkomatösen Theilen, in grösserer Zahl zerstreut und zuweilen dicht gedrängt liegen. Sie entsprechen den im frischen Zustande isolirten sternförmigen Zellen, deren Ausläufer nur hier kürzer sind als in jenen Fällen, in denen nur verzweigte Elemente vorhanden sind. Die Bedeutung der Riesenzellen wird wieder in anderen Fällen klarer, in denen die schleimige an Spindelzellen bald reichere bald ärmere Grundsubstanz von Spalten und Kanälen durchsetzt ist, die mit Zellen verschiedener Grösse ausgekleidet sind (Fig. 150). Hier sieht man kubische epithelähnliche und grössere zwei- und mehrkernige Zellen und vielkernige Riesenzellen. Manche von ihnen haben ein vacuoläres Protoplasma und kürzere und längere Ausläufer. Die Anordnung der auch in soliden Strängen auftretenden Zellen lässt nicht daran zweifeln, dass man es in ihnen mit Endothelien von Lymphbahnen zu thun hat, die also an der Geschwulstbildung lebhaft betheiligt sind. Man kann solche Tumoren demnach den Endotheliomen

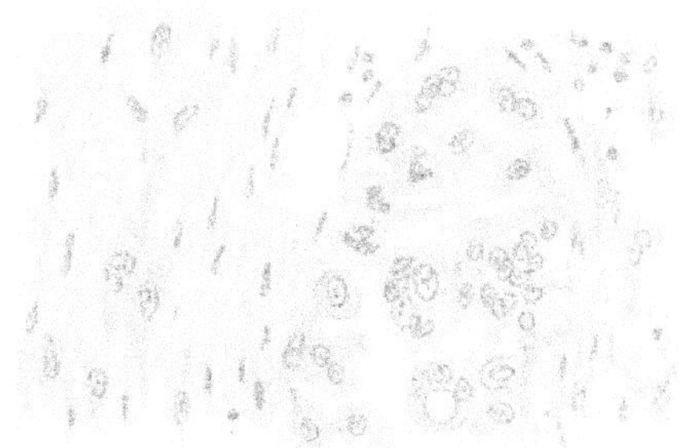

Fig. 150. Myxom des Oberschenkels.
In dem myxomatösen, durch zarte Fasern und länglich spindelige Zellen ausgezeichneten Grundgewebe sieht man grosse protoplasmareiche endotheliale Zellen, die an einer Stelle in einem grossen lymphspaltenähnlichen Raum zusammenliegen und hier theils einkernig, theils zweikernig, theils riesenzellenähnlich sind. In einer Zelle eine unregelmässige Mitose. Vergr. 400.

anreihen, bei denen bereits der Uebergang in Myxom in Betracht gezogen wurde (Seite 137).

14. Gliom.

Mit dem Namen Gliom belegt man im Central-Nervensystem und im Auge vorkommende, an diesen beiden Stellen aber verschieden gebaute Geschwülste. Im Gehirn und Rückenmark entstehen sie durch eine Wucherung der Gliazellen, im Auge gehen sie von der Retina aus und bestehen vorwiegend aus runden Zellen.

Die Gliome des Centralnervensystems sind meist weiche, blutreiche Geschwülste. Zerzupft man kleine Stückchen des frischen oder nicht zu stark gehärteten Gewebes, so findet man es zusammengesetzt aus feinsten, geknickt verlaufenden dicht verfilzten Fäserchen (Fig. 151), zwischen denen Kerne eingestreut sind. Bei genauerer Beobachtung gelingt es dann auch zu sehen, dass die Fäserchen sich ungefähr radiär um die Kerne gruppiren. Diese Anordnung entspricht dem Auf-

Fig. 151. Gliom des Grosshirns.
In fein-fibrillärer Grundsubstanz sieht man grössere ovale Kerne, welche Centra für die Anordnung der Fäserchen darstellen.

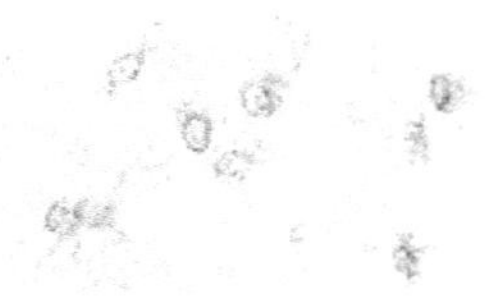

Fig. 152. Hartes Gliom
aus einem Kinderhirn. In der engmaschigen, feinfädigen Glia zahlreiche Zellen, von deren dunkel gefärbtem Protoplasma die Fäserchen ausstrahlen. Vergr. 400. Härtung in Zenker-scher Flüssigkeit. Färbung mit Haemalaun und Säurefuchsin-Pikrinsäure.

bau der Neubildung aus Zellen, deren Protoplasma wie in den Gliazellen, nur noch einen schmalen, meist gar nicht sichtbaren Hof um den Kern bildet, im Uebrigen aber in feinste Fäserchen aufgelöst ist. Ausser diesen Zellen enthält das Gliom meist viel zartwandige Gefässe, aus denen nicht selten Blutungen erfolgen, die das Gewebe infiltriren.

Neben den weichen Gliomen giebt es auch harte, besonders an der Innenfläche der Ventrikel. Sie bestehen ebenfalls aus Gliazellen, deren Ausläufer aber fester mit einander verfilzt sind. Sie enthalten geringere Mengen von Gefässen. Analoge Gebilde sind auch die auf dem Ependym der Ventrikel so häufig vorkommenden sandkornförmigen Granulationen (s. diese, Fig. 372).

Ferner giebt es harte oft multiple knotige kleinere und grössere Verdichtungen des Gehirns, die, meist bei Kindern beobachtet, Rinde und angrenzendes Mark umfassen, eine knorpelähnliche Schnittfläche besitzen und nicht scharf abgegrenzt sind. Unter dem Mikroskop kann man wie bei blossem Auge Rinde und Mark noch unterscheiden. In ersterer sieht man viele Ganglienzellen, in letzterer bei geeigneter Färbung Nervenfasern. Besonders charakteristisch ist aber das deutliche Hervortreten der Gliazellen. Sie sind grösser als sonst, bilden meist protoplasmareichere, oft ganglienzellenähnliche Elemente mit zahlreichen zu einem dichten Geflecht verfilzten Ausläufern. Nach ihrer Zusammensetzung nennt man diese Neubildungen wohl Neurogliome (Fig. 152).

Die im Auge vorkommenden »Gliome« sind anders gebaut als die des Gehirns. Sie finden sich bei Kindern in den ersten Lebensjahren, sind zuweilen angeboren und nicht selten auf beiden Augen vorhanden. Es sind ausgesprochen maligne Geschwülste.

Sie setzen sich (Fig. 153) vorwiegend aus kleinen runden Zellen zusammen, die an die Elemente der äusseren Körnerschicht der Retina erinnern. Sie ordnen sich um die Blutgefässe, welche engere und weitere, meist dickwandige, oft homogene, kernarme Röhren darstellen. Um dieselben bilden sie über einander geschichtet und scharf gegen sie begrenzt einen dickeren oder dünneren Mantel, der sich nach aussen scharf absetzt oder seltener sich zackig oder gleichmässig allmählich auflöst. Er ist in gefärbten Präparaten durch seine wegen der grossen Zahl der Kerne und ihrer dichten Zusammenlagerung tief dunkle Farbe deutlich abgegrenzt. Die Gefässe und ihre Umhüllung bilden, je nachdem sie durchschnitten sind, runde, ovale oder gewundene und verästigte Bezirke, die aber nun nicht an einander grenzen, sondern durch ein die Protoplasmafarben intensiv aufnehmendes Gewebe getrennt sind, welches sich durch den Mangel an Kernfärbung als nekrotisch kennzeichnet. Jedoch verlieren sich in dasselbe sehr gewöhnlich noch einzelne oder reichlichere dunkle Kerne des Zellmantels. Da der Charakter der Zellen und die Entwicklung des Tumors auf die Retina hinweist, hat man die Neubildung wohl Neuro-Epitheliom genannt, um so mehr als man in die Geschwulst Elemente der Stäbchen- und Zapfenschicht eingesprengt gefunden hat.

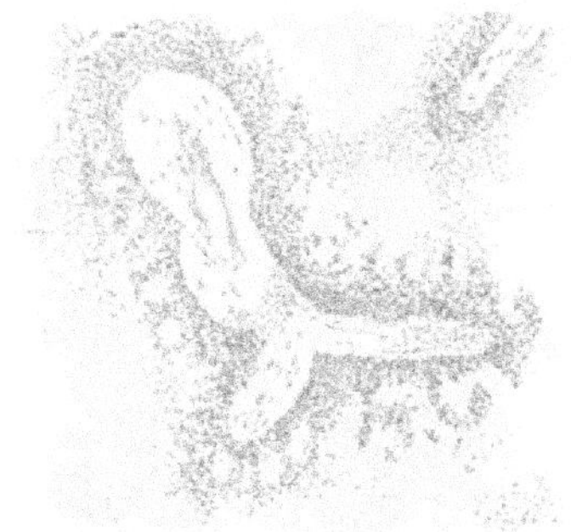

Fig. 153. Gliom der Retina.
a Gefäss mit heller bindegewebiger Umhüllung. Um diese eine Zone dunkelkernigen Gewebes, dann ringsherum Gewebe ohne Kernfärbung.

Ueber Entstehung und Bau der Hirngliome stellte Stroebe (Ziegler's

Beiträge Bd. 18) eine Untersuchung an (Litteratur!). Er machte auf das Vorkommen *epithelialer Gebilde* im Inneren der Tumoren aufmerksam.

15. Die fibro-epithelialen Geschwülste.

Unter der Bezeichnung »fibro-epitheliale Geschwülste« lassen sich aus Bindegewebe und Epithel bestehende Neubildungen zusammenfassen, die aus einem gleichzeitigen, den normalen Verhältnissen in der Hauptsache entsprechenden Wachsthum jener beiden Bestandtheile hervorgehen.

So kommen auf den verschiedenen Haut- oder Schleimhautoberflächen, sowie auf der Innenfläche der grösseren und kleinsten sich erweiternden Drüsengänge prominirende, zuweilen sehr umfangreiche Neubildungen vor, die sich aus Bindegewebe und einem Ueberzug von Epithel zusammensetzen, welches durch die Bindesubstanz nicht nur einfach emporgehoben wird, sondern mehr oder weniger lebhafte Wachsthumserscheinungen zeigt. Es sind die als »*zottige Warzen*«, »*spitze Condylome*«, »*Papillome*« bezeichneten Tumoren, ferner die polypösen Erhebungen der Schleimhäute, die man wohl auch *Adenome* nennt, endlich die gleichfalls mit letzterem Namen belegten *Neubildungen in Drüsengängen* (z. B. den Harnkanälchen und Gallengängen).

In *Drüsen*, besonders in der *Mamma*, kommen ferner Geschwülste vor, deren einer Bestandtheil Bindegewebe ist, in denen aber die drüsigen Gebilde grösseren oder geringeren Antheil an der Zusammensetzung haben. Man nennt sie je nach der Menge des Drüsengewebes *Fibrome*, *Fibro-Adenome* oder *Adenome*. Tritt in diesen Tumoren eine Erweiterung der Drüsenräume ein, so entstehen die *Cysto-Adenome*. In die Hohlräume ragen oft *papilläre Wucherungen* hinein (Intracanaliculäres Fibrom oder »Myxom«).

Endlich ist hier anzuschliessen eine Reihe von Geschwülsten, die von vornherein in *Cystenform* wachsen, insoweit sie keine anderen Bestandtheile als Bindegewebe und Epithel aufweisen, z. B. *Ovariencysten*. Auch die einfachen Epithel- und Dermoidcysten könnten hier angereiht werden, indessen sollen sie wegen ihrer Genese und nahen Beziehung zu den zusammengesetzten Neubildungen erst bei diesen besprochen werden.

Das Charakteristische dieser Tumoren ist also das *gemeinsame Wachsthum von Epithel und Bindegewebe* (vgl. d. Carcinom). Vor Allem ist zu betonen, dass das Epithel nicht für sich allein in das Bindegewebe vordringt. *Es giebt keine selbständige atypische Epithelwucherung.* Dagegen ist das Wachsthum des Bindegewebes oft relativ stärker als das des Epithels und bedingt dadurch besondere Formverhältnisse, vor Allem den zottigen Bau, der an allen epithelbekleideten Flächen sich geltend machen kann. Besonders bestimmend ist das Bindegewebe auch für die cystischen Formen (s. u. Cysten). Wenn es um einen zunächst engen Hohlraum, entsprechend dem Verlauf der in der Wand flach ausgebreiteten Gefässe, sich durch eine Art interstitiellen Wachsthums vermehrt, so muss das Lumen des Raumes sich erweitern. Das Epithel wächst, indem es die vergrösserte Innenfläche fortdauernd auskleidet. Ist die Bindegewebsneubildung lebhaft und findet sie auch in der Umgebung der senkrecht gegen die Hohlraumwandung von den grösseren Gefässen abgehenden Seitenäste statt, so entstehen in das Lumen hinein polypöse Wucherungen, die das, was das Flächenwachsthum erweitert, theilweise wieder ausgleichen können, indem sie den Raum in grösserem oder geringerem Umfange ausfüllen.

Die fibro-epithelialen Tumoren der Haut und der mit Epidermis bekleideten Schleimhäute sind bald mehr bald weniger zottig, „papillär" gebaut. An genau senkrecht durch die Mitte der Neubildung geführten Schnitten giebt die schwache Vergrösserung den besten Aufschluss über ihren Bau. Der Epithelüberzug ist meist beträchtlich verdickt, aber die Prominenz der Geschwulst ist hauptsächlich durch das Wachsthum des Bindegewebes bedingt, welches meist für sich einen je nach dem Umfang des Tumors verschieden grossen centralen Bezirk einnimmt, von dem dann die Papillen in den Epithelüberzug hineingehen (Fig. 154). Dieser ist nach aussen entweder ziemlich glatt begrenzt, oder den einzelnen Papillen entsprechend eingeschnitten oder ausgeprägt zottig gebaut. Die Zotten, die entweder spitz zulaufen, oder häufig gestielt sind und keulenförmig anschwellen, enthalten nicht immer nur eine Papille, sondern oft einen baumförmig verzweigten Papillarkörper. Dadurch wird der Bau vielgestaltiger als bei der normalen äusseren Haut. Das zwischen den Papillen befindliche Epithel hat scheinbar die Form nach abwärts ragender Zapfen, in Wirklichkeit bildet es natürlich auch hier

Fig. 154. Papilläre Erhebung auf der Uvula. Das Bindegewebe erhebt sich als kegelförmiger Vorsprung und hat das Epithel dementsprechend mitgehoben. Letzteres ist verdickt, mit verlängerten Leisten versehen und nach aussen papillär abgesetzt. Vergr. 10.

wie in der normalen Haut, Leisten. Indessen kommt es in Folge des ungleichmässigen Aufwärtswachsens des Bindegewebes in manchen Fällen zur Entstehung fingerförmig in das Bindegewebe hineingehender Gebilde.

Wenn der Schnitt nicht senkrecht geführt wurde, oder wenn die Papillen schräg nach aufwärts verlaufen, so trifft das Messer sie quer oder schräg und man sieht dann runde oder unregelmässige Durchschnitte derselben von Epithel umgeben resp. getrennt (Fig. 155). Die etwa vorhandenen Epithelzapfen werden ferner häufig ebenso wie vorspringende Theile von Leisten durch das Messer aus dem Zusammenhang getrennt und liegen dann scheinbar isolirt im Bindegewebe. Wegen der Beziehungen zum Carcinom kann es nothwendig sein, durch Serienschnitte festzustellen, ob die Trennung wirklich oder nur scheinbar ist.

Fig. 155. Papillär gebauter Tumor der äusseren Haut.
Das Epithel hat ausserordentlich lange interpapilläre Leisten, die aber, da sie nicht gerade abwärts verlaufen, vielfach durch den Schnitt abgetrennt wurden. Im Bindegewebe sieht man die aufwärts strebenden Gefässe. Vergr. 50.

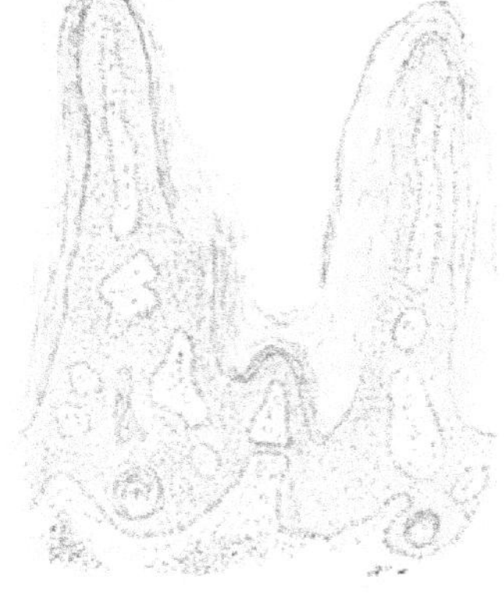

Fig. 156. Zottige Warze der Haut. Die bindegewebigen (hellen) Papillen erheben sich mit dem Epidermisüberzug in Gestalt von Zotten, die mit verhorntem Epithel bedeckt sind. Die Papillen sind nicht in ganzer Ausdehnung zu sehen, sondern theils längs, theils quer durchschnitten. An der unteren Grenze der Epidermis je eine Epithelperle. In der Cutis knötchenförmige Zellansammlungen. Vergr. 10.

Nicht alle solche Neubildungen springen erheblich über die normale Haut vor. Es giebt auch flache derartige Tumoren, in denen die Papillen sich aus dem in gewöhnlicher Höhe liegenden Corium erheben (Fig. 156). Hier zeigt sich besonders deutlich, dass die Geschwulst in erster Linie durch Aufwärtswachsen der Papillen und nicht etwa durch Tiefenwachsthum des Epithels entsteht. Auch in den grösseren Tumoren geht das daraus hervor, dass in den Papillen die Gefässe und Faserbündel stets genau in der Richtung derselben nach aufwärts streben, was ja nicht der Fall sein könnte, wenn das Epithel in das Bindegewebe vordränge (Fig. 155).

Die zottige Beschaffenheit aller dieser Neubildungen kann manchmal dadurch verdeckt werden, dass verhornte, sich nicht abstossende Zellen die Lücken zwischen den Zotten ausfüllen.

Das Epithel zeigt entweder gar keine Abweichungen vom normalen, oder ist bei besonders starker Verdickung durch Grösse seiner Zellen, durch zwiebelschalenartige Schichtung (Epithelperlen Fig. 156) derselben und dadurch ausgezeichnet, dass einzelne Epithelien homogen degeneriren und Dinge liefern, die bei dem Carcinom noch besprochen werden sollen.

Zuweilen zeigen die Neubildungen stärkere Pigmentirung als die normale Haut. Sie ist durch Einlagerung von Pigmentkörnchen ins Epithel oder durch pigmentirte Bindegewebszellen bedingt, die auch als verästigte Gebilde zwischen die Epithelzellen nach aufwärts ragen können.

Den papillären Bildungen der äusseren Haut entspricht eine in der Harnblase vorkommende Zottengeschwulst („Zottenkrebs", „Papillom"). Sie hat als Grundstock ein System baumförmig verzweigter, aus einer Wurzel gemeinsam entspringender, ungefähr cylindrischer bindegewebiger Papillen (Fig. 157), die fadenförmig lang und dünn sein kön-

Fig. 157.
Bindegewebiges Gerüst aus einem **Polypen der Harnblase**. Die bindegewebigen Zotten sind einfach und verzweigt und hier und da noch mit Epithel bedeckt. Die Gefässe sind in ihnen zum Theil sichtbar.
Zerzupftes Alkoholpräparat. Vergr. 50.

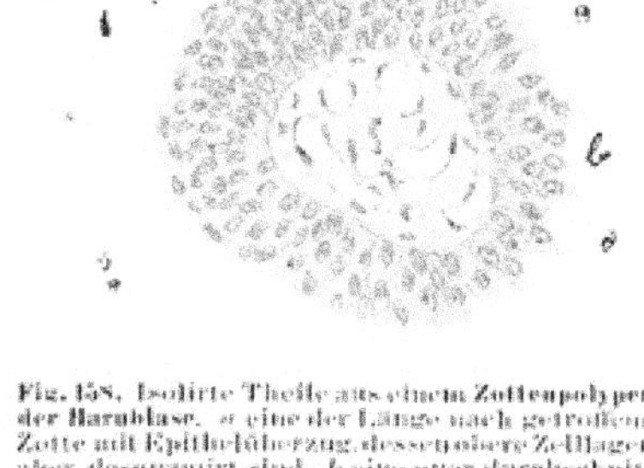

Fig. 158. Isolirte Theile aus einem **Zottenpolypen der Harnblase**. *a* eine der Länge nach getroffene Zotte mit Epithelüberzug, dessen obere Zelllagen aber desquamirt sind. *b* eine quer durchschnittene Zotte mit fast völlig erhaltenem Epithelüberzug. Im Bindegewebe weite Gefässe. Zwischen den Zotten isolirte, abgefallene Epithelzellen. Vergr. 100.

nen, an den Enden leicht kolbig anschwellen und von zartwandigen weiten Gefässen durchzogen werden. Das Bindegewebe ist sehr zartfaserig und mässig zellreich. Diese Zotten sind von einem vielschichtigen, polymorphen, dem Harnblasenepithel entsprechenden Ueberzug bedeckt (Fig. 158), dessen unterste Zellen vielfach cylindrisch, dessen mittlere vielgestaltig und dessen oberste meist abgeplattet sind und so eine glatte Begrenzung herstellen. Die Zotten verkleben oft mit einander durch das sich häufende Epithel, so dass der papilläre Charakter erst nach Zerzupfen hervortritt. Andererseits löst sich während des Lebens häufig Epithel ab, welches im Harn nachgewiesen werden kann und deshalb Wichtigkeit hat für die eventuelle Diagnose des Blasentumors. Aus einzelnen Epithelzellen kann man freilich nicht viel schliessen, aber sie erscheinen häufig in zusammenhängenden Fetzen und in grosser Zahl. Dabei handelt es sich in erster Linie um die obersten Schichten des Epithelbelages, dessen Zellen eine langgestreckte und sehr gern spindelig erscheinende Gestalt haben. So kann der Unkundige unter Umständen zur Annahme eines Spindelzellensarkoms gelangen. Leichter wird die Diagnose, wenn nicht nur Epithelzellen, sondern auch ganze Zottenstücke entleert werden, was bei der zarten Beschaffenheit des Geschwulstgewebes nicht selten vorkommt. Durch Zerzupfen der Fetzchen, ev. durch Schütteln in Wasser, hat man dann Gelegenheit, die zarten Gefässe mit der sie bedeckenden dünnen

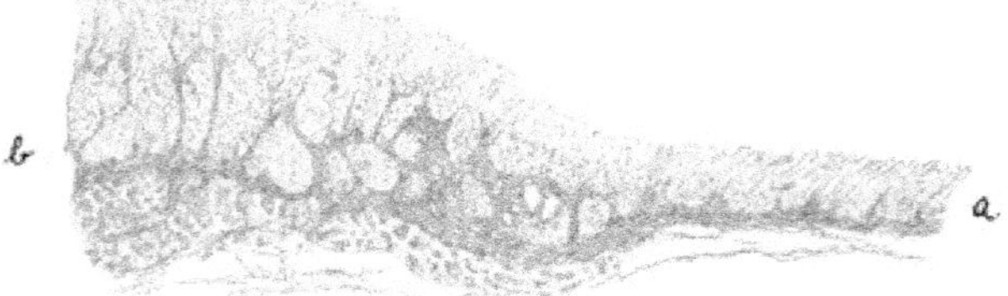

Fig. 159. Flacher Polyp des Magens. Bei *a* normale, bei *b* zu einer polypösen Erhebung verdickte Schleimhaut, in der auch die bindegewebigen Septa höher und breiter sind und unter der die Muscularis mucosae ebenfalls verdickt und aus zwei Lagen zusammengesetzt erscheint. Vergr. 40.

Bindegewebsschicht zu isoliren. Letztere ist zuweilen durch Einlagerung herdweise liegender Lymphocyten verdickt. Die Epithelien pflegen an diesem bindegewebigen Grundstock nur wenig festzuhaften, also leicht abgestossen zu werden. Sie zeigen auch nicht selten ausgedehnte Fettentartung.

Analog den bisher betrachteten Tumoren verhalten sich die Erhebungen der Schleimhäute des Respirations- und Verdauungstractus (Magen, Rectum). Sie sind abgerundet glatt oder deutlich zottig gebaut. In kleinen flachen Neubildungen des Magens erweist sich die Muscularis mucosae verdickt, die von ihr nach aufwärts ausgehenden Septa sind höher und theilweise verbreitert, demgemäss die Drüsen verlängert und meist auch stärker gewunden (Fig. 159). In grösseren Polypen finden wir durch die erheblich gewucherte Submucosa die Muscularis und die Mucosa in die Höhe gedrängt, wobei in letzterer jene Zunahme der Septa und der Drüsen sich immer mehr ausprägt. Die Muscularis ist vielfach durchbrochen, so dass die beiderseitigen Bindegewebslagen in Verbindung treten. Bildet die Submucosa einen rundlichen, polypösen oder sonstwie gestalteten centralen Körper, so ist die Geschwulst im Ganzen abgerundet (Fig. 160), gehen aber von ihr wieder neue Polypen mit Mucosaüberzug aus, so entsteht ein zottiger Bau.

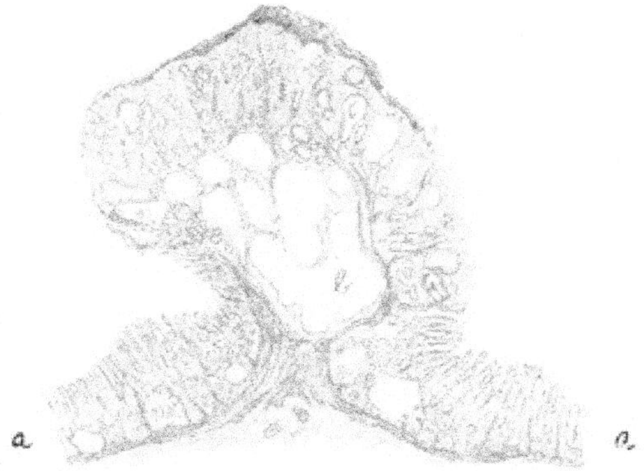

Fig. 160. Polyp des Magens.
a a beiderseits angrenzende normale Schleimhaut. Der Polyp besteht aus einer mit weiten Blutgefässen (*b*) versehenen bindegewebigen Erhebung, die mit veränderter Schleimhaut bedeckt ist. Die Drüsen sind hier unregelmässig, erweitert, mit höherem Cylinderepithel ausgekleidet. Vergr. 50.

Die Drüsen erfahren noch manche andere Veränderungen. Ihre Windungen werden noch stärker, sie erweitern sich vielfach, zuweilen zu mikroskopischen und makroskopischen Cysten (Fig. 161), in denen es wie auf anderen epithelialen Oberflächen zur Bildung papillärer Erhebungen kommen kann.

Gewöhnlich sieht man ferner, dass einzelne oder viele Drüsen sich von den anderen dadurch unterscheiden, dass ihr Epithel cylindrisch wird und dunkler gefärbte Kerne aufweist, eine Erscheinung, der man

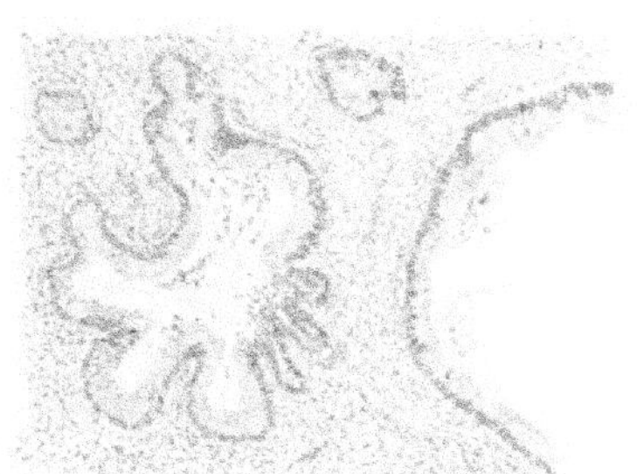

Fig. 161. Aus einem kirschgrossen **Drüsenpolyp des Rectums.** Neben zwei Drüsenräumen von normalem Umfange findet sich ein nur zur Hälfte gezeichneter cystischer und ein unregelmässig buchtiger Raum. In letzterem etwas Schleim und Zellkerne. Das Bindegewebe ist breit und zellreich. Vergr. 400.

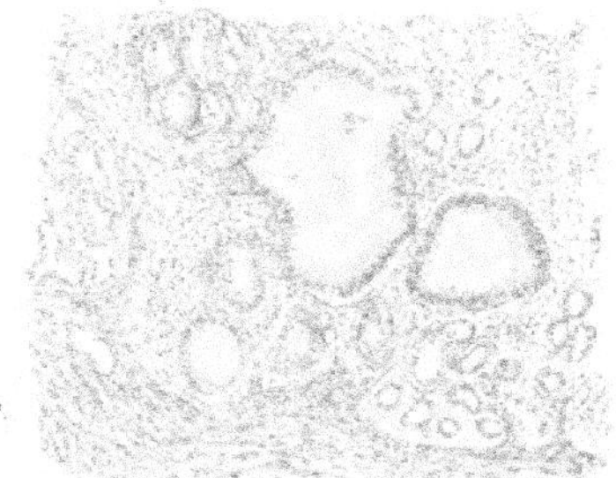

Fig. 162. Aus einem **Drüsenpolypen des Magens.** Neben zahlreichen Drüsenquerschnitten von normaler Weite sieht man mehrere zum Theil stark vergrösserte und erweiterte Durchschnitte, die mit hohem Cylinderepithel ausgekleidet sind. Das Bindegewebe ist zellreich. *a* die verdickte Muscularis mucosae. Vergr. 50.

auch in sonst normalen Schleimhautabschnitten begegnet. Gerade diese Drüsen sind es, die gerne Dilatationen zeigen (Fig. 162).

Kleine Tumoren lassen sich leicht unter Mitnahme angrenzender Schleimhautbezirke ganz in Schnitte zerlegen, die am brauchbarsten werden.

wenn sie nahe der Mitte geführt werden, während sie nahe dem Rande angelegt die Drüsen und Septa schräg oder quer treffen und so die Beobachtung erschweren. Bei grossen Geschwülsten kann man aus dem Rande in radiärer Richtung Scheiben im Zusammenhang mit der anstossenden Schleimhaut herausschneiden und in Schnitte zerlegen. So hat man den direkten Vergleich mit normalen Abschnitten und sieht dann oft, dass in der Function der Drüsen Aenderungen eintreten, indem besonders deutlich bei Rectumgeschwülsten im Bereich des Tumors die typische Schleimsekretion aufhört und die Becherzellen verschwinden (Fig. 163).

Von D r ü s e n r ä u m e n a u s g e h e n d e p a p i l l ä r e N e u b i l d u n g e n finden sich besonders in der N i e r e n r i n d e, sei es für sich

Fig. 163. Die Hälfte eines kleinen **Polypen des Rectums**, *b* Höhe des Polypen, *a* Uebergang in die normale Schleimhaut. Man sieht auf der Höhe die zottig unregelmässigen Erhebungen des Bindegewebes und dementsprechend die Verlängerung und vielfache Ausbuchtung der Drüsen. Die Muscularis ist im Bereich des Polypen verdickt. Die normalen Drüsen sind an den dunkel gefärbten Schleimmassen kenntlich, die auf der Höhe des Polypen fehlen. Vergr. 50.

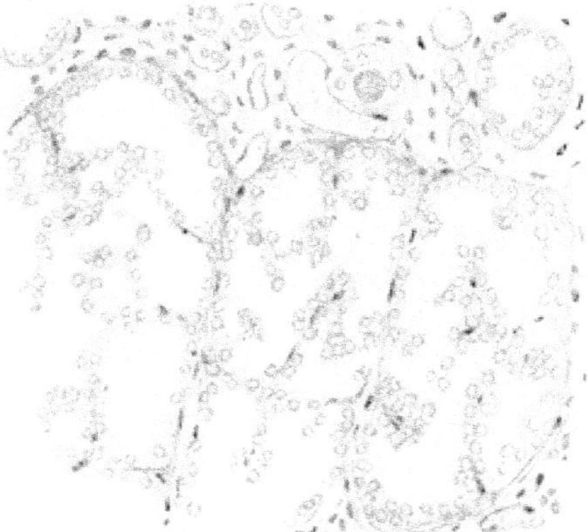

Fig. 164. Papilläres Adenom der Niere. Nach oben sieht man Bindegewebe mit Gefässen und atrophirenden Harnkanälchen. Den grösseren Theil der Figur nimmt das Adenom ein, das sich aus einem schmalen bindegewebigen Gerüstwerk zusammensetzt, welches sich in die Räume papillär erhebt und überall von einschichtigem kubischem Epithel bedeckt ist. Vergr. 100.

allein, oder bei interstitieller Nephritis. Sie bilden nur mikroskopisch sichtbare oder grössere Knoten. Im frischen Zustand sind sie häufig in grosser Ausdehnung oder ganz fettig degenerirt, so dass sie leicht zerfallen. Die Epithelien zeigen dann eine Einlagerung feinster Fetttröpfchen in ihr Protoplasma, die sich gegen die nicht degenerirten Theile hin allmählich verlieren.

In Schnitten gehärteter Präparate sieht man rundliche oder vielgestaltige Bezirke (Fig. 164), die von breiterem Bindegewebe eingehüllt werden, welches eine Art Wand darstellt. Von dieser gehen bindegewebige Züge nach innen, die theils als Septa den Raum durchqueren, theils in papillärer Form enden. Auch diese letzteren sind zum Theile strangförmige an beiden Seiten in die Wand übergehende Gebilde, die nur im Schnitt papillär erscheinen, zum Theil aber wirkliche oft verzweigte Zotten. Man kann sich davon besonders gut überzeugen, wenn die Wucherungen nur oder vorwiegend aus einer Seite der Wand entspringen und gegen die anderen Seiten gerichtet sind, dann bleibt zwischen den Spitzen der zottigen Erhebung und der gegenüberliegenden Wand zuweilen ein grösserer spaltförmiger Hohlraum frei, der in gehärteten Präparaten geronnene Massen enthalten kann. Alle Septa und Zotten sind von einem einschichtigen kubischen Epithel überzogen. Die dazwischen gelegenen Spalten sind bald weiter bald enger.

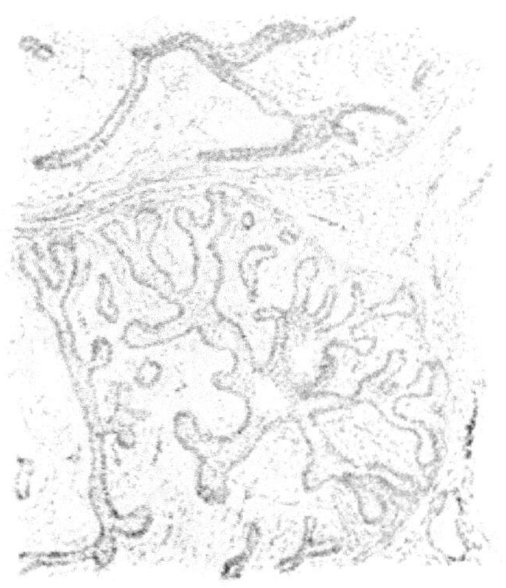

Fig. 165. Adenoma Mammae.
Der epitheliale Antheil baut sich aus baumförmig verzweigten Schläuchen auf, die mit leicht kolbiger Anschwellung enden. Das Bindegewebe zwischen den Schläuchen ist reichlich und zu einem rundlichen Bezirk abgegrenzt, der durch dichter faseriges Bindegewebe, von den anderen ähnlichen Bezirken und von dem in der Figur gezeichneten, nach oben liegenden getrennt wird, in welchem eine unregelmässig gebaute Epithelfigur in vielem Bindegewebe liegt. Vergr. 50.

Die fibro-epithelialen Tumoren der Mamma, die sogen. Fibro-Adenome zeigen histologisch ein sehr wechselndes Bild. Sie setzen sich aus drüsigen Theilen und aus Bindegewebe zusammen, welches sich um jene herum und zwischen ihnen bald in grösserer, bald geringerer Menge entwickelt. Es kann so reichlich sein, dass in grossen Gesichtsfeldern das Epithel fehlt, es kann andererseits den Drüsen gegenüber in den Hintergrund treten. Letztere haben bald mehr den Charakter von Ausführungsgängen, bald mehr den des normalen Drüsengewebes.

Im ersteren Falle sieht man hauptsächlich kanalförmige sich verzweigende Gebilde (Fig. 165), die baumförmige Anordnung zeigen können. Die Stammkanäle sind entweder deutlich breiter und weiter als die Verzweigungen oder nicht von ihnen verschieden, bald liegen die epithelialen Röhren, die natürlich auch quer durchschnitten werden und dann als runde alveolenähnliche Dinge erscheinen, gleichmässig vertheilt, bald schieben sich zwischen die einzelnen Kanäle und Kanalgruppen breitere Bindegewebszüge. Gewöhnlich erkennt man ferner eine Abtheilung der Schnitte in Felder, die durch epithellose lockerer geflochtene Bindegewebsstränge getrennt resp. zusammengehalten werden

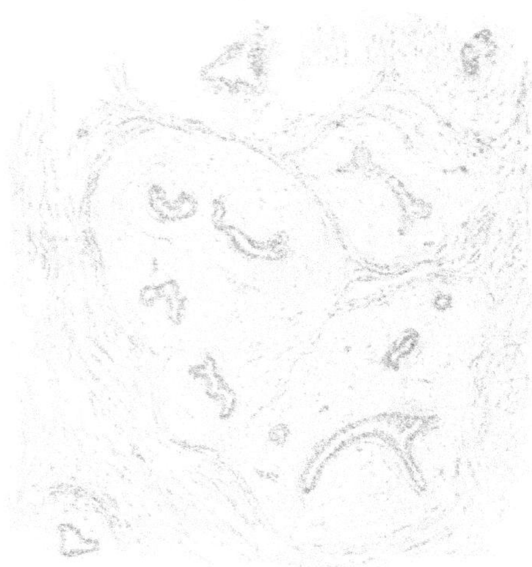

Fig. 166. Fibroadenoma Mammae.
Man sieht quer- und längsgetroffene epitheliale Kanäle von einem concentrisch angeordneten feinfaserigen Bindegewebe eingehüllt, welches scharf abgesetzte Bezirke bildet. Zwischen diesen findet sich ein grobfaseriges, lockerer geflochtenes Bindegewebe.

(Fig. 166). Die Felder entsprechen den Durchschnitten von rundlichen oder vielgestaltigen Bezirken, die von den Verzweigungen eines oder mehrerer grösserer Gänge und dem sie einhüllenden Bindegewebe gebildet werden. Diese Felderabtheilung ist in den bindegewebsreichen Tumoren meist besonders deutlich. Innerhalb derselben tritt dann oft noch die Einwicklung der einzelnen Gänge in ein wieder für sich abgesetztes Bindegewebe hervor, so dass man von einem p e r i c a n a l i c u l ä r e n F i b r o m reden kann (Fig. 167).

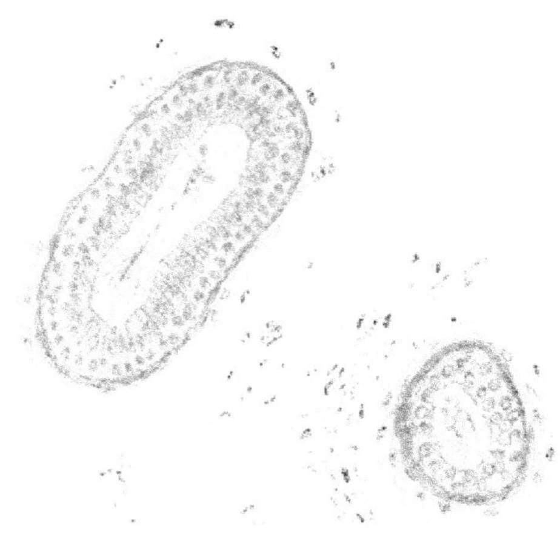

Fig. 167. Fibroadenoma Mammae.
Man sieht zwei querdurchschnittene epitheliale Kanäle mit zweischichtigem Cylinder- resp. mehr kubischem Epithel. Das umgebende lockere Bindegewebe grenzt sich zu rundlichen Bezirken ab, die durch deutlicher faserige Züge getrennt werden. Vergr. 100.

Während das Epithel in den meisten Fällen nur eine gleichmässige Auskleidung der Röhren darstellt, zeigt es zuweilen, aber nur in solchen Tumoren, in denen eine relativ geringe Bindegewebswucherung eine lebhafte Betheiligung des Epithels anzeigt, stärkere Proliferationsprozesse (Fig. 168). Es erhebt sich in die meist weiten Lumina in Gestalt flacher Wülste, oder rundlich-polypöser Vorsprünge oder es durchsetzt in Gestalt epithelialer Balken das Lumen der Räume in querer oder schräger Richtung.

In den Tumoren von mehr acinösem Bau bemerkt man nach Analogie der normalen Mamma Ausführungsgänge, an deren Enden Gruppen von Alveolen verschiedener Grösse hängen (Fig. 169). Der Unterschied gegenüber der Norm liegt hauptsächlich in der Vermehrung des Bindegewebes.

Die beiden Formen sind nicht scharf von einander getrennt. In manchen acinös gebauten Tumoren treten neben den Alveolengruppen auch gangförmige Gebilde in wechselnder Ausdehnung hervor. Gruppen von Alveolen

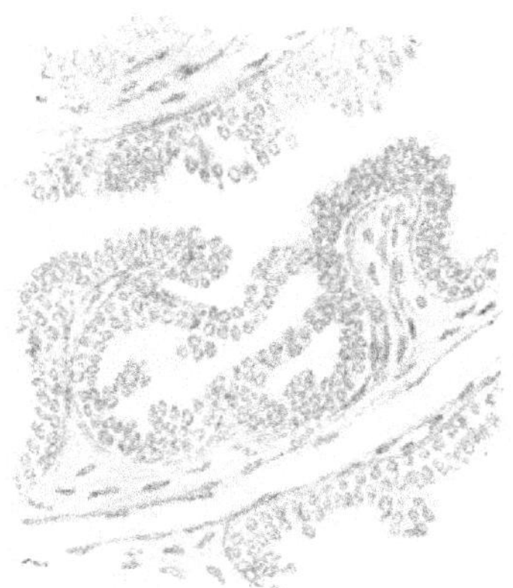

Fig. 168.
Adenoma Mammae,
in welchem das Cylinderepithel der schlauchförmig gestalteten drüsenähnlichen Gänge in lebhaftere Wucherung gerathen und mehrschichtig geworden ist.

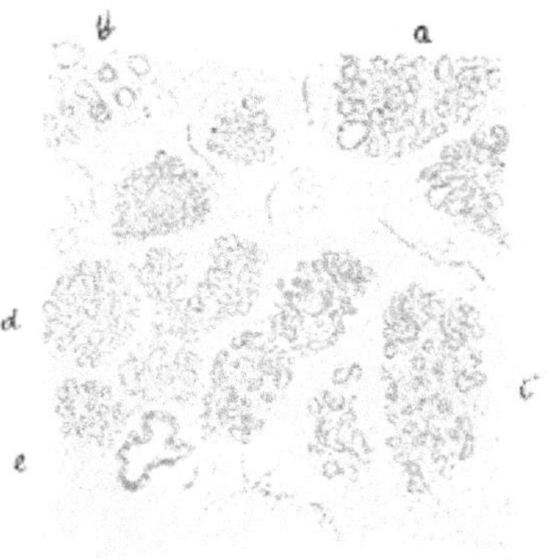

Fig. 169. Adenoma Mammae. Die einzelnen (dunklen) Alveolengruppen sind durch faseriges Bindegewebe von einander getrennt, welches circulär um sie herumgeht. Bei a sind die einzelnen Alveolen etwas erweitert, bei b noch deutlicher, bei c sind sie durch Bindegewebe auseinandergedrängt, bei d von schlauchförmiger Gestalt, bei e ein stärker erweiterter Ausführungsgang. Vergr. 50.

wechseln mit solchen von verzweigten Gängen ab, die ihrerseits wieder enger und weiter sein können. Ferner ist zu beachten, dass auch sonst der Aufbau keine principiellen Verschiedenheiten zeigt. In den Tumoren mit gangförmigen Epithelgebilden handelt es sich darum, dass die Kanäle sich gleichmässig baumförmig verzweigen und schliesslich handschuhfingerförmig, nur mit leichter Endanschwellung enden. In den anderen Tumoren ist der Aufbau nur insofern verschieden, als die Verzweigung nicht so gleichmässig, sondern an den Enden eines Ganges in dichterer Anordnung erfolgt, so dass die zugleich kürzeren und sich leicht erweiternden Enden der Aeste in Form der sogenannten Alveolen oder Acini dicht gedrängt zusammenliegen.

Das Epithel der Fibro-Adenome der Mamma zeigt in den einzelnen Drüsengebilden ähnliche Verschiedenheiten wie in der Norm. Es ist in den gangförmigen Räumen zweischichtig, d. h. es setzt sich aus einer unteren kubischen und einer oberen cylindrischen Lage zusammen. Diese Beschaffenheit ist aber meist weit ausgedehnter vorhanden als in der normalen

Drüse und erstreckt sich nicht selten bis in die letzten Verzweigungen, in denen dann die untere Zellschicht stark abgeplattet zu sein pflegt. In anderen Fällen wird das Epithel in den Endröhren einschichtig und besteht hier aus kubischen oder leicht cylindrischen Zellen. In den als alveolär oder acinös bezeichneten Tumoren entsprechen die Verhältnisse des Epithels mehr denen der normalen Mamma. Die Membrana propria ist stets deutlich sichtbar und meist etwas dicker als normal.

Das Bindegewebe ist in der Umgebung der Gänge gewöhnlich parallel ihrem Verlaufe gefasert. Dabei ist es bald feinfibrillär und locker, bald gröber und derber, zuweilen aus dicken Faserbündeln zusammengesetzt. Sein Zellreichthum ist demgemäss verschieden. Er kann so gross sein, dass das Gewebe fast sarkomähnlich wird. Eine neue Erscheinung kommt nun dadurch zu Stande, dass die Bindesubstanz sich in der Peripherie der gangförmigen Drüsenräume ungleichmässig entwickelt, indem aus den Längsfaserzügen senkrecht nach innen gegen die Drüsenräume sich kugelige und kolbige Erhebungen bilden, die in der gleichen Richtung gefasert erscheinen und parallel verlaufende Gefässe enthalten, welche als Seitenäste der in den grösseren Bindegewebszügen enthaltenen Hauptstämme erscheinen. Da das Epithel der Gänge sich an dem Wachsthum betheiligt und die Erhebungen bekleidet, so entstehen vielgestaltige, in buchtigen Linien verlaufende Epithelgebilde, die sich häufig zu spaltförmigen Räumen erweitern (Fig. 170). Bei stärkerer Dilatation entstehen cystenähnliche Lumina, in welche die bindegewebigen Neubildungen als gestielte Polypen hineinragen. Wenn diese sich nun noch verzweigen, so hängen in die gleichzeitig immer weiter werdenden Räume zottige, oft traubenförmig angeordnete Wucherungen hinein. Im Schnitte wird der Stiel nicht immer getroffen, dann liegen die Quer- oder Schrägschnitte der Polypen scheinbar frei im Lumen. Man nennt den Tumor nun Cystoadenoma oder bei grossem Zellreichthum des Bindegewebes auch Cystosarkoma papilliferum oder auch intracanaliculäres Fibrom. Das Bindegewebe der Zotten wird aber häufig ödematös, gallertig, „myxomatös". Dann redet man wohl von einem intracanaliculären „Myxom" (vergl. Myxom).

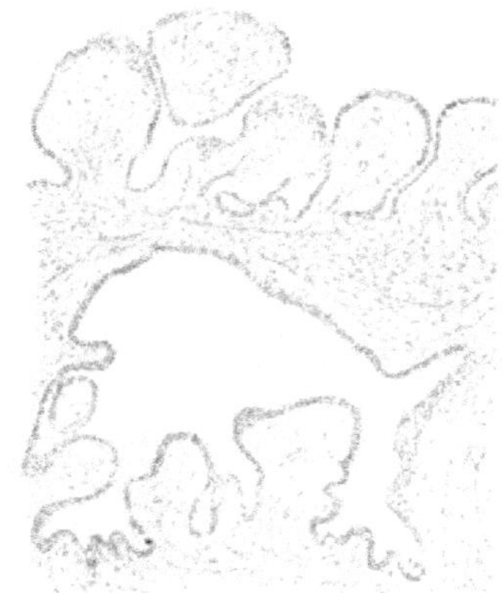

Fig. 170. Cystadenoma Mammae. Eine kleinere Cyste ist in ganzer Ausdehnung getroffen und zeigt die nach innen vorspringenden bindegewebigen Erhebungen mit Epithelüberzug. Die am oberen Rande der Figur vorragenden Polypchen gehören zu einem nicht gezeichneten grossen Cystenraum. Das Bindegewebe ist zellreich, in manchen Polypen aber zellärmer. Vergr. 50.

Zu den fibro-epithelialen Tumoren gehören endlich auch die in den Ovarien vorkommenden cystösen theils einkammerigen, theils mehr- und vielkammerigen, theils innen glatten, theils mit papillären Erhebungen versehenen Neubildungen, Kystome.

Die Wandung aller dieser Cystenräume ist von einem circulär gestreiften kernärmeren oder zellreicheren Bindegewebe gebildet. Auf ihrer Innenfläche sitzt bei den glattwandigen Formen entweder ein einschichtiger Belag hohen, zuweilen flimmernden Cystenepithels, oder es gehen aus der Wand schmale papilläre Erhebungen hervor, die bald niedrig, bald hoch und verzweigt von dem gleichen Cylinderepithel bekleidet sind (Fig. 171). Es handelt sich wie bei den Schleimhautpolypen nicht um

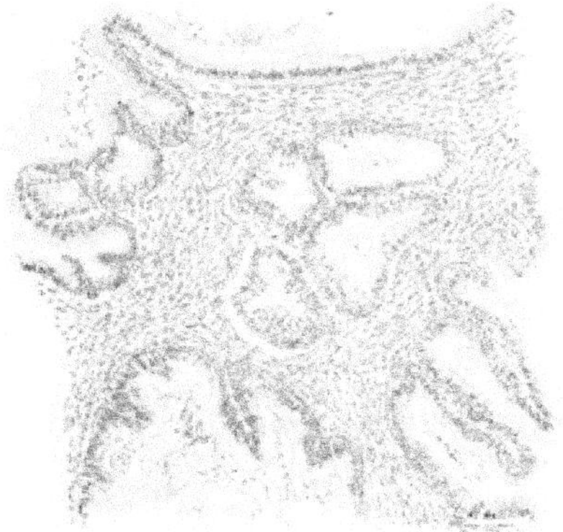

Fig. 171. Aus einem Kystoma glandulare Ovarii. Man sieht in der Mitte drüsenähnliche runde epitheliale Räume, ringsherum unregelmässige grössere und kleinere mit Cylinderepithel ausgekleidete Lumina. Vergr. 400.

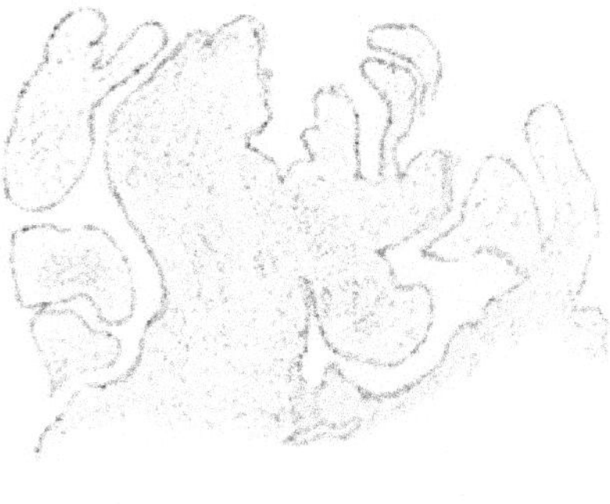

Fig. 172.
Ovariencyste mit papillären Erhebungen.
Man sieht die unregelmässig gebauten bindegewebigen Zotten mit einschichtigem Epithelüberzug. Manche sind abgetrennt. In vielen nimmt das im Uebrigen kernreiche Bindegewebe einen mehr hyalinen, kernärmeren Charakter an. Vergr. 50.

wirkliche Papillen, sondern um leistenförmig vorspringende Septa, zwischen denen das Epithel drüsenschlauchähnliche Anordnung zeigt (Kystoma glandulare, Adenokystoma). Hier wie dort liegt aber nicht ein Wachsthum der epithelialen Gebilde in die Cystenwand vor, sondern das Wachsthum wird nur durch das aufwärts dringende Bindegewebe bestimmt, wie aus seiner zu dem circulären Aufbau der Wand senkrechten Richtung hervorgeht, in der auch die Gefässe verlaufen. Je nach der Höhe der Septa sind natürlich die Drüsenschläuche von wechselnder Tiefe. Ihre Zellen produciren ein schleimiges Sekret, das die Cysten ausfüllt, in welchem aber ferner oft zahlreiche desquamirte Zellen und oft als Reste von Blutungen Pigmentkörner nachweisbar sind.

In anderen Fällen nehmen die bindegewebigen Wucherungen auf der Cysteninnenfläche mehr papillären Charakter an (Kystoma papillare). Es entstehen längere schmale oder plumpe, vielfach kolbenförmig anschwellende Erhebungen, die aus einem zellreichen, oder derbfaserigen oder schleimig entartenden Bindegewebe bestehen (Fig. 172) und mit einem cylindrischen oder mehr kubischen Epithel überzogen sind. Durch Verästigung der Papillen und immer fortgesetzte Neusprossung entstehen papilläre Massen, welche zuweilen den Cystenraum ganz ausfüllen. In senkrechten Schnitten müssen natürlich die Buchten zwischen den Polypen auch drüsenschlauchähnlich erscheinen. Eine scharfe Grenze existirt zwischen beiden Formen der Neubildung nicht. In glandulären Kystomen finden sich oft papilläre Erhebungen. Es begreift sich das insofern besonders leicht, als in beiden Arten das in die Cysten vor sich gehende Bindegewebswachsthum das Maassgebende ist.

Das Epithel der Cysten zeigt häufig und oft in grosser Ausdehnung eine schleimige Metamorphose. In dem frischen Cysteninhalt findet man neben gut erhaltenen abgelösten Zellen auch solche mit Schleimkugeln. Auch im gehärteten Zustand lässt sich diese Beschaffenheit noch gut erkennen und zwar auch an den noch festsitzenden Epithelzellen, die grosse Vacuolen einschliessen, durch welche der Kern verdrängt, abgeflacht und an die Basis der Zelle verlagert wurde.

16. Carcinom.

Das Carcinom ist eine aus Bindegewebe und Epithel bestehende Neubildung, in welcher ersteres Räume von unregelmässiger Gestalt und ungleichmässiger Grösse freilässt, die durch Epithelzellen entweder ganz oder, wie bei den Cylinderzellenkrebsen, in einer an den drüsigen Bau erinnernden Weise ausgefüllt werden. Das Carcinom entsteht durch eine Wucherung von Epithelzellen, welche aus ihrem normalen Verbande, sei es durch entwicklungsgeschichtliche, oder traumatische, oder vor Allem durch entzündliche Processe abgetrennt und in das Bindegewebe verlagert wurden. Es verdankt seine Genese dagegen nicht einem direkten Tiefenwachsthum des Epithels. Die in das Bindegewebe dislocirten Zellen erweitern durch ihre haufen- und strangweise Wucherung die Bindegewebslücken zu unregelmässigen, im Schnitt als Alveolen erscheinenden Räumen und dringen dann in den Lymphbahnen weiter vor, durch deren Ausfüllung wurzelförmig angeordnete und anastomosirende Zellstränge entstehen. Indem ferner einzelne abgetrennte Epithelzellen mit dem Lymphstrom weiter getragen werden und sich bald früher bald später, besonders in lymphatischen Knötchen festsetzen, entstehen neue, mit den alten nicht zusammenhängende Geschwulstknötchen.

Danach unterscheiden sich die Carcinome von den fibro-epithelialen Tumoren (s. o. S. 136), aus denen sie freilich nicht selten hervorgehen, durch das selbständige Wachsthum des Epithels, welches zum Bindegewebe, von den Anfangsstadien abgesehen, nur durch das Hineinwachsen in die Lymphbahnen und durch Anregung einer secundären Wucherung Beziehung hat, während in jenen Tumoren Bindegewebe und Epithel stets gemeinsam in einer den normalen Beziehungen beider Gewebsarten entsprechenden Weise wachsen.

Die Diagnose eines vorgeschrittenen Carcinoms macht meist keine besonderen Schwierigkeiten. Am frischen Präparat kann man auf der Schnittfläche nicht selten die Zusammensetzung aus zwei Gewebsarten schon ganz gut erkennen und zwar um so besser, je mehr das Epithel durch fettige Degeneration gelblich trübe geworden ist, und sich so von dem grauen Bindegewebe besser als sonst abhebt. Bei Zusammendrücken der Geschwulst zwischen den Fingern quellen bei weichen Krebsformen, z. B. denen der Mamma, nicht selten aus zahlreichen kleinen Oeffnungen, d. h. aus den angeschnittenen bindegewebigen Maschen grauweisse oder gelbliche breiige Tröpfchen oder wurstförmige Gebilde hervor, die sich unter dem Mikroskop aus Epithelien zusammengesetzt erweisen. Letztere lassen sich auch durch Abschaben mit dem Messer gewinnen. Eine genaue Vorstellung über das gegenseitige Verhalten von Bindegewebe und Epithel geben allerdings nur die Schnitte, die auch von frischen Objekten hergestellt werden können. Ist der Krebs noch nicht degenerirt und festgefügt, so bekommt man auf diese Weise schon hübsche Bilder. Bei weichen Carcinomen löst sich das Epithel oft theilweise aus den Maschen. Befördert man diese Lösung durch Schütteln der Schnitte in einem etwa zur Hälfte mit Wasser gefüllten Reagenzcylinder, oder durch Auspinseln, so behält man schliesslich nur noch das netzförmige Bindegewebsgerüst übrig, in welchem die vielgestaltigen, im Schnitt aber meist rundlichen Maschenräume hervortreten. Solche Präparate eignen sich sehr gut zum Studium des Gerüstes.

Frische Schnitte sind aber in manchen Fällen ungünstig zur Untersuchung, so einmal bei sehr zellreichen und andererseits bei epithelarmen Carcinomen. Dort kann man das Gerüst, hier das Epithel nur schwer auffinden. Man kann nun versuchen, durch Färbung mehr zu erreichen, allein, da sie an frischen Präparaten nicht sehr klar ausfällt, so müssen Schnitte gehärteter Theile herangezogen werden, die ungefärbt in Glycerin oder besser nach Kernfärbung und Protoplasmaüberfärbung untersucht werden.

Die frische Untersuchung ist ferner durchaus ungenügend, wenn es sich um Carcinome im ersten Beginn ihrer Entwicklung handelt. Diese sind aber für den Praktiker ganz besonders wichtig. Hier kann nur die Härtung und Anfertigung guter Schnitte zum Ziele führen. Dabei muss besonders beachtet werden, dass aus unten zu besprechenden Gründen die Schnittrichtung bei Tumoren der Haut und der Schleimhäute senkrecht zur Oberfläche steht.

a) Die einzelnen Formen der Carcinome.

Der Bau der Carcinome ist verschieden, je nachdem sie von der äusseren Haut (Plattenepithelkrebs), den Schleimhäuten (Cylinderepithelkrebs) oder den Drüsen (Drüsenkrebs) ausgehen.

Betrachtet man ein Carcinom der Haut, so wird man gewöhnlich den frischen oder gehärteten aber ungefärbten Schnitt zusammengesetzt finden aus den an ihrem gelblichen Farbenton leicht erkennbaren Epithelhaufen verschiedener Grösse und Form (s. Fig. 175 u. 176) und einem zwischen ihnen verlaufenden grau erscheinenden Bindegewebe. Doch lässt sich wegen vielfacher Verschiedenheiten im Bau eine generelle Schilderung nicht durchführen. Wir müssen daher mehrere einzelne Fälle ins Auge fassen.

Untersuchen wir zunächst einen vorgeschrittenen Krebs der Haut (z. B. der Lippe, des Penis) oder der vom äusseren Keimblatt abstammenden Schleimhäute (z. B. der Zunge, des Orificium externum uteri) an frischen oder gehärteten in Glycerin eingelegten ungefärbten Präparaten bei schwacher Vergrösserung, so fallen vor Allem rundliche oder ovale, glänzende Körper verschiedener Grösse ins Auge (Fig. 173). Sie erscheinen bald mehr homogen, bald deutlich concentrisch gestreift. Oft hängen zwei und mehrere derselben zusammen und bilden so einen gemeinsamen knolligen Körper. Sie liegen eingebettet in ein gelbliches Gewebe, welches sich in alveolärer aber unregelmässiger Form oder in bald breiteren, bald schmaleren Zügen anordnet und selbst wieder nach aussen begrenzt wird durch eine faserige, graue Substanz, welche die Alveolen und Züge von einander trennt. Wir werden nach Analogie des Aufbaues der normalen Haut und der Papillome nicht zweifeln, dass das gelbliche Gewebe Epithel, das graue Bindegewebe ist und ferner vermuthen, dass die glänzenden Körper wegen ihrer Aehnlichkeit mit den normalen Hornschichten der Epidermis als Hornmassen aufzufassen sind.

Fig. 173. Carcinom der Haut.
Ungefärbtes Glycerinpräparat. In streifig erscheinendem Bindegewebe sieht man runde und buchtige epitheliale Körper mit central gelegenen homogenen Hornkugeln, von denen die in der grossen Alveole befindliche aus mehreren einzelnen Centren besteht. Vergr. 40.

So besteht also die Eigenthümlichkeit des Hautcarcinoms in vielen Fällen darin, dass das Epithel in jenen mannigfaltigen Formen mitten im Bindegewebe liegt. Nur darf man nicht vergessen, dass die einfache Betrachtung nicht entscheidet, ob die rundlichen Haufen wirklich für sich abgeschlossen sind, oder ob es sich, wie Serienschnitte allerdings lehren würden, nicht in manchen Fällen um Querschnitte von einfachen und verzweigten Zügen handelt. Jedoch sind zweifellos viele Alveolen ganz für sich isolirt.

Bei *starker Vergrösserung* erweisen sich die Epithelhaufen scharf gegen das Bindegewebe abgesetzt. Sie bestehen aussen aus wohl entwickelten Zellen, die ganz wie in der normalen Epidermis durch die zierlichen Intercellularbrücken gegen einander begrenzt sein können (Fig. 174). Die Epithelien, welche dem Bindegewebe aufsitzen, sind oft leicht cylindrisch, nach innen folgen dann kubische Elemente und darauf abgeplattete, die auf dem Durchschnitt als schmale, spindelige, leicht gebogene Elemente erscheinen müssen und sich in dieser Form concentrisch anordnen. Daran schliessen sich dann die bei schwacher Vergrösserung beschriebenen glänzenden kugeligen Körper an, die sich aus einer theils homogenen, theils concentrisch streifigen Masse zusammensetzen, in der man keine Kerne mehr wahrnimmt. Diese Beschaffenheit und der Vergleich mit normaler Epidermis lehrt, dass wir es mit verhornten Epithelien zu thun haben. Man kann sich davon auch an weniger vorge-

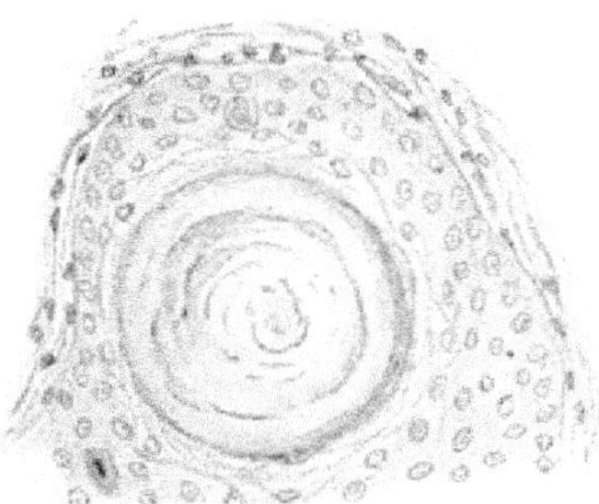

Fig. 174.
Theil einer Alveole aus einem **Carcinom der Haut.**
Central sieht man eine homogene concentrisch gestreifte Hornkugel, die zunächst von concentrisch geschichteten Epithelien umgeben wird, an die wieder die jüngeren gut erhaltenen, dem Bindegewebe aufsitzenden Epithelzellen angrenzen.
Vergr. 400.

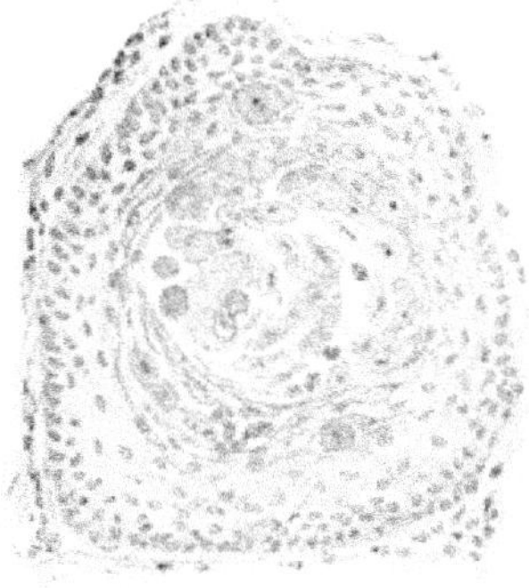

Fig. 175. Carcinom der Haut. Einzelne epitheliale Alveole. Im Centrum derselben sieht man die verhornenden, zum Theil noch kernhaltigen Zellen locker gelagert. Zwischen ihnen einzelne Leukocyten, ringsherum concentrische Anordnung der Epithelien, die weiter aussen dem Bindegewebe regelmässig aufsitzen. Im Centrum mehrere zu homogenen Kugeln umgewandelte, in dem concentrisch gelagerten Epithel oben und unten je eine homogene dunkle Epithelzelle.

schrittenen Stadien leicht überzeugen, da dann die *concentrisch geschichteten Kugeln* (Epithelperlen, Hornperlen, Krebsperlen) noch ganz oder theilweise aus kernhaltigen Zellen bestehen. Nicht immer aber ist der concentrische Bau gleich deutlich ausgebildet. Man findet statt dessen nicht selten die verhornenden sich dunkel färbenden Epithelien unregelmässiger angehäuft, dabei zum Theil nicht abgeplattet, sondern eher abgerundet. Sie liegen dann meist weniger fest zusammen und fallen daher zum Theil aus (Fig. 175).

Die geschilderte Anordnung, d. h. die centrale Lage des Verhornungsprozesses erklärt sich leicht daraus, dass die Epithel-Haufen und

-Züge von innen nach aussen wachsen, dass also in der Mitte die ältesten und deshalb verhornenden, aussen die jüngeren noch protoplasmatischen Zellen liegen.

Demgemäss wird man die Verhornung nur in den grösseren Epithelhaufen antreffen, in den kleineren dagegen vermissen. Am deutlichsten wird man diese Unterschiede am Rande eines Carcinoms finden, weil hier die jüngsten Alveolen in allmählichem Uebergang in die älteren anzutreffen sind (Fig. 176).

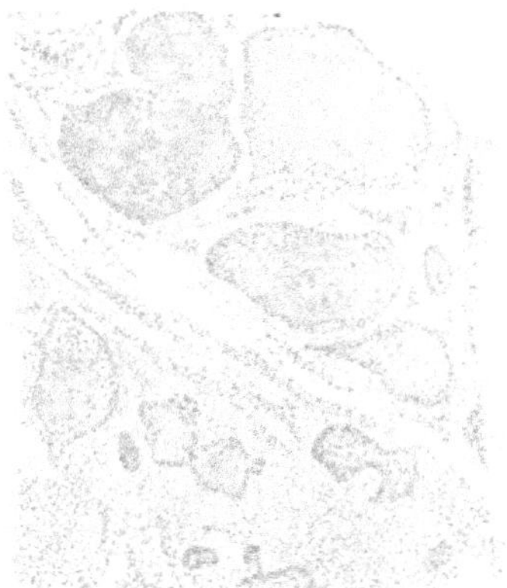

Fig. 176. Von der Grenze eines Hautcarcinoms. Man sieht in der oberen Hälfte grosse epitheliale Alveolen mit centraler, durch homogenes Aussehen gekennzeichneter Verhornung, in der unteren Hälfte kleinere Alveolen und in zellig infiltrirtem Gewebe kleine Gruppen epithelialer Zellen. Vergr. 40.

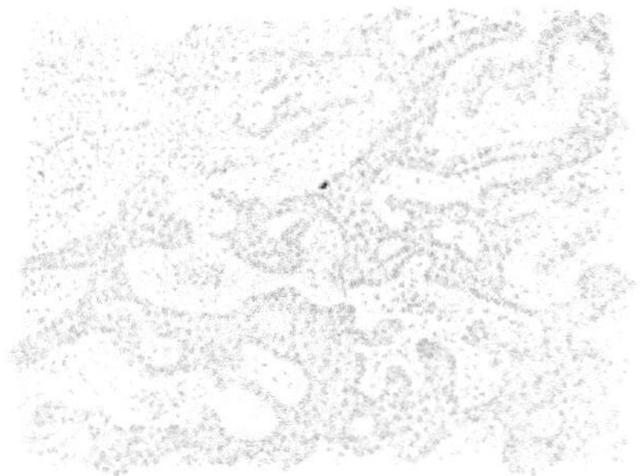

Fig. 177. Carcinom der Haut. Randabschnitt. Man sieht das Epithel in einem zierlichen Netzwerk angeordnet, welches sich oben links in schmalen, einreihigen Epithelstreifen in zellig infiltrirtes Bindegewebe verliert, d. h. nach dieser Richtung weiterwächst. Vergr. 50.

Zuweilen nimmt die Verhornung eine solche Ausdehnung an, dass die Epithelhaufen kaum noch eine wohl erhaltene Zellschicht in ihrer Peripherie besitzen. Da diese dann, zumal in ungefärbten Präparaten schwer aufzufinden ist, und da die streifige Hornmasse Aehnlichkeit mit derbfaserigem Bindegewebe hat, so ergeben sich daraus für den Anfänger leicht Schwierigkeiten für das Verständniss.

Das Bindegewebe der Hautcarcinome ist theils faserig, theils zellig infiltrirt. Letzteres ist besonders in den Anfangsstadien und in den jüngeren Randparthien der Fall (S. 170). An letzteren Stellen kann es aber auch faserig sein.

Die Carcinome der äusseren Haut müssen nicht nothwendig überall Verhornung zeigen (Fig. 177). Sie bestehen vielmehr zuweilen in ihrem peripheren jüngeren Theil oder auch in ganzer Ausdehnung aus wohl entwickelten protoplasmatischen Zellen. In solchen Fällen findet man meist besonders deutlich die Anordnung in netzförmigen dem Lymphgefässverlauf entsprechenden, bald schmalen, bald, besonders in den Knotenpunkten breiteren Zügen. Häufig sind die schmalen Stränge nur aus zwei regelmässig parallelen Zellreihen, seltener nur aus einer zusammengesetzt. So ergeben sich ausserordentliche zierliche Bilder. Von ihnen zu jenen Fällen mit mehr oder weniger zahlreichen völlig isolirten rundlichen Alveolen giebt es alle Uebergänge.

Es sei ferner erwähnt, dass die in der Haut entstehenden Carcinome nicht immer von der Epidermis ausgehen, sondern dass sie auch aus den Drüsen derselben sich entwickeln können und dass ihnen dann die Verhornung ganz fehlt.

Wenn nun nach dem Gesagten die Diagnose eines ausgebildeten Hautcarcinoms meist leicht möglich ist, so kann sie schwierig sein, wenn es sich um frühe Stadien handelt. Will man solche Objekte untersuchen, so thue man das nur an gehärteten und genau senkrecht zur Oberfläche angefertigten Schnitten. Denn es handelt sich, abgesehen von den noch zu besprechenden ersten Anfängen darum, festzustellen, ob sich bereits Epithel im Bindegewebe tiefer als im Niveau der untersten Enden der Epidermiszapfen der angrenzenden Haut befindet. Hier können aber durch Schrägschnitte, welche Stücke der Epidermisleisten abtrennen, so dass sie scheinbar isolirt im Corium liegen, leicht Irrthümer entstehen. Finden sich Epithelzapfen oder Züge sicher unter jenem Niveau, so kann die Diagnose im Allgemeinen keinem Zweifel unterliegen. Schwieriger kann die Frage schon werden, wenn man es mit bereits bestehenden papillär gebauten Tumoren zu thun hat, da hier das Niveau der unteren Enden der Epithelleisten nicht so gleichmässig ist. Ferner sind Irrthümer möglich, wenn man Stellen zu untersuchen hat, an denen früher Defekte oder Geschwüre bestanden. Denn hier finden sich, wie Seite 172 besprochen werden wird, oft tief herunterreichende Epithelzapfen, die aber doch durch ihren regelmässigen, der normalen Haut entsprechenden Bau, von Carcinomwucherungen unschwer unterschieden werden können. Für die Krebsdiagnose sind im Uebrigen die Verhältnisse zu verwerthen, die für die Anfänge der Geschwulst bei der Histogenese (S. 169) beschrieben werden sollen.

Als Typus der Drüsencarcinome wählen wir den Krebs der Mamma (in welcher aber auch der gleich zu besprechende Cylinderzellenkrebs vorkommt). Wenn wir von der Schnittfläche den auf Druck hervorquellenden Zellbrei (die „Krebsmilch") nehmen und in Wasser untersuchen (Fig. 178), so finden wir die Zellen theils isolirt, theils noch in kleineren oder grösseren Verbänden zusammenhängen. Sie sind polymorph, bald rundlich, bald polygonal, oval, ausgezogen, spindelig, mit stumpfen und spitzen Fortsätzen und schwanzförmigen Ausläufern versehen („geschwänzte" Krebszellen). Sie besitzen ein oft mit Fetttröpfchen versehenes Protoplasma, welches am Rande glatt abschneidet und einen grossen „bläschenförmigen“ Kern mit einem oder zwei Kernkörperchen. Sie haben ihrer Abstammung entsprechend das Aussehen von Drüsenzellen. Manche sind ungewöhnlich gross und haben zwei und mehrere Kerne (Riesenzellen). Man darf sie dann nicht mit Gruppen einzelner aber fest zusammenhängender Epithelzellen verwechseln, deren Grenzen meist wahrnehmbar sind, aber auch sehr undeutlich sein können.

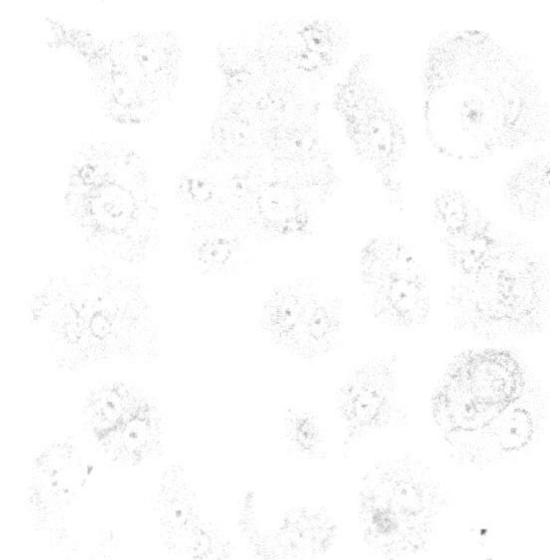

Fig. 178. Isolirte Zellen aus einem Carcinom der Mamma.
Man sieht isolirte ein- und zweikernige kleinere und grössere Zellen, ferner zwei und mehrere in Gruppen zusammenhängende. Mehrere grosse Zellen haben andere kleinere in sich aufgenommen und zum Theil eine Vacuole um sie gebildet, in welcher z. B. unten rechts, die Zelle in eine homogene Kugel umgewandelt ist. Frisches Präparat. Vergr. 400.

Die Epithelien der Mammacarcinome erleiden oft eine ganz besonders hochgradige fettige Degeneration, so dass sie vielfach zerfallen. Dadurch wird auch mikroskopisch die Aehnlichkeit des Zellbreies mit Milch erhöht.

In Schnitten findet man die Zellen in alveolären Räumen verschiedenster Form und Grösse (Fig. 179). Man sieht runde, ovale, zugförmige, verzweigte, vielgestaltige, oft ausgedehnt anastomosirende Zellhaufen, von der Grösse eines Drüsenacinus, aber auch darunter und weit darüber hinaus. Die Alveolen sind nicht selten gruppenweise angeordnet.

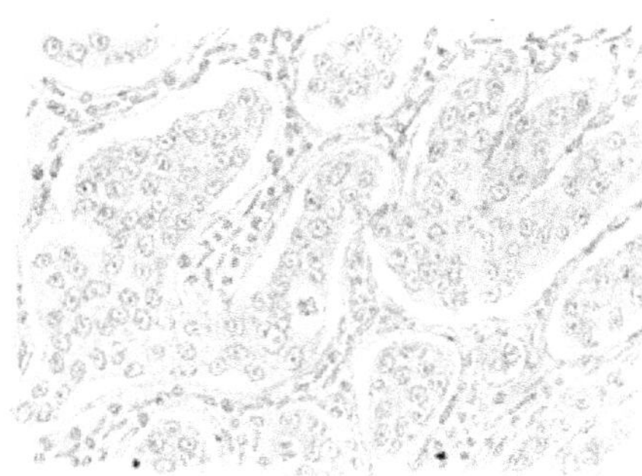

Fig. 179. Carcinom der Mamma.
Das Bindegewebe bildet ein faseriges, kernreiches Gerüst, dessen Maschen durch das Epithel nicht ganz ausgefüllt sind, da dieses durch die Härtung stärker als jenes geschrumpft ist. Die Grenzen der einzelnen Epithelzellen sind nur undeutlich oder gar nicht wahrzunehmen. Vergr. 400.

In frischen Präparaten sind die Alveolen immer mit Zellen ausgefüllt, da oft ein Theil von ihnen ausfällt und Lücken zurücklässt, an deren Rändern oft nur noch einzelne Epithelien haften. Ist dies ringsherum der Fall, so kann man glauben, einen drüsigen Hohlraum vor sich zu haben.

Bei der Härtung in Alkohol pflegt das wasserreichere Epithel stärker zu schrumpfen als das Bindegewebe. Dann zieht es sich von der Alveolarwand zurück und so entstehen bald ganz, bald nur theilweise herumgehende Spalträume.

Frische Präparate, aber auch ungefärbte gehärtete bieten, was das Epithel angeht, ferner oft das Besondere, dass man die Grenzen der weichen, aneinanderliegenden Zellen nicht wahrnimmt (Fig. 179). Man kann dann glauben, grosse Protoplasmamassen mit eingestreuten Kernen vor sich zu haben. Der Anfänger verfällt leicht in diesen Fehler. Der gleiche Umstand und die oft grosse Zahl dicht zusammenliegender Kerne verführt ihn ferner dazu, die Kerne für die Zellen anzunehmen. Es ist das einer der häufigsten Irrthümer.

Die Epithelien liegen innerhalb der Alveolen in einer dem gegebenen Raum entsprechenden Anordnung, also ohne eine besondere Regelmässigkeit. Nur auf dem Bindegewebe sind sie gewöhnlich gleichmässig in scharfer Grenze angeordnet. Eine concentrische Schichtung kommt höchstens angedeutet vor, niemals dagegen eine Verhornung.

Die Gerüstsubstanz ist je nach der dichteren Lagerung oder der weiteren Entfernung der Alveolen bald breiter, bald schmaler, theils fibrillär, theils, besonders in den Randabschnitten, zellreich (S. 170). In ihm finden sich ferner, wie es bei dem Bau der Mamma nicht auffällt, einzelne oder viele, gruppenweise liegende Fettzellen. Auch Theile des normalen Drüsengewebes kann man antreffen (S. 174).

Die Carcinome anderer Drüsen sollen, soweit nöthig, noch im speciellen Theil bei den einzelnen Organen besprochen werden. Sie sind in der Hauptsache gleich gebaut, jedoch mag bemerkt sein, dass sie ausserordentlich epithelreich und dass die Alveolen ausserordentlich gross sein können. Dadurch macht dann die Untersuchung frischer Präparate sehr grosse Schwierigkeiten, da man das spärliche Gerüst nur schwer auffindet.

Die Diagnose der Drüsenkrebse könnte nur in den freilich selten zu beobachtenden Anfangsstadien Schwierigkeiten machen. Die Abweichungen von dem normalen Bau sind aber auch dann, wenn etwa die Krebsalveolen durch Form und Grösse an Drüsenalveolen erinnern, mit Rücksicht auf die atypische Anordnung, das Fehlen von Ausführungsgängen, die Abwesenheit einer Membrana propria und eines Lumens hinreichend, um die Diagnose zu ermöglichen.

Der Cylinderzellenkrebs nimmt seinen Ursprung von den tubulösen Drüsen (z. B. der Darmschleimhaut) oder Ausführungsgängen der acinösen Drüsen (z. B. der Mamma). Er hat die ausgesprochene Neigung, die Cylinderzellengestalt des Epithels und die Schlauchform der Ursprungsgebilde, resp. eine Hohlform beizubehalten (Fig. 180), so dass meist erst in späteren Stadien völlig ausgefüllte Alveolen entstehen. Demgemäss finden wir in einem ausgesprochenen Cylinderzellenkrebs folgende Verhältnisse: Bei schwacher Vergrösserung erkennt man drüsenschlauchähnliche, aber unregelmässig gestaltete oder verzweigte, zu rundlichen Complexen verschiedenen Umfanges sich vergrössernde und mit vielgestaltigem spaltförmigem Lumen versehene Epithelgebilde. Analysirt man die grösseren unter ihnen genauer, so sehen sie aus, als hätten sich von der Wand eines mit Cylinderepithel ausgekleideten Hohlraumes Sprossen verschiedener Höhe und Breite erhoben und als seien manche von ihnen quer durch das Lumen hindurchgewachsen, um sich mit einer anderen Wandstelle wieder zu vereinigen. Auch die kleineren Gebilde können ähnliche, nur weniger ausgedehnte Wandprozesse zeigen. Die zapfenförmigen Erhebungen und hindurchziehenden Leisten zeigen bald ein Bindegewebsgerüst, bald sieht man es nicht, weil der Schnitt nur durch das Epithel ging. Die mannigfache Form der Epithelgebilde kommt indessen in Wirklichkeit nicht auf die angedeutete Weise zu Stande. Es handelt sich vielmehr darum, dass ein epithelialer drüsenähnlicher Raum nach verschiedenen Richtungen Sprossen treibt, die ebenfalls drüsenschlauchähnlich sind. Was zwischen ihnen stehen bleibt, erscheint dann als ein in das Lumen hineinragender Zapfen. Die quer durch das Lumen gehenden Brücken sind der Länge nach getroffene, zwischen zwei parallel gestellten Ausbuchtungen sich erhebende Leisten. Die Richtigkeit dieser Auffassung ergiebt sich aus der Genese des Cylinderzellenkrebses und daraus, dass das die Epithelgebilde umgebende Bindegewebe zwar lebhaft zellig infiltrirt sein kann, aber keine Zeichen eines gegen das Epithel gerichteten Wachsthums darbietet, wie das z. B. bei den Fibro-Adenomen der Mamma und bei den Drüsenpolypen der Fall ist (s. o. S. 155 ff.). Die einmal in das Bindegewebe gelangten Drüsen wachsen eben immer weiter in dasselbe hinein. Nicht aber verhält es sich umgekehrt.

Fig. 180. Cylinderzellenkrebs des Rectums. Das Cylinderepithel ist in unregelmässiger Weise gewuchert. Es bildet vielfach durchbrochene Figuren von mannichfaltiger Gestalt. Zwischen ihnen und dem Bindegewebe ist durch Schrumpfung bei der Härtung ein spaltförmiger Zwischenraum entstanden. Vergr. 50.

Die kleinen schlauchförmig gebauten Krebsalveolen sind den normalen Drüsen oft sehr ähnlich und für sich allein betrachtet oft nicht von ihnen zu unterscheiden. Häufig freilich zeigen sie ein mehrschichtiges Cylinderepithel, dessen Beurtheilung aber nur da mit Sicherheit möglich ist, wo es im Schnitt genau parallel zur Achse der Zellen getroffen wurde.

Ausschlaggebend für die Diagnose und für die Unterscheidung des Carcinoms von den Adenomen ist in erster Linie ein Vorhandensein von Epithel in abnormer Tiefe. Findet sich z. B. im Darmkanal (auch Magen) Epithel, welches die Charaktere des Schleimhautepithels hat, unterhalb der Muscularis mucosae, so ist an der Diagnose nicht zu zweifeln. So lang es noch oberhalb derselben sich befindet, darf ein Carcinom nur in den gleich zu besprechenden Anfangsstadien und dann angenommen werden, wenn in unzweifelhafter Weise (durch Serienschnitte) dargethan werden kann, dass sich Alveolen finden, die ganz ohne Zusammenhang mit dem Schleimhautepithel sind.

b) Histogenese.

In den das Carcinom einleitenden Worten (Seite 160) wurde bereits hervorgehoben, dass es aus Epithelzellen entsteht, welche

Fig. 181. Beginnendes Carcinom der äusseren Haut (Lippe).
Die Epidermis ist durch eine zellreiche Wucherung des Bindegewebes in die Höhe gehoben, die Papillen und die epithelialen Leisten sind dem entsprechend verlängert, letztere sehr vielgestaltig, durch den Schnitt mehrfach aus dem Zusammenhange getrennt, reichen aber nirgendwo unter das normale Niveau herunter. Die Grenze mehrerer Leistenenden gegen das Bindegewebe ist durch Eindringen bindegewebiger Zellen verwischt. Vergr. 40.

in das Bindegewebe, nicht durch selbstständiges Wachsthum, sondern durch andere Einflüsse verlagert wurden. Dieser Vorgang beruht entweder auf entwicklungsgeschichtlichen oder auf traumatischen Störungen oder aber und zwar vorwiegend, auf entzündlichen Prozessen im Bindegewebe. Die beiden ersten Möglichkeiten können kaum Gegenstand histologischer Beobachtungen sein, die dritte muss genauer besprochen werden. Das ist freilich nur an der Hand der ersten Anfangsstadien des Carcinoms möglich, die leider nur selten zur Untersuchung kommen.

Am häufigsten hat man naturgemäss Gelegenheit, beginnende

Hautcarcinome zu studiren. Sie stellen ausnahmslos kleine flache oder zottige Erhebungen der Haut dar. An Schnitten, die gut gehärtet und gefärbt sein müssen, sieht man, dass der Prozess ausgezeichnet ist durch bindegewebige Zellvermehrung, welche die Prominenz der Neubildung bedingt („zellige Infiltration") und dass die epithelialen Leisten erheblich verlängert sind (Fig. 181). In dieser Form stimmen die Bilder mit den oben beschriebenen Papillomen überein, nur fehlt in diesen die ausgedehnte Zellwucherung des Bindegewebes ganz oder ist nur wenig ausgesprochen. An einzelnen Stellen bemerkt man, dass die Grenze der Epithelzapfen und des Bindegewebes verwischt ist (Fig. 181) und stellt

Fig. 182. Beginnendes Carcinom der äusseren Haut.
Die spindelförmig aussehenden Epithelzellen sind durch rundliche Bindegewebszellen auseinandergedrängt. Vergr. 600.

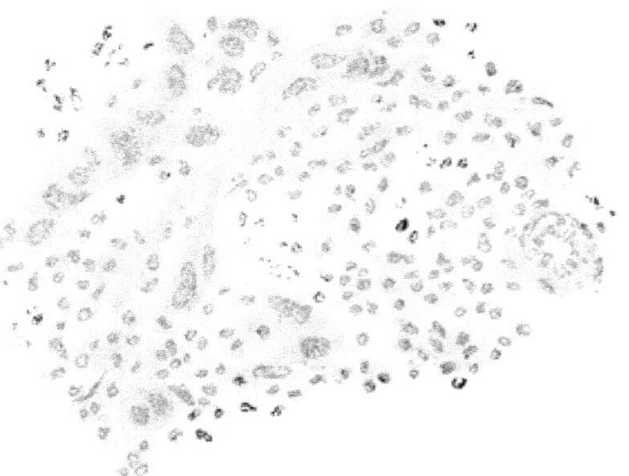

Fig. 183. Grenze eines beginnenden Carcinoms der Haut.
In einem zellreichen Bindegewebe sieht man reihenförmig aneinandergereiht, zu zweien, dreien und isolirt liegende Epithelzellen, von denen eine (oben links) eine Mitose enthält. Rechts ein querdurchschnittenes Blutgefäss.
Vergr. 600.

ferner fest, dass dies durch Eindringen von Bindegewebszellen in das Epithel bedingt ist. Dadurch werden die Zellen des letzteren auseinandergedrängt und schliesslich isolirt (Fig. 182). Ist das Epithel einmal im Bindegewebe, so wächst es, indem es durch Vermehrung Haufen und Züge bildet, die nun als Ganzes in den Lymphbahnen weiterwachsen können, oder so, dass in der Peripherie die Epithelzellen mehr einzeln in die Bindegewebsspalten vordringen (Fig. 183). Dann werden, wenn nun auch diese isolirten Zellen bei längerer Dauer zu Haufen zusammenfliessen, Fasern und Zellen der Bindesubstanz in das Epithel eingeschlossen (Fig. 184).

Dieses Hineinwachsen der Bindegewebszellen in das Epithel ist nicht die einzige Möglichkeit, wie dessen Zellen abgetrennt werden können. Durch lebhaftes Aufwärtswachsen der Papillen kann nämlich auch eine Ablösung der untersten Enden der epithelialen Zapfen, gleichsam durch eine Art Abreissen stattfinden, so dass nicht nur einzelne Epithelien, sondern Haufen von solchen isolirt werden. Aus diesen können ebenfalls Carcinome hervorgehen.

Seltener als bei den Hautcarcinomen hat man an den Schleimhäuten Gelegenheit zur Untersuchung der ersten Anfangsstadien. Aber der Prozess ist hier der gleiche. Das wuchernde Bindegewebe bewirkt eine umschriebene Verdickung der Schleimhaut, die proliferirenden Bindegewebszellen dringen zwischen die Cylinderepithelien vor und isoliren sie. Aus solchen Vorgängen lassen sich die ersten Anfänge der Carcinomentwicklung diagnosticiren. Wachsen dann die abgetrennten Zellen zunächst in der Mucosa, so entsteht ein prominentes Carcinom.

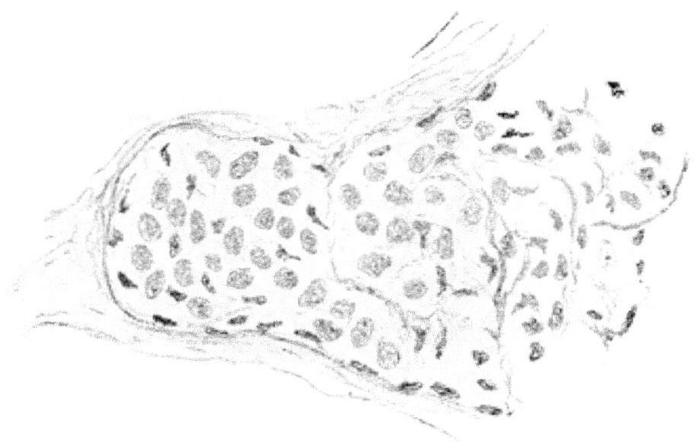

Fig. 184. Vom Rande eines Carcinoms.
Eine Alveole, die links gut abgegrenzt ist und das Vordringen einzelner Epithelzellen zwischen die Bindegewebsbestandtheile erkennen lässt. Auch in dem ausgebildeten Theil der Alveole sieht man noch dunkle eckige Bindegewebskerne zwischen den Epithelzellen. Vergr. 100.

Die hier kurz wiedergegebenen Verhältnisse der Histogenese des Carcinoms wurden zuerst von mir beschrieben (Virchow's Archiv Bd. 135 und Bd. 141, Das pathologische Wachsthum, 1895). Sie sind bisher noch wenig Gegenstand von Nachuntersuchungen gewesen. Bekämpft wurden sie hauptsächlich von Hauser (Virchow's Archiv Bd. 138 und Bd. 141).

Die Vorstellungen, welche die Entstehung des Carcinoms aus einem direkten Hineinwachsen des in seiner Energie irgendwie gesteigerten Epithels in das Bindegewebe ableiten, stützen sich hauptsächlich auf gewisse Wachsthumsverhältnisse des Krebses, von denen nun die Rede sein soll. Doch sei vorher noch kurz angeführt, dass man zum Vergleich auch gewisse nicht tumorbildende Wachsthumsvorgänge am Epithel heranzieht, die sich unter regenerativen und entzündlichen Verhältnissen ausbilden. Man bezeichnet sie als **atypische Epithelwucherungen** und beobachtet sie z. B. auf der äusseren Haut bei Vernarbung von Geschwüren (Fig. 185). Hier kann man oft eine ausserordentliche Verlängerung der epithelialen Zapfen resp. Leisten wahrnehmen, aber man darf sie nicht als Ausdruck einer Tiefenwucherung des Epithels auffassen. Vielmehr handelt es sich auch hier lediglich um die Folge einer lebhaften Bildung langer Papillen aus dem das Geschwür auskleidenden Granulationsgewebe. Das Epithel wächst schon über die ulceröse Fläche, bevor diese das normale Niveau der Haut wieder erreicht hat. Es wächst auch in Spalten und Fistelgänge hinein, aber stets auf

Fig. 185. Vom Rande eines **vernarbenden Unterschenkelgeschwüres.** Das Epithel zeigt ungewöhnlich lange und zum Theil sehr schmale Leisten, das Bindegewebe dementsprechend hohe Papillen. In ihm sind die nach aufwärts ziehenden Gefässe sichtbar. Vergr. 40.

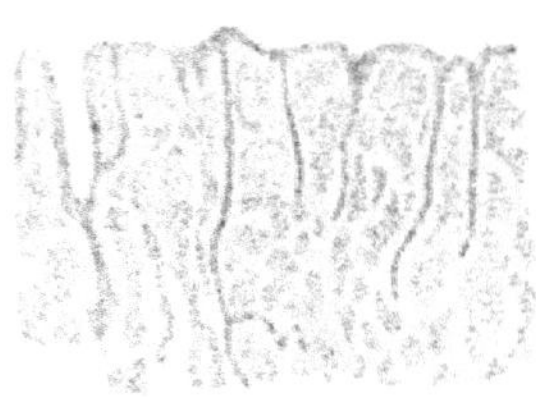

Fig. 186.
Von der **Oberfläche einer endothelialen Hautwarze.** Die Epidermis hat ausserordentlich lange Leisten, die zwischen die endothelialen Zellhaufen weit in die Tiefe reichen. Vergr. 50.

der freien Fläche des granulirenden Bindegewebes. Wenn dieses nun an Masse zunimmt, hebt es das Epithel in die Höhe. Dabei können die in Spalten und Fisteln hineingedrungenen Zellmassen als epitheliale Zapfen bestehen bleiben, andererseits erzeugt die Bildung langer Papillen entsprechend lange Epithelleisten.

Ganz analoge Verhältnisse treten hervor, wenn unter der Epidermis Tumoren entstehen, welche sie nicht als ganzes nach aufwärts drängen, sondern, wenigstens theilweise, in den Papillen wachsen. So ist es z. B. bei manchen Angiomen und in einzelnen Fällen von endothelialer Warzenbildung (s. o. S. 139). Hier verlängern sich die Epithelleisten, meist in Zapfenform, entsprechend dem durch die Geschwulstentwicklung bedingten Höhenwachsthum der Papillen (Fig. 186).

Alle diese Wachsthumsvorgänge können also nicht für ein primäres Hineindringen des Epithels in das Bindegewebe bei der Carcinomentwicklung verwerthet werden.

c) Wachsthum des Carcinoms.

Die **Entwicklung des Carcinoms geht meist nur von einer beschränkten Stelle aus.** Einmal entstanden vergrössert es sich nur noch wenig dadurch, dass angrenzendes Epithel in gleicher Weise wie im ersten Anfang von dem wuchernden Bindegewebe durchwachsen wird. Hauptsächlich dringt es nun, soweit Oberflächencarcinome in Betracht kommen, in die Tiefe und seitlich unter die noch normale Epidermis oder Schleimhaut. Indem diese beiden Bestandtheile durch das Carcinom gehoben, verdrängt, durchwachsen und ganz zerstört werden, breitet sich die Neubildung in die Fläche aus. Bei Drüsencarcinomen wächst das Tumorepithel in analoger Weise in die Umgebung und verdrängt die normalen Drüsentheile, mit denen es in Berührung kommt.

Untersucht man den von Epidermis noch bedeckten aber wallartig emporgehobenen Rand eines Hautcarcinoms, so findet man unter jener die bereits mehr oder weniger nahe an sie vorgedrungene Neubildung in typischer Entwicklung. In einzelnen Fällen wird die Epidermis durch den Krebs gespannt, verdünnt und ganz zur Atrophie gebracht, so dass dann das Krebsgewebe frei liegt. Häufig aber tritt vorher eine Vereinigung einzelner Krebsalveolen mit den normalen Epithelleisten ein (Fig. 187), die ganz von Carcinomepithel umgeben und weiterhin völlig durch dasselbe zerstört werden, indem die energischer wachsenden Krebszellen die normalen Epithelien nach und nach zum Schwund bringen. Diese Vereinigung aber liefert Bilder, die so aussehen können, als sei die Krebsentwicklung von dem Deckepithel durch direktes Tiefenwachsthum ausgegangen. Indessen lässt sich sehr oft an dem etwas verschiedenen Aussehen des beiderseitigen Epithels der wahre Sachverhalt leicht erkennen.

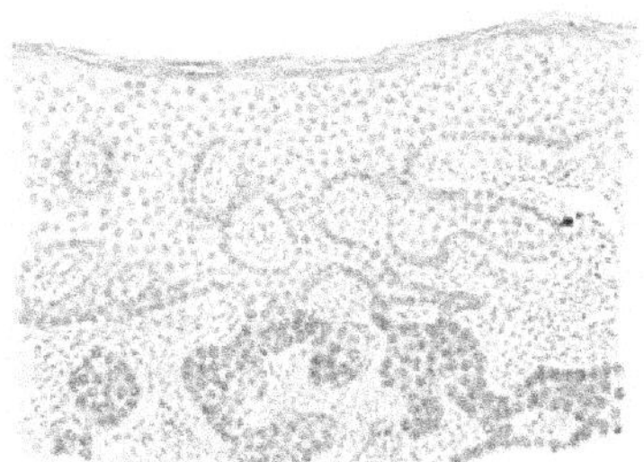

Fig. 187. Vom Rande eines Carcinoms der Haut. Zum Carcinom gehört das dunkle Epithel, welches von unten her an die unveränderte Epidermis herangewachsen ist, sich mit ihr vereinigt hat und dadurch ein Tiefenwachsthum derselben vortäuscht. Vergr. 50.

Ebenso wie bei den Hautcarcinomen findet sich in den Rändern von Schleimhautkrebsen ein Wachsthum des Tumorepithels von unten nach oben zwischen die normalen Drüsen, die so schliesslich verdrängt werden. Die Krebsstränge können sich dabei auch mit normalen Drüsen vereinigen, in sie hineinwachsen und ihre Epithelien nach und nach aufzehren. Dann kann der Anschein erweckt werden, als seien die Drüsen krebsig entartet und continuirlich nach abwärts gewachsen. Nicht anders ist es bei den Drüsencarcinomen, z. B. denen der Mamma. Das Carcinom beginnt an einer Stelle des Organes und wächst selbständig in die Umgebung. Dabei bildet es häufig Gruppen von Alveolen, die eine gewisse Aehnlichkeit mit normalen Drüsenläppchen haben, aber durch die oben genannten Merkmale leicht davon unterschieden werden können (Fig. 188). Die Uebereinstimmung wird aber dadurch vergrössert, dass sich um beide Epithelgebilde häufig zellige Infiltration ausbildet, resp. dass, soweit der Krebs in Betracht kommt, die Alveolen desselben in vorher gebildeten Herden zelliger Infiltration zur Entwicklung gelangen (siehe Metastase). Dringen aber die Krebszüge zwischen die normalen Drüsengebilde vor, so verdrängen sie dieselben und bringen sie zum Schwund oder sie verwachsen mit ihnen und erwecken so den Anschein, als seien die Krebsepithelien aus den Drüsenzellen herausgewachsen.

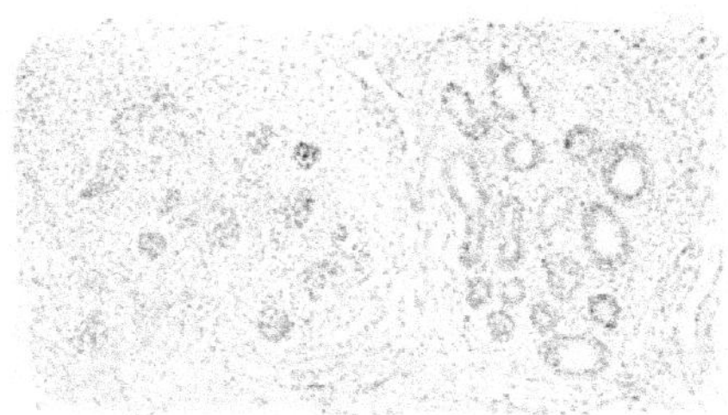

Fig. 188. Grenze eines Mammacarcinoms gegen Drüsengewebe. Die Figur soll zeigen, wie das Carcinom (links) unvermittelt neben normalen Drüsenalveolen (rechts) wächst und nicht aus einer Umwandlung von solchen entstanden sein kann. Vergr. 50.

d) Metastase.

Die Metastasen des Carcinoms entstehen nur in seltenen Fällen durch direkten Einbruch in die Blutgefässe, meist kommen sie zunächst durch Verbreitung auf dem Lymphgefässwege und erst secundär durch Eintritt ins Blut zu Stande. Die erste beim Lebenden nachweisbare Metastase ist gewöhnlich die in die Lymphdrüsen.

Unter dem Mikroskop findet man aber schon Metastasen auf dem Wege zu den Lymphdrüsen. Untersucht man bei einem Carcinom der Haut, oder auch bei anderen Krebsen, an grossen Schnitten die weitere Umgebung, so findet man zerstreut im Binde-, Fett- und Muskelgewebe Herdchen, meist von rundlicher Gestalt, die ganz wie lymphatische Follikel gebaut sind und bei der Entzündung bereits eingehend besprochen wurden (s. S. 81). Einzelne von ihnen, die dem Carcinom benachbarten, können schon Epithel enthalten, andere sind noch frei davon. Sie vergrössern sich unter dem Einfluss der in ihnen sich vermehrenden Epithelien, bilden sich aber zweifellos meist schon, bevor die Krebszellen hineingelangen, wahrscheinlich in Folge Durchfliessens abnormer resorbirter Produkte des Krebsstoffwechsels. Zwischen diesen Knötchen und dem primären Carcinom besteht meist kein direkter Zusammenhang, es handelt sich also um Metastasen. Von solchen Gebilden gehen nach Exstirpation des Haupttumors gern die Recidive aus.

Die weitere Metastase erfolgt nun in die Lymphdrüsen. Aber nicht jede Vergrösserung derselben im Stromgebiet eines Carcinoms beruht schon auf Vorhandensein des Epithels. Denn wie jene Knötchen, so schwellen aus den gleichen Ursachen auch die Lymphdrüsen an. In manchen Fällen spielt aber auch die entzündungserregende Wirkung von Bakterien, Kokken, eine Rolle, die aus ulcerirten Carcinomen aufgenommen wurden. Das Epithel gelangt nun zunächst in die Randsinus der Drüsen, wo aber die einzelnen Epithelien anfänglich schwer aufzufinden sind. Hier vermehrt es sich, bildet Haufen und Stränge (Fig. 189) und dringt auf den Lymphbahnen, also zunächst mit Umgehung der Follikel in das Innere des Organes vor. Auf diesem Stadium sieht man oft die peripheren Sinus in regelmässiger Weise durch epitheliale Zellhaufen ausgefüllt, welche kranz- oder halbmondförmig die Follikel umgeben. Auch in der Kapsel der Drüse bemerkt man nicht selten epitheliale Alveolen, entsprechend einer Wucherung in den Lymphgefässen,

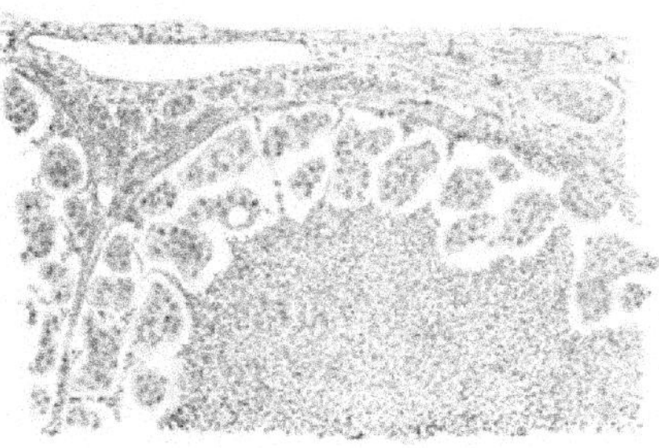

Fig. 189.
Metastatisches Carcinom einer Lymphdrüse.
Man sieht die Epithelien, in ungleichmässigen Haufen angeordnet, in den peripheren Lymphsinus und zum Theil auch in den Lymphbahnen der Kapsel.
Die Follikel sind unbetheiligt.
Vergr. 100.

Fig. 190. Metastatisches Carcinom der Leber. Rechts ist die Oeffnung einer Lebervene sichtbar. Zwischen den ausstrahlenden Leberzellenreihen sieht man dunkle gleichgerichtete Züge, die an ihrer breitesten Stelle die Leberzellen verdrängt haben und aus Carcinomepithel bestehen. Bei *a* ist ein solider metastatischer Knoten, der die angrenzenden Leberzellenreihen in concentrischen Lagen abgeflacht und verdrängt hat. Vergr. 50.

durch welche die Krebszellen metastasirt wurden. Weiterhin durchwächst und verdrängt nun das Carcinom das ganze Drüsengewebe, also auch die Follikel, von denen aber kleinere Reste oft lange nachweisbar sind. Erhalten bleibt nur ein Theil der reticulären Substanz, welche sich aber gleichzeitig beträchtlich zu verdicken pflegt. Die Lymphdrüse wandelt sich also ganz in ein Carcinom mit derbfaserigem Stroma um.

Ist Epithel ins Blut gelangt, so kann es in den verschiedensten Organen Metastasen machen. Als Beispiel sei hier nur die Metastasirung in die Leber gewählt. Untersucht man die kleinsten, unter Umständen erst mikroskopisch sichtbaren Knötchen, so kann man oft sehr schön die Entwicklung der Krebszellen in den Capillaren verfolgen. Bei schwacher Vergrösserung (Fig. 190) bilden die sich dunkler färbenden

Carcinomstränge den Blutgefässen entsprechende, zuweilen radiär angeordnete, netzförmig verzweigte Züge. Bei starker Vergrösserung (Fig. 191) sieht man das Epithel in den Capillaren liegen. Durch seine Entwicklung sind die Leberzellenbalken verschmälert und werden schliesslich ganz vernichtet. Nicht immer besteht dies Verhältniss des Tumors zu den Leberzellen. Wächst der Knoten mehr als Ganzes aus sich heraus, so verdrängt er das umgebende Gewebe, die Leberzellenreihen werden aneinandergedrängt und zu dünnen Fäden abgeplattet (Fig. 190a). Zuweilen bewirkt die durch den Druck der Tumoren gesetzte Circulationsstörung fleckige Nekrosen des Lebergewebes.

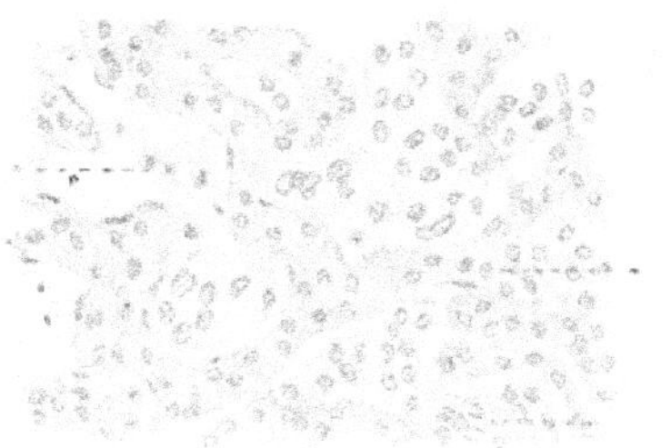

Fig. 191. Metastatisches Lebercarcinom. Die Leberzellenreihen (a) sind durch Erweiterung der Capillaren etwas auseinandergedrängt und hier und da verschmälert. In den Capillaren sieht man theils epitheliale Ausfüllungsmassen (b) (Carcinom) theils noch Blut (c) mit Leukocyten. Vergr. 100.

Es sei noch besonders betont, dass niemals ein Uebergang von Leberzellen in die Krebszellen metastasischer Knoten stattfindet.

e) Metamorphosen des Carcinoms.

Die Carcinome zeigen bald früher bald später mancherlei Veränderungen ihres Baues, von denen die fettige Degeneration und die Verhornung bereits besprochen wurden. Andere Metamorphosen betreffen theils die Epithelzellen, theils das Stroma und sollen in dieser Reihenfolge besprochen werden.

1. Metamorphosen der Epithelzellen.

a) Hyaline und vacuoläre Veränderungen.

Ausser einer hydropischen Quellung des Protoplasma, bei welcher mit Flüssigkeit gefüllte kleinere und grössere Hohlräume in ihm entstehen, findet man häufig eine hochgradigere Umwandlung der ganzen Epithelzellen, die ihnen ihren Charakter völlig nehmen kann. Die dabei entstehenden in andere Epithelien oder zwischen ihnen eingeschlossenen Formen hat man vielfach für Parasiten gehalten.

In Hautcarcinomen, die mit Bildung grosser Epithelhaufen einhergehen, sieht man theils zerstreut zwischen den übrigen, theils gruppenweise Epithelzellen, deren Protoplasma anfänglich zum Theil, später ganz homogen ist, während der Kern kleiner und unregelmässig wird und sich zunächst meist stärker färbt. Später verschwindet er meist ganz, die Zelle wird kleiner, zieht sich dadurch von den umgebenden zurück und die homogene Beschaffenheit wird noch mehr ausgeprägt.

So entstehen rundliche und ovale homogene, in Hohlräumen liegende Körper (Fig. 192). Dieselben haben in den geschichteten Krebsperlen zuweilen eine eigenthümlich gewundene Gestalt. Nicht selten sind sie in andere wohl erhaltene Epithelzellen eingeschlossen, invaginirt. Indem die Zelle sich von den anderen zurückzieht, bleiben zwischen ihr und diesen oft feine radiäre Fäden ausgespannt, als Ausdruck der verlängerten Intercellularbrücken oder auch nur fadenförmig ausgezogenen Protoplasmas.

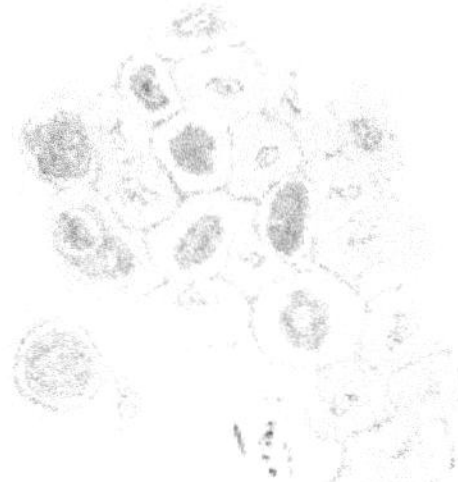

Fig. 192. Aus einem Carcinom der äusseren Haut. Zwischen gut erhaltenen Epithelien sieht man solche, deren Protoplasma sich auf einen kleineren Raum zusammengezogen hat, homogen geworden ist und sich dunkler färbt. Der Kern ist geschrumpft und in einzelnen Zellen nur noch angedeutet. Oben rechts zeigen zwei Zellen die beginnende Umwandlung in Gestalt dunkler Höfe um den Kern. Vergr. 400.

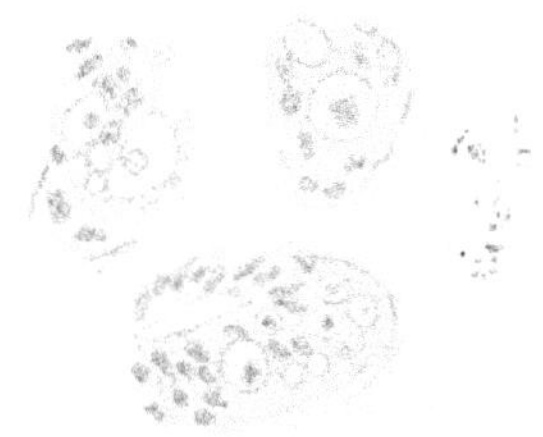

Fig. 193.
Mehrere Alveolenabschnitte aus einem **Cylinderzellenkrebs des Rectums.**
Man sieht in dem Epithel zahlreiche kleinere und grössere vacuoläre Räume, in denen theils deutliche Zellen, theils nur dunkle runde Körper wahrzunehmen sind.
Vergr. 400.

In D r ü s e n k r e b s e n und C y l i n d e r e p i t h e l c a r c i n o m e n schrumpfen die entsprechend sich verändernden Zellen unter allmählichem Kernverlust theils zu homogenen Kugeln, theils zu kleinen körnigen Massen zusammen, die dann in relativ grösseren intra- oder extracellularen Vacuolen liegen (Fig. 193). Diese enthalten im Uebrigen, besonders in Cylinderzellen- und Gallertkrebsen ein schleimiges Sekretionsprodukt, welches vor Allem in frischen isolirten Zellen (Fig. 196) deutlich hervortritt als durchscheinende homogene Masse. Es füllt die Vacuolen oft allein aus oder enthält noch als Reste von Protoplasma feine körnige Massen oder kleine homogene Kügelchen. Die Vacuolen treten innerhalb einer Zelle oft multipel und in Gruppen liegend in verschiedener oder gleichmässiger Grösse auf, so dass der Zellleib ganz blasig aussieht. Oder es bildet sich ein grosser schleimerfüllter Hohlraum, der das Protoplasma auf eine oft äusserst dünne Randzone zusammendrängt. Andere Vacuolen entstehen durch blasige Veränderung von Kernen, deren Kernkörperchen erhalten bleiben kann und in der Mitte der Blase liegt. Auch um die Kerne in das Epithel eingedrungener Wanderzellen können Vacuolen auftreten, sei es, dass sie durch Quellung des Protoplasmas derselben, oder dass sie im Zellleib der Epithelien entstehen. In gefärbten

Präparaten treten die in den Hohlräumen der Krebszellen liegenden kugeligen, körnigen etc. Gebilde meist dunkel tingirt hervor, so dass sehr auffallende Bilder vorkommen können, zumal wenn in Gruppen von Vacuolen jede einen Einschluss enthält.

Alle diese Dinge hat man als Entwicklungsreihen von Parasiten zu deuten versucht und dabei in erster Linie an Sporozoen gedacht. Die Literatur über diesen Gegenstand ist eine ausserordentlich reichhaltige und schwillt immer weiter an. Bis zum Jahre 1894 findet sie sich zusammengestellt bei Stroebe (Centralbl. für patholog. Anatomie V). Auch auf andere epitheliale Neubildungen hat man die parasitäre Auffassung angewandt, so unter Anderem auf das Mollnscum contagiosum. In den Epithelzellen desselben beschrieb Neisser Gebilde, die anfangs klein und protoplasmaähnlich aussehend später grösser werden, die ganze Zelle einnehmen und sich in kleinere Körper zerlegen. Diese werden schliesslich homogen und dann ausgestossen. Die parasitäre Natur dieser Gebilde wird aber keineswegs allgemein anerkannt.

b) Gallertige Umwandlung, Gallertkrebs.

Die gallertige (schleimige) Metamorphose verleiht dem Carcinom makroskopisch eine bald mehr bald weniger, in hohen Graden sehr ausgesprochene gallertig-transparente Beschaffenheit. Sie kommt hauptsächlich in Carcinomen vor, die von Schleimhäuten, also von Zellen abstammen, die schon in der Norm Schleim produciren. Sie findet sich dementsprechend besonders in den Krebsen des Darmkanals. Aber auch die von den Epithelien der Drüsenausführungsgänge ausgehenden Carcinome können die gleiche Umwandlung darbieten.

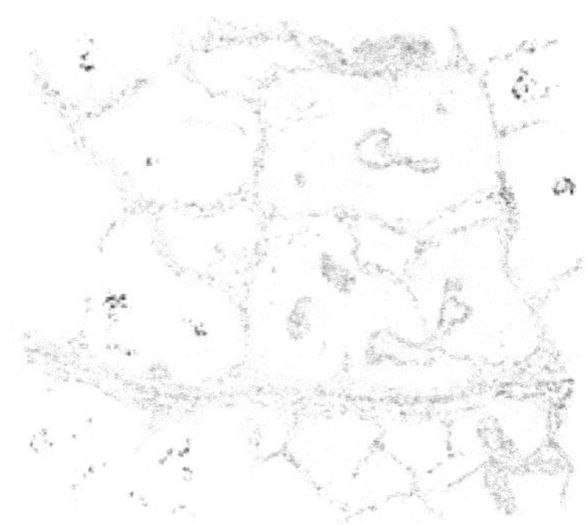

Fig. 194. Gallertkrebs.
Vergr. 80. Das bindegewebige Gerüstwerk enthält vorwiegend helle, transparente Massen, die in der Zeichnung weiss blieben und ausser einzelnen Fädchen und Körnchen central oder excentrisch vielgestaltige Epithelgruppen, von denen einzelne ein Lumen erkennen lassen.

Untersuchen wir eine hochgradig gallertig veränderte Stelle, so finden wir die Alveolen statt durch Epithel durch eine farblose durchscheinende Masse angefüllt, die dem Anfänger den Anschein erwecken kann, als seien die Alveolen ganz leer. Genauere Betrachtung lehrt aber, dass noch bald mehr bald weniger reichliche kleine Körnchen, Fäden, Protoplasmaklümpchen etc. vorhanden sind, die offenbar, da sie fixirt erscheinen, durch irgend etwas, also durch eine transparente Substanz festgehalten werden müssen. Sucht man dann geringer erkrankte Abschnitte auf, so werden in der Masse Zellen sichtbar, die nun in doppelter Weise angeordnet sein können. Einmal (Fig. 194) findet man sie noch erhalten oder mit den gleich zu erwähnenden der Schleimbildung entsprechenden Veränderungen in rundlichen oder vielgestaltigen Haufen wechselnder Grösse, die bald mehr central, bald excentrisch, bald nahe dem Bindegewebe gelagert sind. Je nach dem Grade der Veränderung befindet sich zwischen ihnen und dem Gerüst viel oder wenig Gallerte, mit jenen offenbar Zellresten entsprechenden Einlagerungen. Zweitens (Fig. 195) liegen die Zellen in kleinen Gruppen oder einzeln zerstreut in der Gallerte und zeigen dabei gewöhnlich Untergangserscheinungen, nämlich einmal, wenn auch nicht immer, fettige Degeneration, zweitens aber und zwar regelmässig schleimige Umwandlungen. Sie enthalten,

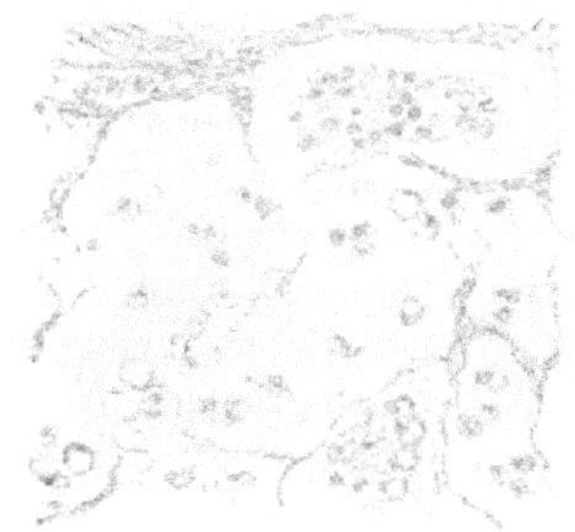

Fig. 195. Gallertkrebs.
Vergr. 400. Der alveoläre Bau ist nur theilweise deutlich, da das bindegewebige Gerüst schmal ist und zum Theil aufgeht in die fast den ganzen Schnitt einnehmende transparente (graugezeichnete) Gallertmasse, in der nur noch zwei zusammenhängende Epithelhaufen und viele einzelne Zellen sichtbar sind. Die Zellen des kleineren Zellhaufens und viele einzelne sind vacuolär.

Fig. 196.
Gallertkrebs, Lymphdrüsenmetastase.
Isolirte Zellen, welche die verschiedenen Stadien gallertiger Umwandlung von dem Auftreten kleinster Tröpfchen bis zur Bildung grosser Kugeln zeigen. *a a* von Gallertkugeln ganz eingenommene Zellen. *b b* sehr grosse Zellen mit vielen Gallertkugeln. *c* eine Zelle, die zwei andere einschliesst. Vergr. 400. Frisches Präparat.

wie man besonders gut an frischen Präparaten nachweisen kann (Fig. 196), kleinere oder grössere helle transparente kugelige Tropfen, d. h. den in ihnen gebildeten Schleim, der das Protoplasma auf einen schmalen Randsaum zusammendrängt und durch Zerfall desselben frei wird. Dann bleiben undeutliche protoplasmatische Zellreste zurück, deren Kern aber zunächst noch nachweisbar ist. Schliesslich zerfallen auch diese Reste in Körnchen etc. und bleiben als solche in der Gallerte suspendirt. Der Kern kann sich auch isolirt noch eine Zeitlang erhalten. Je mehr man sich den von der Entartung noch nicht ergriffenen Theilen nähert, desto geringer wird die Gallertmenge, bis man schliesslich auf unveränderte Alveolen stösst, nach denen man freilich in manchen Gallertkrebsen lange suchen muss, da die Degeneration schon in den jüngsten Epithelien einsetzen kann. Vergleicht man aber die unveränderten mit den gallerterfüllten Alveolen, so sieht man, dass diese umfangreicher sind als jene, dass also eine Aufquellung der Gallerte stattgefunden haben muss, durch welche auch die bindegewebigen Septa gedehnt wurden und einrissen, so dass benachbarte Räume zusammenflossen. Dementsprechend sieht man von erhaltenen Gerüsttheilen Züge in die Gallerte ausstrahlen, aber in ihr in unregelmässiger Weise enden.

c) Veränderung an den Kerntheilungsfiguren.

Das Carcinom enthält oft ausserordentlich viele Mitosen. Sie zeigen nicht immer den regelmässigen Bau, sondern weichen von ihm in mancher Hinsicht ab (Fig. 197). Neben typischen Formen findet man unregelmässige Knäuelformen und asymmetrische Theilungen, bei welchen in den einen Tochterkern weniger Fäden eingehen, als in den anderen. Diese Asymmetrie kann bis zur Absprengung einzelner Kernfäden gehen. Ferner bemerkt man ungewöhnlich grosse, Riesen-Mitosen, deren Chromosomen plump, dick und unregelmässig angeordnet sind, andererseits auch abnorm kleine Figuren. Ferner kommen multipolare Mitosen zur Beobachtung. Die Abweichungen sind also im Ganzen ähnlich wie bei den Sarkomen (S. 122). Sie sind als Erscheinungen aufzufassen, die abhängig sind von den abnormen Bedingungen, unter denen das Epithelwachsthum stattfindet.

Fig. 197. Isolirte Epithelzellen aus ein. Zungencarcinom mit Mitosen. Man sieht regelmässige und vielfach irreguläre Mitosen, bei *a* drei symmetrische, bei *b* eine dreitheilige, bei *c c* solche mit unregelmässig gelagerten Chromosomen und asymmetrischen Figuren, bei *d* grosse, dichte, bei *e e* grosse mit zersprengten Chromosomen, bei *f* unregelmässig dreigetheilte. Vergr. 600.

Die asymmetrischen Mitosen haben eine weitgehende Beachtung deshalb gefunden, weil Hansemann (Virchow's Archiv Bd. 119) sie in Verbindung brachte mit einer abnormen Wachsthumssteigerung des Epithels. Er dachte sich, dass mit dem kleineren Theil der Mitose die Bestandtheile der Zelle ausgestossen würden, welche sie als solche charakterisirten. Die dadurch entdifferenzirte Zelle bekäme die Fähigkeit einer gesteigerten Proliferation, durch welche ihr Eindringen in das Bindegewebe erklärt würde.

2. Metamorphosen des Bindegewebes.

Die besonders an Mamma- und Darmkrebsen vorkommende scirhöse Metamorphose, welche bald von frühen Stadien an die Krebsbildung begleitet, bald erst später sich anschliesst, besteht in einer reichlichen Entwicklung des bindegewebigen, sich in eine ausserordentlich derbfaserige Masse umwandelnden Gerüstwerkes auf Kosten der sich verkleinernden und oft ganz verschwindenden Alveolen (Fig. 198). Das Bindegewebe nimmt dabei ein ähnliches Aussehen an, wie im Keloid (Seite 98), besteht also aus dicken homogenen Balken. In den Lücken liegen kleine Gruppen von Epithelien, die sich in schmalen Zügen den engen Spalträumen anpassen, ferner oft nur einzelne Zellen oder nur undeutliche Zellreste. Es handelt sich also um Druckatrophie des Epithels. Das untergehende Epithel zeigt dabei oft fettige Degeneration, die auch das Bindegewebe ergreifen kann. Dadurch sind dann frische Präparate oft besonders schwer zu analysiren. Diese scirrhotische Umwandlung findet sich stets am stärksten in der Mitte der Carcinomknoten, während in der Peripherie der gewöhnliche Bau eines Drüsen- und Cylinderzellen-

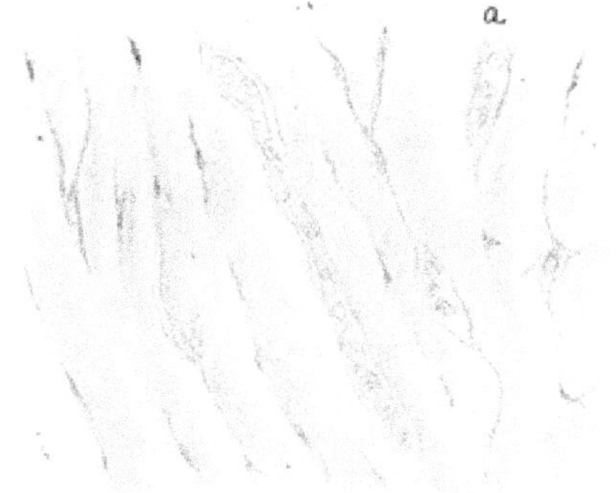

Fig. 198. Scirrhus der Mamma.
Das Gewebe besteht fast nur noch aus homogenen breiten Balken, zwischen denen nur einzelne kleine dunkle Kerne und an mehreren Stellen schmale Reihen von Epithelzellen (a) und einzelne Epithelien hervortreten. Vergr. 400.

Fig. 199. Carcinom der Haut
mit fortschreitender hyaliner Umwandlung des Bindegewebes, welches in drei nach oben gelegenen Bezirken schon völlig kernlos ist. Vergr. 400.

krebses vorhanden sein kann. Zuweilen wird, besonders z. B. in Carcinomen des Pylorus, die Metamorphose so ausgedehnt, dass es an zahlreichen Schnitten unmöglich sein kann, unzweifelhafte Epithelien nachzuweisen. Indem man dann von verschiedenen Abschnitten der Neubildung Schnitte anfertigt, und vor Allem auch die regionären Lymphdrüsen in Betracht zieht, kann man aber auch in diesen Fällen die Diagnose ermöglichen, die auch auf Grund der eigenthümlichen Bindegewebsverhältnisse schon mit einiger Wahrscheinlichkeit gestellt werden kann.

Zuweilen kommt es in Carcinomen zu einer schleimigen Metamorphose des Bindegewebes (Fig. 199), an dessen Stelle unter Verlust der Fibrillen und der Kerne eine homogene oder feinkörnge Substanz tritt. Diese Metamorphose findet sich besonders in Carcinomen, deren Epithelzüge dicht gedrängt sind und ein ausgesprochenes Netzwerk darstellen. Es kann dann leicht die Täuschung entstehen, als handele es sich um drüsenähnliche mit Schleim gefüllte Hohlräume im Epithel. Durch Uebergänge lässt sich aber der wahre Sachverhalt leicht feststellen.

Schliesslich sei noch eines besonderen Vorkommnisses im Bindegewebe gedacht, nämlich der Gegenwart von Riesenzellen, denen eine doppelte Bedeutung zukommt. Einmal sind es Fremdkörperriesenzellen, die sich um untergegangene und um verhornte Krebsepithelien bilden, eine recht beträchtliche Grösse erreichen und sehr zahlreich sein können. Sie liegen naturgemäss in der Nähe des Epithels. Die zweite Form ist ausgezeichnet durch Lagerung in einem Granulationsknötchen. Diese Bildungen entsprechen dann durchaus den Tuberkeln. Kann man Fremdkörper im obigen oder anderen Sinne ausschliessen und liegen diese Knötchen, wie es oft der Fall ist, vom eigentlichen Carcinom entfernt, so hat man Berechtigung, sie als Tuberkel anzusprechen. Sie können dann zur Histogenese des Carcinoms in Beziehung stehen (vgl. Ribbert, Carcinom und Tuberkulose, Münch. med. Woch. 1894. No. 17).

17. Teratoide Geschwülste.

Unter teratoiden Tumoren verstehen wir aus verschiedenen Gewebsarten zusammengesetzte complicirtere Neubildungen, welche in ihrem Aufbau die typische Structur von Organen und ganzen Körpertheilen mehr oder weniger deutlich wiederholen. Bei ihnen ist in einem Theile der Fälle die Entstehung aus einer Verlagerung von Gewebskeimen ganz besonders leicht zu erkennen, und insofern eine scharfe Grenze gegenüber anderen auf Gewebsabschnürung zurückzuführenden Neubildungen nicht zu ziehen, in einem anderen Theile aber anzunehmen, dass eine rudimentäre Entwicklung eines zweiten Foetus vorliegt, der in den ersten eingeschlossen wurde.

Leicht verständliche Tumoren der Art sind die einfachen Dermoidcysten. Sie sind angeboren, anfangs klein, nehmen aber später an Umfang zu. Sie zeigen ausser einem an abgestossenen Epidermiszellen, Cholestearintafeln und oft auch Haaren reichen, dickbreiigen Inhalt eine innere Auskleidung mit Epidermis, zu der meist Haare und Drüsen gehören (Fig. 200). Unter ihr liegt eine bindegewebige Hülle, die offenbar zur Cyste gehört, da sie sich zu dem Epithel und seinen Abkömmlingen ganz wie das Corium zur normalen Epidermis verhält und sich gegen die weitere Umgebung bald mehr bald weniger ausgesprochen absetzt. Daraus geht hervor, dass bei der zur Tumorbildung führenden Verlagerung von Epithel nicht nur dieses, sondern auch das zugehörige Bindegewebe, dass also ein ganzer Hautabschnitt dislocirt wurde. Der Epithelbelag ist meistens nicht vollständig. Bei blossem Auge sieht man oft an einer

Stelle der Innenfläche einen bräunlichen Bezirk, dessen Bau mikroskopisch von der übrigen Cystenwand abweicht. Hier fehlt nämlich das Epithel und statt seiner findet man das Bindegewebe freiliegen, resp. mit vielen grossen Riesenzellen bedeckt (F. König), die in einfacher Lage oder in mehreren Schichten angeordnet sein können und eine ausserordentliche Vielgestaltigkeit ihrer Form darbieten. Sie sind als Fremdkörper - Riesenzellen aufzufassen, welche u. A. Stücke abgestossener Haare, die man häufig zwischen ihnen sieht, umgeben und eventuell in sich aufnehmen. Sind sie mehrschichtig angeordnet, so liegen sie in einem an Masse geringen gefässhaltigen Granulationsgewebe eingefügt. Es ist selbstverständlich, dass man auf sie nicht bei jeder Schnittrichtung stossen wird, da sie nur an einzelnen Wandstellen vorhanden sind. Die Präparate werden also häufig keine Unterbrechung ihres Epithelstratums zeigen.

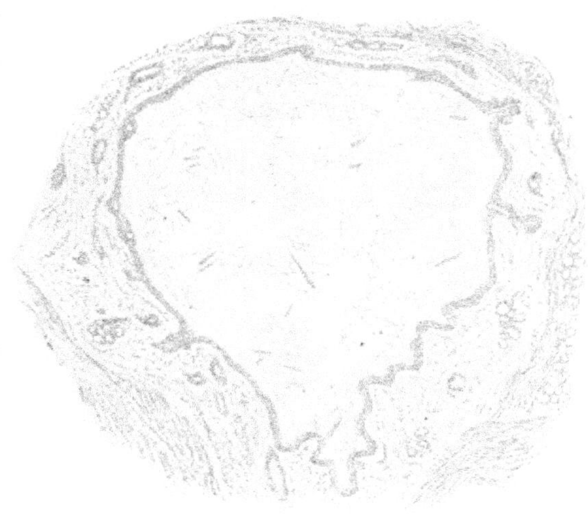

Fig. 200. Kleine **Dermoidcyste** der Schläfengegend. Die Cyste ist mit Epidermis ausgekleidet, die sich in etwas buchtiger Linie gegen das Bindegewebe abgrenzt und einzelne Haarbälge zeigt. In dem Bindegewebe, welches von der weiteren Umgebung sich als eine besondere Lage abhebt, sieht man einzelne kleine Gruppen von Drüsenalveolen. Im Hohlraum der Cyste verhorntes Epithel und einzelne Härchen. Vergr. 60.

Kleine Dermoidcysten härtet man am besten ohne sie zu öffnen, damit die Wandspannung erhalten bleibt. Aus grösseren wird man Stücke, besonders jene bräunlichen Stellen mit ihrer Umgebung herausschneiden und für sich conserviren.

Diesen vorwiegend im Bereich der Haut vorkommenden, durch die Gegenwart von Epidermis, Haaren und Drüsen ausgezeichneten Dermoidcysten stehen sehr nahe noch einfachere ebenfalls cystöse und mit einem ähnlichen Inhalt versehene Gebilde, die aber nur mit Epidermis ausgekleidet sind, ohne Haare und Drüsen zu besitzen. Auch auf ihrer Innenfläche können Riesenzellen vorkommen. Man nennt sie wegen ihres Inhaltes Atheromcysten, wegen ihres Aufbaues auch wohl Epithelcysten und lässt sie theils aus Haarbälgen, theils aus embryonal abgeschnürten

Epidermistheilen hervorgehen. Gelegentlich entstehen solche Gebilde nach operativen Eingriffen, bei denen unabsichtlich Epithelabschnitte in die Tiefe verlagert wurden. Auch aus Faltungen der Haut, wie sie bei Anlegen von Nähten entstehen, können kleine analoge Gebilde entstehen.

Atheromcysten: Chiari, Zeitschr. für Heilk. 1891. Ruge (Riesenzellen), Virchow's Archiv Bd. 136 (Litter.). Operative Epithelcysten: Blumberg, Deutsche Zeitschr. f. Chirurgie Bd. 38 (Litter.).

Eine besondere Stellung nehmen ferner die den Dermoiden nahe verwandten Cholesteatome oder Perlgeschwülste ein. Sie stellen gleichfalls hohle Gebilde dar, die aber ausgefüllt sind durch trockene perlmutterähnliche glänzende Massen, welche in sich wieder mehr abgegrenzte perlenähnliche Körper enthalten können. Ihre Verwandtschaft mit den einfachen Dermoiden verrathen sie schon makroskopisch dadurch, dass in letzteren gelegentlich, wenn auch selten die gleiche Inhaltsmasse gefunden werden kann. Im Uebrigen unterscheiden sie sich von ihnen durch den Sitz, da sie hauptsächlich in der Schädelhöhle an der Gehirnbasis und zwar in die weichen Hirnhäute eingelagert, und im Ohr vorkommen. Die glänzende Inhaltsmasse lässt sich im frischen Zustande leicht auseinanderlösen in kleine homogene Schüppchen, die als verhornte Epithelzellen anzusehen sind. Zwischen ihnen liegen bald mehr bald weniger reichliche Cholestearintafeln. Will man von den gehärteten Objekten Schnitte anfertigen, so muss man, falls man Sackwand und Inhalt zusammenhalten will, die Masse gut durchtränken und das etwa benutzte Colloidin nicht auflösen. Man sieht dann, dass die verhornten Zellen regelmässig geschichtet sind wie an verhornten Stellen der Epidermis (Fig. 201). Dadurch macht der Inhalt der Höhle einen streifigen Eindruck, der um so mehr hervortritt, als ja die Kerne verloren gegangen sind. Die Streifung ist dabei keine regelmässig concentrische, sondern verläuft in mannigfach gewundenen Zügen. Fasst man nun die Sackwand ins Auge, so findet man sie aus einer epithelialen und einer bindegewebigen Schicht zusammengesetzt. Jene ist in den Schädelhöhlentumoren meist nur dünn, 2—3-schichtig und geht nach innen sehr rasch in Verhornung über. Nach

Fig. 201. Cholesteatom der Gehirnbasis.
Abschnitt vom Rande des Tumors. Die mit Kernen versehene schmale Zone, die sich an einer Stelle ausbuchtet und auf der Höhe des Vorsprunges zum Theil von der Fläche sichtbar ist, entspricht der epithelialen Auskleidung. Nach oben von ihr sieht man die geschichteten fibrillär aussehenden Hornmassen, nach unten einen Saum weichen, kernarmen Bindegewebes. Vergr. 400.

aussen setzt sie sich gewöhnlich durch eine glatte, nicht papilläre Linie ab, auf die dann eine Schicht weichen, lockeren Bindegewebes folgt.

Das Epithel hat sich also unter den abnormen Bedingungen nicht ganz so entwickelt wie in der Epidermis. Auch sind seine Zellgrenzen meist nicht ganz so deutlich wie in dieser.

Die Cholesteatome der Meningen entstehen aus einer foetalen Verlagerung von Epidermis. Dafür spricht, dass man gelegentlich auch Haare und Drüsen in ihnen findet. Von manchen Seiten hat man sie auch aus dem Endothel der Pia abgeleitet. Zuletzt ist diese Erklärung von Beneke (Virchow's Archiv Bd. 142) vertreten worden. Er stützt sich hauptsächlich auf die Möglichkeit, auf der Innenfläche der Cholesteatome mit salpetersaurem Silber eine Zeichnung hervorrufen zu können, welche der an endothelialen Häuten so leicht zu erzielenden entspricht. Aber das Gleiche gelingt auch auf der Innenfläche von Dermoidcysten, deren epitheliale Natur Niemand bezweifelt.

Die Cholesteatome des Ohres, d. h. der Paukenhöhle und der Räume des Warzenfortsatzes zeigen durchschnittlich eine dickere, der Epidermis ähnliche Epithellage, die oft auch leicht papillär gegen das Bindegewebe abgesetzt ist. In manchen Fällen aber ist ihre Dicke und Begrenzung in grösserer oder geringerer Ausdehnung von der für die meningealen Cholesteatome beschriebenen nicht verschieden. Das Epithel ist bald nur durch eine dünne, bald aber durch eine dicke Schicht kern- und gefässreichen Bindegewebes von dem Knochen getrennt, den es hier und dort unter Bildung von Riesenzellen arrodirt, so dass eine Perforation in die Schädelhöhle erfolgen kann. Da die Bindesubstanz dabei lockeren Charakter, viel Zellen und weite Gefässe hat, so kann der etwa in dem Cholesteatom herrschende bei Communication mit der Paukenhöhle ohnehin geringe Druck die Zerstörung des Knochens nicht bewirken. Es handelt sich vielmehr um eine selbständige Leistung des wachsenden Bindegewebes. In ihm stösst man nicht selten auf cystöse, schleimige Massen enthaltende mit kubischem oder leicht cylindrischem Epithel ausgekleidete Räume und in allmählichem Uebergang auf drüsenähnliche gruppenweise liegende Gebilde, die mit dem Oberflächenepithel in Zusammenhang stehen können und sich dadurch als von ihm ausgehend zu erkennen geben.

Das Cholesteatom des Ohres entsteht meist durch Hineinwachsen der Epidermis des äusseren Gehörganges in das innere Ohr, seltener, wenn überhaupt, aus embryonaler Verlagerung. Seine Untersuchung kann natürlich mit vollem Erfolg nur nach vorheriger Entkalkung des Knochens vorgenommen werden.

Ueber die genetischen und histologischen Verhältnisse des Cholesteatoms des Ohres lieferte Haug (Centralbl. f. path. Anat. VI.) eine die Litteratur ausgiebig verwerthende Besprechung.

Die im Bereich der Haut selten vorkommenden typischen Cholesteatome sind Epithelcysten ohne Drüsen und Haare, in denen daher lediglich eine Anhäufung abgestossener verhornter Epithelzellen stattfindet.

Die Epithelschicht ist dünn, wenn auch meist dicker als in den intracraniellen Tumoren und gegen das Bindegewebe glatt abgesetzt.

In den bisher besprochenen Fällen war die Zusammensetzung der Tumoren eine relativ einfache und übersichtliche. Es giebt aber auch weit complicirter gebaute Dinge. So können die Dermoidcysten neben Epidermis mit Drüsen und Haaren und neben Bindegewebe auch Knochen und Knorpel enthalten. In denen des Ovariums finden sich ferner auch gelegentlich Zähne, Gehirntheile, Nerven, Muskeln, Darmabschnitte etc. Eine histologische Beschreibung dieser Dinge ist nicht erforderlich, da die einzelnen Bestandtheile keine eigentlich pathologischen Veränderungen darbieten und lediglich in ihrer unregelmässigen Combination ein pathologisches Objekt darstellen. Nur von einem Bestandtheil, nämlich pigmentirten Gebilden soll sogleich noch die Rede sein.

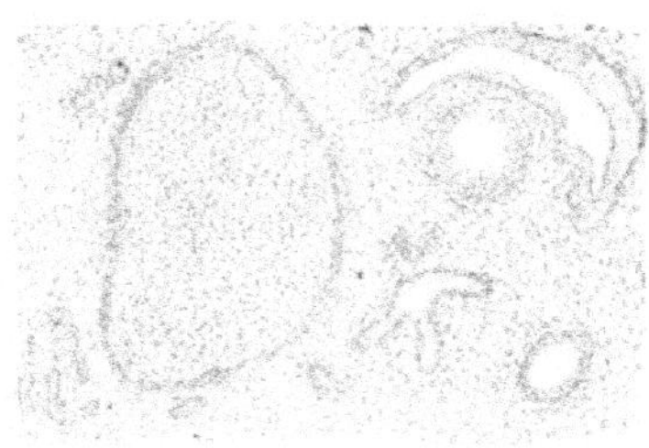

Fig. 202. Aus einem Teratom der Steissbeingegend. In einem zellreichen Bindegewebe sieht man eine rundliche Knorpelinsel und mehrere epitheliale Räume verschiedener Grösse und Weite. Vergr. 100.

Zu den teratoiden Tumoren gehört ferner das Steissteratom, das nicht eine einzige Cyste mit complicirter Wand, sondern eine mehr solide Geschwulst darstellt, in welcher aber wieder alle eben genannten Bestandtheile vorkommen können.

Besonders häufig findet man in ihm wie auch in anderen Teratomen, z. B. den nicht seltenen des Hodens den folgenden Bau (Fig. 202). In einem zellreichen, mit Recht als embryonal zu bezeichnenden Bindegewebe sieht man bald mehr bald weniger reichlich epitheliale Hohlräume verschiedenster Gestalt und Weite, die mit einem einfachen oder geschichteten Cylinderepithel oder auch mit Flimmerepithel ausgekleidet sind. In den Steissteratomen finden sich ferner acinöse Drüsen. Das embryonale Bindegewebe enthält ausserdem sehr gern Inseln von hyalinem Knorpel, die bald rund, bald lang und schmal, bald gebogen und vielgestaltig sind, ferner Knocheninseln in wechselnder Zahl.

In diesen zusammengesetzten Tumoren, besonders aber in den Steissteratomen und den Ovarialdermoiden trifft man nun zuweilen eigenartige pigmentirte Gebilde an, die, weil sie eine Aehnlichkeit mit gewissen Organen haben, sich von ihnen aber weit stärker unterscheiden als die anderen Bestandtheile der Teratome von den entsprechenden normalen Geweben, eine gesonderte Besprechung verdienen (Fig. 203). Es handelt sich um epitheliale Hohlräume verschiedener Gestalt, in deren Bereich so viel dunkelbraunes Pigment vorkommt, dass man makroskopisch schwarzbraune Fleckchen, oft in grosser Zahl, durch die Geschwulst zerstreut wahrnimmt. Unter dem Mikroskop ergiebt sich, dass der feinkörnige Farbstoff theils im Epithel der Räume, theils im umgebenden Bindegewebe liegt. Das Pigment erfüllt aber nicht immer alle Zellen, sondern oft nur einen zusammenhängenden Theil derselben. Sie sind dann gewöhnlich mehr oder weniger hoch cylindrisch, und flachen sich gegen den nicht gefärbten Abschnitt allmählich ab, wobei der Farbstoffgehalt sich langsam vermindert. Es können aber auch kubische Zelllagen stark pigmentirt sein. Sieht man die Zellen von der Fläche, so erscheinen sie regelmässig sechseckig begrenzt wie in der normalen Retina. Dieser Umstand und der fernere, dass in seltenen Fällen die pigmentirten Gebilde auch weitere an Augen erinnernde Gestaltungen aufwiesen, lassen es durchaus wahrscheinlich werden, dass sie als rudimentäre Augenanlagen zu betrachten sind. Die Pigmentirung im Bindegewebe, die in Gestalt unregelmässig zackiger, auch wohl kurz verzweigter Zellen auftritt, dürfte dann auf die Anlage einer Chorioidea bezogen werden.

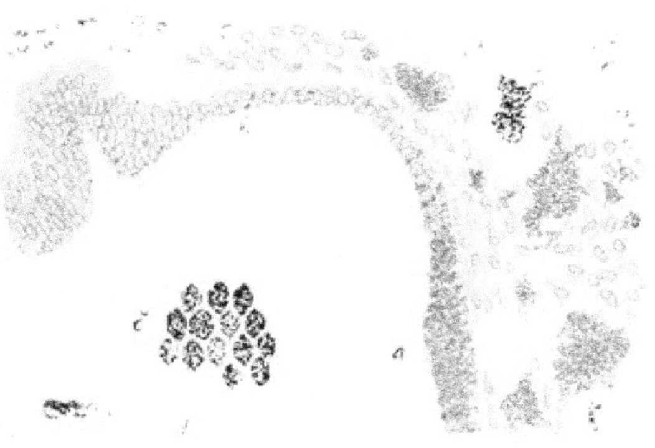

Fig. 203. Aus einem fleckweise pigmentirten Teratom der Steissbeingegend. Theil eines mit Cylinderepithel ausgekleideten cystösen Raumes. Das Epithel ist theils mehr-, theils einschichtig. Es erscheint theils dicht dunkelbraun pigmentirt (a), theils nur mit einzelnen Pigmentkörnchen versehen (b). Auch in dem umgebenden zellreichen Bindegewebe liegt viel Pigment in unregelmässigen Figuren. Bei c und d polyedrisches pigmentirtes Epithel aus einem anderen Hohlraum von der Fläche und im Durchschnitt gesehen. Vergr. 400.

Augenähnliche Bildungen in einer Dermoidcyste des Ovariums wurden zuerst von Baumgarten (Virchow's Archiv, Bd. 107) beschrieben.

Besondere Erwähnung verdient schliesslich noch der Umstand, dass sich im Ovarium Dermoide und gewöhnliche Cystome combiniren können, in der Weise, dass auf der Innenfläche der letzteren mehr oder weniger vorspringende Stellen vorkommen, die mit Haaren bedeckt sind. Unter dem Mikroskop erweisen sich diese Vorsprünge mit Epidermis überzogen, und mit Drüsen versehen. In dem Bindegewebe trifft man besonders häufig Knochenkerne an.

18. Cysten.

Unter Cysten verstehen wir meist mit Epithel oder Endothel ausgekleidete Hohlräume, welche gegen das umgebende Gewebe

und nach innen scharf abgegrenzt sind und einen flüssigen oder breiigen, seltener einen festen Inhalt haben.

Von Cysten war im Vorhergehenden (bei den fibro-epithelialen und den teratoiden Geschwülsten) schon vielfach die Rede. Hier sollen nur noch einige allgemeine Bemerkungen nachgeholt werden.

Man rechnet die Cysten entweder wie die bisher betrachteten zu den Geschwülsten oder man lässt sie durch eine Erweiterung drüsiger oder lymphatischer Hohlräume in Folge einer Stauung und Ansammlung des Sekretes resp. der Lymphe entstehen. Doch ist eine scharfe Grenze schon insofern nicht zu ziehen, als es Cysten giebt, die man in dem einen oder anderen Sinne deuten kann, und als an der Erweiterung der zu Tumoren gehörigen Cysten eine Sekretanhäufung betheiligt sein soll.

Zu den auf der Grenze stehenden Cysten gehören diejenigen, welche aus embryonalen Hohlräumen auf Grund einer Entwicklungsstörung hervorgehen, so z. B. die Kiemengangscysten. Diese besitzen wie die auf gleicher Grundlage entstehenden Kiemenfisteln, bald eine Auskleidung von Cylinder- oder Flimmer-, bald eine solche von Plattenepithel. Unter dem Epithel findet sich aber stets eine eigene bindegewebige Lage, die der Schleimhaut entsprechend mehr oder weniger reichliche lymphatische Heerdchen enthält. Ist Plattenepithel vorhanden, so stehen die Lymphfollikel zu ihm in analoger Beziehung wie in der Rachenschleimhaut und auf den Tonsillen. Hierher rechnen auch die am Harnblasenscheitel häufig vorkommenden als Reste des Urachus aufzufassenden Cysten, die ein kubisches oder leicht cylindrisches Epithel und eine eigene bindegewebige muskuläre Wand besitzen, ferner die Cysten in der Uterus- und Vaginalwand, die sich in einem als Tumor abgegrenzten Binde- und Muskelgewebe entwickeln, die Cysten am Kopf des Nebenhodens und manche andere seltener vorkommende.

Alle diese und die den Geschwülsten zugerechneten Cysten haben das Gemeinsame, dass sie ausser der epithelialen Auskleidung noch eine meist aus gefässreichem Bindegewebe bestehende Wand besitzen. Ihr Wachsthum erfolgt (s. Seite 149) in erster Linie durch Wucherungsprocesse in dieser Wandung, die ja in grossen Cysten natürlich viel bindegewebsreicher ist als in kleinen. Das Epithel vermöchte ja auch seinem Sekret keinen so hohen Druck zu verleihen, dass der Cystenraum sich lediglich durch Dehnung des Bindegewebes vergrösserte. Es würde ja eher selbst atrophiren und ist doch in weiten Cyste oft sehr hoch cylindrisch.

Diese Auffassung des Cystenwachsthums muss aber auch auf diejenigen Fälle übertragen werden, in denen ein praeformirter Hohlraum die Grundlage abgiebt und in denen man kurzweg von Stauungscysten zu sprechen pflegt. Hier kommen in Betracht die nicht congenitalen Cysten der Niere (über die congenitalen Cysten siehe dieses Organ), die aus Schleim- und Talgdrüsen, im Pankreas, aus Ausführungsgängen der Speicheldrüsen, in der Mamma u. s. w. entstehenden Cysten. Auch in allen diesen Fällen lässt sich eine eigene oft dicke bindegewebige Wand nachweisen, deren Wucherung auch hier hauptsächlich zur Vergrösserung des Raumes führt. Das Epithel ist oft hoch cylindrisch, eventuell flimmernd. Die Unmöglichkeit des angenommenen Einflusses einer Sekretstauung lässt sich an den Mammacysten leicht nachweisen. Diese in den Drüsen älterer Frauen nicht seltenen Cysten sind mit kubischem Epithel ausgekleidet. Oft kann man nun wahrnehmen, dass aus der Cystenwand ein Drüsenkanal von gewöhnlicher Weite hervorgeht. Wäre im Lumen ein Druck vorhanden, der die Erweiterung herbeiführt, so müsste auch der Kanal dilatirt sein. Charakteristisch aber ist, dass die Cysten eine oft von dem übrigen Bindegewebe der Mamma sich deutlich absetzende eigene Wand besitzen, deren Wucherung die Vergrösserung der Cyste herbeiführt.

19. Anleitung zur Untersuchung der Geschwülste.

Die Diagnose einer Geschwulst ist nicht immer eine leichte, zuweilen eine recht schwierige Aufgabe.

Manche Tumoren kann man freilich schon bei blossem Auge mit ausreichender Sicherheit erkennen. Das Lipom, Chondrom, Osteom ist fast ausnahmslos schon makroskopisch charakteristisch gebaut. Das Melanom verräth sich durch seine Farbe, das Carcinom in vielen Fällen durch das Hervorquellen von Epithelbrei (Krebsmilch, S. 165), aus zahlreichen Oeffnungen der seitlich comprimirten Schnittfläche, das Myxom durch seine gallertige Beschaffenheit. Auch sonst giebt es noch manche für das blosse Auge bestimmende Anhaltspunkte, aber das makroskopische Aussehen kann auch, zumal den Anfänger, sehr leicht täuschen und für sehr viele Fälle ist es völlig unzureichend. Hier soll nur von den histologischen Verhältnissen etwas ausführlicher die Rede sein.

Auch mikroskopisch ist die Diagnose in manchen Fällen ohne Weiteres klar: Faseriges Bindegewebe, Fettgewebe, Knorpelgewebe, quergestreifte Muskulatur bereiten keine Schwierigkeiten. Nur ist dabei vorauszusetzen, dass die Geschwulst durchgängig aus diesen Gewebsarten besteht und nicht stellenweise anders gebaut ist. Dann gelten eventuell auch hier die folgenden Bemerkungen.

Auch glatte Muskulatur, Nerven und Gefässe sind im Allgemeinen charakteristisch genug, um Irrthümer auszuschliessen. Ebenso ist die Diagnose der pigmentirten Melanome und der weiter vorgeschrittenen typisch entwickelten Carcinome, der Plattenepithel- und Cylinderzellenkrebse, auch dem weniger Geübten meist leicht möglich.

Dagegen kann die Untersuchung anderer, sarkomatöser, endothelialer und carcinomatöser Neubildungen in folgenden Punkten Verlegenheiten bereiten.

1. Wenn man ein zellreiches Gewebe vor sich hat, so kann die Aufgabe unter Umständen zunächst darin bestehen, festzustellen, ob überhaupt eine Geschwulst und nicht eine andere Gewebsneubildung, etwa Granulationsgewebe

vorliegt, welches mit sarkomatösem Gewebe eine gewisse Aehnlichkeit hat. Aber das Granulationsgewebe ist nicht oder wenigstens nur theilweise so regelmässig aufgebaut wie ein Sarkom, an anderen Stellen oder durchgängig sind die Zellen unregelmässiger gelagert, das Gewebe ist mit Rundzellen reichlich durchsetzt, die sehr gewöhnlich Herde kleinzelliger Infiltration bilden. Bei tuberkulösem Granulationsgewebe kommt zudem der mehr oder weniger deutliche knötchenförmige Bau (S. 86) und bei syphilitischen Prozessen die ausgedehnte regressive Metamorphose in Betracht (S. 92).

2. Hat man nun erkannt, dass wirklich ein Tumor vorliegt, so gilt es zunächst festzustellen, ob er in allen Theilen übereinstimmend, d. h. vorwiegend und gleichmässig aus Zellen zusammengesetzt ist, oder ob sich ein deutlicher Gegensatz von Zellen und einer Gerüstsubstanz nachweisen lässt.

a) Die gleichartige Zusammensetzung aus Zellen und geringer Menge von Zwischensubstanz entspricht den sarkomatösen und einem Theil der endothelialen Tumoren. Dabei kann die fibrilläre Grundsubstanz zugweise reichlicher entwickelt sein, so dass ein an Alveolen erinnernder Bau zu Stande kommt (S. 133). Am leichtesten sind in diesen Fällen die Spindelzellen-, Riesenzellen- und Lympho-Sarkome, auch schon im frischen Zustande diagnosticirbar. Die alveolären Tumoren aber sind um so schwieriger zu erkennen, als wir über ihre Genese aus bindegewebigen oder endothelialen Elementen noch nicht genügend unterrichtet sind. Sie können bei ausgesprochener Entwicklung der Zwischensubstanz auch gegen die Carcinome schwer abzugrenzen sein (vergl. darüber Seite 128).

Ist die Zwischensubstanz überall gleichmässig und verhältnissmässig reichlich entwickelt, so kann auch die Differentialdiagnose gegenüber einem zellreichen Fibrom in Frage kommen. Hier ist vor Allem darauf zu achten, ob die Zellen protoplasmareich und deutlich abgegrenzt (Sarkom) oder ob sie protoplasmaarm sind, so dass nur ihr Kern hervortritt (Fibrom) (vergl. Seite 97).

b) Hat sich andererseits ergeben, dass ein deutlicher Gegensatz von Grundsubstanz und Zellen besteht, so dass diese in den von jener umschlossenen Räumen liegen, so kommt nur Endotheliom oder Carcinom in Frage. Zwischen diesen beiden Geschwulstformen ist nicht immer sicher zu entscheiden, wenn man von den ausgesprochenen Plattenepithel- und Cylinderzellenkrebsen sowie von manchen Drüsencarcinomen wie denen der Mamma absieht. An Carcinom wird man denken, wenn die Neubildung von epithelialen Organen ausging, an Endotheliom bei Entstehung in epithelfreien Theilen. Doch sind auch diese Anhaltspunkte oft unsicher, z. B. wenn es sich um Tumoren der Parotisgegend handelt (s. S. 129). Die Diagnose wird auch bei Geübten unter Umständen verschieden lauten und so scheue man sich nicht, wenn alle Möglichkeiten erörtert sind, gelegentlich auch einmal die Unmöglichkeit einer sicheren Diagnose einzugestehen (vergl. im Uebrigen das über die beiden Tumorarten S. 127 und S. 160 Gesagte).

3. Eine weitere Schwierigkeit erwächst bei Untersuchung wenig vorgeschrittener Carcinome. Hier kommen vor Allem die Krebse der äusseren Haut und der Schleimhaut in Betracht. In solchen Fällen ist von frischer Untersuchung abzurathen. Die meist kleinen Gewebsstücke müssen gut gehärtet und in senkrecht zur freien Fläche stehende Schnitte zerlegt werden. Man kann hier drei Möglichkeiten in Betracht ziehen.

a) Es ist zunächst festzustellen, ob sich Epithel in unzweifelhafter Weise, d. h. verglichen mit den nicht ausser Acht zu lassenden angrenzenden normalen Theilen, unterhalb des Niveaus der normalen Epidermis oder Schleimhaut findet. Ist das mit Bestimmtheit nachzuweisen und ist ferner auszuschliessen, dass nicht etwa vorher ein Defekt vorhanden war, in dessen Tiefe das Epithel hineinwuchs, so muss man Carcinom annehmen. Nun hat man freilich nicht immer die Möglichkeit, solche Schnitte anzufertigen, wie z. B. bei den aus dem Uterus ausgekratzten Massen. Hier kann dann die Diagnose eines in den Anfangsstadien stehenden Carcinoms schwierig oder unmöglich sein (wegen des vorgeschrittenen Carcinoms des Uterus s. dieses Organ).

b) Ist das Epithel noch nicht unterhalb jenes Niveaus, so kann doch schon Carcinom vorliegen. Denn die Neubildung beginnt ja nicht mit Tiefenwachsthum des Epithels, sondern mit den Seite 169 beschriebenen Prozessen im Bindegewebe. Diese erwecken zum Mindesten den Verdacht auf beginnendes Carcinom. Andererseits lässt sich bei bereits bestehender Epithelverdickung Carcinom ausschliessen, wenn das Bindegewebe nicht oder wenigstens nicht wesentlich kernreicher ist als in der Norm, d. h. keine Wucherungserscheinungen darbietet.

c) Das Epithel kann durch eine Bindegewebswucherung über das normale Niveau gehoben sein (s. fibro-epitheliale Geschwülste S. 119). Dann wird man wiederum Carcinom nur unter den sub a und b angeführten Bedingungen diagnosticiren dürfen.

Dem Anfänger kann schliesslich nicht dringend genug gerathen werden, sich nicht durch eine auf Grund des Verhaltens der Geschwulst im Leben, der klinischen oft nur vermuthungsweise gestellten Diagnose, des Sitzes und des makroskopischen Verhaltens des Tumors vorgefasste Meinung bestimmen zu lassen. Nur eine Untersuchung, die völlig objectiv allen histologischen Einzelheiten Rechnung trägt, kann zum Ziele führen.

III. Specieller Theil.

A. Blut.

Die Untersuchung des Blutes auf die Veränderungen seiner Formbestandtheile beschäftigt den Histologen im Allgemeinen weniger als den Kliniker. Das hat seinen Grund darin, dass nur das frisch aus dem lebenden Körper entnommene Blut in maassgebender Weise verwerthbar ist. Denn nach dem Tode erfährt es in seinen Form- und Mischungsverhältnissen sehr bald tiefgreifende Veränderungen. Der Histologe muss daher zur Methode des Klinikers greifen, wenn er ausreichende Aufschlüsse erhalten will.

Einzelnes lässt sich freilich auch noch an dem Blute der möglichst bald nach dem Tode secirten Leiche feststellen. Man kann ferner auch das Blut in gehärteten Gewebstheilen untersuchen, sei es nun, dass sie chirurgisch entfernt, sei es, dass sie aus der Leiche gewonnen wurden. In mancher Hinsicht z. B. bei Bakterienuntersuchungen können solche Präparate brauchbarer sein als frische. Denn da die Mikroorganismen nicht in allen Theilen gleichmässig vorhanden zu sein pflegen, so kann man die erfahrungsgemäss am besten geeigneten Gewebe zur Blutuntersuchung heranziehen. Andere Erscheinungen, wie einzelne Beimischungen des Blutes, die in ihm nur vorübergehend kreisen, um sich bald embolisch festzusetzen, lassen sich überhaupt nur an gehärtetem Material studiren.

Das durch einen Nadelstich in die gut gereinigte Fingerbeere gewonnene Blut kann frisch und in fixirtem Zustande untersucht werden. Die Herstellung des frischen Präparates geschieht so, dass man ein mit Alkohol gut gereinigtes Deckgläschen auf das am Finger haftende etwa stecknadelkopfgrosse Bluttröpfchen drückt, so dass dieses grösstentheils am Glas kleben bleibt. Das Deckgläschen legt man dann auf einen ebenfalls sorgfältig gesäuberten Objektträger. Dann breitet sich das Blut in einer dünnen Schicht zwischen beiden Glasflächen aus und lässt seine einzelnen Elemente genügend von einander getrennt hervortreten. Für etwas länger dauernde oder erst nach einiger Zeit vorzunehmende Untersuchung muss man das Deckgläschen mit einem vor Verdunstung schützenden Rand umgeben.

Solche Präparate geben allein das Blut so gut wie möglich in seiner natürlichen Beschaffenheit wieder. Sie reichen auch für die meisten Zwecke, so besonders auch für Zählungen der Zellen vollkommen aus. Die in grosser Zahl empfohlenen Zusatzflüssigkeiten lassen zwar die eine oder andere Einzelheit besser erkennen, schädigen die Zellen aber wieder in anderer Hinsicht. Zur Ergänzung können sie immerhin gute Dienste leisten. Unter ihnen verdient die 1% Essigsäure Beachtung, weil sie die Kerne der farblosen Zellen besser sichtbar macht.

Fixirte Präparate stellt man in der Weise her, wie es oben bereits bei dem Eiter und den Bakterien besprochen wurde. Man lässt das Tröpfchen Blut sich zwischen zwei Deckgläschen ausbreiten, die man sorgfältig von einander abzieht und, nachdem sie lufttrocken wurden, in einer Mischung von Alkohol und Aether oder mit länger dauernder Erhitzung weiter behandelt (s. o. S. 54). Zur Färbung dienen die von Ehrlich angegebenen Farblösungen, wenn man die Verhältnisse der weissen Blutkörperchen feststellen will. Bakterien werden auch hier nach den besprochenen Methoden (S. 57) aufgesucht.

Will man das Blut in Geweben untersuchen, so vermeide man die reine Alkoholhärtung, durch welche die rothen Blutkörperchen zerstört werden. Am besten eignet sich Zenker's Lösung. Auch das Formol kann gute Dienste thun.

1. Veränderungen an den rothen Blutkörperchen.

Die Veränderungen der rothen Blutkörperchen können, soweit sie die Formen- und Grössenverhältnisse betreffen, nur an dem frisch entleerten Blute studirt werden. Es handelt sich hier einmal um die bei gesteigertem Blutzerfall verschiedener Aetiologie vorkommenden abnorm grossen (Makrocyten) und abnorm kleinen Formen (Mikrocyten), ferner um Untergangserscheinungen, die in den verschiedensten Gestaltveränderungen ihren Ausdruck finden (Poikilocytose). Man darf aber mit diesen abnormen Figuren nicht die auch in dem frisch entleerten normalen Blut entstehenden Veränderungen der rothen Blutkörperchen, insbesondere die Stechapfelform, verwechseln. Ein weiterer pathologischer Befund ist das Vorhandensein kernhaltiger rother Blutkörperchen, die in gewöhnlicher Grösse als Normablasten, in abnormem, um das Doppelte, Dreifache und mehr vermehrten Umfange als Megaloblasten vorkommen. Sie stehen zu der Regeneration des Blutes in einer noch nicht völlig aufgeklärten Beziehung. Sie finden sich dementsprechend vor Allem dann, wenn eine Verminderung des Blutes eingetreten ist, sei es durch länger dauernden, z. B. die perniciöse Anaemie charakterisirenden Untergang rother Blutkörperchen, sei es durch traumatische Blutverluste. Am besten lassen sie sich, auch in der Leiche, dort studiren, wo ihre wichtigste Bildungsstätte ist, nämlich im Knochenmark (s. dieses).

2. Veränderungen an den weissen Blutkörperchen.

Die wichtigsten Veränderungen an den weissen Blutkörperchen betreffen ihr Mengenverhältniss unter einander und im Vergleich zu den rothen Blutkörperchen.

Eine Vermehrung der farblosen Blutzellen bezeichnet man als Leukocytose. Schon in der Norm wechselt ihre Menge, wenn auch innerhalb ziemlich enger Grenzen. Unter pathologischen Verhältnissen aber, zumal bei den meisten acuten Infectionskrankheiten. nimmt ihre Zahl ausserordentlich zu, so dass sie das Zehn- oder gar das Zwanzigfache ihres sonstigen Werthes erreichen kann. Dann sind in erster Linie oder ausschliesslich die mehrkernigen und die ihnen gleichwerthigen, aber selteneren, einkernigen Formen vermehrt, die sich bei Behandlung mit Ehrlich's neutraler Farblösung durch das Vorhandensein der neutrophilen Granulationen auszeichnen. Es sind also dieselben Elemente, welche wir bei der Entzündung auswandern sahen und welche den Eiter bilden. Mit der Emigration hängt eben auch ihre Vermehrung zusammen. Für die in so grosser Zahl das Gefässsystem verlassenden Zellen werden neue gebildet und zwar, wie wir es bei sonstigen Regenerationen sehen, in grösserer Zahl als unbedingt nothwendig erscheint. Die Vermehrung der Leukocyten kann, wie aus dem gelegentlichen Befund von Kerntheilungsfiguren folgt, im Blute vor sich gehen. Sie dürfte aber wohl in erster Linie im Knochenmark erfolgen, aus welchem wir diese Zellform ableiten müssen (s. das Knochenmark). Eine deutliche Zunahme der einkernigen Lymphocyten beobachtet man nur bei einer Form der gleich zu besprechenden Leukämie.

Die Zunahme der weissen Blutzellen kann auch im gehärteten Blut verfolgt werden, wie ja aus den bei der Entzündung gemachten Beobachtungen hervorgeht. Doch muss man mit Schlüssen aus den an einzelnen Gefässen erhobenen Befunden sehr vorsichtig sein. Denn einmal kann es sich um lediglich lokale auf entzündlichen thrombotischen oder sonstigen Circulationsstörungen beruhende Verhältnisse handeln. Zweitens aber ist zu beachten, dass die Capillaren im Allgemeinen und oft erheblich reicher an Leukocyten sind als die grösseren Gefässe. Es existirt also kein völlig homogener Kreislauf, sondern die farblosen Elemente bleiben zum Theil in den Capillaren haften, um dann gelegentlich wieder in das übrige Gefässsystem überzutreten. Man sollte also, wenn man die Menge der farblosen Elemente in gehärteten Objekten feststellen will, nur grosse arterielle und venöse Gefässe benutzen.

Goldscheider und Jacob (Zeitschr. f. klin. Med. Bd. 25) haben festgestellt, dass eine der Leukocytose oft vorausgehende Hypoleukocytose durch eine Retention der weissen Blutkörperchen in den engen Gefässen bedingt sein kann.

Die hochgradigste Zunahme der weissen Blutkörperchen treffen wir bei der Leukämie.

a) Leukämie.

Unter Leukämie (Virchow, gesammelte Abhandl. 1856, S. 190) verstehen wir eine Veränderung des Blutes, bei welcher die weissen Blutkörperchen so erheblich vermehrt sind, dass sie den rothen an Zahl gleichkommen können, ja sie in seltenen Fällen übertreffen.

Man kann die Abnormität noch in der Leiche studiren, in welcher der Gefässinhalt dadurch auffällt, dass die bekannten speckhäutigen Gerinnsel eine auffallend morsche, brüchige, fast schmierige, ja eiterähnliche Beschaffenheit haben. Doch bekommt man auf diese Weise wohl die Gewissheit einer Zunahme der weissen Zellen, aber über das Prozentverhältniss zu den Erythrocyten kann man keinen Aufschluss mehr erlangen. Dazu eignet sich nur die Untersuchung des vom Lebenden gewonnenen Blutes, welches frisch und an Deckglaspräparaten untersucht wird und auch am besten zur Feststellung der verschiedenen Arten der weissen Blutkörperchen geeignet ist.

Das frische Blut lässt die vermehrten Zellen zwischen den rothen Blutkörperchen sehr gut hervortreten (Fig. 204). Es handelt sich um verschiedene Arten. In den meisten Fällen betrifft die Vermehrung die mehrkernigen und die mit ihnen genetisch gleichwerthigen Formen von einkernigen Zellen, also dieselben Elemente, die wir soeben bei der Leukocytose als die maassgebenden erkannten. Neben ihnen finden sich nur einzelne weisse Elemente vom Charakter der Lymphocyten oder grosse einkernige, nicht mit Granulationen versehene Zellen. Andere aber seltene Fälle sind durch das Vorwiegen der letzteren Zellformen ausgezeichnet. Wieder andere und ebenfalls nicht häufige zeigen hauptsächlich eine Zunahme der lymphocytären Elemente. In diesen Fällen kommt es meist zu einer Anhäufung der gleichen Zellform in verschiedenen Organen, z. B. in der Leber und der Nieren, bei denen davon noch genauer die Rede sein soll.

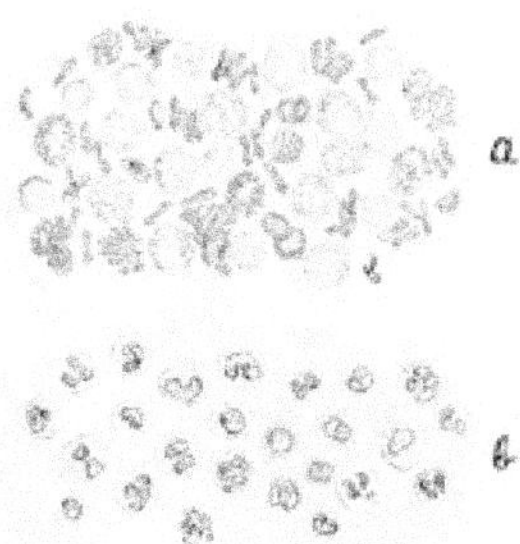

Fig. 204. Blut bei **Leukaemie**. Bei *a* frisch untersuchtes Blut. Man bemerkt neben den vorwiegend von der Kante gesehenen rothen Blutkörperchen fast ebenso zahlreiche weisse Zellen, die nicht alle von gleicher Grösse und bald mehr bald weniger deutlich gekörnt sind. Bei *b* das Blut nach Essigsäurezusatz. Die rothen Zellen sind verschwunden, die Kerne der weissen treten deutlich hervor. Es handelt sich fast ausnahmslos um mehrkernige Formen. Vergr. 100.

3. Fremde Blutbestandtheile.

Von fremden im Blute vorkommenden Bestandtheilen verdienen vor Allem die Erreger der einzelnen Infectionskrankheiten hier Erwähnung. Die meisten Bakterienarten können in das Blut übertreten und hier oft schon am Deckglaspräparat sowie in Schnitten durch die erkrankten Organe gut nachgewiesen werden. Besonders leicht ist es, wenn sich die Parasiten in Capillaren festsetzen und hier vermehren (vergl. Embolie, S. 197, und Niere, Fig. 346).

An dieser Stelle soll aber nur von den hauptsächlich im Blute vegetirenden Mikroorganismen die Rede sein, zu denen einmal die Malariaplasmodien (Fig. 205) gehören. Das sind amöboide Protozoen, die in den rothen Blutkörperchen ihre Entwickelung durchmachen, indem sie in ihnen wachsen und sich nach Erlangung einer gewissen Grösse durch Segmentation vermehren. Sie bilden in ihrem Leibe aus dem Blutfarbstoff ein schwarzes eisenfreies Pigment. Es giebt bei den verschiedenen Malariaformen verschiedene Formen von Plasmodien.

Man kann sie im frisch entnommenen Blute lebend untersuchen und dann feststellen, dass sie sich in den rothen Blutkörperchen amöboid bewegen. Zuweilen sieht man dann auch, wenigstens bei der Febris quotidiana freie, runde Formen mit lebhaft schwingenden Geisseln. Gewöhnlich untersucht man die Parasiten im Deckglaspräparat, welches in gewöhnlicher Weise hergestellt mit Methylenblau und Eosin gefärbt wird. (Plehn [Malaria-Studien 1890] giebt folgende Mischung an: Gesättigtes wässeriges Methylenblau 60,0, $^1/_2$ proc. Eosin in 25% Alkohol 20,0, destillirtes Wasser 40,0 und Hinzufügung von 12 Tropfen 20% Kalilauge. Färbungsdauer 5 Minuten. Abspülen in Wasser.)

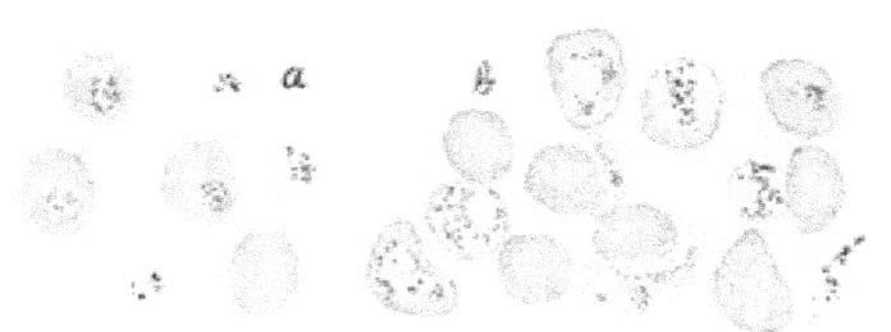

Fig. 205. Blut von Malaria-Kranken. Die rothen Blutkörperchen enthalten bei *a* kleinere, bei *b* grössere rundliche und amöboid geformte, pigmentirte Plasmodien. Bei *b* finden sich auch 3 freie, halbmondförmige Plasmodien. Die einzelnen Zellen wurden aus gefärbten Deckglas-Präparaten zusammengestellt, die ich der Freundlichkeit von Prof. Eichhorst verdanke. Vergr. 600.

Die am häufigsten anzutreffenden Formen des Parasiten sind die in die rothen Blutkörperchen eingeschlossenen. Man sieht in ihnen theils kleine, den amöboiden Bewegungen entsprechend unregelmässig gestaltete, theils grössere, theils so grosse Gebilde, dass sie die Zelle fast ganz einnehmen. Sie erscheinen hell, farblos und sind daher von dem gelben Leib der Erythrocyten gut abzugrenzen. In ihrem Protoplasma liegen kleinste schwarze Pigmentkörnchen, bald gruppenweise, bald gleichmässig zerstreut, bald mehr rings am Rande. Hat der Parasit die ihm zukommende Grösse erreicht, so rücken die Pigmentkörner nach dem Centrum zusammen, und nun erfolgt in dem rothen Blutkörperchen oder nach seiner Zerstörung ausserhalb derselben eine regelmässige rosettenförmige Einschnürung, deren einzelne Bestandtheile sich von einander lösen, um im Innern neuer Erythrocyten wieder zu fertigen Plasmodien auszuwachsen. Neben allen diesen Formen kommen auch flach oder deutlich concav, halbmondförmig gebogene Parasiten vor, aber nur ausserhalb der rothen Blutkörperchen.

Die bei den einzelnen nach der Zwischenzeit der Fieberanfälle unterschiedenen Malariaformen vorkommenden Plasmodien sind getrennte Species, die unter einander mancherlei Differenzen in Grösse und Gestalt darbieten. Sie bedürfen in vieler Hinsicht noch genauerer Untersuchung.

Ein anderer charakteristischer Parasit des Blutes ist die Spirochaete Obermeieri, die als Erreger des Typhus recurrens anzusehen ist und einen schraubenförmig vielfach gewundenen Mikroorganismus darstellt, dessen Biologie nur ungenau bekannt ist. Untersucht man das auf der Höhe eines Fieberanfalles frisch entleerte Blut eines Recurrenskranken, so sieht man auch in ungefärbten Präparaten zwischen den rothen

Blutkörperchen die Spirochaeten, trotz ihrer blassen dünnen Beschaffenheit, wenn auch nicht unbeträchtlichen Länge (bis zu 40 μ) deshalb sehr leicht, weil sie sich sehr lebhaft drehen, sowie vor- und rückwärts bewegen. Durch Färbung kann man sie im Deckglaspräparat besonders bei Anwendung des Anilinwassergentianavioletts, aber auch mit wässerigen Farbstoffen, gut zur Darstellung bringen.

Die in das Blut gelangten fremden Bestandtheile können, wenn sie klein sind, lange Zeit circuliren, werden aber nach kürzerer oder grösserer Dauer in den Organen abgeschieden. Besonders betheiligt an diesem Vorgang sind Milz und Leber. Haften die Partikelchen haufenweise an einander oder sind sie von vornherein zu gross, um Capillaren und kleinere Gefässe zu passiren, so müssen sie sich bald festsetzen. Diesen Process bezeichnen wir als Embolie. Wir wollen ihn nun etwas genauer betrachten.

a) Embolie.

Auf eine stattgehabte Embolie schliessen wir, wenn wir im Innern der Blutgefässe, und zwar fast ausnahmslos in Arterien und Capillaren Substanzen finden, deren Hineingelangen wir uns auf andere Weise nicht erklären können. Die Embolien sind zum Theil grob anatomisch (z. B. die von Geschwulstmassen, Thromben) und bieten dann an dieser Stelle keine Veranlassung zu spezieller Betrachtung. Ferner lassen sich mikroskopische Embolien thrombotischer Massen nicht leicht von lokalen Thrombosen unterscheiden und fallen daher hier ebenfalls für die Darstellung fort.

Gut nachweisbare Embolien sind die ihrer grössten Mehrzahl nach im Anschluss an Knochenfracturen vorkommenden Fettembolien (Fig. 206). Sie kommen hauptsächlich in der Lunge vor. Das flüssige Fett verstopft Arterien und Capillaren in Gestalt von Tropfen und Cylindern. Die Untersuchung wird am besten am frischen Object vorgenommen. Man fertigt einen flachen Scheerenschnitt an, bringt ihn in Wasser und plattet ihn durch Druck auf das Deckglas etwas ab. Bei schwacher Vergrösserung sieht man dann die glänzenden Fettmassen bald hier, bald dort, oft überall im Präparat in dicken, in den Arterien liegenden Balken oder in Tropfen oder oft als continuirliche, äusserst zierliche Injection ganzer Capillarnetze der Alveolarwand (Fig. 206). Störend wirkt die Gegenwart der vielen Luftblasen, aber das Fett ist glänzender, weniger dunkel conturirt und an seinen Formen leicht von ihnen zu unterscheiden. Die Fettembolie kommt ferner im Herzmuskel vor, in welchem sich bei mehrtägiger Lebensdauer der Individuen eine fettige Degeneration der Muskeln um die verstopften Gefässe anschliessen kann, ferner in der Niere, in welcher man vor Allem die Glomeruli mit Fett versehen findet, so dass ihre Capillaren damit grösstentheils injicirt sein können, endlich im Gehirn, wo die Embolie ecchymotische Blutungen verursacht, in deren Centrum man an einem mit dem Deckglas plattgedrückten frischen Schnitt das Fett nachweisen kann. Durch Härtung der verschiedenen Organtheile in osmiumsäurehaltigen Lösungen kann man das Fett fixiren und (in Glycerin!) Dauerpräparate machen.

Eine zweite Art von Embolie ist die von zelligen Elementen. Im Zusammenhang mit der Lösung der Placenta kommt sehr oft ein Uebertritt von Placentarriesenzellen in das Blut zu Stande. Sie werden bis in die Lunge (Fig. 207) getragen und bleiben in ihren Capillaren stecken. Sie passen sich dem Lumen derselben an, sind also etwas in die Länge gestreckt oder an Theilungsstellen unregelmässig geformt. Da die grosse Zahl ihrer Kerne ihnen im gefärbten Zustande eine dunkle Beschaffenheit verleiht, so kann man sie schon bei schwacher Vergrösse-

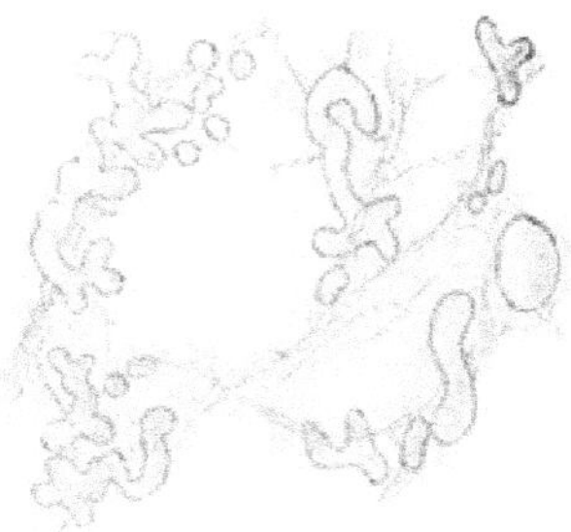

Fig. 206. Fettembolie der Lunge. Frisches Präp. Man sieht zahlreiche Capillaren durch homogene, cylindrisch-verzweigte hyaline Massen (Fett) ausgefüllt. Vergr. 400.

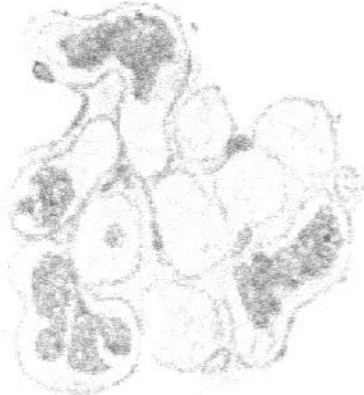

Fig. 207.

Embolie placentarer Riesenzellen in Lungencapillaren.

Man sieht in 4 Capillardurchschnitten je eine Riesenzelle, deren vielgestaltiger Kern gut hervortritt, deren Protoplasma aber nicht immer zu sehen ist.

Vergr. 600.

rung als kleine Fleckchen auffinden. Ihre Gegenwart veranlasst in den Lungengefässen keinerlei thrombotische Prozesse. Sie sind besonders häufig bei Eclampsie nachgewiesen worden und werden bei ihr für bedeutungsvoll gehalten, ob mit Recht, ist indessen fraglich.

Auch Knochenmarksriesenzellen können in den Blutstrom gerathen und in gleicher Weise in die Lunge embolisirt werden.

Drittens können Leberzellen bei Zerreissungen und Quetschungen des Organes in den Kreislauf übertreten und in die Lungen gelangen. Sie sind hier aber weit schwerer als jene charakteristischen Riesenzellen nachzuweisen. Am leichtesten ist ihre Auffindung in den grösseren arteriellen Gefässen, in denen sie sich aber naturgemäss seltener finden, weil dies voraussetzen würde, dass die Zellen zur Zeit des Todes noch im Blute circulirten und sich nicht bereits in den Capillaren festgesetzt hatten.

Eine dritte Form verhältnissmässig leicht nachweisbarer Embolien sind die von Geschwulstpartikeln, also von einzelnen oder in Thromben eingeschlossenen Zellen oder von Zellconglomeraten maligner Tumoren. Freilich wird man selten Gelegenheit haben, die Embolie in dem bei ihrer Entstehung vorhandenen Zustande zu sehen. Denn da die Zellen am Ort der Embolie rasch weiterwachsen, so verändert sich das Bild, aber da die Proliferation zunächst vorwiegend im Gefässlumen stattfindet, lässt sich auf die stattgehabte Embolie leicht ein Rückschluss machen. Wenn aber die Geschwulstmasse in das umgebende Gewebe durchgebrochen ist, lässt sich nicht immer mehr sagen, ob ein Wachsthum von innen nach aussen oder umgekehrt stattgefunden hat.

Für die Untersuchung der embolischen Geschwulstprocesse kommen hauptsächlich die am meisten betroffenen Organe, nämlich Leber und Lunge in Betracht. Man wird aber natürlich nicht so sehr solche Metastasen auswählen, die man makroskopisch schon deutlich als Knoten wahrnehmen kann, als vielmehr eben sichtbare Dinge, oder man wird bei ausgedehnter Metastasenbildung lediglich durch das Mikroskop die Embolien aufzufinden suchen. Wegen der Einzelheiten sei auf das bei den Carcinomen (S. 176) und Sarkomen (S. 127) Gesagte verwiesen.

Endlich interessiren uns die Embolien von infectiösem Material, also Bakterien für sich oder in Thromben eingeschlossen. Einzelne Bacterien können natürlich nicht als Pfröpfe in den Gefässen sitzen bleiben. Sie werden aber von den Endothelien gern aufgenommen und können dann eventuell weitere Wucherungen eingehen.

Bacteriencolonien und bacterienhaltige Thromben aber werden in Capillaren und eventuell auch arteriellen Gefässen embolisch haften.

Auch hier trifft man wie bei den Geschwülsten meist nicht mehr den ursprünglichen Zustand an, da die Vermehrung der Organismen rasch fortschreitet. Aber da auch sie das Gefässlumen, wenigstens anfänglich, bevorzugt, so sind doch die direkten Folgen embolischer Prozesse leicht nachzuweisen. Man findet dann die Gefässe oft in zierlicher Weise mit Bacterien vollgepfropft. Am häufigsten kommt dies zur Beobachtung bei den pyogenen Kokken, und zwar besonders ausgeprägt in den Nieren, in deren Glomerulis sie sich gern festsetzen und die Schlingen theilweise oder alle wie eine Injectionsmasse ausfüllen (s. unter Niere, Fig. 346). Auch im Herzmuskel kann man oft in grosser Ausdehnung diese Kokkenembolie nachweisen (s. Myocarditis S. 205). Um sie herum entwickelt sich, wo es auch sei, Nekrose und Entzündung, event. Eiterung (vgl. Niere und Herz). Bemerkenswerth aber ist es, dass durchaus nicht um alle Kokkenhaufen, auch nicht um sehr grosse, diese Veränderungen eintreten. Insbesondere bleibt die Leukocytenansammlung oft aus. Das lässt sich nur daraus erklären, dass nach einiger Dauer der Allgemeininfection eine Art Angewöhnung des ganzen Körpers an die ihn überschwemmenden Gifte eintritt, so dass die Leukocyten nicht mehr chemotaktisch (s. S. 52) angelockt werden.

4. Thrombose.

Unter **Thrombose** verstehen wir die im Herzen und in den Gefässen während des Lebens aus dem Blut erfolgende Abscheidung von festen Massen, Thromben. Diese entstehen entweder allein durch einen Gerinnungsprocess oder häufiger durch eine Combination derselben mit einer Ansammlung oft sehr reichlicher Blutbestandtheile, der Blutplättchen, mehrkernigen Leukocyten und rothen Blutkörperchen. Der zweite Modus betrifft die wandständigen Thromben. Die Herkunft der Blutplättchen ist noch nicht sicher entschieden. Man streitet darüber, ob sie selbständige normale Theile des Blutes oder Derivate der weissen oder rothen Blutkörperchen oder Globulinausfällungen sind. Ihre Bedeutung für die Thrombose steht aber fest. Die Thromben sind roth oder grauroth, grauweiss bis weiss, oder aus diesen Farben unregelmässig oder schichtweise gemischt.

Die Untersuchung der Thromben geschieht hauptsächlich an gehärteten Präparaten. Aber auch frische dürfen zu bestimmten Zwecken nicht vernachlässigt werden. Da das Fibrin eine grosse Rolle bei der Thrombose spielt, so gelangt neben den gewöhnlichen Tinctionsmethoden Weigert's Fibrinfärbung (S. 63) ausgedehnt zur Anwendung. Mit Rücksicht auf diese Methode sollte die Härtung in Alkohol geschehen. Aber die Thromben werden in ihm leicht so hart, dass dünne Schnitte schwer herzustellen sind. Besser eignet sich daher Zenker's Lösung. Auch in ihr, resp. in dem nachfolgenden Alkohol werden die Thromben hart, aber doch weniger als in Alkohol allein. Eine gute, länger dauernde Durchtränkung mit Celloidin ermöglicht aber auch bei sehr festen Objekten die Anfertigung brauchbarer Schnitte.

Zum Studium junger thrombotischer Processe eignen sich am besten die kleinen Gefässe in entzündeten Geweben verschiedener Art, z. B. in einer pneumonisch erkrankten Lunge (siehe diese). An Arterien, Venen und Capillaren des Lungengewebes gewinnt man mannichfaltige Bilder. Fibrinausfällungen spielen, wie in anderen Organen, hier eine grosse Rolle. Selten und für die gewöhnlichen Vergrösserungen meist schwer sichtbar sind zierliche sternförmige Fibrinabscheidungen, welche dicht gedrängt die Lumina ganz verlegen können. Die Strahlen der Sterne sind fast geradlinig, ungleich lang und stossen central zu einem Körper zusammen, in dessen Mitte man nur bei stärksten Linsen nicht blau gefärbte Körperchen (Blutplättchen) sieht (Fig. 208). Weit häufiger sind Fibringerinnungen in etwas gröberer Form: feine und dickere Fäden liegen durch einander geflochten der Gefässwand an, strahlen in das Lumen aus, durchsetzen es und bilden schliesslich ein dasselbe ausfüllendes dichteres oder lockeres Flechtwerk. In diesem zerstreut bemerkt man meist nur wenige Leukocyten. Sind nur am Rande Fibrinfäden vorhanden, so sieht man zwischen ihnen grössere ovale Kerne, die den abgelösten Endothelien angehören. Sitzen diese noch fest, so nimmt man zuweilen wahr, dass sie einzeln das Centrum für radiär in das Gefässlumen hineingehende Fibrinausstrahlungen bildeh. Blutplättchen und Zellen liefern nämlich das Fibrinferment. Daher findet zunächst von ihnen ausgehend die Gerinnung statt. Ist das Ferment aber in reichlicher Menge frei geworden, so coaguliren jetzt die grösseren Massen von Fibrin ohne direkte Beziehung zu den Zellen.

Fig. 208. Kleines Gehirngefäss m. zahlreich. sternförmigen Fibrinfiguren als Ausdruck einer reinen **Fibrinthrombose**. Vergr. 600.

Nicht selten werden auch Capillaren durch Fibrin so dicht angefüllt (Fig. 209), dass sie nach der Färbung fast wie mit blauer Masse injicirt aussehen. Man erhält so, wenn man die Alveolarwand von der Fläche vor sich hat, oft ein zierliches blaues Netzwerk. Neben den reinen Gerinnungsprozessen kommen in anderen, meist den etwas weiteren Gefässen die Abscheidungen körperlicher Bestandtheile in Betracht. Die wandständigen oder obturirenden Thromben bestehen theils aus einer Mischung von Fibrin und Zellen resp. Plättchen, oder das erstere bildet mehr oder weniger scharf getrennte Bezirke oder unregelmässige Streifen und Züge für sich. Dabei sind die Leukocyten meist haufen- und zugweise angeordnet, während sie sich in den dazwischen liegenden feinkörnigen Plättchenmassen nur spärlich finden. Rothe Blutkörperchen haben an diesen Thromben keinen oder nur geringen Antheil.

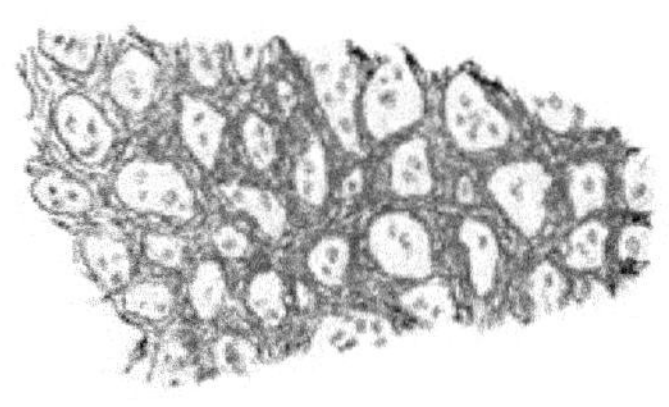

Fig. 209. Fibrinausfällung in den Lungencapillaren bei fibrinöser Pneumonie. Man sieht ein regelmässiges Capillarnetz und in dem Lumen desselben die dunklen Fibrinfäden. Vergr. 400.

Gehen wir nun zur Betrachtung makroskopisch erkennbarer, in Arterien, Venen oder im Herz entstandener Thromben über. Schon die frische Untersuchung lehrt, dass auch hier Fibrin eine wichtige Rolle spielt. Es tritt vorwiegend auf in körnig aussehender aber auch in fädiger Gestalt, und wird hier und da, nicht selten in grösserer Ausdehnung, hyalin. Die eingeschlossenen, oft sehr zahlreichen Leukocyten treten erst auf Essigsäurezusatz gut hervor und lassen dabei eine mit dem Alter des Thrombus fortschreitende fettige Degeneration erkennen. In manchen Fällen, besonders in den polypösen Thromben des Herzens kommt es häufig zu einer breiigen, eiterähnlichen Erweichung durch fettigen und feinkörnigen Zerfall des Thrombenmaterials. Genauer als am frischen Material lässt sich die Zusammensetzung an gehärteten Thromben untersuchen. Da ergiebt sich dann zunächst eine grosse Mannichfaltigkeit im Aufbau nach Menge und Anordnung der einzelnen Bestandtheile. Es giebt Thromben, zumal solche, die bei infectiösen Erkrankungen auftreten, welche sehr reich an Leukocyten sind, andere, welche vorwiegend aus körnig-fädigem Fibrin (Fig. 210) oder aus feinkörnigen, wahrscheinlich Plättchenhaufen entsprechenden Massen bestehen, wieder andere, welche diese verschiedenen Substanzen und ausserdem auch rothe Blutkörperchen in ungefähr gleichen Mengen enthalten. Es kann dann eine bestimmte Anordnung fehlen, indem die Massen in unregelmässiger Weise streifen- und inselförmig mit einander abwechseln, oder das Fibrin bildet der Gefässwand mehr oder weniger parallele, breitere und schmalere Züge, wie man besonders gut sieht, wenn man ein thrombosirtes Gefäss als Ganzes härtet und in Querschnitte zerlegt.

Fig. 210. Stück eines marantischen Thrombus einer Pulmonalarterie. Fibrinfärbung. Die dunklen zugförmig angeordneten Linien entsprechen dem Fibrin, die helleren Theile bestehen aus feinkörnigen Plättchenmassen und aus rothem Blut. Vergr. 50.

Seit den Untersuchungen von Eberth und Schimmelbusch (Die Thromben nach Versuchen und Leichenbefunden 1888) wissen wir, dass im Beginn der Bildung wandständiger Thromben die Blutplättchen eine grosse Rolle spielen. Beim Menschen lässt sich dies freilich nur unvollkommen nachweisen, weil wir die Anfangsstadien, die eben hauptsächlich durch die Abscheidung der Plättchen charakterisirt sind, nur selten zu Gesicht bekommen und weil meist sehr rasch auch die anderen Bestandtheile, Fibrin und Leukocyten sich anschliessen. Zudem verlieren die Plättchenmassen bald ihr charakteristisches Aussehen. Wenn sie anfangs deutlich aus einzelnen Elementen bestehen und deshalb gleichmässig grob gekörnt erscheinen, werden sie später mehr homogen oder feinkörnig und sehen dann dem ebenso umgewandelten Fibrin gleich.

Ueber die Bedeutung der Fibrinabscheidung für die Thromben, insbesondere für die ersten Stadien arbeitete K. Zenker (Zieglers Beitr. Bd. 17).

Nicht selten haben aber die grossen Thromben, besonders solche, welche breitbasig aufsitzen und eine geriffte Oberfläche zeigen, einen typischeren Bau. Fertigt man von ihnen senkrecht zur Gefässwand Schnitte an, so findet man in ihnen (Fig. 211) ein Gerüstwerk von Balken, welche von Strecke zu Strecke aus der Gefässwand, meist in schräger

Richtung, sich erheben und in vielfacher, gekrümmter, gewundener Form, auch anastomosirend, nach aufwärts streben. Man sieht sie im Schnitt freilich oft unterbrochen, quer- und schräg durchschnitten. Sie enden in den riffförmigen Leisten der Oberfläche. Ihre Dicke wechselt etwas, ihre Conturen sind geradlinig oder unregelmässig ausgebuchtet. Sie bestehen aus feinkörnigem

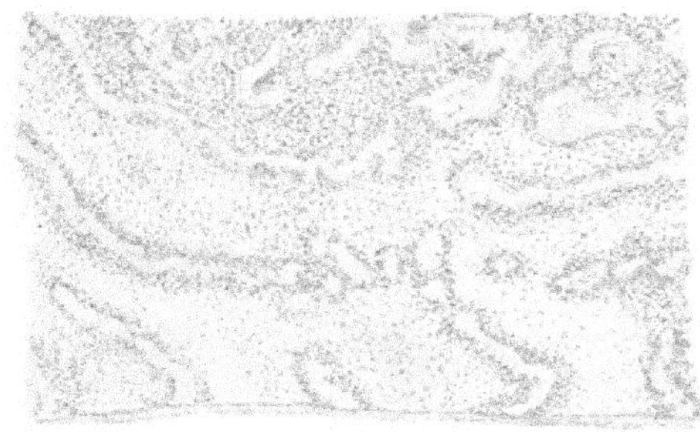

Fig. 211. Thrombus aus einem flachen Aneurysma der Aorta. Am unteren Rand die innerste Lage der Intima. Von ihr gehen einzelne helle gewundene Balken aus, die eine dunkle kernreiche Umrandung zeigen. Zwischen ihnen helle, mässig kernhaltige Substanz. Oben sind die Zwischenräume durch Kerne dicht ausgefüllt. Vergr. 10.

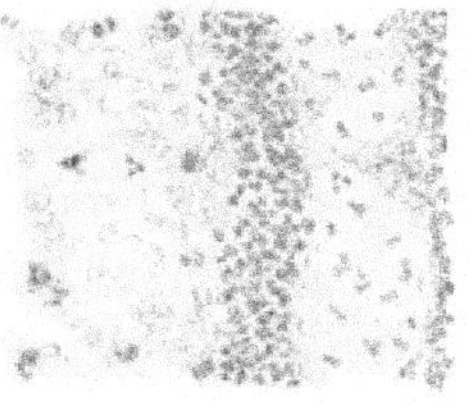

Fig. 212. Abschnitt aus dem Thrombus der Fig. 211 bei 100facher Vergrösserung. Rechts ein heller, hyaliner, mit wenigen Leukocytenkernen versehener Balken aus Plättchenmassen. Zu beiden Seiten dichte Mengen von Leukocyten. Links rothe Blutkörperchen, Fibrinfäden und einzelne Leukocyten. Vergr. 100.

Material (Plättchenmassen) mit spärlichen Leukocyten. An sie grenzt allseitig eine dichte breite Lage dieser polynucleären Zellen (Fig. 212), die in die weitere Umgebung wieder an Zahl abnehmen, um hier eventuell grösseren oder geringeren Mengen rother Blutkörperchen Platz zu machen, welche die von den Balken und Zellen nicht eingenommenen Lücken ausfüllen. Aber auch Fibrin fehlt nicht. Man sieht es, besonders wenn es gefärbt wurde, allseitig von den Plättchenbalken ausstrahlen, an deren Rand es am dichtesten ist. Es durchzieht die Leukocytenlagen und die intertrabekulären Räume überhaupt und spannt sich hier in einem feinen, häufig leicht und gleichmässig gebogenen Fadennetz aus (Fig. 213). (Vergl. L. Aschoff, Virch. Arch. Bd. 130.)

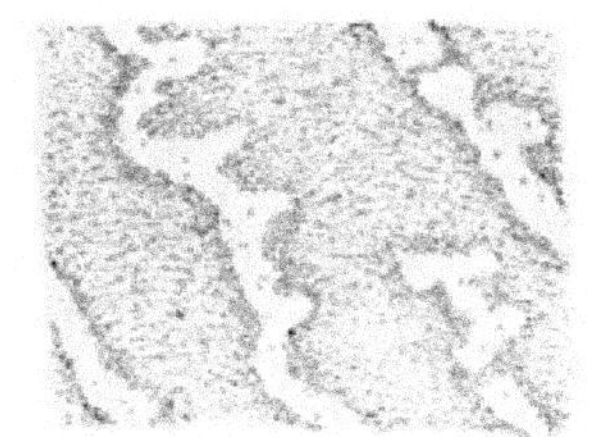

Fig. 213. Thrombus der Aorta nach Fibrinfärbung. Dasselbe Object wie in Fig. 211. Zwischen den nicht gefärbten hellen unregelmässigen Balken spannen sich quer verlaufende parallele Fibrinfäden aus, die in der Nähe der Balken dichter liegen. Vergr. 50.

Von besonderen Bestandtheilen der Thromben sind schliesslich noch Mikroorganismen zu erwähnen, die von vorneherein vorhanden waren (wie bei der Endocarditis) und die Entstehung der Abscheidungen veranlassten oder begünstigten oder erst nachträglich hineingelangten. Ihre Anwesenheit kann die Ursache sein, dass von Anfang an mehr Leukocyten als sonst sich an der Thrombenbildung betheiligen oder dass später grössere Mengen aus der Wand hineinwandern (vergl. Phlebitis).

Das Blut in den Thromben macht in den späteren Stadien theilweise eine Pigmentumwandlung durch. Ueber andere Metamorphosen der älteren Thromben vergl. Phlebitis und Arteritis.

B. Circulationsorgane.

1. Herz.

Von verschiedenen am Herzen vorkommenden histologischen Veränderungen war im allgemeinen Theil bereits die Rede, so von der Pericarditis (S. 75 ff.), der fettigen Degeneration (S. 16), der Fettdurchwachsung (S. 13), der braunen Atrophie (S. 22) des Herzmuskels.

Hier soll daher nur noch gehandelt werden von den sehnigen Verdickungen des Peri- und Epicards, von der Myocarditis, der Fragmentation des Herzmuskels und der Endocarditis.

a) Die epicardialen Sehnenflecke.

Auf dem Herzen kommen sehr häufig, besonders auf der Vorderfläche des rechten Ventrikels sehnig aussehende kleinere und grössere Verdickungen vor, deren Aetiologie noch weiterer Aufklärung bedarf.

Diese „Sehnenflecke" sind nicht ganz so einfach gebaut, wie es nach dem makroskopischen Aussehen scheinen könnte. Sie bestehen zwar hauptsächlich aus einem dichtfaserigen der Herzoberfläche parallel gestreiften Bindegewebe, enthalten aber sehr oft und besonders wenn sie noch klein sind, drüsenschlauchähnliche Gebilde, die kurze einfache oder längere verzweigte Röhrchen darstellen und in grosser Zahl vorhanden sein können. Sie liegen hauptsächlich in den tieferen Schichten der sehnigen Verdickung. Es kann keinem Zweifel unterliegen, dass es sich um Abkömmlinge des epicardialen Endothels, resp. Epithels handelt. Man entnimmt das auch daraus, dass, wenn die Ränder der Sehnenflecke dachförmig überhängen, die dadurch gebildeten Spalträume mit denselben kubischen Zellen ausgekleidet sind, welche auch jene im Sehnenfleck gelegenen Gebilde zusammensetzen. Man muss daher annehmen, dass bei der Bildung der epicardialen Verdickung das neue Bindegewebe bald hier bald dort Epithelzellen umschloss, die nun später in der angegebenen Form erscheinen (R. Meyer, Diss., Zürich 1896).

Die Vergrösserung im normalen Zustand platter Zellen zu kubischen Elementen hat ja nichts Ueberraschendes. Sie kommt an dem Alveolarepithel (Fig. 313), an dem Lymph- (Fig. 264) und Blutgefässendothel (Fig. 242) und auch am Peritonealepithel zur Beobachtung.

b) Myocarditis.

Myocarditis heisst Entzündung des Herzfleisches. Aber wir verstehen darunter nicht eigentlich eine Erkrankung der Muskelelemente, die anfangs nur durch trübe Schwellung betheiligt sein können, später stärkere regressive Metamorphosen zeigen, als vielmehr einen im interstitiellen Gewebe localisirten Process. Die Entzündung entsteht hier einmal dadurch, dass schädigende Einwirkungen, vor Allem Bakterien, mit den Coronargefässen in die Herzwand gelangen. Unter ihrem Einfluss sterben die angrenzenden Muskelfasern ab. Zweitens bildet sich Entzündung aus im Anschluss an primäre Muskelnekrose, wie sie durch Verstopfung von Arterien zu Stande kommt (Myomalacia cordis). Denn wenn diese auch mit einander durch Anastomosen in Verbindung stehen, so reicht doch der Collateralkreislauf nicht immer aus, zumal wenn auch die anderen Coronargefässe erkrankt und verengt sind. In beiden Fällen tritt Bindegewebe an die Stelle der Muskeln, es entsteht eine Schwiele. Wie sie zu Stande gekommen ist, lässt sich der fertigen Narbe nicht immer ansehen, jedoch spricht das Vorhandensein kleiner eventuell multipler Herde für die erstere Genese, da Verstopfungen kleinerer Gefässe keine Nekrose machen.

Die durch Bakterien bedingte Myocarditis kann abhängig sein von einer bereits bestehenden Endocarditis, von der sich Bakterien oder mit ihnen versehene Thromben ablösen und in das Myocard eingeschwemmt werden, oder beide Erkrankungen entstehen auf Grund einer Allgemeininfection ohne causale Beziehung zu einander, oder die Myocarditis kommt für sich allein zur Entwicklung.

In frühzeitigen Stadien typischer Fälle bemerkt man makroskopisch bald hier, bald dort, dem Muskelverlauf parallel angeordnete, länglich ovale, durchschnittlich stecknadelkopfgrosse, hyperämische oder ecchymotische Stellen, die mit einem centralen gelblichen Fleckchen versehen sind. An frischen Schnitten sieht man, vorausgesetzt, dass sie die Mitte des Herdes trafen, bei schwacher Vergrösserung folgende charakteristische Verhältnisse. Im Centrum liegt ein rundliches, längliches cylindrisches oder auch zackiges gelblich-bräunliches Gebilde, welches von einer schmaleren oder breiteren Zone heller, fast structurloser Muskulatur umgeben wird, an die sich wiederum ein dunkler, zackig angeordneter Saum anschliesst. Das centrale Gebilde entspricht einer Bakterienanhäufung, die helle Zone einer Nekrose und die dunkle einer fettigen Degeneration der Muskulatur. Man erkennt das Alles am besten an einem ausgiebig mit Essigsäure behandelten Präparat. Die makroskopisch hervortretende Hyperämie ist am frischen Object, da das Blut sich auflöst, nicht zu sehen. Sie betrifft den äusseren Theil des fettig degenerirten Saumes und die anstossende gesunde Muskulatur. Das bei blossem Auge sichtbare gelbe Fleckchen ist demnach bedingt durch die Kokkenkolonie, die anstossende Nekrose und den inneren Theil der fettig entarteten Zone. Die starke Vergrösserung bestätigt den beschriebenen Befund im Einzelnen und lässt insbesondere die Verhältnisse der Bakterien deutlicher hervortreten. Man kann oft wahrnehmen, dass sie in Gefässen liegen, welche sie dicht ausfüllen, zuweilen sieht man längere Strecken und Netze von Capillaren mit ihnen vollgepfropft. In etwas späterer Zeit wird die Wand der Gefässe vernichtet und die Bakterien wuchern dann ohne typische Begrenzung. Es handelt sich in den meisten Fällen um Staphylokokken oder Streptokokken.

Schon sehr früh kann man ferner im Bereich der fettigen Degeneration und der angrenzenden Nekrose eine Ansammlung mehrkerniger Leukocyten nachweisen. Hat die Entzündung bereits einige Tage bestanden, so hat sich meist eine eitrige Umwandlung ausgebildet. An den äusseren Grenzen des nekrotischen Bezirkes vermehren sich die Leukocyten, schmelzen das Gewebe ein und dringen von hier aus mehr und mehr nach innen gegen die Bakterien vor, bis sie dieselben erreicht haben. Die abgestorbene Muskulatur wird dabei nach und nach aufgelöst. Der Kokkenhaufen verliert durch die Einwirkung der Eiterzellen seine scharfe Begrenzung, die Bakterien vertheilen sich in dem Eiter und werden zum Theil von den Leukocyten aufgenommen.

Fig. 211. Eitrige Myocarditis. Kleines Herdchen. Vergr. 50. Die Mitte des Herdes ist hell (nekrotisch) und enthält nur Bruchstücke abgestorbener Muskelfasern. Das Centrum dieses hellen Bezirkes erscheint wieder ein wenig dunkler, den hier liegenden, durch Hämalaun nur leicht gefärbten Kokken entsprechend. Der Rand des Herdes ist durch feine Körnchen (Kerne der mehrkernigen Leukocyten) dunkel. Daran schliesst sich erhaltene Muskulatur.

An gehärteten und gefärbten Präparaten sieht man natürlich Manches anders als an ungefärbten (Fig. 214). Die fettige Degeneration ist, falls nicht Osmiumsäure angewandt wurde, verschwunden, dafür aber tritt die leukocytäre Infiltration deutlicher hervor und begrenzt die Herdchen nach aussen. Die im äusseren Umfang ihres Bereichs liegenden, also die fettig degenerirten Muskelfasern lassen eine Kernfärbung zu, während die nach innen vorhandenen das nicht mehr thun, aber ihre äussere Form noch beibehalten haben. In dem völlig nekrotischen centralen Abschnitt, in welchem die Leukocyten anfangs noch fehlen, erkennt man eine Zerlegung der Muskelfasern in einzelne Stücke und eine fortschreitende Verschmälerung bis zum völligen Verschwinden. Zwischen ihnen tritt nach Anwendung der Bakterienfärbungen die Kokkenmasse in der geschilderten Form aufs klarste hervor. Sehr gewöhnlich aber hält sie sich schon nicht mehr an die Gefässgrenzen, sondern ist allseitig zwischen die nekrotischen Muskelfasern so vorgedrungen, dass diese, die bei einfacher Kernfärbung gut hervortreten, durch die blauen Kokkenmassen ganz verdeckt werden können. Wurde die Härtung in blutconservirenden Flüssigkeiten vorgenommen, so überzeugt man sich jetzt leicht von der strotzenden Füllung der Gefässe im Gebiet der zelligen Infiltration in weiterer Umgebung. Das Blut ist dabei reich an Leukocyten. Aber man sieht auch, dass die rothe Zone des frischen Herdchens nicht nur durch Hyperämie, sondern mehr oder weniger auch durch Hämorrhagie bedingt ist.

Wenn die Erkrankung noch nicht so weit vorgeschritten ist und die Herde zahlreich sind, so kann man auch darauf rechnen, noch frühere makroskopisch nicht sichtbare Stadien als die geschilderten anzutreffen. Nach Anwendung von bakterienfärbenden Methoden sieht man nämlich bald hier bald dort blaue Fleckchen und einfache oder verzweigte Cylinder auftauchen, die sich als kokkenerfüllte Gefässe ausweisen. Die Embolie und Wucherung kann so frisch sein, dass in der Umgebung noch keine Veränderungen an den Muskelfasern wahrzunehmen sind, oder man bemerkt die ersten Anzeichen der Nekrose. Die weiteren Uebergänge bis zu den ausgebildeten Herden kann man ebenfalls leicht antreffen.

Gelangt der Prozess zur H e i l u n g , so tritt an die Stelle des der Resorption anheimfallenden Eiters Bindegewebe (Fig. 215), welches durch Eindringen von Blutgefässen und durch Einwanderung von Fibroblasten aus den angrenzenden gesunden Theilen ebenso entsteht, wie wir es im Allgemeinen bei Besprechung der Entzündung kennen gelernt haben (s. S. 73 ff.).

Die bakteriellen Entzündungen müssen n i c h t i m m e r e i t r i g e r N a t u r sein. Es kann auch bei umschriebener Nekrose mit peripherer Infiltration von Leukocyten ohne Einschmelzung sein Bewenden haben. Aber auch dann bildet sich an Stelle des untergegangenen Gewebes unter Verschwinden der Leukocyten Bindegewebe.

Es muss ferner n i c h t n o t h w e n d i g z u r N e k r o s e kommen. Nicht selten trifft man z. B. nach Diphtherie zahlreiche kleine mit Rundzellen mehr oder weniger durchsetzte Herdchen oder mehr diffuse, meist nicht hochgradige Infiltrationen, also lediglich Verbreiterungen der Interstitien ohne Muskeluntergang, aber gewöhnlich mit fettiger Entartung. Auch aus solchen kann eine Bindegewebsvermehrung resultiren. Wahrscheinlich spielen in diesen Fällen nicht immer Bakterien, sondern nur ihre Toxine eine Rolle.

Die verschiedene Genese der Entzündungsherde ist von Einfluss auf die Grösse derselben nicht aber, oder weniger auf das Endresultat. Nach allen derartigen Erkrankungen sehen wir im Myocard einzelne oder viele, nicht selten gruppenweise angeordnete stecknadelkopfgrosse oder grössere und kleinere, meist unregelmässige, aber im Sinne des Muskelverlaufes längliche Bezirke, die sich aus einem dicht gefügten, fibrillären, oft kernarmen Bindegewebe zusammensetzen, an dessen Grenze die Muskelfasern aufhören oder in welches hinein sie sich unter Verschmälerung allmählich verlieren (Fig. 215). Diese Herdchen sind oft so zahlreich, dass man bei schwacher Vergrösserung in jedem Gesichtsfeld einen oder, wenn sie klein sind, auch mehrere wahrnimmt.

Als Ergebniss der ohne Nekrose verlaufenden fleckigen oder diffuseren Entzündungen hat man vor Allem Verbreiterung des Bingewebes in der Umgebung der Gefässe anzusehen.

Die bakteriellen Entzündungen localisiren sich hauptsächlich in den Papillarmuskeln, die von ihnen ganz durchsetzt sein können, ferner sub-

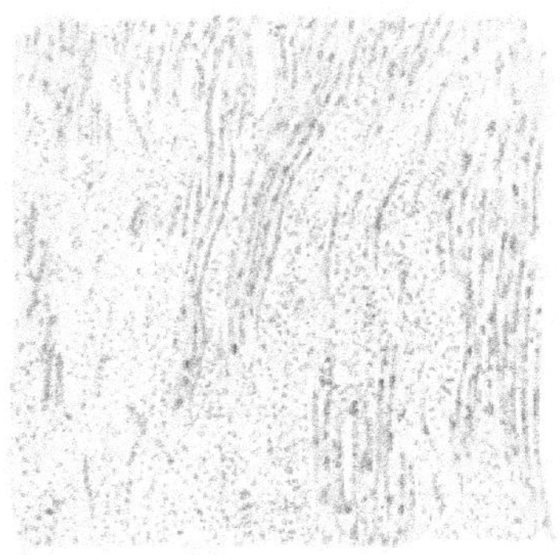

Fig. 215. Bindegewebiger Herd des Herzmuskels nach Myocarditis. Das Bindegewebe ist noch zellreich und nimmt einen unregelmässig zackigen Bezirk ein, in welchen die Muskelfasern einzeln und bündelweise hineinragen. Vergr. 50.

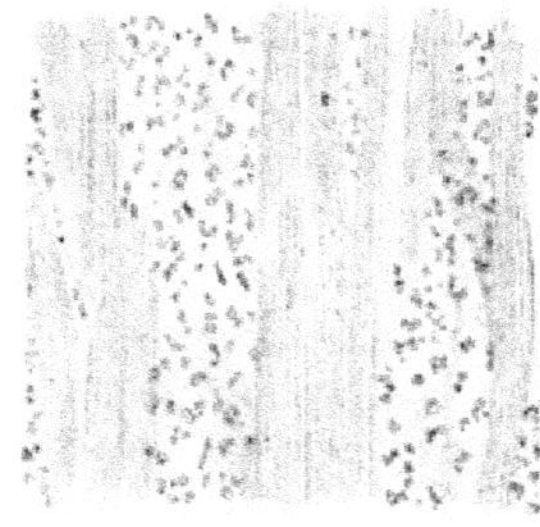

Fig. 216.
Aus einem nekrotischen Herde des Myocard.

Man sieht die abgestorbenen, längsgestreiften, kernlosen Muskelfasern und zwischen ihnen breite Züge von polymorphen, gruppenweise liegenden Kernen, die Leukocyten angehören.
Vergr. 400.

epicardial besonders im Myocard des linken Ventrikels und zwar an der Vorderfläche in der Nähe der Herzspitze und auf der Hinterfläche mehr in der Mitte.

Es ist K ö s t e r 's (Deutsch. Arch. f. klin. Med., Bd. 22) Verdienst, auf diese Localisation hingewiesen zu haben.

Zu ähnlichen Endausgängen wie die bakteriellen und toxischen Entzündungen führen die durch A r t e r i e n v e r s t o p f u n g b e d i n g t e n N e k r o s e n.

Wenn wir die g e l b e n, t r o c k e n e n a n ä m i s c h e n M u s k e l h e r d e untersuchen, die nach E m b o l i e oder T h r o m b o s e grösserer Arterienäste entstehen, und den Schnitt vom f r i s c h e n Objekt parallel dem Muskelverlauf so anfertigen, dass er normale und pathologische Abschnitte umfasst, so kann die nicht nekrotische Muskulatur unverändert sein, oder nicht selten Fragmentirung zeigen. An der Grenze gegen den gelben Herd findet sich eine bald breitere, bald schmälere, zackig-unregelmässige Zone, die bei schwacher Vergrösserung dunkel erscheint und bei starker sich als fettig degenerirt erweist. Wie wir in ähnlicher Weise bei den anämischen Infarkten der Niere sehen werden, ist diese Entartung die Folge davon, dass die peripheren Theile des anämischen Bezirkes noch etwas, aber nicht ausreichendes Blut durch Capillaranastomosen aus der Umgebung bekommen, in welcher die Gefässe hyperämisch zu sein pflegen, so dass makroskopisch ein rother Saum sichtbar ist. Die Muskelzellen im Innern des anämischen Bezirkes sind etwas trübe und lassen auch auf Essigsäurezusatz keine Kerne mehr erkennen. Ist der Herd erst wenige, etwa 5—8 Tage alt, so finden sich zwischen den abgestorbenen Muskelfasern schmalere und breitere Interstitien mit vielen kleinen, gruppenweise liegenden Fetttröpfchen, zu denen, wie die Aufhellung durch Säure lehrt, kleine eckige Kerne gehören (Fig. 216). Es handelt sich um fettig degenerirte L e u k o c y t e n, die man natürlich in frischen Stadien, etwa am zweiten oder dritten Tage, in weniger verändertem Zustande, weil frisch emigrirt, antrifft. Sie stammen aus der hyperämischen Randzone und sind in den Herd eingewandert. Ihr Erscheinen ist der erste Ausdruck der entzündungserregenden Einwirkung des nekrotischen Materiales. Im gehärteten und gefärbten Zustande fallen die eckigen mehr oder weniger in Zerfall begriffenen Leukocytenkerne um so mehr auf, als die Muskelzellen keine Kernfärbung mehr zeigen, sondern nur noch gleichmässig homogene oder leicht längsgestreifte Bänder darstellen, an denen je nach dem Alter des Prozesses weitere Untergangserscheinungen sichtbar werden. Sie zerfallen in Bruchstücke und zerbröckeln mehr und mehr. Ist die Veränderung wieder etwas weiter vorgeschritten, so kann man nun verfolgen, wie aus dem gesunden angrenzenden Gewebe grosse spindelige Zellen und Gefässe in den nekrotischen Abschnitt eindringen und sich an Stelle der zur Resorption gelangenden abgestorbenen Muskelfasern setzen. Der Vorgang entspricht durchaus den Organisationen fibrinöser Exsudate, wie sie auf Seite 73 ff. beschrieben wurden. Eine genauere Schilderung ist daher hier nicht erforderlich. Wenn alles nekrotische Material verschwunden ist, so findet man nur noch ein in der ersten Zeit lockeres gefäss- und blutreiches Gewebe, dessen Fibrillen wellenförmig gewunden oder mehr gerade verlaufen und mit einzelnen elastischen Fasern untermischt sind (Fig. 217). Die Zugrichtung des Gewebes ist im Ganzen die früher vorhandene, also im gleichen Sinne gerichtet, wie in den angrenzenden nicht veränderten Theilen des Myocard. Zu dem fibrillären Gewebe gehören viele protoplasmareiche Zellen, die gewöhnlich zum grossen Theil mit körnigem, gelben P i g m e n t versehen sind. Es ist aus verändertem Blut hervorgegangen, welches entweder noch in den Gefässen des anämischen Bezirkes liegen blieb oder durch die Collateralen in einer zur Ernährung ungenügenden Menge hineingelangt. Zuweilen kommt es ja auch zu Hämorrhagien in den Herd. Die Pigmentzellen haben mannigfaltige Gestalt, bilden lange gerade oder unregelmässig gewundene Spindeln, rundliche, längliche und zackige Figuren, deren ovaler Kern oft verdeckt ist, zuweilen aus einer hellen Stelle im Pigment erschlossen, bei geringerem Farbstoffgehalt aber gut wahrgenommen werden kann. Neben dem Pigment sieht man auch wohl Fetttröpfchen im Protoplasma, zumal an den Enden der Spindeln. Manche Zellen zeigen auch lediglich diese fettige Entartung, so dass man annehmen darf, dass auch ein Theil der neugebildeten Elemente wieder zu Grunde geht. Fleckweise findet man ferner kleinere und grössere Gruppen von kleinen Rundzellen, besonders in der Umgebung von Gefässen.

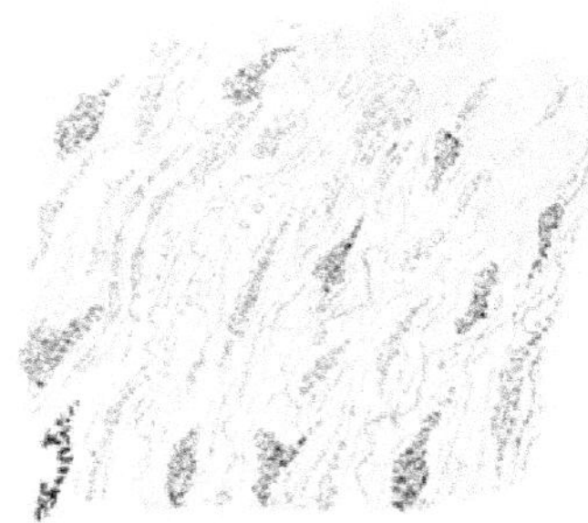

Fig. 217. Myocarditischer Herd in einem späteren Stadium. Oben rechts sieht man 5 frühe Muskelfaserenden. Im Uebrigen ist die Muskulatur zu Grunde gegangen. An ihre Stelle ist ein faseriges in der Richtung der Muskelfasern gestreiftes Bindegewebe getreten, in welchem man einzelne elastische Fasern und Zellen sieht. Ein Theil der letzteren enthält gelbes (hier schwarz gezeichnetes) Pigment, ein anderer Theil feine (heller als das Pigment erscheinende) Fetttröpfchen. Frisches Präparat. Vergr. 100.

Alles dies sieht man am besten in frischen Schnitten. Härtungen haben manche Nachtheile. Entweder geht das Fett verloren oder wenn es mit Osmiumsäure conservirt wurde, lässt es sich nicht mehr sicher von den gleichfalls geschwärzten Pigmentkörnern unterscheiden. Die Zwischensubstanz ferner erscheint nicht mehr so locker fibrillär, sondern dichter gefügt und daher weniger charakteristisch.

Je älter der Prozess ist, desto fester wird das Bindegewebe. Es sieht makroskopisch weiss, sehnig aus, die Blutgefässe sind noch in grosser Zahl nachweisbar, aber nur wenig gefüllt. Sie bilden langgestreckte, dem Faserverlauf parallele Schlingen. Die grossen Bindegewebszellen sind protoplasmaarm, ihre Kerne lang und schmal geworden, das Pigment spärlich oder ganz verschwunden. Die Fibrillen liegen dichter an einander als früher. Hier und da sieht man Lymphocytenanhäufungen.

Die erhaltene Muskulatur setzt sich in unregelmässiger zackiger Linie gegen das neue Bindegewebe ab. Die einzelnen Fasern enden abgestutzt oder durch Atrophie verschmälert. Sie liegen dabei dicht an einander oder sind durch bindegewebig verbreiterte, auch wohl mit Pigmentzellen versehene Interstitien von einander getrennt. Einzelne schmale Fasern erstrecken sich zuweilen isolirt weit in das Bindegewebe hinein.

c) Fragmentation (Myocardite segmentaire).

Unter **Fragmentation** verstehen wir eine besonders im linken Ventrikel, vor Allem in dessen Papillarmuskeln in bald geringer, bald grosser Ausdehnung vorkommende Zerlegung der Muskelfasern in einzelne Stücke. Von anderen Erkrankungen des Myocard ist sie unabhängig. Sie wird nicht selten bei plötzlichen Todesarten gefunden und ist schon deshalb wohl meist ein agonaler Process. Es scheint sich um die Folgen letzter unregelmässiger Herzcontractionen zu handeln.

Bei schwacher Vergrösserung (Fig. 218) bemerkt man an Schnitten, die genau in der Längsrichtung des Muskelverlaufes hergestellt sein müssen, da anderenfalls die Schräg- oder Querschnitte der Fasern leicht Täuschungen hervorrufen können, dass die Fasern nicht mehr continuirlich neben einander verlaufen, sondern in zahllose in der Grösse etwas differirende Stücke zerlegt sind, die durch kleine Zwischenräume von einander getrennt erscheinen.

Die starke Vergrösserung (Fig. 219) stellt fest, dass die einzelnen Theile etwa die Grösse einer Muskelzelle haben oder kleiner sind und

Fig. 218. Fragmentatio myocardii.
Vergr. 60. Frisches Präparat. Oben sind erhaltene Muskelfasern sichtbar, nach unten sind sie in Stücke zerlegt.

Fig. 219. Fragmentatio Myocardii.
Die Muskelfasern sind in verschieden geformte Bruchstücke zerlegt, die aber noch Querstreifung zeigen. Vergr. 400. Frisches Präparat.

dass sie bald an den Enden geradlinig abgesetzte Säulchen darstellen, bald aber treppenförmige Abstufungen in verschiedener Form zeigen. Die Zerlegung der Fasern ist theils in den Grenzlinien (Kittlinien), theils an beliebiger Stelle erfolgt, so dass dann auch das Sarkoplasma der Muskelzelle getheilt wird. Durch den Kern, dessen Färbbarkeit keine Veränderung erleidet, pflegt die Bruchlinie nicht zu gehen, er ragt event. etwas über dieselbe hervor. Da auch fettig degenerirte und braun atrophische Muskelfasern die Segmentirung erleiden können, so zeigen die Bruchstücke gegebenenfalls die entsprechenden Combinationen.

Die Entfernung der einzelnen Muskelfragmente von einander kommt durch ihre Contraction zu Stande. Da durch diese die Masse der Muskelzelle an Länge abnimmt, muss sie an Breite zunehmen. Daher haben die Segmente einen grösseren Querdurchmesser als die normalen Fasern.

d) Endocarditis.

Endocarditis, wörtlich Entzündung des Endocards, ist für uns im Allgemeinen gleichbedeutend mit Entzündung des Klappenapparates, der weit häufiger erkrankt als die übrige Innenfläche des Herzens. Die anatomischen Verhältnisse sind aber überall in der Hauptsache die gleichen. Die Endocarditis wird wohl stets durch Mikroorganismen veranlasst und findet ihren Ausdruck in der meist in der sogenannten Schliessungslinie erfolgenden Bildung von Thromben auf der Klappenoberfläche und in der Organisation derselben durch Einwachsen des Klappengewebes (End. verrucosa) oder in Zerfallsprocessen des letzteren, verbunden mit Thrombenbildung (End. ulcerosa).

Die Untersuchung frischer Präparate bietet keinen besonderen Vortheil. Schnitte gehärteter Präparate werden senkrecht zur Klappenfläche und zum freien Rande so angefertigt, dass sie den Stiel der meist polypös aufsitzenden Thromben treffen.

In sehr vielen Fällen gelingt es nicht, die in Betracht kommenden Mikroorganismen, wenn sie von Anfang an nur spärlich vorhanden waren oder wieder verschwunden sind, durch Färbung nachzuweisen, in anderen findet man kleinere oder grössere Colonien, in wieder anderen sind sie in beträchtlicher Menge vorhanden (Fig. 226). Es handelt sich fast stets um Kokken (Strepto-, Staphylo-, Pneumokokken).

Nicht jede Thrombose auf den Herzklappen ist der Ausdruck einer Endocarditis. Auf normalen oder veränderten Klappen können sich auch marantische Abscheidungen bilden, die, falls das Individuum ihre Entstehung überlebt, ebenso zur Organisation gelangen können, wie es für die Endocarditis sogleich beschrieben werden soll.

Wir betrachten zunächst solche Präparate, in denen die Bakterienwirkung wenig ausgesprochen ist.

Haben wir eine ganz junge Endocarditis vor uns, so ist das auffallendste Gebilde der Thrombus (Fig. 220). Er sitzt meist gestielt, aber auch breitbasig auf, ist im Allgemeinen von rundlicher Gestalt, aber, einer Haufenwolke vergleichbar, auf seiner Oberfläche gewöhnlich leicht bucklig, eingekerbt, dadurch dass er sich aus einzelnen verschieden grossen Abschnitten zusammensetzt, die in ungefärbten Präparaten eine trübgraue oder gelbliche Beschaffenheit haben und durch dunklere streifige, oft von der Basis des Thrombus ausstrahlende und netzförmig verbundene Züge

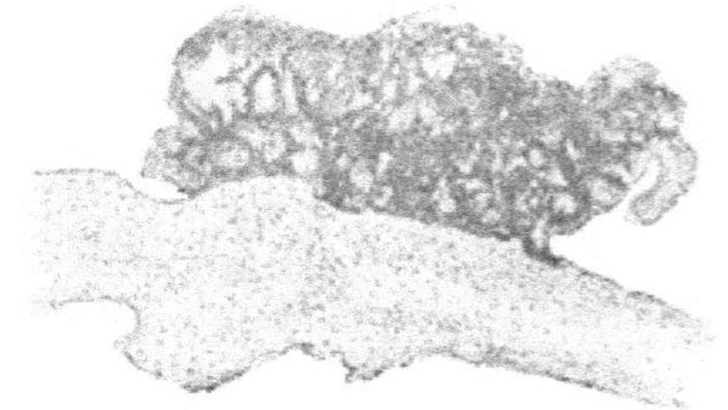

Fig. 220. Endocarditis.
Junges Stadium. Schnitt durch die ganze Dicke der Klappe (Mitralis) und den ihr aufsitzenden Thrombus. Fibrinfärbung. Der Thrombus erscheint dunkel mit hellen Abtheilungen; die Klappe selbst zeigt noch keine Veränderungen. Vergr. 60.

zusammengehalten werden. Letztere bestehen, wie Weigert's Färbung ergiebt, aus Fibrin, erstere aus einer feinkörnigen Masse, offenbar modificirten Blutplättchenhaufen. Je grösser der Thrombus, um so mehr zeigt er am Rande und innen Einrisse und Lücken, die mit rothen Blutkörperchen ausgefüllt sein können, welche für sich oder in ein lockeres Fibrinnetz eingebettet und auch auf seiner freien Fläche anzutreffen sind. Etwa vorhandene Kokken liegen zerstreut bald mehr in der Mitte, bald mehr in den äusseren Theilen des Thrombus. Bei Kernfärbung werden bald spärliche, bald viele Kerne sichtbar, die einzeln oder gruppen- und haufenweise vertheilt liegen und dem Typus mehrkerniger Leukocyten entsprechen. Je jünger der Prozess ist, desto weniger erscheint das Klappengewebe betheiligt. Da es, wenigstens in den für die Endocarditis wichtigsten Randtheilen für gewöhnlich keine Gefässe hat, so fehlen die exsudativen Erscheinungen. Statt ihrer findet man unterhalb des Thrombus Vergrösserung und Vermehrung der fixen Zellen (Fig. 221) und ihrer Kerne bis zu protoplasmareichen zuweilen mehrkernigen Gebilden. Ein Vergleich mit den benachbarten, nicht entzündeten Klappenabschnitten

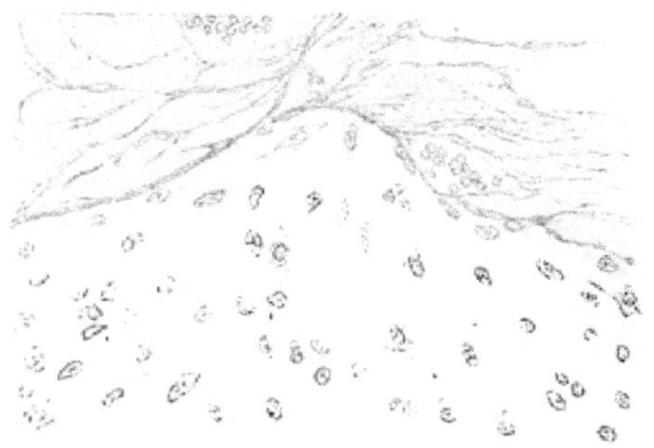

Fig. 221. **Frisches Stadium einer Endocarditis.** In der unteren Hälfte das Gewebe der Klappe, welches median nach oben convex sich erhebt. Auf ihm thrombotische mit Fibrinfäden durchzogene Massen. In der Klappe sieht man die fixen Elemente erheblich angeschwollen, von theils rundlicher, theils unregelmässiger Gestalt. Die länglichen unter ihnen sind mit ihrer Längsachse nach aufwärts gegen die Anhaftungsstelle des Thrombus gerichtet. In letzterem ist nur ein mehrkerniger Leukocyt sichtbar. Vergr. 400.

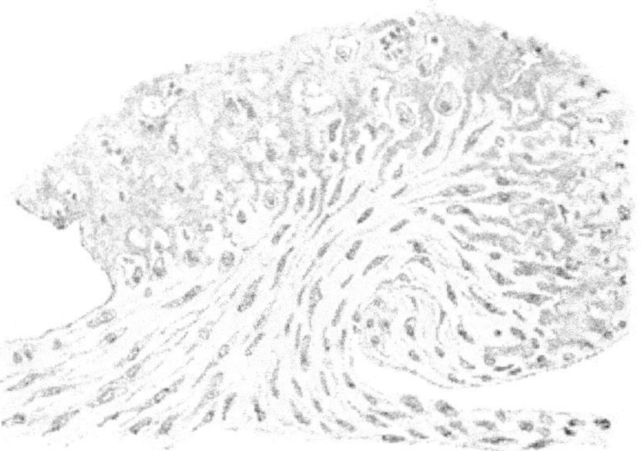

Fig. 222. Weiter vorgeschrittenes Stadium einer **Endocarditis.** In der unteren Hälfte das Gewebe der Klappe, welches sich median erhebt und in den dunkel gehaltenen, nur zum kleinen Theil gezeichneten, pilzförmig aufsitzenden Thrombus hineingewachsen ist. Die spindeligen Zellen der Klappe lassen durch ihre der Faserung parallele Anordnung die Wachsthumsrichtung des Gewebes deutlich hervortreten. Man sieht sie als runde und spindelige Elemente in den Thrombus vordringen. Vergr. 400.

lässt diese Verhältnisse gut hervortreten. Weiterhin sieht man besonders dort die Klappen sich verdicken, wo der Thrombus aufsitzt, es dringen (Fig. 222) Abkömmlinge der fixen Zellen in ihn vor und organisiren ihn unter Umwandlung in faseriges Bindegewebe in der gleichen Weise, wie wir es früher (S. 73 ff.) für die Durchwachsung entzündlicher Exsudate kennen gelernt haben. So wird schliesslich der Thrombus in ein derbes Knötchen, Wärzchen umgewandelt (Fig. 223) (Endocarditis verrucosa).

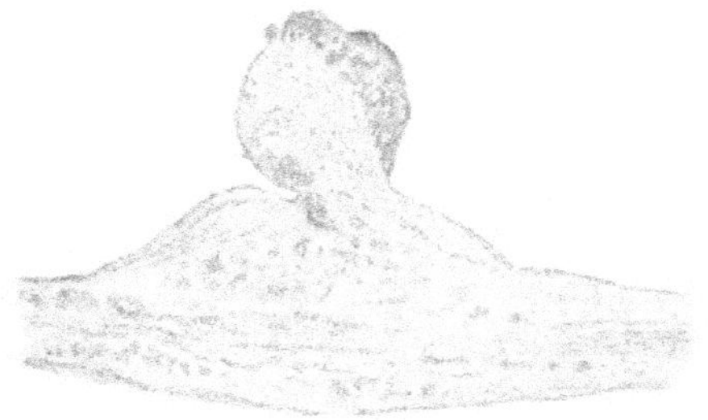

Fig. 223. Abgelaufene **Endocarditis.** Aus der Klappe ragt eine flache Erhebung hervor und aus dieser wieder ein gestielt aufsitzendes rundliches Knötchen, dessen rechter Rand mit frischen Thrombusmassen bedeckt ist. Die normale Structur der Klappe ist verwischt, sie ist zellreich und enthält viele Gefässe. Vergr. 20.

In der Klappe selbst schreitet die Wucherung des Gewebes fort, es wird immer reicher an Zellen. Auch jetzt handelt es sich noch meist um fixe Elemente, nur wenige Leukocyten gelangen vom Blutstrom aus hinein. Bald aber kommen Gefässe hinzu (Fig. 224). Sie wachsen von der Ansatzstelle der Klappe in sie hinein und entwickeln sich besonders lebhaft im Bereich der Entzündung. Hier sieht man oft ein reich entwickeltes Capillarnetz (Fig. 224). Es gelingt unschwer, die Klappen zu injiciren und dadurch den Reichthum an Gefässen noch klarer hervortreten zu lassen. Auch in die durch Organisation der Thromben entstandenen Knötchen erstrecken sich Gefässe hinein. Diese haben durchschnittlich nur eine dünne, aus Endothel gebildete Wand. Durch alle diese Vorgänge verdickt sich die Klappe beträchtlich. Sie wird auch nach Ablauf des Prozesses nicht wieder normal, ganz abgesehen von der

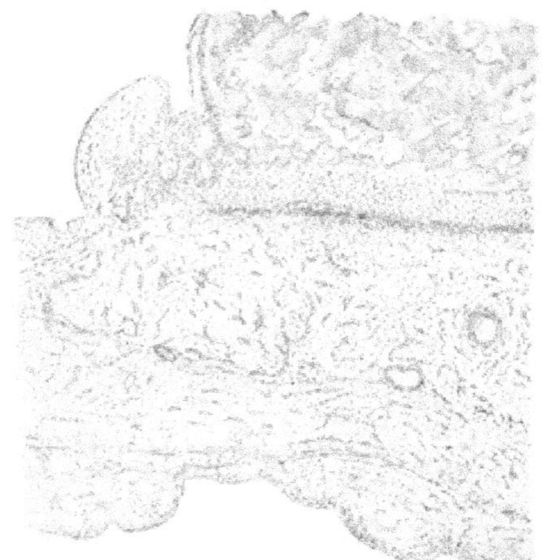

Fig. 224. Endocarditis recurrens.
Der grössere untere Abschnitt der Figur wird von dem Gewebe der durch eine frühere abgelaufene Entzündung veränderten Klappe eingenommen, auf welcher oben ein frischer, balkig angeordneter Thrombus sitzt. In der Klappe sieht man zwei grössere querdurchschnittene und viele dünne, in verschiedenen Richtungen getroffene Gefässe. Das Gewebe ist ausserdem zellreich und an der Grenze gegen den Thrombus mit mehrkernigen Leukocyten dicht infiltrirt. Vergr. 50.

Unebenheit ihrer Oberfläche. Es verwischt sich nämlich durch die Wucherungsprozesse ihr normaler dreischichtiger Aufbau (s. unten). Statt seiner zeigt die Klappe ein mehr unregelmässiges Gefüge, da das neugebildete Bindegewebe in verschiedenen Richtungen verläuft. Auf einer so veränderten Klappe können sich aufs Neue Entzündungen entwickeln, neue Thromben bilden (Fig. 224). Ihr Organisationsprozess ist derselbe wie bei bis dahin normalen Klappen, nur tritt hier von vorneherein wegen der Gegenwart der Gefässe eine oft lebhafte Emigration in die Klappe und Einwanderung der Leukocyten in den Thrombus hinzu.

Makroskopisch ist es, wenn man einen Thrombus nicht abstreifen will, schwer zu entscheiden, ob er ganz frisch oder schon in Organisation begriffen ist. Auch über das Verhalten der Klappe täuscht man sich leicht, weil sie nach Ablauf einer Entzündung nicht gerade beträchtlich verdickt sein muss und so leicht für eine frisch erkrankte gehalten werden kann. Man findet dann in ihr mikroskopisch oft Gefässe und entnimmt daraus, dass es sich um eine Endocarditis recurrens handelt.

Die entzündlichen Klappenverdickungen dürfen nicht mit solchen verwechselt werden, die sich, ganz besonders und fast allein an den Zipfelklappen, sehr häufig finden, ohne dass Entzündungen vorangegangen sind. Es sind glatte einen ganzen Zipfel oder mehr den Randabschnitt, nicht aber die Schliessungslinie einnehmende, in die übrige Klappe meist allmählich übergehende Verdickungen, die zuweilen ein gallertiges Aussehen haben. Mikroskopisch ergiebt sich, dass die normalen Schichten der Klappe erhalten, die einzelnen Lagen, in erster Linie die mittlere, zwar verdickt, aber aus gleichmässig welligfaserigem Bindegewebe zusammengesetzt sind, welches wenig Zellen und keine Spuren abgelaufener Entzündungen aufweist (Fig. 225). War das Aussehen der Verdickung gallertig, so sind die Zellen aussergewöhnlich gross und protoplasmareich.

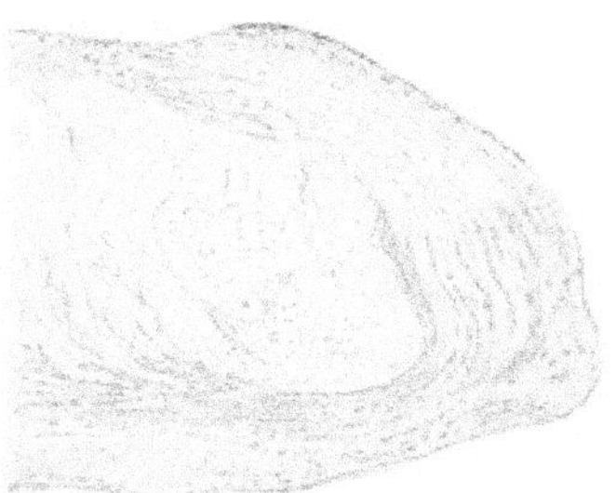

Fig. 225. Rand einer „physiologisch“ verdickten Mitralis. Man sieht eine helle, erheblich verdickte mediane Gewebslage u. eine breite, streifige Aussenlage. Beide Schichten sind scharf gegen einander begrenzt. Vergr. 40.

Wir haben jetzt noch die Fälle zu besprechen, in denen die Bakterien in grossen Mengen vorhanden sind. Sie können den Thrombus in Wolken und Zügen durchsetzen und auch zerstreut in ihm liegen (Fig. 226). Sie dringen ferner gegen das Klappengewebe in buchtigen Colonien vor und in dasselbe hinein. Hier bilden sie rundliche und längliche, gern in der Längsrichtung des Faserverlaufs angeordnete Massen. Sie bedingen ferner eine Nekrose, welche die Colonien von dem noch erhaltenen Gewebe trennt. Dieses ist dann mit Leukocyten dicht infiltrirt, welche unter Einschmelzung einer an die nekrotischen Theile anstossenden Zone zur Lösung derselben führen. Dann entsteht ein Klappendefekt (E. ulcerosa). In diesem können sich neue Thromben bilden und später auch organisirt werden. Kommt es zur Ausheilung, so sind natürlich die Deformirungen der Klappe ganz besonders hochgradig.

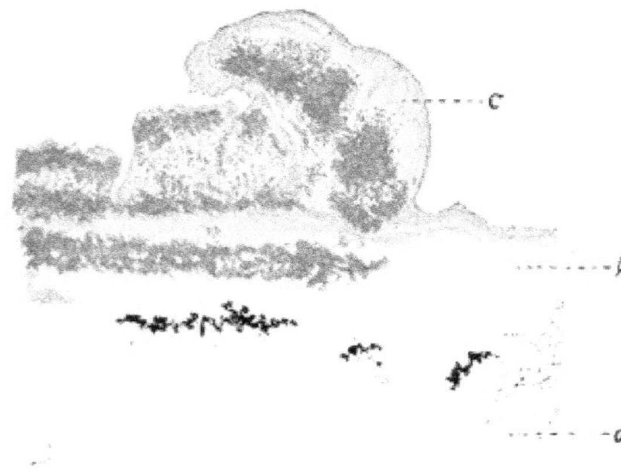

Fig. 226. Endocarditis bei Pyämie.
Schnitt durch den Thrombus und die Klappe (Aorta). c Thrombus mit dunklen Wolken dicht gehäufter, nach Gram's Methode gefärbter Kokken. Darunter eine kernfreie nekrotische Klappenschicht, ebenfalls mit Kokkenkolonien. Die übrige Klappe ist mit Eiterkörperchen dicht infiltrirt und hier kokkenfrei. Vergr. 60.

Die obige Darstellung der Histologie der Endocarditis geht von der Voraussetzung aus, dass d. Mikroorganismen sich auf der Klappenoberfläche festsetzen. Das ist ja auch experimentell festgestellt (Orth und Wyssokowicz, Ribbert) und dürfte beim Menschen deshalb die Regel sein, weil die Klappen gewöhnlich nur in ihren basalen Theilen, wenn auch in wechselnder Ausdehnung gefässhaltig, dort aber, wo die Endocarditis ihren Sitz hat, gefässfrei sind, so dass Köster's Nachweis einer embolischen Endocarditis (Virch.'s Archiv, Bd. 72) sich nur auf solche Fälle beziehen lässt, in denen die Gefässe ausnahmsweise bis zum Klappenrand reichen oder in denen die Klappen durch eine frühere Entzündung vascularisirt sind. Ueber die histologischen Verhältnisse physiologisch und entzündlich verdickter Klappen hat zuletzt Veraguth (Virchow's Arch. Bd. 139) Untersuchungen angestellt.

2. Arterien.

a) Entzündung der Arterien, Arteriitis.

Die **Entzündungen der Arterien** stehen in enger Beziehung zu den Vasa vasorum, aus denen eine Exsudation und Emigration erfolgen und in deren Umgebung sich Bindegewebe neubilden kann. Das gilt allerdings zunächst nur für die gefässlose Intima, in die aber im Verlauf der Entzündung Gefässe hineinwachsen können. Sie nimmt hauptsächlich durch Verdickung bis zum Verschluss des Lumens an der Entzündung Antheil. Je nach dem vorwiegenden Sitz des Processes in den einzelnen Häuten reden wir von einer Periarteriitis, Mesarteriitis und Endarteriitis, ohne aber damit eine Eintheilung in verschiedene Formen geben zu wollen, da bei den ätiologisch verschiedenen Entzündungen die

Localisation die gleiche sein kann. Auch die wichtigsten histologischen Einzelheiten trifft man immer wieder an, so dass ihre Besprechung nach den geläufigen Eintheilungen der speciellen pathologischen Anatomie manche Wiederholungen erfordern würde. Sie sollen daher, so weit es möglich ist, im Zusammenhang erörtert und nachher bei einzelnen besonderen Formen noch für sich betrachtet werden.

Die Untersuchung geschieht zu manchen Zwecken am frischen Präparat, meist aber nach Härtung, für die sich Zenker's Lösung sehr gut eignet. Die Schnitte sollen senkrecht zur Innenfläche fallen. Aus grösseren Arterien schneidet man Stücke aus, kleinere härtet man ganz und fertigt Querschnitte an. Zur Färbung empfiehlt sich Hämalaun und Ueberfärbung mit Pikrinsäure-Säurefuchsin (S. 7) besonders deshalb, weil die elastischen Elemente durch gelbe Farbe gut aus dem rothen übrigen Gewebe hervortreten. Um sie aber noch deutlicher zu machen, kaun man eine Färbung mit Orcein (Orcein 0,5, Alk. abs. 40,0, Aqua dest. 20,0, Ac. mur. 1,0) vornehmen. Die Schnitte verbleiben in der Lösung am besten bis zu 24 Stunden. Dann wird ihnen durch eine Mischung von 0,1 Salzsäure, 50,0 Alkohol (96 %), 20,0 Wasser der überflüssige Farbstoff entzogen, was einige Minuten dauert. Je nach der Dicke der Schnitte und der Art der Härtung geht diese Procedur verschieden schnell vor sich. Man thut am besten ab und zu einen der Schnitte bei schwacher Vergrösserung zu controlliren. Darauf gelangen die Präparate in absoluten Alkohol, der ihnen auch noch etwas Farbe entzieht und endlich in Oel und Canada. Die elastischen Fasern erscheinen tief rothbraun, das übrige Gewebe ist nur blass gefärbt, lässt aber alle histologischen Bestandtheile gut hervortreten.

Betrachten wir zunächst die häufigeren und typischen Entzündungen der Aorta und grösseren Arterien, die uns unter dem Bilde der Arteriosclerose, der Arteriitis deformans oder des Atheroms entgegentreten, deren Aetiologie unklar, manches Mal aber mit Wahrscheinlichkeit auf Syphilis zurückzuführen ist. Machen wir frische Schnitte von den Stellen, an denen die Intima in kleineren und grösseren Stellen verdickt ist, so finden wir, dass sie von den beiderseitigen normalen Abschnitten her allmählich an Dicke, oft um das mehrfache, zunimmt, dabei aber ihre normale Struktur in der Hauptsache beibehält, also längsgestreift erscheint. Sahen jene ver-

Fig. 227. Arteriosclerose der Aorta.
Die Hälfte einer bei blossem Auge gelb erscheinenden beetförmigen Verdickung der Intima. Senkrechter Durchschnitt. Frisches Präparat. Von der Media ist nur ein Theil gezeichnet. Die Intima ist erheblich verdickt. Die dunklen, in den oberen Lagen länglichen, in den unteren zackigen Figuren entsprechen fettig degenerirten Zellen und Zellhaufen. In der Mitte eine helle Stelle. Hier ist das Intimagewebe hyalin-nekrotisch. Vergr. 40.

dickten Stellen makroskopisch gelb aus, so erscheinen sie im Mikroskop mit dunklen Fleckchen, Streifchen und Zügen durchsetzt (Fig. 227), die in den tieferen Schichten auch zu grösseren unregelmässigen Figuren zusammenfliessen. Es handelt sich um fettig-degenerirte Theile, in denen zunächst nur die Intimazellen (s. Seite 18), später auch die Grundsubstanz entarten.

Weiterhin kommt es zu einem Zerfall der in der Mitte der Verdickung an die Media angrenzenden Theile. Hier erscheinen einzelne Abschnitte schon von vorneherein gelblich trübe, mehr oder weniger homogen, andere dunkel und ganz fettig degenerirt. Es ereignet sich leicht, dass durch Ausfall der degenerirten Theile Lücken im Schnitt entstehen. Zerfallen auch die darüber gelegenen oberen Lagen der verdickten Stellen, so entstehen unregelmässige Defekte. In den zu Grunde gehenden Abschnitten, im Boden und Rande der Lücken finden sich oft grosse Mengen von Cholestearintafeln.

Die M e d i a erscheint in frischen Schnitten, so lange die Intima nur mässig verdickt und nur wenig degenerirt ist, oft ganz unverändert. In ihrem dunkel erscheinenden Gefüge treten aber zuweilen schon frühe, in grosser Ausdehnung aber erst in späteren Stadien helle Flecke, einfache oder verzweigte Züge auf, die sie in querer oder schräger Richtung theilweise, seltener ganz durchsetzen. Sie haben etwa das Aussehen des adventitiellen Bindegewebes.

Gehen wir nun zur Untersuchung g e h ä r t e t e r P r ä p a r a t e über und betrachten zunächst die I n t i m a, so sehen wir in ihren verdickten Abschnitten keine lebhaftere Zellwucherung. Es entspricht das dem für gewöhnlich sehr langsamen Verlauf des Prozesses. Im Gegensatz zu den angrenzenden normalen Theilen ist die Zwischensubstanz reichlicher entwickelt, statt der Fasern finden sich breitere homogene Züge, zwischen welchen spindelige Lücken bleiben, in denen die schmalen, oft mit sehr langen Ausläufern und mit dünnen langen Kernen versehenen Zellen liegen (Fig. 228). Vereinzelte, seltener etwas zahlreichere und in kleinen Gruppen liegende Rundzellen finden sich zerstreut in den Lücken. In den tieferen an die Media angrenzenden Lagen tritt ferner frühzeitig eine anfangs nur homogene, bald aber nekrotisch werdende Umwandlung ein, die auch am frischen Schnitt bereits hervorgehoben wurde und nicht selten verkalkt, so dass die Schnitte erst nach Auflösung der Kalksalze hergestellt werden können.

Fig. 228. Aus einer **verdickten Intima** der Aorta bei **Arteriosclerose.** In den Spalten des hyalin erscheinenden, balkenförmigen Grundgewebes sieht man lange, zum Theil fadenförmig dünne Zellen mit langem schmalen Kern, ausserdem einzelne grössere Kerne und Leukocyten. Vergr. 400.

Fassen wir nun die **Media** ins Auge, so finden wir als häufigste Veränderung einzelne oder viele, kleinere und grössere meist zellreiche Herde, welche die regelmässige normale Schichtung unterbrechen (Fig. 229). Sie sind bald mehr in den äusseren Lagen, bald mehr gegen die Intima hin entwickelt, stellen aber meist nicht isolirte Gebilde dar, sondern hängen, wie eine Vergleichung auf einander folgender Schnitte ergiebt, vielfach unter einander in der Weise zusammen, dass sie unregelmässig begrenzte Züge darstellen, welche aus der Adventitia in die Media eintreten und sie unter baumförmiger Verzweigung durchsetzen. Nicht selten trifft man auch einen Längsschnitt durch ein solches verästigtes Gebilde, dessen Grundstock, wie man meist leicht erkennen kann, ein Gefäss bildet. Die Zellen in seiner Umgebung sind, wie die starke Vergrösserung lehrt, vorwiegend grössere, spindelige oder ovale bindegewebige Elemente mit grossem Kern (Fig. 230). Jedoch finden sich daneben auch mehrkernige Leukocyten (besonders bei rasch entstandenen und eitrigen Entzündungen) und Lymphocyten. Die zelligen Züge können sich zuweilen auch in die verdickte Intima hineinerstrecken, in der

Fig. 229. Arteriitis.
Schnitt durch die Wand der Aorta eines syphilitischen Individuums. *i* Intima, *m* Media, *a* Adventitia. Die Intima ist verdickt, die Media zeigt zahlreiche dunkle kernreiche unregelmässige, aber gegen die Intima gerichtete Züge, von denen einer unten rechts aus der Adventitia hervorgeht. Die Lagen der Media sind vielfach verschoben. Die Adventitia ist dichter gefügt, fleckig und streifig zellig infiltrirt. Vergr. 50.

Fig. 230. Mesarteriitis.
Die dunkeln, horizontal verlaufenden schmalen Bänder sind die elastischen Fasern der Media. Sie sind nur oben, unten und am linken Rande der Figur noch gut sichtbar. Im Uebrigen sind sie durch ein von unten (von der Adventitia aus) hineinragendes zellreiches Gewebe verdrängt, in Stücke zerlegt. Sie färben sich hier nur blass und sind von unregelmässiger Form. Das zellreiche Gewebe zeigt vorwiegend ovale hellere Kerne, die sich von denen der nicht veränderten Theile deutlich unterscheiden. Vergr. 400.

sich also Gefässe neugebildet haben müssen (Fig. 236). Sie verlaufen hier als breite oder schmalere Streifen und erscheinen im Querschnitt als kernreiche Inseln. Jedoch erreicht dieser Intimaprozess im Allgemeinen keine grosse Ausdehnung. In der Media grenzt sich das Bindegewebe mehr oder weniger scharf gegen die Umgebung ab. Da an dieser keine Verdrängungserscheinungen wahrzunehmen sind, so muss ein der Grösse der Bezirke entsprechender Theil der Media untergegangen sein. Nicht selten, wahrscheinlich besonders in rascher verlaufenden Fällen, sieht man neben den zellreichen Bezirken noch ein Gewebe, welches offenbar untergehende Media darstellt. Man sieht körnig-schollige Massen, in denen sich noch Reste der elastischen Elemente (Fig. 229) in kleineren und grösseren Stücken und unregelmässiger Lagerung finden, sich aber schwächer färben als sonst und weniger scharfe Conturen haben. Das Mediagewebe zerfällt also in der Umgebung der Zellzüge, wobei seine Kerne noch eine Zeit lang färbbar bleiben. Später wird es durch das wuchernde Bindegewebe verdrängt, resp. aufgesaugt. Letzteres zeigt nicht immer den gleichen Zellgehalt, es kann auch in früheren Stadien schon zellarm sein und wird es gewöhnlich nach langer Dauer der Arteriitis resp. nach Ablauf derselben. Es nimmt dann faserigen Charakter an.

Verfolgt man das Verhalten des elastischen Gewebes an Orceinpräparaten, so tritt die durch die Bindegewebswucherung bedingte Lückenbildung in der Media aufs Deutlichste hervor. Ringsum setzen sich die dunklen elastischen Elemente in unregelmässiger, zackiger Linie scharf ab. Die einzelnen elastischen Fasern verlaufen entweder in gewöhnlicher Weise, also in gerader Linie bis an die Lücken und erscheinen dann wie abgeschnitten, oder sie sind wellenförmig angeordnet, wie zusammengeschnürt oder ganz unregelmässig gelagert. Dabei erscheinen sie durchschnittlich dicker als sonst. Von ihnen werden ferner auch Stücke abgetrennt, die dann isolirt im Bindegewebe liegen und hier verschiedene Formen annehmen. Man sieht sie entweder noch als Fasern oder sie bilden einzeln oder zu mehreren unregelmässige Fleckchen, die weiterhin zackige, körnige Conturen annehmen und schliesslich in Körner zerfallen. Aber bis sie völlig aufgesaugt sind, lassen sie sich durch das Orcein in voller Klarheit nachweisen.

Die Adventitia ist an der Arteriitis durch Wucherung betheiligt (Fig. 228). Sie wird kernreicher und zwar besonders in der Umgebung der Vasa vasorum, wo durch Anhäufung von Rundzellen kleine lymphatische Knötchen entstehen können (vergl. Fig. 236), die entweder scharf begrenzt sind oder allmählich in das angrenzende Gewebe übergehen. Die Wucherung erstreckt sich mit den Vasa vasorum in die Media hinein und geht in die beschriebenen Züge derselben über. Die Adventitia verdickt sich durch alle diese Prozesse oft erheblich. Ihre arteriellen Gefässe zeigen nicht selten eine zuweilen hochgradige Verdickung der Intima, von der jetzt die Rede sein soll.

Die bisher besprochenen Prozesse bezogen sich nämlich auf die grossen Arterien, vor Allem auf die Aorta. An den kleineren Arterien, z. B. denen der Gehirnbasis oder des Herzens etc. kann die Erkrankung aber ebenfalls Platz greifen. Sie ruft hier hauptsächlich Veränderungen der Intima hervor. Es tritt aber, da man die Schnitte quer durch das ganze Gefäss machen kann, die Beziehung zur Circumferenz und zum Lumen deutlicher hervor. Die Verdickung der Intima kann ganz ringsum vorhanden, dabei aber an einer oder mehreren Stellen beträchtlicher sein, als an den anderen, oder sie ist nur an einer oder zwei Seiten ausgesprochen und tritt dann oft in Form eines Halbmondes (Fig. 231) auf. Sie zeigt dieselbe Struktur wie in der Aorta und ebenso auch in den tieferen Schichten an frischen Präparaten oft ausgedehnte Verfettung, ferner aber auch hyaline und nekrotische Veränderungen und Verkalkung. Die Intimawucherung muss nothwendig eine oft beträchtliche Verengerung des Lumens mit sich bringen. Sie kann zum Verschluss des Gefässes führen und wird deshalb als Endarteriitis obliterans bezeichnet. Man trifft diesen Prozess als Theilerscheinung von interstitiellen Entzündungen verschiedenster Organe an. Er wird bei ihnen (z. B. der Niere, Lunge) noch vielfach Erwähnung finden.

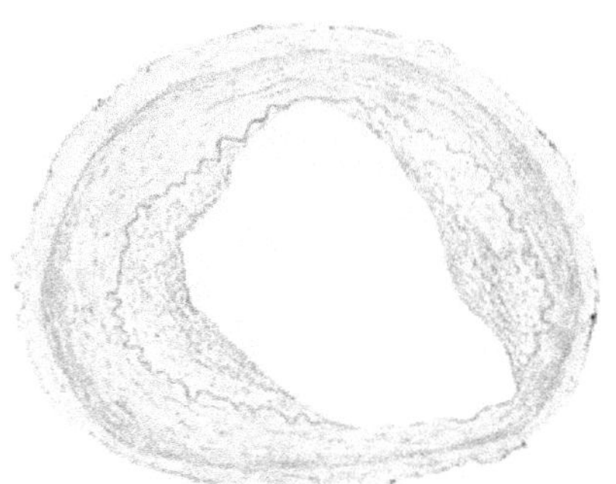

Fig. 231. Endarteriitis eines Astes der Arteria fossae Sylvii. Die Intima ist an zwei Stellen halbmondförmig verdickt und kernreich. Vergr. 40.

Die Elastica der Intima bleibt bei dieser Veränderung fast immer gut erhalten. Man kann sie auch ohne Färbung, besonders nach Essigsäurezusatz als wellenförmiges, glänzendes schmales Band leicht auffinden und so die Grenze gegen die Media leicht feststellen. Wenn der Prozess schon lange bestanden hat, ohne weitere Fortschritte zu machen, so sieht man zuweilen nach Orceinfärbung am Rande des verengten Lumens in der verdickten Intima eine neue Lage elastischer Fasern rings herum gehen, die mit der alten Elastica wohl verglichen werden kann, wenn sie auch weniger regelmässig ist. Auch in der übrigen Intima bilden sich dann oft feinere elastische Elemente (vergl. Fig. 232).

Die Wucherung der Intima führt zuweilen nicht zu einer einfachen Verengerung des Lumens, sondern sie geht ausserdem noch quer durch dasselbe hindurch und theilt es in zwei oder mehr Abtheilungen (Fig. 232). Auch dann ist eine Neubildung elastischer Fasern möglich.

Wenn bisher von der Arteriitis ohne Rücksicht auf die Aetiologie die Rede war, so giebt es doch auch Arterienentzündungen, die mit Sicherheit auf bestimmte Schädlichkeiten zurückgeführt werden können. Die eine von ihnen ist die tuberkulöse Arteriitis (Fig. 232), die in erster Linie dann entsteht, wenn um die Gefässe herum ein tuberkulöser Prozess Platz gegriffen hat. Man kann sie daher in den verschiedensten tuberkulös erkrankten Organen untersuchen, findet sie aber am häufigsten in der Lunge, bei der sie noch Berücksichtigung finden wird. Sehr gut eignet sich auch für die jüngeren Stadien die weiche Gehirn-

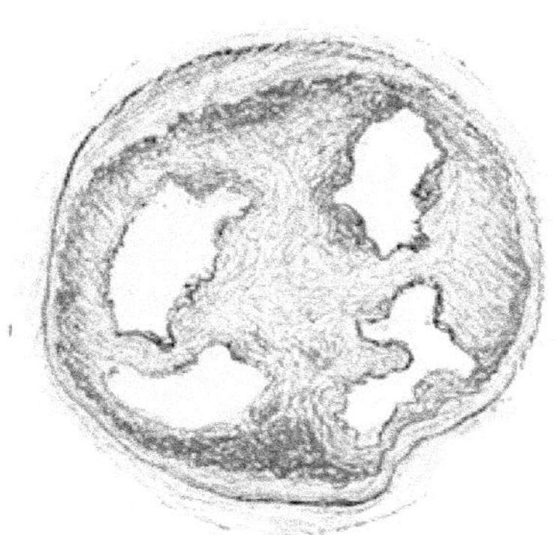

Fig. 232. Obliteration einer Coronararterie durch Endarteriitis obliterans. Färbung der elastischen Fasern, die dunkel hervortreten. Das Lumen ist nicht ganz verschlossen. Das wuchernde Gewebe hat vier unregelmässige Oeffnungen frei gelassen, die von dickeren elastischen Lamellen umgeben werden. Vergr. 60.

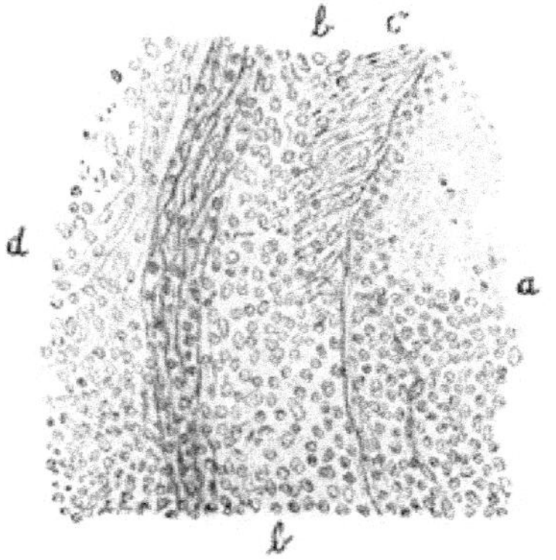

Fig. 233. Stück der Wand einer **Arterie** aus der Pia bei tuberkulöser Meningitis. *b-b* Arterienwand, *a* Lumen des Gefässes durch einen der Intima aufsitzenden zellreichen Thrombus verengt. *d* periarterielles Gewebe, zellig infiltrirt. Die Bestandtheile der Arterienwand sind durch zahlreiche Zellen auseinandergedrängt. Bei *c* sieht man noch eine Lage weniger veränderter Muskulatur. Vergr. 100.

haut, wenn in ihr eine tuberkulöse Basilarmeningitis vorhanden ist. Man trifft die Arteriitis hier vorwiegend in Form einer zelligen Infiltration der ganzen Wand (Fig. 233). Anfänglich ist nur die äussere Wandschicht als Fortsetzung der periarteriellen Entzündung verändert, dann schreitet der Prozess auch auf die muskuläre Media fort. In dieser kann die Zellanhäufung zu einer völligen Verdrängung der Muskelzellen führen. Weiterhin gelangen die Zellen auch durch die Elastica nach innen und heben die Intima, resp. das Endothel ab, indem sie unter ihm eine schmalere oder breitere unregelmässige Lage bilden und es schliesslich durchbrechen. Alles das kann ohne Störung des Blutumlaufes geschehen, oft aber entsteht ein grösserer oder kleinerer Thrombus. Die infiltrirenden Zellen sind theils polynucleäre Leukocyten, theils Lymphocyten. Jene wiegen in den Anfangsstadien, diese in späterer Zeit vor. Daneben aber sieht man auch eine Vermehrung der fixen Elemente der Gefässwand. Alle diese Befunde haben nun nichts für die Tuberkulose charakteristisches, nur die oft reichliche Gegenwart von Tuberkelbacillen sichert die Diagnose. An den Piagefässen findet man überhaupt, da der Prozess ja meist bald tödtlich endet, im Allgemeinen keine typischen tuberkulösen Veränderungen. Aber auch an sonstigen Körperstellen kann das anatomische Bild oft ohne besondere Merkmale sein. In anderen Fällen schreitet der Prozess der Arterienwand durch Wucherung der fixen Elemente bis zur Bildung von riesenzellenhaltigen Tuberkeln fort. Dazu oder unabhängig davon bildet sich eine fortschreitende Endarteriitis aus, die zur Obliteration des Gefässes führen kann. Auch in diesem neuen Gewebe können Tuberkel entstehen (s. u. Lunge).

Eine zweite, ätiologisch zuweilen bestimmbare Arteriitis ist die syphilitische. Aber wie man die tuberkulöse oft nur aus der Gegenwart der Bacillen sicher diagnosticiren kann, so die luetische aus dem Vorhandensein grösserer gummöser Neubildungen, die auf die Wand von Arterien übergreifen. Auch hier bildet sich zellige Infiltration derselben und Gewebswucherung, besonders als Endarteriitis obliterans. Man hebt wohl hervor, dass der grosse Umfang solcher Wucherungszustände den Verdacht auf Syphilis rechtfertige. Auch hat man die oben erwähnte Neubildung einer Elastica um die verengte Gefässöffnung für charakteristisch gehalten.

Eine besondere Form von Arteriitis ist diejenige, welche durch Thrombose der Gefässe veranlasst wird. Hier kommen hauptsächlich die nach Unterbindung von Arterien durch Gerinnung des Blutes bis zum nächsten oberhalb abgehenden Seitenast entstehenden Thromben in Betracht. Sie werden nach und nach von der Gefässwand aus durch Bindegewebe ersetzt, »organisirt«. Auch Emboli, zumal in den Aesten der Arteria pulmonalis, können auf diese Weise umgewandelt werden.

Die erste histologische Erscheinung, die sich an die Thrombose oder Embolie anschliesst, ist eine mehr oder weniger reichliche Durchsetzung aller Wandschichten mit mehrkernigen Leukocyten, die aus den Vasa vasorum herrühren. Sie verschwinden aber nach einigen Tagen wieder, indem sie entweder durch die Intima bis in den Thrombus wandern und hier zerfallen oder auch in der Wand selbst zu Grunde gehen. Ihr Auftreten ist also ohne besondere Bedeutung. Sehr früh stellt sich ferner eine Verdickung der Intima und eine Schwellung ihrer Endothelien ein. Letztere können sich vermehren und in den Thrombus vordringen. Doch scheinen auch sie für die Organisation nur eine untergeordnete

Bedeutung zu haben. Beim Menschen gelingt es nicht immer, sie klar zur Anschauung zu bringen.

Einen Hauptantheil an der Organisation haben jedenfalls die anschwellenden und proliferirenden *bindegewebigen Intimazellen*, ferner die *Gefässe*, die als Aeste der Vasa vasorum in die Intima einwachsen und die gleichfalls bindegewebigen Elemente, die mit ihnen in ihrer Umgebung nach innen vordringen und uns in ihrer Combination mit den Mediagefässen bei der Mesarteriitis bereits begegnet sind (Fig. 230).

In ganz ähnlicher Weise nun, wie wir es bei der Organisation fibrinöser Exsudate (Seite 73 ff.) gesehen haben, wird hier das geronnene Blut durch neu sich bildendes Gewebe ersetzt, indem die Bindegewebszellen und Gefässe in den Thrombus vordringen und sich an seine Stelle setzen. Bei den Venen werden wir einen analogen Vorgang antreffen und es mag hier, soweit die Beschaffenheit der vorgedrungenen Zellen in Betracht kommt, auf die dort zu besprechende Figur 239 hingewiesen werden. Indem der Prozess weiter nach innen fortschreitet (Fig. 234), werden die der Intima zunächst liegenden Theile des neuen Gewebes in eine dichtere concentrisch oder unregelmässig angeordnete faserige, zunächst kernreiche Lage umgewandelt, welche die Circumferenz des Gefässes einnimmt. An der Grenze gegen das Blut, d. h. natürlich so lange die Organisation noch nicht vollendet und der Thrombus nicht ganz verschwunden ist, löst sie sich in die einzelnen Zellen auf, die vorwiegend in spindeliger Form in das Blut hineindringen und dasselbe zugweise durchsetzen. Sie liegen auch hier gern in der Umgebung der Gefässe, deren Zusammenhang mit den Vasa vasorum man auf Querschnitten der Arterie im Allgemeinen deshalb nur selten sieht, weil sie hauptsächlich aus den durch die Unterbindung direkt verletzten Wandtheilen herauswachsen und daher in der Längsrichtung der Arterie angeordnet sind. Auf Längsschnitten wird man die Communication daher leichter erkennen.

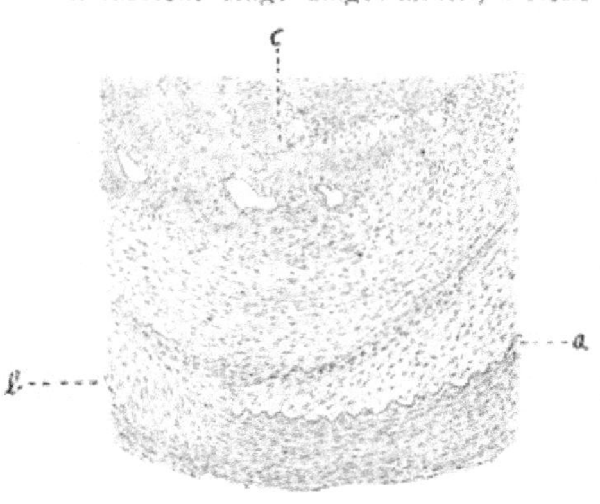

Fig. 234. Arteriitis thrombotica.
Altes Stadium. Unten die Wand der Arterie, oben (bei c) das durch geronnenes Blut verlegte Lumen. *a* Elastica, die bei *b* durchbrochen ist. Zwischen Elastica und Blut eine breite faserigkernreiche Lage neugebildeten Gewebes. Von ihm aus dringen unregelmässige Züge von Zellen in das Blut vor, in welchem auch schon weite Gefässöffnungen sichtbar sind. Vergr. 60.

Die elastische Grenzlage der Intima erkennt man auch in späteren Stadien des Prozesses noch gut (Fig. 234), abgesehen freilich von den

Stellen, an denen sie von dem aus der Media herauswachsenden Gewebe durchbrochen wurde (Fig. 234).

So wird schliesslich das geronnene Blut ganz verdrängt und durch neues Gewebe ersetzt. Dieses enthält, auch in späteren Stadien, oft noch viele Kerne und dünnwandige Gefässe verschiedener Weite (Fig. 235).

Die bisherige Schilderung galt hauptsächlich für den Unterbindungsthrombus. Aber jeder andere Thrombus kann in gleicher Weise organisirt werden. Dasselbe gilt für einen Embolus, wie wir ihn ganz besonders häufig in der Lungenarterie finden. Gerade hier wuchert die Intima aber nicht immer in ganzer Circumferenz in den Embolus hinein, sondern an breiteren oder schmaleren Stellen, zwischen denen dann kleinere oder grössere Unterbrechungen bleiben, ähnlich wie es noch häufiger in den Venen geschieht (s. Fig. 240). So können Kanäle durch den organisirten Thrombus hindurchgehen und eine ihrer Weite entsprechende Circulation gestatten.

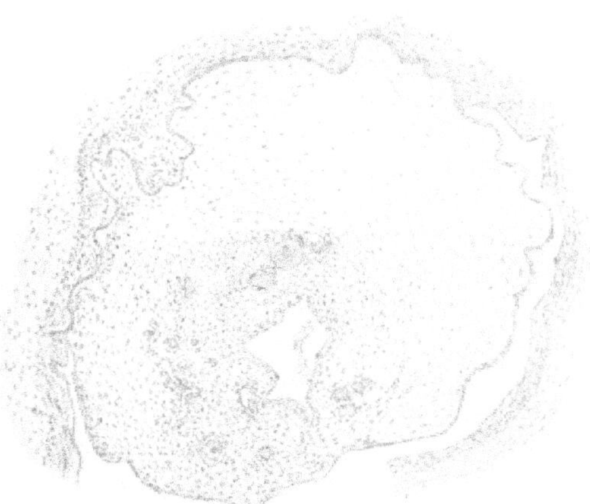

Fig. 235. Obliteration einer Arteria fossae Sylvii.
Die Arterie ist links unten aufgeschnitten. Ihre Wand hat sich theilweise von der mit dem obliterirenden Gewebe fest verbundenen Intima resp. Elastica gelöst. Der Verschluss des Lumens ist durch ein zellreiches Gewebe gebildet, in welchem in der unteren Hälfte viele kleinere und grössere Gefässe sichtbar sind. Vergr. 50.

In dem neuen organisirenden Gewebe findet man neben den grösseren Bindegewebszellen auch die einkernigen Lymphocyten. Gerade hier ist viel von ihrer Betheiligung an Wucherungsprozessen, von ihrem eventuellen Uebergang in fixe Zellen die Rede gewesen. Aber man ist jetzt einig darüber, dass ihnen eine solche Rolle nicht zukommt (vergl. Seite 50).

Ein besonderer entzündlicher Prozess der Arterienwand wird durch die sogenannte P e r i a r t e r i i t i s n o d o s a repräsentirt, die durch multiple knötchenförmige Verdickung an zahlreichen Arterien gekennzeichnet ist. Es handelt sich mikroskopisch um Wucherungsprozesse und zellige Infiltration aller Arterienhäute, welche durch den Prozess ganz zerstört werden können. Vor Allem leidet die Media. Da nach ihrer Vernichtung die Wand dem Blutdruck keinen genügenden Widerstand mehr leisten kann, bilden sich oft kleine aneurysmatische Ausbuchtungen.

b) Degenerationen der Arterien.

Mit den Entzündungen der Arterien verbinden sich, wie wir sahen, oft ausgedehnte degenerative Veränderungen. Insbesondere war von fettiger Entartung, hyaliner Umwandlung, Nekrose und Verkalkung die Rede. Erstere findet sich auch unabhängig von Arteriitis und wurde insofern schon im allgemeinen Theil (S. 18) besprochen. Hyaline Umwandlungen und Nekrosen bilden aber ferner nicht selten auch dann die Grundlage einer Verkalkung, wenn von Entzündung nicht wohl die Rede sein kann. So ist es vor Allem im höheren Alter, in welchem die peripheren Arterien oft ausgedehnte Kalkablagerungen zeigen und sich dadurch in starrwandige Röhren umwandeln.

Untersucht man geringere Grade dieses Prozesses, so lassen sich die Gefässe noch schneiden, aber man sieht in der Media feinste Kalkkörnchen gleichmässig zerstreut oder strichweise dichter gelagert. Daneben können auch schon kleinere völlig verkalkte Abschnitte vorhanden sein, die meist in der Media, aber auch in der verdickten Intima liegen. Eine grössere Ausdehnung dieser Verkalkung macht natürlich das Schneiden der Gefässe unmöglich. Nach Auflösung des Kalkes bleiben hyaline Bezirke verschiedenster Gestalt zurück, in denen das Gewebe völlig zu Grunde gegangen ist (vgl. S. 43, Fig. 35). In ihrer Umgebung findet sich oft auch noch ein zellig-faseriges Bindegewebe, ähnlich wie bei der Mesarteriitis.

c) Aneurysma.

Aneurysma nennen wir jede, aber vorwiegend jede umschriebene Erweiterung einer Arterie. Von histologischen Gesichtspunkten interessirt uns hier nur dasjenige Aneurysma, welches durch Ausbuchtung der Wand (A. verum), nicht durch einen die ganze Dicke derselben durchsetzenden Riss, Blutaustritt und Bildung eines Sackes aus dem umgebenden Gewebe entsteht (A. spurium). Die Ursache der Ausbuchtung liegt in einer Schwächung der Wandbestandtheile und zwar der allein massgebenden Media. Das die Widerstandsherabsetzung herbeiführende Moment sehen Einige in Zerreissungen der Media, Andere in malacischen Veränderungen. In erster Linie aber kommen die besprochenen entzündlichen Veränderungen in Betracht, freilich nur dann, wenn sie nicht in relativ schmalen Zügen, sondern in einer Ausdehnung über grössere Flächen die Media durchsetzen.

Die histologische Untersuchung der Wand eines Aneurysmas wird also besonders in der Media Abweichungen von der normalen Struktur feststellen, die um so hochgradiger sind, je weiter der Prozess vorgeschritten ist. In jüngeren Stadien (Fig. 236) ist die

Media zum grössten Theil durch ein in Zügen und Flecken auftretendes zellreiches Bindegewebe ersetzt, in welchem man nur noch kleinere und grössere Abschnitte ihrer normalen Bestandtheile eingelagert findet. Diese haben eine unregelmässige Gestalt und sind vielfach in eine schräge Richtung verschoben. Ihre Kerne färben sich entweder noch wie sonst oder blasser oder gar nicht mehr. In letzterem Falle sind die Mediareste als abgestorben zu betrachten.

Die elastische Substanz ist in ihnen aber noch lange färbbar. Orceinpräparate (S. 217) eignen sich deshalb besonders gut, um die Zersprengung der Media nachzuweisen. Die noch erhaltenen Felder heben sich durch eine sehr dunkle Farbe von dem hellen übrigen Gewebe sehr gut ab. Man kann in ihnen die elastischen Lamellen ganz oder theilweise noch in normaler Anordnung antreffen. Am Rande zeigen sich stets die bei der Arteriitis bereits erwähnten Veränderungen und auch innerhalb der kleineren Felder kann durch unregelmässige Lagerung, Verdickung und näheres Aneinanderrücken der elastischen Lagen jede Struktur vermischt sein. Die Abtrennung und weitere Veränderung kleiner Faserstücke ist hier noch ausgedehnter als bei der Arteriitis. In den älteren Aneurysmen fehlt schliesslich die Media bis auf die nächste Umgebung des Halstheiles, wo man sie in den eben geschilderten Stücken noch antreffen kann. Zuweilen ist sie aber auch schon in beginnenden Aneurysmen verschwunden, wenn die Ausbuchtung klein ist und sich auf eine Strecke beschränkt, in welcher die Bindegewebswucherung in ganzer Ausdehnung Platz gegriffen hat. Wenn man hochgradig atheromatös erkrankte Aorten, besonders aber die bereits mit einem grösseren Aneurysma versehenen genau untersucht, kann man gelegentlich solche Anfangszustände bekommen, wie sie die Figur 237 darstellt, welche einen Randabschnitt der Ausbuchtung wiedergiebt. Im Bereich der letzteren ist die Media ganz durch eine relativ dünnere Lage zellreichen Bindegewebes ersetzt, wäh-

Fig. 236. Aus der Wand eines Aortenaneurysmas. *J* Intima, *M* Media, *A* Adventitia. Die Intima ist verdickt, dickfaserig, kernarm, zeigt aber an einer Stelle einen Herd zelliger Infiltration. Die Structur der Media ist ganz zerstört. Man sieht hyaline, fast kernlose, unregelmässig faserige und zellig infiltrirte Abschnitte. Die Adventitia ist dichter gefügt, und mit perivasculärer Zellinfiltration versehen. Vergr. 50.

rend sie ringsum die fleckweisen Wucherungsprozesse und die Zersprengung der elastisch-muskulären Elemente erkennen lässt.

Fehlt die Media im Aneurysma, so setzt sich seine Wand nur noch aus der Intima und einer Bindegewebslage zusammen, die theils aus dem an die Stelle der Media getretenen Gewebe, theils aus der Adventitia besteht. In den älteren Stadien stellt sie eine ziemlich gleichmässig aufgebaute parallel gestreifte Schicht dar, die wegen der meist vorhandenen Wucherungsprozesse sehr umfangreich sein kann. Die Intima zeigt gleichfalls meist eine beträchtliche Dickenzunahme, die sich von der bei Arteriitis vorhandenen nicht wesentlich unterscheidet. Sie kann aber auch atheromatös erweichen.

Fig. 237. Rand eines kleinen **Aortenaneurysmas.** Die in der rechten Hälfte der Figur stark verdickte Intima wird im Bereich der Ausbuchtung dünner. Hier fehlt die Media ganz, während sie unterhalb der verdickten Intima stark verändert ist. Ihre Lagen sind zerrissen, durch zellreiches Bindegewebe getrennt und verschoben, zum Theil auch in unregelmässige balkige Massen umgewandelt. Die Adventitia zeigt nur geringe Veränderungen: Verdickung und zellige Infiltration. Vergr. 50.

Die Histogenese der Aneurysmen findet u. A. besonders Besprechung in den Arbeiten von Eppinger (Arch. f. klin. Chir. Bd. 35), der die Entstehung auf eine umschriebene und von Manchot (Virch. Arch. Bd. 121), der sie auf eine multiple über grössere Strecken ausgedehnte Zerreissung der elastischen Elemente zurückführt, ferner bei Thoma (Virch. Arch. Bd. 111 ff.), der eine Arteriomalacie beschuldigt und bei Krafft (Köster, Dissert., Bonn 1877), der die grosse Bedeutung der oben beschriebenen mesarteriitischen Entzündungsprozesse hervorhebt.

Ueber die häufigen miliaren Aneurysmen des Gehirns siehe dieses Organ.

3. Venen.

a) Entzündung der Venen, Phlebitis.

Phlebitis heisst Entzündung der Venenwand. Ihre Ursache liegt entweder im Lumen der Gefässe oder in der Umgebung, nur selten dürfte sie in der Wand selbst dadurch entstehen, dass die entzündungserregenden Agentien durch die Vasa vasorum hierher geführt werden. Der Charakter der Phlebitis ist je nach dem

ursächlichen Moment ein verschiedener. Den Verhältnissen der Arterien analog kann man von Periphlebitis, Mesophlebitis und Endophlebitis sprechen. Eine häufige Form ist die durch septische Infection veranlasste Thrombophlebitis, die zunächst betrachtet werden soll.

Vom Lumen des Gefässes aus wird diese Entzündungsform durch orgarnismenhaltige Thromben, von der Umgebung aus durch hier vorhandene entzündliche Processe veranlasst, die auf die Vene übergreifen. Gehen sie durch die Wand nach innen, so wird sich hier secundär die Bildung eines Thrombus anschliessen, an dessen Entstehung die aus der Wand vordringenden Leukocyten betheiligt sind (s. u.). In beiden Fällen also wird man den Process als Thrombophlebitis zu bezeichnen haben. Die Venenwand erfährt stets eine oft beträchtliche Verdickung durch die Hyperaemie der Vasa vasorum, durch die aus ihnen erfolgende Exsudatbildung und durch Wucherung von Wandbestandtheilen. Das Exsudat wird in die Lymphspalten abgesetzt, welche wie die Blutgefässe sehr ausgedehnt vorhanden sind (Köster).

Die Untersuchung der Thrombophlebitis wird am besten an gehärteten Präparaten vorgenommen. Hat man bluteonservirende Flüssigkeiten benutzt, so tritt an quer zum Gefäss geführten Schnitten die Hyperämie der Vasa vasorum oft deutlich hervor. Man sieht sie von aussen in die erheblich verdickte Wand eintreten und in ihr ein vielmaschiges Netz bilden. Schon bei schwacher Vergrösserung fällt ferner der grosse Kernreichthum der Wand ins Auge. Die Media grenzt sich weniger gut als sonst gegen die Adventitia ab, weil ihre elastisch-muskulären Lagen weit auseinander gedrängt sind und in beiden Häuten eine Kernvermehrung Platz gegriffen hat. Auf der dünnen und wenig hervortretenden Intima liegt der kernreiche Thrombus auf, der gewöhnlich keinen charakteristischen Aufbau zeigt, sondern sich bald mehr aus netzförmigem Fibrin, bald mehr aus Zellen zusammengesetzt, nach innen aber meist ausgesprochene Zerfallserscheinungen darbietet.

Betrachtet man nun die Wand bei starker Vergrösserung (Fig. 238), so bemerkt man in ihr zahlreiche aber verschiedenartige Zellformen. Was zunächst die muskulären Elemente angeht, so kann man sie weit deutlicher als in der normalen Wand wahrnehmen. Es hat dies seinen Grund erstens darin, dass sie durch die exsudative Auflockerung der Wand weiter auseinandergedrängt und mehr isolirt sind, zweitens aber darin, dass sie deutlich vergrössert, verbreitert sind und dass auch ihre Kerne länger und dicker erscheinen, aber ihre stäbchenförmige Gestalt beibehalten haben. Man sieht sie in kleinen Bündeln das Gewebe durchziehen. Mit ihnen können andere Zellen grosse Aehnlichkeit haben, die zwischen ihnen in grosser Zahl theils einzeln, theils gruppenweise zu finden sind. Auch sie haben oft eine spindelige Gestalt, sind aber stets viel kürzer und haben einen ovalen grossen Kern. Andere sind kurz oval, oder unregelmässig gestaltet oder rundlich. Alle diese Zellformen gehören nach Grösse, Protoplasma und Kern zu einer Art. Es sind offenbar **bindegewebige oder endotheliale Elemente**, die aber natürlich neben einer Zunahme ihrer Grösse eine erhebliche Vermehrung erfahren haben müssen, da sie in dieser Menge in der normalen Venenwand nicht vorkommen. Die Räume, in denen sie liegen, sind die erweiterten Saftspalten. Hier finden sich aber neben ihnen noch zwei andere Zellarten, nämlich **polynucleäre Leukocyten** und einkernige **Lymphocyten**. Ihre Menge wechselt sehr. Im Beginn der Phlebitis und weiterhin bei Ueberwiegen des eitrigen Charakters sind die Leukocyten sehr zahlreich und infiltriren die Wand sehr dicht, später und bei weniger intensiver Entzündung ist ihre Menge geringer. Mit ihnen zusammen finden sich dann in gleicher oder zunehmender Zahl die Lymphocyten. Ein häufiges Verhältniss ist das in Fig. 238 wiedergegebene. Man kann demnach mindestens 4 **Zellarten** in der Wand unterscheiden, zu denen aber häufig auch noch rothe Blutkörperchen hinzukommen. Die einkernigen und mehrkernigen Rundzellen finden sich auch in der Intima und im Thrombus. Dadurch wird es wahrscheinlich, dass, da die Emigration der Leukocyten aus den Vasa vasorum erfolgt, ein Vordringen dieser Zellen und der Lymphocyten aus der Wand bis in den **Thrombus** vor sich gehen kann.

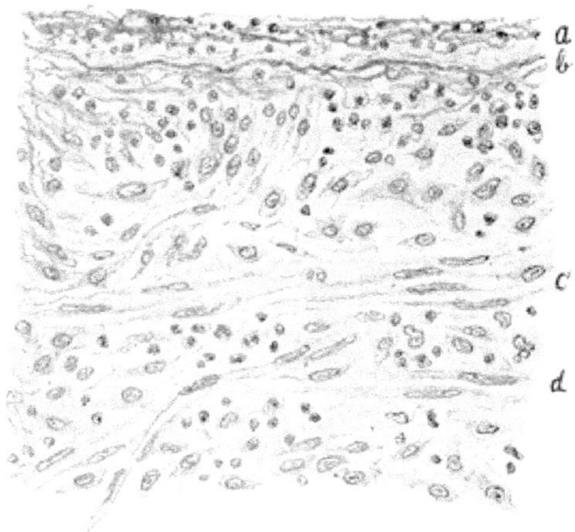

Fig. 238. Phlebitis. Schnitt durch die ganze Dicke der Wand und einen kleinen Theil des das Gefäss ausfüllenden Thrombus (a), b Elastica. Die Wand, insbesondere die Media, ist sehr stark verdickt (Mesophlebitis). Die Muskelbündel, c u. d, die sehr deutlich hervortreten, sind weit auseinandergedrängt durch zahlreiche grosse vielgestaltige Zellen, zwischen denen wenig fibrilläre Zwischensubstanz u. zerstreut liegende Lymphocyten. Vergr. 400.

Letzterer setzt sich in den der Wand anliegenden Schichten gewöhnlich vorwiegend aus netzförmigem dichten Fibrin, nach innen mehr aus unregelmässigen Fibrinmassen und Leukocyten zusammen, die anfänglich nur der polynucleären Form angehören. An ihren Kernen macht sich bald ein fortschreitender Zerfall bemerkbar. Sie lösen sich in kleine unregelmässige Körnchen auf. Der Thrombus ist in der Mitte oft so weich, dass er theilweise aus den Schnitten ausfällt. Er hat eine feinkörnige trübe Beschaffenheit, nimmt keine Fibrinfärbung mehr an und die Kerne zeigen in diesen Theilen die stärksten Untergangsprozesse. Diese Abschnitte sind es aber zugleich auch, welche die in infectiösen Phlebitiden stets vorhandenen Mikroorganismen beherbergen. Es kommen hier vor Allem die Kokken und zwar besonders (z. B. in den Venen des Beckens bei Puerperalfieber) die Streptokokken in Betracht. Man findet sie zuweilen in ausserordentlich grosser Menge. In den äusseren Schichten des Thrombus sind sie spärlicher, können hier auch ganz fehlen. In diesen Fällen ist die Entzündung der Wand durch die resorbirten Gifte ausgelöst.

Die Intensität der Wandentzündung kann sich bis zur völligen Vereiterung steigern. Andererseits kann es, wenn das Individuum die Infection überlebt, zur Organisation des Thrombus kommen. Dieser Prozess findet sich aber natürlich nicht nur bei infectiösen Thromben, sondern auch bei anderen ohne Vermittlung von Bakterien entstehenden. Er verläuft ähnlich wie an den Arterien.

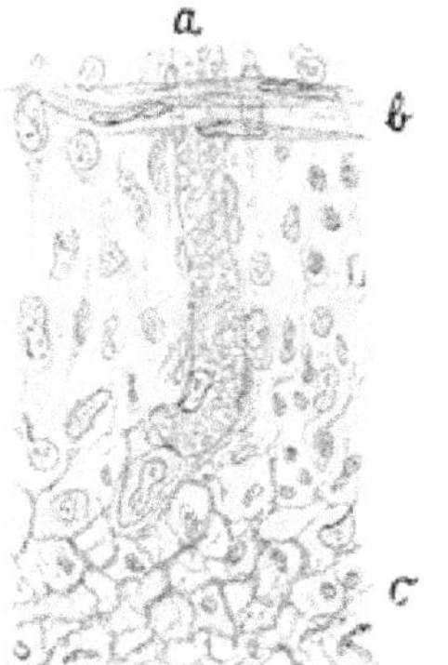

Fig. 239. Organisation eines Venenthrombus.
Nach oben ist die Wand der Vene zu denken, von der man bei *b* nur einige quer verlaufend. glatte Muskelfasern sieht. Bei *c* ist ein Theil des Thrombus mit netzförmigem Fibrin sichtbar. Zwischen *b* und *c* liegen um ein aus der Wand entspringend. Gefäss (*a*) gruppirt grosse hellkernige, in den Thrombus vordringende resp. schon an seine Stelle getretene Zellen und einzelne Lymphocyten. Vergr. 600.

Hat man einen Thrombus zur Untersuchung, der etwa 1—2—3 Wochen alt ist, und betrachtet nun seine Beziehung zur Wand, so wird man ungefähr folgende Bilder antreffen. Thrombus und Vene sind nicht mehr in scharfer Linie begrenzt, vielmehr schieben sich die in der Intima vorhandenen Zellen und die Fibrinfäden in einander. Die Intima selbst ist in wechselndem Maasse verdickt und zellreich. Man sieht in ihr grosse protoplasmareiche polymorphe Zellen mit grossem ovalem Kern, kleinere ebenfalls vielgestaltige Elemente mit dunklerem, oft langem Kern und Rundzellen vom Charakter der Lymphocyten. Diese verschiedenen Zellformen dringen bis zwischen die Fibrinfäden des Thrombus vor (Fig. 239) und treten hier einzeln klar hervor, während sie in den tieferen Schichten der Intima wegen der hier bereits gebildeten Zwischensubstanz nicht immer gut begrenzt erscheinen. Das Bild ist also so zu deuten, dass die wuchernden Zellen der Gefässwand immer weiter in den Thrombus einwandern und ihn zum Schwunde bringen, während sie selbst unter Bildung von Intercellularsubstanz ein Gewebe erzeugen. Dieses wird gleichzeitig vollständig durch Hereinwachsen von Gefässen aus der Media. Man sieht sie theils blutgefüllt, theils blutleer, kann sie aber auch in letzterem Falle an der parallelen Anordnung der langen Endothelkerne gut erkennen. Sie lassen sich oft bis tief in die Media verfolgen und zeigen in ihrer Umgebung überall jene grossen Abkömmlinge fixer Elemente (Endothelien u. Bindegewebszellen). Die den Thrombus ersetzenden Zellen müssen also nicht nur aus der Intima abgeleitet werden, sie gehen zum Theil auch aus der Media hervor, aus welcher sie mit den Gefässen nach innen gelangen. Durch diese Wucherungsprozesse wird die Elastica der Intima vielfach durchbrochen, so dass die Intimazellen direkt an Züge glatter Muskelfasern anstossen. Färbt man mit Orcein, so sieht man diese Veränderung sehr gut und kann auch an den zunächst noch erhaltenen Abschnitten allerlei Untergangserscheinungen wahrnehmen (vergl. oben Arteriitis).

Fig. 240. Stück einer Vene nach abgelaufener **Organisation eines Thrombus.** *a* verdickte Venenwand, *b* organisirter Thrombus. In der Venenwand sind die Bündel glatter Muskulatur durch vermehrtes Bindegewebe auseinandergedrängt. Die Elastica ist zu einem kleinen Theil gut sichtbar, zum anderen durch bindegewebige Wucherung undeutlich. Der organisirte Thrombus zeigt grössere und kleinere Lücken, so dass er mit einzelnen Balken aus der Wand herauswächst. Er ist zellreich und enthält zahlreiche, als dunkle Fleckchen erscheinende Zellen mit Pigment. Vergr. 60.

Der Endausgang der Organisation ist der völlige Ersatz des Thrombus durch anfangs zellreiches, später zellärmeres Bindegewebe. Sehr häufig hängt dasselbe nicht ringsum mit der Gefässwand zusammen, sondern nur durch breite oder schmale Brücken (Fig. 240). Gegen die Muskularis besteht eine scharfe Grenze, die durch die streckenweise erhaltene Elastica besonders deutlich sein kann. Nach innen folgt dann eine rings herum gehende Gewebslage, die man wohl als die modificirte Intima bezeichnen kann und aus der jene Brücken sich entwickeln. Sie ist in wechselnder Ausdehnung in ein dichtes kernarmes Gewebe umgewandelt. Das an Stelle des Thrombus getretene Gewebe zeigt lange Zeit grossen Zellreichthum und viele engere und weitere mit deutlicher Endothellage versehene Gefässe. Die Zellen sind theils grössere und kleinere fixe Elemente, theils einkernige Rundzellen, die nach Art kleiner lymphoider Knötchen gern gruppenweise angeordnet sind, theils grosse mit gelbem Blutpigment vollgepfropfte Gebilde. Zwischen diesen farbstofferfüllten und den bindegewebigen Elementen bestehen keine Uebergänge. Es muss sich also wohl um verschiedene Zellarten handeln. Die Pigmentzellen dürften wohl endothelialer Abkunft sein.

Die Media lässt in den späteren Stadien ebenfalls noch deutliche Veränderungen erkennen. Ihr Zellreichthum hat sich freilich wieder etwas vermindert, ist aber immer noch grösser als in der normalen Venenwand. Während in dieser die elastisch-muskulären Lagen verhältnissmässig dicht zusammenliegen und nur durch etwas dichtes, leicht welliges kernarmes Bindegewebe geschieden sind, lassen sie nach Ablauf der Phlebitis weit grössere Zwischenräume zwischen sich, die durch eine nicht so dichtfaserige Substanz mit zahlreichen grossen ovalen Kernen ausgefüllt werden. Fleckweise finden sich auch um die besser als in der Norm sichtbaren Vasa nutritia follikelähnliche Anhäufungen von Rundzellen. Diese Befunde erklären die dem frischen Entzündungsstadium gegenüber nur verhältnissmässig geringe Dickenabnahme der Media. Auch die Adventitia ist durch Zunahme des Bindegewebes verdickt.

Die Histologie der Phlebitis ist verhältnissmässig wenig Gegenstand des Studiums gewesen. Die Veränderungen der Venenwand untersuchte Ebeling (Köster, Dissert. 1880), die Organisation des Thrombus Heuking und Thoma (Virchow's Archiv, Bd. 109).

b) Erweiterung der Venen. Phlebectasie. Varix.

Den Aneurysmen der Arterien analog giebt es auch Erweiterungen der Venen. Sie sind aber nur zum Theil sackförmig, meist dehnen sie sich über grössere Gefässstrecken aus. Sie entstehen bei langdauernden Stauungen des Blutes. Aber es ist zu beachten, dass eine Erweiterung nicht eintreten würde, wenn nicht, freilich zum Theil auch als Folge der Stauung, eine Erkrankung der Venenwand hinzukäme.

Die Wand der Phlebectasien (Fig. 241) bietet unter dem Mikroskop ein wechselndes Aussehen. Allerdings spielt dabei auch der Sitz des Prozesses eine Rolle. In der Haut sieht man meist eine Verdickung der Gefässwand. Sie erstreckt sich gewöhnlich auf Intima und Media und ist hauptsächlich durch Bindegewebsneubildung bedingt. Die Intima erscheint dabei meist kernarm, homogen. In der Media kann anfangs auch die Muskulatur eine Vermehrung erfahren. In den späteren Stadien wird das Bindegewebe immer dichter und homogener und indem gleichzeitig die Muskelfasern mehr und mehr zu Grunde gehen, erscheint die ganze Wand um so gleichmässiger zusammengesetzt, als auch die

Grenze von Intima und Media sich wegen des partiellen oder völligen Verschwindens der elastischen Lamelle verwischt. Lange Zeit kann man freilich die elastischen Elemente der Wand durch die Orceinfärbung (S. 217) noch gut zur Anschauung bringen. Der entzündliche Prozess betheiligt ferner sehr gewöhnlich auch das perivasculäre Bindegewebe, welches mit der Adventitia resp. Media zusammenfliesst und daher auch die Aussengrenze der Vene undeutlich macht.

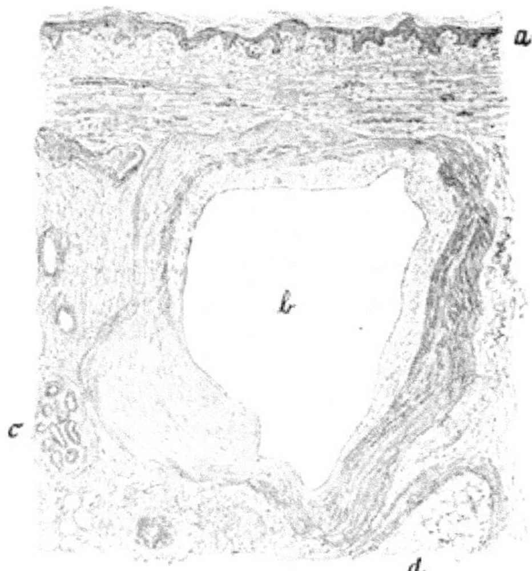

Fig. 241. Varix des Unterschenkels.
a Epidermis, *b* Lumen des Varix, *c* Hautdrüse, *d* Fettgewebe. Der Varix zeigt unregelmässige verdickte Wand, die theils nur aus einer breiten, streifig-homogenen Lage (unten links) besteht, theils noch Intima, Muskularis und gleichfalls verdickte Adventitia abgrenzen lässt. Vergr. 60.

Die Verdickung der Gefässwand erreicht sehr verschiedene Grade. Sie ist bald wenig ausgesprochen, bald so beträchtlich, dass im Querschnitt die Gesammtfläche der Wandung das Lumen der Phlebectasie um das Vielfache übertrifft. Sie erstreckt sich ferner meist auch nicht gleichmässig um die ganze Circumferenz des Gefässes. An der einen Seite kann sie mehr hervortreten als an der anderen. Die Intima ist zuweilen buckelig vorgewölbt.

Neben den dickwandigen Variceen findet man nun auch solche mit verdünnter Hülle, die dann fast nur aus Bindegewebe besteht. Diese Veränderung betrifft meist nur die kleineren Dilatationen.

Die hochgradige Wandverdickung bildet sich zweifellos mit dem Alter des Prozesses mehr aus. Doch ist die Bindegewebswucherung nicht lediglich die Folge einer bereits bestehenden Erweiterung. Sie beginnt vielmehr von vorneherein und darf als ein die Widerstandskraft der Gefässwand herabsetzendes Moment für die Genese der Variceen ätiologisch verwerthet werden.

Ein anderer Lieblingssitz der Phlebectasien ist die Umgebung des Anusringes. Sie werden hier Hämorrhoiden genannt. An ihnen sieht man häufiger als in der Haut hochgradige Verdünnungen der Venenwand, die sich oft nur aus einer schmalen Lage faserigen Bindegewebes zusammensetzt. Andere, insbesondere die stärkeren Dilatationen haben freilich auch hier eine dickere Wand, in der auch die Muskulatur reichlich entwickelt und wohl auch vermehrt sein kann.

Hier wie in der Haut sind die Papillen in der Epidermis, falls die Venectasie ihr nahe liegt und sie emporḋrängt, verstrichen. Die Drüsen zeigen zuweilen hyperplastische Zustände. Im Bindegewebe sieht man nicht selten Pigmentablagerungen als Reste früherer Blutungen.

Noch ausgesprochenere Verdünnungen der Wand können die Phlebectasien darbieten, welche an den Venen des kleinen Beckens und am Darmkanal oft multipel vorkommen. Es sieht oft aus, als würde die Umgrenzung des Blutraumes nur von einer einzigen Fibrillenlage gebildet. Daneben finden sich freilich auch Verdickungen der Gefässwand.

An allen genannten Stellen kann es zu Thrombosen in den erweiterten Gefässen und zu Organisationen kommen. Das organisirte Gewebe verkalkt nicht selten (Phlebolithen). Auch die Venenwand kann Verkalkungen zeigen. Ferner kommt in ihr Pigmentablagerung vor.

4. Lymphgefässe.

Die Lymphgefässe sind so wenig selbständige Gebilde, d. h. so sehr Bestandtheile der Organe, dass sie, von dem Ductus thoracicus abgesehen, für sich allein nur selten Gegenstand histologischer Untersuchung sind. Auch sind die etwa an ihnen vorhandenen Abweichungen theils an anderen Stellen dieses Buches erörtert worden (vergl. Endotheliom S. 127, Lymphangiom S. 114, Entzündungen der Darmwand Fig. 264), theils so leicht verständlich, dass vor einer eingehenden Besprechung abgesehen werden kann.

5. Milz.

Die pathologische Histologie der Milz ist noch wenig erforscht. Das liegt zu einem grossen Theil daran, dass wir über die normale Function und das so bedeutungsvolle Gefässsystem dieses Organes noch nicht ausreichend unterrichtet sind. Es bestehen noch immer Meinungsverschiedenheiten, ob das Blut in geschlossenen Röhren circulirt (Thoma) oder ob es zwischen Arterienenden und Venenanfängen frei durch die Pulpa oder wenigstens durch ein in seiner Wand vielfach durchbrochenes Röhrensystem fliesst (s. unten S. 241).

Es kommt hinzu, dass die den verschiedenen Krankheitszuständen entsprechenden pathologischen Veränderungen der Milz nur in wenigen Richtungen liegen, so dass es nicht wohl möglich ist, nach histologischen Merkmalen alle einzelnen Affectionen von einander zu unterscheiden. Wir wollen daher nicht in der Weise, wie es bei der speciellen pathologischen Anatomie des Organes gebräuchlich ist, die verschiedenen Erkrankungen der Reihe nach durchsprechen, sondern die Befunde nach einigen allgemeinen Gesichtspunkten ordnen.

Die Milz ist schon im normalen Zustand ein blutreiches Organ. Sehr häufig aber kommt es zu einer activen Hyperämie. Diese ist indessen für sich allein nur wenig Gegenstand mikroskopischer Untersuchung, zumal sie fast stets abhängig ist von infectiösen Allgemeinerkrankungen, durch welche die Milz auch in anderer Weise erheblich verändert wird. Sie erscheint vergrössert, weicher, oft von breiiger Beschaffenheit. Untersucht man das Organ zunächst im frischen Zustande, indem man etwas Material von der Schnittfläche abschabt und in Wasser bringt, so findet man ausser den zahlreichen rothen Blutkörperchen Zellen verschiedener Gestalt und Grösse. Am meisten pflegen halbmondförmig gebogene schmale Zellen in die Augen zu fallen, die etwa in ihrer Mitte einen stark vorspringenden Kern besitzen. Man muss sie als Blutgefäss-Endothelien auffassen. Neben ihnen finden sich Lymphocyten, sowie grössere protoplasmareichere, nicht selten zwei- und mehrkernige Elemente und polynucleäre Leukocyten in wechselnder Zahl. Die grossen rundlichen Zellen schliessen zuweilen rothe Blutkörperchen und braune Pigmentkörner ein. Diese verschiedenen Zellformen kann man nun freilich auch erhalten, wenn man die gleiche Untersuchung an einer normalen Milz vornimmt, aber man gewinnt sie doch aus dem pathologischen Organ in erheblich grösserer Menge und in anderen relativen Zahlenverhältnissen. So sind die grossen protoplasmatischen Zellen weit häufiger; auch die blutkörperchenhaltigen fallen mehr auf. Ferner sind die gebogenen Gefässendothelien oft ausserordentlich vermehrt, so dass sie das ganze Bild beherrschen.

Geht man nun an das gehärtete Organ heran, so ergeben sich für die Pulpa hauptsächlich zwei Schwierigkeiten. Einmal nämlich kann es sehr schwer sein, zu entscheiden, ob die dicht gedrängten zelligen Elemente innerhalb von Blutgefässen oder ausserhalb liegen und in Verbindung damit schafft die Feststellung des Charakters der einzelnen Zellen oft grosse Verlegenheiten. Da freilich, wo es sich um deutlich geschlossene Gefässbahnen, um die arteriellen, vor Allem aber um die venösen Capillaren handelt, sind die Lagerungsverhältnisse der im Lumen dieser Bahnen befindlichen Gebilde klar. Aber die zwischen diesen zweifellosen Gefässen liegende Pulpa ist sehr schwer zu beurtheilen. Hier drängen sich aber, mit Blut untermischt, grosse Mengen von Zellen zusammen. Ein Theil derselben muss nun, wenn man zwischen arteriellen und venösen Capillaren eine geschlossene Blutbahn annimmt, zur Wandung derselben gehören, also endothelialer Natur sein, andere sind Lymphocyten und Leukocyten. In wechselnden Mengen finden sich hier ferner die grossen protoplasmatischen rundlichen, oft mehrkernigen Elemente. Nach Analogie mit anderen Organen, besonders mit den Lymphdrüsen könnte man annehmen, dass auch sie Endothelien sind, die zu dem reticulären Grundgewebe der Milz gehören. Es besteht aber ferner, wie wir sogleich sehen werden, noch die Möglichkeit, dass es sich um kubisch angeschwollene Blutgefässendothelien handelt. Jedenfalls kann ihre Menge so zunehmen, dass sie eine an der anderen liegen und kaum noch Raum für einzelne andere Elemente lassen. Es muss demnach eine lebhafte Wucherung dieser Zellen stattfinden.

Unter den hier in Rede stehenden Verhältnissen erleiden aber auch die typischen, g e s c h l o s s e n e n B l u t g e f ä s s e c h a r a k t e r i s t i s c h e V e r ä n d e r u n g e n. Das auffallendste ist eine Schwellung der Endothelien (Fig. 242). Sie springen als kubische, protoplasmareiche, zuweilen fast cylindrische, epithelähnlich angeordnete Zellen vor. Sie sind freilich nicht immer gleich hoch und in ganzer Circumferenz in derselben Weise verändert, aber zuweilen gewinnt der Durchschnitt eines Gefässes, vom Inhalt abgesehen, grosse Aehnlichkeit mit einem epithelialen Kanale. In den venösen Capillaren ist diese Veränderung stets weit mehr ausgebildet, als in den engeren arteriellen. Das Blut in den so umgewandelten venösen Gefässen ist aussergewöhnlich reich an farblosen Elementen, Leukocyten, Lymphocyten und protoplasmareichen Zellen vom Aussehen der vergrösserten Endothelien. Alle diese Zellen können den rothen Blutkörperchen an Zahl gleichkommen oder sie gar übertreffen. Da sie nun in den grösseren Venen weit weniger reichlich sind, so muss man annehmen, dass in den Capillaren der Inhalt nicht als Ganzes fliesst, sondern dass die farblosen Zellen zurückgehalten werden. Man gewinnt sogar vielfach den Eindruck einer Zellthrombose.

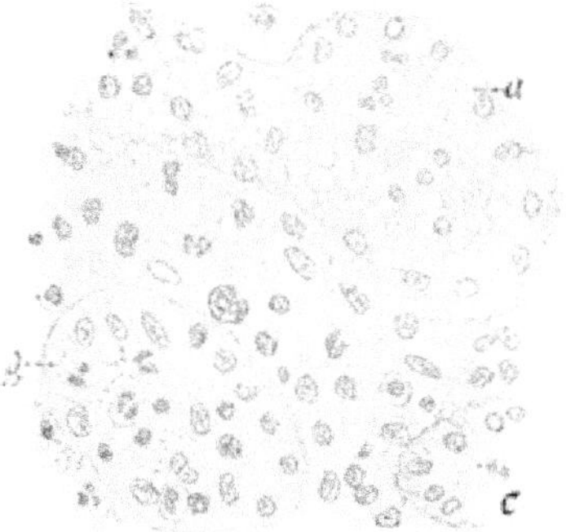

Fig. 242. Aus einer Milz bei Pyämie. Man sieht drei sehr weite Gefässe (venöse Capillaren). In a befindet sich Blut, welches an farblosen Zellen verschiedener Art reich ist. b enthält fast nur farblose Zellen, darunter grosse, hellkernige, epitheliale. Aehnlich verhält sich c. In allen drei Gefässen ist das Endothel epithelähnlich vergrössert. Zwischen den Gefässen trübes Grundgewebe mit wenig zahlreichen Zellen verschiedener Art. Vergr. 600.

Ausser bei diesen mit Zellvermehrung einhergehenden hyperämischen Zuständen der Milz kann nun gelegentlich auch unter anderen Umständen der Blutgehalt des ganzen Milzgewebes oder eines Theiles desselben sehr beträchtlich ansteigen, während die farblosen Zellen mehr und mehr zurücktreten. Das ist z. B. der Fall in den besonders dem höheren Alter entsprechenden a t r o p h i s c h e n O r g a n e n, in denen die zelligen Elemente an Zahl abnehmen, ferner in manchen Fällen von S t a u u n g und auch bei den c o l l a t e r a l e n H y p e r ä m i e n, wie sie in der Umgebung von Infarkten (s. u.) entstehen. Dann findet man die venösen Capillaren weit und gefüllt, aber die übrige Pulpa ist so reich an rothen

Blutkörperchen, dass zwischen ihnen ausser spärlichen Leukocyten und Lymphocyten nur noch eine relativ geringe Menge von Kernen hervortritt, die theils lang, schmal und dunkel gefärbt, theils oval und hell sind. Hier sind offenbar die lose liegenden, beweglichen Zellen verschwunden und nur die dem Milzgewebe selbst angehörenden übrig geblieben.

Die Stauungshyperämie kann im Uebrigen je nach der Dauer und dem Grade ihrer Ausbildung ein verschiedenes Aussehen darbieten. Manchmal trifft man vor allem eine sehr starke Dilatation und strotzende Füllung der venösen Capillaren (Fig. 243), denen gegenüber die sonstigen Bestandtheile der Pulpa in den Hintergrund treten. Das zwischen den

Fig. 243. Aus einer **Stauungsmilz.** Die venösen Capillaren sind stark dilatirt und strotzend mit Blut gefüllt. Ihre Endothelkerne springen vor. Zwischen den Gefässen ist das Gewebe auf schmale, faserig erscheinende kernarme Streifen **zusammengedrückt.** Vergr. 400.

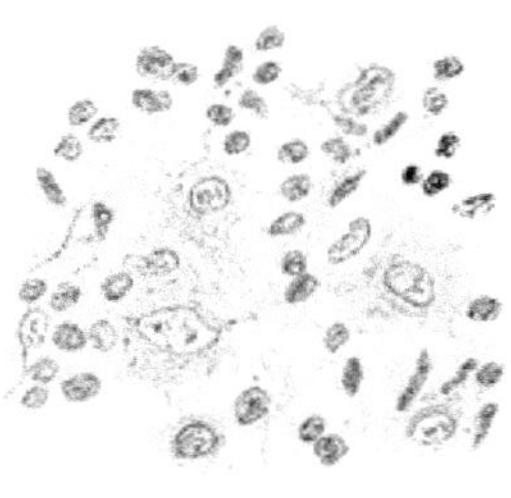

Fig. 244.

Aus einem Follikel der Milz bei Diphtherie.

Man sieht grosse hellkernige, verästigte Zellen von endothelialem Charakter und ausserdem dunkle runde Lymphocytenkerne.

Vergrösserung 600.

Gefässen vorhandene Gewebe kann so comprimirt sein, dass ihre Wandungen sich fast berühren. Hat eine hochgradige Stauung lange Zeit bestanden, so ist die Pulpa zellärmer als sonst, aber etwas reicher an fibrillärer Grundsubstanz. Man sieht die Capillargefässe im Allgemeinen deutlicher als in der Norm. Auffallend ist ferner eine beträchtliche Verdickung aller Trabekel und der arteriellen Gefässwände. An letzteren ist besonders die adventitielle bindegewebige Hülle faserig verbreitert.

Die Follikel verhalten sich bei den bisher besprochenen Veränderungen verschieden. Bei infectiösen Allgemeinerkrankungen sind sie oft vergrössert. Dabei ist dann ihre äussere Begrenzung meist verwaschener als unter normalen Bedingungen. Besser begrenzt sind sie aber umgekehrt bei der Diphtherie. Sie bilden hier unter dem Mikroskop runde Knötchen, in deren Centrum grosse rundliche und verästigte Zellen (Fig. 244) sichtbar sind, während die Lymphocyten zurücktreten. Es handelt sich um

Zellen, die angeschwollenen Endothelien ähnlich sind, neben denen das spärliche Reticulum noch zu erkennen ist. Ihre Kerne färben sich schwächer als die der Rundzellen und da diese fast ganz fehlen, so fallen die centralen Theile der Follikel durch ihre hellere Beschaffenheit schon bei schwacher Vergrösserung ins Auge.

Bei den über längere Zeit sich erstreckenden Schwellungszuständen der Milz, den leukämischen, pseudoleukämischen, den bei Malaria und Syphilis vorkommenden ist das Bild je nach dem Stadium des Processes ein verschiedenes. In früherer Zeit ist die Pulpa zellreich, die Follikel sind oft erheblich vergrössert. Später nimmt die Zwischensubstanz durch Vermehrung und Verdickung des Reticulums zu (Fig. 245). Je mehr das der Fall ist, desto deutlicher erkennt man die Gefässe. Sie erscheinen jetzt auch weit zahlreicher als sonst und dichter gedrängt, für eine eigentliche Pulpa bleibt also nur wenig Platz. Es giebt Fälle, in denen sie völlig reducirt ist. Dann findet sich zwischen den Gefässen, deren Endothelkerne deutlich prominiren, die aber ausser dem Epithel noch eine ausgeprägte bindegewebig-faserige Hülle besitzen, nur noch eine dichtfibrilläre, mässig kernhaltige Substanz, die sich am Rande der Trabekel direkt in das Gewebe derselben fortsetzt.

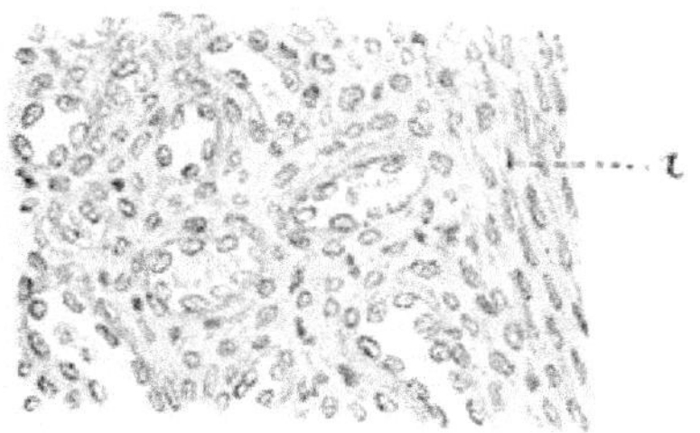

Fig. 245. Indurirtes Milzgewebe.
Man sieht mehrere runde und längliche Gefässöffnungen, in denen die Endothelkerne deutlich prominiren. Zwischen den Gefässen ein faseriges dichtes, mässig kernreiches Gewebe, welches sich direkt in einen Trabekel (a) fortsetzt. Vergr. 400.

Eine besondere Veränderung der Milz beruht auf der Ablagerung von Kohlepartikeln (Fig. 246) (vgl. Lunge, Anthracosis und Leber (Fig. 1, Tafel V), wie sie bei Individuen, die grosse Kohlemengen inhaliren, besonders im höheren Alter nicht ganz selten vorkommt (s. Lymphdrüse und Lunge). Die Körnchen scheiden sich vor Allem in den adventitiellen Scheiden der Arterien ab und zwar sowohl dort, wo Follikel sind, als dort, wo sie fehlen. Im ersteren Falle liegen sie

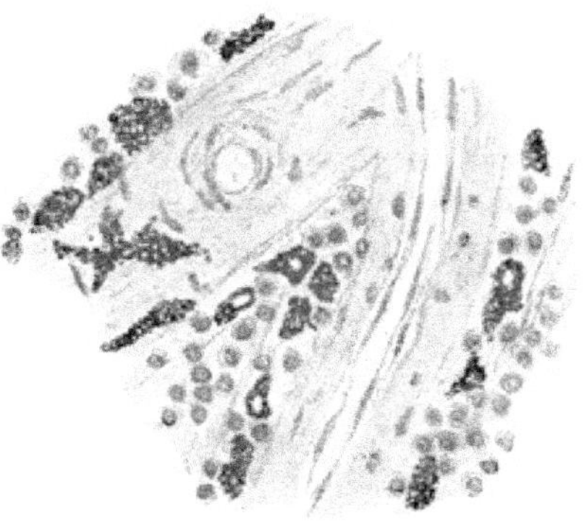

Fig. 246. Ablagerung von Kohle in der Milz.
Man sieht die Theilungsstelle einer Arterie, deren Endothel deutlich hervortritt und deren Wand dick ist. Die Kohle liegt in grossen spindeligen und verästigten Zellen in der nächsten Umgebung (der Scheide) des Gefässes. Vergr. 400.

vorwiegend an der follikelfreien Arterienseite, niemals in den Follikeln selbst (vgl. Lymphdrüsen Fig. 250). Bei besonders reichlicher Zufuhr von Kohle wird sie auch an der Grenze der Trabekel abgelagert. Stets aber liegt das Pigment in Zellen und zwar in grossen runden länglichen oder verästigten Elementen, die als Endothelien angesehen werden müssen (vgl. Fig. 251).

Das in der Milz häufige Blutpigment kann in denselben Zellen vorhanden sein, wird aber meist in grossen Pulpazellen angetroffen.

In der Pulpa findet man ferner bei denjenigen Infectionskrankheiten, die mit einem Uebertritt von Mikroorganismen ins Blut verbunden sind, die parasitären Lebewesen. Sie liegen hier theils frei, theils wieder in die grossen Pulpazellen eingeschlossen. So begegnet man hier den Spirochaeten der Febris recurrens und den verschiedenen Kokkenformen der septischen Infectionen. Auch die Typhusbacillen kommen hier ganz gewöhnlich zur Localisation und zwar in gleicher Weise wie an den Lymphdrüsen (Fig. 7, Tafel III).

Ein letztes Objekt histologischer Untersuchung ist der nekrotische Infarkt, der durch Verschluss eines Arterienastes zu Stande kommt und bald anaemischer, bald und besonders häufig leicht haemorrhagischer, selten ausgesprochen blutiger Natur ist. Um ihn bildet sich stets eine collaterale Hyperaemie aus, die mit der oben erwähnten Veränderung des Milzgewebes einhergeht. Das Schicksal des Infarktes ist Resorption, an seiner Stelle findet man später eine mit narbigem Gewebe umgebene Einziehung.

Härtet man einen Infarkt, so lange er noch keine Volumverminderung erfahren hat, oder gar, wie es im Anfang der Fall ist, noch etwas vorspringt, und färbt die Schnitte, so zeigt das Gewebe natürlich die Erscheinungen der Nekrose, also Abwesenheit der Kernfärbung. Einzelne Kerne nehmen freilich Farbe an, aber sie entsprechen aus der Umgebung eingedrungenen Wanderzellen. Wendet man Fibrinfärbung an, so erhält man nicht selten sehr zierliche Bilder. Es zeigt sich nämlich eine Fibrinausfällung im Lumen von Gefässen und im geringeren Umfange auch ausserhalb derselben. Durch diesen Prozess treten nun die Gefässnetze oft aufs Deutlichste hervor. Sie können so engmaschig sein, dass nur ein geringer Raum für Pulpa frei bleibt. Solche Verhältnisse lassen sich gut im Sinne einer geschlossenen Blutgefässbahn verwerthen. Das Fibrin rührt offenbar her von dem aus dem gesunden Milzgewebe in den Infarkt hinein tretenden Blut resp. von einer Transsudation.

Das angrenzende Milzstroma zeigt ausser der bereits hervorgehobenen Hyperämie eine Zunahme der fixen Zellen auf Kosten der Lymphocyten.

Dabei erscheinen die Gefässe weit zahlreicher und deutlicher als sonst und besser begrenzt, so dass auch hier der Eindruck hervorgerufen wird, als seien nur völlig geschlossene Röhren vorhanden. Weiterhin bildet sich durch fortgesetzte Wucherung der Zellen und der Gefässe eine Zone von Granulationsgewebe, aus welchem schliesslich Narbengewebe wird.

Auf Grund aller der besprochenen histologischen Verhältnisse kann man sich über das Gefässsystem der Milz vielleicht folgende Vorstellung machen. Die Gefässe des normalen Organes stellen zwar continuirliche Röhren dar, aber zwischen der arteriellen und der venösen Bahn bestehen sie nur aus der Länge nach aneinander gereihten langen schmalen, spindeligen Endothelzellen. Man bekommt nicht selten Bilder, welche eine diesem Bau entsprechende Längsstreifung der Pulpagefässe gut erkennen lassen, ja man kann sehen, wie die einzelnen Endothelien deutlich neben einander liegen. Sie sind aber mit einander nicht fest verkittet, sondern treten bei stärkerer Blutzufuhr aus einander und lassen Blutbestandtheile in die Pulpa übertreten. Ganz besonders ist dies bei pathologischen Hyperämien der Fall, bei denen ja grosse Mengen von Blut und fremden Bestandtheilen desselben (Parasiten) zwischen den Pulpazellen gefunden werden. Die damit verbundene stärkere Lösung der Endothelien von einander erklärt das reichliche Auftreten dieser Zellen im frischen Präparat. Diese anatomische Einrichtung macht uns die Bedeutung der Milz als einer Reinigungsstätte des Blutes verständlich. Nimmt andererseits das intervasculäre Gewebe, besonders das faserige Reticulum zu, so werden die Gefässe überall von einer bindegewebigen Hülle umgeben. Sie erscheinen jetzt als durchweg geschlossene Röhren.

6. Lymphdrüsen.

a) Entzündung der Lymphdrüsen.

Unter den pathologisch-anatomischen Veränderungen der Lymphdrüsen stehen die entzündlichen Prozesse nach Häufigkeit und Bedeutung in erster Linie. Sie müssen daher eingehend betrachtet werden.

Die Entzündungen der Lymphdrüsen entstehen selten auf hämatogenem Wege. Meist werden sie dadurch hervorgerufen, dass von den peripheren Bezirken her die Entzündungsursache auf dem Lymphgefässwege zugeführt wird. Dadurch muss sie zuerst die Lymphsinus der Peripherie treffen, wie auch verschleppte Geschwulstzellen (Seite 175) und Kohlepartikel zuerst in diese Theile gelangen. Aber die entzündungserregenden Massen verbreiten sich auf dem Wege der Lymphbahnen rasch weiter durch die ganze Drüse. Diese wird hyperämisch und schwillt an. Daran ist einmal eine Exsudation und Emigration betheiligt, die hier genau so wie in jedem anderen Gewebe sich einstellt. Die emigrirten Zellen sind auch hier die mehrkernigen Leukocyten, die sich von den an Ort und Stelle befindlichen Lymphocyten leicht unterscheiden lassen (vergl. Seite 73). Die Drüsenschwellung beruht aber zum anderen Theile auf der Zufuhr von fremden Substanzen auf dem Lymphwege. Denn mit den Entzündungsursachen im engeren Sinne (Bakterien, Toxinen) werden auch Zerfallsprodukte und Zellen aus dem primären peripheren Herde in das Organ hineingebracht.

Die Ablagerung körperlicher Bestandtheile findet lange Zeit ausschliesslich in die Lymphbahnen statt, während die Follikel verschont bleiben. Erst bei lang dauernden intensiven Entzündungen werden auch sie mit ergriffen. Demgemäss finden wir die Lymphsinus erheblich verbreitert (Fig. 247). Man überzeugt sich davon am besten, wenn man die Peripherie der Drüsen untersucht, weil hier wegen der abgrenzenden Kapsel und der gut sichtbaren Follikel die Verhältnisse am klarsten hervortreten. Bei eitrigen Entzündungen findet man alle Lücken mit polynucleären Leukocyten vollgepfropft, in anderen Fällen treten neben diesen Elementen auch andere Zellen deutlicher hervor, nämlich erstens die mehr oder weniger zahlreichen Lymphocyten und die Endothelien. Diese sind angeschwollen protoplasmareicher als sonst, vielfach völlig abgelöst und an ihrem grossen hellen, relativ chromatinarmen Kern leicht zu erkennen. Ausser den Zellen findet man oft körnige, trübe Massen, mit Kernbröckeln untermischt. Das sind die zugeführten Zerfallsprodukte. Um sie und zugleich die Zellen gut zu erkennen, wähle man z. B. eine in Folge von pneumonischen Prozessen irgend welcher Art angeschwollene Bronchialdrüse (Fig. 247). Die Entzündung führt in manchen Fällen auch zur Abscheidung von Fibrin. Auch das ist in jenen Drüsen oft wahrzunehmen. Man findet die Fibrinfäden spärlich oder dichter zwischen Zellen und sieht auch nicht selten eine intravasculäre Fibringerinnung.

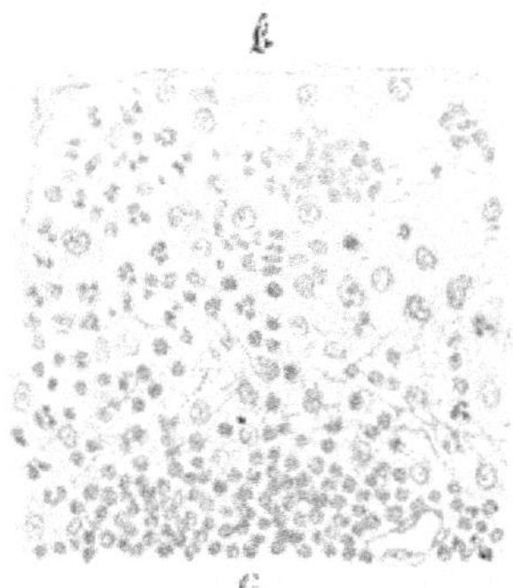

Fig. 247. Bronchiallymphdrüse bei herdförmiger Pneumonie. Abschnitt eines Randsinus mit einem Theile eines Follikels (c). *b* Kapsel. In dem Randsinus sieht man grosse runde hellkernige Zellen, Lymphocyten und Leukocyten, rothe Blutkörperchen, feinkörnige trübe Detritusmassen und an der Grenze gegen den unveränderten Follikel Fibrin. Vergr. 130.

Hochgradiger wird die Fibrinabscheidung, wenn die Quelle der Entzündung in einem diphtherischen Prozess gelegen ist (Fig. 248). Hier kommen also hauptsächlich die Halslymphdrüsen in Betracht. Schon im frischen Zustand fallen nicht selten einzelne Follikel durch eine glänzende Beschaffenheit auf und die genauere Betrachtung lehrt, dass es sich um eine balkig-hyaline Veränderung handelt, die ganz mit der in der Diphtheriemembran vorkommenden (S. 65 u. 66, Fig. 46 u. 47) übereinstimmt. Wenn man solche Objekte härtet und nach Weigert färbt, so sieht man zwischen den Lymphocyten ein Netzwerk von Fibrinfäden ausgespannt. Auch in den Lymphbahnen findet sich etwas Fibrin und ferner begegnet man ihm auch in Blutgefässen, die dadurch ganz verlegt sein können.

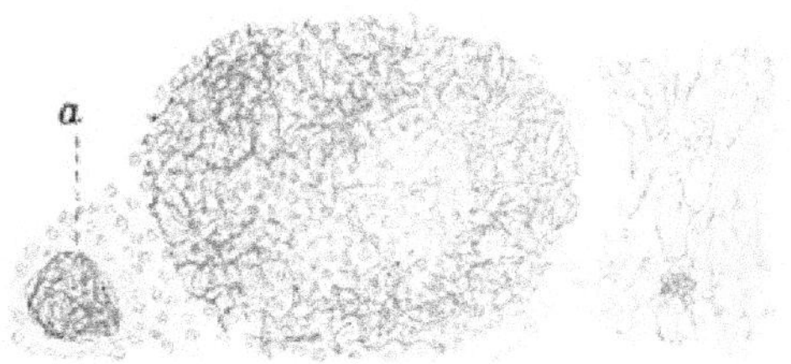

Fig. 218. Lymphdrüse bei Diphtherie. Der runde dunklere Körper ist ein Follikel, an den rechts der Randsinus anstösst. Fibrinfärbung. Der Follikel ist mit einem dichten Gewirr von Fibrinfäden durchsetzt, der Randsinus enthält weniger Fibrin. Links ein durch Fibrin verschlossenes Gefäss (a). Vergr. 400.

Ausser den exsudativen Entzündungen giebt es auch in den Lymphdrüsen solche, die durch Neubildungsprozesse charakterisirt sind. Hier kommt einmal eine Wucherung der Endothelien der Lymphbahnen in Betracht. Sie wandeln sich in grosse protoplasmatische Zellen um, die so zahlreich werden können, dass für andere Zellarten kein Platz mehr bleibt. Solche Parthien heben sich dann durch ihre von der relativ (d. h. dem Protoplasmareichthum gegenüber) kleinen Zahl der Kerne und dem geringen Chromatingehalt abhängige helle Beschaffenheit sehr deutlich von den dunkel- und dichtkernigen Follikeln ab. Zwischen den vergrösserten Endothelien tritt das Reticulum so wenig hervor, dass man es kaum wahrnimmt. Daher kann es, wenn die Saftbahnen durch die Zellen nicht ganz ausgefüllt sind, den Anschein gewinnen, als wenn sich zwischen Follikeln und Trabekeln lediglich ein Netzwerk protoplasmatischer Zellen ausspannte.

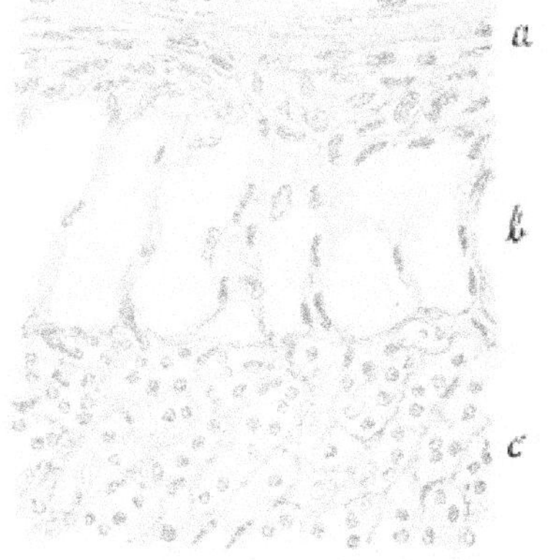

Fig. 219. Lymphdrüse bei chronischer Entzündung. *a* verdickte Kapsel, von der aus ein verdicktes Reticulum den Randsinus *b* durchzieht, um in das gleichfalls verstärkte Netzwerk des Follikels (*c*) überzugehen, in welchem eine gegen die Norm verringerte Zahl von Lymphocyten und von hellen grossen Kernen wahrgenommen wird. Vergr. 600.

An die exsudativ-entzündlichen Vorgänge schliesst sich ferner sehr häufig eine andere Art von Neubildungsprozess an, der auch als solcher von vornherein auftreten kann und sich durch Zunahme der bindegewebigen Bestandtheile auszeichnet. Erstens werden die Kapsel und Trabekel dicker. Zweitens aber wird das in der Norm feinfaserige in den Lymphbahnen ausgespannte Reticulum immer grober (Fig. 249). Es bilden sich neue Fibrillen und so ziehen dann von der Kapsel und von den Trabekeln zu den Follikeln statt zarter Fäserchen breitere Faserbündel, deren Entstehung noch weiter aufgeklärt zu werden verdient.

Man sieht nämlich gleichzeitig eine Zunahme der Kerne und kann nach ihrem Aussehen im Schnitte zwei Arten unterscheiden, einmal schmale, längliche dunkel gefärbte und breite ovale und hell erscheinende. Sind alle diese Kerne gleichartig, also endothelialer Natur und nur scheinbar verschieden, weil wir sie bald von der Fläche, bald von der Seite im optischen Durchschnitt sehen, oder handelt es sich darum, dass mit der Neubildung der Fasern und als Grundlage für sie auch eine Wucherung von Bindegewebszellen stattfindet, denen dann die dunklen Kerne entsprechen würden?

Je mehr die faserige Substanz zunimmt, desto mehr treten die Kerne zurück, wie wir das ja auch bei der Narbenbildung (S. 78) hervorhoben. Desto mehr werden aber auch die Lymphbahnen eingeengt und verschwinden schliesslich dadurch, dass ihr Raum ganz von der Fasersubstanz eingenommen wird.

Die Follikel können sich unter diesen Umständen lange erhalten, werden aber schliesslich auch unter Verdickung ihres Reticulums und Abnahme ihrer Zellen in den Prozess hineingezogen.

Ausser den indurirenden Prozessen giebt es auch chronisch verlaufende Entzündungen, bei denen eine erhebliche Zunahme des follikulären Gewebes und damit eine Vergrösserung der ganzen Drüse zu verzeichnen ist. Die Follikel nehmen dabei an Grösse erheblich zu, ohne im Uebrigen ihre Struktur wesentlich zu ändern. Aber es werden auch Abschnitte der Lymphbahnen in einer Weise verändert, dass sie in ihrer Struktur den Follikeln ähnlich werden. Sie enthalten dann ebenfalls dicht gedrängte Lymphocyten bis zur völligen Verlegung der Lumina. So können ganze Strecken von Randsinus und Lymphbahnen aufgehoben werden. Die Follikel fliessen dann mehr oder weniger zusammen.

Zu den Einflüssen, welche eine bindegewebige Verdichtung des Lymphdrüsengewebes herbeiführen, gehört auch die Ablagerung von Kohlenstaub. Auch Steinstaub kann die Induration bedingen.

Bei dem Kohlenstaub handelt es sich vor Allem um die bronchialen und peritrachealen, aber auch um die portalen und mesenterialen Drüsen, die ihr Pigment aus Leber und Milz bekommen, in welche es mit dem Blutstrom gelangte (s. u. Lunge, Anthracosis).

Die Kohle dringt natürlich zunächst, vorwiegend in Gestalt freier Körnchen, in die Lymphsinus ein, wird hier sehr rasch von den lebhaft phagocytär wirkenden Endothelien aufgenommen und findet sich im Allgemeinen nicht in freien runden Zellen. Bei schwacher Vergrösserung

(Fig. 250) sieht man daher die Follikel und Follikularstränge anfangs völlig pigmentfrei, aber umgeben von schwarz gefleckten Gewebe. Die unter der Drüsenkapsel gelegenen Follikel sind oft nur zum Theil in dieser Weise eingehüllt, da der nach aussen von ihnen befindliche Lymphsinus von Kohle frei bleiben kann. Die schwarzen Fleckchen sind von unregelmässiger Form, rundlich, eckig, spindelig, sternförmig u. s. w. Bei starker Vergrösserung (Fig. 251) sieht man, dass es sich um die mit Kohlepartikeln erfüllten Endothelzellen handeln muss. Von ihrem Protoplasma nimmt man freilich wegen der dichten Lagerung der Pigment-

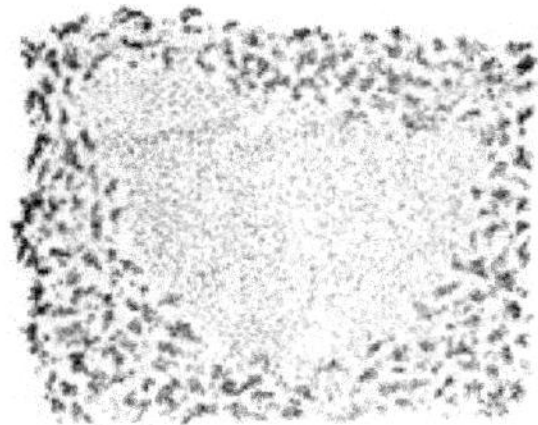

Fig. 250. Ablagerung von **Kohle in einer Lymphdrüse.** Das körnige Feld in der Mitte repräsentirt einen Follikel, die Umgebung die Lymphbahnen. Hier sieht man die Kohle in zackigen Figuren abgelagert, die den Endothelzellen entsprechen. Der Follikel ist frei von Kohle. Vergr. 50.

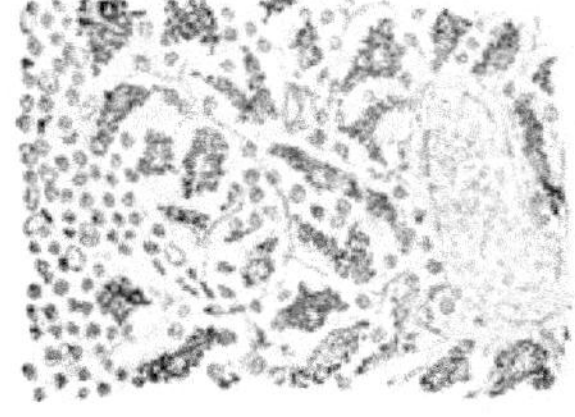

Fig. 251. Aus einer durch **Kohleeinlagerung** geschwärzten Lymphdrüse. Die Kohle liegt in unregelmässig gestalteten grossen, meist spindelig erscheinenden Zellen (Endothelien) der Lymphbahnen. Links Rand eines kohlefreien Follikels, rechts Querschnitt eines grossen Gefässes. Vergr. 100.

körner kaum etwas wahr und auch den Kern sieht man nur, wenn der Farbstoff nicht zu dicht abgelagert ist (vergl. oben S. 24, Fig. 13). Aber die Form der Gebilde und ihre Anlagerung an das Reticulum lassen über ihre Natur als Endothelien keinen Zweifel aufkommen. In frühen Stadien, so lange die Kohle noch spärlich ist, hat man zudem die Möglichkeit, die Zellen als solche deutlich abzugrenzen. Mit der Zunahme der fremden Substanz verbindet sich nun bald eine Verdickung des Reticulums. Zwischen den Endothelien treten in steigender Menge Fasern auf, verengen die Lymphbahnen mehr und mehr, und verdrängen die in ihnen frei liegenden Rundzellen. So wandelt sich das weitmaschig reticuläre in ein dichtes faseriges Gewebe um, welches schliesslich völlig functionsunfähig wird. Während dieser Prozess sich ausbildet, werden nun auch die Follikel und Follikularstränge von der Kohleablagerung ergriffen. Aber auch in ihnen nehmen nur grosse endothelzellenähnliche Elemente den Farbstoff auf. Die Rundzellen werden auch hier durch die zunehmende Verdickung des Reticulums verdrängt und verschwinden schliesslich ganz. Da aber diese Umwandlung von aussen nach innen langsam fortschreitet, so kann man kleine Reste der Follikel noch nachweisen, wenn die übrige Drüse schon ganz verdichtet ist. Das gesammte faserige Gewebe nimmt nun als Abschluss des Prozesses eine ausserordentlich harte, sclerotische, narbige, kernarme Beschaffenheit an. Die Kohle aber bleibt in den spindeligen, schmalen Gewebsstücken liegen, auch nachdem die Zellen zu Grunde gegangen sind. Daher ist auch das derbe Gewebe schwarz (schiefrige Induration).

Der indurative Prozess beschränkt sich nicht immer auf das Gebiet der Drüse. Sehr reichlich und dicht angesammelte Kohle gelangt nämlich über die Grenzen des Organes, offenbar durch den Saftstrom weiter getragen, auch in das umgebende Gewebe und kann hier ebenfalls Wucherungsprozesse auslösen. Wegen der Lage der hier hauptsächlich in Betracht kommenden Bronchialdrüsen ergiebt sich dabei noch eine besondere Verbreitungsweise. Die Kohle gelangt nämlich sowohl in die Wand der Bronchen wie der Gefässe, besonders der Pulmonalarterien. Auf Schnitten, die senkrecht zur Innenfläche dieser Kanäle durch die Wand und die festhaftende Drüse zugleich gelegt wurden, kann man dieses Vordringen des Farbstoffs gut erkennen. Die Gefässwand verliert ihre normale Structur, die Media wird in ein dichtfaseriges, homogenes Gewebe umgewandelt. Gelangt die Kohle und damit die Veränderung der Arterienwand bis zur freien Fläche der Intima, so schliesst sich häufig ein Zerfall vom Lumen des Gefässes an. Es entsteht ein flacherer oder tiefer greifender Defekt, aus dem Kohle in den Blutstrom gelangen kann.

In gleicher Weise, wie sich die Kohle in den Endothelien der Lymphbahnen ablagert, ist es auch mit den Farbstoffen der Fall, welche bei Tätowirungen in die in der Richtung des Lymphstromes gelegenen Drüsen gelangen. Ebenso enthalten die gleichen Zellen häufig Blutfarbstoff, der ihnen aus peripheren Blutungen zugeführt oder an Ort und Stelle gebildet wurde. In den Bronchialdrüsen sieht man oft Kohle und Blutpigment gleichzeitig und zwar meist so, dass einige Zellen nur den einen, andere nur den anderen Farbstoff enthalten.

Von sonstigen körperlichen, den Lymphdrüsen zugeführten Massen spielen eine grosse Rolle die verschiedenen Bakterien, welche hier natürlich in gleicher Weise entzündungserregend wirken, wie es früher im allgemeinen Sinne besprochen wurde. Dahin gehören die verschiedenen pyogenen Kokken, die Milzbrandbacillen, Typhus-, Lepra- und Tuberkelbacillen u. s. w. Letztere rufen auch hier meist die Bildung riesenzellenhaltiger Tuberkel hervor, bewirken aber zuweilen nur eine mehr gleichmässige Endothelwucherung der Lymphbahnen ohne Knötchenbildung.

Endlich wäre noch an die Einschleppung zelliger Elemente in die Lymphdrüsen zu erinnern, wie sie der Geschwulstmetastase zu Grunde liegt (s. oben Fig. 189, S. 175). Ueber die primären Tumoren siehe Endotheliom (S. 127) und Lymphsarkom (S. 142).

e) Regressive Metamorphosen.

Von der amyloiden und hyalinen Umwandlung des Lymphdrüsengewebes war im allgemeinen Theile schon die Rede (S. 38).

Hier sei noch kurz die Altersatrophie besprochen. Bei Greisen sind die Lymphdrüsen wie alle anderen Organe kleiner als sonst. Das beruht auf einer Abnahme der eigentlichen Drüsensubstanz bei Zunahme des bindegewebigen Gerüstes, d. h. der Trabekel und des Reticulums. Diese beiden Bestandtheile können in ähnlicher Weise an Masse zunehmen, wie es oben bei der Induration geschildert wurde. Doch bleibt diese Substanzvermehrung hinter der Verminderung durch Schwund der anderen Theile zurück.

Sehr gern verbindet sich mit der Abnahme der Drüsensubstanz eine Umwandlung in Fettgewebe, die von dem Hilus der Drüse ausgeht.

C. Verdauungsorgane.

1. Mundhöhle.

Die in der Mundhöhle vorkommenden pathologisch-anatomischen Prozesse bedürfen keiner besonderen Besprechung, da ihre histologischen Eigenthümlichkeiten sich leicht verstehen lassen, wenn man die im allgemeinen Theile erörterten Erscheinungen auf die speciellen Verhältnisse der Mundorgane überträgt. Nur von den Speicheldrüsen, deren Mischgeschwülste Seite 130 erwähnt wurden, sei in einer Hinsicht, nämlich mit Bezug auf die durch Bakterien verursachten Entzündungsprozesse etwas genauer die Rede.

a) Entzündung der Speicheldrüsen.

Es handelt sich in erster Linie um die Entzündung der Parotis (Parotitis). Sie tritt epidemisch, oder abhängig von Allgemeininfektionen des Körpers oder ohne nachweisbare Veranlassung auf und ist meist eitriger Natur.

Die histologische Untersuchung ergiebt in den etwa vorhandenen Abscessen die Gegenwart oft massenhafter Bakterien, unter denen die pyogenen Kokken obenan stehen. Sie liegen meist in umfangreichen Colonien. Von grösserem Interesse ist ihre Beziehung zu den Drüsenlumina. Man findet sie sehr häufig in dem Eiter, der die weiteren Ausführungsgänge ausfüllt, seltener in den feineren Kanälen, die aber ebenfalls mit Eiterzellen vollgepfropft sein können. Das Epithel ist in letzteren oft noch gut erhalten und färbbar, nicht selten freilich mit Leukocyten durchsetzt. In den grösseren bakterienhaltigen Kanälen ist es häufig nekrotisch, aber immerhin noch abgrenzbar, in anderen Fällen völlig zerstört, so dass nur noch aus den allgemeinen Form- und Lagerungsverhältnissen das Hervorgehen der länglichen und verzweigten Abscesse aus Drüsengängen erschlossen werden kann. Das eigentliche acinöse Drüsenparenchym ist theils unverändert, theils interstitiell eitrig infiltrirt, theils in Abscedirung aufgegangen, welche durch die in den Drüsenlumina bis hierher vorgedrungenen oder aus den weiten Kanälen in die Umgebung ausgetretenen Bakterien veranlasst wird.

Die Lagerungsverhältnisse der Kokken zumal bei Untersuchung verschiedener Stadien des Prozesses berechtigen zu dem Schluss, dass die Parotitis, wenigstens in den weitaus meisten Fällen durch Eindringen der Bakterien vom Munde aus entsteht (vergl. Hanau, Zieglers Beitr. Bd. IV u. Claisse et Dupré, Archives expérim. Bd. VI, S. 41 mit Litteratur).

2. Weicher Gaumen, Tonsillen, Rachen und Oesophagus.

Von den diese Theile betreffenden Abnormitäten gilt dasselbe, was von dem Munde erwähnt wurde. Es sollen daher nur einzelne entzündliche Affectionen Besprechung finden.

Die wichtigste entzündliche Erkrankung der Rachenorgane ist die Diphtherie. Von ihr soll zunächst die Rede sein.

a) Diphtherie.

Unter Diphtherie verstehen wir einen auf der Schleimhaut des Rachens und der ersten Respirationswege localisirten Entzündungsprozess, der sich durch die Bildung von Pseudomembranen auszeichnet. Diese sitzen der Schleimhaut entweder lose auf oder haften ihr fest an. Im letzteren Falle sind die oberflächlichen absterbenden Schleimhautschichten an der Bildung der Membran betheiligt, deren künstlich herbeigeführte oder im Verlauf der Krankheit durch demarkirende Entzündung erfolgende Ablösung einen Defekt zur Folge hat. Die Membran mit der nekrotischen Schleimhaut kann auch verjauchen. Als Erreger solcher diphtherischer Entzündungen betrachtet man in erster Linie den Löfflerschen Bacillus (epidemische Diphtherie), in anderen Fällen den Streptokokkus (z. B. Scharlach-Diphtherie).

Ausreichende Klarheit über die an den erkrankten Stellen vorhandenen Prozesse gewinnt man natürlich nur, wenn man die Schleimhaut im Zusammenhang mit den Pseudomembranen untersucht. So weit letztere aus Fibrin bestehen, welches gern hyaline Umwandlungen eingeht, war von ihr schon Seite 65 f. die Rede. Hier handelt es sich darum, ihre Zusammensetzung im Uebrigen, ihre Beziehung zur Schleimhaut und die Veränderungen in letzterer festzustellen. Die frische Untersuchung leistet hierbei verhältnissmässig wenig, man muss daher die Theile härten, was in Alkohol oder Zenker's Lösung am besten geschieht. Man wähle zu dem Zwecke möglichst Stellen mit kleinen linsen- oder stecknadelkopfgrossen Pseudomembranen, damit man die Schnitte, die natürlich senkrecht zur Schleimhautfläche angefertigt werden, gut übersehen kann. Zum Zwecke des Studiums der feineren histologischen Verhältnisse färbe man mit Hämalaun und Fuchsin-Pikrinsäure. Gleichzeitig kommt aber die Fibrinfärbung ausgedehnt zur Anwendung.

Wenn man Präparate, die von dem weichen Gaumen oder der

Rachenschleimhaut herrühren, bei schwacher Vergrösserung betrachtet (Fig. 252), so sieht man, dass zwischen Membran und Schleimhautgewebe keine völlig scharfe Grenze besteht. Das auf der normalen Rachenschleimhaut mehrschichtige Plattenepithel fehlt und das Fibrin verliert sich entweder rasch an der Grenze gegen das Bindegewebe oder geht mit Zügen, wie mit feinen Wurzeln, etwas in dasselbe hinein. Es ist in der Membran in einem dichten Netz angeordnet, vor allem in der unteren oder mittleren Zone, in welcher im frischen Präparat die Seite 65 f. besprochene hyaline Beschaffenheit vorhanden war. Die oberen Schichten färben sich meist weniger regelmässig, hier bleiben oft Abschnitte ungefärbt und hier finden sich ausserdem dunkelblaue, gleichmässig tingirte, wolkenförmige Figuren, die als Haufen verschiedener Arten von Bakterien anzusehen sind. Am Rande stösst die Membran entweder ziemlich unvermittelt an das erhaltene Epithel, oder Fibrin und Zellen schieben sich zwischen einander, so dass ein allmählicher Uebergang zu Stande kommt, oder es findet sich zwischen beiden Theilen eine Zone von Gewebe, welches keine deutliche Structur mehr zeigt und keine Kernfärbung annimmt. Ferner kommt es oft vor, dass die Pseudomembran, die stets um das Mehrfache dicker ist als die Epithellage, sich über diese kürzer oder länger hinüberschiebt und sie bedeckt. Daraus geht dann hervor, dass das flüssige Exsudat von den des Epithels beraubten Stellen aus zum Theil auf die benachbarte Schleimhaut floss und hier erst gerann. Fällt ein Schnitt so, dass er nur diese Randtheile trifft, so wird man die Membran überall auf Epithel aufliegen finden.

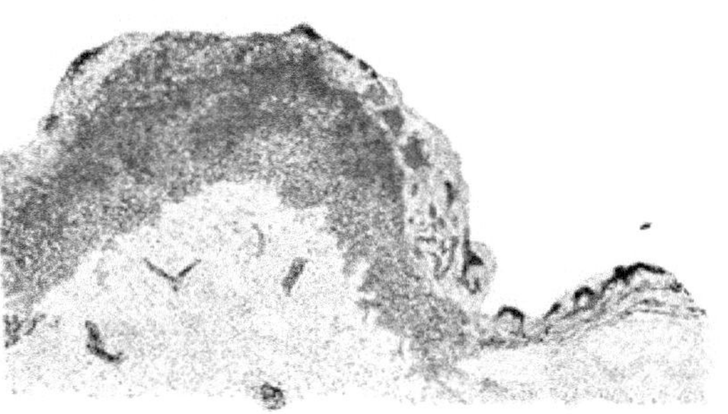

Fig. 252. Diphtherie des Rachens.
Senkrechter Durchschnitt. Fibrinfärbung. Der dunkle Abschnitt ist die Pseudomembran, der helle die Schleimhaut. Die dunkle Beschaffenheit der ersteren entspricht ihrem Fibringehalt, nur in den obersten hellen Theilen liegen dunkle Bakteriencolonien. Am rechten Rand ist noch etwas Epithel erhalten und mit Fibrin überlagert. In der Schleimhaut einzelne durch Fibrin verlegte Gefässe. Vergr. 60.

Die Schleimhaut ist unterhalb der Membran kernreich, zellig infiltrirt, oft aber ist die Färbung an der Grenze gegen das Fibrin unvollkommen. Die Gefässe sind weit, strotzend blutgefüllt oder auch zuweilen durch Fibrinausscheidung thrombosirt. Auch in dem Gewebe selbst kann Fibrin vorhanden sein. Es findet sich in Flecken oder Zügen, am reichlichsten stets in der Nähe der Membran.

Sind im Bereich der Erkrankung Schleimdrüsen vorhanden,

so zeigt die Membran über ihnen gewöhnlich eine Unterbrechung in der Weise, dass der in den Drüsen sich anstauende und aus ihnen hervorquellende Schleim an die Stelle des Fibrins tritt. Er gerinnt ebenfalls und zeigt eine quere nach oben convexe Streifung. Fibrin und Schleim gehen am Rande in einander über.

Ueber den Tonsillen zeigt die Anordnung der Pseudomembran noch einige Besonderheiten. Sie geht häufig über die Krypten continuirlich hinweg und senkt sich in sie nur wenig ein.

Was nun die feineren histologischen Verhältnisse angeht, so lehrt schon die schwache Vergrösserung, dass neben dem Fibrin auch viele Kerne in der Pseudomembran vorhanden sind. Ihre Bedeutung ist nicht in allen Fällen die gleiche. Es handelt sich entweder um kleine eckige, unregelmässige, oft lang ausgezogene Kerne, die zu zweien und dreien gruppenweise liegen und offenbar den polynucleären Leukocyten entsprechen. Man findet sie dann auch in den obersten Schleimhautschichten. Oder die Kerne sind nur in den äusseren Lagen der Membran von gleicher Beschaffenheit, in den tiefern dagegen meist rund, etwas grösser und denen der Lymphocyten gleich. Dann sieht man sie auch im Bindegewebe vorwiegend. Hier wie dort kommen aber auch spärliche Leukocyten zur Beobachtung. Im Gewebe aber findet man neben den Rundzellen auch grosse ovale helle Kerne in nicht geringer Zahl. Sie gehören zu fixen Zellen, die demnach eine lebhafte Vermehrung erfahren.

Das Vorwiegen der polynucleären Leukocyten beobachtet man nicht gerade häufig. Es dürfte nur in den ersten Stadien des Prozesses deutlich ausgesprochen sein. Im Allgemeinen ist aber die Emigration nur gering gegenüber dem Austritt flüssiger Bluthestandtheile.

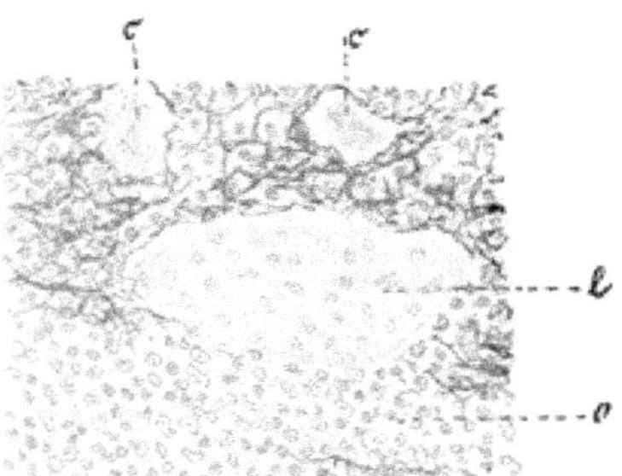

Fig. 253. Grenze einer diphtherischen Pseudomembran gegen das Schleimhautgewebe. *a* Schleimhaut, zellig infiltrirt, *b* grösserer Rest des Epithels, *cc* zwei kleinere Epithelinseln, in die fibrin- und zellreiche Pseudomembran eingeschlossen. Vergr. 100.

Später nehmen die aus der Schleimhaut selbst stammenden lymphocytären Elemente die Stelle der Leukocyten ein.

In den Membranen kann man ferner nicht selten noch Theile des Epithels antreffen (Fig. 253). Betrachtet man zunächst die seitlichen Parthien, an denen Membran und Schleimhaut zusammenstossen, so findet man die Epithelzellen gelockert, auseinander gedrängt, in den Lücken Wanderzellen und häufig auch Fibrin. Beim Uebergang in die eigentliche Membran verliert sich dann das Epithel oft ganz, es ist nekrotisch geworden oder von vorneherein abgestossen. Oft aber finden sich in dem Fibrin noch kleinere und grössere Haufen von Epithelzellen, von denen hier und da auch noch einige auf dem Bindegewebe festsitzen. Ihre Kerne färben sich meist noch ganz gut, doch ist das Alles gewöhnlich nur in solchen Pseudomembranen der Fall, in denen die einkernigen Rundzellen vorwiegen.

Die Follikel der Tonsillen und der Rachenschleimhaut sind an den exsudativen Prozessen meist gar nicht betheiligt. Die Schleimhaut ist bis an sie heran zellig infiltrirt, sie selbst aber zeigen keine nennenswerthen Veränderungen. Ihre Lymphocyten sind genau so beschaffen wie sonst, und der Beginn der Follikel ist durch sie scharf markirt.

Ueber den Bau der Diphtherie-Membran, insbesondere die Betheiligung des Fibrins, theilten Middeldorpf und Goldmann ausführliche Untersuchungen mit. Monogr. Jena 1891.

b) Vergrösserung der Tonsillen und der follikulären Apparate der Rachenschleimhaut.

Die Follikel der Tonsillen und der Rachenschleimhaut können erheblich an Umfang zunehmen, so dass, da die einzeln stehenden unter ihnen in der Norm makroskopisch nicht sichtbar sind, der Anschein erweckt werden kann, als hätten sich völlig neue lymphatische Apparate gebildet. Wir haben aber hier nicht die acuten exsudativen, sondern die chronisch verlaufenden Schwellungen im Auge. Schneidet man solche hypertrophischen Gaumen- oder Rachentonsillen, so sieht man, dass die Follikel zwar einen grösseren Umfang haben, im Uebrigen aber im Bau keine auffallenden Veränderungen zeigen. Ihr Keimcentrum ist sehr gross. In ihm weist man mikroskopisch viele Mitosen nach, deren Zahl jedenfalls absolut grösser ist als unter normalen Verhältnissen. Das Epithel über diesen Follikeln zeigt in verstärktem Maasse die Durchsetzung mit Rundzellen, welche ja auch in der Norm an diesen Stellen vorhanden ist (Stöhr).

c) Soor.

Eine charakteristische parasitäre Erkrankung der ersten Verdauungswege bei Säuglingen, Diabetikern und marastischen Individuen ist die durch den Soorpilz veranlasste. Man sieht auf der Schleimhaut weisse trübe unregelmässige, oft ausgedehnte Beläge, die sich grösstentheils leicht entfernen lassen. Zertheilt man sie in Wasser und bringt sie unter das Mikroskop, so findet man sie aus Plattenepithelien, verschiedenen Bakterien und den Elementen des Soorpilzes zusammengesetzt. Letzterer bildet lange Fäden, die mehr oder weniger deutlich eine Septirung erkennen lassen und an seitlichen Sprossen ovale Conidien (Sporen) abschnüren. Härtet man die Beläge mit der Schleimhaut und fertigt die Schnitte senkrecht zur freien Fläche an, so sieht man, am besten nach Anwendung der auch für den Soor passenden Gram'schen Färbung (Fig. 254), dass die Fäden von oben schräg oder senkrecht gegen das Gewebe nach abwärts ziehen und sich dabei bald dichter, bald lockerer lagern und kreuzen. Sie ziehen bis dicht an das Oesophagusgewebe. Meist ist noch eine dickere oder dünnere Epithelschicht vorhanden, mit welcher der Belag continuirlich zusammenhängt. In einzelnen Fällen durchdringen die Fäden das Epithel und gelangen in das Bindegewebe und zuweilen in die Gefässe. Neben den Fäden finden sich, aber fast nur in der oberen Hälfte des Belages, zahlreiche sich gleichfalls färbende Conidien. In der Nähe der freien Fläche und auf dieser liegen massenhafte Bakterien in dichten Haufen, während sie im Inneren des Belages spärlicher sind. Dieser setzt sich im Uebrigen aus trüben Zellmassen zusammen, die freilich sich oft noch ziemlich gut, häufig aber nur noch undeutlich färben. Die Hauptmasse besteht aus Plattenepithel, nur in der Tiefe liegen oft einzelne mehrkernige Leukocyten. Das subepitheliale Bindegewebe ist reich an Lymphocyten, nach Einbruch des Pilzes in die Schleimhaut auch an Leukocyten.

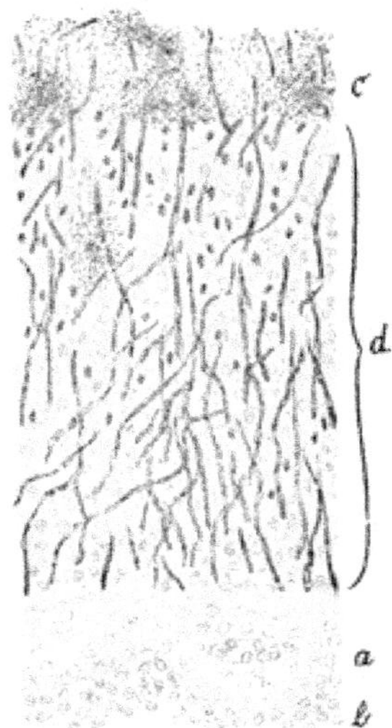

Fig. 254. Senkrechter Durchschnitt durch einen Soor-Belag des Oesophagus. Färbung nach Gram. *a* Epithel, *b* Schleimhautbindegewebe, *d* auf dem Epithel festhaftender Belag, der sich aus Zellen und Soorfäden zusammensetzt. Letztere verlaufen im Ganzen von oben nach unten. Zwischen den Soorfäden zahlreiche Sporen. In der obersten Schicht (*c*) des Belages sieht man zahlreiche Bakteriencolonien, in der Schicht *d* nur eine einzige. Vergr. 400.

Die letzten Mittheilungen über die histologischen Verhältnisse der Sooraffection rühren von Arn. Heller her (Deutsch. Arch. f. klin. Med. Bd. 55 mit Litteratur).

3. Thymus.

Die Thymus ist nur verhältnissmässig selten Gegenstand pathologisch-histologischer Untersuchung. Sie ist ein aus dem Schlunddarm entstehendes epithelial angelegtes Organ, welches sich aber später in grösster Ausdehnung in ein lymphoides Gewebe umwandelt und zwar in Analogie mit den Vorgängen, welche zu einer Durchsetzung des Epithels der Rachenschleimhaut mit Rundzellen führen.

Die Verhältnisse des in der Thymus vorhandenen Epithels geben Veranlassung, das Organ an dieser Stelle zu besprechen.

Mit ihrer epithelialen Entstehung hängen einige hier zu betrachtende Veränderungen zusammen. Bei syphilitischen Neugeborenen finden sich in der Thymus zuweilen unzweifelhafte Abscesse, die nach Dubois, der sie genauer beschrieb, genannt werden. Die histologische Untersuchung ergiebt, dass sie in bestimmt charakterisirten Räumen liegen (Fig. 255). Ihre Wand zeigt nämlich immer eine continuirliche Auskleidung mit Plattenepithel, welches nach aussen durchsetzt wird mit einkernigen Rundzellen und capillaren Gefässen und so allmählich übergeht in ein ringsherum gehendes lymphoides Gewebe. Dieses ist in rundliche Knötchen abgegrenzt, welches sich um kryptenförmige Einsenkungen des Epithels gerade so

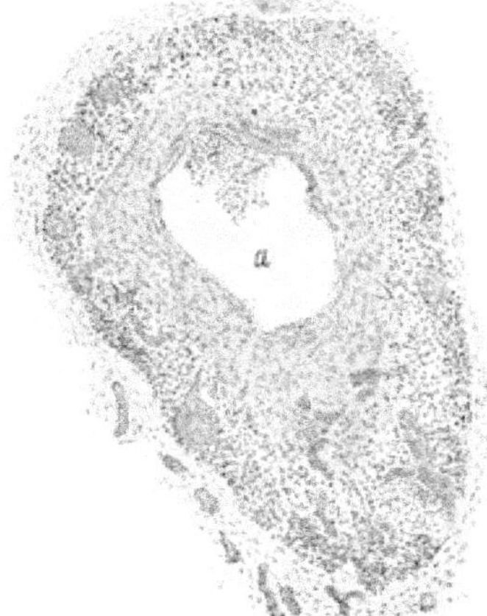

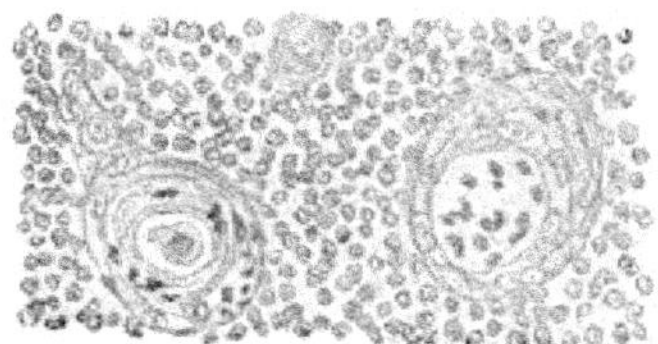

Fig. 256. Aus der Thymus eines Kindes. Vergr. 400. Man sieht in dem mit Lymphocyten dicht durchsetzten Gewebe zwei Hassal'sche Körperchen mit deutlich concentrischer Epithelanordnung. Sie sind mit Leukocyten durchsetzt, die sich in dem rechts liegenden Körperchen in einem centralen Hohlraum angesammelt haben.

Fig. 255. Congenitaler Abscess der Thymus eines syphilitischen Neugeborenen. Das Organ hat die Structur eines epithelialen Schlauches. a der epitheliale Hohlraum, der mit Eiter gefüllt war. Er wird von einer dicken Epithelschicht begrenzt, die nach aussen in ein lymphoides Gewebe übergeht, in dem man viele Gefässe sieht. Vergr. 60.

gruppiren können, wie die Follikel der Rachenschleimhaut, besonders der Tonsillen um die gleichen Epithelbuchten.

Es handelt sich offenbar um Ansammlung von Eiter in den ursprünglichen durch die Syphilis in der Entwicklung gehemmten Epithelschläuchen (Eberle, Diss. Zürich 1898). Chiari (Zeitschr. f. Heilk. 1891) lässt durch Hineinwachsen von Thymusgewebe in die Hassal'schen Körperchen sich erweiternde Höhlen entstehen, die in solchen Fällen also nur scheinbar Eiter enthielten.

Viel häufiger ist eine andere Veränderung an den epithelialen Resten der Thymus, an den bekannten Hassal'schen Körperchen. Diese kommen in wechselnder Zahl und Grösse in jeder Thymus vor. Sehr gewöhnlich sieht man nun ein Eindringen von mehrkernigen Leukocyten in die Epithelgebilde (Fig. 256). Sie können sich in ihnen so ansammeln, dass ein mit ihnen gefüllter Raum entsteht, der sich aber auch breit öffnen und mit dem lymphoiden Thymusgewebe in Verbindung stehen kann. Es macht den Eindruck, als wirkten die Epithelkörper als Fremdkörper und würden wie diese mit Leukocyten durchsetzt.

4. Magen.

Die histologischen Verhältnisse der Magenerkrankungen festzustellen ist deshalb keine leichte Aufgabe, weil nach dem Tode der Magensaft die Wand und natürlich in erster Linie das Epithel angreift und unter Umständen völlig verdaut. Da bis zur Section gewöhnlich mindestens mehrere Stunden verfliessen, so kann man auf gut conservirte Verhältnisse nicht mit Sicherheit rechnen. Doch bekommt man auch dann oft noch recht brauchbare Bilder, die natürlich im Allgemeinen um so besser sind, je rascher die Obduction vorgenommen werden konnte. Am meisten pflegt das Oberflächenepithel geschädigt zu sein. Bei Entnahme des Materiales darf man die Schleimhaut nicht abspülen oder gar abwischen, weil sonst die weichen und lose sitzenden Epithelien lädirt werden. Man bringt sie vielmehr mit etwa anhaftendem Schleim in die Härtungsflüssigkeit, falls man nicht, besonders mit Rücksicht auf fettige Degeneration, frische Präparate anfertigen will. Auch vergesse man nicht, dass bei Rückenlage der Leiche die hinteren und cardialen Theile des Magens von dem hier befindlichen Mageninhalt mehr angegriffen werden als die vorderen und dem Pylorus nahe gelegenen, dass ferner bei Contraction des Magens die zwischen Falten gelegenen Abschnitte besser erhalten sein werden.

Zur grösseren Sicherheit hat man wohl kurz nach dem Tode den Magen vom Munde aus mit conservirenden Flüssigkeiten gefüllt und sie bis zur Section darin gelassen. Die Methode wird nicht immer anwendbar sein, hat aber gewiss ihre Vortheile.

a) Entzündliche Veränderungen.

Man unterscheidet unter den als Gastritis bezeichneten Entzündungen des Magens acute und chronische Prozesse.

Der acute Magenkatarrh ist nach seinem histologischen Verhalten beim Menschen wenig bekannt. Man nimmt, grösstentheils auf Grund von Thierversuchen, an, dass er durch lebhaftere Schleimproduktion, Desquamation der Epithelien der Oberfläche und der Drüsen, durch Vermehrung der Zellen des Bindegewebes charakterisirt ist. Die nicht gerade häufigen infectiösen, eventuell eitrigen Entzündungen erfordern keine genaueren Auseinandersetzungen.

Der chronische Magenkatarrh ist gekennzeichnet durch Zunahme des Bindegewebes der Mucosa, insbesondere auch in den oberen Schichten zwischen den Drüsen. Die interglandulären Septa sind also oft beträchtlich verbreitert. In ihnen kann sich häufig reichliches gelbes, von kleinen Blutaustretungen herrührendes Pigment finden, welches durch postmortale Verfärbung einen dunkelgrauen Ton bekommt. Ferner sieht man in dem Bindegewebe, aber nicht nur hier, sondern auch bei vielen anderen Zuständen, z. B. auch in Adenomen, hyaline schollige Gebilde, vom Umfange grosser Zellen, die sich mit Protoplasmafarben intensiv tingiren, ihrer

Bedeutung nach aber noch nicht aufgeklärt sind. Im Verlauf der chronisch entzündlichen Zustände entwickelt sich oft theils eine umschriebene lebhaftere Schleimhautverdickung, theils eine Atrophie. Wir kommen auf diese Zustände sogleich zurück.

b) Regressive Veränderungen.

Zu den regressiven Veränderungen gehören ausser den bei der acuten Gastritis besprochenen einmal diejenigen, welche durch Verätzungen bedingt sind. Hier stirbt die Schleimhaut oberflächlich oder in grösserer Tiefe ab und gewöhnlich kommt es zu Blutungen aus lädirten Gefässen. Ferner stellt sich am Rande des nekrotischen eine demarkirende Entzündung ein (vergl. die hämorrh. Erosion S. 257 f.). Die Prozesse sind auf Grund unserer allgemeinen Auseinandersetzungen im ersten Theile leicht verständlich.

Eine andere regressive Metamorphose ist die fettige Entartung, die sich besonders hochgradig bei Phosphorvergiftung einstellt. Die Drüsen erscheinen in frischen Schnitten und in Osmiumpräparaten dunkel resp. geschwärzt.

Eine weitere Veränderung ist die Atrophie der Magenschleimhaut, die als Folge der ebengenannten Entzündung, bei venösen Stauungen, als Begleiterscheinung von Carcinom etc. sich oft ausbildet. Es kann sich damit auch eine Atrophie der Muskulatur verbinden, so dass die Magenwand durchscheinend dünn wird.

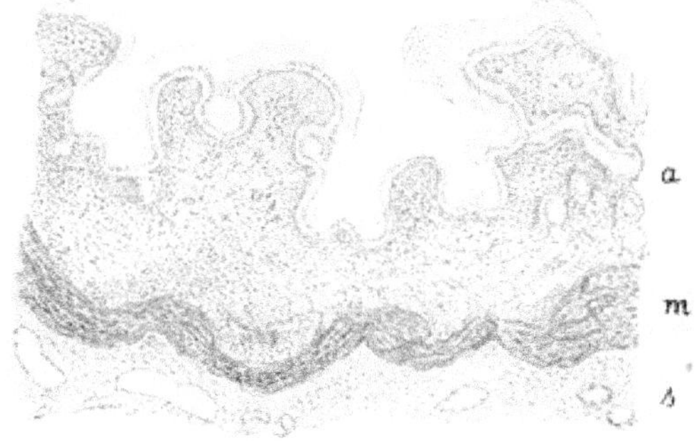

Fig. 257. Atrophie der Magenschleimhaut.
s Submucosa, m Muscularis mucosae, a Schleimhaut. Letztere hat eine unebene, mit hohem Cylinderepithel bekleidete Oberfläche. Die Drüsen fehlen fast ganz. Das Schleimhautbindegewebe ist vermehrt und zellreich. Vergr. 60.

Eine Atrophie mittleren Grades giebt die Fig. 257 wieder, welche nach einem wenige Stunden post mortem aus einem carcinomatösen Magen genommenen Präparate gezeichnet wurde. Man sieht die Drüsen erheblich an Zahl verringert. Nur hier und da senken sie sich noch von dem Oberflächenepithel in die Tiefe. An anderen Stellen sieht man schräg abgetrennten Drüsen entsprechende kolbenförmige Anhänge des Epithels, welches auf der freien Fläche der Schleimhaut eine ungewöhnliche Höhe zeigt, aus sehr langen Cylinderzellen sich zusammensetzt.

Die Drüsen sind ebenfalls verändert. Sie zeigen neben erheblicher Höhenabnahme eine wechselnde Reduction ihrer Länge, besitzen ein enges Lumen und sind mit einem cylindrischen Epithel, welches an Höhe aber dem der Oberfläche beträchtlich nachsteht, regelmässig ausgekleidet.

Das Epithel der freien Fläche und der Drüsen hat also im Verlauf der Atrophie eine weitgehende Aenderung erfahren. Ad. Schmidt (Virch. Arch. Bd. 143) sah in ihm mehr oder weniger zahlreiche Becherzellen auftreten und macht auf die Aehnlichkeit aufmerksam, welche das Magenepithel dadurch mit dem Darmepithel bekommt.

Die Drüsen erleiden aber noch weitergehende Veränderungen. Man trifft auf Querschnitte derselben, welche dünner sind als andere und sich oft nur wenig deutlich aus dem Stützgewebe abheben. Es handelt sich um untergehende Gebilde. Die Drüsen verkümmern dabei durch allmähliche Atrophie vom Fundus aus, nicht durch greifbare degenerative Prozesse. Das Bindegewebe ist zellreich, theils durch dichtgedrängte Lymphocyten, welche, von den normalen Follikeln ausgehend, sich fleckweise und streckenweise angesammelt haben, theils durch grössere fixe Elemente.

Zu diesem Stadium der Atrophie führen selbstverständlich von der normalen Schleimhaut allmähliche Uebergänge, die einzeln zu besprechen nicht erforderlich ist.

Andererseits kann der Prozess zu hochgradigeren Veränderungen weiterschreiten. Die Drüsen schwinden bis auf geringe Reste und das Bindegewebe wird zellärmer, faseriger. Durch diese Vorgänge wird die Schleimhaut aufs Hochgradigste verdünnt.

Während des Verlaufes dieser Atrophie, bald früher bald später, gehen die Drüsen nicht gerade selten eine cystische Erweiterung ein, so dass makroskopisch sichtbare klare Bläschen entstehen. Man bezieht diese Erscheinung auf eine Dilatation des Drüsenlumens durch Secretstauung, in dem man annimmt, dass die Ausführungsgänge durch die interstitielle Wucherung verengt oder verlegt werden könnten. Aber das Epithel ist gewöhnlich kubisch, oft sogar hoch cylindrisch, und es bilden sich papilläre Sprossen in das Cystenlumen hinein. Daraus geht hervor, dass die Stauung nicht durch ihren Druck die Erweiterung herbeiführt, sondern dass diese hier wie bei allen Cysten (s. diese S. 187) durch die Wucherungsprozesse im Bindegewebe zu Stande kommt.

Die Vermehrung des Bindegewebes erfolgt nun nicht gleichmässig durch die gesammte Mucosa, vielmehr ist sie in den die Magengrübchen umgebenden Hervorragungen am stärksten. Diese springen also als Leisten mehr als sonst vor. Aber die Prominenz bleibt wiederum nicht gleichmässig, sondern an zahlreichen Stellen erhebt sie sich zu rundlichen warzenähnlichen Vorsprüngen, die sich vergrössern können. Das Maassgebende für diese unter der Bezeichnung „Etat mamelonné“ zusammengefassten Veränderungen liegt also, wie man sich auf senkrechten Schnitten leicht überzeugen kann, in einer nach aufwärts gerichteten Vermehrung des Bindegewebes, welches die epithelialen Elemente mit in die Höhe drängt. Die Zunahme der Bindesubstanz erfolgt hauptsächlich in den zwischen den normalen Magengrübchen gelegenen Abschnitten und bedingt so anfänglich nur eine Verstärkung der normalen Unebenheiten der Schleimhaut. Später schreitet sie nicht gleichmässig fort, sondern sie wird an zahlreichen Bezirken lebhafter und lässt diese daher warzenähnlich prominiren. Man kann sich oft überzeugen, dass es die stärkeren arteriellen die Muskulatur durchbrechenden und in die Schleimhaut eintretenden Gefässe sind, um deren Verzweigungen die Wucherung in erster Linie Platz greift. Die Prominenzen bilden nach ihrem histologischen Verhalten Uebergänge zu den polypösen Erhebungen, welche den Geschwülsten zugerechnet werden und Seite 152 f. Besprechung fanden. Damit ist aber nicht gesagt, dass die Aetiologie in beiden Fällen die gleiche ist. Die Unebenheiten der Schleimhaut bedingen natürlich eine Flächenvergrösserung derselben, die aber nicht mit einer Vermehrung der Drüsen einhergeht, sondern dadurch ausgeglichen wird, dass das interacinöse Bindegewebe vor Allem zwischen ihren Ausmündungsabschnitten zunimmt. Die in der Tiefe der Schleimhaut gelegenen Follikel pflegen sich beträchtlich zu vergrössern.

c) Geschwürsbildung.

In der Magenschleimhaut kommt es häufig zu Defekt- und Geschwürsbildungen.

Dahin gehören einmal die sogenannten hämorrhagischen Erosionen. Wir verstehen darunter kleine meist einen schwarzbraunen Grund aufweisende Defekte der Mucosa, die sich aus Blutungen in dieselbe dadurch bilden, dass die hämorrhagischen Theile von dem Magensaft verdaut werden.

Das mikroskopische Verhalten der Erosionen (Fig. 258) ist je nach dem Alter des Prozesses verschieden. Da die Blutung bald nur die obersten Schleimhautschichten betheiligt, bald die ganze Mucosa durchsetzt, so muss auch der Defekt, der durch Entfernung des hämorrhagischen Gewebes entsteht, eine verschiedene Tiefe haben. Er muss aber auch bei Betheiligung der ganzen Mucosa flach sein, so lange das mit Blut durchsetzte Gewebe nicht völlig verdaut wurde. Dann wird sein Grund und Rand von dem makroskopisch schwarzbraun aussehenden Gewebe gebildet, welches unter dem Mikroskop eine trübe, bräunliche, körnige Beschaffenheit hat, sich am Rande auffasert und die Kernfärbung vermissen lässt. Es zeigt zum Theil keine bestimmte Structur mehr, zum Theil enthält es noch Reste von Drüsen, die aber nur noch an ihrer Form erkannt werden können und sich meist dunkel färben. Das nekrotischhämorrhagische Gewebe, in welchem die rothen Blutkörperchen bald ihren Farbstoff einbüssen, so dass sich die bräunliche Beschaffenheit verliert, grenzt entweder seitlich direkt an normale Drüsen an, oder es ist von ihnen durch eine zellreiche interstitielle Zone getrennt, oder einige nach Form und Lagerung erhaltene aber einer Kernfärbung ermangelnde Drüsen stossen zunächst an.

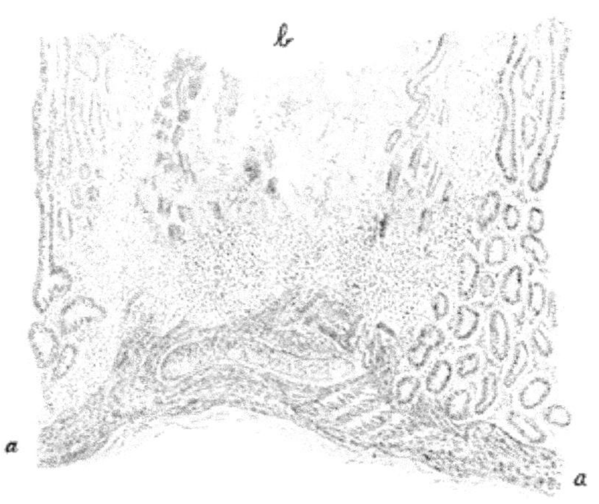

Fig. 258. Hämorrhagische Erosion des Magens. Senkrechter Durchschnitt. *a a* Muscularis mucosae. An beiden Rändern der Figur wohlerhaltene Drüsen. In dem mittleren Theile (bei *b*) Nekrose der Schleimhaut und flache Vertiefung der Oberfläche. Auch die hier befindlichen Drüsen sind nekrotisch, dunkler gefärbt, verschmälert und in Stücke zerfallen. Der nekrotische Abschnitt ist von einem breiten Saum zelliger Infiltration umgeben, aus der sich aber an der Grenze gegen die Muscularis zwei rundliche Bezirke abgrenzen lassen. Diese entsprechen den Follikeln. Vergr. 60.

Man kann auch noch **frühere Stadien** als die eben besprochenen antreffen. Dann ist die Mucosa hämorrhagisch infiltrirt, die Kernfärbung fehlt, die Drüsen sind trübe, schlecht contourirt, in Zerbröckelung begriffen, aber es ist noch keine Verdauung erfolgt, es fehlt noch der Defekt.

Ist die **Auflösung der nekrotischen Theile** vollendet, so liegt jetzt die Erosion in einem überall der Kernfärbung zugänglichen Gewebe. Aber es ist doch nicht unverändert. Vielmehr zeigt es eine bald mehr, bald weniger ausgesprochene Durchsetzung mit Rundzellen. In den ersten Stadien der Erosionsbildung kann sie fehlen oder so gering sein, dass sie leicht übersehen wird. Daher die gebräuchliche Angabe, dass eine zellige Infiltration fehle. In späterer Zeit wird sie aber nie ganz vermisst. Aber man darf zweierlei nicht verwechseln. Wenn der Defekt sich gerade über einem der in der Tiefe der Mucosa gewöhnlich vorhandenen Lymphknötchen bildet und bis an dieses heranreicht, so kann der Anschein einer secundären zelligen Infiltration hervorgerufen werden. Aber die Differenzirung ist deshalb leicht, weil es sich nur um Lymphocyten handelt. Die andere, als Folge der entzündungserregenden Wirkung des nekrotisch hämorrhagischen Gewebes entstehende, zuweilen nur schwache Zellvermehrung ist bedingt durch eine Ansammlung polynucleärer Leukocyten, die aus den Gefässen stammen, welche in der Umgebung des Herdes meist deutlich hyperämisch sind und oft eine Vermehrung ihrer weissen Elemente erkennen lassen. Lymphknötchen und leukocytäre Zellinfiltration können zusammentreffen, wie es Fig. 258 zeigt.

Aus Hämorrhagien in die Schleimhaut kann auch, wie man annimmt, ein Theil der runden Magengeschwüre entstehen, für deren Aetiologie aber auch jede andere umschriebene Ernährungsstörung (embolischer, thrombotischer, bacterieller Natur etc.) in Betracht kommt.

Das völlig ausgebildete Ulcus rotundum wird je nach seiner Tiefe von verschiedenen Schichten der Magenwand begrenzt. Die flachsten, den hämorrhagischen Erosionen vergleichbaren, gehen nur bis zur Submucosa, werden also unten von ihr, seitlich von der Schleimhaut begrenzt. Betheiligt das Geschwür auch die Submucosa und die Muscularis, so geschieht dieses in einer nach unten abnehmenden Ausdehnung. Die verschiedenen Schichten der Magenwand schneiden bei völlig gereinigten Geschwüren gegen den Defekt in scharfer Linie ab (Fig. 259). Doch zeigt ihr Randabschnitt in einer schmalen Zone trübe Beschaffenheit und Mangel der Kernfärbung. Er ist also in Nekrose begriffen oder bereits nekrotisch. Nicht selten liegt auf ihm noch ein Rest in Auflösung begriffenen Gewebes als eine feinkörnige trübe, mit einzelnen Leukocyten untermischte Masse. Die angrenzenden Gewebe zeigen verhältnissmässig geringe Veränderungen. Zunächst einmal finden leichte Richtungsverschiebungen statt. Die Schleimhaut sinkt mit der Muscularis mucosae etwas schräg gegen das Geschwür ab, die Muscularis ist häufig nahe dem freien Rande etwas verdickt, aber da sie keine sonstigen Veränderungen zeigt, muss diese Erscheinung als die Folge einer Zusammenziehung und Zurückziehung vom Geschwürsrande gedeutet werden.

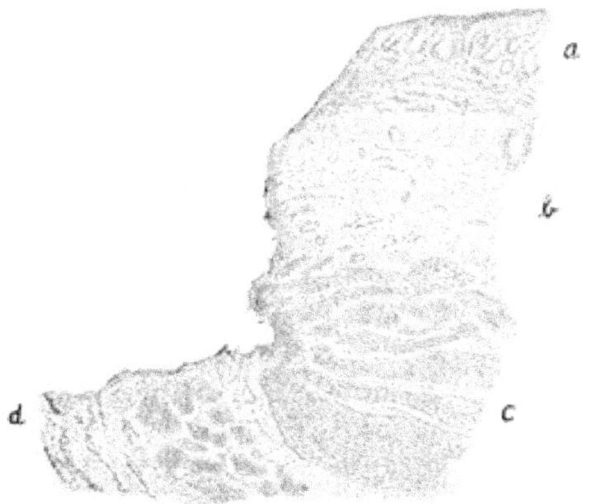

Fig. 259. Rand eines runden Magengeschwüres.
a Angrenzende Schleimhaut, niedriger als normal und mit wenig entwickelten Drüsen versehen. b Submucosa, verbreitert, dichter und zellreich. c Muscularis. a, b u. c fallen in schräger Linie gegen den Geschwürsgrund d ab. a u. b zeigen am Rande etwas dunklere Färbung, die einer Nekrose entspricht. Die Muscularis ist etwas verschoben, ihre Interstitien sind etwas verbreitert. Im Grunde des Geschwüres ist das Bindegewebe vermehrt. Vergr. 60.

Das Bindegewebe zeigt in allen Schichten eine Vergrösserung, häufig auch eine Vermehrung seiner fixen Kerne. Sehr deutlich tritt ersteres zwischen den glatten Muskelzellen hervor. In der Submucosa und unter der Serosa sieht man gelegentlich Vergrösserungen der lymphatischen Knötchen in Gestalt umschriebener Rundzellenherde. Meist findet sich auch gegen das Geschwür hin eine leichte Infiltration mit mehrkernigen Leukocyten, die den Rand oft dicht durchsetzen. Die Muskelfasern sind am wenigsten verändert, nur färbt sich ihr Protoplasma oft etwas schlechter als in den angrenzenden Abschnitten. In vielen Fällen sind die Befunde an den Gefässen am meisten in die Augen fallend. Capillaren, sowie kleine Arterien und Venen zeigen in einer an Breite wechselnden Zone eine ausgesprochene Zunahme ihrer Endothelien, deren Kerne dicht gedrängt und vergrössert sind. Die Gefässe sind also offenbar beträchtlich erweitert, wenn sie auch in den Schnitten collabirt erscheinen und gerade deshalb die dichtgedrängten Endothelkerne hervortreten lassen. In ihrer nächsten Umgebung haben die Bindegewebskerne auch zugenommen und so sieht man schon bei schwacher Vergrösserung die kernreichen netzförmigen Gefässstränge sehr deutlich.

Die Mucosa flacht sich am Rande des Geschwüres allmählich ab oder sie zeigt hier eine mit bindegewebiger Wucherung einhergehende Verlängerung und unregelmässige Gestaltung ihrer Drüsen.

Haben die Geschwüre Neigung zur Heilung, so bildet sich in ihrem Grunde ein gefässreiches Granulationsgewebe, welches die Lücke mehr und mehr ausfüllt. Da es aber vom Magensaft beständig angegriffen wird, so zeigt es oft an seiner freien Fläche einen schmalen Saum von Nekrose. Geht dieser Neubildungsprozess langsam vor sich, wird also die definitive Heilung lange hinausgeschoben, so kann das neue Gewebe einen derben Charakter annehmen und als eine Schicht dichten faserigen Bindegewebes das Geschwür ganz oder theilweise auskleiden.

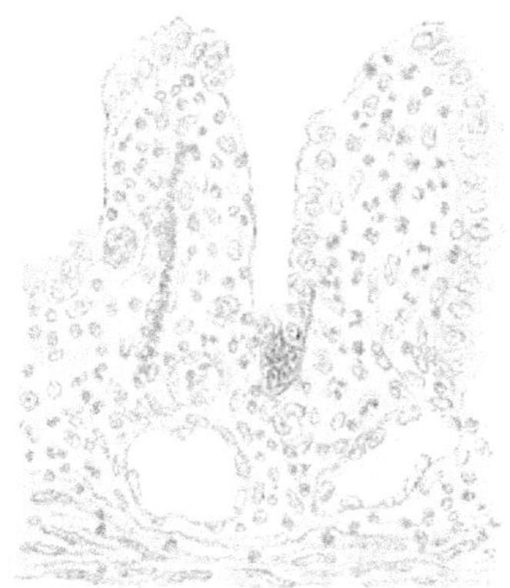

Fig. 260. Aus einem **in Heilung begriffenen runden Magengeschwür.** Man sieht das granulirende Bindegewebe, mit grossen hellen Kernen versehen und mit Leukocyten durchsetzt, zwei zottige Erhebungen bilden, die grösstentheils von Cylinderepithel überzogen sind. Im unteren Theile zwei weite Gefässe, in der linken Zotte eine mit Blut versehene Capillare.

Schreitet dagegen die Regeneration rascher fort, so füllt sich der Defekt mehr und mehr mit Granulationsgewebe, über welches vom Rande her bald auch Epithel herüberwächst. Aber es bildet keine glatte Schicht, sondern zeigt schon früh drüsenähnliche Einsenkungen (Fig. 260). Genauer ausgedrückt muss es heissen, das Granulationsgewebe treibt finger- resp. leistenförmige Sprossen nach aufwärts, zwischen denen das dadurch nicht gehobene Epithel in drüsenähnlichen Einbuchtungen angeordnet ist. Aus diesen Verhältnissen kann schliesslich wieder eine der normalen analoge Schleimhaut hervorgehen. Oft aber wandelt sich das neue Bindegewebe in Narbengewebe um, über welches das Mageneputhel in einfacher glatter Schicht hinwegzieht.

d) Geschwülste.

Von den charakteristischen Geschwülsten des Magens, den sogenannten Adenomen, war Seite 152 f. bereits die Rede. Die am Magen nur selten vorkommenden Fibrome, Lipome, Myome erfordern keine weitere Besprechung. Auch das sehr häufige Carcinom bedarf in seiner histologischen Structur keiner weiteren Eröterung. Dagegen mögen einige Bemerkungen über sein Wachsthum angefügt sein. Es ist ganz besonders geeignet zum Studium seiner von dem primären Entstehungsort aus erfolgenden Ausbreitung in der Magenwand und vor Allem seines Verhaltens zur angrenzenden Schleimhaut. Sehr gut lässt sich an ihm verfolgen, dass seine Vergrösserung lediglich durch Vordringen in die Umgebung, insbesondere zunächst in der Submucosa erfolgt, die dadurch verdickt wird. Daraus erklärt sich der aufgeworfene Rand der geschwürigen Magencarcinome. Der Tumor wächst zunächst unter die angrenzende Schleimhaut, drängt diese in die Höhe und bringt sie sehr oft zur Nekrose, so dass nach Verdauung des abgestorbenen Gewebes das Carcinom frei liegt. Häufig aber wächst das Carcinom zunächst in die Schleimhaut hinein, drängt die Drüsen auseinander, richtet sie und so schliesslich die ganze Mucosa zu Grunde und dann stösst ebenfalls der Krebs an das Lumen des Magens an. Dieser letztere Modus führt zu den Bildern, die Seite 173 besprochen wurden und die man fälschlich gern als ein Tiefenwachsthum des Drüsenepithels deutet. Es giebt Fälle, in denen in der einen oder anderen Weise die ganze Magenwand von Krebs durchwachsen wird.

5. Der Darmkanal.

a) Die Entzündungen des Darmes.

Bei allen Entzündungen des Darmes sind in erster Linie die Mucosa und die Submucosa betheiligt. Hier tritt die Hyperämie, Exsudation und Proliferation zunächst auf, um erst secundär auf die Muskularis und die Serosa fortzuschreiten. Die Besonderheiten der einzelnen Entzündungsformen sollen für sich besprochen werden. Hier sei nur einer für alle gemeinsamen Erscheinung, nämlich der Betheiligung des Lymphgefässapparates und zwar nicht sowohl der follikulären Gebilde als der in den tieferen Schichten der Submucosa und in der Muskularis verlaufenden Lymphgefässe gedacht.

Bei allen Entzündungsarten des Darmes, welche Aetiologie auch immer in Betracht kommen mag, findet man die Lymphkanäle dilatirt. Ganz besonders tritt das auf der Grenze der Längs- und Ringmuskelschicht hervor, wo man bei schwachen Vergrösserungen in mehr oder weniger regelmässigen Abständen von einander runde oder ovale oder kanalförmige, der Längsmuskellage parallel gestellte Lumina wahrnimmt (Fig. 261), die einen zelligen Inhalt besitzen. Es sind die dilatirten

Lymphgefässe. Bei starker Vergrösserung erkennt man, dass in ihnen die Endothelien zu protoplasmatischen kubischen Zellen angeschwollen sind und entweder noch reihenweise auf der bindewebigen Wand festsitzen, oder meist abgefallen sind und haufenweise im Lumen liegen. Mit ihnen untermischt findet man mehr oder weniger reichliche Lymphocyten und auch wohl feinkörnige trübe Detritusmasse. Die Umgebung der Kanäle ist gewöhnlich zellig infiltrirt. Auch unter der Serosa, vor Allem aber in der Submucosa können die Lymphgefässe die gleiche Veränderung zeigen, nur treten sie hier in dem zellreichen Gewebe weniger gut hervor, zumal sie durchschnittlich enger und dichter ausgefüllt sind. Die Endothelien schwellen nicht selten zu grösseren, zuweilen mehrkernigen Zellen an (vergl. u. Tuberkulose), auch können sie unter Kernverlust absterben.

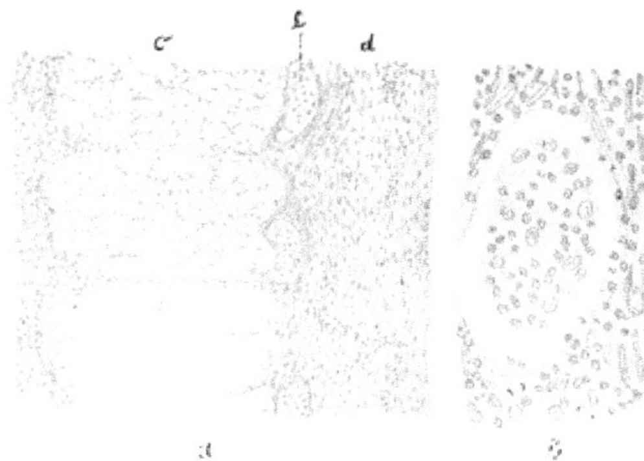

Fig. 261. Aus der **Darmwand** unterhalb eines geschwollenen Follikels bei **Typhus**. *a* Durchschnitt durch die Muscularis, deren beide Lagen *c* und *d* man deutlich erkennt. Vergr. 60. Die Interstitien der Muskulatur sind zellreicher als sonst, in der äusseren Schicht (*d*) sieht man zellige quer und schräg verlaufende, Gefässen entsprechende Züge. Zwischen Quer- und Längsmuskulatur drei erweiterte und mit Zellen ausgefüllte Lymphgefässe (*e*). Bei *b* ein solches Lymphgefäss bei starker Vergrösserung. Man sieht die desquamirten Endothelzellen mit Lymphocyten untermischt.

Nicht immer sind die Lymphbahnen durch die beschriebenen Schwellungs- und Desquamationszustände des Endothels ausgezeichnet. Bei Entzündungen, die mit starker Exsudation oder mit Eiterung einhergehen, findet man in ihnen entweder auch mehr oder weniger Fibrin neben den Zellen oder man sieht sie statt mit Endothelien mit Leukocyten vollgepropft und oft beträchtlich dilatirt.

1. Tuberkulose.

Die histologischen Verhältnisse der Darmtuberkulose in allen Einzelheiten zu beschreiben ist nicht erforderlich, da der Prozess sich nur durch seine Beziehungen zu den einzelnen Theilen der Darmwand und einige Besonderheiten von den allgemeinen Verhältnissen der Tuberkulose, die daher nur auf den Darm übertragen zu werden brauchen, unterscheidet.

Die Erkrankung beginnt mit einer Schwellung follikulärer Apparate, die solitär oder in den Plaques als Knötchen vorspringen, sich später trübgelb verfärben, d. h. verkäsen und durch Ausfall des nekrotischen Materiales sich in ein Geschwürchen umwandeln.

Dieses vergrössert sich allmählich und zwar nicht selten in circulärer, den Darm umgreifender Richtung. Es behält als Charaktere seines tuberkulösen Charakters einen gewulsteten Rand und unebenen Grund, in denen immer wieder neue verkäsende Knötchen sichtbar werden.

Im Beginn des Prozesses findet man die Schwellung der Follikel veranlasst durch Zunahme der Zellen, zwischen denen sehr bald grössere epithelioide Elemente und weiterhin Riesenzellen sichtbar werden. Auch tritt frühzeitig Verkäsung ein. So ist der Schwellungszustand im Allgemeinen schon von Anfang an ein tuberkulöser und durch die Gegenwart von Bacillen gekennzeichnet, die freilich meist erst in den geschwürigen Prozessen sehr zahlreich werden. Der Invasion der Bacillen kann eine einfache zellige Vergrösserung der Follikel vorausgehen. Die Mucosa erscheint über dem prominirenden Knötchen gespannt, weiterhin wird sie und die Muscularis mucosae durch Ausbreitung (Zellwucherung) zellig infiltrirt und schliesslich auch von der nachfolgenden Verkäsung ergriffen. Durch Auslösung der verkästen Theile entsteht dann ein Geschwür, dessen Rand aber durch tuberkulöses Granulationsgewebe gebildet wird. Durch Fortschreiten der Proliferation und Tuberkelbildung in die Umgebung und immer wieder nachfolgenden Zerfall nimmt der Umfang desselben zu. Die zellige Wucherung betheiligt vor Allem auch die Submucosa, die in weite Entfernung von den Ulcerationen diffus oder knötchenförmig infiltrirt erscheint. Man kann hier oft aussergewöhnlich gut die nahe Beziehung der Riesenzellenbildung zu den Lymphgefässendothelien feststellen. Man findet in der oben (S. 262) besprochenen Weise die Lymphkanäle vollgefüllt mit wenigen oder vielen protoplasmareichen Zellen, von denen hier und da einzelne zu mehrkernigen Riesenzellen umgewandelt erscheinen, auch ohne dass bereits eine stärkere zellige Infiltration in der näheren Umgebung bestände.

Meist geht der Prozess auch auf die Muskularis über. Entweder handelt es sich um eine strangweise Zellwucherung in den bindegewebigen Septen der Muskelbündel oder man sieht auch hier die Riesenzellen in den Lymphbahnen. Die Muskularis wird als Ganzes erheblich verdickt; ihre einzelnen Bündel werden durch die Zellen weit auseinandergedrängt und schliesslich, auch bevor die zunehmende Nekrose sie erreicht, ganz vernichtet.

Die Serosa wird gleichfalls von dem Wucherungsprozess ergriffen, der sich zwischen Peritoneum und Muskularis entwickelt, im Uebrigen aber keine besonderen Eigenthümlichkeiten darbietet. Er folgt aber auch hier den Lymphbahnen, in deren Richtung man makroskopisch reihenweise angeordnete Tuberkel sieht.

2. Typhus.

Der typhöse Prozess beginnt mit einer durch Zellvermehrung bedingten Schwellung der lymphatischen Apparate, die nach Farbe und Consistenz als eine markige bezeichnet wird. Die Zellinfiltration kann die Grenzen der Follikel und Plaques überschreiten und in der Tiefe bis zur Serosa vordringen. An die Schwellung schliesst sich Nekrose und durch Ausfall des abgestorbenen Gewebes entsteht das Geschwür, in dessen Rand und Grund die Nekrose event. bis zur Perforation fortschreiten kann. Durch Abstossung alles Todten reinigt sich das Geschwür. Dann liegt im Grunde sehr gewöhnlich die Quermuskulatur frei. Die Heilung erfolgt durch Bildung eines Granulationsgewebes, welches sich vom Rande her mit Epithel überkleidet.

Zur Untersuchung eignen sich am besten die geschwollenen solitären Follikel, weil sie auf kleinem Gebiet alle wesentlichen Veränderungen zu übersehen gestatten. Schneidet man einen solchen in frischen Stadien seiner Vergrösserung, natürlich senkrecht zur Schleimhautfläche, so sieht man bei schwacher Vergrösserung leicht, wie die beiderseits unveränderte Schleimhaut durch einen der Submucosa angehörenden zellreichen querovalen Bezirk emporgehoben wird, in dem man den Follikel anfangs noch abgrenzen kann. Die Mucosa wird zunächst zellig infiltrirt, dadurch werden die Drüsen auseinandergedrängt. Bald aber zeigt sie Verdrängungserscheinungen. Sie wird durch den von unten wirkenden Druck verdünnt, die Drüsen werden schräg gelagert und verschoben. In etwas späteren Stadien (gegen das Ende der ersten Erkrankungswoche) zeigt dann die gespannte Schleimhaut zunehmende Anzeichen von Nekrose, sie bietet auf der Höhe der Prominenz keine deutliche Struktur mehr, und die Kernfärbung bleibt hier aus (Fig. 262).

Fig. 262. Die Hälfte eines senkrecht zur Darmschleimhaut durchschnittenen **typhös geschwellten Follikels**. Vergr. 10. *a* Muscularis, *b* Schleimhaut mit erhaltenen, aber durch Zellvermehrung auseinandergedrängten Drüsen, *c* nekrotische Schleimhaut. Zwischen der Schleimhaut und der Muscularis liegt der geschwollene, gegen die Umgebung nicht mehr scharf begrenzte Follikel. Man sieht ein dicht zellig infiltrirtes Gewebe und viele weite Blutgefässe.

Die anfänglich noch abgrenzbaren Follikel verlieren während ihrer Anschwellung sehr bald die normalen Contouren, man bemerkt, wie durch eine besonders nach den Seiten, aber auch nach unten und oben sich ausbreitende Zellansammlung die Grenzen verwischt werden.

Bei starker Vergrösserung überzeugt man sich, dass die zur Anschwellung führenden Zellen anfangs fast ausschliesslich mehrkernige Leukocyten sind, die vor Allem in den äusseren Theilen des Follikels und in seiner Umgebung sich anhäufen. Diese infiltrirten Abschnitte zeigen zugleich eine ausgesprochene Hyperämie. Mit der Emigration ist aber stets ein mässiger Austritt flüssiger Bestandtheile verbunden, wie aus der Gegenwart von Fibrin in der Submucosa und in seltenen Fällen auch auf der Schleimhaut erkannt werden kann. Auf letzterer kann sich so ein Belag bilden, der den Bildern eine gewisse Aehnlichkeit mit denen der Dysenterie verleiht (Marchand, Centralbl. f. path. Anat. Bd. I).

Leukocyten und Fibrin bilden aber wie bei so vielen anderen Entzündungen nur einen verhältnissmässig kurze Zeit vorhandenen Bestandtheil der typhösen Schwellung. Jene zeigen frühzeitig Zeichen des Zerfalls in Gestalt einer fortschreitenden Fragmentirung der Kerne. So kann man später nur noch Kernreste von ihnen nachweisen. Auch das Fibrin verschwindet allmählich.

An die Stelle der Emigration und Exsudation tritt bald Gewebsproliferation. Wenn die Bilder dabei dauernd gewisse Abweichungen von den im gewöhnlichen Bindegewebe verlaufenden darbieten, so liegt dies nur daran, dass der Prozess eben in lymphatischen Apparaten localisirt ist. Hier nehmen an der Wucherung vor Allem die Endothelien des reticulären Gewebes Antheil. Wie schon oben (Seite 93) hervorgehoben wurde, sieht man in den Lymphbahnen grosse Mengen protoplasmareicher Zellen, die zum Theil noch auf dem Reticulum festsitzen und sich dadurch als Endothelien zu erkennen geben.

Die Vermehrung der Zellen und zwar wiederum besonders der endothelialen bleibt aber nicht nur auf die lymphatischen Apparate beschränkt. Auch in ihrer Umgebung, dort wo die anfängliche Zellinfiltration vorhanden war, aber auch über diesen Bereich hinaus sieht man in den Saftlücken und geschlossenen Lymphbahnen eine Wucherung von Zellen, die nach Grösse, Form und Kern nur Endothelien sein können. Daneben bemerkt man auch eine Vergrösserung und Vermehrung der eigentlichen vorwiegend spindeligen Bindegewebszellen und der Lymphocyten. Der Prozess kann sich durch die Muskulatur bis zur Serosa erstrecken und auch hier zur dichten Zellinfiltration führen. Die oben (S. 261 f.) beschriebene Veränderung an den Lymphgefässen tritt bei dem Typhus in der Submucosa und in der Muskulatur meist sehr deutlich hervor.

Das weitere Schicksal der angeschwollenen Theile ist nun eine an der Oberfläche beginnende und in die Tiefe fortschreitende Nekrose, die alle mit Zellen infiltrirten Abschnitte ergreifen kann, aber keine weitere Besprechung erfordert. Hat sich schliesslich das nekrotische Gewebe abgestossen, so kommt es durch Bildung von Granulationsgewebe aus den Rändern des Defekts zur Heilung, die erst vollendet ist, wenn die neue Gewebslage einen Epithelüberzug bekommen hat.

3. Dysenterie.

Die dysenterischen Prozesse des Darmkanals sind ausgezeichnet durch eine initiale, oft sehr hochgradige Hyperämie, die zu einer sammetartigen Schwellung der Schleimhaut führt, sodann durch die Bildung von Pseudomembranen, die klein, aber zahlreich (»kleienförmig«) oder grösser und sehr umfangreich sein können. Nach ihrer Abstossung bleibt ein mehr oder weniger tiefgreifender Defekt, ein dysenterisches Geschwür zurück, dessen Rand meist und oft weitgehend unterminirt ist, so dass zwischen nahe zusammenliegenden Defekten, besonders im Dickdarm, schmalere und breitere, von der Muscularis völlig losgelöste Schleimhautbrücken vorhanden sein können. Bei der Heilung bildet sich im Grunde der Geschwüre ein derbes, sehr zu narbiger Contraction geneigtes Gewebe.

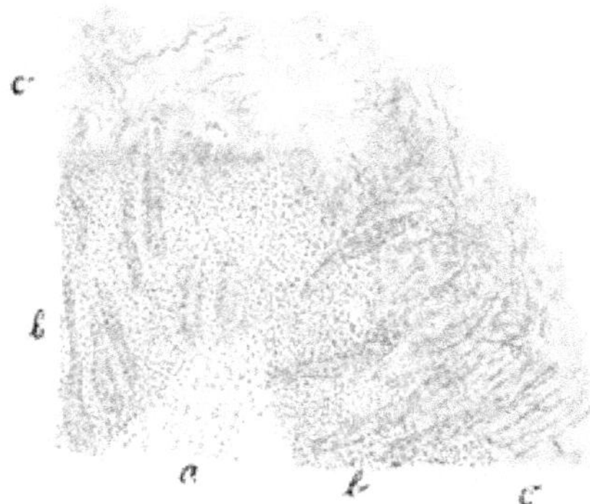

Fig. 263. Dysenterie des Dünndarms.
a Submucosa. *b b* unterer Theil der Schleimhaut. Hier sind die Drüsen durch eine dichte zellige Infiltration auseinandergedrängt. *c c* Oberer nekrotischer Theil der Schleimhaut, mit Exsudatmassen zu einer gemeinsamen Pseudomembran vereinigt, in der man die Drüsen sich noch etwas fortsetzen, aber allmählich verlieren sieht. Vergr. 60.

Untersuchen wir den Darm in frischen Stadien, bevor eine Defektbildung stattgefunden hat, so finden wir Mucosa und Submucosa an senkrecht stehenden Schnitten erheblich verdickt. In letzterer ist es zu einer entzündlichen Exsudation gekommen, durch welche die normalen Bestandtheile weit auseinandergedrängt sind. Sie ist kenntlich an der vorwiegend durch polynucleäre Leukocyten bedingten zelligen Infiltration und an der Gegenwart einer oft reichlichen fädigen Substanz, die sich bei Anwendung von Weigert's Methode als Fibrin erweist. Die Mucosa ist noch dichter mit Kernen durchsetzt (Fig. 263), die ebenfalls zum grossen Theil den Leukocyten entsprechen. Durch ihren Zellreichthum hebt sie sich von der Submucosa deutlich ab, obgleich die Muscularis mucosae wegen der auch auf sie sich erstreckenden zelligen Infiltration meist nur noch undeutlich oder auch gar nicht mehr sicher erkannt werden kann. Die Drüsen sind durch die Zellanhäufung auseinandergedrängt und durch Compression verschmälert. Auch in der Mucosa lässt sich durch Färbung in Flecken und Streifen vorhandenes Fibrin nachweisen. Liegt der Schnitt im Bereich einer Pseudomembran, so ergiebt sich, dass sie sich in verschiedener Weise zusammensetzt. In frühen Stadien, wie man sie besonders bei der in Folge von Kothstauung eintretenden Erkrankung antrifft, sieht man oft eine auf die Schleimhaut gelagerte Masse, welche sich aus Fibrin und Leukocyten zusammensetzt. In dem grössten Theil ihres Bereiches ist aber die oberste Schleimhautschicht zerstört, das Epithel fehlt ganz oder grösstentheils und die zellige Infiltration der Mucosa setzt sich ohne scharfe Grenze in die aufgelagerte Masse fort, die am Rande sich noch eine Strecke weit über die angrenzende noch epithelbedeckte Schleimhaut hinüberschieben kann, ganz ähnlich, wie wir es bei der Rachendiphtherie hervorgehoben haben (S. 249). In solchen Fällen haben wir es also mit einer Oberflächenexsudation zu thun, bei welcher die Schleimhaut in ihren höheren Lagen zerstört wurde.

In anderen Fällen ist die Pseudomembranbildung mit ausgedehnterer Nekrose verbunden, welche sich auf die oberen Schleimhautschichten in wechselnder Dicke erstreckt und auch die, zum Theil noch Fibrinfärbung annehmenden Exsudatmassen, auf ihrer Oberfläche betheiligt, so dass hier nirgendwo mehr eine Kernfärbung zu erzielen ist. Der Gewebsuntergang reicht bald nur bis zur Mitte der Mucosa, bald tiefer bis zur Submucosa und Muskularis.

Das abgestorbene Gewebe setzt sich meist durch einen dunkler sich färbenden, weil besonders kernreichen, aber auch in Untergang begriffenen Saum von dem lebenden ab. Nekrotisch gewordene Drüsentheile verrathen sich zuweilen noch dadurch, dass in der Verlängerung der erhaltenen Abschnitte dunklere Streifen in die todte Gewebslage hineingehen. In dieser findet man, um so reichlicher, je mehr man sich der freien Fläche nähert, verschiedenartige Bakterien, die theils sich nach Gram färben, theils nicht.

Darunter gehören auch feine stäbchenförmige Gebilde, die man wohl als äteologisch bedeutungsvoll angesprochen hat. Doch ist hierüber nichts Sicheres bekannt. Bei manchen besonders in den Tropen vorkommenden Dysenterien betrachtet man in der Darmwand gefundene Amöben als die Erreger.

Die Lymphgefässe der Darmwand zeigen in der Submucosa die oben erwähnte Erfüllung mit Fibrin und Leukocyten, in der Muskularis die endothelialen Wucherungs- und Desquamationsprozesse.

Die Abstossung der Pseudomembranen erfolgt durch zellige Einschmelzung an ihrer Grenze gegen das lebende Gewebe. Der zunehmende Proliferationsvorgang in letzteren und der schliessliche Uebergang in ein mehr oder weniger derbes Narbengewebe bedarf keiner weiteren Besprechung.

Nach Ablauf der Entzündung findet man auf dem narbigen Bindegewebe nur eine einfache Epithellage, dagegen im Allgemeinen keine Drüsen. Hatten die geschwürigen Prozesse grosse Ausdehnung, so blieb zwischen ihnen nur wenig Schleimhaut erhalten. Bildete sie umschriebene Inseln, so entstehen aus ihnen durch die Bindegewebswucherung oft kleinere und grössere polypöse Erhebungen, die demnach aus einem bindegewebigen Kern und einem mit Drüsen versehenen Schleimhautüberzug bestehen. Blieb zwischen grossen Ulcerationen nur eine schmale Brücke bestehen, so kann diese durch Unterminirung ganz von der Muskularis getrennt werden. Oft sieht man auch nach der Heilung noch viele balkenförmig über den abgeglätteten Geschwürsgrund ausgespannte Schleimhautbrücken. Sie zeigen einen bemerkenswerthen Regenerationsvorgang, indem sie nämlich nicht nur seitlich, sondern auch an ihrer Unterfläche einen epithelialen Ueberzug bekommen. Zum Theil rührt dies daher, dass die Säume der Brücken sich etwas nach unten umklappen, zum anderen Theil, zumal bei breiteren Balken aber daher, dass das Epithel über die nach abwärts sehende Ulcerations- resp. Granulationsfläche hinüberwächst. Auch kommt es hier zur Neubildung deutlicher, wenn auch nicht ganz typisch angeordneter Drüsen.

4. Syphilis.

Die syphilitischen Entzündungen des Darmes kommen im Ganzen selten, aber sowohl bei Erwachsenen wie bei syphilitischen Neugeborenen vor. Sie treten auf als umschriebene und ringförmige Schleimhautverdickungen (gummöse Neubildungen), die zerfallen und Geschwüre mit dicken derben Rändern bilden, nach deren Heilung strahlige Narben zurückbleiben.

Die histologischen Charaktere sind im Allgemeinen die des syphilitischen Gewebes überhaupt (s. S. 92), so dass eine Schilderung aller Einzelheiten hier nicht mehr erforderlich erscheint. Hervorzuheben ist, dass die entzündliche Proliferation hauptsächlich in der Submucosa abläuft, aber auch, wie bei den anderen Entzündungsarten, durch die Muskularis bis zur Serosa gelangt, wo sich ebenfalls durch Wucherungsprozesse Verdickungen ausbilden können. Bei der Syphilis des Neugeborenen, weniger bei der des Erwachsenen, ist die auffallende grosszellige Eigenschaft des neuen Gewebes mehrfach betont und die Zusammensetzung aus Spindelzellen hervorgehoben worden. Figur 264 giebt das Bild einer verdickten Submucosa wieder und zeigt einerseits in dem fibrillären Maschenwerk grosse chromatinarme Kerne, deren zugehöriges Protoplasma so hell ist, dass es sich nicht deutlich abgrenzen lässt, andererseits neben weiten Blutgefässen ein Lymphgefäss mit angeschwollenem Endothel, dessen Zellen mit den in den Interstitien gelegenen dem Aussehen nach so übereinstimmen, dass man auch die letzteren als endotheliale ansprechen darf. Die Lymphgefässveränderung ist ganz besonders ausgedehnt und erstreckt sich bis zur Serosa. Ausser den grossen Zellen finden sich zwischen ihnen bald nur einzelne, bald viele Lymphocyten.

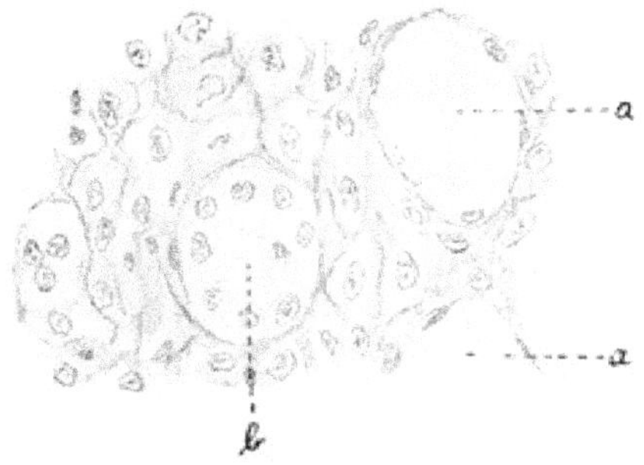

Fig. 264. Aus der Darmwand (Submucosa) eines syphilitischen Neugeborenen. *a a* Blutgefässe, *b* Lymphgefäss mit kubischem Endothel. In der Umgebung grosszelliges Gewebe. Vergr. 600.

Fig. 265. Darmmuskulatur eines alten Mannes. Ein grösserer Abschnitt der Ring- und ein kleinerer der Längsmuskulatur. Die erheblich angeschwollenen Muskelzellen enthalten hellbraunes (hier schwarz gehaltenes) Pigment. Vergr. 400.

b) Regressive Veränderungen.

Eine häufige Veränderung der Darmwand besteht in einer Pigmentablagerung in die Muskulatur. Sie fehlt in geringen Graden bei keinem Erwachsenen, kann sich aber so steigern, dass der Darm makroskopisch gelb bis tiefrostbraun erscheint. Betheiligt ist vor Allem das Jejunum, nach abwärts nimmt die Veränderung ab. Die intensiveren Pigmentirungen finden sich im höheren Alter, doch kommen auch als Theilerscheinungen eines Krankheitsbildes (Hämochromatose, v. Recklinghausen) schon in früherer Zeit ausgesprochene und ganz besonders hochgradige Verfärbungen vor.

Die mikroskopische Untersuchung (Fig. 265) wird mit bestem Erfolg an frischen Schnitten vorgenommen; in gehärteten Präparaten hebt sich das Pigment weniger gut ab. Es findet sich in hellgelben eckigen Körnchen, ähnlich denen des Herzmuskels und tritt auf Essigsäurezusatz noch besser hervor (vergl. S. 22). Es liegt ausschliesslich in den glatten Muskelfasern und zwar vor Allem in der Längsschicht, etwas weniger in der Ringmuskellage und nur spärlich in der Muscularis mucosae. Ist nur wenig Farbstoff vorhanden, so findet er sich vorwiegend an den Polen der Kerne, später nimmt er allmählich das ganze Protoplasma ein. Er kann so dicht liegen, dass man den Kern, auch bei Färbung, nicht wahrnimmt. Dabei ist dann aber der Muskel stets voluminöser, oft um das Mehrfache breiter als sonst (Goebel, Virch. Arch. Bd. 136).

Eine andere aber nicht gerade häufige Veränderung der Darmmuskulatur ist die fettige Degeneration, die nur im frischen Zustande (resp. an Osmiumsäurepräparaten) untersucht werden kann und nicht mit der Pigmenteinlagerung verwechselt werden darf (vergl. S. 22).

Eine Atrophie der Muskulatur, d. h. eine Dickenabnahme der Muskelschichten ohne sonstige ausgesprochene Veränderungen findet sich im Zusammenhang mit allgemeiner Atrophie der Darmwand, an der in erster Linie auch die Schleimhaut betheiligt ist. Ihre Veränderungen entsprechen in der Hauptsache den im Magen bei dem gleichen Prozess vorkommenden. Es genügt deshalb darauf zurückzuverweisen.

Endlich zeigt die Muskulatur als eine vorwiegend postmortale Veränderung Umwandlungen, die der wachsartigen Degeneration (S. 30) der quergestreiften Muskeln entsprechen. Wegen des Genaueren sei auf Fig. 351 verwiesen, welche diese Verhältnisse für die Prostata wiedergiebt, bei der sie genauer besprochen werden sollen.

Eine weitere regressive Metamorphose betrifft die nervösen Bestandtheile der Darmwand. Sie erleiden, besonders im Bereich des Plexus myentericus fettige Degeneration, körnigen Zerfall, körnige und vacuoläre Quellung der Ganglienzellen.

Die Veränderungen haben für die Zwecke unseres Lehrbuches nicht so grosse Bedeutung, dass auf sie und die dazu gehörigen Untersuchungsmethoden genauer eingegangen werden könnte. Ueber die letzteren finden sich Angaben bei Blaschko (Virch. Arch. Bd. 94) und Sasaki (ebenda Bd. 96).

Von der amyloiden Degeneration war schon Seite 38 kurz die Rede.

c) Pathologische Anatomie des Wurmfortsatzes.

Eine besondere Besprechung erfordert der Processus vermiformis. An ihm beobachtet man zunächst einmal einen typischen Obliterationsprozess, der mit dem zunehmenden Alter häufiger gefunden wird und bei Leuten über 60 Jahren in mehr als der Hälfte der Fälle theils partiell vom Ende des Processus beginnend, theils total nachweisbar ist.

Schneidet man die obliterirte Strecke (Fig. 266) in querer Richtung, so findet man zu innerst ein lockeres fibrilläres Bindegewebe. Dadurch, dass in ihm häufig Gefässe allseitig gegen den Mittelpunkt laufen und von reichlicheren Kernen umgeben werden, bekommt das Gewebe eine radiäre Anordnung. Ein kleiner centraler Bezirk enthält zuweilen nur sehr spärliche feinste Fäserchen. Dann handelt es sich um eine noch nicht ganz ausgebildete Obliteration, von Epithel ist aber auch hier keine Spur mehr vorhanden. Das lockere Gewebe entspricht der früheren Mucosa. Daran schliesst sich in allmählichem Uebergang oder durch grössere Kernarmuth schärfer begrenzt eine circuläre Bindegewebsschicht, die frühere Submucosa. Die nun folgende Muskelschicht zeigt keine Abnormität. Macht man die Schnitte in der Längsrichtung des Processus durch den Beginn der Obliteration, so geht das Epithel bis in das an diese anstossende blinde Ende des Kanales hinein und kleidet es aus. Zuweilen aber ist es hier schon defekt. Es wird von dem die Obliteration herbeiführenden vordringenden Bindegewebe nicht eingeschlossen, sondern zieht sich gleichsam vor ihm zurück. Wie es zu Grunde geht, kann man nicht verfolgen, weil der Prozess zu langsam verläuft, sich über Jahre und Jahrzehnte erstreckt.

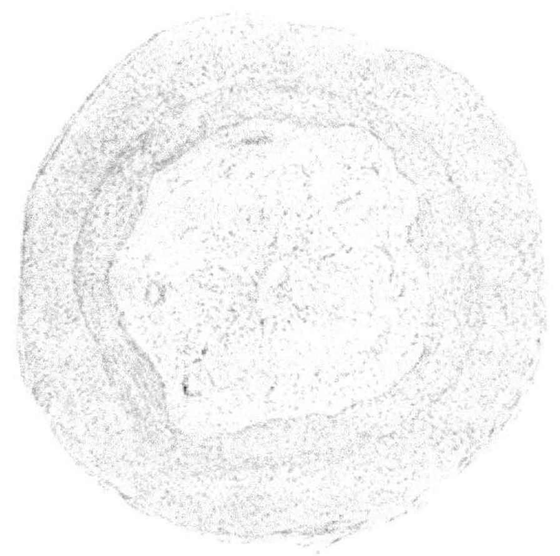

Fig. 266. Querschnitt durch einen **obliterirten Processus vermiformis.** Vergr. 20. Man sieht aussen die beiden Muskellagen, innen statt der Schleimhaut ein den Raum bis auf eine kleine centrale Lücke einnehmendes helles Gewebe, welches in der Mitte kernreicher ist und leicht radiär angeordnet erscheint. Es enthält ausserdem an ihrem Kerngehalt erkennbare Gefässe und an einzelnen Stellen Fettgewebe.

Ausser dieser typischen Obliteration giebt es auch entzündliche Verschlüsse des Lumens. Sie sitzen aber meist nicht am Ende des Processus, sondern in der Continuität und besonders gern nahe am Eingang.

Histologisch sind beide Vorgänge leicht zu unterscheiden. Bei der entzündlichen Verwachsung fehlt jeder Typus. Von der Muskulatur aus geht ein ohne Regel angeordnetes Bindegewebe quer durch das Lumen und verschliesst es.

Mit diesen entzündlichen Obliterationen verbindet sich oft eine cystische Erweiterung des abgeschlossenen Lumens. Sie findet sich aber nicht immer, auch dann nicht, wenn die Schleimhaut dem anatomischen Befunde nach sehr wohl functionsfähig gewesen sein kann.

In den cystisch erweiterten Abschnitten kann das Epithel ganz fehlen oder es ist nur theilweise vorhanden. Dann aber zeigen sich nur hier und da normale Verhältnisse und vor Allem nur selten noch Drüsen. Im Uebrigen ist das Epithel einschichtig, cylindrisch oder kubisch, continuirlich oder unterbrochen angeordnet. Das Bindegewebe der Mucosa und die Submucosa sind zu einer gemeinsamen faserigen Lage verschmolzen, die Muskulatur ist oft erheblich verdickt, so dass also ausgedehnte Neubildungsprozesse bei der Erweiterung vorhanden gewesen sein müssen.

Eine Besprechung erfordern ferner auch die Kothsteine resp. die Concremente des Wurmfortsatzes. Denn die Verkalkung ist ein relativ seltenes Ereigniss. Man findet die Concremente in mehr als 10 % der Leichen von Erwachsenen.

Man kann sie mit dem nicht aufgeschnittenen Prozessus härten und schneiden oder für sich verarbeiten. Sie bröckeln zwar leicht, doch lassen sich von den mit Celloidin gut durchtränkten Objekten ausreichende, wenn auch etwas dicke Schnitte herstellen, sofern nicht harte Fremdkörper eingeschlossen sind.

Die Präparate lehren nun, dass die Concremente nur in der Mitte aus Kothbestandtheilen zusammengesetzt sind, in der Peripherie dagegen aus schalenartig angeordneten Schichten, die von einander mehr oder weniger gut abgesetzt und oft in grosser Zahl (etwa 12) vorhanden sind. Sie haben gelegentlich eine grauweisse, meist eine schmutzig bräunliche Farbe und bestehen aus Schleim, den man nach Härtung der Concremente mit der Darmwand direkt aus den Drüsen der letzteren kann hervorgehen sehen. Die Kothsteine wachsen also durch immer neue Schleimanlagerung (Ribbert, Virch. Arch. Bd. 132).

6. Leber.

Die Schnittfläche einer völlig normalen Leber lässt die Zusammensetzung aus den sogenannten Acinis nur undeutlich erkennen, weil die einzelnen Läppchen mit ihren breiten Berührungsflächen in einander übergehen und nur in den Winkelstellen durch das interacinöse Bindegewebe getrennt sind. Durch die meisten und häufigsten pathologischen Prozesse werden aber die Acini bald im ganzem Umfang, bald nur in einer centralen, peripheren oder mittleren Zone, vor Allem in ihrer Farbe verändert und dadurch wird, wie wir zu sagen pflegen, die acinöse Zeichnung sichtbar. Die Aufgabe der Diagnose besteht darin, die Abnormitäten richtig zu localisiren d. h. anzugeben, welche Theile der Läppchen verändert sind. Das ist nun in jenen Fällen nicht schwierig, in denen die Abweichungen die einzelnen Abschnitte der Acini in regelmässiger Anordnung betheiligen. Ist das aber nicht der Fall, oder gehen die Veränderungen der einzelnen Läppchen in einander über, so kann die Diagnose dem Anfänger grosse Schwierigkeiten machen.

Unter dem Mikroskop lassen sich die Acini je nach dem pathologischen Vorgang bald leichter bald schwerer begrenzen. Als wichtigste Regeln müssen die folgenden festgehalten werden. Die eine betrifft das Bindegewebe. Es findet sich, von der leicht zu diagnosticirenden Vermehrung bei Lebercirrhose abgesehen, nur in der Peripherie der Acini in den Winkelstellen derselben in Gestalt schmaler und breiterer Züge, besonders gern dreieckiger, zackiger Figuren. Es fehlt dagegen in der Umgebung der Centralvene. Wo man also Bindegewebe sieht, hat man unter allen Umständen die Peripherie vor sich. Die zweite Regel bezieht sich auf die Gefässe. Im Centrum ist stets nur ein Gefäss, die Lebervene, vorhanden, die aber nicht immer sichtbar ist, weil sie collabirt und weil auch die venenfreie Kuppe der Läppchen durchschnitten sein kann. In dem peripheren Bindegewebe sieht man stets zwei (oder mehrere) Gefässe, nämlich die Pfortader, die Leberarterie und ausserdem meist auch noch einen Gallengang. Hält man sich an diese Regeln, so gelingt die Aufsuchung der Acini stets, so verändert sie auch sein mögen. Am besten ist es immer, bei möglichst schwacher Vergrösserung, welche mehrere Acini zugleich in das Gesichtsfeld zu bringen gestattet, die peripheren bindegewebigen Stellen aufzusuchen, auf Papier zu bezeichnen und nun durch Linien zu verbinden, so dass polygonale, meist vielseitige Figuren entstehen. Diese entsprechen dann den Acinis. Die starken Vergrösserungen sind zur Stellung der Diagnose nicht erforderlich, man wird sie aber natürlich zur Untersuchung feinerer Einzelheiten anwenden müssen. Sehr hübsche Uebersichtsbilder bekommt man durch Anwendung der in der Einleitung (Seite 8) besprochenen Lupe.

Wir betrachten zuerst die regressiven Veränderungen der Leber.

a) Regressive Metamorphosen.

1. Fettinfiltration und fettige Degeneration.

Leicht zu erkennende Veränderungen veranlasst die Fettinfiltration (S. 14 f.). Sie nimmt in weitaus den meisten Fällen die peripheren Theile der Acini ein. Jedes Läppchen zeigt dann makroskopisch einen gelbweissen schmalen oder breiteren Randsaum und einen rothen centralen Abschnitt. Die gelbweissen Ringe der einzelnen Acini berühren sich aber natürlich alle unter einander und da ihre Grenze undeutlich wird, so entsteht ein gelbweisses Netzwerk, in welchem die rothen Centra liegen, die besonders nach Ausfliessen des Blutes gegenüber den vortretenden fettinfiltrirten Peripherien vertieft erscheinen.

Unter dem Mikroskop erscheinen die Acini, die natürlich wie bei allen Fetteinlagerungen in frischen Schnitten untersucht werden müssen, bei schwacher Vergrösserung dunkel umrandet durch die dichtgedrängten grossen Fetttropfen, neben denen das Protoplasma der Leberzellen nicht sichtbar ist. Ihre Einlagerung in letztere verräth sich aber durch ihre meist gut hervortretende radiäre reihenweise Anordnung (Fig. 267). Aussen sind die Tropfen meist grösser als gegen das Centrum hin. Die Fettinfiltration erreicht verschiedene Grade. Bald nur auf die äusserste Zone beschränkt, kann sie andererseits immer mehr gegen die Centralvene vorschreiten und schliesslich alle Leberzellen ergreifen.

Makroskopisch erhält dann die Schnittfläche eine ziemlich gleichmässige gelbweisse Farbe, jedoch sind die Acini immer noch durch die Abgrenzung in den Winkelstellen und durch den meist etwas stärkeren centralen Blutgehalt erkennbar.

Andererseits nimmt aber das Fett nicht immer die ganze Peripherie ein, sondern bevorzugt zuweilen die Umgebung des Bindegewebes, oder ist allein hier zu finden. So entstehen fetthaltige Bezirke von meist zackiger Beschaffenheit.

Fig. 267. **Fettleber.** Frisches Präparat. Vergr. 60. Die Figur umfasst einen ganzen Acinus und schmale Zonen der angrenzenden Läppchen. Die peripheren Theile des Acinus heben sich durch die Gegenwart zahlreicher in radiären Reihen angeordneter Fetttropfen sehr gut von dem hellen mittleren Theile des Läppchens ab.

Dieselben verleihen, da sie vorspringen, dem makroskopischen Bilde der Leber ein körniges, granulirtes Aussehen (»granuläre Fettleber«). Mit dieser Leber darf jene nicht verwechselt werden, in welcher nur die centralen Theile der Acini Fett enthalten. Sie springen auch vor, aber sind meist rundlicher Gestalt.

Fig. 268. **Fettzellen.** Das Fett nimmt die centralen Theile der Acini ein. Man sieht zwei ganze Acini und Theile von mehreren anderen. Sie erscheinen in der Mitte durch die Fetteinlagerung dunkel. Vgr. 30.

Unter dem Mikroskop erscheinen dann die Centra der Acini dunkel (Fig. 268). Aber nicht selten bemerkt man, dass in diesen Fällen das Fett nicht in Gestalt grosser, sondern kleiner Tropfen vorhanden ist.

Anders als die Infiltration verhält sich die fettige Degeneration (s. S. 17). Da sie auf Grund von Schädlichkeiten, welche alle Leberzellen ziemlich gleichmässig treffen, durch Metamorphose des Protoplasma entsteht, so wird die Veränderung nicht einzelne Theile der Acini wesentlich bevorzugen, wenn auch allerdings die peripheren oft etwas stärker ergriffen sind. Daher dann die Leber makroskopisch diffus trübgelbgrau, mikroskopisch bei schwacher Vergrösserung überall dunkel erscheint. Bei starker Vergrösserung erkennt man die zahlreichen kleinen Fetttröpfchen in den Leberzellen.

Was die Trennung der fettigen Degeneration von der Infiltration angeht, so darf nicht vergessen werden, dass sie oft schwierig ist, da neben grösseren Tropfen auch viele kleinere vorhanden und da die letzteren auch der Ausdruck eines Verschwindens der Infiltration sein können (vergl. S. 11).

Beide Formen der Fetteinlagerung können auch aus localen Gründen entstehen, so um Geschwulstknoten und Tuberkel als partiell oder total herumgehende Zonen, ferner kann die fettige Degeneration auch als Folge des abnormen Blutdruckes bei venöser Stauung im Centrum der Acini eintreten (s. u. S. 282).

Eine besondere Form der fettigen Degeneration ist diejenige, welche die Kupfer'schen Sternzellen für sich allein oder gleichzeitig mit den Leberzellen betrifft. Im ersteren Falle erscheint der Acinus bei schwacher Vergrösserung mit dunklen kleinen Fleckchen gleichmässig durchsetzt, die bei starken Linsen eine spindelige, zackige, gebogene Form haben entsprechend dem normalen Bau jener Zellen (vergl. Pigment in Sternzellen S. 277).

Der degenerative Charakter der Fettmetamorphose kommt am ausgesprochensten zur Beobachtung, wenn an die Einlagerung der Fetttröpfchen sich ein Zerfall des Protoplasmas anschliesst. Das sehen wir bei der acuten gelben Atrophie.

2. Acute gelbe Atrophie.

Die acute gelbe Atrophie hat ihren Namen von der rasch eintretenden Verkleinerung und der in frühen Stadien gelben Schnittfläche des Organes. Später, nach Wochen, nimmt das Gewebe durch reichlicheren Blutgehalt eine graurothe oder rothe Farbe an und veranlasst so die Bezeichnung rothe Atrophie. Zwischen beiden Zuständen giebt es allmähliche Uebergänge, die durch eine fleckige, theils gelbe, theils rothe Schnittfläche ausgezeichnet sind.

Die mikroskopische Untersuchung des frischen gelb-atrophischen Organes stellt eine hochgradige fettige Degeneration fest, die bis zu einem völligen Zerfall der Zellen fortschreitet. Zwischen den entarteten Theilen können freilich noch inselförmige besser erhaltene Abschnitte vorhanden sein. Das gehärtete Präparat ergiebt eine nur unvollkommene Kernfärbung der Leberzellen und lässt ferner eine Zerlegung ihrer Reihen in die einzelnen Zellen deutlich erkennen. Es ist also eine Lockerung des Zusammenhanges eingetreten.

Das interacinöse Bindegewebe zeigt meist eine zuweilen beträchtliche zellige Infiltration, in deren Bereich mehrfach Kokkenkolonien nachgewiesen worden sind.

Endet die Erkrankung erst nach einer bis mehreren Wochen tödtlich, so findet man den Zerfall der Leberzellen so weit vorgeschritten, dass, wenigstens über grössere Strecken, keine einzige auch nur in der äusseren Form erhaltene mehr vorhanden ist. Bald erkennt man auch eine allmähliche durch Resorption zu Stande kommende Verminderung und schliesslich ein Verschwinden des Zerfallsmateriales. Auch in diesen Fällen wird man hier und da noch erhaltenes Lebergewebe antreffen. Daraus erklärt es sich eben, dass die Individuen so lange am Leben bleiben können.

Während dieser Vorgänge an den Leberzellen macht sich in den peripheren Winkelstellen der Leberläppchen (Fig. 269) eine durch lebhafte Vermehrung der fixen Elemente und durch zellige Infiltration ausgezeichnete Bindegewebswucherung geltend. Durch sie wird das die Pfortaderäste umgebende Gewebe breiter und bildet rundliche und unregelmässige Bezirke, die sich schon bei schwacher Vergrösserung durch ihren Kerngehalt aus dem übrigen kernarmen und trüben Lebergewebe gut abheben. Sie dehnen sich immer weiter gegen die Centra der Acini aus. Das neue Bindegewebe setzt sich an Stelle der untergegangenen Leberzellen, von denen also in den Proliferationsherden nichts mehr wahrzunehmen ist. Dagegen fallen nun in ihnen charakteristische Dinge ins Auge, von denen auch bei der Lebercirrhose noch die Rede sein wird, nämlich epitheliale Gebilde von strangförmiger, einfach oder mehrfach ver-

Fig. 269. Acute gelbe Leberatrophie. Späteres Stadium. Regenerationsvorgänge. Man sieht die benachbarten Theile dreier Acini, deren Centralvenen gut hervortreten. In der Mitte der Figur ein peripheres Gefäss, in dessen Umgebung in einem zellreichen Bindegewebe viele Gallengänge neugebildet sind. Im Bereich der Acini sind die Leberzellenreihen zu Grunde gegangen. Vergr. 60.

ästigter Gestalt, die bald quer, bald der Länge nach durchschnitten sind. Sie sind im Allgemeinen so angeordnet, dass sie von der Mitte der Bindegewebsbezirke radiär ausstrahlen. Sie setzen sich aus Epithelien zusammen, die entweder in der Längsrichtung platt und parallel an einander gelagert oder kubisch sind und dann im Querschnitt um ein enges Lumen gruppirt sein können. Die erstere Anordnung findet sich häufiger in den peripheren, also jüngeren Theilen. Es handelt sich um neugebildete Gallengänge, die von den restirenden alten ausstrahlen und einem nach Analogie der embryonalen Entwicklung vor sich gehenden Regenerationsprozess entsprechen.

In einem von Marchand (Ziegler's Beitr. Bd. 17) und Meder (ebenda) beschriebenen Falle war die Entwicklung der Gallengänge bis zur Bildung von Bezirken fortgeschritten, die mit dem normalen Bau der Leber grosse Aehnlichkeit hatten.

3. Abnorme Pigmentirung.

a) Ablagerung von Blutpigment.

Von den häufigsten, den durch Fetteinlagerung veranlassten Veränderungen der Leber, wenden wir uns nun zu den durch abnorme Pigmentirung bedingten. Eine solche kann zunächst in der Peripherie der Acini vorhanden sein und ihr eine lehmgelbe oder gelbbraune Farbe verleihen. Dies kommt besonders gern nach Resorption grosser irgendwo im Körper vorhandener Blutergüsse und bei perniciöser Anämie vor, wenn die Bestandtheile des zerstörten Blutes sich als körniger Farbstoff in den Leberzellen ablagern. Unter diesen Umständen ist das Pigment meist eisenhaltig und giebt die Seite 20 besprochenen Reactionen. In anderen Fällen ist es eisenfrei. Dehnt sich die Veränderung, wie gewöhnlich, auf den ganzen Acinus aus, so verliert sich das Hervortreten der Peripherie ganz oder wird weniger ausgeprägt. Die makroskopische Schnittfläche bekommt dann ein gleichmässig lehmfarbenes Aussehen. Bei schwacher Vergrösserung treten meist die pigmentirten Leberzellenbalken sehr deutlich hervor. Ausserdem bemerkt man in manchen Fällen eine durch dunkelbraune Fleckchen hervorgerufene gleichmässig angeordnete Punktirung des acinösen Gewebes (Fig. 270) und kann wahrnehmen, dass die Fleckchen den Leberzellenreihen anliegen. Es handelt sich um die mit Pigment dicht vollgepfropften, bei der fettigen Degeneration schon erwähnten Kupfer'schen Sternzellen.

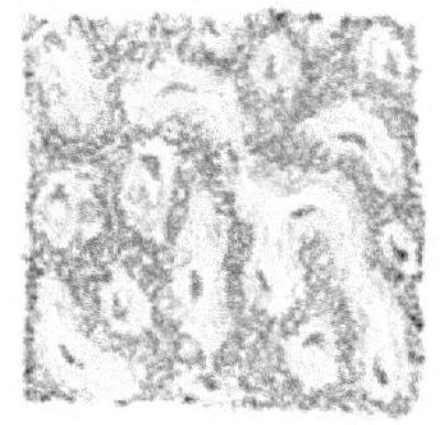

Fig. 270. Pigmentablagerung in den Leberzellen und Sternzellen bei perniciöser Anämie. Das gelbbraune, hier schwarz gezeichnete Pigment nimmt die axialen Theile der Leberzellenreihen ein. Die Capillaren erscheinen als hell kanalförmige und runde Lücken. Vergr. 300.

Abnorme Pigmentirungen treten ferner mit besonderer Vorliebe im

Centrum der Acini ein. Hier finden sich in den Leberzellen sehr häufig braune Farbstoffkörnchen, ohne dass von einer eigentlichen Erkrankung die Rede sein könnte.

b) Pigmentirung bei seniler Atrophie.

Typisch durch ihre Pigmentirung ist die senile oder braune Atrophie (Taf. V, Fig. 1). Die Acini sind wie die ganze Leber erheblich kleiner als normal, die Centra tiefbraun und wegen des durch Verkleinerung der Leberzellen bedingten stärkeren Zusammensinkens tiefer im Niveau als die Peripherie.

Unter dem Mikroskop ist zunächst bei schwachen Linsen die geringere Grösse der Läppchen auffallend. Während in einem nicht atrophischen Organ ein Acinus fast das Gesichtsfeld einnimmt, wobei natürlich je nach dem Mikroskop Unterschiede vorkommen, gehen hier drei oder vier in ein Gesichtsfeld hinein. Durch Vergleich der auf Tafel V gezeichneten Figur 1 mit der Figur 2, in welcher die Grössenverhältnisse der Acini nicht verändert sind, wird dieser Unterschied klar. Man sieht in der Figur mehr als doppelt so viel Läppchen als in der bei gleicher Lupenvergrösserung gezeichneten Figur 2. Die zweite auffallende Erscheinung ist die braune Farbe der centralen Theile der Acini. Von der nicht immer deutlich hervortretenden Vena hepatica strahlen radienartig die pigmentirten Leberzellenreihen aus. Sie sind, wie besonders bei starker Vergrösserung hervortritt, neben der auf Seite 32 bereits beschriebenen Farbstoffeinlagerung durch eine beträchtliche Verschmälerung ausgezeichnet, der entsprechend die Capillaren etwas erweitert erscheinen. Die Pigmentirung verliert sich in der mittleren Zone der Acini, aber nicht in regelmässig circulärer Linie, sondern so, dass sie sich gegen die bindegewebsfreien Berührungsflächen etwas weiter vorschiebt, als gegen die Winkelstellen. So erscheint der braune Bezirk etwas zackig. Zuweilen geht die Färbung in Verlängerung der zackigen Vorsprünge bis an die Grenze der Läppchen. Dann können sich die beiderseitigen pigmentirten Züge vereinigen und es entsteht so eine braun gefärbte Verbindung zwischen den atrophischen Centren.

Auch die peripheren pigmentfreien Leberzellen sind verkleinert, aber nicht so beträchtlich wie die centralen.

Das Bindegewebe ist reichlicher entwickelt als in der Norm. Doch beruht dies hauptsächlich auf dem Umstand, dass es gegenüber den atrophischen Acinis relativ vermehrt erscheint. Eine leichte absolute Zunahme mag aber noch hinzukommen.

Auch für diese Pigmentleber eignet sich die frische Untersuchung vortrefflich. Der Farbstoff hebt sich von dem hellgrauen Gewebe besser ab als von dem gehärteten, welches wegen der Gerinnung und Schrumpfung

Tafel V.

Die Figuren 1, 2 u. 3 sind bei derselben Lupen-Vergrösserung gezeichnet, die Grössenverhältnisse sind daher direkt vergleichbar.

Fig. 1. Senile Atrophie der Leber. Die Leberläppchen sind verkleinert. Man sieht deren in Figur 1 etwa doppelt so viel wie in Figur 2 u. 3. Die centralen Theile der Läppchen sind braun pigmentirt, in ihnen und in dem peripheren Bindegewebe findet sich fleckweise Kohle abgelagert.

Fig. 2 u. 3. Stauungsleber verschiedenen Grades. Frische, bluthaltige Präparate. In Figur 1 erscheinen die centralen Theile der Acini dunkelroth, aber unregelmässig zackig. Die Zacken verlängern sich zum Theil bis zur Communication mit entsprechenden Zacken der gestauten Theile benachbarter Acini. Das periphere Bindegewebe erscheint in kleinen hellgrauen Fleckchen, mit deren Hülfe sich die Begrenzung der Acini gut feststellen lässt. In Figur 2 ist die Stauung, entsprechend den schmalen Verbindungszügen der Figur 1, weiter fortgeschritten, so dass jetzt die gestauten Theile durch breite Brücken verbunden sind. Das grau erscheinende (in beiden Figuren) fetthaltige Lebergewebe ist dadurch erheblich reducirt.

Fig. 4. Icterische Leber. Das Centrum des gezeichneten Leberacinus zeigt eine gelbe, theilweise gelblich röthliche Färbung der radiär ausstrahlenden Leberzellenreihen. Ausserdem sieht man unregelmässige grüne Körnchen und längliche, zum Theil leicht verzweigte Gebilde. Das sind Ausfüllungen der Gallencapillaren durch gestaute Galle. Im übrigen Acinus noch vier gelb-icterische Stellen. Vergr. 30.

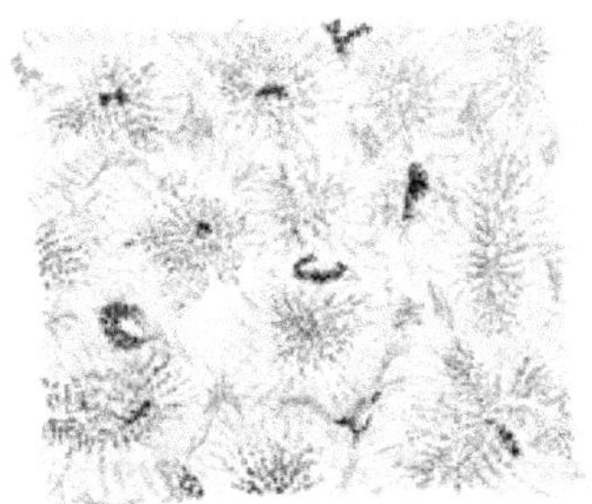

2.

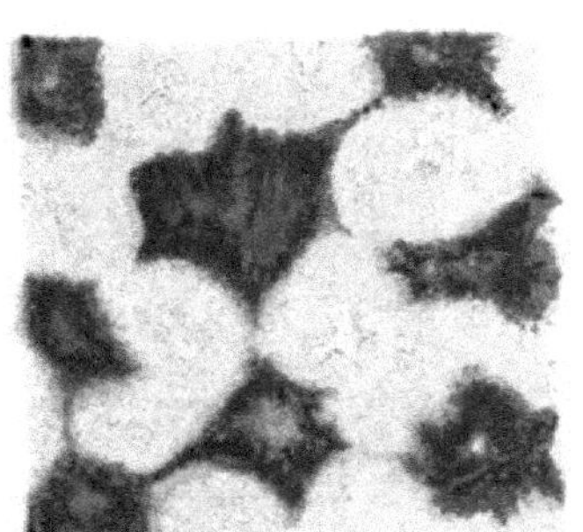

3.

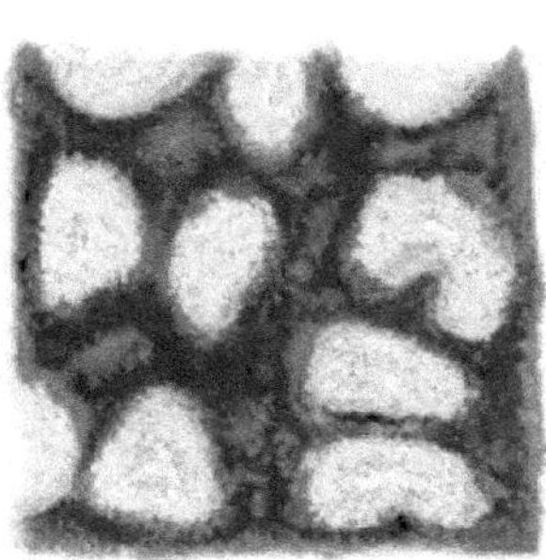

4.

dichter und undurchsichtiger erscheint. Die Capillarerweiterung tritt ebenfalls besser hervor, da das Blut ausfliesst und die Lumina leer sind, während sie im gehärteten Präparate geronnene Massen enthalten.

Der Grund, weshalb die Pigmentatrophie im Centrum der Acini auftritt, ist in leichten Circulationsstörungen zu suchen, die sich mit dem hohen Alter wegen zunehmender Herzschwäche im venösen Gefässgebiete geltend machen. Insofern besteht eine Beziehung zu der sogleich zu besprechenden Stauungsleber.

Die mit Pigmentirung verbundene Atrophie ist nun keineswegs nur eine Erscheinung des höheren Alters. Vielmehr findet sie sich sehr gewöhnlich auch bei verschiedenen kachectischen Zuständen, so vor Allem bei der Carcinomkachexie. Hier pflegt aber die Farbstoffablagerung nicht so ausgesprochen auf das Centrum beschränkt zu sein, wenn sie auch hier stets am stärksten ist. Sie geht aber auch meist auf die Peripherie über. Makroskopisch erscheint dementsprechend die ganze Schnittfläche braun, die centralen Theile sind aber dunkler, jedoch nicht immer deutlich tiefer liegend als die peripheren.

c) Pigmentirung bei venöser Stauung.

Die auf leichter venöser Stauung beruhende Capillarerweiterung im Centrum der senil-atrophischen Acini giebt genügende Veranlassung, die Betrachtung der typischen Stauungsleber hier anzuschliessen.

Die venöse, vor Allem bei Lungen- und Herzerkrankungen vorkommende Stauung äussert sich in einer starken Blutfülle zunächst der centralen Theile der Acini, die deshalb makroskopisch dunkelblauroth erscheinen. Die Stauung breitet sich dann in gleich zu beschreibender Weise aus und führt zu hochgradiger Atrophie der Leberzellen, die wiederum nach Ausfliessen des Blutes auf der Schnittfläche ein Einsinken der gestauten Theile zur Folge hat.

Die centrale Hyperämie allein darf nicht ohne Weiteres, wie es der Anfänger leicht zu thun geneigt ist, zur Diagnose einer Stauungsleber verwerthet werden, soweit wenigstens zu dieser eine Druckatrophie der Leberzellen gehört. Denn sehr gewöhnlich tritt durch Herzerlahmung in der Agone eine Ueberfüllung des venösen Kreislaufes, also auch der centralen Theile der Acini ein. Nur auf diesen Zustand darf geschlossen werden, so lange ein Einsinken des Centrums nicht nachweisbar ist.

Untersucht man eine frische Leber, in welcher nur erst die centralen Theile der Acini verändert sind, so bekommt man ein gutes Bild der strotzenden Blutfüllung der gestauten Theile, wenn man die Schnitte mit dem trocknen Messer anfertigt, ohne Wasser auf den Objektträger bringt und mit dem Deckglas bedeckt. Für etwas längere Untersuchung schützt ein Oelring das Präparat vor Eintrocknung. Auf diese Weise bleibt das Blut eine Zeit lang erhalten, während es in Wasser ausfliessen resp. sich auflösen würde.

Betrachtet man das Objekt nun mit der Lupe (Einl. S. 8) oder mit

mit ganz schwachen Linsen, so sieht man die Centra der Acini dunkelroth (Taf. V, Fig. 2), aber man bemerkt auch, sobald die Stauung nicht mehr in den ersten Anfängen sich befindet, dass der blutgefüllte Bezirk nach aussen sich nicht in kreisförmiger Linie absetzt, sondern eine mehr oder weniger ausgesprochen zackige Gestalt hat, indem rothe stumpfe oder spitze Vorsprünge gegen die bindegewebsfreien Berührungsflächen der Acini gerichtet sind. Spült man nun das Blut durch Einlegen des Schnittes in Wasser aus, so erscheint das Centrum der Acini deutlich durchbrochen (Fig. 271). Die Capillaren, die jetzt leer sind, erscheinen als spaltförmige Lücken, zwischen denen die Reihen der Leberzellen erheblich verschmälert sind und wegen eines Gehaltes an eisenfreiem Pigment gelbbraun hervortreten. Beim Uebergang in die peripheren Theile der Acini, also am Rande des vorher rothen Bezirkes, verengern sich die Capillaren und zwischen ihnen verbreitern sich die Leberzellen wieder, um allmählich normalen Verhältnissen Platz zu machen. Dort, wo die erwähnten rothen Vorsprünge vorhanden waren, geht die Atrophie der Leberzellen und die Gefässdilatation weiter nach aussen, als an den anderen Stellen.

Fig. 271. Stauungsleber geringen Grades.
Frisches Präparat nach Auflösung des Blutes. Vergr. 50. Die centralen Theile des Acinus zeigen eine dilatirte Vene und erweiterte Capillaren. Die Leberzellenreihen sind dementsprechend verschmälert und ausserdem etwas pigmentirt (das gelbe Pigment erscheint hier schwarz). Die Veränderung geht links und rechts unten bis an die Grenze des Acinus. Sonst sind die peripheren Abschnitte unverändert.

Der Prozess schreitet nun so fort, dass in den gestauten Bezirken die Leberzellen ganz zu Grunde gehen. Wenn es so weit gekommen ist, pflegt aber die Stauung nicht mehr auf das Centrum beschränkt, sondern weiter vorgeschritten zu sein. Sie dehnt sich nämlich in der Richtung jener Vorsprünge weiter aus, überschreitet aber gegen die bindegewebigen Winkelstellen hin eine gewisse Grösse gewöhnlich nicht, so dass hier fast immer ein Saum von Lebergewebe erhalten bleibt. Die Vorsprünge dagegen dehnen sich bis zur Grenze der Acini aus, und da sie das überall thun, so müssen die in benachbarten Läppchen einander entgegenstrebenden schliesslich zusammenstossen und sich mit einander vereinigen. So entstehen Stauungsstrassen zwischen den Centren und zwar gehen von jedem Acinus mehrere (gewöhnlich drei oder vier) strahlenförmig aus. So werden die bindegewebigen Winkelstellen mit ihrem Saum erhaltenen Lebergewebes rings von gestauter Substanz umgeben und bilden darin inselförmige Bezirke von im Allgemeinen rundlicher Gestalt.

Am besten übersieht man diese Verhältnisse wiederum am frischen in der oben angegebenen Weise hergestellten Präparat. Die zu einem dunkelrothen Netzwerk vereinigten Stauungsstrassen heben sich dann besonders gut ab (Taf. V, Fig. 3).

Spült man auch diese Schnitte aus, so findet man nun in den gestauten Bezirken weit hochgradigere Veränderungen als in dem vorher beschriebenen Stadium (Fig. 272). Die Leberzellen sind fast ganz zu Grunde gegangen. Das grosse vorher hyperämische Gebiet erscheint jetzt sehr hell gegenüber dem graueren erhaltenen Gewebe. Von Leberzellen bemerkt man bei schwacher Vergrösserung überhaupt nichts Deutliches mehr, man sieht nur noch dunkle, sehr häufig gelbbraune Fleckchen, die nur dadurch, dass sie hier und da noch zu schmalen zuweilen verzweigten Bälkchen zusammenfliessen, ihre Abstammung von

Fig. 272. Hochgradige Stauungsleber.
Frisches Präparat. Vergr. 50.
Die Figur umfasst einen Acinus, in dessen Peripherie 6 kleine Bezirke erhaltenen Lebergewebes hervortreten, in denen zum Theil die bindegewebigen Winkelstellen sichtbar sind. Der übrige Theil des Acinus ist durch Stauung atrophisch. Man sieht nur noch zerstreute dunkle Fleckchen und Bälkchen, die Resten der Leberzellenbalken entsprechen, und zwischen ihnen etwas faserige Substanz. Die Centralvene ist nicht sichtbar.

Fig. 273.
Aus einer hochgradigen Stauungsleber.
Frisches Präparat.
Die Leberzellen sind, soweit sie noch vorhanden, fettig degenerirt. In der oberen Hälfte der Figur sieht man nur noch einzelne Leberzellen, in der unteren bilden sie noch zusammenhängende Reihen (dort Centrum, hier Peripherie des Acinus). An Stelle der untergegangenen Leberzellen sieht man faserige Substanz mit einzelnen Kernen. Die Capillaröffnungen sind weit. Vergr. 400.

Leberzellen verrathen. Das wird deutlicher am Rande gegen das erhaltene Gewebe, wo man wahrnimmt, wie die Fleckchen und Bälkchen mit den noch vorhandenen Leberzellenreihen in Verbindung treten.

Bei starker Vergrösserung (Fig. 273) findet man in den gestauten Abschnitten die stark erweiterten Capillaren und zwischen ihnen oft nichts weiter als etwas faserige Substanz, die der Capillarwand und dem normalen intraacinösen Bindegewebe entspricht. Zwischen diesen Fasern liegen aber fleckweise noch einzelne atrophische oder ganz untergegangene Leberzellen. Sie zeigen sehr häufig hochgradige Fettentartung und bilden dann nur noch rundliche, längliche, oder zackige Gruppen von kleineren und grösseren Fetttröpfchen. Nebenher erscheinen sie oft gelbbraun gefärbt. Deutlicher wird die Pigmentirung, wenn keine Fettentartung, sondern nur eine einfache Atrophie vorliegt. Dann stellen die Zellen nur noch Häufchen gelbbrauner Pigmentkörnchen dar, die in ziemlich regelmässiger Weise in dem gestauten Abschnitt vertheilt sind. Der Uebergang in die erhaltenen Theile vollzieht sich ziemlich rasch unter Auftreten besser conturirter, sich reihenweise anordnender, zunächst schmaler, aber bald breiter werdender Leberzellen, die auch oft fettig degenerirt, nicht selten auch mit grossen Fettkugeln versehen sind.

Das Bindegewebe in den peripheren nicht untergegangenen Bezirken ist oft erheblich vermehrt und zellreich.

Die beschriebenen mikroskopischen Verhältnisse erklären sehr gut das makroskopische Verhalten der Leber. Die gestauten Bezirke erscheinen wegen ihres Gehaltes an venösem Blute dunkelblauroth, nach partiellem Ausfliessen desselben sinken sie ein, da ja die Lebersubstanz fehlt. Die in geringeren Graden noch netzförmig zusammenhängenden, in den höheren inselförmig gestalteten peripheren erhaltenen Theile der Acini ragen dann aus den rothen Stauungsabschnitten um so mehr hervor, als ihnen eine Fettinfiltration oft ein grösseres Volumen giebt. Der Gegensatz zwischen den dunklen gestauten und den grauen oder gelben peripheren Theilen giebt der Schnittfläche der Leber Aehnlichkeit mit der einer Muskatnuss. Man redet daher von einer Muskatnussleber, oder um alle die genannten Befunde in der Bezeichnung zu vereinigen „Cyanostisch-atrophische Muskatnuss-Fettleber".

Die Stauungsleber bereitet dem Verständniss des Anfängers oft grosse Schwierigkeiten. Es gelingt ihm einmal nicht leicht, sie von einfacher centraler Hyperämie und vor Allem von der centralen Pigmentirung, besonders der braunen Atrophie abzugrenzen, zumal auch bei dieser eine Capillarerweiterung stattfindet. Doch ist hier die Pigmentirung gleichmässiger und stärker, die Hyperämie nicht so ausgesprochen, die Acini sind kleiner als normal und die Atrophie der Leberzellen erreicht niemals jene hohen Grade. Makroskopisch fällt die Kleinheit der Acini und die deutlich braune Farbe der Centra ins Gewicht.

Zweitens ist der Bau der Leber zumal bei hochgradiger Stauung so verändert, dass es schwer wird, sich im Schnitt zurechtzufinden. Der Anfänger ist insbesondere leicht geneigt, die erhaltenen Inseln als Acini anzunehmen, zumal bei Betrachtung unter dem Mikroskop. Am besten wird ein solcher Irrthum vermieden bei Untersuchung **frischer blutleerer Präparate**, weil hier wegen der klaffenden Gefässe sofort klar wird, welche Theile im Untergang begriffen oder bereits untergegangen und welche noch erhalten sind, während im gehärteten Objekt auch die gestauten Theile dicht erscheinen und die Centralvene meist ebenfalls ausgefüllt und deshalb nicht sichtbar ist. Besondere Schwierigkeiten macht stets die Feststellung der Acini, weil durch das Uebergreifen der Stauung von einem Acinus auf den anderen die Grenze so vielfach unterbrochen ist. Man muss sich dann immer wieder daran erinnern, dass überall da, wo deutliches **Bindegebe** sich befindet, periphere Theile vorliegen. Man verfährt nun am besten so, dass man mehrere benachbart liegende bindegewebige Winkelstellen auf dem Papier mit ihrer nächsten Umgebung (dem erhaltenen Lebergewebe) bezeichnet und hinterher durch Linien verbindet. Die dann entstehenden dreieckigen und viereckigen Figuren geben ungefähr die Grenzen der Acini an.

Eine Modification des beschriebenen Verhaltens der Stauungsleber ist dadurch nicht selten gegeben, dass die hochgradigste Veränderung sich nicht im Centrum der Acini, sondern etwas von ihm entfernt in einer **rings herumgehenden Zone** befindet. Zuweilen wird dann die Centralvene von einem Bezirk gut erhaltenen Lebergewebes umgeben, welches ebenso allmählich in den gestauten Abschnitt übergeht, wie es bei den peripheren Theilen der Fall ist. In anderen Fällen sind zwar um die Vena hepatica auch besser erhaltene sehr gewöhnlich fettig degenerirte Leberzellen sichtbar, aber diese Zone ist nur schmal und oft nicht allseitig ausgebildet. Auch makroskopisch kann dieser Befund diagnosticirbar sein. Man sieht dann in den gestauten Abschnitten noch kleine graue oder gelbe Pünktchen und Fleckchen. Gelegentlich sind die centralen Leberzellen auch icterisch gefärbt, offenbar durch locale Gallenstauung. Der Grund dieser Beschränkung der venösen Stauung auf eine intermediäre Zone ist noch nicht genügend klar.

d) Icterus.

Eine besondere, von den bisher besprochenen durchaus abweichende Veränderung der acinösen Zeichnung bringt der Icterus hervor. Die aus irgend einem Grunde am Abfluss verhinderte Galle sammelt sich an. In Folge dessen erscheint das Lebergewebe im Ganzen gelblich, aber da die Galleanhäufung besonders in den centralen Theilen der Acini stattfindet, ist hier die Färbung am meisten ausgesprochen und geht bei längerer Dauer in einen intensiv gelben, gelbbraunen, gelbgrünen und schliesslich dunkelgrünen Ton über, während die peripheren Theile die Farben in schwächerem Grade zeigen.

Unter dem Mikroskop sieht man bei schwacher Vergrösserung die **centralen Theile der Acini mehr oder weniger gelb gefärbt** (Taf. V, Fig. 4), während die peripheren sehr oft durch gleichzeitige fettige Degeneration aussergewöhnlich dunkel erscheinen. Aber auch in diesen Abschnitten können einzelne oder mehrere gelbe Flecke hervortreten. In höheren Graden bemerkt man ausserdem im Centrum, je näher der Centralvene, desto reichlichere grössere schollige, cylindrische, leicht verzweigte dunkelgelbe, gelbgrüne oder dunkelgrüne glänzende Gebilde. Die starke Vergrösserung stellt fest, dass die Gelbfärbung auf der Anwesenheit kleiner gelber, rundlicher Körner im Zellprotoplasma beruht und dass jene grösseren Körper Ausfüllungsmassen der Gallencapillaren darstellen, wie besonders aus ihrer, den Verzweigungen dieser Röhren entsprechenden Form hervorgeht. Man sieht cylindrische wurstförmige, gewundene, verzweigte, oft deutlich verästigte Figuren, die in ihrer dünneren Form meist einen hell- oder dunkelgelben, in ihren grösseren, besonders den scholligen, einen grünen Farbenton haben.

e) Ablagerung von Kohle.

Zu den Pigmentirungen der Leber gehört endlich auch die Ablagerung von Kohle in das Organ. Sie kommt auf metastatischem Wege hierher, nachdem sie im Bereich der Lunge und der Bronchialdrüsen in das Blut aufgenommen wurde (vergl. Lunge, Anthracosis).

Die Kohlepartikel kommen nun nicht etwa an beliebigen Stellen oder etwa gleichmässig durch das ganze Organ zur Ablagerung, sondern im Allgemeinen nur an zwei Orten (Taf. V, Fig. 1). Einmal nämlich finden sie sich im peripheren Bindegewebe, zweitens, aber stets in geringerer Menge, im Centrum der Acini. Sie ordnen sich immer zu kleinen unregelmässigen Figuren, die wir nach den auf Seite 24 gemachten Bemerkungen auf Zellen beziehen und die entweder einzeln, oder, wenigstens im peripheren Bindegewebe, gruppenweise liegen. Letztere Anordnung deutet auf Knotenpunkte im Lymphgefässsystem, auf kleine folliculäre an Lymphocyten freilich arme Gebilde, deren Endothelien aber den Farbstoff in sich aufnehmen. Wir haben uns vorzustellen, dass die Kohlepartikel aus den Capillaren in das Lebergewebe übertreten und zwar sowohl im Acinus wie im Bindegewebe. Die Körnchen gelangen dann mit dem Lymphstrom einerseits in das periacinöse Bindegewebe und von hier aus immer weiter in der Richtung zum Leberhilus. Unterwegs bleiben sie dann zum Theil in jenen Knotenpunkten liegen. Zum Theil aber gelangen sie in die portalen Lymphdrüsen, die daher stets schwarz pigmentirt sind (vergl. die Kohleablagerung in der Lunge). Ein Theil der Kohlepartikel wird aber, aus den Capillaren des Acinus ausgetreten, gegen die Centralvene geführt, in deren Umgebung ja auch Lymphgefässstämme verlaufen. Hier, zwischen den centralen Leberzellen, niemals in ihnen, sieht man die Kohle ebenfalls in spindeligen und zackigen Figuren, die den Sternzellen entsprechen. In dem übrigen Theile der Acini findet sich das Pigment nur selten.

Die Gesammtmenge der Kohle in der Leber ist nicht gross. Es kommt niemals zu ähnlichen indurativen Zuständen wie in der Lunge. In geringeren Graden sieht man nur hier und da etwas Kohle abgelagert.

Da die Anthracose der Lunge sich, von den durch das Gewebe bedingten stärkeren Kohleeinathmungen abgesehen, mit dem zunehmenden Alter immer mehr auszubilden pflegt, so wird auch der Uebertritt ins Blut mit den Jahren häufiger werden. Daher wird man nicht selten Kohle in senil atrophischen Lebern finden. Sie hebt sich dann besonders im Centrum der Acini gut von den braunen Leberzellen ab (s. Taf. V).

4. Amyloide Degeneration.

In anderer Weise ändert sich wiederum die acinöse Zeichnung bei der amyloiden Degeneration, die (Seite 33 ff.) schon nach ihren histologischen Einzelheiten besprochen wurde und hier nur noch nach ihrer Localisation Erörterung erheischt. Die Ablagerung des Amyloid beginnt gewöhnlich nicht gleichmässig, sondern fleckweise, aber meist so, dass die degenerirten Theile der mittleren Zone des Acinus angehören. In diesem Stadium ist die Abnormität makroskopisch nur bei Jodzusatz zu erkennen. Dann fliessen die Fleckchen zu einem ringsherum gehenden Bezirk zusammen, wobei er aber gleichzeitig sich gegen das Centrum und die Peripherie vorschiebt. Jedoch bleibt noch lange und in geringem Maasse überhaupt die Bevorzugung der mittleren Zone sichtbar. Mit der Zunahme der Degeneration wird das Amyloid auch makroskopisch an seinem speckigen Glanze diagnosticirbar. Die acinöse Zeichnung ist dabei gewöhnlich sehr gut zu erkennen. Schon in den Anfangsstadien findet sich neben der Degeneration im Acinus auch eine ebensolche an den Arterien.

5. Nekrose.

An die degenerativen Veränderungen der Leber seien nun noch kurz die freilich nur selten zu beobachtenden nekrotischen Herderkrankungen angeschlossen. Typische anämische Infarkte wie in Milz und Niere gehören wegen der Möglichkeit eines ausgiebigen Collateralkreislaufes in der Leber zu den grössten Seltenheiten. Dagegen findet man etwas häufiger kleinere und grössere unregelmässige hämorrhagisch-nekrotische Herde. Sie sind besonders bei der Eclampsie anzutreffen und mögen in den Grundzügen besprochen werden.

Am klarsten zu übersehen sind die kleinsten Herdchen, welche die Grösse eines Acinus nicht oder nur wenig übertreffen. Sie stossen an die bindegewebigen Winkelstellen an und umgeben dieselben oft ringsum, indem sie von jedem der angrenzenden Acini einen Abschnitt betheiligen. Das Auffallendste in ihrem Bereich ist eine hochgradige Einweiterung der Capillaren durch Blut, welches aber auch in die sonst von den Leberzellen eingenommenen Bezirke ausgetreten ist. Dadurch müssen die Leberzellen erheblich geschädigt sein. In der That sind sie im Bereich der Herde anfangs in mannigfaltiger Weise zu Halbmonden, schmalen Streifen, zackigen Gebilden zusammengepresst, die später ihre Kernfärbung einbüssen und eine homogene nekrotische Beschaffenheit annehmen. Die Nekrose beruht offenbar auf einem Stillstand der Circulation in den Herden. Das die erweiterten Gefässe ausfüllende Blut bietet eben auch Zeichen einer Compression seiner rothen Blutkörperchen. Es war Stase vorhanden. Damit verbindet sich, besonders in den mittleren Abschnitten der Herde, eine reichliche Fibringerinnung, so dass diese Theile nach Weigert's Färbung tief blau erscheinen. Die Thrombose findet sich ferner auch in den capillaren Gefässen, seltener auch in den grösseren Stämmen des Bindegewebes. Der Prozess kann auch von vorneherein oder durch späteren Zusammenfluss der kleineren Herde eine grössere Ausdehnung annehmen.

Die ausführlichsten Mittheilungen über diese Leberveränderungen rühren von Schmorl her (Untersuch. über Puerperaleclampsie. Leipzig, Vogel) mit Litteratur.

b) Entzündungen.

1. Cirrhose.

Am hochgradigsten wird das Gefüge der Leber verändert durch die Cirrhose. Wir verstehen darunter einen Zustand, der durch eine erhebliche ungleichmässige Zunahme des Bindegewebes bei parallel gehender Atrophie des Parenchyms und meist durch eine von der Schrumpfung des Bindegewebes abhängige Verkleinerung der Leber bei höckeriger Oberfläche charakterisirt ist.

Die Untersuchung der Cirrhose macht, was die Unterscheidung von Bindegewebe und Lebersubstanz angeht, nicht die geringsten Schwierigkeiten. Ersteres ist an frischen und in Glycerin eingelegten gehärteten Präparaten an seiner grauen Farbe leicht zu erkennen, es zeigt eine Anordnung in schmäleren und breiteren netzförmig verbundenen Zügen, durch welche das Leberparenchym in der Weise zerlegt wird, dass es in den Schnitten in Form von grösseren und kleineren Inseln auftritt. Zu ihrem Studium ist das frische Präparat unerlässlich (Fig. 274). Denn erstens zeigen die Leberzellen sehr häug und zwar entweder, wenn auch selten, alle, oder viele oder einzelne von ihnen Fettinfiltration (Seite 15). Zweitens findet sich in ihnen sehr häufig Gallenpigment in körniger Form abgelagert, welches durch Alkoholhärtung ebenso leidet, wie das Fett. Auch der Farbstoff liegt nur in einem kleineren oder grösseren Theil der Zellen, aber gewöhnlich in zusammenhängenden Bezirken. Fett und Pigment finden sich auch innerhalb derselben Zellen.

Leber- und Bindegewebe sind nun gegen einander nicht immer in der gleichen Weise abgegrenzt. In manchen Fällen erscheinen die Leberinseln in scharfer Linie abgesetzt (so besonders bei der „atrophischen Cirrhose“), in anderen ist die Grenze weniger scharf, in wieder anderen völlig verwaschen, indem sich Leber- und Bindegewebszellen zwischen einander schieben (so besonders bei der „hypertrophischen Cirrhose“. Beide Erscheinungen können auch in derselben Leber anzutreffen sein.

Betrachten wir zunächst die erstere Form.

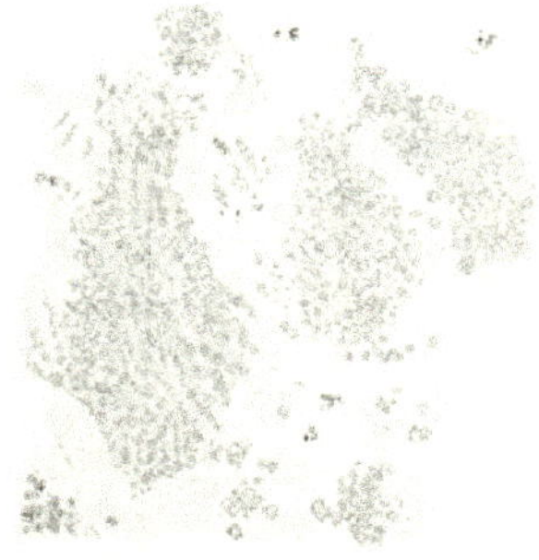

Fig. 274. Frischer Schnitt aus einer **Lebercirrhose.** Die dunklen Theile bestehen aus fetthaltigen Leberzellen, die hellen aus Bindegewebe. Man sieht die unregelmässige Anordnung der Leberzellenbezirke und im Bindegewebe zerstreut einzelne und in kleinen Gruppen angeordnete Leberzellen. Vergr. 30.

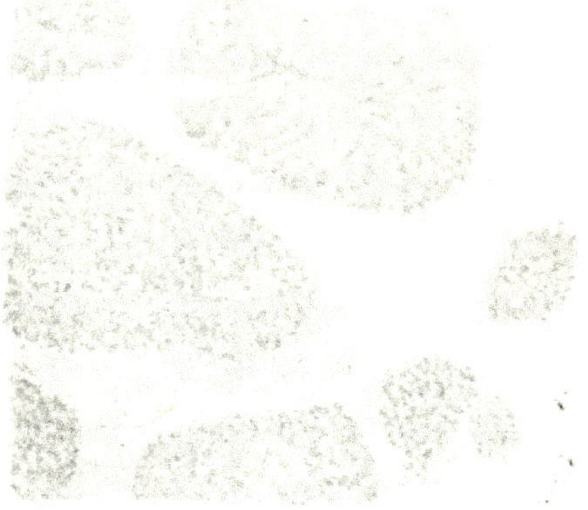

Fig. 275. Lebercirrhose. Vergr. 30. Ungefärbtes Glycerinpräparat. Man sieht Lebergewebsinseln verschiedenster Grösse, in denen die Leberzellenreihen meist unregelmässig angeordnet sind. In den beiden grösseren Inseln sieht man je einen bindegewebigen Streifen, der einer früheren Winkelstelle der Acini entspricht. Die Inseln sind scharf gegen das faserig erscheinende Bindegewebe begrenzt.

Die Form der Inseln wechselt wie ihre Grösse (Fig. 275). Sie bestehen bald nur aus wenigen Leberzellen, bald haben sie den Umfang des vierten Theiles eines Leberläppchens, bald eines halben oder ganzen, bald aber sind sie umfangreicher, übertreffen einen Acinus oft um das Vielfache.

Die Form ist theils rund, theils oval, theils eine unregelmässige, buchtige und eingeschnürte, wobei die mit Bindegewebe erfüllten Furchen so tief hineingehen können, dass zwei oder mehrere Inseln nur durch dünne Bezirke zusammenhängen. Diese Befunde führen auf die Frage, ob denn alle im Schnitt isolirt hervortretenden Abschnitte von Lebersubstanz wirklich unabhängig von einander sind. Prüft man diese Frage an Serienschnitten, so ergiebt sich bald, dass die Inseln theils wirklich selbstständig sind, theils vielfach mit einander in Verbindung stehen. Ein in sich geschlossener grösserer Bezirk löst sich oft in den folgenden Schnitten mehr und mehr in einzelne getrennte Abtheilungen auf, um schliesslich ganz zu verschwinden und umgekehrt fliessen nicht selten isolirte Inselchen bei weiterer Verfolgung zu grösseren Complexen zusammen. Man kann ferner die engere Zusammengehörigkeit der scheinbar oder wirklich isolirten Bezirke auch daran erkennen, dass sie gemeinsam von breiteren Bindegewebszügen umgeben und von der Umgebung abgetrennt werden. Die Züge zeigen eine vorwiegend circuläre Streifung, während senkrecht oder schräg von ihnen schmalere Septa abgehen, welche zwischen jene Inselchen eintreten.

Alle diese Verhältnisse lehren, dass die Inseln unmöglich einzelnen Acinis entsprechen, also nicht so entstanden sein können, dass das Bindegewebe um die einzelnen Läppchen herum sich entwickelt hat. Die grösseren Bezirke könnten ja nur durch Hypertrophie, von der noch die Rede sein soll, aus einem Acinus hervorgegangen sein. Aber sie bauen sich ebenso wenig wie die kleineren, welche an Umfang etwa gerade einem Läppchen entsprechen oder kleiner sind, aus regelmässig radiär um eine Lebervene angeordneten Leberzellenreihen und Capillaren auf, sondern die Richtung dieser Gebilde ist eine von der Form der Inseln unabhängige und mannichfaltige. Die noch zu besprechenden Injectionspräparate verbreiten darüber noch mehr Licht. Damit soll nicht geläugnet werden, dass hier und da auch einmal eine Insel einem Acinus entsprechen mag, aber im Allgemeinen handelt es sich bei den grossen um mehrere zusammenliegende Läppchen oder Theile von solchen, bei den kleinen um Reste von grösseren Inseln oder um Abschnitte von ihnen und von Acinis.

Wie kommt diese Art der Anordnung des Bindegewebes zu Stande? Untersucht man jüngste Stadien (Fig. 276), in denen es erst eine mässige Vermehrung erfahren hat, so sieht man meist leicht, dass keineswegs alle bindewebigen Winkelstellen der Acini verbreitert sind, sondern dass immer wieder mehrere Läppchen in gewöhnlicher Weise zusammenstossen und dass am Rande dieser etwas verschieden grossen Gruppen sich breitere und längere Züge von Bindegewebe finden, welche aber noch nicht circulär mit einander zusammenhängen. Letzteres ist in etwas älteren Stadien schon der Fall, in denen dann aber auch, wie es gelegentlich schon von Anfang an zu beobachten ist, Septa zwischen die einzelnen Acini hineingehen, ohne sich aber an ihre Grenze zu binden. Denn die Bindegewebsstreifen, die man sich nicht von vorneherein als völlig trennende Septa vorstellen darf, verlaufen auch durch die Läppchen, eventuell durch das Centrum von einer Seite zur anderen. Durch weitere Entwicklung dieser Verhältnisse entstehen die besprochenen durch breite Züge von einander getrennten Gruppen von scheinbar oder wirklich isolirten Inseln. Die so von Anfang an durch reichlicheres Bindegewebe umschnürten Complexe von Acinis gehören zu einem gemeinsamen mit Läppchen dicht besetzten Endast der Lebervene.

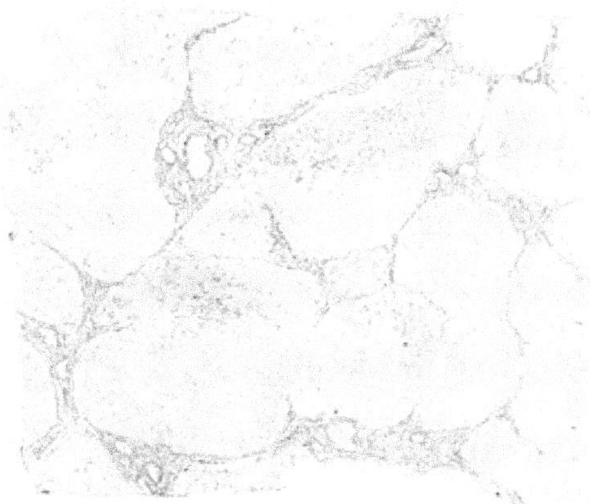

Fig. 276. Lebercirrhose. Vergr. 40. Frühes Stadium. Das Bindegewebe ist in breiten, zugförmig zusammenhängenden Bezirken vermehrt und umgiebt so grössere, mehreren Acinis entsprechende Abschnitte von Lebergewebe, in die nur schmale Bindegewebsstreifen hineinziehen.

Die Entzündung beginnt demgemäss gewöhnlich nicht zwischen den einzelnen Acinis, sondern in den etwas breiteren Zügen zwischen den zusammengehörigen Gruppen derselben. Man nimmt mit Recht an, dass die Verzweigungen der Arteria hepatica besonders nahe Beziehungen zur Bindegewebsneubildung haben, da sie auch in der Norm das Bindegewebe versorgen. Damit steht in Einklang, dass man die Arterie jeder Zeit leicht injiciren kann, wobei sich zahlreiche Gefässe füllen. Von der Vena portarum aus ist das in den späteren Stadien nicht so leicht möglich, aber auch von ihr aus kann man in bereits vorgeschrittenen mit Ascit verbundenen Fällen oft noch gut sehr schöne Injectionen erzielen. In beiden Fällen ist das Bindegewebe von einer grossen Zahl feinerer und gröberer injicirter Gefässe durchzogen, die wegen der bestehenden Anastomosen sowohl von der Arterie wie von der Vena portarum aus gefüllt werden. Die Strombehinderungen in der letzteren können also, so lange das Bindegewebe noch nicht schrumpft, nur darauf bezogen werden, dass die Capillaren nicht mehr wie normal angeordnet sind und in anderer Umgebung verlaufen. Diese Veränderungen bieten bei dem geringen Druck in der Pfortader ausreichende Veranlassung zu Stauungen.

Auch von der Vena hepatica aus ist eine Injection gut ausführbar. In allen Fällen gelangt auch Injectionsmasse in die Capillaren des erhaltenen Lebergewebes. Dann kann man besonders klar erkennen, dass in den Inselchen keine den normalen Acinis entsprechende radiäre Anordnung der Capillaren vorhanden ist.

Bisher war nun vorausgesetzt, dass die Leberinseln einigermaassen scharf gegen das Bindegewebe begrenzt waren. Je mehr sie aber in kleine Abschnitte aufgelöst werden, desto mehr sind Uebergänge zu jenen Fällen gegeben, in denen die Inseln am Rande oder in ganzer Ausdehnung in die einzelnen Leberzellen oder kleine Gruppen von solchen zerlegt werden. In geringem Umfang trifft man diese Erscheinung in allen Cirrhosen, aber in manchen ist sie ausgeprägter und zuweilen so überwiegend vorhanden, dass kaum noch zusammenhängende Inseln zu sehen sind. Besonders enwickelt finden sich diese Verhältnisse gewöhnlich bei der sogenannten hypertrophischen Lebercirrhose (Fig. 277).

Fig. 277. Intraacinöse Lebercirrhose. Der vorherrschende Bestandtheil des Schnittes ist das vermehrte, theils faserige, theils zellig infiltrirte Bindegewebe. In ihm liegen in der Mitte der Figur und oben rechts noch gut erkennbare, aber auseinandergedrängte Leberzellenreihen, die zum Theil erheblich verschmälert sind. In dem übrigen Bindegewebe zahlreiche Gallengänge. Vergr. 50.

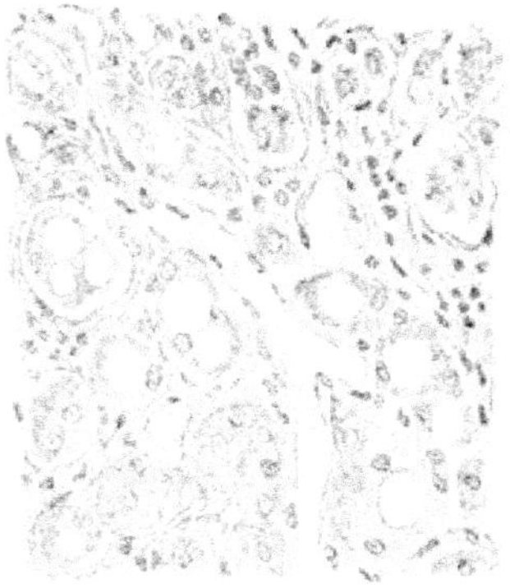

Fig. 278. Lebercirrhose. Vom Rande einer Lebergewebsinsel. Von oben her entwickelt sich kernreiches Bindegewebe zwischen den Leberzellenreihen und drängt sie auseinander. Die Leberzellen werden dadurch verschmälert. Oben rechts sind verkleinerte, trübe, nekrotische Zellen sichtbar. Vergr. 100.

Es handelt sich also darum, dass sich auch zwischen den Reihen der Leberzellen Bindegewebe bildet (Fig. 278). Es entsteht hier nicht eigentlich durch ein Hineinwachsen von den breiteren Zügen aus, sondern durch Wucherung der spärlichen im normalen Acinus schon verhandenen bindegewebigen Elemente, der Kupfer'schen Sternzellen. Der Anschein, als dränge das Bindewebe zwischen die Leberzellen vor, wird dadurch erweckt, dass der Prozess von aussen nach innen vorschreitet. Zwischen Capillaren und Leberzellen sieht man unter diesen Verhältnissen eine faserige, mit ihnen parallel gerichtete Substanz auftreten, die grössere spindelige Zellen aufweist. Selten nur sieht man ein rein zelliges Entwicklungsstadium In die Insel hinein verliert sich das Bindegewebe allmählich, nach aussen geht es in die breiten Züge continuirlich über. Diese sind in den früheren und mittleren Stadien zellreich, in den ältesten kernarm, derbgefügt. Der Zellreichthum beruht theils auf der Gegenwart von vielen Bindegewebszellen mit ovalem oder langgestrecktem grossem Kern, theils auf fleckig vertheilter kleinzelliger Infiltration (s. Fig. 63, S. 80). Später tritt die faserige Zwischensubstanz mehr und mehr hervor.

Die durch das Bindegewebe auseinandergedrängten Leberzellen gehen zu Grunde. Sie werden entweder immer kleiner atrophischer und schwinden schliesslich ganz oder sie zeigen schon vorher Untergangserscheinungen, indem sie ihre Kernfärbung verlieren und indem ihr Protoplasma trüber, körniger wird und schliesslich zerfällt (Fig. 278). Dieser Vorgang kann völlig isolirte einzelne Zellen oder auch kleine Gruppen und zusammenhängende Reihen von solchen treffen. Letztere erscheinen dann zuweilen nur noch als schmale protoplasmatische Streifchen. Man darf freilich nicht erwarten diese Prozesse überall leicht anzutreffen, da die Cirrhose ja verhältnissmässig langsam verläuft und da deshalb die Degenerationsprozesse nicht ausgedehnt sichtbar zu sein brauchen. Nicht selten geht die Erkrankung mit Einlagerung einzelner grosser Fetttropfen in die Leberzellen einher. Weniger häufig kommt auch fettige Degeneration zur Beobachtung. Aber diese Erscheinungen spielen, schon weil sie ganz fehlen können, bei dem Untergang der Leberzellen keine besondere Rolle, sie bevorzugen auch keineswegs die peripheren Theile der Inseln. Auch die Ablagerung von Gallenfarbstoff hat für den Zerfall des Gewebes keine Bedeutung.

Der Untergang der Leberzellen hängt nun aber enge zusammen mit der Entstehung charakteristischer den normalen Gallengängen gleichender oder mit ihnen übereinstimmender Gebilde (Fig. 277, 279), die bald spärlich, bald reichlich im Bindegewebe vorhanden sind, am häufigsten aber bei der interepithelialen Bindegewebswucherung gefunden werden. Es sind lange, gerade gestreckte oder häufiger gewundene, verzweigte, dickere und dünnere Kanälchen, von denen die engsten so fein sind, dass man sie bei schwacher Vergrösserung kaum wahrnimmt. Selbstverständlich sind sie nicht immer auf lange, sondern meist auf kürzere und sehr kleine Strecken getroffen und oft quer durchschnitten. Sie liegen einzeln zerstreut oder in grösserer Zahl dichter zusammen, wobei sie sich in mannigfacher Richtung kreuzen oder auch mehr parallel angeordnet sind. Ihre Menge kann so beträchtlich sein, dass sie stellenweise geradezu ein kleines Gallengangsadenom bilden. Dass die Gänge so leicht ins Auge fallen, hat seinen Grund in der dunklen Färbung der Kerne und in der wegen geringer Protoplasmamenge der Epithelien dichten Lagerung derselben. Bei starker Vergrösserung sieht man entweder zwei Reihen runder oder kurzovaler zur Achse quergestellter Kerne, oder bei grösseren Kanälen 3 und mehr Reihen derselben, weil man entweder in das längsgetroffene Lumen grösserer Kanäle hinein oder diese von der Aussenfläche sieht. Kleinste Gänge zeigen die Kerne mit ihrer Längsachse aneinandergereiht, so dass den Blut-Capillaren ähnliche Bilder entstehen können. Dass es sich wirklich um Gallengänge handelt, geht daraus hervor, dass sie von dem Ductus hepaticus aus injicirt werden können. An die Leberzelleninseln treten sie vielfach in schräger oder senkrechter Richtung heran, seltener auch wohl eine kurze Strecke weit in sie hinein. Liegen die Leberzellen einzeln oder in kleinen Gruppen im Bindegewebe, so sieht man oft ganz besonders deutlich die Gänge zu ihnen

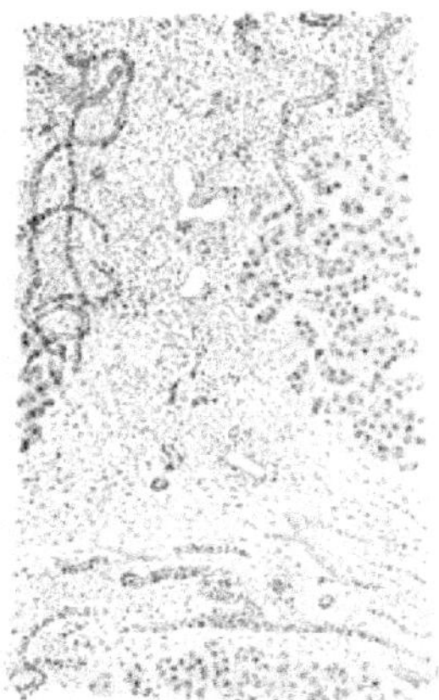

Fig. 279. Aus einer atrophisch. Lebercirrhose. Man sieht links, rechts und unten die Grenze dreier Lebergewebsinseln, dazwischen breites kernreiches Bindegewebe. In diesem liegen quer- u. längsgetroffene schmale u. breitere, gerade u. gewunden verlaufende Gallengänge und einzelne helle Gefässöffnungen. Vergr. 50.

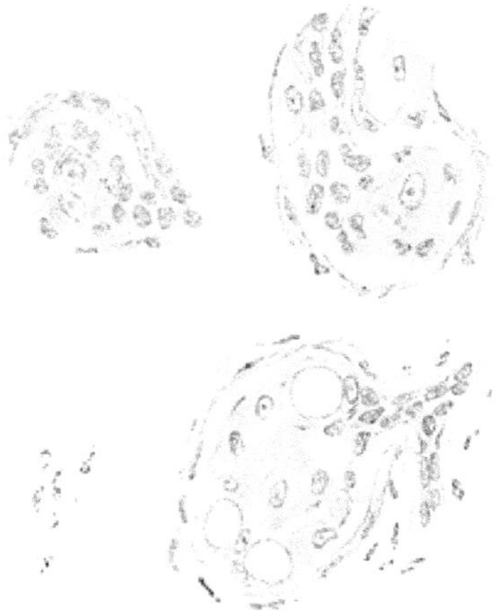

Fig. 280. Aus einer intraacinösen Lebercirrhose. Vier Beispiele eines Aneinanderstossens von Gallengängen und Leberzellen. Unten links und rechts grenzen beide Bestandtheile an einander, oben links und rechts werden Leberzellen von den auseinanderweichenden Gallengangsepithelien umgriffen. Vergr. 600

in Beziehung stehen, über deren Charakter die Figur 280 näheren Aufschluss giebt. Bei starken Vergrösserungen bemerkt man, wie Gallengänge an das Ende von Leberzellenreihen oder an eine Gruppe von Leberzellen herantreten, aber noch gut von ihnen geschieden sind, wie in anderen Fällen Leberzellen, die schon keinen färbbaren Kern mehr besitzen und weitere Zerfallerscheinungen zeigen können, von den auseinanderweichenden Epithelien der Gallengänge umschlossen werden. Es handelt sich also darum, dass die Gallengänge von der Stelle aus, an welcher sie in der Norm in Leberzellen übergingen, durch Wucherung sich in den Raum hinein verlängern, der durch die untergehenden Leberzellen frei wird. So bleibt die Continuität mit dem secernirenden Parenchym so weit gewahrt, dass die in den erhaltenen Zellen gebildete Galle für gewöhnlich abfliessen kann. Nur wenn die Untergangserscheinungen zu lebhaft sind, so dass die jungen Gallengänge von secernirenden Leberzellen durch absterbende getrennt werden, tritt Gallenstauung und Icterus ein.

Das Strömen der Galle in den Gallengängen ist durch die Bindegewebswucherung ebensowenig behindert wie das des Blutes in den Blutgefässen. Das geht u. A. daraus hervor, dass die Gänge bei der Härtung sich noch zusammenziehen und vom Bindegewebe trennen können, so dass zwischen beiden ein spaltförmiger Zwischenraum entsteht.

2. Tuberkulose.

Die Tuberkulose der Leber tritt in Gestalt miliarer Knötchen und grösserer Knoten auf. Uns interessiren hier nur die Lagerungsweisen der miliaren Tuberkel und einige Besonderheiten ihrer Structur, da die Histologie im Uebrigen die früher (S. 86 f.) besprochenen Verhältnisse darbietet.

Die miliaren Knötchen können zwar an jeder Stelle des Parenchyms zur Entwicklung gelangen, finden sich aber weitaus am häufigsten im Bindegewebe und ragen von hier aus gern in die äusseren Theile der Läppchen hinein. Die bindegewebigen Winkelstellen gehen oft ganz in die Tuberkelbildung auf. Die Zahl der Knötchen ist eine wechselnde. Sie enthalten meist schön ausgeprägte grosse Riesenzellen, die aber nicht reticulär verzweigt sind, sondern mehr rundliche Gestalt haben. Auch das umgebende Bindegewebe ist meist nicht netzförmig, sondern unregelmässig oder concentrisch faserig gebaut und mit Lymphocyten mehr oder weniger infiltrirt.

Der vorwiegende Sitz der Tuberkel im Bindegewebe darf vielleicht daraus erklärt werden, dass die mit dem Blute zugeführten und aus den Capillaren ausgetretenen Bacillen mit dem Lymphstrom in die Herdchen lymphoiden Gewebes gelangen, in denen wir auch die Kohle abgelagert fanden (Seite 284).

3. Syphilis.

Die syphilitischen Entzündungen der Leber finden sich bei Erwachsenen, seltener auch bei Kindern, in der Form einzelner oder mehrerer kleinerer und grösserer Knoten, deren Zusammensetzung an dieser Stelle keine weitere Beschreibung erfordert (vergl. S. 92).

Bei neugeborenen Kindern giebt es auch diffusere Prozesse. Diese treten einmal auf als Anhäufung zahlreicher Lymphocyten in dem periportalen Bindegewebe, vor Allem aber in den Capillaren des Acinus. Hier liegen sie besonders gern gruppen- und haufenweise und verdrängen und compriminen die benachbarten Leberzellenreihen. In späteren Stadien kommt es dann zur Bildung jungen Bindegewebes, die an den peripheren Theilen der Acini beginnt. Hier können sich knötchenförmige Gebilde, miliare Gummata entwickeln. Die Bindegewebswucherung kann sich aber auch in die Acini hinein erstrecken und analog der intraacinösen Lebercirrhose die Leberzellenreihen auseinanderdrängen.

4. Typhus.

Typhöse entzündliche Prozesse stellen sich dar als Knötchen, die sich fast nur aus Lymphocyten aufbauen, die gleiche Grösse und dieselben Lagerungsverhältnisse wie die Tuberkel zeigen.

5. Eitrige Entzündungen.

In der Leber giebt es ferner eitrige Entzündungen, Abscesse, die im ausgebildeten Zustande keine weitere Besprechung erheischen. In frühen Stadien liefern sie oft charakteristische Verhältnisse: Man sieht die makroskopisch als stecknadelkopfgrosse oder grössere Fleckchen hervortretenden Herdchen zusammengesetzt aus einem centralen Bezirk nekrotischen Lebergewebes, welches aber in den übrigen Structurverhältnissen noch keine Abweichungen zu zeigen braucht. Dieser Abschnitt ist umgeben von einer Zone, in welche sich zahlreiche Leukocyten in den Lumina der Capillaren angesammelt haben. Auch hier sind die Leberzellen meist schon abgestorben. Nekrose und Zellansammlung beruhen auf der Gegenwart der pyogenen Kokken, die in dem nekrotischen Bezirk oft in zahlreichen Gruppen liegen und in sehr zierlicher Weise einzelne oder netzförmig zusammenhängende Capillaren ausfüllen können.

c) Leukämie.

Eine ausserordentlich hochgradige Ansammlung von Zellen findet in der Leber bei der Leukämie statt. Die im Blute in vermehrter Menge circulirenden farblosen Zellen scheiden sich neben anderen Organen (s. Niere) auch in der Leber ab. Hier nimmt aber ihre Zahl durch Proliferation noch zu.

Die mikroskopische Untersuchung (Fig. 281) lehrt, dass die Zellvermehrung hauptsächlich im interacinösen Bindegewebe stattfindet, welches dadurch erheblich verbreitert und mit Kernen dicht infiltrirt erscheint. Die normale zugförmige oder dreieckige oder unregelmässige Form der bindegewebigen Winkelstellen kann dabei zunächst erhalten bleiben, bald aber setzt sich die Zellanhäufung auch auf die bindegewebsfreien Berührungsflächen der Acini fort und kann so die Leberläppchen in ganzer Ausdehnung umgeben und von einander trennen.

Die Rundzellen finden sich aber auch im Lumen der Capillaren des Acinus, wo sie bald spärlicher, bald reihenweise, bald zu breiteren Zügen und grösseren Häufchen gruppirt angetroffen werden. Auch runde Knötchen können sich hier finden. Hat man Gelegenheit, rasch verlaufende Leukämien oder die Anfangsstadien des Prozesses zu untersuchen, so kann die Ablagerung der Zellen in den Capillaren noch fast die einzige Veränderung darstellen. Sie liegen dann gleichmässig und reihenweise hinter einander im Lumen. Freilich beginnt auch dann schon die Ansammlung im Bindegewebe. Aber die Bildung grösserer knötchenförmiger Anhäufungen kommt erst in späteren Stadien zu Stande.

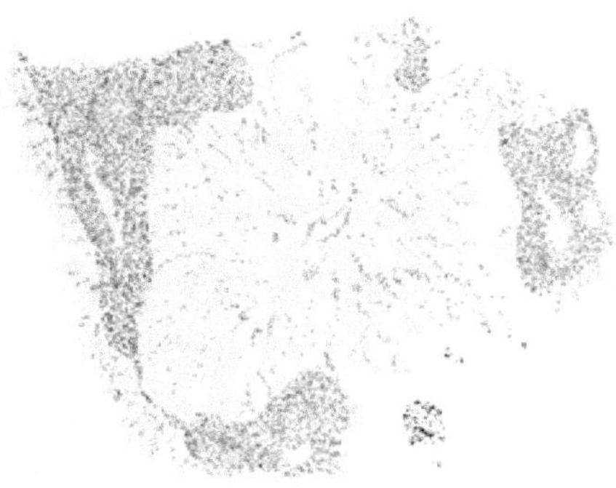

Fig. 281. Leber bei Leukämie.

Die Figur umfasst einen Acinus, dessen Centralvene in der Mitte sichtbar ist. An drei Stellen der Peripherie haben Anhäufungen dicht gedrängter Rundzellen stattgefunden, ebenso an zwei kleineren Stellen im Bereich der Leberzellen. Auch im übrigen Acinus treten reihenweise angeordnete Kerne zwischen den Leberzellen hervor. Vergr. 30.

Die Kerne der Rundzellen färben sich intensiv und sind rund und einfach. Die Zellen entsprechen also den Lymphocyten.

d) Geschwülste.

Von den Geschwülsten der Leber soll hier nur das sogenannte »Adenom« Besprechung finden, welches für das Organ durchaus charakteristisch ist. Von primären Neubildungen kommt sonst nur noch, abgesehen von sehr seltenen Tumoren, das Seite 113 besprochene Cavernom und das Carcinom vor, dessen Entstehung noch ungenügend gekannt ist, im Uebrigen aber keiner besonderen Erörterung bedarf. Das Adenom tritt sowohl in normalen Lebern wie besonders bei Cirrhose auf in Gestalt kleinerer und grösserer rundlicher, gut begrenzter, gelblicher oder bräunlicher Knoten. Unter Umständen kann es malignen Charakter annehmen und Metastasen machen. Es beruht das auf dem in der blutgefässreichen Leber leicht verständlichen Hineingelangen von Zellen in die Aeste der Vena hepatica.

Das „Adenom" (Fig. 282) ist verschieden zusammengesetzt. Betrachtet man einen Knoten bei schwacher Vergrösserung, so sieht man ihn von parallelen und netzförmig anastomosirenden Spalten durchzogen, zwischen denen die Geschwulstzellen zusammenhängende schmalere und breitere Balken bilden. Die Spalten sind Gefässe, in deren dünner Wand man bei starker Vergrösserung die endothelialen Kerne gut wahrnimmt. Die Balken bestehen aus zwei, drei oder mehreren Reihen von Zellen, die mit Leberzellen grosse Aehnlichkeit haben, so dass man sie wohl von ihnen ableiten darf. Sie sind von gleicher Grösse oder umfangreicher oder kleiner. In anderen Fällen sind die Balken theilweise oder ganz hohl, besitzen abgeschlossene rundliche oder röhrenförmige Lumina von verschiedener Weite. Zuweilen sind letztere cystisch dilatirt. Das Epithel ist unter diesen Umständen gewöhnlich cylindrisch und von wechselnder Höhe, in den Cysten meist kubisch. Er umgiebt die Hohlräume in einfacher Reihe. Der Inhalt der Lumina ist eine feinkörnige, oder homogene gelbliche Masse. In den kleinsten bildet sie nur rundliche Tropfen. Ihr können Zellen, Epithelien und Leukocyten in variabler Menge beigemengt sein. Dieses zweite, nach Art von Drüsengängen gebaute Adenom erinnert mehr an die Gallengänge als an das Lebergewebe und ist auch wohl von ihnen abgeleitet worden. Im Uebrigen bestehen keine sicheren Grundlagen für die Entstehung der Tumoren, da die ersten Anfänge nicht beobachtet wurden und der mehrfach beschriebene Uebergang von Leberzellenreihen in die Zellbalken auch als secundäre Verwachsung gedeutet werden kann (vergl. S. 173). Die in normalen Lebern vorhandenen Adenome bilden sich wahrscheinlich auf Grund von fötalen, die in cirrhotischen Organen gefundenen auf Grund von Abschnürungsvorgängen durch das wuchernde Bindegewebe. Demgemäss findet man im letzteren Falle die einzelnen Knoten oft rings von Bindegewebe umgeben und wenn dieses breite Züge bildet, kann es viele kleinere und grössere Adenomknoten enthalten, die stets scharf begrenzt erscheinen. Auch wo sie an Lebergewebe anstossen, setzen sie sich meist scharf von ihm ab und verdrängen die anstossenden Leberzellenreihen, die dadurch verbogen und verdünnt erscheinen. Die im Bindegewebe liegenden Tumoralveolen stellen oft nur die Querschnitte von Gefässen dar, in welche das Adenom hineinge-

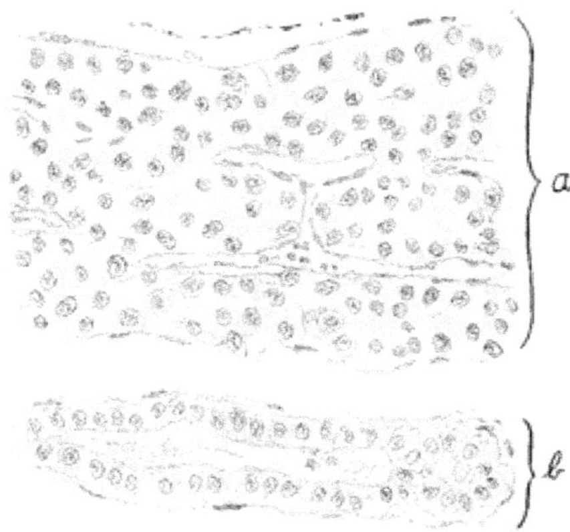

Fig. 282. Adenom der Leber bei Lebercirrhose.
In *a* sieht man breite Zellzüge, die den normalen Leberzellenreihen ähnlich unter einander zusammenhängen und aus Zellen bestehen, die den Leberzellen ähnlich sind. In den Capillaren erkennt man das Endothel. In *b* ist ein schlauchförmiges, gallengangsähnliches Gebilde dargestellt, aus einem anderen Knoten derselben Leber. Vergr. 100.

wuchert ist. Von ihnen können dann Metastasen ausgehen, die sich zuweilen, wie der primäre Tumor, durch die Production von Galle auszeichnen.

c) Parasiten.

Von den in der Leber vorkommenden thierischen Parasiten muss der Echinokokkus kurz besprochen werden, einmal weil er nicht so ganz selten angetroffen wird und zweitens, weil er nicht wie andere bei uns weit seltenere Parasiten als selbständig bewegliches Lebewesen auftritt, sondern in einer Form, die ihn gleichsam als einen Gewebsbestandtheil der Leber erscheinen lässt. Er findet sich in Gestalt von einzelnen grossen, zuweilen mit Tochterblasen versehenen Cysten (E. unilocularis) oder von multiplen kleinen Bläschen mit gallertigem Inhalt (E. multilocularis).

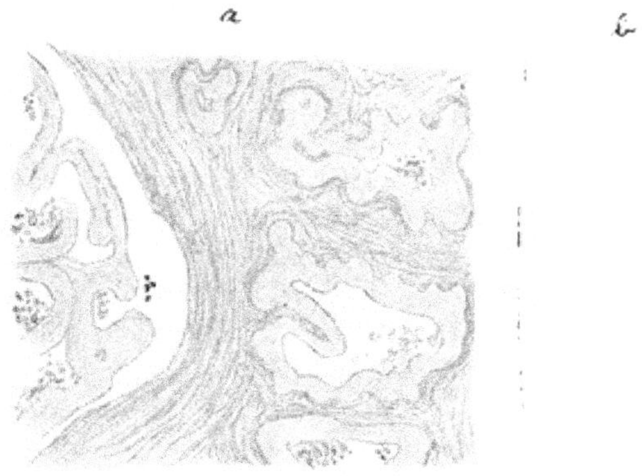

Fig. 283. Echinokokkus der Leber. *a* Echinokokkus multilocularis. Man sieht links den Rand einer grossen Blase, rechts vier kleinere, die von einer dicken, wellig gelagerten und leicht concentrisch gestreiften Membran gebildet werden. In der grossen Blase ist die Membran von der Wand abgelöst und zusammengefaltet. In den Lumina theils Gerinnsel, theils kleine verkalkte Körner. Zwischen den Blasen breites streifiges Bindegewebe. *b* Theil der Membran eines Echinokokkus unilocularis. Vergr. 100.

Alle Blasen haben eine charakteristisch gebaute Wand (Fig. 283), an der man sie leicht erkennen kann. Sie ist nämlich homogen und ganz regelmässig concentrisch gestreift, das heisst aus geschichteten Lamellen zusammengesetzt.

Die Blasenwand des E. unilocularis untersucht man am besten für sich. Sie ist so dick, dass sich, auch mit dem Rasirmesser, leicht ausreichende Durchschnitte anfertigen lassen. Man sieht an ihnen sehr gut die concentrische regelmässige Streifung als Ausdruck der lamellären Schichtung (Fig. 283 b). Auch am Rande flach ausgebreiteter Membranen und an gefalteten Stellen sieht man die Streifung recht gut. Den E. multilocularis untersucht man an Präparaten, die man von der Schnittfläche der Leber gewinnt. Man kann sehr gut mehrere Bläschen (Fig. 283a) und eventuell auch angrenzendes Lebergewebe zugleich schneiden.

Die Wandungen des E. unilocularis sind dicker als die des E. multilocularis. In letzterem pflegen sie gewunden, gefaltet zu sein, so dass das Lumen der Blasen unregelmässig gestaltet ist. Es enthält im frischen Zustand meist eine gelblich gallertige Masse, doch finden sich in ihm auch körnige Gerinnsel und feine oder gröbere Kalkkörner. Zwischen den Blasen liegt ein derbfaseriges Bindegewebe.

7. Pankreas.

Die histologischen Befunde des Pankreas bieten nur wenige Eigenthümlichkeiten, die sich nicht auf Grund der im ersten Theile unseres Buches besprochenen allgemeinen Verhältnisse leicht verstehen liessen. Erwähnt wurde dort (S. 11) bereits die Umwandlung des Bindegewebes in Fettgewebe. Von anderen Veränderungen findet man fettige Degeneration des Epithels, zellige Infiltration und entzündliche Zunahme des Bindegewebes und von Tumoren vor Allem das Carcinom. Hier sei nur auf eigenartige nekrotische Prozesse kurz hingewiesen.

Abgesehen von kleinsten, in Gestalt weisser Herdchen multipel auftretenden und von grösseren Nekrosen, die postmortal als Ausdruck einer Selbstverdauung auftreten (Chiari), beobachtet man besonders bei fettleibigen Individuen zuweilen ein totales Absterben der ganzen Drüse, das oft mit Hämorrhagie verbunden ist. Aetiologisch ist der Prozess nicht ausreichend aufgeklärt.

Das abgestorbene Fettgewebe liefert dabei eigenthümliche histologische Bilder. Die Fettzellen haben ihre gleichmässig homogene Beschaffenheit eingebüsst. Ein Theil von ihnen zeigt eine Ausfällung der Fettsäuren in krystallinischen nadelförmigen Massen, ein anderer halbmondförmige od. ringförmige, die Peripherie einnehmende hyaline Gebilde (Fig. 284), während die Mitte der Zellen leer aussieht oder jene Nadeln enthält. Die homogenen Ringe und Halbkugeln sind von dunkler, glänzender Beschaffenheit. Es handelt sich um eine Verkalkung, d. h. eine Verbindung der freigewordenen Fettsäuren mit Kalk. Die so veränderten Zellen nehmen bald ein ganzes Fettläppchen, bald nur einen Theil und

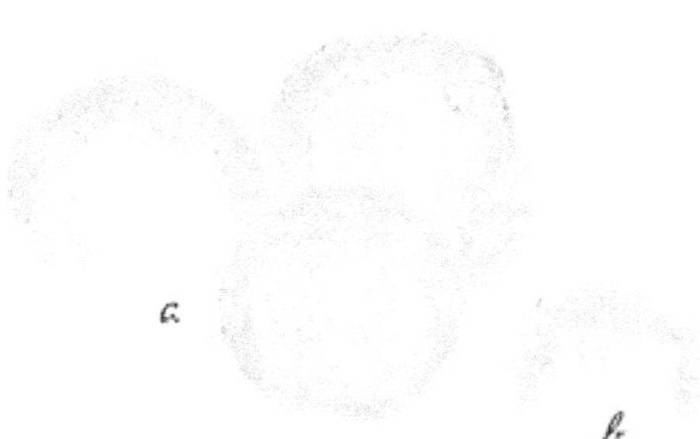

Fig. 284. Fettzellen bei Pankreasnekrose. Die Fettzellen zeigen einen halbmondförmigen resp. ringförmigen Randsaum und einen helleren mittleren Abschnitt. Ersterer ist bei a homogen, bei b fein radiär gestreift. Der Saum ist verkalkt. Die Mitte der Zelle zeigt eine Ausfällung von Fettsäurenadeln. Vergr. 400.

zwar den Rand desselben ein. Die Convexität der Halbkugeln ist gegen das Bindegewebe gerichtet, welches entweder nekrotisch und mit Hämorrhagien durchsetzt oder zellig infiltrirt erscheint.

D. Respirationsorgane.

1. Lunge.

a) Venöse Stauung.

Bei Erschwerung des venösen Blutabflusses, vor Allem durch Klappenfehler des linken Herzens erleidet die Lunge charakteristische Veränderungen. Das Organ wird blutreich, durch Gefässerweiterung, Bindegewebszunahme und Pigmentablagerung dichter, zäher und nimmt in Folge Bildung reichlichen Blutfarbstoffs mehr und mehr einen bräunlichgelben Farbenton an, aus dem sich in den höchsten Graden tiefer braune unregelmässige Flecke noch besonders herausheben. Man nennt den Zustand braune Induration.

Schon die frische Untersuchung ergiebt prägnante Verhältnisse. Fertigt man mit dem Rasirmesser (nicht mit dem Gefriermikrotom) ohne besondere Auspannung des Gewebes einen Schnitt an, der nicht zu dünn sein darf, legt ihn ohne Wasserzusatz, der das Blut lösen würde, auf den Objektträger und plattet ihn, wenn nöthig, durch leichten Druck auf das Deckglas etwas ab, so fällt die Hyperämie und bei starker Vergrösserung die beträchtliche Dilatation der Capillaren sofort auf. Letztere sind stärker gewunden als in der Norm, sie springen schlingen- und buckelförmig weit in die Lumina der Lungenbläschen vor (Taf. VI, Fig. 2) und verengen sie auf diese Weise. In den Alveolen bemerkt man die bereits auf Seite 21 beschriebenen pigmenthaltigen Zellen (Taf. VI, Fig. 3).

Auch durch sorgfältige Härtung gelingt es oft nicht, den blutgefüllten und dilatirten Zustand der Capillaren genügend zu conserviren. Das Blut löst sich gewöhnlich auf, so dass höchstens noch die Schatten der rothen Blutkörperchen die Gefässe ausfüllen. Da diese ausserdem durch Schrumpfung sich verkleinern und ihre dünne Wand wenig in die Augen fällt, so sieht man sie in Schnitten weit weniger gut als in frischen Objekten. Immerhin sind sie wegen ihrer Weite besser als in der Norm sichtbar, und da wegen ihrer stärkeren Wandung und Verlängerung grössere Mengen von Längs- und Querschnitten neben einander liegen müssen, so erscheinen die Alveolarwände viel breiter (Taf. VI, Fig. 3), auf ihrer Innenfläche aber uneben, da sich die Prominenz der Capillarschlingen wenigstens einigermaassen erhält. In den Alveolen findet sich zelliges Material, bald in geringer, bald in so grosser Menge, dass das Lumen verstopft ist (Taf. VI, Fig. 3). Die Zellen sind rund und meist von epithelialem Charakter, doch finden sich auch solche vom Charakter der Wanderzellen. Viele enthalten die (S. 21) beschriebenen Pigmentkörner und treten dann schon bei schwacher Vergrösserung deutlich hervor. Sie sind in dieser Form aber ungleichmässig vertheilt. In Gruppen von Alveolen fehlen sie fast ganz, in anderen sind sie unter farbstofffreie Zellen gemischt, in wieder anderen, die den bei blossem Auge braunen Flecken entsprechen, füllen sie die Lumina ganz aus. Diese fleckige Vertheilung hat ihren Grund in herdförmigen Blutungen, aus denen das Pigment entsteht. Da das Blut nicht nur in die Alveolen, sondern auch in das Gewebe selbst ergossen wird, so findet sich Pigment auch in den Alveolarwandungen, im interlobulären und peribronchialen Bindegewebe, dessen Zellen es in sich ablagern. Es wird dann auch auf den Lymphwegen weiter geführt und gelangt so an die gleichen Stellen wie die aus den Alveolen aufgenommene Kohle, also in die kleinen Herdchen lymphoider Substanz (s. Anthracosis). Es kann hier wie im Bindegewebe überhaupt in derselben Zelle mit Kohlepartikeln gemischt sein. Sein Transport auf dem Lymphwege ergiebt sich auch daraus, dass es in länglichen und verzweigten Figuren angeordnet sein kann, die als Ausfüllungen von Lymphgefässen zu betrachten sind.

b) Hämorrhagischer Infarkt.

Wenn die luftführenden Räume eines Lungenbezirkes mit Blut dicht ausgefüllt sind, welches aus den Gefässen ausgetreten ist, so reden wir von einem hämorrhagischen Infarkt. Er hat auf dem Durchschnitt eine dunkelrothe, schwarzrothe Farbe und die ungefähre Form eines mit der Spitze gegen den Lungenhilus gerichteten Keiles. Er entsteht entweder, und zwar nach den herrschenden Anschauungen vorwiegend, durch embolische Verstopfung eines Arterienastes, oder durch umfangreichere Blutung bei der eben besprochenen Stauung, die aber auch für jene Entstehungsart insofern in Betracht kommt, als Embolien nur bei mit Stauung behafteten Herzkranken, dagegen nicht in gesunden Lungen zur Hämorrhagie führen.

Der hämorrhagische Infarkt verdient zunächst eine Untersuchung im frischen Zustande. Nur mit dem Rasirmesser lassen sich Schnitte anfertigen, in denen das Blut erhalten bleibt. In Wasser löst es sich freilich auch allmählich ebenso auf wie in Gefriermikrotomschnitten. Während nun die Präparate in manchen Fällen ausser einer dichten Durchsetzung des Gewebes mit Blut nichts Besonderes bieten, zeigen sie in anderen im Bereich der Alveolarwände helle, dem Blut gegenüber fast weiss erscheinende unregelmässige, zuweilen die ganze Circumferenz einnehmende Fleckchen, Balken und Stränge, die sich bei genauer Untersuchung als den Capillaren entsprechend erweisen. Es handelt sich um thrombosirte Gefässe, in denen das ausfüllende Fibrin hyalin geworden ist (hyaline Thrombose). Auf die Bedeutung dieser Thromben für die Blutung wies v. Recklinghausen hin (Handbuch S. 160).

Die Härtung eines hämorrhagischen Infarktes bietet einige Schwierigkeiten, weil das Blut, zumal in Alkohol, so hart zu werden pflegt, dass sich nur schwer dünne Schnitte anfertigen lassen. In Zenker's Lösung tritt dieser Uebelstand weniger stark, aber auch etwas störend hervor. Gute Durchtränkung und Celloidin erleichtert aber das Schneiden.

Die gehärteten Präparate zeigen aufs Schönste die Ausfüllung der Alveolen mit Blut, in welchem neben einzelnen weissen Blutzellen auch mehr oder weniger reichliche pigmentirte Epithelien vorhanden sein

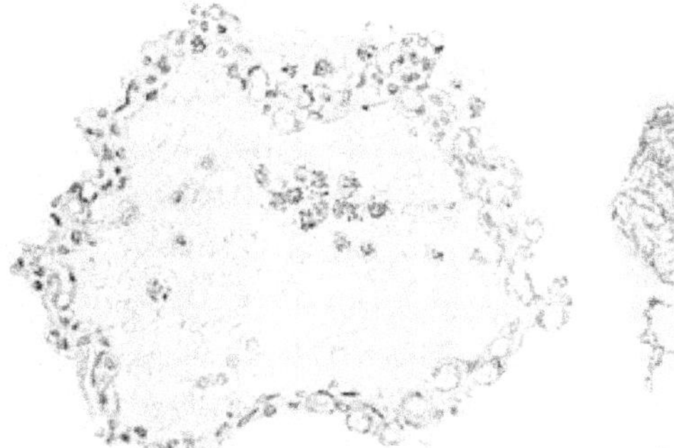

Fig. 285. Hämorrhagischer Infarkt der Lunge. Eine einzelne Alveole, die mit Blut ausgefüllt ist, und in deren Wand die Capillaren meist deutlich blutgefüllt sind. In dem Alveolarinhalt eine Gruppe von Epithelien mit Kohlepartikeln und vereinzelte Epithelien und Leukocyten. Vergr. 100.

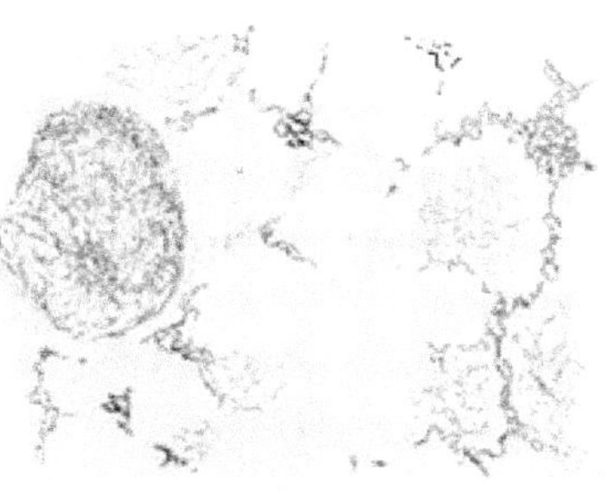

Fig. 286. Aus einem Lungeninfarkt. Gehärtetes und nach der Fibrinmethode gefärbtes Präparat. Links eine thrombotisch verschlossene quer getroffene Arterie. Im übrigen Schnitt enthalten die Alveolarwände in geringer und grosser Ausdehnung durch Fibrin ausgefüllte Capillaren und Capillarnetze. Im Alveolarlumen homogenes Blut und an mehreren Stellen Fibrin. Vergr. 50.

können (Fig. 285). Bei Anwendung der Fibrinfärbung erweisen sich die Capillaren entsprechend den frischen hyalinen Thromben oft ausgedehnt mit blauen fädigen Massen verstopft, so dass zierliche Netze (wie bei den Pneumonien Fig. 209 u. 297) hervortreten können (Fig. 286). Auch in den Alveolen sieht man dann häufig kleinere oder beträchtliche Fibrinmengen unter das Blut gemischt. Die Thromben der Arterien sind ebenfalls zum grossen Theil aus Fibrin zusammengesetzt (Fig. 286).

Uebersteht ein Individuum die zur Infarktbildung führende Erkrankung, so kann der Herd resorbirt, resp. durch Bindegewebsneubildung ersetzt und in Narbengewebe umgewandelt werden. Untersucht man die Randtheile eines wenige Wochen alten Infarktes, dessen Gewebe kernlos, nekrotisch geworden, dessen rothe Blutkörperchen theils zerfallen, theils aber, besonders in den peripheren Theilen noch erhalten sind, so kann man folgende Bilder bekommen. Die meist collabirten, mit gewundenen, kernfreien, homogenen Wandungen versehenen Alveolen enthalten entweder allein oder noch mit Blut gemischt Zellen, die nach ihrem ganzen Charakter, ihrer spindeligen oft sehr langen Form als Bindegewebselemente zu betrachten sind (Fig. 287). Sie legen sich der Länge nach an einander, bilden Züge und Haufen, welche die Lumina oft ganz ausfüllen. In anderen Alveolen sind sie zunächst spärlicher, ziehen einzeln oder zu mehreren vereinigt durch das noch vorhandene Blut und haben es in wieder anderen schon zum grossen Theil verdrängt. Diese Zellen können natürlich nicht aus der abgestorbenen Alveolarwand, überhaupt nicht aus dem Infarkt selbst stammen, sie müssen aus den noch lebenden angrenzenden Theilen hineingedrungen sein. Der Vorgang hat auch hier die Bedeutung einer Organisation. Dabei ergeben sich analoge Verhältnisse wie bei der indurativen Pneumonie (S. 308). Denn neben einer Wucherung des peribronchialen und periarteriellen an Alveolen angrenzenden Bindegewebes dürfte auch eine Wucherung der Wand kleinerer Bronchen eine Rolle spielen, wobei in deren Lumen Bindegewebe vordringt und sich in ihnen bis zu den Alveolen ausbreitet. Darauf deutet wenigstens der Umstand hin, dass man quergetroffene Infundibulargänge mit zugehörigen Alveolen durch junges Bindegewebe ausgefüllt sehen kann, während die angrenzenden Alveolen erst wenig Zellen enthalten. Eine fernere Uebereinstimmung ergiebt sich daraus, dass das Wachsthum der Zellen auch quer durch die Alveolarwand in dünneren Zügen erfolgt. Man darf nun aber nicht erwarten, dass die organisatorischen Vorgänge immer deutlich ausgeprägt sind. Sie können auch ganz fehlen. Dann beschränkt sich die Wucherung auf Neubildung von Bindegewebe in den an den Infarkt anstossenden Alveolarwänden, die sich erheblich verdicken und mit einander verschmelzen können, während der Infarkt selbst resorbirt wird.

Fig. 287. Alveole aus einem älteren **Lungeninfarkt**. Das Lumen enthält zahlreiche rothe Blutkörperchen, zwischen welche von dem Infundibulargang spindelige Bindegewebszellen vordringen (Organisation). Rechts durchsetzt ein Zug von Spindelzellen eine Lücke der Alveolarwand. Vergr. 100.

c) Die Entzündungen der Lunge.

Die Entzündungen der Lunge führen entweder durch Abscheidung

Tafel VI.

Fig. 1. Fibrinöse Pneumonie. Fibrinfärbung nach Weigert. Vergr. 400. Man sieht einen Exsudatpfropf ganz und von drei anderen kleinere Abschnitte. Zwischen den Pfröpfen bestehen Communicationen durch feine Fibrinfäden, welche die Alveolarwand durchsetzen. Der grosse Exsudatpfropf zeigt in der Mitte vorwiegend Zellen, im Rande vorwiegend Fibrin.

Fig. 2. Frisches Präparat aus einer Stauungslunge. Die mit Blut strotzend gefüllten Capillaren sind verlängert und dilatirt und springen weit in das Alveolarlumen vor, in welchem man ausserdem Haufen rother Blutkörperchen bemerkt. Vergr. 400.

Fig. 3. Aus einer hochgradigen Stauungslunge. Gehärtetes Präparat. Vergr. 60. In der Mitte eine Arterie, in deren Umgebung Kohle in herdförmiger Ablagerung. Die Alveolarwände sind durch die in Fig. 2 geschilderte Gefässveränderung verbreitert. Im Lumen vieler Alveolen dichtgedrängte, braun pigmentirte, in anderen pigmentfreie Zellen. Auch im periarteriellen Bindegewebe etwas braunes Pigment.

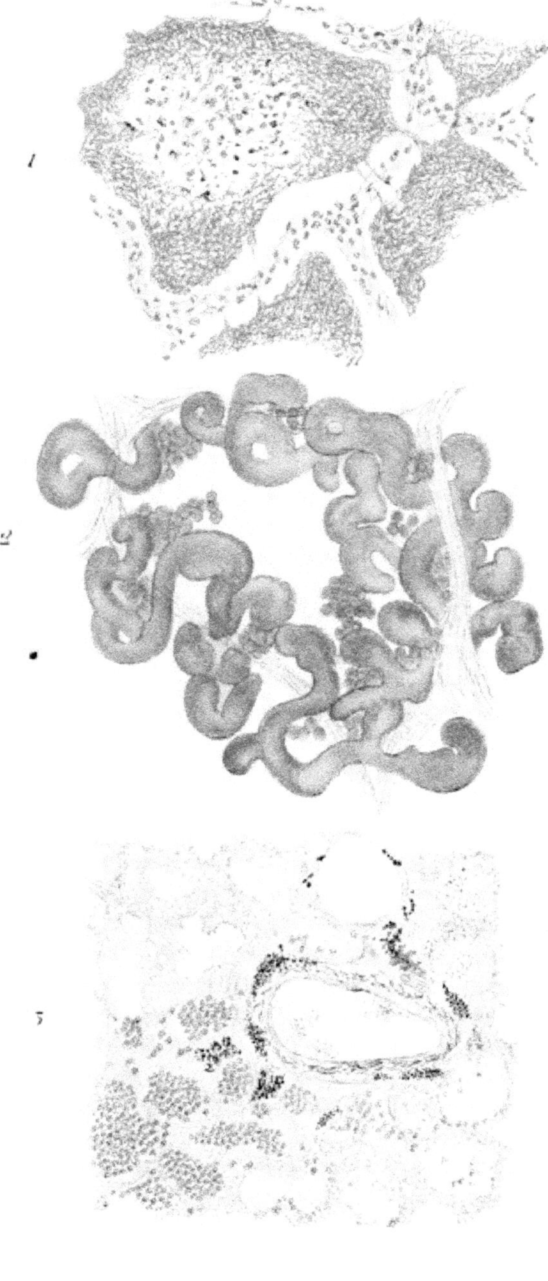
1
2
3

eines Exsudates in die luftführenden Räume oder durch Verdickung ihrer Wandungen oder durch beide Vorgänge zugleich zu umschriebenen oder ausgedehnten Verdichtungen. Je nach dem alleinigen oder combinirten Auftreten der beiden Prozesse unterscheiden wir verschiedene Entzündungsformen.

1. Die fibrinöse (crupöse) Pneumonie.

Besonders typisch für die Verdichtung (Hepatisation) des Lungengewebes durch Exsudation in die Lufträume ist die fibrinöse Pneumonie, die wegen ihrer Ausdehnung auf ganze Lappen auch lobäre Pneumonie genannt wird. In die Alveolen wird ein eiweiss- und leukocytenreiches, rasch gerinnendes Exsudat abgeschieden. Die Heilung kommt durch Lösung und Resorption desselben zu Stande. Als Ursache der Pneumonie betrachten wir für die meisten Fälle den Diplokokkus lanceolatus (S. 67), in wenigen auch Streptokokken und Staphylokokken.

Wir sehen die Pneumonie am häufigsten auf der Höhe der Verdichtung, auf dem wegen der blutarmen grauen Farbe des Gewebes sogenannten Stadium der grauen Hepatisation. Die Schnittfläche ist feinkörnig, wie mit Sand dicht bestreut. Streifen wir mit dem Messer über die frische Schnittfläche, so gewinnen wir Theile des Exsudates, die in Wasser bei schwacher Vergrösserung untersucht rundliche, einzeln liegende oder zu zweien, dreien und mehreren rosettenförmig verbundene dunkelgraue Körper erkennen lassen, welche wir wegen ihrer Grösse und Form als die geronnenen Inhaltsmassen der Alveolen oder ganzer Infundibula ansprechen. Auf der Schnittfläche der Lunge bedingen sie durch ihr Vorspringen die körnige Beschaffenheit. An einzelnen der Ausgüsse, besonders an den aus mehreren Pfröpfen zusammengesetzten, sieht man in manchen Fällen eine fleckweise helle, glänzende Beschaffenheit (Fig. 288). Bei starker Vergrösserung sind die Alveolar-Pfröpfe nicht alle gleich beschaffen. Die meisten lassen am Rande eine Zusammensetzung aus Fibrinfäden erkennen, die aber so dicht an einander geflochten sein können, dass sie in dicker Schicht nicht leicht differenzirt werden können und nur einen

Fig. 288. Fibrinöse Pneumonie.
Von der Schnittfläche der frischen Lunge abgeschabtes und in Wasser untersuchtes Exsudat. Man sieht einzelne und unter einander zusammenhängende Alveolarpfröpfe. Der grosse Körper entspricht einem Infundibulum. Die Pfröpfe sehen grau, in dem grossen Körper theilweise hyalin aus. Vergr. 10.

trüben, grauen Eindruck hervorrufen (Fig. 289). Ist die Fibrinmasse nicht ganz so dicht, so nimmt man in ihr, besonders wieder am Rande die mehr oder weniger deutlichen Contouren der in das Fibrin eingeschlossenen Leukocyten wahr. Der kleinere Theil der Pfröpfe lässt die Zellen deutlich hervortreten, weil das Fibrin spärlicher ist. Das relative Verhältniss von zell- und fibrinreichen Exsudatmassen ist aber in den einzelnen Fällen nicht immer das gleiche. Jene hellen, glänzenden Stellen erweisen sich ganz ähnlich gebaut, wie die glänzenden Abschnitte einer diphtherischen Membran, das Fibrin ist also auch hier in hyaline Massen umgewandelt. Zwischen den Pfröpfen schwimmen im Wasser isolirte Zellen, meist Rundzellen umher, die durchweg den Charakter polynucleärer Leukocyten (S. 53) haben. Ausser ihnen sieht man vereinzelte grössere Zellen mit grossem Kern. Das sind Alveolarepithelien. Hellt man mit Essigsäure auf, so verschwindet das Fibrin für das Auge, und die Kerne treten nun auch in den Pfröpfen deutlich hervor. Ihre Form und Lagerung lehrt auch hier, dass es sich um Leukocyten und einzelne Epithelien handelt.

Fig. 289. Fibrinöse Pneumonie.
Theile eines Alveolarpfropfs (s. Fig. 288). Frisches Präparat. Vergr. 100. Der grosse dunkle Körper, etwa ein Drittel eines Pfropfes, zeigt die trübe, dichte feinfaserige Beschaffenheit desselben (Fibrin). Rechts davon Theil eines mit Essigsäure behandelten Pfropfes. Die trübe Beschaffenheit und das Fibrin sind verschwunden. Man sieht gruppenweise stehende Kerne polynucleärer Leukocyten und einzelne epitheliale Kerne. Oben einige in dem Wasser umherschwimmende Leukocyten.

Je mehr sich die Pneumonie der Lösung nähert — je weicher, schmieriger das Exsudat auf der Schnittfläche sich darstellt, je gelber diese erscheint — um so mehr bieten die Exsudatmassen Zeichen des Zerfalls. Die Pfröpfe sind nicht mehr so fest, sie lösen sich am Rande auf, sie vertheilen sich endlich im Wasser. Das rührt daher, dass das Fibrin feinkörnig zerfällt und die Leukocyten fettig degeneriren. So entsteht schliesslich eine Emulsion, in der nur noch untergehende Zellen, Reste ganz zerfallener, Fetttröpfchen und körnige Massen umherschwimmen. Die Kerne der Leukocyten bleiben noch relativ lange sichtbar, aber sie werden kleiner und schmelzen gleichsam vom Rande her ein.

Untersucht man die grau hepatisirte Lunge an frischen Schnitten, so sieht man die Alveolen durch die beschriebenen Pfröpfe ausgefüllt, von denen freilich leicht ein Theil ausfällt, so dass auch leere Alveolen vorhanden zu sein pflegen. In gut gehärteten Objekten haften dagegen die Exsudatmassen fester, so dass keine Lücken entstehen. In ihnen unterrichtet die Kernfärbung über die grosse Zahl der dichtgedrängten mehrkernigen Leukocyten. Wo sie weniger dicht liegen, kann man besonders gut nach Ueberfärbung mit Eosin oder Pikrinsäure-Säurefuchsin die Fibrinfäden wahrnehmen. Sie werden aber weit deutlicher bei Anwendung der Fibrinfärbung (s. Seite 63). Sie bilden dann bald ein lockeres weitmaschiges, bald ein engeres Netz, bald ein so dichtes Geflecht, dass sie alle etwa noch in ihm vorhandenen Zellen verdecken. In einzelnen Pfröpfen fehlen sie ganz. Im Allgemeinen nimmt das Fibrin in reichlicherer Menge die peripheren Theile der Alveolen ein, während es nach innen allmählich ein weniger dichtes Gefüge bekommt und dadurch den hier zahlreicheren Zellen Raum gewährt. Dieses Verhältniss ist bald mehr, bald weniger gut, zuweilen sehr deutlich ausgesprochen.

Die Fibrinfärbung macht aber noch etwas Anderes sichtbar (Taf. VI, Fig. 1). Es zeigt sich nämlich, dass die Pfröpfe durch die Alveolarwandungen nicht völlig von einander getrennt werden, sondern dass sie quer durch dieselbe vermittelst feiner Fibrinfäden zusammenhängen, welche in sie beiderseits unter kegelförmiger Verbreiterung übergehen. Diese Verbindungen sind bald spärlich, bald reichlich, man kann zuweilen mehrere, ja zahlreiche Fäden nach allen Richtungen von einem Pfropf ausstrahlen sehen, so dass auch die Wand zwischen zwei Alveolen mehrfach von ihnen durchsetzt sein kann. Die Anastomosen bestehen aus mehreren Fibrinfäden oder nicht selten nur aus einem einzigen. Sie stehen zur Alveolarwand selbst in keiner Beziehung, sondern ziehen glatt durch kleine Oeffnungen derselben hindurch. Diese sind, wie neuerdings Hansemann nachgewiesen hat, schon in der Wand der normalen Alveolen vorhanden, entstehen also nicht erst in Folge des entzündlichen Prozesses. Durch sie tritt das anfangs flüssige Exsudat hindurch und indem es bald darauf gerinnt, bilden sich jene verbindenden Fäden.

Die gehärteten Präparate lehren nun aber ferner, besser als frische, dass die Vertheilung des Fibrins und der Zellen keine gleichmässige ist. Man sieht im ungefärbten Zustand Gruppen hellerer und dunkelgrau gefärbter Ausfüllungsmassen der Alveolen mit einander abwechseln und zwar im Allgemeinen in der Weise, dass die helleren Gruppen von den dunkleren Pfröpfen umgeben und getrennt werden. Deutlicher tritt das nach rother Kern- und nach Fibrinfärbung hervor. Jene dunkleren grauen, jetzt blauen Massen erweisen sich als die fibrinreicheren, die hellen, jetzt rothen, als die kernreicheren. Es ergiebt sich weiter, dass jene die peripheren Alveolen der einzelnen Lobuli, daher auch die subpleuralen (Fig. 290) bevorzugen.

während diese die mittleren Theile derselben also auch die hier etwa sichtbaren Infundibulargänge und Bronchiolen einnehmen. Man darf freilich nicht erwarten, dies in jeder Lunge gleich gut hervortreten zu sehen, da es sich nicht um schematisch genau gleich ablaufende Prozesse handelt und da deshalb die relativen Mengenverhältnisse von fibrin- und zellreichen Pfröpfen wechseln. Es giebt Pneumonien, in denen die letzteren und solche, in denen die ersteren vorwiegen und in denen das fibrinreiche Exsudat sich bis in die grösseren Bronchen fortsetzt. Jedenfalls lehren diese Befunde, dass die Emigration und damit der Entzündungsprozess in den Bronchiolen und angrenzenden Alveolen am heftigsten ist und gegen die Peripherie der Lobuli an Intensität abnimmt. Daraus folgt, dass sie von den Bronchen aus beginnt. Wir werden diesem Verhalten bei herdförmiger Pneumonie wieder begegnen. Ihm entspricht ferner der Umstand, dass die Kokken, die durch die Fibrinfärbung ebenfalls sichtbar werden, ihrer grössten Menge nach in den zellreichen, nur spärlich in den fibrinreichen Alveolen liegen, in letzteren auch ganz fehlen können.

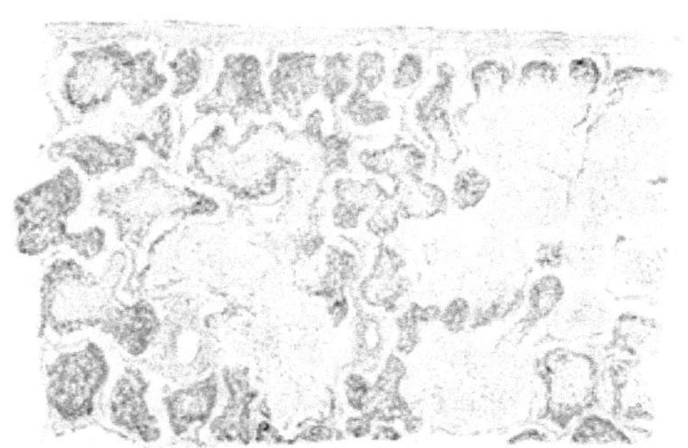

Fig. 290. Fibrinöse Pneumonie. Schnitt unter der Pleura und senkrecht zu derselben. Fibrinfärbung. Die Alveolen zeigen einen ungleichen Fibringehalt. Die fibrinreichen ordnen sich besonders in der linken Hälfte der Figur um fibrinarme resp. fibrinfreie, aber kernreiche Räume an. Vergr. 50.

Die Gegenwart der Kokken bedingt einerseits die Ansammlung der Leukocyten, verhindert andererseits die Fibrinbildung. In den einzelnen Alveolen wird dies daran kenntlich, dass auch sie central mehr Zellen, peripher mehr Fibrin enthalten.

Die Fibrinfärbung lehrt aber auch Veränderungen an den Gefässen. Die Capillaren der Alveolarwände können in der oben (Seite 201) besprochenen Weise durch Fibrin verstopft sein, die grösseren Gefässe, Arterien und Venen, können auf ihrer Innenfläche mit Fibrin belegt, oder durch das ganze Lumen mit Fäden desselben locker oder dicht durchzogen sein. Daneben kommen auch Plättchen und Leukocytenthromben vor.

In den breiteren interstitiellen Bindegewebszügen der Lungen finden sich ferner nicht selten weite, durch Fibrin, Zellen und Kokken ausgefüllte Lymphgefässe.

Den Beginn der fibrinösen Entzündung kann man nicht selten am Rande der verdichteten Abschnitte, resp. in den angrenzenden hyperämischen, etwas ödematösen, noch schwach lufthaltigen Parthien studiren. Dabei ist freilich vorausgesetzt, dass der Prozess noch im Fortschreiten begriffen ist. Legt man die Schnitte so, dass ihre eine Hälfte von dem hepatisirten, die andere von dem noch nicht verdichteten Gewebe eingenommen wird, so sieht man die exsudaterfüllten Alveolen deutlich von den übrigen unterschieden. Aber die Grenze ist meist dadurch unregelmässig, dass ganze pneumonisch veränderte Infundibula in das nicht verdichtete Lungengewebe hineinragen und auch dadurch die bronchogene Genese der Pneumonie documentiren. Die noch nicht hepatisirten Abschnitte zeigen nun ebenfalls keine leeren Lufträume, aber die sie ausfüllenden Massen sind ganz anders zusammengesetzt. In den an die Entzündung angrenzenden Alveolen sieht man neben vielen Leukocyten, rothen Blutkörperchen und spärlichem Fibrin desquamirte Epithelien und feinkörnige die Fibrinreaction nicht gebende Gerinnselmassen. Diese kommen bei der Härtung durch Coagulation der Oedemflüssigkeit zu Stande. In weiterer Entfernung nehmen die Leukocyten und das Fibrin ab, die Gerinnsel und die Epithelien zu, aber auch da, wo diese beiden Bestandtheile allein vorhanden sind, kann man oft schon ausserordentlich reichliche Diplokokken antreffen. Ferner kommt auch hier schon die besprochene Fibrinausfällung in den weiteren Gefässen zur Beobachtung. Das Fibrin in den dem verdichteten Abschnitte näher gelegenen Alveolen zeigt eine unregelmässige Anordnung. Es durchzieht die Alveolen in einzelnen Fäden, meist aber in Bündeln, die bald mehr der Wand anliegen, bald mitten im Lumen befindlich sind. Von Interesse ist es, dass auch hier schon die Verbindung der in den einzelnen Alveolen befindlichen oft geringen Fibrinmengen durch die Alveolarlücken vorhanden ist.

Die Existenz der die Alveolarwand durchsetzenden Verbindungsfäden zwischen den Pfröpfen wurde zuerst von Kohn (Münch. med. Woch. 1893. 8) nachgewiesen. Hauser (Deutsch. Arch. f. klin. Med. Bd. 50) nahm an, dass die Communicationen dadurch entstünden, dass die hyalinen Platten der Alveolarwand Centren für die Fibringerinnung darstellen (vergl. Thrombose S. 201) und dass von ihnen aus die Fäden nach beiden Seiten ausstrahlten. Ich stellte mir vor (Fortschr. d. Med. 1894 Nr. 10), dass die Lücken der Alveolarwand durch Desquamation der hyalinen Platten entstünden und dass nun bei der Fibrinausscheidung die Fäden sich durch die Oeffnungen fortsetzten. Durch den Nachweis Hansemann's, dass die Lücken normale Gebilde sind, ist diese Vorstellung noch vereinfacht (Sitzungsber. der Acad. d. Wiss. 7. Nov. 1895).

Unter **Induration** als Ausgang der fibrinösen Pneumonie versteht man den Vorgang, durch welchen das Exsudat im Verlaufe von Wochen durch ein die luftführenden Räume ausfüllendes Binde-

gewebe ersetzt wird. Das Organ ist dabei gut bluthaltig, derb, schwer, »carnificirt«.

Untersucht man die Lunge auf einem vorgeschrittenen Stadium des Prozesses, am besten an senkrecht zur Pleura geführten Schnitten, so sieht man schon an frischen Präparaten, dass die Lufträume nicht mehr durch Fibrin, sondern durch Massen ausgefüllt sind, deren genauere Erkennung meist durch das Vorhandensein einer ausgedehnten fettigen Degeneration erschwert ist. Doch soviel kann man leicht feststellen, dass es sich um eine faserige Substanz mit reichlichen ovalen Kernen handelt, in welche fettigdegenerirte Zellen eingeschlossen sind. Ebenso entartete Zellen, besonders Epithelien, finden sich oft in grösserer Menge in dem freien Theile der Alveolen. Klarer werden die Verhältnisse an gehärteten Objekten. Man sieht bei schwacher Vergrösserung (Fig. 291) die Alveolen alle oder zum Theil durch Pfröpfe eingenommen, welche sich aus einem streifig-zelligen Gewebe zusammengesetzt erweisen. Sie hängen vermittelst dünner, oft äusserst feiner Stränge unter einander und mit breiten, gabelig oder baumförmig verzweigten durch kolbige endständige oder seitliche Anschwellungen ausgezeichneten Bändern zusammen, welche die Inhaltsmassen der Bronchiolen und Alveolargänge darstellen. Die Lufträume sind durch diese Gebilde entweder ganz oder nur zum Theil ausgefüllt. Im letzteren Fall ist das bleibende Lumen meist nicht leer, sondern enthält spärlichere oder reichlichere Zellen.

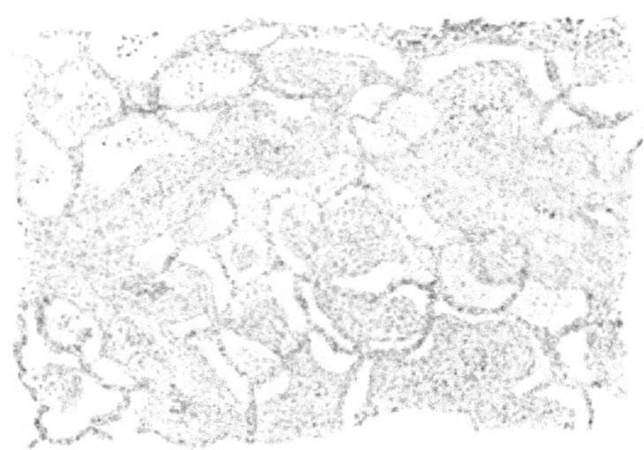

Fig. 291. Induration der Lunge nach fibrinöser Pneumonie. Vergr. 60. Die Alveolen sind theilweise ausgefüllt durch kolbige bindegewebige Züge, welche unter einander durch schmale, die Alveolarwand durchsetzende Anastomosen zusammenhängen. Mit der Alveolarwand selbst stehen sie nicht in Verbindung.

Die starke Vergrösserung stellt fest (Fig. 292), dass die Pfröpfe und Bänder vorwiegend aus einem in der Längsrichtung gefaserten Gewebe mit vielen länglich-ovalen Kernen bestehen. Gewöhnlich aber ist nur die Peripherie so gebaut, während die axialen Abschnitte in einer faserig-reticulären Grundsubstanz viele runde dunkel sich färbende Kerne einschliessen, also mehr dem Bilde der zelligen Infiltration entsprechen. Hier finden sich ferner einzelne oder mehrere weitere und engere nur aus einer Endothellage gebildete Gefässe.

Von den Alveolarpfröpfen gehen nach einer oder mehreren Richtungen dünne Ausläufer aus, die sich als direkte Fortsätze der peripheren Lagen aus der Länge nach an einander liegenden langen schmalen Zellen und Fasern zusammensetzen und quer durch die Alveolarwände hindurchtretend sich mit den benachbarten Pfröpfen und grösseren Kolben und Bändern vereinigen.

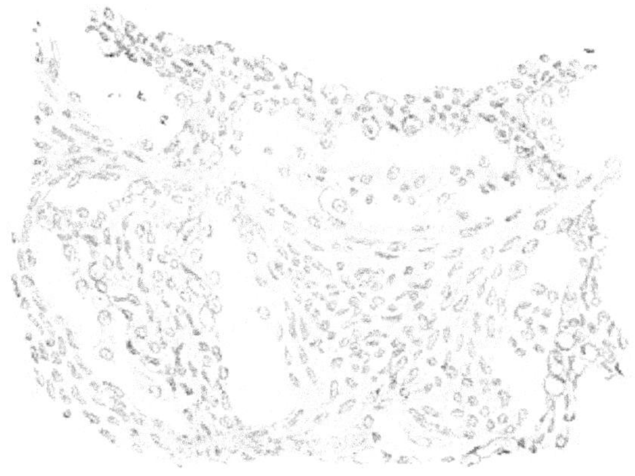

Fig. 292. Induration der Lunge nach fibrinöser Pneumonie. Die Figur umfasst eine ganze Alveole und Theile der anstossenden. In jener ein bindegewebiger zellreicher Körper, der durch drei die Alveolarwand durchsetzende, nicht mit ihr zusammenhängende Stränge, mit ähnlichen Körpern der angrenzenden Räume communicirt. Die Alveolen enthalten ausserdem noch desquamirte Epithelien. Vergr. 400.

Im freien Theile des Alveolarlumens liegen einzelne oder viele Zellen, theils Leukocyten, theils Epithelien. Letztere sind meist losgelöst und mit ersteren gemischt. Jedoch sitzen auch zahlreiche Epithelien fest auf den Alveolarwänden und gehen auch von hier eventuell auf jene Verbindungsfäden als ein Belag kubischer Zellen über.

Die Pfröpfe sind durch eine Art Organisation des Fibrins entstanden. Das geht daraus hervor, dass man dasselbe in jüngeren Stadien zum Theil noch antrifft, sei es als alleiniger Inhalt eines Theiles der Alveolen, sei es als Masse, die von dem neuen Bindegewebe in ihren peripheren Theilen bereits ersetzt ist.

Das neugebildete Bindegewebe ist kein Produkt der unveränderten Alveolarwand. Die Ausläufer der im Lumen befindlichen Pfröpfe stehen eben nur scheinbar mit der Wand in Verbindung, in Wirklichkeit gehen sie durch dieselbe hindurch, womit nicht gesagt ist, dass es nicht in den letzten Stadien schliesslich zu einer allseitigen Verwachsung der Wand mit dem Inhalt kommt. Sehr gut erkennt man das an injicirten Präparaten[1]), in denen man wahrnimmt, dass einerseits die Gefässe der

1) Hier mögen einige Bemerkungen über Injectionen Platz finden. Man darf nicht annehmen, dass nur unaufgeschnittene Organe sich injiciren liessen. Vielmehr lässt sich von jedem Ast einer Pulmonalarterie, deren Versorgungsgebiet der Schnitt unberührt liess, eine partielle Injection sehr leicht vornehmen. Da es sich um Endarterien handelt, beschränkt sich die Gefässfüllung auf jenes Verästigungsgebiet. Eventuell können angeschnittene Seitenzweige leicht unterbunden oder abgeklemmt werden. Was für die Lunge, gilt auch für andere Organe, wie für

Alveolarwandung und andererseits die der bindegewebigen Inhaltsmassen keine Beziehung zu einander haben. Das neue Bindegewebe hat zwei Quellen. Einmal geht es aus der Wand von Bronchiolen und Alveolargängen hervor, wächst in ihr Lumen hinein und dringt bis in die Alveolen vor. Man kann seine Ursprungsstellen in der Wand jener Kanäle zuweilen im Schnitt auffinden (Fig. 293). Daraus erklärt sich das Vorhandensein langer bindegewebiger, verästigter Züge, die schon nachweisbar sein können, ehe die Alveolen deutliche Pfröpfe enthalten. Zweitens entwickelt sich das neue Gewebe aus der Bindesubstanz in der Umgebung von Bronchen, indem es in die direkt anstossenden Alveolen hineinwächst und sich von ihnen aus weiter vorschiebt. Strenge genommen geht also die Wucherung stets von demselben Bindegewebe aus, welches bald in das Lumen der Bronchiolen, bald in entgegengesetzter Richtung in die anstossenden Alveolen vordringt.

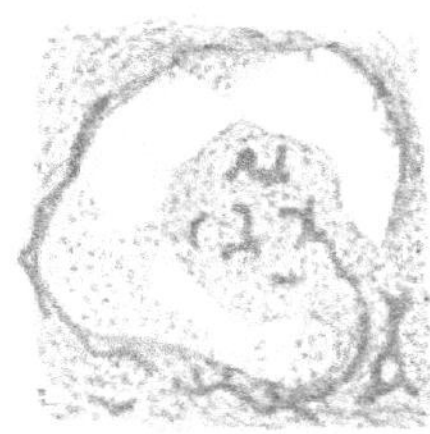

Fig. 293. Aus einer nach fibrinöser Pneumonie indurirten Lunge. Querschnitte zweier Bronchen, in welche aus der Wand herauswachsende, polypös erscheinende bindegewebige Neubildungen hineinragen. In dem linken Bronchus ist das Cylinderepithel erhalten, aber theilweise abgelöst, in dem rechten ist der Polyp injicirt. Die Gefässe gehen aus den peribronchialen hervor. Vergr. 60.

Da die Bindegewebsneubildung als eine organisirende anzusehen ist, so tritt sie nur ein, wo Fibrin vorhanden ist. Daraus mag es sich erklären, dass der Prozess bald deutlich von den Bronchiolen, bald mehr von den peribronchialen Alveolen ausgeht. Dass auch aus der eigentlichen Alveolarwand Bindewebe herauswüchse, habe ich nicht sehen können, es wird aber von anderen Seiten angegeben und wird vielleicht besonders dann der Fall sein, wenn es sich um Alveolarwände handelt, auf welche eine proliferirende Entzündung übergegriffen hatte. Die Bindegewebsneubildung ist zweifellos die Folge eines abnorm langen Liegenbleibens des Exsudates. Der Grund der mangelnden Resorption ist unbekannt. Vielleicht liegt er in schon vorher bestandenen peribronchialen Entzündungen. Man sieht nämlich oft um die Bronchen eine beträchtliche offenbar ältere Bindegewebszunahme.

Kohn (s. o. S. 307) war der Meinung, das Bindegewebe, dessen Durchtritt durch die Alveolarwand er zuerst beschrieb, ginge aus dem interlobularen und subpleuralen Gewebe hervor. Ich betonte (l. c.) die Entstehung aus der Bronchialwand (vergl. M. Herbig, Virch. Arch. Bd. 136). Aldinger (Münch. med. Woch. 1894 Nr. 24) beschrieb die Bildung aus dem peribronchialen Bindegewebe und ich gab diese Genese neben jener in die Bronchiolen er-

Herz, Milz, Niere etc. Auch exstirpirte Geschwülste lassen sich oft noch recht gut injiciren (vergl. Sarkom Seite 120, Niere (Infarkt), Herzklappen Seite 214).

folgenden Wucherung zu. Neuerdings hat Borrmann (Dissert. Göttingen) wieder die Entstehung aus der Alveolarwand vertheidigt.

2. Herdförmige Pneumonien.

In der Lunge kommen sehr häufig Entzündungen vor, die sich von der lobären fibrinösen Pneumonie durch ihr herdförmiges Auftreten unterscheiden, ihr aber in der Ausfüllung der Alveolen durch Exsudat ähnlich sind. Sie werden verursacht durch Eindringen von Entzündungsursachen in einzelne kleine Bronchen, deren Wand dann zuerst erkrankt. Durch Fortschreiten der Entzündung in die Umgebung vergrössern sich die Herde. Geht dabei der Process hauptsächlich auf die zu einem Lobulus gehörigen Alveolen über, so bilden sich »lobuläre« Verdichtungen, die sich indessen, wie die Genese zeigt, niemals genau an die Grenze eines Lobulus binden. Zusammenfliessend können sie einen ganzen Lappen einnehmen, doch bleibt ihre herdförmige Zusammensetzung kenntlich. Aus dem Beginn der Erkrankung in den kleinen Bronchen leitet man die häufig gebrauchte Bezeichnung »Bronchopneumonie« ab, die aber kein bestimmtes Gebiet umschreibt, da auch die tuberkulösen Prozesse bronchopneumonisch sind und die fibrinöse Pneumonie ebenfalls dieselbe Entstehung zeigt.

Die herdförmigen Pneumonien verhalten sich mikroskopisch nicht weniger verschieden als makroskopisch. Neben der Grösse wechselt vor Allem die Zusammensetzung der Herde. In manchen Fällen enthalten sie viel Fibrin, in anderen daneben auch viele Zellen, in wieder anderen die letzteren vorwiegend oder gar ausschliesslich bis zur eitrigen Einschmelzung. Auch Blutung kann hinzukommen. Die mannigfaltige Aetiologie bedingt keine principiellen histologischen Unterschiede.

Untersuchen wir zunächst eine Lunge mit sehr kleinen, makroskopisch eben deutlich wahrnehmbaren Herdchen. Bei schwacher Vergrösserung sieht man die verdichteten Abschnitte vertheilt in dem noch lufthaltigen Lungengewebe, aber neben den grösseren treten nun auch kleinere hervor, die wegen ihres geringen Umfanges bei blossem Auge nicht deutlich sichtbar sein konnten. Man kann sie ausreichend nur an gehärteten Präparaten studiren. Sie repräsentiren in ihrer einfachsten Form einen mit Zellen gefüllten kleinen Bronchus (Fig. 294). Das Epithel ist entweder noch ganz oder nur theilweise erhalten, oder ganz verschwunden. Die das Lumen verlegenden Zellen sind mehrkernige Leukocyten, zwischen denen nur hier und da abgelöste Epithelien liegen. Die Wand des Bronchiolus kann natürlich nicht ohne Veränderungen sein, wenn diese auch nicht überall gleich ausgeprägt sind, denn die das Lumen erfüllenden Leukocyten können ja, so lange das zugehörige alveolare Gewebe noch nicht nennenswerth erkrankte, nur aus ihr dorthin gelangt sein. Der Prozess muss mit Hyperämie, Exsudation und Emigration einsetzen. Da aber die Zellen sich im Bronchiallumen weiter vorschieben können, so muss nicht jede Stelle, an der man sie antrifft, Wandabnormitäten darbieten. Die emigrirten Leukocyten wandern also einerseits in das Lumen des Bronchiolus hinein, wobei sie das Epithel abheben und völlig abdrängen, andererseits infiltriren sie das Bindegewebe und gelangen von hier in die angrenzenden Alveolen, in welche aber weiterhin auch aus ihrer Wand eine Exsudation erfolgt, da die Entzündung sich mehr und mehr in die Umgebung ausbreitet. Der zellige Charakter des Alveolarinhaltes macht für die schwachen Linsen eine Unterscheidung von der ebenfalls zellreichen Wand schwierig. Da nun der Prozess immer mehr und mehr Lungengewebe ergreift, so muss der Herd immer grösser werden. Seine Form ist rundlich, wenn der Bronchiolus nur stückweise, oder, was wohl meist zutrifft, nur in seinem Endabschnitt erkrankt, länglich, wenn er in grösserer Ausdehnung jene Veränderungen eingeht. Von letzterem Verhalten kann man sich an längsgetroffenen Bronchiolen nicht selten überzeugen.

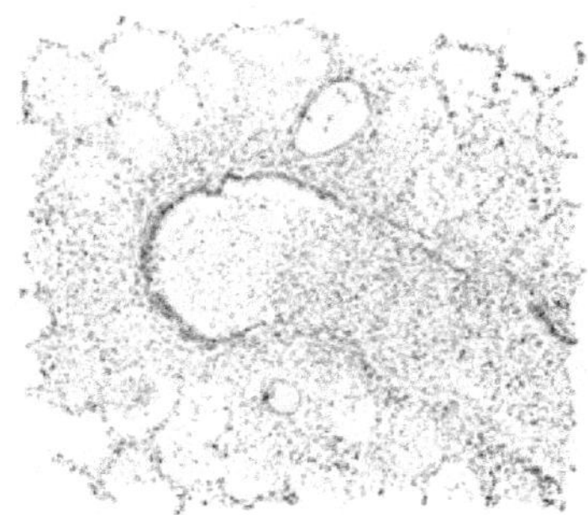

Fig. 291. Beginnende herdförmige Pneumonie bei Diphtherie. Man sieht einen längsgetroffenen kleinen Bronchus mit Zellen (Leukocyten) ausgefüllt. Sein Epithel ist theilweise zerstört und an diesen Stellen setzt sich die Zellansammlung in die den Bronchus umgebende Zellinfiltration fort. Die zunächst angrenzenden Alveolen enthalten zelliges Exsudat. Vergr. 40.

Das zwischen den Herden gelegene Lungengewebe ist niemals völlig intact. Es zeigt neben Hyperämie der Alveolarwandungen Schwellung und Desquamation des Epithels. Diese Zustände findet man um so mehr ausgeprägt, je mehr man sich den Herden nähert. Sie können freilich auch hier nur schwach entwickelt sein, führen aber zuweilen zu einer völligen Ausfüllung zahlreicher Alveolen mit grossen, nach der Desquamation zu runden Gebilden aufquellenden Epithelien, die dann im Uebergang in die Verdichtungen wieder zwischen den überwiegenden Leukocyten sich verlieren.

Zu den zelligen Bestandtheilen der Herde gesellt sich nun, wie bei der lobulären Pneumonie, auch Fibrin. Seine Menge wechselt in weiten Grenzen. Ganz im Beginn fehlt es oft ganz und bleibt um so spärlicher, je grösser die Zahl der Leukocyten wird. In anderen Fällen überwiegt es bei Weitem. Im Allgemeinen kann man sagen, dass es in den peripheren Theilen der Herde am reichlichsten ist, während es gegen die Mitte abnimmt (Fig. 295) und hier bei Gegenwart dicht gedrängter

Leukocyten oft und vor Allem dann ganz fehlt, wenn hier eine eitrige Einschmelzung des Gewebes eintritt. Auch in den einzelnen Alveolen nimmt es vorwiegend die Peripherie ein. Es kann sich aber in anderen Fällen auch in den mittleren Theilen der Herde, selbst in den Bronchiolen und zwar zuweilen in dichten Netzen finden (Fig. 296). Doch tritt auch dann ein Unterschied zwischen diesen und den peripheren Abschnitten hervor. Mit der fibrinösen Pneumonie besteht ferner die Uebereinstimmung, dass die einzelnen Aveolarpfröpfe durch die Alveolarwand hin-

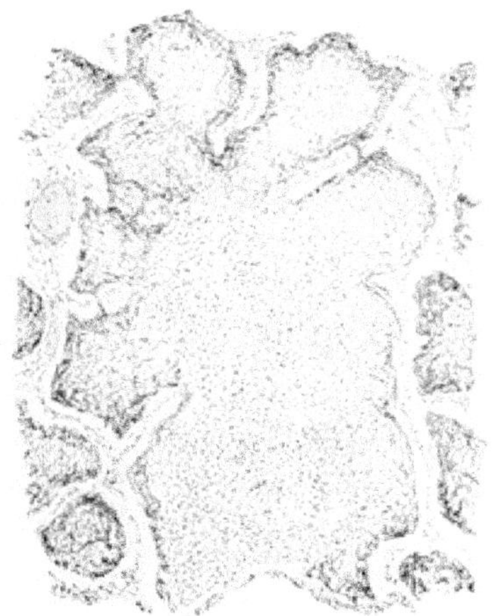

Fig. 295. Aspirationspneumonie. Man sieht einen grossen, einem ganzen Infundibulum entsprechenden Bezirk, der grösstentheils aus zellreichem Exsudat zusammengesetzt ist und nur an der Peripherie seiner Alveolen Fibrin aufweist. Vergrösserung 50.

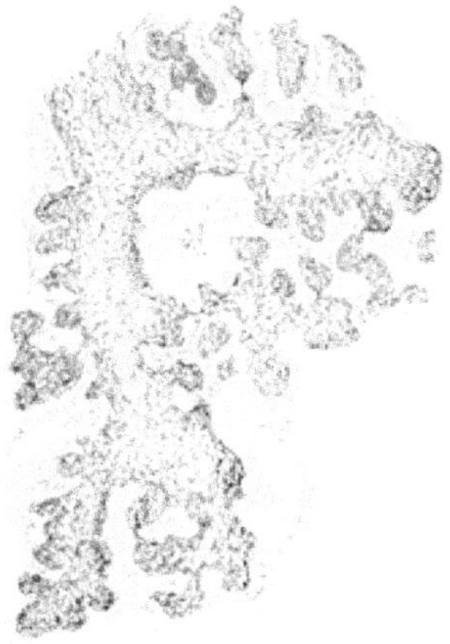

Fig. 296. Pneumonie bei Diphtherie. Fibrinfärbung. Man sieht einen Bronchiolus sich in zwei Aeste theilen, an denen die Alveolen hängen. Letztere sind fibrinreicher als die Gänge. Zwischen diesen und den Alveolen des angrenzenden Lungengewebes bestehen vielfach die Alveolarwand durchsetzende Verbindungsfäden. Vergr. 30.

durch vermittelst feiner Fäden in Verbindung stehen können (Fig. 295 und 296), wenn diese Erscheinung auch in manchen Fällen wenig hervortritt. Auch darin ist ferner eine Analogie gegeben, dass die Menge des Fibrins in einem umgekehrten Verhältniss zur Zahl der Bakterien steht. Wo diese sehr reichlich sind (Fig. 297), finden sich viele Leukocyten, aber kein oder nur spärliches Fibrin. Das kann nur die mittleren Theile der Herde betreffen oder die ganze Pneumonie charakterisiren. Im letzteren Falle finden sich dann nur in einzelnen Alveolen spärliche Fibrinnetze. Dabei brauchen aber Gerinnungsvorgänge nicht ganz zu fehlen, da die Lumina der Capillaren durch Fibrin verlegt sein können, so dass sich bei Färbung desselben oft zierliche blaue Gefässnetze darstellen (Fig 297).

Mit der Exsudation verbindet sich zuweilen eine Blutung. Dann sind die Alveolen in der Umgebung der Herde oder alle zwischen ihnen gelegenen mit Blut vollgepfropft.

Fliessen die einzelnen Herde zu grösseren Bezirken zusammen, so bleibt der herdförmige Charakter wegen der verschiedenen Art der Alveolarausfüllung auch mikroskopisch gewahrt. Die Bilder sind denen der fibrinösen Pneumonie ähnlich, nur meist viel bunter, weil die Vertheilung der mit Zellen und mit Fibrin erfüllten Alveolen ungleichmässiger und der Gegensatz zwischen beiden schärfer ist.

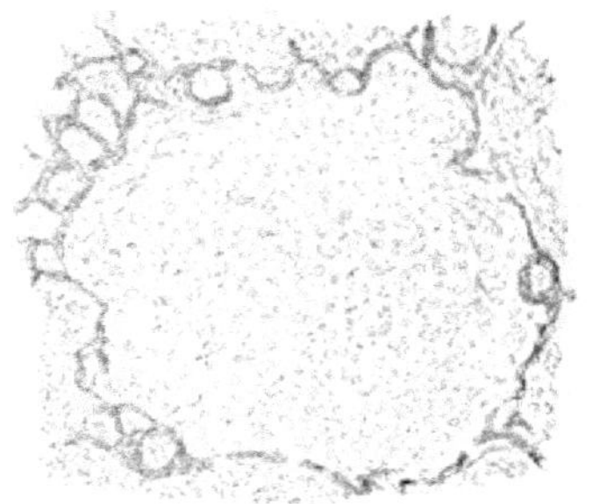

Fig. 297. Pneumonie bei Diphtherie. Fibrinfärbung. Man sieht eine rundliche Alveole, deren Capillaren durch Fibrinthrombose verlegt sind. Das Lumen der Alveole enthält ein vorwiegend aus mehrkernigen Leukocyten bestehendes Exsudat. In ihm ausserordentlich zahlreiche Kokken, als Diplokokken und kleinere Ketten. Vergr. 400.

Die histologischen Verhältnisse können nun dadurch weitere Veränderungen erfahren, dass die Leukocytenansammlung bis zur **E i t e r u n g** fortschreitet, oder dass in anderen Fällen eine faulige Zersetzung, eine Gangrän entsteht. Diese Prozesse können von vornherein eintreten oder zur bestehenden Pneumonie hinzukommen. Das Lungengewebe erfährt dann, auch hier von den Bronchien aus beginnend, eine Einschmelzung.

Besonders häufig ist dies bei den m e t a s t a t i s c h e n P n e u m o n i e n, deren Entstehung auf Infectionsträgern beruht, die mit dem Blute zugeführt werden. Hier besteht das Exsudat von vornherein nur aus Leukocyten. In frühen Stadien sind dabei die Alveolarwände noch erhalten. Aber auch unter diesen Umständen machen sich die in denselben vorhandenen Lücken geltend und zwar dadurch, dass durch sie die zelligen Ausfüllungsmassen der Alveolen mit einander in Verbindung stehen. Man kann kontinuirliche Leukocytenreihen hindurchtreten sehen.

Durch die geeigneten Färbungen lassen sich im Eiter und als Ausfüllungsmassen von Capillaren oft grosse Mengen von Kokken nachweisen.

Eine besondere Form der eitrigen lobulären Entzündungen ist die durch den A c t i n o m y c e s herbeigeführte. Man findet die Pilzkolonien (Seite 59) in kleineren und grösseren Eiterherden liegen, in deren Bereich die Alveolarwände meist zu Grunde gegangen sind.

In allen Fällen eitriger herdförmiger Pneumonie ist das die Abscesse umgebende Lungengewebe auch dann nicht normal, wenn die Erkrankung in einem bis dahin noch nicht veränderten Organe entstand. Man findet in weiterem Umkreise noch kleinere Mengen von Leukocyten in den

Alveolen, vor Allem aber desquamirtes Epithel, körnige, durch die Härtung niedergeschlagene Gerinnsel und oft auch Fibrin.

3. Tuberculose.

Während die tuberkulösen Prozesse der meisten Organe der Leber, der Lymphdrüsen etc., sich hauptsächlich durch die Bildung der bekannten (Seite 86 f. beschriebenen) Knötchen von Granulationsgewebe, Tuberkel, auszeichnen, bei denen exsudative Vorgänge in den Hintergrund treten, spielen diese bei der Lungentuberkulose eine grosse Rolle. Mit der Gewebsproliferation verbindet sich fast ausnahmslos eine Ausfüllung einzelner, vieler oder ausserordentlich zahlreicher Alveolen durch ein zellig-fibrinöses Exsudat. Demgemäss sind die in der Lunge entstehenden Knötchen meist keine Tuberkel im Sinne der früheren Definition, sondern setzen sich aus wechselnden Mengen von Exsudat und einem Granulationsgewebe zusammen, welches mehr oder weniger deutlich entwickelte Tuberkel enthält. Bald wiegt die Gewebsneubildung vor, wie bei den chronisch verlaufenden, indurirenden Prozessen, bald die Exsudation wie vor Allem bei der käsigen Pneumonie. Die Granulationsbildung wird zweifellos durch die Tuberkelbacillen veranlasst. Auch exsudative Prozesse können durch sie ausgelöst werden. Doch ist es von Bedeutung, dass man neben den Bacillen, innerhalb der Alveolen auch für sich allein, noch andere Bakterien, besonders Pneumoniekokken findet, die gewiss an der Exsudatbildung betheiligt sind.

Jene Knötchen entstehen, wenn Bacillen in die Bronchen aspirirt, wenn sie durch Lymphbahnen weiter getragen oder mit dem Blutstrom in die Lunge geführt werden. Im letzteren Falle (Miliartuberkulose) verbreiten sie sich zunächst ziemlich gleichmässig durch das ganze Organ und zeigen oft sehr wenig Exsudation. Im ersteren und zweiten Falle entwickeln sie sich an den Enden der Bronchen und den zugehörigen Infundibulis, stehen dann meist gruppenweise und sind unter einander durch schmale Züge verbunden. Die Gruppen vergrössern sich durch Bildung neuer Knötchen in der Umgebung. Auch miliare Tuberkel können auf diese Weise an Zahl zunehmen. Die einzelnen Knötchen können ferner central verkäsen und zu grossen Herden zusammenfliessen. Durch Ausfall des Käses entstehen kleine und grosse Höhlen (nekrotische Cavernen). Andere Höhlen entstehen durch Erweiterung der Bronchen, theils nach Art von gewöhnlichen Bronchiectasen (s. u.), theils durch geschwürigen Zerfall der Innenfläche (bronchiectatische Cavernen). Das Granulationsgewewebe nimmt häufig in und zwischen den Herden und in ihrer Umgebung derben Charakter und durch Kohleeinlagerung eine schwarze Farbe an (schieferige Induration). In ihnen sieht man schon von vornherein auch Veränderung an den Gefässen, besonders an den Arterien. Ihre Wand wird entzündet, man kann in ihr nicht selten Bacillen finden, ihre Intima verdickt sich bis zum völligen Verschluss des Lumens.

Betrachten wir zunächst an frischen Schnitten die knötchenförmigen bronchopneumonischen Prozesse. Sie unterscheiden sich in den einzelnen Fällen von einander nach verschiedenen Richtungen, so dass also ein bestimmter Typus nicht beschrieben werden kann. Sehr häufig aber sieht man folgendes Bild (Fig. 298). Bei schwacher Vergrösserung bemerkt man runde oder unregelmässige verdichtete Bezirke von der Grösse des Gesichtsfeldes oder geringerem Umfange. Sie sind in der Mitte trübe, von grauem Farbenton, bald gleichmässig, bald fleckig dunkler aussehend und hier ohne jede Andeutung einer Structur. Nach den früheren Besprechungen (Seite 41) beziehen wir diesen Zustand auf Nekrose, Verkäsung. An diese schliesst sich ein ringsherum gehender, bald schmaler, bald breiter dunkler Saum, der feine Körnchen und Gruppen von solchen erkennen lässt, die als Fetttröpfchen gedeutet werden dürfen. Darauf folgt eine dritte, letzte, verhältnismässig breite Zone von hellgrauer Beschaffenheit. In ihr erkennt man bald mehr bald weniger deutlich die alveolären Grenzen an dunklen netzförmigen Linien. Vom Lumen der Alveolen ist dagegen nichts mehr zu sehen, sie sind ganz ausgefüllt durch eine Masse, die mit den früher besprochenen pneumonischen Exsudaten grosse Aehnlichkeit hat. Daran stossen ringsherumgehend Alveolen an, welche ganz oder theilweise leer erscheinen. Ihr etwaiger Inhalt ist weniger dicht als der jener äusseren Zone. Wie weit die Alveolen auch schon im Leben leer waren oder es erst durch Ausfall des Inhaltes aus den

Fig. 298. Knötchen aus einer tuberkulösen Lunge. Frisches Präparat. Eine ovale leicht achtförmig geformte dunkle Zone, die einer fettigen Degeneration entspricht, trennt den inneren trüben nekrotischen Theil des Knötchens von dem grösseren äusseren Abschnitt, der sich aus exsudaterfüllten, gleichfalls trübe aussehenden Alveolen zusammensetzt. Die Alveolargrenzen sind hier gut erkennbar. Das Knötchen stösst aussen an lufthaltiges Lungengewebe. Vergr. 50.

Schnitten geworden sind, kann nur an gehärteten Präparaten sicher entschieden werden. Setzen wir zum Präparat Essigsäure, so treten in dem Randsaum die alveolären Grenzen deutlicher hervor, ebenso aber auch jene dunkle Zone, deren Zusammensetzung aus Fetttröpfchen bei starker Vergrösserung nun leicht nachgewiesen werden kann.

In anderen Fällen zeigt das Bild ein etwas verschiedenes Aussehen. Die auch hier vorhandene centrale Nekrose ist von einem grauen, leicht körnigen Gewebe ohne alveoläre Structur umgeben, welches mit zellreichem Bindegewebe im Aussehen übereinstimmt. Daran können sich ohne Weiteres leere Alveolen oder auch solche mit Exsudat anschliessen.

In manchen Fällen und zwar vorwiegend in solchen mit rascherem

Fig. 299.
Desquamation und fettige Degeneration der Alveolarepithelien
in den Grenzabschnitten käsig-pneumonischer Herde.
Vergrösserung 400.

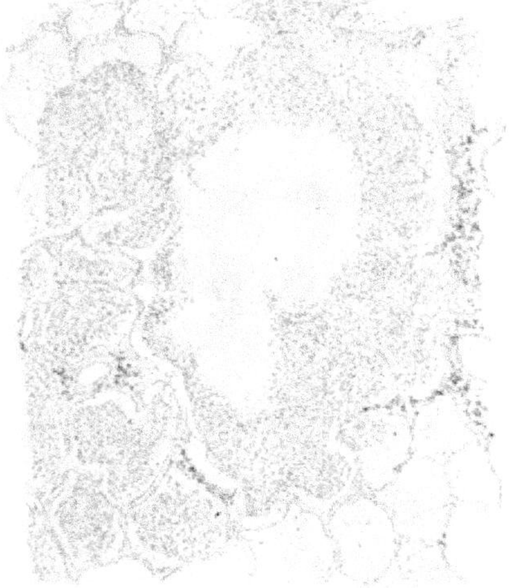

Fig. 300. Tuberkulöses pneumonisches Knötchen der Lunge. Man sieht in der Mitte eine trübgraue verkäste unregelmässige Stelle, die sich ringsum in alveolares, noch nicht verkästes, zellreiches Exsudat fortsetzt. Unten links noch weitere exsudaterfüllte, unten rechts Alveolen, die nur wenige Zellen enthalten. Oben rechts ein breiterer Bindegewebszug. Vergr. 50.

Verlauf sind die zwischen den Knötchen gelegenen Alveolen in grösserer oder geringerer Ausdehnung mit fettig degenerirenden Zellen ganz oder theilweise ausgefüllt (Fig. 299). Es handelt sich um grosse runde oder undeutlich polygonale, zum Theil der Wand noch anhaftende Gebilde, also offenbar um Epithelien. Sie sind mit dicht gedrängten Fetttropfen versehen. Viele zeigen Zerfallserscheinungen oder sind völlig untergegangen. Daneben finden sich meist einzelne Leukocyten.

Gehen wir nun zur Untersuchung g e h ä r t e t e r und g e f ä r b t e r P r ä p a r a t e über und fassen wir zunächst die Knötchen ins Auge, die den oben zuerst beschriebenen entsprechen. Die verkästen centralen Theile zeigen natürlich keine Kern-, sondern nur eine Protoplasmafärbung. Die äussere Zone lässt jetzt deutlich (Fig. 300) eine Differenzirung in Alveolarwand und Inhalt hervortreten. Die Bilder entsprechen hier im Wesentlichen denjenigen, die uns bei zellreichen Pneumonieen begegnet sind. Die Ausfüllungsmassen der Alveolen verhalten sich auch hier ebenso verschieden wie dort, bald bestehen sie ausschliesslich oder vorwiegend aus mehrkernigen Leukocyten, bald enthalten sie daneben auch Fibrin in geringerer oder grösserer Menge. Jene im frischen Zustand dunkle Zone ist, falls nicht osmiumsäurehaltige Flüssigkeiten zur Härtung verwendet wurden, verschwunden, das Fett hat sich aufgelöst. Man erkennt aber, dass es sich nicht um ein besonderes Gewebe, sondern nur um eine fettige Degeneration der an die Verkäsung angrenzenden Theile gehandelt haben kann.

Die Wandungen der äusseren exsudaterfüllten Alveolen sind entweder noch nicht deutlich verändert, oder sie erscheinen bereits verdickt und zellreich, zum Zeichen, dass das eigentliche Lungengewebe nicht nur durch Exsudation, sondern auch durch Proliferation an dem Prozess theilnimmt (vergl. auch Fig. 301, 302 u. 304).

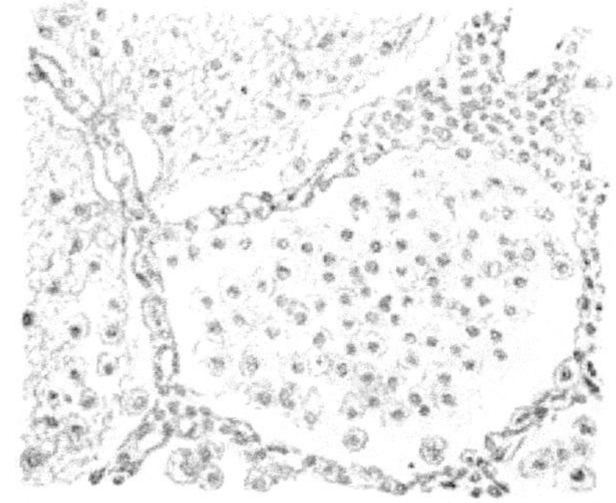

Fig. 301. Aus einer tuberkulös-pneumonischen Lunge. Links zwei nur theilweise sichtbare Alveolen mit Fibrinpfröpfchen, zwischen denen zwei Verbindungsfäden (vergl. Tafel VI, Fig. 1) sichtbar sind. Die mittlere Alveole enthält desquamirtes Epithel. Die Alveolarwandungen sind theilweise verdickt und kernreich. Vergr. 100.

Die das Knötchen im weiteren Umkreise umgebenden Alveolen sind nun im gehärteten Präparat, zumal wenn man das Ausfallen etwaigen Inhaltes dadurch vermied, dass man das Celloidin oder Paraffin nicht auflöste, meist nicht leer. Sie enthalten Leukocyten und Epithelien und ausserdem F i b r i n in bald geringer, bald reichlicherer Menge. Es fehlt aber jede Regelmässigkeit in der Vertheilung dieser Bestandtheile. Man findet fibrinerfüllte und lediglich mit Zellen versehene Alveolen dicht neben einander (Fig. 301). Die einzelnen Fibrinpfröpfe können ganz wie bei der fibrinösen Pneumonie durch Fäden, welche die Alveolarwand durchsetzen, mit einander zusammenhängen (vgl. auch Fig. 302). Das Lungengewebe selbst ist hier nicht wesentlich verändert oder es zeigt schon beginnende Verbreiterung und zellige Infiltration.

Am besten kann man natürlich das F i b r i n auch hier durch W e i g e r t's Färbung sichtbar machen (Fig. 302). Man wird es in solchen

Präparaten kaum jemals ganz vermissen. In manchen Fällen ist es freilich nur spärlich, in anderen aber, sowohl im Bereich des makroskopisch sichtbaren Knötchens wie im weiteren Umkreise sehr reichlich. Leukocyten und Fibrin zeigen dasselbe relative Mengenverhältniss wie bei den früher besprochenen Pneumonien. Je nach der Menge des Fibrins wird die verkäste Mitte des Herdchens bald ringsum (Fig. 302) oder nur theilweise von den mit blauen Massen ausgefüllten Alveolen umgeben.

Man erkennt weiterhin oft auf's Klarste, dass die Knötchen in ihrem Aufbau den kleinen Verdichtungen der herdförmigen Pneumonien entsprechen. Die Mitte wird oft von einem Bronchus eingenommen, dessen primäre Erkrankung sich durch die Verkäsung seines Inhaltes und seiner Wand zu erkennen giebt (Fig. 302), während die erst nach ihm in Entzündung versetzten angrenzenden Alveolen noch nicht oder doch nur zum Theil nekrotisch geworden sind. Figur 303 zeigt dieses Verhalten an einem injicirten Präparat. Der Bronchus ist der Länge nach getroffen. Im Bereich der Verkäsung fehlt jede Gefässfüllung, die zwischen den peripheren noch nicht nekrotischen Alveolen gut ausgebildet ist.

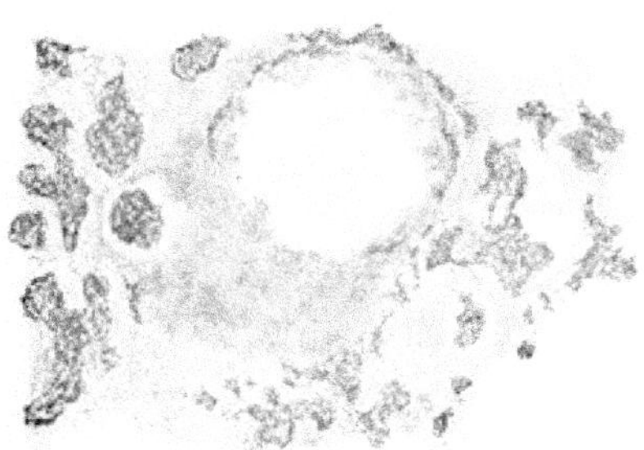

Fig. 302.
Tuberkulös-pneumonisches Knötchen.
In der Mitte ein quergetroffener Bronchus mit verkäster Wand. Ringsum ungleichmässige Verbreiterung der Alveolarwände. In den Alveolen fibrinreiches Exsudat. Fibrinfärbung. Vergr. 40.

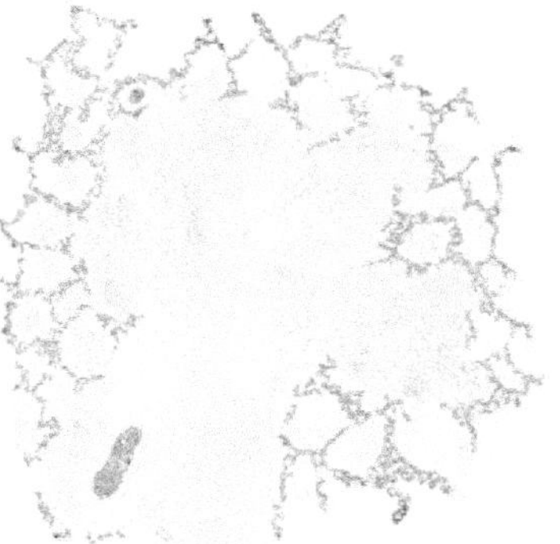

Fig. 303. Tuberkulöses, fast ganz verkästes Knötchen. Injicirtes Präparat. Man sieht in dem trüb verdichteten Abschnitt einen der Länge nach getroffenen Bronchus noch angedeutet. Die Injection der Capillaren erstreckt sich nur auf die äusseren Zonen des Herdes. Vergr. 30.

Wurden die Schnitte parallel zur Pleura angelegt, so trifft man sehr häufig die Bronchen in querer Richtung (Fig. 302). Ihre Wand und nächste Umgebung erscheint dann verkäst, während die angrenzenden Alveolarwandungen verdickt aber noch nicht nekrotisch sind.

Nicht selten stösst man ferner auf Verdichtungen, die fast nur kleine Bronchen und wenige angrenzende Alveolen umfassen. Figur 304 giebt einen solchen Herd wieder. Man erkennt den käsigen Inhalt des Lumens, die partielle Nekrose der Wand, die im Uebrigen verdickt und zellig infiltrirt ist und das Uebergreifen dieser bindegewebigen Neubildungsprozesse auf die angrenzenden Alveolenwandungen.

Alle diese Präparate lehren, dass die tuberkulöse Entzündung ganz ähnlich wie die anderen herdförmigen Pneumonien sehr gern in den Bronchiolen beginnt und von hier auf das alveoläre Gewebe übergreift. Es handelt sich also wie dort um kleine knötchenförmig abgegrenzte Pneumonien, in denen freilich auch die für andere Fälle noch mehr hervortretenden entzündlichen Verdickungen der Alveolärwände betheiligt zu sein pflegen.

Die Vergrösserung der Herdchen erfolgt durch eine nach aussen fortschreitende Exsudation und eine von innen nachfolgende Verkäsung (und Verdickung der Alveolarwand).

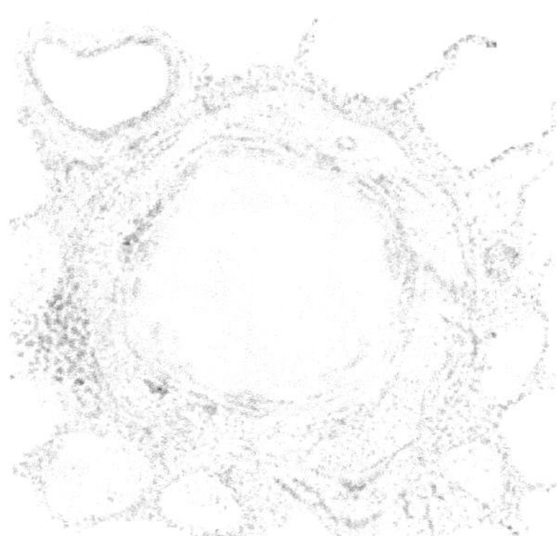

Fig. 304. Quer durchschnittener Bronchus bei Tuberkulose der Lunge. Das Lumen des Bronchus ist völlig durch trüb und ziemlich gleichmässig aussehenden Käse ausgefüllt, in den die Schleimhaut ganz aufgegangen ist. Die übrige Wand des Bronchus ist sehr zellreich und verdickt. Die Verdickung greift vielfach auf die anstossenden Alveolarwandungen über. Vergr. 10.

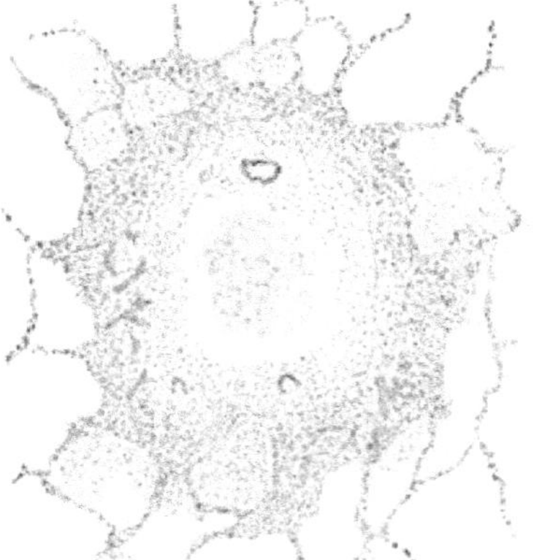

Fig. 305. Kleines derbes **Knötchen aus einer tuberkulös erkrankten Lunge.** In der Mitte sieht man eine trübe verkäste Stelle, ringsherum einen breiten Hof zellreichen Bindegewebes mit einzelnen Riesenzellen und zahlreichen Gefässen. Die Bindegewebsvermehrung greift auf die Wandung der angrenzenden Alveolen über, die zum Theil mit Exsudat ausgefüllt sind. Vergr. 10.

Betrachten wir nun die Knötchen eines anderen Falles, etwa solche, die den oben an zweiter Stelle erwähnten entsprechen, so finden wir eine weit mehr hervortretende Verbreiterung und Wucherung des eigentlichen Bindegewebes. Wir sehen (Fig. 305), dass sich an die centrale Nekrose eine dichte zellreiche, gleichmässige oder leicht circulär gestreifte Zone anschliesst, die keine Alveolargrenzen erkennen lässt. Sie ist meist in ihrem äusseren Theil kernreicher und dadurch dunkler als gegen die Mitte hin. An sie schliessen sich Alveolen an, die gewöhnlich zellige Ausfüllungen aufweisen, deren Wände aber bald mehr, bald weniger verdickt und kernreich sind und sich in dieser Form mit breiterer Basis aus der äusseren Zone des Knötchens entwickeln. In der letzteren bemerkt man ferner in vielen Fällen kleine rundliche Gebilde, die sich durch dunklen Rand und hellere Mitte auszeichnen und offenbar Riesenzellen entsprechen.

Die starke Vergrösserung lehrt, dass die Aussenzone sich aus einem zellreichen und vielfach kleinzellig infiltrirten Granulationsgewebe zusammensetzt. Es ist auf Kosten der früher an seiner Stelle befindlichen Alveolen durch Wucherung des Bindegewebes in der Alveolarwand und in der Umgebung der letzten Enden der Bronchen entstanden. Die fortschreitende Proliferation giebt sich daraus zu erkennen, dass die Wände der anstossenden Alveolen analoge Neubildungsprozesse aufweisen und dementsprechend verbreitert sind. Die Lumina dieser Lungenbläschen sind entweder leer, da der Prozess uns in einem vorübergehenden oder dauernden Stillstand entgegentreten kann, oder sie sind durch zelliges Exsudat ganz oder theilweise ausgefüllt. Auch geringe Fibrinmengen können vorhanden sein. Jedoch ist die Exsudation im Allgemeinen um so geringer, je ausgedehnter die entzündliche Wucherung ist.

Es ist selbstverständlich, dass die beiden bisher geschilderten knötchenförmigen Prozesse nicht scharf getrennte Typen darstellen, sondern dass Uebergänge dadurch gegeben sein können, dass sich mit der starken Exsudation, die zuerst beschrieben wurde, auch stärkere Wucherungen der Alveolarwände etc. combiniren und dass andererseits die Granulationsgewebsbildung sich nicht scharf begrenzt, sondern in sich noch Reste der Alveolarlumina erkennen lässt und sich allmählicher in die Umgebung verliert, in der dann auch die exsudativen Alveolarprozesse ausgedehnter sind.

Diejenigen Knötchen nun, die eine geringe Neigung haben, sich durch Exsudation in die umgebenden Alveolen zu vergrössern, dagegen lebhaftere bindegewebige Wucherung darbieten, erfahren im Laufe der Zeit eine Umwandlung in festere derbere Gebilde, dadurch, dass das Bindegewebe ein dichteres Gefüge annimmt und grobfaseriger, schliesslich narbenähnlich, sclerotisch und kernarm wird. So entsteht um die centrale Verkäsung eine breitere feste Zone, in der sich gewöhnlich noch einzelne Riesenzellen finden, in die sich aber ferner gern Kohlepartikel einlagern. Sie kann dadurch tief schwarz gefärbt sein. Dieser Umstand und die Verdichtung bedingen die Bezeichnung „schiefrige Induration". Der neubildende und indurirende Prozess kann sich auf die anstossenden Alveolarwandungen fortsetzen, sie mehr und mehr verdicken, dementsprechend das Lumen der Alveolen verengen und schliesslich ganz zum Verschwinden bringen (Fig. 306). Durch Vergrösserung und Zusammenfliessen der einzelnen Knötchen können so umfangreiche Theile des Lungengewebes veröden. In solchen schliesslich aus derbfaserigem Bindegewebe aufgebauten Abschnitten verlieren sich alle für die Tuberkulose charakteristischen Befunde. Verhältnissmässig lange bleiben gewöhnlich die Riesenzellen erhalten. Nachdem an die Stelle ihrer zellreichen Umgebung bereits dichte Bindesubstanz getreten ist, sind sie selbst oft noch gut nachweisbar (Fig. 307). Sie liegen in Spalträumen zwischen den groben Fasern, gehen aber weiterhin ebenfalls zu Grunde. Ihre Kerne färben sich nur noch unvollkommen oder gar nicht mehr, das Protoplasma nimmt an Masse ab, die Zelle verkleinert sich mehr und mehr, bis sie zuletzt ganz verschwindet. Dabei sieht man oft in das Protoplasma feine Kohlepartikel eingelagert, zuweilen so reichlich, dass die Zelle intensiv schwarz pigmentirt ist.

Am Rande der indurirenden Gewebsparthien kommt es in den durch Fortschreiten der Entzündung mit verdickten Wandungen versehenen

Fig. 306. Indurirtes Knötchen bei Lungentuberkulose. Das dichte Knötchen, dessen Mitte dunkel verkäst und mit unregelmässiger Lücke versehen ist, nimmt bis auf die oben und rechts angrenzenden Alveolen die ganze Figur ein. Es besteht aus dichtfaserigem Bindegewebe, in welchem hier und da Kohle eingelagert ist. Rechts in der Mitte eine, links unten drei Riesenzellen. Vergr. 50.

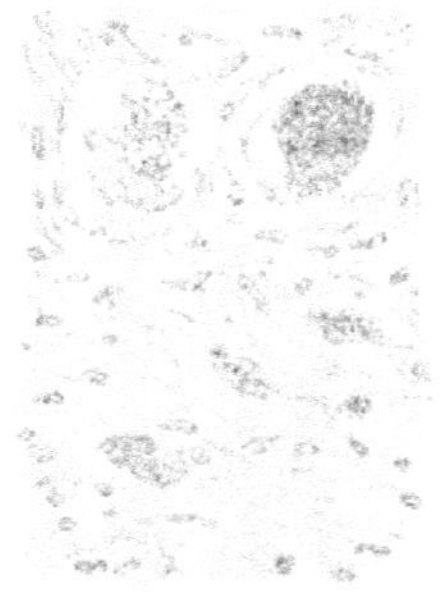

Fig. 307.

Indurirtes Lungengewebe bei Tuberkulose.

Das Bindegewebe ist dickfaserig, dicht, wenig kernhaltig. In ihm fünf Riesenzellen, zwei grössere rundliche, mit Kohlepartikeln in verschiedenem Maasse versehen, und drei kleinere unregelmässige, die ebenfalls etwas Kohle enthalten. Die Kerne der Riesenzellen haben sich meist nicht gefärbt.

Vergrösserung 400.

Alveolen nicht selten zu eigenartigen epithelialen Neubildungsprozessen. Die verengten und unregelmässig geformten, vielfach ausgebuchteten oder in Spalträume umgewandelten Alveolen sind nämlich auf ihrer Innenfläche mit einem regelmässigen, oft sehr zierlichen Ueberzug von kubischem Epithel versehen (Fig. 308), der sich freilich oft theilweise oder ganz, gewöhnlich in zusammenhängenden Lagen ablöst. Dann liegen kleinere oder grössere, oft gewundene Epithelstreifen frei im Lumen, meist gemischt mit spärlicheren oder reichlicheren Leukocyten.

In manchen Fällen ist diese Erscheinung wenig ausgeprägt, in anderen sehr ausgedehnt. Sie hat die Bedeutung eines unvollkommenen regenerativen Vorganges. An die Stelle des abgestossenen Epithels tritt durch Wucherung der kubischen Zellen ein neues, von dem alten freilich verschiedenes Epithel. Es erinnert an die embryonalen Verhältnisse und behält die kubische Form, weil die Alveolen nicht mehr functioniren, durch die Luft also nicht mehr ausgedehnt werden. Die Zellen würden sonst wie bei der Geburt durch den Luftdruck abgeflacht werden. Die so ausgekleideten Räume sind nun s t e t s n u r d i e a l t e n L u f t r ä u m e, Alveolen und Gänge. Ein Hineinwachsen des Epithels in das Bindegewebe findet nicht statt. Dagegen kommt es zuweilen zu papillären

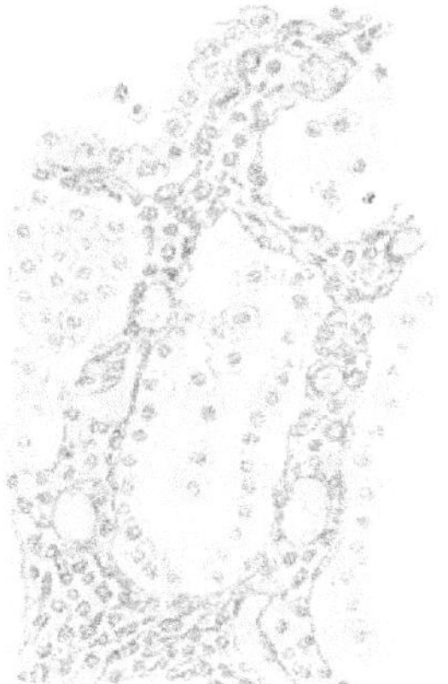

Fig. 308. Aus einer chronisch verlaufenden **tuberkulösen Entzündung der Lunge.** Rand eines (unten zu denkenden) Knötchens. Die Alveolarwände sind verdickt. Im Lumen sieht man theils abgelöste Epithelien, theils und zwar vorwiegend solche, die der Wand in regelmässigen Reihen als kubische Zellen aufsitzen. Links sieht man einen solchen Epithelbelag von der Fläche. Vergr. 400.

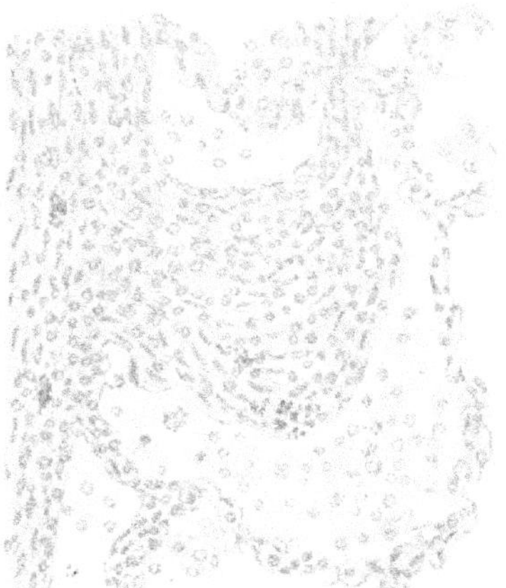

Fig. 309. Aus einer **tuberkulös erkrankten Lunge.** Rand eines durch lebhafte Bindegewebszunahme ausgezeichneten Knötchens. Von diesem geht ein breiter Spross in eine angrenzende Alveole hinein und unter Verschmälerung oben rechts quer durch die Alveolarwand in eine angrenzende Alveole. Das Alveolarlumen enthält im Uebrigen viele desquamirte Epithelien.

Erhebungen der Wand in das Lumen. Das Bindegewebe erhebt sich in einzelnen oder mehreren Zotten, über welche das entsprechend sich vermehrende Epithel einen Ueberzug bildet. So kann der Raum zu einem vielbuchtigen umgewandelt werden.

Es kommt auch vor, dass an der schliesslichen Obliteration der Alveolen solche bindegewebigen in das Lumen hineinwachsenden Sprossen sehr wesentlich betheiligt sind. Man bekommt dann Bilder, die denen der indurativen Pneumonie ähnlich sind (Fig. 309). Die Alveolen sind durch Pfröpfe mehr oder weniger ausgefüllt, von denen hier wie dort dünne Stränge ausgehen und die Alveolarwand durchsetzen können (vergl.

Fig. 292). Der Prozess ist auch hier wohl auf eine Organisation des Exsudates zu beziehen.

In den bisherigen Erörterungen war von dem Verhalten des elastischen Gewebes noch nicht die Rede. Es darf aber nicht übergangen werden. Färbt man die mit knötchenförmigen Verdichtungen versehenen Schnitte mit Orcein (s. S. 217), so gewinnt man über die Vertheilung und den Untergang der elastischen Fasern guten Aufschluss. Bei den rein exsudativen Prozessen bleibt das elastische Gewebe lange völlig erhalten. Mehr verändert wird es durch die bindegewebige Wucherung, welche die elastischen Massen in sich aufnimmt. Zuweilen drängt sie dieselben auseinander, so dass die Fasern einzeln im Bindegewebe vertheilt werden, meist bleiben sie in dem Zusammenhang, den sie innerhalb der Alveolarwandungen hatten. Man kann in dem dichten Knötchen die frühere alveoläre Anordnung noch erkennen, welche aber bald durch Lückenbildung in den elastischen Zügen verloren geht. Man sieht dann von ihnen nur noch kürzere oder längere Stücke für sich liegen. Tritt im Centrum der Knötchen Verkäsung ein, so schwinden meist auch bald die elastischen Elemente. Doch lassen sie sich zum Theil oft noch lange in Gestalt bündelförmiger Gebilde nachweisen.

In den bisherigen Betrachtungen war nun vorausgesetzt, dass die knötchenförmigen pneumonischen Verdichtungen von den Bronchen aus entstanden waren, analog den herdförmigen Pneumonien. Der Prozess kann aber auch durch Zuführung der Tuberkelbacillen auf dem Blutwege ausgelöst werden. Das ist besonders bei der Miliartuberkulose der Fall. Wesentliche histologische Unterschiede sind dadurch aber nicht bedingt. Durch experimentelle Untersuchungen wissen wir, dass die Bacillen aus den Gefässen in das Lungengewebe austreten. Hier rufen sie dann naturgemäss dieselben Veränderungen hervor wie in den Fällen, in denen sie durch die Bronchen aufgenommen wurden. Es entstehen also auch hier knötchenförmige Verdichtungen („Miliartuberkel“). Aber sie sind auch aus Exsudaten in die Alveolen und aus interstitieller Wucherung zusammengesetzt, entsprechen also ebenfalls nicht dem Begriffe eines Tuberkels (Seite 86 f.). Sie stehen aber nicht gruppenweise wie die um die Bronchialenden angeordneten, zuerst besprochenen

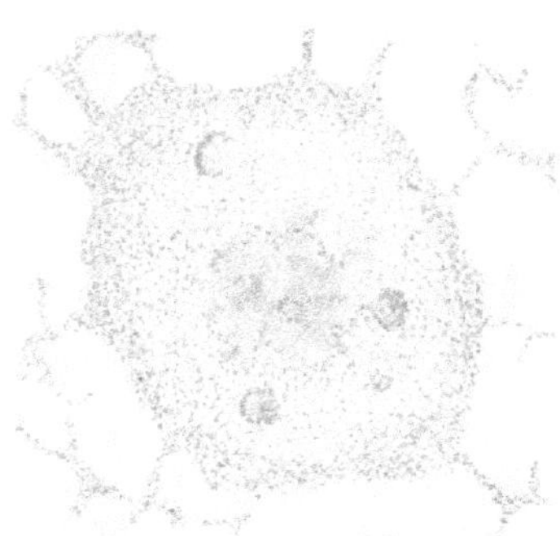

Fig. 310. Miliartuberkel aus einer Lunge. Das Knötchen ist scharf nach aussen begrenzt. Im Centrum Verkäsung, ringsherum eine hellere, mässig kernhaltige, aussen eine dunklere, kernreiche Zone. In der mittleren Schicht mehrere grosse Riesenzellen. Vergr. 50.

Herdchen, sondern einzeln. Sie sind ferner häufig schärfer begrenzt (Fig. 310).

Neben den knötchenförmigen exsudativen Prozessen oder für sich allein können nun auch ausgedehntere, zuweilen einen ganzen Lappen einnehmende pneumonische Verdichtungen vorkommen. Da sie frühzeitig in geringerer oder grösserer Ausdehnung verkäsen, reden wir von käsiger Pneumonie (Fig. 311). Die Alveolen sind mit Exsudat ausgefüllt, welches sich bald mehr aus Zellen, Epithelien oder Leukocyten oder einem Gemisch beider, bald daneben oder fast allein auch aus Fibrin zusammensetzt. Die Exsudatmassen sind bald dicht, bald weniger dicht, bald aus Fibrinfäden locker geflochten. Durch die Verkäsung geht die körnige oder fädige Beschaffenheit in eine mehr gleichmässige trübe über.

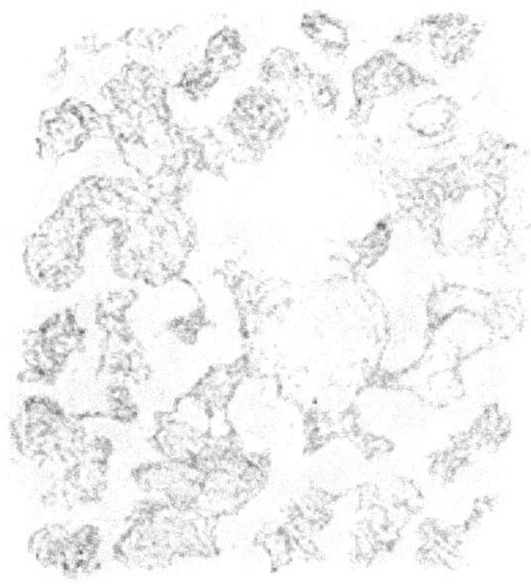

Fig. 311. Käsige Pneumonie.

Fibrinfärbung. Vergr. 40. Man sieht vor Allem die dunklen alveolaren Exsudatpfröpfe, die vielfach durch feine Verbindungsfäden zusammenhängen. Die Alveolarwände sind verdickt, zeigen aber noch Kernfärbung. Nur in der Mitte eine kernlose nekrotische Parthie. Oben rechts zwei quergetroffene Arterien mit Fibrinbelag auf der Innenfläche.

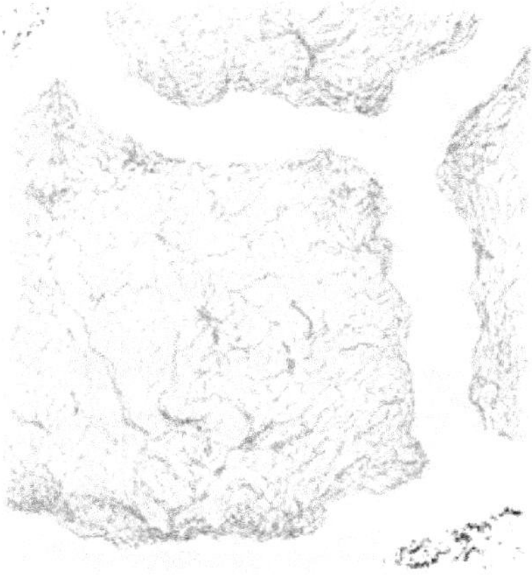

Fig. 312. Käsige Pneumonie.

Die Alveolarwände sind völlig nekrotisch, kernlos. Die Lumina enthalten fibrinreiches Exsudat, in welchem die Kerne der eingeschlossenen Leukocyten nur noch angedeutet sind. Vergr. 400.

Dann gelingt eine Kernfärbung gar nicht mehr oder nur unvollkommen (Fig. 312). Auch die meist durch Zellvermehrung verdickten Alveolarwände werden in die Nekrose einbezogen. Die Gegenwart von Fibrin lässt sich auch hier, selbst wenn schon Uebergang in Verkäsung nachzuweisen ist, durch Färbung leicht feststellen (Fig. 311). Dann ergiebt sich noch deutlicher als vorher seine ungleichmässige Vertheilung. Ferner sieht man wiederum (vergl. S. 305) den Zusammenhang vieler Pfröpfe durch Fäden, welche die Alveolarwand durchsetzen (Fig. 311). Versucht man in solchen Präparaten die Beziehungen der Exsudation zu den Bronchiolen, Alveolargängen und Alveolen im Sinne der bei den lobären und herdförmigen Pneumonien (S. 305 u. 313) besprochenen Verhältnisse festzustellen, so gelingt es hier schwerer als dort. Der Entzündungsprozess zeigt eine unregelmässigere Anordnung. Immerhin erhält man auch hier nicht selten Bilder, in denen man die Ausfüllung central gelegener Alveolen, Bronchiolen oder Alveolargänge durch vorwiegend zelliges, peripher gelegener Räume durch fibrinreiches Exsudat feststellen kann (Fig. 311). Die grösseren Gefässe nehmen an dem Prozess durch thrombotische Vorgänge und durch Fibrinausfällung in grösserem Umfange Theil als bei den nicht tuberkulösen Entzündungen. Man sieht kaum ein grösseres Gefäss, welches nicht irgendwelche Fibringerinnungen erkennen liesse. Viele sind durch ein dichtes Netzwerk ganz verschlossen. Unzweifelhaft ist dieser ausgedehnten Thrombose eine grosse Bedeutung für die Entstehung der Nekrose des verdichteten Gewebes beizumessen. Denn, wie wir noch erwähnen werden, ist die Zahl der Tuberkelbacillen bei der käsigen Pneumonie oft eine auffallend geringe.

Die Betheiligung der grösseren Gefässe an den tuberkulösen Entzündungen der Lunge ist überhaupt eine hervorragende. Wo Arterien und Venen durch die Entzündungsherde hindurchziehen, zeigen sie sehr gewöhnlich Verdickungen ihrer Wand und endarteriitische Prozesse, oft bis zum Verschluss des Lumens. Davon soll auf der folgenden Seite noch mehr die Rede sein.

Ueber die exsudativen Processe bei der käsigen Pneumonie machte besonders Orth Mittheilungen (Festschr. d. Assist. f. Virchow). Er betonte die ausgedehnte Betheiligung des Fibrins. Nach ihm behandelte Falk den gleichen Gegenstand (Virch. Arch. Bd. 139).

Da nun alle die bisher besprochenen Erscheinungen sich in der mannigfaltigsten Weise mit einander combiniren können, so findet man nicht selten in derselben Lunge frischere und ältere, derbere und exsudatreiche Knötchen, umfangreiche Indurationen und ausgedehntere pneumonische Prozesse, so dass eine einheitliche Schilderung des histologischen Befundes überhaupt nicht möglich ist. Die Verhältnisse compliciren sich ferner durch die Bildung von Hohlräumen, Cavernen. Sie entstehen einmal durch Expectoration verkästen Materiales. Man sieht dann in Schnitten kleinere und grössere unregelmässig durch verkästes Gewebe begrenzte Lücken (Fig. 302). Die kleineren unter ihnen sind allerdings im Leben meist noch nicht leer gewesen, sondern der Inhalt fiel erst beim Anfertigen der Schnitte aus. Aber auch so sind sie geeignet, eine gute Vorstellung von der Genese dieser Art von Cavernen zu geben. Die makroskopischen nussgrossen, eigrossen Höhlen zeigen entweder auch eine fetzige verkäste oder eine mehr oder weniger abgeglättete Wand. Im letzteren Falle ist sie von einem Granulationsgewebe gebildet, dem man wegen seiner andauernden Produktion eines eiterähnlichen Materiales die Bezeichnung einer pyogenen Membran geben kann. Man sieht eine bald dickere, bald dünnere Lage eines an runden und grösseren fixen

Zellen reichen Gewebes, in welchem viele, meist weite und gegen die freie Fläche strebende Gefässe vorhanden sind. Diese Granulationsmembran stösst meist nicht direkt, sondern mittelst einer schmalen oder breiten Zone nekrotischen Gewebes an das Lumen der Caverne an. In die Lunge hinein geht sie entweder bald in mehr oder weniger normale Verhältnisse, bald in ausgedehntere indurative Prozesse, bald in Abschnitte über, deren Alveolen mit Zellen im Lumen und verdickter Wand versehen sind. Das histologische Merkmal der Tuberkulose ist durch die Gegenwart einzelner oder vieler Riesenzellen im Granulationsgewebe und auch typischer Tuberkel gegeben.

Diese Art von abgeglätteten Cavernen entsteht seltener dadurch, dass in Höhlen mit zerfallender Wand eine Abglättung durch Abstossung der verkästen Massen stattfindet, vielmehr meist durch Erweiterung von Bronchen. Bei diesen soll der Vorgang noch weitere Besprechung finden.

In der Wand der Cavernen trifft man sehr gewöhnlich auf Arterien und Venen, die in gleich zu besprechender Weise verändert sind. Insbesondere ist das der Fall in den balkenförmigen Strängen, welche so oft durch das Lumen grösserer Cavernen ausgespannt erscheinen und dadurch entstanden sind, dass bei Erweiterung der Höhlen die grösseren Gefässe und Bronchen mit ihrer nächsten Umgebung nicht zerstört wurden.

Diese Trabekel sind natürlich je nach Art ihrer Entstehung und nach ihrem Alter verschieden gebaut. Man trifft auf Querschnitten häufig Bronchen, deren Wand in eine pyogene Membran umgewandelt wurde, oder solche, die mit käsigem Inhalt ausgefüllt sind, im Uebrigen aber ihre Struktur durch die entzündlichen Wucherungsvorgänge eingebüsst haben (vergl. Bronchitis und Bronchiectase). Durch käsig-geschwürige Zerfallsprozesse an der Oberfläche der Trabekel können solche Bronchen seitlich eröffnet sein und in die Caverne ausmünden. Ferner sieht man gewöhnlich quer durchgeschnittene grössere arterielle Gefässe und Venen mit allen denkbaren Veränderungen ihrer Wand. Sie sind oft faltig zusammengelegt und dadurch verengt. Insbesondere aber finden sich mehr oder weniger ausgedehnte endophlebitische und endarteriitische Prozesse in allen denkbaren Graden bis zum völligen Verschluss des Lumens. Das obliterirende Gewebe hat aber sehr häufig nicht einen concentrisch gestreiften faserigen Bau, sondern besteht aus zellreichem Material, in welchem wiederum capillare enge oder weitere Gefässe zur Entwicklung gekommen sind. Dadurch gewinnt das die Lumina ausfüllende Gewebe grosse Aehnlichkeit mit dem übrigen Bindegewebe des Trabekels; so dass es unter Umständen, zumal wenn auch die Media zerstört und die Elastica undeutlich wurde, schwierig sein kann, die Grenzen des früheren Gefässes wieder aufzufinden. Meist freilich giebt ja die charakteristische wellenförmige, elastische Lage der Intima ausreichende Anhaltspunkte und oft ist die Media noch in ganzer Ausdehnung erhalten. Die tuberkulöse Natur des Prozesses ist aus den histologischen Verhältnissen der Gefässveränderung allein meist nicht zu erschliessen, sie geht aber häufig aus der Gegenwart von Tuberkeln in der nächsten Umgebung hervor. Weniger häufig sieht man Riesenzellen auch in dem das Lumen verschliessenden Gewebe.

Ausser Bronchen und Gefässen trifft man in den Trabekeln ein zellreiches Granulationsgewebe mit mehr oder weniger zahlreichen Riesenzellen oder typischen Tuberkeln. Nach aussen sind die Stränge meist durch eine pyogene Membran begrenzt, die wie auf der übrigen Caverneninnenfläche gebaut ist. In manchen Fällen findet man auch noch alveoläres Gewebe, welches aber naturgemäss nicht mehr normal ist. Es zeigt verdickte Alveolarsepta und ausser den exsudativen Ausfüllungen der Lumina oft ausgedehnt jene epitheliale Auskleidung mit kubischen Zellen (S. 323).

Die Untersuchung der tuberkulösen Lungenprozesse endet mit dem Nachweis der Bacillen. Ihre Auffindung macht bald nur geringe oder keine, bald grössere Schwierigkeiten. In den indurativen Prozessen kann man meist vergeblich nach ihnen suchen. Sie finden sich hier fast nur in etwa noch vorhandenen Riesenzellen. Leichter sind sie in frischeren Prozessen nachzuweisen und zwar entweder ebenfalls in den Riesenzellen oder in dem Exsudat, besonders dem verkäsenden und seiner nächsten Umgebung. Hier kann man die Bacillen zuweilen in grossen Mengen, einzeln und häufchenweise liegend antreffen. Aber man wird auch hier sehr oft negative Resultate haben. Ebenso ist es bei der käsigen Pneumonie, bei der man sie von vorneherein reichlich erwarten sollte. Ihre Auffindung macht in der Mitte der Verdichtungen oft die grössten Schwierigkeiten, während sie in der Peripherie leichter gelingt.

Am besten eignet sich zum Nachweis der Bacillen die Cavernenwand. In dem Granulationsgewebe und seiner verkästen obersten Schicht liegen sie meist in grossen Mengen, oft in dichten Schaaren. Von hier stammen in erster Linie die Bacillen des Sputums.

4. Syphilis.

Bei Erwachsenen sind typische, mit voller Bestimmtheit als solche anzusprechende syphilitische Erkrankungen der Lunge selten. Sie treten auf in Form von Herden verschiedener Grösse, die Neigung zu centraler, oft ausgedehnter Nekrose haben und peripher aus verdichtetem Gewebe bestehen. Sie sind von der Tuberkulose makroskopisch oft kaum oder gar nicht zu unterscheiden. Die histologische Structur und die Abwesenheit der Tuberkelbacillen geben aber der Diagnose eine einigermaassen sichere Grundlage.

Die Nekrose bietet natürlich unter dem Mikroskop keine charakteristischen Eigenschaften. Anders ist es bei den umgebenden verdichteten Theilen. Sie können auf grössere Strecken nur aus einem Bindegewebe bestehen, welches an länglichen fixen und an runden, kleineren, intensiv gefärbten und gern gruppenweise, follikulär gelegenen, den Lymphocyten entsprechenden Kernen reich ist. Gewöhnlich aber findet man in ihm zerstreut als Reste der früheren luftführenden Räume einfache und verästigte Spalten und unregelmässige kleine und grössere Lücken, die ganz so wie es bei der Tuberkulose manches Mal beobachtet wird (s. Fig. 308, S. 323), mit einem schön entwickelten, hier und da desquamirtem kubischem Epithel ausgekleidet sind (Fig. 313) und im Lumen abgefallene Zellen, und auch wohl Gerinnungsmassen enthalten. Auch hier handelt es sich ebensowenig wie dort um ein Hineindringen des Epithels in das Bindegewebe, sondern nur darum, dass in den durch die Wucherung nicht erdrückten aber in ihrer Form modificirten Lufträumen das Epithel eine der embryonalen entsprechende kubische Form annimmt. Die Septa zwischen den Lücken sind von wechselnder Breite, jedenfalls aber viel dicker als normale Alveolarwände. In dem peripheren Theile der pneumonischen Herde verliert sich der Wucherungsprozess allmählich. Man trifft hier Lungengewebe, dessen Alveolen noch alle offen, aber mit erheblich verbreiterten zellreichen Wandungen versehen sind, bis weiter nach aussen auch diese Veränderung allmählich abblasst.

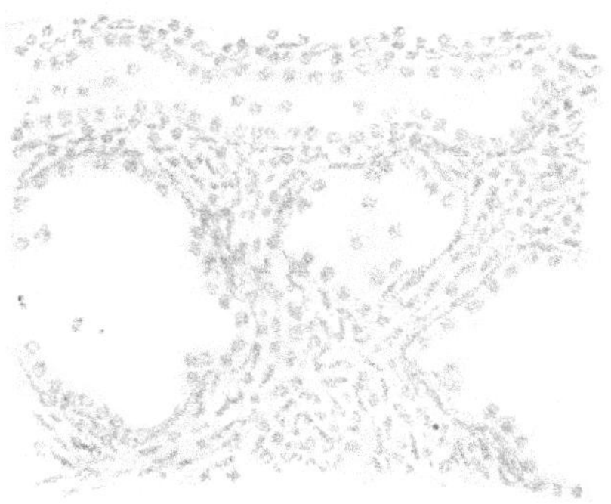

Fig. 313. Aus einer syphilitisch erkrankten Lunge. Umgebung eines grösseren gummösen Knotens. Man sieht vier verschieden gestaltete Hohlräume mit kubischem Epithel ausgekleidet. Einzelne Epithelien sind abgelöst. Zwischen den Räumen ein breites faseriges, an langen schmalen und runden Kernen reiches Bindegewebe. Vergr. 80.

Weit häufiger als bei Erwachsenen sind syphilitische Lungenveränderungen bei Neugeborenen. Sie treten auf als kleinere und grössere Herde und als diffusere Verdichtungen, die wegen ihres makroskopischen Aussehens die Bezeichnung »weisse Pneumonie« erhalten haben.

Die herdförmigen Erkrankungen zeigen analoge Veränderungen wie bei Erwachsenen, also vor Allem lebhafte interstitielle Bindegewebswucherung. Die Veränderungen können schon sehr frühzeitig einsetzen, so dass man bereits in Organen, deren Bau noch völlig in Entwicklung begriffen ist, die Zunahme des zellreichen Bindegewebes vor Allem in der

Umgebung der grossen Gefässe wahrnehmen kann. Die epithelialen Bestandtheile zeigen dabei oft nur geringe Veränderungen, die Lumina sind erhalten, in ihnen findet man nur einzelne Leukocyten oder feinkörnige Gerinnsel.

Die interstitiellen Prozesse können sich unter Umständen auf grössere Lungenabschnitte, ja auf das ganze Organ ausdehnen. Dann gehen sie mit Compression der Lufträume einher.

In anderen Fällen sind die interstitiellen Prozesse gering, während die wichtigste Veränderung im Lumen der Alveolen zu sehen ist. Sie sind dicht ausgefüllt mit epithelialen in fettiger Degeneration begriffenen Zellen (weisse Pneumonie). Die Veränderung kann die Lungen in ganzer Ausdehnung betheiligen.

Ausführliche Mittheilungen (Litt.) über die Lungensyphilis bei Neugeborenen machte Heller (Festschrift zu v. Zenker's Jubiläum 1887). Stroebe (Centralbl. f. patholog. Anat. Bd. II) machte darauf aufmerksam, dass im Bereich der herdförmigen Erkrankungen die Entwicklung des Lungengewebes auf einer frühen fötalen Stufe stehen bleiben kann, während das übrige Organ den Bau zeigt, wie er dem Neugeborenen zukommt.

5. Anthracosis.

Unter Anthracosis oder Pneumonokoniosis anthracotica verstehen wir die höheren Grade der durch Ablagerung von Kohlenstaub in der Lunge verursachten Veränderungen. Diese bestehen neben intensiver, schliesslich gleichmässiger schwarzer Verfärbung vor Allem in einer Zunahme von derbem Bindegewebe, durch welche die Lunge in grosser Ausdehnung indurirt, völlig luftleer und damit natürlich functionsunfähig werden kann.

Die eingeathmeten Kohlepartikel werden im Innern der Alveolen von den Epithelien und von Wanderzellen aufgenommen („Staubzellen"). Man sieht sie in ersteren besonders dann, wenn sie sich von der Wand ablösten und als kugelig gewordene Zellen im Lumen liegen, so z. B. bei den verschiedenen Formen der Entzündungen, bei Stauungslungen u. s. w. Mit den Wanderzellen, aber auch für sich allein mit dem Saftstrom gelangen die Partikel dann in das Gewebe und von hier aus mit den Lymphbahnen in die peribronchiale und periarterielle Bindesubstanz, wo sie besonders in den hier stets vorhandenen mikroskopisch kleinen Lymphknötchen sich anhäufen und zwar in gleicher Weise wie in den Lymphdrüsen (s. o. S. 245). Sie liegen also auch hier nicht in den Rundzellen, sondern zunächst nur in den endothelialen Elementen, vor Allem in der Peripherie der follikelähnlichen Gebilde. Ein Theil des Farbstoffs gelangt schliesslich bis in die bronchialen Lymphdrüsen. Die Menge des in der Lunge abgelagerten Pigmentes ist in den einzelnen Fällen sehr verschieden und kann sehr beträchtlich werden.

Dann vergrössern sich die schwarzen Herde um Arterien und Bronchen und fliessen ringsherum zu umfangreichen Bezirken zusammen (Fig. 14, S. 24), in denen wegen der dichten Lagerung der Kohle die feinere Structur nicht mehr zu erkennen ist. Mit der Ablagerung verändert sich aber das zu Grunde liegende Gewebe. Es wird kernärmer, derbfaseriger und nimmt an Masse erheblich zu. Indem dieser Prozess auch auf die Alveolarwandungen übergreift und sie ebenfalls verdickt, wird schliesslich ein kleinerer oder grösserer Theil der Lunge völlig verdichtet und luftleer, „indurirt“ (Fig. 314). Die Alveolen werden entweder durch das zunehmende Gewebe comprimirt und ihr Lumen verödet, oder sie sind völlig ausgefüllt durch runde intensiv schwarze Gebilde ohne Structur, die aber wegen ihrer Grösse, ihrer runden Form und ihres gleichmässigen Umfanges für Epithelien gehalten werden müssen, die mit Kohle vollgepfropft sind.

Zum Studium der indurirenden Wirkung der Kohleablagerung eignen sich sehr gut die subpleural gelegenen Knötchen, die aus den hier vorhandenen und besonders an den Grenzen der Lobuli liegenden Lymphfollikeln hervorgehen (Fig. 61, S. 80). Man kann hier leicht alle Stadien der Veränderung auffinden: Anfänglich noch viele Lymphocyten und Kohle in den Endothelien, später Zunahme der Fasersubstanz, Abnahme der Rundzellen und Einlagerung des Pigmentes auch in die Bindegewebszellen in den Knötchen und der weiteren Umgebung. Auch in der Lunge sind bei allen höheren Graden des Prozesses die Bindegewebszellen an der Kohleablagerung betheiligt.

Hervorzuheben ist schliesslich noch die Beziehung des Pigmentes zu den Gefässen (Fig. 314). Die beschriebene Gewebsumwandlung geht stets mit gutem Blutgehalt, gewöhnlich mit Hyperämie einher, ja die Gefässe in dem indurirenden und völlig verdichteten Gewebe sind neben ihrer grossen Zahl auch so weit, dass ganz offenbar Neubildungsprozesse in ihrer Wand stattgefunden haben müssen. Sind sie mit Blut gefüllt, so erfährt durch ihre gelb erscheinenden Quer- und Längsschnitte das schwarze Gewebe eine ausgedehnte Unterbrechung.

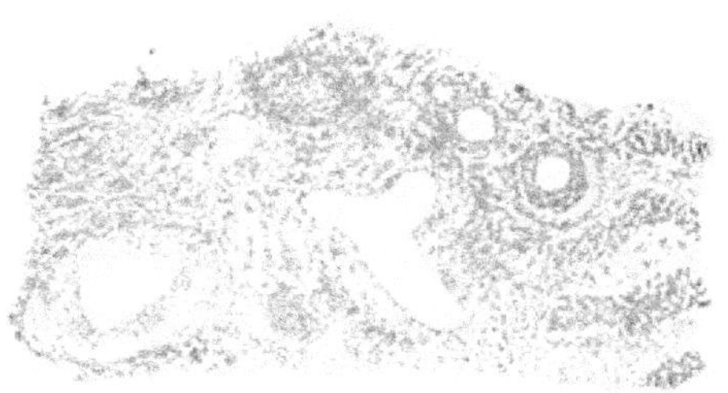

Fig. 314. Hochgradige Anthrakose der Lunge.
Man sieht dichtes, mit Kohle reichlich durchsetztes Bindegewebe. Darin mehrere kleinere und weitere quer durchschnittene Gefässe, deren Wand bis an das Lumen mit Kohle durchsetzt ist. Am rechten Rande einige seitlich comprimirte, mit kohlehaltigen Zellen ausgefüllte Alveolen. Vergr. 50.

Von Bedeutung ist aber das Verhalten der Kohle zur Gefässwand. Die Pigmentkörner gehen in die Wand von Arterien und Venen in Zügen und Fleckchen hinein, oft bis dicht an die Intima. In vielen Fällen stösst die Kohle hier oder da direkt an das Lumen an, wenigstens lässt sich unter dem Mikroskope keine besondere Grenze zwischen beiden erkennen. Eine besondere Erscheinung ergiebt sich zuweilen dadurch, dass mit der Bindegewebswucherung eine Endarteriitis obliterans einhergeht und dass sich dann gerade in der verdickten Intima eine reichliche bis zum Lumen reichende Kohleablagerung findet. Capillare, weite Gefässe sind oft in eine dichte Schicht schwarzen Farbstoffs der Art eingehüllt, dass von einer Wand kaum noch etwas oder gar nichts mehr zu sehen ist. Unter diesen Umständen ist anzunehmen, dass Kohlepartikel auch in das Blut übertreten. Direkt sehen kann man das natürlich nicht, da die Menge dieser Körnchen nur gering sein kann und es sich nur ausnahmsweise treffen wird, dass gerade der Moment zur Fixation gelangte, in welchem die spärlichen Partikelchen im Blute vorhanden sind. Uebrigens kann beim Schneiden leicht etwas Kohle zwischen die rothen Blutkörperchen gestreift werden und Täuschungen verursachen. Aus einem Uebertritt von Farbstoffkörnchen ins Blut würde sich zum grossen Theil die Kohlemetastase in Leber und Milz erklären, zumal in jenen Fällen, in denen eine Verwachsung von Bronchialdrüsen mit den Pulmonalarterien fehlt (vergl. S. 246).

6. Siderosis und andere Staubinhalationskrankheiten.

Die Einathmung von Eisenstaub ruft in der Lunge ganz ähnliche Veränderungen hervor, wie die des Kohlenstaubes. Die Körnchen lagern sich in analoger Weise ab und rufen ebenso, wie auch andere Staubarten, z. B. Kieselstaub, diffusere und knötchenförmige Verdichtungen hervor.

d) Emphysem.

Unter der Bezeichnung Emphysem fassen wir zwei verschiedene Erscheinungen zusammen. Bei der einen finden wir eine beträchtliche Erweiterung der Lufträume mit Schwund der trennenden Zwischenwände (substantielles E.), bei der anderen tritt Luft aus den Alveolen in das Gewebe der Lunge über (interstitielles E.). Im letzteren Falle ist eine histologische Untersuchung nicht erforderlich. Das substantielle Emphysem ist ausgezeichnet durch die vorwiegend in der Nähe der Lungenränder eintretende Umwandlung des Organes in grossblasiges Gewebe. Einzelne Blasen können die Grösse eines Apfels erreichen und darüber hinausgehen. Ihre Innenfläche ist entweder glatt oder durch mehr oder weniger weit vorspringende, oft durchlöcherte Septa abgetheilt, die bis auf einige Stränge oder niedrige Leisten, schliesslich aber ganz verschwinden können.

Zur Härtung emphysematöser Lungenstücke ist ihre Befestigung an untersinkenden schweren Körpern empfehlenswerth, da sie sonst aus der Oberfläche der Härtungsflüssigkeiten theilweise herausragen. Dem gleichen Zwecke entspricht, besonders bei grossblasigem Emphysem, eine bis zur völligen oder theilweisen Füllung fortgesetzte Injection der Flüssigkeit in den zu der gewünschten Stelle führenden Bronchus. Zur Einbettung der aus den gehärteten Stücken ausgeschnittenen Scheiben benutzt man am besten das Celloidin, da man grössere Uebersichtsbilder herstellen muss. Die Füllung der Lücken erfolgt dabei schnell. Aus den Schnitten darf das Celloidin nicht entfernt werden, da sonst störende Verschiebungen eintreten. Ueber das Verhalten der Gefässe orientiren am besten die Präparate, die man von dem zugehörigen Arterienast aus mit einer Leimmasse injicirt hat.

Untersucht man ein Emphysem mässigen Grades an parallel zur Pleura angelegten Schnitten, so bemerkt man, dass die bei blossem Auge erkennbaren Bläschen den erweiterten Infundibulis entsprechen, in welche die zugehörigen Alveolen bereits mehr oder weniger aufgegangen sind, dadurch, dass sie eine fortschreitende Dilatation und Abflachung ihrer Wände erfahren. Zunächst sieht man (Fig. 315) die letzteren noch als

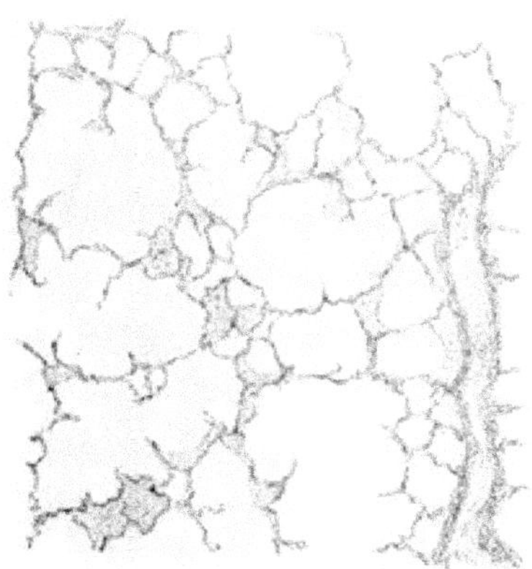

Fig. 315. Geringgradiges Emphysem der Lunge. Das Gewebe enthält mehrere grössere Lücken, aus denen die Alveolen verschwunden sind, in die aber noch Reste der früheren Alveolarsepta hineinragen. Um die grossen Oeffnungen liegen noch normale Alveolen, deren Wandung man zum Theil von der Fläche sieht. Rechts eine Arterie. Die weiten Oeffnungen entsprechen den dilatirten Alveolar- und Infundibulargängen. Vergr. 50.

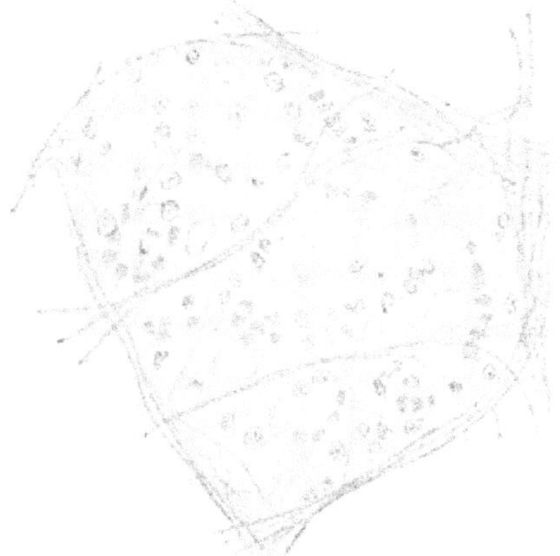

Fig. 316. Mässig hochgradiges Emphysem der Lunge. Man sieht eine Alveolarwand von der Innenfläche. Die elastischen Fasern sind auseinandergedrängt, enden vielfach frei, sind sehr zart und zum Theil etwas gewunden. Auf der Wand sieht man die Kerne des Epithels und in ihr zerstreute und reihenweise liegende homogene rothe Blutkörperchen. Die Wand zeigt an sechs Stellen kleinere und grössere Lücken. Vergr. 400.

leistenförmige Erhebungen in die weiten Räume vorragen und zwischen diesen liegen in anderer Richtung durchschnittene Alveolen, die eben deshalb noch ein allseitig begrenztes aber geblähtes Lumen aufweisen. Indem jene Leisten sich mehr und mehr abflachen, gehen die Wandungen der Alveolen in die gemeinsame Umhüllung der schliesslich resultirenden

Emphysembläschen auf. Aber damit ist der Prozess nicht zu Ende. Die Ausdehnung der weiten Räume nimmt immer weiter zu. Untersucht man nun in Schnitten solche Stellen, an denen die Wände der Blasen von der Fläche sichtbar sind, wie es sich bald hier, bald dort, selten freilich in grosser Ausdehnung ereignet, so bemerkt man in ihnen Lücken verschiedener Grösse (Fig. 316), solche, die etwa dem Umfange eines Epithelkernes gleich kommen und solche, die um Vieles darüber hinausgehen. Die Oeffnungen sind rund, oval oder unregelmässig aber ganz glattwandig und daher offenbar keine künstlich gemachten Risse, sondern entstanden durch Erweiterung der in der Norm in den Alveolarwandungen vorhandenen Lücken (s. o. S. 365). Man kann sich leicht vorstellen, wie durch Vergrösserung dieser Oeffnungen die Communication der Blasen ausgedehnter wird und wie letztere so durch Zusammenfliessen immer umfang-

Fig. 317. **Hochgradiges Lungenemphysem.** Alveoläres Gewebe ist nur noch um die quer getroffene Arterie sichtbar. Im Uebrigen sieht man nur noch grosse unregelmässige Lufträume. Vergr. 50.

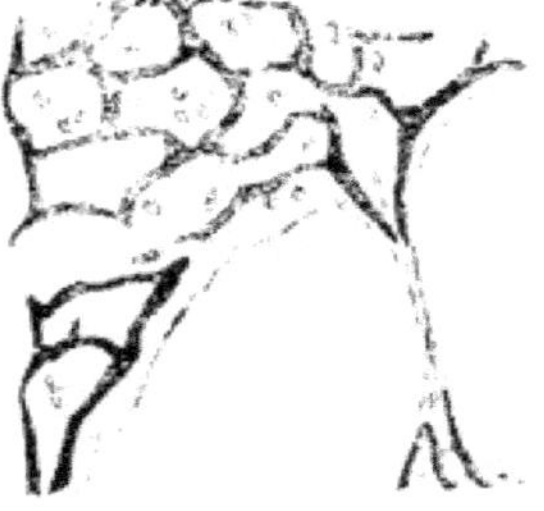

Fig. 318.
Emphysem der Lunge.
Injicirtes Präparat.
Oben und unten links sieht man die Fläche einer Alveolarwand. Das Capillarnetz ist an einzelnen Stellen unterbrochen. Von dieser Fläche geht nach unten rechts ein verdünntes Alveolarseptum ab, in welchem die Gefässe untergegangen sind. Sie enden beiderseits etwas zugespitzt.
Vergr. 400.

reicher werden. Fertigt man von solchen vorgeschrittenen Stadien Schnitte an, so sieht man in ihnen vorwiegend grosse dünnwandige Oeffnungen verschiedener Gestalt, welche vorspringende Leisten aufweisen oder schon abgeglättet sind (Fig. 317). Reichlicheres Gewebe sieht man nur noch in der Umgebung grösserer Gefässe. Hier findet sich eine breitere bindegewebige Hülle, und auch Alveolen können hier noch ringsum erhalten sein. Die gefässhaltigen, selbstverständlich strangförmigen Theile bleiben oft lange bestehen, auch wenn alles alveoläre Gewebe verschwunden ist. Sie entsprechen den makroskopisch sichtbaren, durch die grossen Blasen sich hindurchspannenden Fäden und Balken.

Elastische Fasern sind mittelst der Orceinfärbung (Seite 217) in allen Abschnitten des emphysematösen Gewebes noch gut nachweisbar. Auch in der Wand der grösseren Blasen kann man sie noch auffinden. Freilich sind sie hier weniger dicht angeordnet.

Das Gefässsystem der emphysematösen Lungen zeigt manche Veränderungen. Das Capillarnetz der Alveolarwandungen ist der Dilatation der Lufträume entsprechend weitmaschiger, die einzelnen Gefässe werden dünner und gestreckter. Natürlich sieht man das gut nur an injicirten Präparaten (Fig. 318). Aber die Injection gelingt meist leicht. Man ist oft erstaunt, wie lebhaft das Gewebe sich färbt, wie viel Injectionsmasse es also, trotzdem es so dünn und blass erscheint, aufzunehmen vermag. In Schnitten findet man dann aber manche Stellen, an denen ein Schwund von Capillaren deutlich hervortritt. Man sieht ein Gefässchen plötzlich stumpf oder kegelförmig aufhören, sich in einen feinen soliden Faden umwandeln und nach kürzerem oder längerem Verlauf sich wieder in einen lumenhaltigen Abschnitt fortsetzen.

In der Wand der grösseren Blasen sind die Gefässe meist sehr weit und lang gestreckt. Sie bilden grosse Maschen. Es hat also eine Verlängerung und Erweiterung der Capillaren stattgefunden, die mit der Vergrösserung der Wandfläche gleichen Schritt hielt.

Die in emphysematösen Lungen entstehenden Entzündungen müssen natürlich einige Abweichungen von denen des normalen Organes zeigen. Es sei hier nur auf die fibrinöse Pneumonie hingewiesen (vergl. S. 303 f.). Da die luftführenden Räume erheblich erweitert sind, so bedarf es relativ grösserer Mengen von Fibrin und Leukocyten, um sie auszufüllen. In manchen Fällen unterscheidet sich trotzdem das Exsudat nicht wesentlich an Dichtigkeit von dem der gewöhnlichen Pneumonie, in anderen dagegen ist es weicher, das Fibrin lockerer geflochten und die Pfröpfe sitzen weniger fest, so dass sie auch am gehärteten Präparat noch leicht ausfallen. Das relative Mengenverhältniss von Fibrin und Leukocyten unterliegt auch hier beträchtlichen Schwankungen. Jedenfalls geht aus allen diesen Befunden hervor, dass die gedehnten und engen Capillaren noch viel Exsudat liefern können. Das Fibrin verbindet auch hier die einzelnen Pfröpfe an vielen Stellen mit einander, besonders aber da, wo es sich zunächst nur um dilatirte Alveolen handelt. Die Verbindungsstränge sind entsprechend den weiteren Communicationsöffnungen meist dicker als sonst, bestehen also aus zahlreicheren Fäden. Aber auch die Exsudatpfröpfe der grossen, durch Umwandlung eines ganzen Infundibulums entstandenen Räume communiciren mit einander durch die Oeffnungen, welche als Ausdruck einer Atrophie der Scheidewände in diesen sich bilden. Grössere Gefässe und Capillaren zeigen oft ausgedehnt die bei der fibrinösen Pneumonie besprochenen Fibrinabscheidungen.

c) Geschwülste der Lunge.

Primäre Tumoren sind in der Lunge nicht gerade häufig. Die hier vorkommenden Fibrome, Chondrome, Osteome bedürfen keiner histologischen Erörterung. Nur das primäre und unter den metastatischen Geschwülsten auch das secundäre Carcinom sei hier kurz besprochen. Von dem metastatischen Sarkom war bereits auf Seite 127 die Rede.

Die Struktur des Krebses, der meist ein cylindrisches, seltener ein kubisches Epithel besitzt, aber auch in der Form des Hornkrebses vorkommt, interessirt uns hier weniger, als seine Verbreitungsweise. Von dem primären Knoten aus dringt das Epithel hauptsächlich auf dem Wege der Lymphbahnen vor, die in der Umgebung der Bronchen und Gefässe verlaufen. Das Bindegewebe pflegt sich dabei zu vermehren. Aber auch in dem Lumen der Lungenalveolen breitet sich das Carcinom aus, indem die Epithelien auf ihrer Innenfläche zunächst einen Belag bilden, durch dessen weitere Wucherung das Lumen ganz ausgefüllt werden kann. Die Zellen können dabei von einer Alveole in die andere auf dem Wege der Lücken in den Scheidewänden gelangen. Man kann sie durch dieselben in continuirlicher Reihe hindurchtreten sehen.

Das Wachsthum des Carcinoms in den Lymphbahnen macht sich besonders bei secundären Carcinomen geltend. Die Bronchen und Arterien können auf lange Strecken durch krebsiges Gewebe eingehüllt sein. Unter dem Mikroskop findet man hier meist dicke zahlreiche Epithelbalken als Ausfüllungsmassen der dilatirten Lymphgefässe. Dabei sieht man oft, dass die Epithelien hauptsächlich auf der Innenfläche der weiten Kanäle wachsen, während in der Mitte noch ein Lumen vorhanden ist. Der Krebs gelangt in die Lungen entweder auf dem Wege der Lymphbahnen, in die er vom Hilus aus eindringt, oder durch Verschleppung mit dem Blutstrom. Im letzteren Falle findet man in den grösseren und kleineren Arterien nicht selten obturirende Thromben, in welche Epithelmassen eingeschlossen sind. Geht der Kranke nicht zu früh zu Grunde, so kann eine Organisation des Thrombus eintreten. Dann liegen Epithelnester in dem das Arterienlumen verschliessenden neuen Bindegewebe. Indem die Epithelien die Gefässwand durchbrechen, gelangen sie in das umgebende Bindegewebe und in dessen Lymphgefässe.

2. Bronchus, Trachea, Larynx.

a) Bronchitis.

Bronchitis heisst Entzündung der Bronchen. Wenn wir aber den Ausdruck kurzweg gebrauchen, so verstehen wir darunter nicht jede Form von Entzündung (z. B. eine tuberkulöse, syphilitische,

diphtherische), sondern wir haben eine mit Hyperämie und Schwellung der Schleimhaut, sowie mit Bildung eines reichlichen serösen oder schleimigen oder auch eitrigen Sekretes einhergehende Erkrankung im Auge.

Untersucht man das aus den Bronchen gewonnene Sekret im frischen Zustande, so findet man in ihm reichliche abgestossene, in Verschleimung (s. Seite 26) begriffene Epithelien, mehr oder weniger reichliche Rundzellen und nicht selten auch rothe Blutkörperchen.

Zur Härtung wählt man Theile grosser Bronchen oder als besonders günstige Objekte unaufgeschnittene und nicht ausgespülte Stücke von kleineren, die man in Querschnitte zerlegt. Auf diese Weise gewinnt man die besten Uebersichtsbilder.

Die zuerst in die Augen fallende Erscheinung ist, wenn die Härtung in blutconservirenden Medien stattfand, die strotzende Füllung der Gefässe der ganzen Wand, insbesondere aber auch der Schleimhaut, in der sie freilich enger sind als in den tieferen Theilen. Bei sehr heftigen Entzündungen, vor Allem den putriden, bemerkt man auch kleinere oder grössere Hämorrhagien.

Eine zweite Veränderung besteht in einem abnormen Zellreichthum, der auf der Gegenwart verschiedener Zellformen beruht. In den meisten Fällen bemerkt man in erster Linie die den Lymphocyten angehörenden kleinen runden intensiv gefärbten Kerne, die theils zerstreut im Gewebe liegen, theils in rundlichen und unregelmässigen, unterhalb der Knorpel liegenden aber zwischen sie hineinragenden, Bezirken angeordnet sind, welche den normalen Lymphfollikeln der Bronchialwand entsprechen, aber erheblich vergrössert sind. Ist die Bronchitis frisch oder eitrigen Charakters, so findet man in der Schleimhaut viele polynucleäre Leukocyten, die in jenen Fällen nur spärlich sind. Ausser diesen Wanderzellen treten die grossen ovalen helleren Kerne der fixen Bindegewebszellen und Endothelien deutlich hervor. Sie sind offenbar vermehrt.

Hyperämie und Zellvermehrung bewirken eine Verdickung der ganzen Wand, nicht zuletzt auch der Schleimhaut. Sie erscheint meist nicht mehr ganz glatt, sondern etwas unregelmässig ausgebuchtet. Hat der Prozess schon lange bestanden, so finden sich hochgradigere Abnormitäten. Die Schleimhaut zeigt polypöse Vorsprünge verschiedener Dicke und Höhe, deren Grundstock weite Gefässe und ein lockeres zellreiches Gewebe bilden.

Das Epithel ist stets durch die Entzündung verändert. Es lockert sich und zeigt Desquamation, die bis zur völligen Abstossung fortschreiten kann. Sehr gewöhnlich stossen sich nur die höher gelegenen Cylinderzellen ab, während die tieferen auf der Unterlage haften bleiben. Sie bilden dann aber gegen das Lumen keine glatte Begrenzung mehr, sondern ragen hier einzeln stumpf oder spitz in die Höhe, da ja die früher zwischen ihnen befindlichen Zellen fehlen.

Auch die Drüsen sind an dem Prozess betheiligt. Sie secerniren stärker. Der reichliche Schleim aber staut sich gern in den Ausführungsgängen an, die man demgemäss besonders in den oberen Abschnitten, weniger in den unterhalb der Knorpel gelegenen Theilen dilatirt und mit Sekret gefüllt findet.

Der Inhalt der Bronchen besteht naturgemäss aus Schleim, abgefallenen Epithelien und Leukocyten. Diese Massen bilden entweder nur einen Ueberzug auf dem Epithel oder sie verlegen kleinere Bronchen ganz. Bei Beurtheilung dieser Verhältnisse darf man aber nicht ausser Acht lassen, dass nicht Alles, was sich im Bronchus findet, aus seiner Wand an Ort und Stelle hervorgegangen sein muss. Zum grösseren oder geringeren Theile kann das Material auch aus kleineren Bronchen oder aus den Alveolen stammen, aus denen es nach aussen vorrückt. Daraus erklärt es sich, wenn der Inhalt der Bronchen den Prozessen der Wand nicht ganz entspricht. So kommt es vor, dass eine fast nur aus Leukocyten bestehende Masse das Lumen ausfüllt, während von einer Emigration polynucleärer Zellen in der Wand nichts mehr wahrzunehmen ist. Die Bronchitis schreitet ja im Allgemeinen von den grösseren Bronchen zu den kleinsten und zu den Alveolen fort, so dass in diesen ganz frische Entzündung bestehen kann, während sie in jenen schon in ein späteres Stadium vorgerückt ist.

Der gewöhnliche Ausgang der Bronchitis ist die Heilung. Länger dauernde und tiefgreifende Entzündungen führen aber zu bleibender Wandverdickung durch Bindegewebszunahme. Die in den äusseren Schichten verlaufenden Arterien zeigen dabei nicht selten Intimawucherungen verschiedenen Grades. Ferner stellen sich bei langer Dauer schwerere Folgezustände ein, die bei der Bronchiectase genauer besprochen werden sollen.

Die pseudomembranösen (crupösen, diphtherischen) Entzündungen der Bronchen, der Trachea und des Larynx zeigen mikroskopisch keine durchgreifenden Unterschiede von den gleichwerthigen Prozessen des Rachens und der Tonsillen (S. 249). Wir können uns daher kurz fassen.

Die Membranen bauen sich gewöhnlich deutlicher als auf der Rachenschleimhaut aus dicht geflochtenen Fibrinfäden auf, die parallel zur Wand angeordnet zu sein pflegen. Das Epithel ist meist verschwunden, in das Fibrin eingebettet und zu Grunde gegangen. Zuweilen haften noch einzelne Zellen, oder auch ganze Reihen fest und sind von dem geronnenen Fibrin überlagert (Fig. 319), in welchem sich andere, die abgelöst wurden, noch nachweisen lassen. Da es sich nur um einen einschichtigen Belag von Cylinderepithel handelt, so kann von einer so engen Verbindung zwischen Fibrin und Epithel nicht die Rede sein, wie es im Rachen der Fall ist. Darin liegt ein Grund, weshalb die Pseudomembranen in der Trachea und den Bronchen weniger fest zu haften, ja ganz locker zu sitzen pflegen, während der Kehlkopf meist Verhältnisse darbietet, die denen des Rachens ähnlicher sind. Ein zweiter Grund liegt in der den Schleimhäuten des Respirationstractus zukommenden reichlicheren Schleimsekretion. Die Beziehung der Pseudomembran zu den Schleimdrüsen, d. h. ihre Unterbrechung durch das aus letzteren hervorquellende Sekret ist hier dieselbe, wie sie oben (S. 250) bereits kurz geschildert wurde. Ein dritter Grund liegt wenigstens in den Bronchen in der reichlichen Beimengung von Leukocyten, deren grosse Zahl die Membranen nicht zu einer festen Gerinnung kommen lässt. Die Verhältnisse der Bronchen bieten so die Uebergänge zu denen der Bronchiolen bei den herdförmigen Pneumonien (vergl. S. 312, Fig. 294).

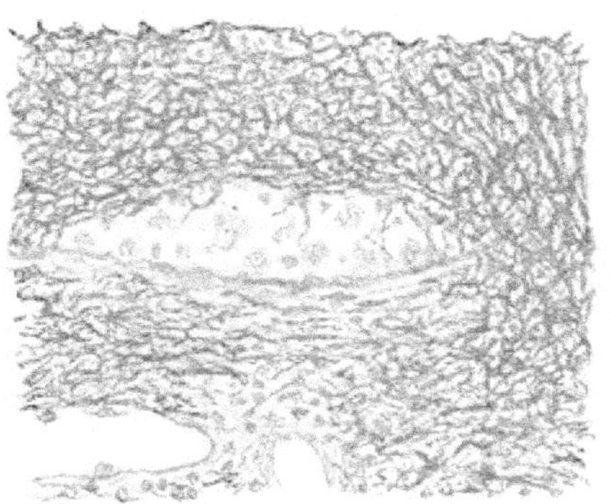

Fig. 319. Theil einer **Diphtheriemembran** und der Schleimhaut von der Hinterfläche der Epiglottis. Fibrinfärbung. Die Membran geht am rechten Rande der Figur direkt aus der mit Fibrin durchsetzten Schleimhaut hervor und überlagert sie, ohne sie aber überall zu berühren. Zwischen Membran und Schleimhaut liegen abgelöste Epithelien. Einzelne sitzen noch fest. Vergr. 400.

Die Fibrinausscheidung kann sich ausser auf die Schleimhaut auch in dieselbe in wechselnder Tiefe ausdehnen. Ist sie hier, besonders in den oberen Lagen ausgedehnt und im Zusammenhang mit der Pseudomembran, so wird diese wiederum dadurch an die Schleimhaut fester als sonst fixirt. Diese pflegt ausser der Fibringerinnung meist eine starke Infiltration mit mehrkernigen Leukocyten zu zeigen.

Eine zweite charakteristische Entzündung der Bronchialschleimhaut ist die bei Lungentuberkulose häufige tuberkulöse Erkrankung. Sie zeigt naturgemäss im Einzelnen keine anderen Verhältnisse als die Tuberkulose überhaupt und so mag hier nur kurz darauf hingewiesen sein, dass sie auf doppelte Weise zu Stande kommen kann. Einmal nämlich dadurch, dass die Bacillen auf dem Lymphgefässwege von den erkrankten Lungentheilen aus in dem peribronchialen Bindegewebe sich weiterverbreiten und bald hier, bald dort in den lymphatischen Knötchen sich festsetzen. Die zweite Möglichkeit besteht darin, dass die Bacillen vom Bronchiallumen aus in die Drüsen und von hier aus in das Bindegewebe vordringen. Man kann sie mikroskopisch im Drüsenlumen nachweisen. Für die Trachea kommt der erstere Weg nur wenig, für den Larynx kaum noch in Betracht. Die Bacillen können hier schon im Epithel nachgewiesen werden, bevor noch das Bindegewebe verändert ist. In allen Fällen entstehen in der Schleimhaut mehr oder weniger typisch gebaute Tuberkel, aus denen durch Zusammenfluss und Verkäsung Geschwüre hervorgehen.

b) Bronchiectase.

Unter Bronchiectase verstehen wir eine Erweiterung der Bronchen, die entweder alle oder einzelne Bronchen in ganzer Ausdehnung betrifft und dann »cylindrisch« genannt wird, oder nur an einer oder mehreren umschriebenen Stellen entsteht und dann sackförmig ist. Die Ursache der Dilatation liegt in einer Zunahme der bindegewebigen und einer Funktionsbehinderung und Abnahme der elastisch-muskulären Wandbestandtheile. Dabei erscheint die Wand entweder, besonders in den früheren Stadien verdickt oder, vor Allem in den späteren Stadien verdünnt, atrophisch.

Die histologischen Bilder sind je nach dem Alter des Prozesses sehr verschieden. Untersuchen wir eine mässige Erweiterung mit Wandverdickung (Fig. 320), so finden wir die Schleimhaut mehr oder weniger deutlich uneben, wulstig, polypös, die Vorsprünge zuweilen keulenförmig gestaltet. Das Epithel fehlt an manchen Stellen, löst sich auch sehr leicht ab und wird daher in Schnitten vielfach vermisst. Die Schleimhaut ist in ihrer ganzen Ausdehnung, nicht nur in den Vorsprüngen, lebhaft zellig infiltrirt und mit dilatirten Gefässen versehen, die besonders in den Polypen ausserordentlich weit sind, so dass sie den grössten Theil derselben einnehmen. Nicht selten kommt es aus ihnen zu Blutungen in das Gewebe. Die zellige Infiltration setzt sich weiterhin auch zwischen den Knorpeln in

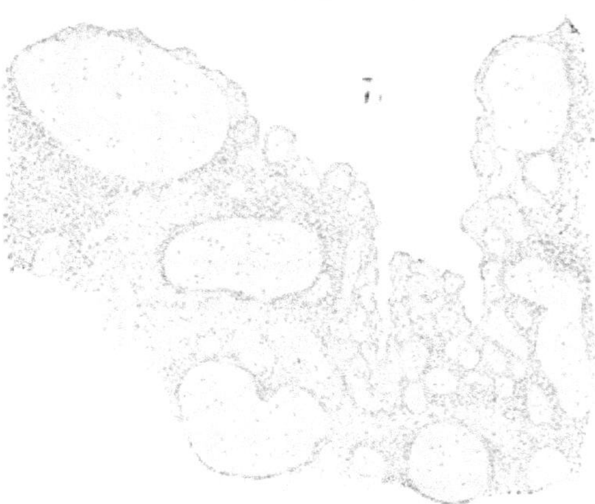

Fig. 320. Randabschnitt einer Bronchiectase.
Bei *B* Lumen des Bronchus. Man findet die Wand zusammengesetzt aus dilatirten und engeren dünnwandigen Blutgefässen und einem zellreichen Bindegewebe. Vergr. 100.

die Tiefe fort und umgiebt sie und die Drüsen. Die Muskelschicht ist anfänglich noch in ganzer Ausdehnung erhalten, aber ihre Bestandtheile sind oft durch Zellen auseinander gedrängt. Das Gleiche gilt für die elastischen Fasern. An den die Bronchen begleitenden arteriellen Gefässen bemerkt man gewöhnlich eine Wucherung der Intima.

In älteren Stadien sieht man alle charakteristischen Bestandtheile der Wand allmählich abnehmen (Fig. 321). Die Muskelfasern werden mehr und mehr verschoben und verschwinden schliesslich ganz, die elastischen Elemente halten sich etwas länger. In gut mit Orcein (S. 217) gefärbten Präparaten sieht man sie auseinandergesprengt, isolirt in dem zunehmenden Bindegewebe liegen. Häufig findet man sie nur noch an einzelnen Stellen der Wand, schliesslich gar nicht mehr. Die Drüsen werden durch das wuchernde Bindegewebe comprimirt und gehen in Folge dessen atrophisch zu Grunde. Oft bemerkt man auf weite Strecken nur noch vereinzelte Reste von Gängen und Alveolen. Bei starker Vergrösserung aber stellt man fest, dass die Drüsenbläschen verengt, verkleinert sind, dass Rundzellen zwischen die Epithelien vordringen, so dass diese endlich in dem zellreichen Gewebe kaum noch oder nicht mehr wahrgenommen werden können. Der Knorpel wird durch die vordringenden Bindegewebszellen aufgelöst. Seine Grundsubstanz verschwindet, ohne sich etwa in Fasern umzuwandeln, und die Knorpelzellen werden frei. Ob sie untergehen oder den bindegewebigen Elementen sich beimengen, ist nicht sicher zu entscheiden. Auf diese Weise werden die Knorpelinseln kleiner und verändern ihre regelmässige Form (Fig. 321). Man trifft oft nur noch kleine Inselchen im Bindegewebe an, bis auch sie völlig verschwinden.

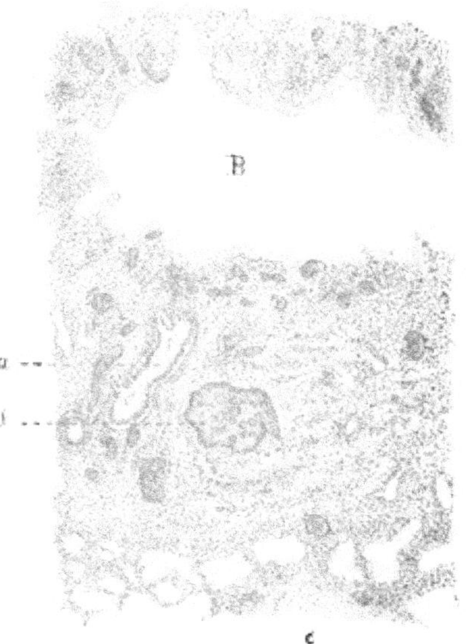

Fig. 321. Bronchiectase.
Nur am unteren Rande des Bronchus (*B*) ist die ganze Wand desselben gezeichnet. Sie ist sehr zellreich, enthält viele Gefässe, einen Drüsendurchschnitt (*a*) und einen kleinen rundlichen Knorpel (*b*). Bei *c* grenzt Lungengewebe mit verbreiterten Alveolarsepten an. Im Bronchus fehlt das Epithel, die Innenfläche ist uneben. Vergr. 30.

Hand in Hand mit dem Untergang aller dieser Elemente geht die Zunahme des zunächst noch zell- und gefässreichen hyperämischen Bindegewebes, aus dem sich also die Bronchialwand schliesslich allein noch zusammensetzt. Sie erscheint aber auch dann zunächst noch verdickt, weil die Wucherung nicht nur den Raum der untergehenden functionellen Theile einnimmt, sondern weit darüber hinausgeht. Die fernere Veränderung besteht nun darin, dass der zellreiche Charakter sich wieder verliert, dass das Bindegewebe faserreicher und oft sehr dicht und derb wird. Daran sind indessen die oberflächlichen Schichten der Schleimhaut im Allgemeinen nicht betheiligt. Sie bleiben reicher an Zellen, sei es nun, dass sie von vorneherein eine ebene Begrenzung beibehalten haben, oder sich wieder abglätteten oder auch jetzt noch eine polypöse Beschaffenheit darbieten. Diese zellreiche Lage ist indessen meist dünn. Auf sie folgt eine breite oder schmale Schicht faserreichen circulär angeordneten Gewebes. Ist sie niedrig, so erscheint die Bronchialwand makroskopisch atrophisch. An die zellarme Schicht schliesst sich mehr oder weniger verändertes Lungengewebe an. Die entzündliche Wucherung kann auf die Alveolarwandungen übergreifen und sie erheblich verdicken, eventuell das Gewebe völlig verdichten (Fig. 321). In anderen Fällen erscheinen die angrenzenden Alveolen lediglich durch die Bronchialausdehnung comprimirt.

4. Schilddrüse.

Die häufigste Veränderung der Schilddrüse besteht in einer, Struma genannten, oft sehr beträchtlichen Vergrösserung des Organes. Den grössten Antheil daran hat eine Neubildung und Erweiterung von Drüsenalveolen, in anderen Fällen auch eine Zunahme des Bindegewebes, in wieder anderen eine Wucherung der Gefässe. Die Neubildungsprozesse können in Knotenform oder diffus in der ganzen Drüse auftreten. Zunehmende Dilatation von Drüsenräumen und Verflüssigung des Inhaltes führt zur Bildung kleinerer und grösserer Cysten, die zusammenfliessen und durch Hämorrhagie einen braunen, chocoladefarbenen Inhalt bekommen können.

Soweit bei der Strumaentwicklung eine Neubildung von Colloid auftritt, war von ihr schon auf Seite 27 die Rede. Hier interessirt uns vor Allem die Histogenese des pathologischen Wachsthums. Denn die Struma ist nicht bedingt durch einfache Dilatation bereits bestehender Räume, obgleich auch diese Antheil an der Vergrösserung hat, sondern sie bildet sich durch Wachsthumsvorgänge. Untersucht man in Strumen solche Stellen, die makroskopisch ein mehr gleichmässiges, gelbliches, festes, nicht deutlich colloides Aussehen haben und sich besonders am Rande grösserer Knoten finden, so sieht man sie aus Drüsengebilden zusammengesetzt, die arm an Colloid sind oder denen es noch ganz fehlt. Um ihre Form zu beurtheilen, benutzt man am besten frische, mit dem Rasirmesser oder dem Gefriermikrotom hergestellte

Präparate, die nicht zu dünn ausfallen dürfen (Fig. 322). Denn da es sich darum handelt festzustellen, ob die Drüsenräume rundlich abgeschlossen sind oder schlauchförmige Gestalt haben, so eignen sich dickere Schnitte, die im frischen Zustand genügend durchsichtig sind, deshalb besser, weil in ihnen die doch nicht in einer Ebene verlaufenden Gebilde weniger quer oder schräg durchschnitten sind und deshalb auf längere Strecken verfolgt werden können. Dann zeigt es sich bald, dass zahlreiche lange strangförmige, leicht gewundene, verästigte Gebilde vorhanden sind, die in unregelmässiger Weise bald schmaler, bald breiter sind und am Ende gern kolbenförmig anschwellen. Sie zeigen in einem feinkörnigen trüben Protoplasma ohne deutliche Zellgrenzen zahlreiche runde Kerne. Von einem Lumen ist im Allgemeinen nur dann etwas

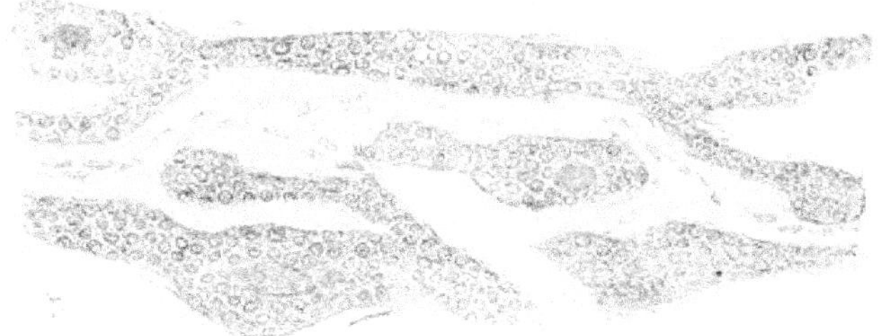

Fig. 322. Aus einer **Struma**. Frisches Präparat. Vergr. 100. Man sieht sehr lange verzweigte Zellschläuche in einer locker-faserigen Grundsubstanz. An zwei Stellen sind inmitten der Zellmassen kleine Kolloidkugeln sichtbar.

wahrzunehmen, wenn sich Colloid in ihm befindet. Man sieht, dass es von einer einschichtigen Lage kubischen Epithels begrenzt wird. In gehärteten Präparaten findet man aus dem angegebenen Grunde solche Stränge viel seltener, man sieht hier vorwiegend die Schräg- und Querschnitte als längliche und runde Alveolen mit kleinem oder kolloidhaltigem oder leerem Lumen.

Das Wachsthum der Struma erfolgt also nach Art der embryonalen Entwicklung. Selbstverständlich ist zu beachten, dass nicht nur eine Wucherung der epithelialen Gebilde vorliegen kann, sondern dass auch das gefässhaltige Bindegewebe gleichzeitig in demselben Maasse mitwächst. Durch Zerlegung der Schläuche in einzelne Theile und durch Dilatation derselben in grössere Drüsenräume geht die weitere Volumzunahme der Struma vor sich.

Solche frühen Entwicklungsstadien trifft man nun ausser in der Peripherie grösserer Knoten als eine Art Randzone auch zwischen völlig ausgebildeten umfangreicheren Alveolen und endlich in Form scharf begrenzter, kleinerer und grösserer rundlicher Herde, die einzeln oder zu vielen zerstreut in dem Organ vorhanden sein können. Im letzteren Falle gelingt es nur selten, die Schläuche auf längere Strecken zu verfolgen, da sie mehr als dort gewunden sind. In Schnitten bemerkt man daher dicht gedrängte runde, unregelmässige, vielfach ausgebuchtete Alveolen, die nur wenig Colloid enthalten. Es kommt ferner vor, dass grosse Strumaabschnitte oder ganze Organe sich nur aus colloidarmen kleinen Alveolen zusammensetzen. In allen diesen Fällen jugendlicher Wachsthumsprozesse ist das Bindegewebe aus locker angeordneten Fasern und zarten Gefässen aufgebaut.

Bilden die so kurz besprochenen Verhältnisse das Charakteristische des Neubildungsvorganges, so redet man von einer Struma parenchymatosa, wiegt dagegen die Colloidbildung und Erweiterung der Alveolen vor, so sprechen wir von einer Struma gelatinosa.

Die Struma parenchymatosa kann nach Art und Anordnung des Epithels weitere Eigenthümlichkeiten zeigen. Ersteres kann sich nämlich aus typischen Cylinderzellen ganz oder theilweise zusammensetzen. Dann findet man in den Alveolen meist kein typisches Colloid, sondern eine feinkörnige Masse. Unter diesen Umständen kommt es oft zu papillären Erhebungen in das Innere der Alveolen. Man sieht zarte oder breitere, niedrige oder hohe, gefässhaltige, bindegewebige, einfache oder verzweigte Zotten sich erheben und von Cylinderepithel überzogen werden.

Wie verhält es sich nun mit der Entstehung aller dieser jugendlichen Wachsthumsformen? Gehen sie aus embryonalen zwischen den ausgebildeten Alveolen übrig gebliebenen Resten hervor (Wölfler, Langenbecks Bd. 29) oder sind sie als neue Auswüchse der fertigen Drüsengebilde zu betrachten (Virchow, Hitzig, Langenbeck's Archiv Bd. 47)? Eine vermittelnde Stellung dürfte die richtige sein. Man wird am besten annehmen, dass bei der ja auch angeboren vorkommenden Strumabildung die embryonalen Entwicklungsprozesse niemals ganz sistirten, sondern in isolirten Bezirken (knotige Struma) oder in diffuserer Form fortdauerten.

In der Struma gelatinosa bietet die Beziehung der Colloidmassen zu dem Bindegewebe noch einige Besonderheiten. Wie bekannt, tritt in der normalen Schilddrüse das Colloid in die Lymphbahnen über. Diese Erscheinung kann man in der Struma zuweilen besonders ausgedehnt beobachten. Man findet grosse lange und breite Spalträume im Interstitium mit Colloid ausgefüllt. Man kann ferner beobachten, wie grosse colloiderfüllte Alveolen an der einen oder anderen Seite keinen Epithelbelag mehr besitzen, so dass der Inhalt, dem zahlreiche desquamirte, colloide Epithelien beigemengt sind, direkt an das Bindegewebe anstösst und in die Spalten desselben hineinragt. Man sieht ferner in ausgeprägten Fällen grosse unregelmässige, ebenfalls mit losgelösten Zellen untermischte Colloidmassen allseitig ohne jede epitheliale Abgrenzung daliegen und sich in die Lücken und Spalten zwischen den Fasern des Bindegewebes verlieren. Offenbar handelt es sich an solchen Stellen um einen völligen Untergang von Alveolen, in denen ja nur das Epithel verloren zu gehen braucht, damit das Colloid direkt in die Lymphbahnen gelangt.

Das Bindegewebe in den Strumen kann erheblich zunehmen

und derb werden (Struma fibrosa), es kann aber ferner auch in den jungen wachsenden Abschnitten eine hyaline, weichere oder sclerotische Beschaffenheit annehmen (Fig. 323), während die epithelialen Theile mehr und mehr atrophiren. In den knotigen Formen ist diese Veränderung zuweilen in der Mitte sehr ausgesprochen, während peripher ein weiteres Wachsthum stattfindet. Man sieht dann insbesondere die Gefässe, die selbst eine verdickte Wand haben können, in einen breiten hyalinen Mantel eingescheidet, der auch die Alveolen umgiebt oder sich in ihrer Umgebung wieder mehr faserig umwandelt. Die hyalinen Theile können auch verkalken.

Als ausgedehnte Veränderung tritt die Verdichtung und relative Zunahme des Bindegewebes mit Verkleinerung (Atrophie) des ganzen Organes im Alter auf. Vorzeitig beobachtet man sie bei Kretinen, bei denen die Schilddrüse so klein sein kann, dass sie schwer aufzufinden ist. Im frischen Zustande untersucht erweist sie sich aus faserigem

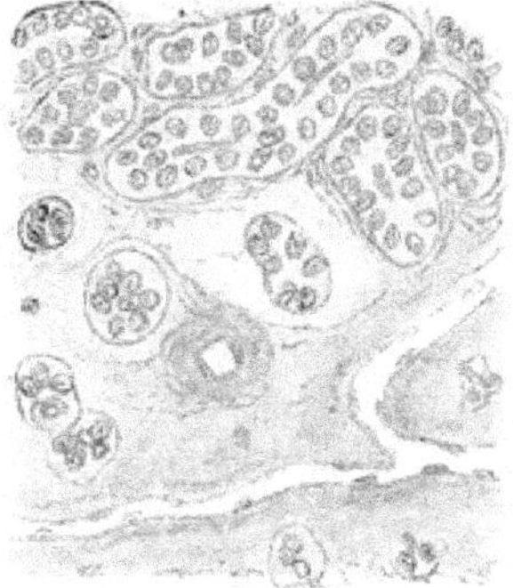

Fig. 323. Aus einer Struma. Zunahme und hyaline Umwandlung des Bindegewebes. Oben sind die Alveolen klein, enthalten nur wenig Kolloid, liegen aber noch dicht zusammen, unten sind sie weit von einander entfernt und in wechselndem Maasse verkleinert. Vergr. 100.

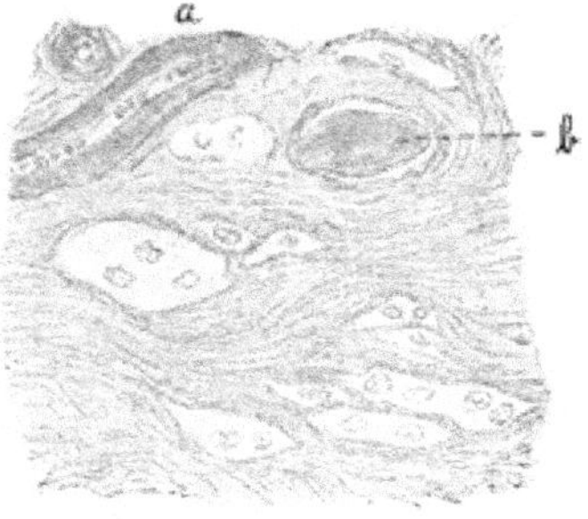

Fig. 324. Atrophie der Schilddrüse bei einem Idioten. In einem dichtfaserigen Bindegewebe sieht man Reste von Alveolen in Form kleiner Epithelgruppen. Bei *b* noch eine Alveole mit Colloid. *a* dickwandiges Gefäss. Vergr. 400.

oder mehr homogenem kernarmen Bindegewebe zusammengesetzt (Fig. 324), in welchem die verkleinerten Alveolen gruppenweise oder einzeln zerstreut liegen. Ihr Epithel zeigt meist fettige Degeneration und gelbe Pigmentirung. Nach der Härtung ergiebt sich, dass die Alveolen oft nur noch Raum für eine oder wenige Epithelzellen bieten, deren Protoplasma undeutlich begrenzt und deren Kern unregelmässig geformt ist. Nur hier und da bemerkt man noch geringe Mengen von Colloid, aber das Epithel bildet dann gewöhnlich keine regelmässige Lage mehr, sondern liegt abgeplattet und lückenhaft der Wand an. Die Blutgefässe treten oft in grosser Zahl deshalb hervor, weil ihre Wand sehr stark hyalin verdickt ist. Das Endothel kann dabei fast ganz verschwunden und das Lumen gerade noch für ein rothes Blutkörperchen durchgängig sein.

Ausser den bisher besprochenen Veränderungen kann in der Struma auch eine erhebliche Erweiterung und wohl auch eine Vermehrung der Gefässe zu Tage treten (Struma vasculosa). Unter diesen, aber auch unter den gewöhnlichen Verhältnissen, in denen ja auch der Gefässgehalt nicht gering ist, kommt es nicht selten zu kleineren und grösseren Blutungen und im Anschluss daran zur Bildung von Pigment, welches im Gewebe und im Inhalt von Cysten leicht nachgewiesen werden kann.

Unter den in der Schilddrüse vorkommenden Geschwülsten verdient hier nur das Carcinom noch besondere Erwähnung. Es findet sich sowohl in sonst unveränderten, wie besonders in strumösen Organen und zwar theils in der Form des weichen Drüsenkrebses, theils als Cylinderzellenkrebs. Es geht stets von einer umschriebenen Stelle aus und durchwächst und verdrängt die Thyreoidea in grösserer oder geringerer Ausdehnung. Seine Entwicklung bietet vortreffliche Gelegenheit, sich zu überzeugen, dass die Krebsmassen sich nicht dadurch vergrössern, dass immer neue Alveolen sich in Carcinom umwandeln, sondern nur dadurch, dass die Krebszellen selbst in die Umgebung vordringen und die Drüsenbestandtheile verdrängen. Dabei treffen sie zunächst natürlich mit unveränderten Alveolen zusammen. Indem sie in dieselben vordringen, kann die Vorstellung erweckt werden, als gingen sie aus ihnen hervor.

E. Harnorgane.

1. Niere.

a) Anleitung zur Untersuchung der Niere.

Die vor Allem in Betracht kommende Rindensubstanz kann an senkrecht und an parallel zur Oberfläche gelegten Schnitten untersucht werden. Erstere bieten in mancher Hinsicht Vortheile, besonders weil sie bei genügender Grösse alle Rindenschichten umfassen und daher eine Localisation der Veränderungen leichter gestatten, da die Markstrahlen und die einzelnen Theile des Labyrinthes leicht auseinander zu halten sind, so lange die Erkrankungen nicht zu hochgradigeren Veränderungen geführt haben. Die Horizontalschnitte sind andererseits für das Studium des Interstitiums besser geeignet, da es zwischen den meist quer getroffenen Kanälchen deutlicher hervortritt. Letztere lassen so auch das Verhalten ihres Epithels leichter erkennen. Man darf aber nicht vergessen, dass die höheren und tieferen Rindenschichten verschieden sind, was die relativen Mengenverhältnisse an geraden und gewundenen Kanälchen wegen der nach abwärts zunehmenden Breite der Markstrahlen, ferner die Grössenverhältnisse der ersteren und der Gefässe angeht, die sich von unten gegen die Oberfläche der Niere hin, allmählich verjüngen. Es ist ferner zu beachten, dass die äusserste Rindenschicht frei von Glomerulis ist, weil die gewundenen Harnkanälchen nach ihrem Ursprung aus ihnen zunächst nach aufwärts verlaufen.

Die Niere erheischt mehr als die meisten anderen Organe die frische Untersuchung, erstens weil die fettige Degeneratin in ihr eine ausserordentlich grosse Rolle spielt. Einen gewissen Ersatz kann ja allerdings die Härtung in osmiumsäurehaltigen Flüssigkeiten bieten. Aber diese sind theuer und dringen nur wenig in die Gewebsstücke ein. Die frischen Präparate gestatten ferner durch Zupfen etc. eine Isolirung der einzelnen Elemente, insbesondere der Glomeruli. Von grossem Nutzen kann ferner die nur an frischen Schnitten mögliche Entfernung des Epithels sein. Man kann es am besten dadurch beseitigen, dass man die Schnitte in einen halb mit Wasser gefüllten Reagenscylinder bringt und darin so lange schüttelt, bis sie am Rande oder in ganzer Ausdehnung ein durchbrochenes schleierartiges Gefüge zeigen. Dann sind die Epithelien grösstentheils entfernt und das Bindegewebe ist allein übrig geblieben.

Die weiteren Regeln gelten sowohl für frische wie gehärtete Präparate.

Man beginnt mit schwachen Vergrösserungen, die niemals unbenützt bleiben dürfen, da der complicirte Bau der Rinde ein Uebersichtsbild unbedingt erfordert. Zuerst werden die Glomeruli betrachtet. Man prüft ihre oft sehr wechselnde relative Grösse, ihre gegenseitige, zuweilen beträchtlich verringerte Entfernung, ihren Kerngehalt, der vermehrt oder vermindert, ihren Kapselraum, der deutlich erkennbar oder ausgefüllt sein kann, ihre mehr oder weniger trübe oder glänzende (auf Amyloid deutende) Beschaffenheit. Bei schwacher Vergrösserung prüft man ferner auf die Anwesenheit der durch ihr dunkles Aussehen leicht erkennbaren fettigen Degeneration, man stellt ihre Ausdehnung und ihre bald regelmässige, oft aber sehr unregelmässige Vertheilung fest. Auch über Nekrosen und Verkalkungen kann man sich orientiren. Endlich lässt sich die Zunahme des Bindegewebes erkennen, besonders gut an geschüttelten Präparaten.

Darauf geht man mit der starken Vergrösserung in derselben Reihenfolge die einzelnen Bestandtheile durch und achtet hierbei auch besonders noch auf die Gefässe, die mit schwachen Linsen weniger genau gesehen werden können.

Nach der Rinde kann die einfacher gebaute Marksubstanz an Quer- und Längsschnitten untersucht werden.

b) Albuminurie und Cylinderbildung.

Die Albuminurie ist eine der häufigsten Funktionsstörungen der Niere. Sie findet sich bei allen degenerativen und entzündlichen Vorgängen.

Gegenstand histologischer Untersuchung wird sie insofern, als das Eiweiss schon in den lebenden Nieren gerinnen oder künstlich, besonders durch Kochen des Organes oder auch durch Härtung in Alkohol und anderen Flüssigkeiten zur Coagulation gebracht und dann leicht nachgewiesen werden kann.

Das Eiweiss tritt anfangs ausschliesslich, später jedenfalls vorwiegend durch die Glomeruli aus. Man findet es daher in gehärteten Organen als feinkörnige graue Ausfüllungsmasse der Kapseln, in denen es bald nur in geringer Menge, bald als breiter Halbmond oder Ring vorhanden ist. In den gewundenen Harnkanälchen findet es sich ebenfalls entweder nur spärlich oder bei Erweiterung ihres Lumens in grösserer Quantität als lockeres oder dichtes Gerinnsel (Fig. 325). Nicht selten hat es hier einen blasigen Charakter. Man sieht zahlreiche aneinandergedrängte kleinere und grössere Ringe, zwischen denen körnige Massen liegen. Hier liegen offenbar Quellungszustände vor, an denen auch andere Substanzen als Eiweiss betheiligt sein mögen. Es handelt sich dabei aber nicht etwa um aufgequollene Derivate zerfallender Epithelien, denn in frühen Stadien findet man den Stäbchensaum oft noch in ganzer Continuität erhalten (Fig. 325), wenn auch unregelmässiger gestaltet und von ungleicher Breite, so dass es so aussieht, als bröckelten die Stäbchen nach und nach ab.

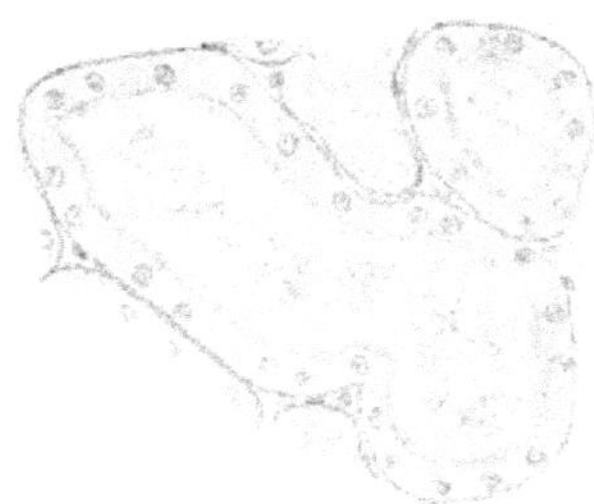

Fig. 325. Harnkanälchen bei fibrinöser Pneumonie.
In beiden Kanälchen sieht man den noch gut ausgeprägten Stäbchensaum. Das Lumen ist durch geronnene Eiweissmassen ausgefüllt. Vergr. 100.

In den Glomeruluskapseln und den gewundenen Kanälen tritt intra vitam meist keine Eiweissgerinnung ein. Dagegen findet man es schon in frischen Präparaten in festem Zustand innerhalb der Schaltstücke und geraden Kanäle eventuell auch schon in den Schleifen. Hier tritt es in Gestalt von Cylindern auf (Fig. 23, S. 31), die entweder feinkörnig oder gewöhnlich homogen, glänzend, zuweilen leicht gelblich sind und natürlich eine entsprechende Erweiterung des sonst engen Lumens voraussetzen. Sie sind also ein Umwandlungsprodukt des geronnenen Transsudates. Die Epithelien sind an ihrer Bildung nicht wesentlich betheiligt, wie schon daraus hervorgeht, dass sie völlig scharf gegen dieselben abgesetzt sind. Zuweilen kann man Uebergänge aus dem körnigen Zustand in den homogenen nachweisen (Fig. 23), oder man findet die beiden Erscheinungsweisen getrennt in neben einander liegenden Harnkanälchen. In cystisch erweiterten Tubulis ist die Inhaltmasse zuweilen theils homogen, theils körnig (Fig. 23).

Die Neigung des Albumens, gerade in den **Schaltstücken** hyalin zu gerinnen, beruht auf der hier eintretenden Wasserresorption, welche eine grössere Concentration des Harnes herbeiführt. So trifft also an den Schaltstücken die Cylinderbildung, die beginnende fettige Degeneration und, wie wir noch sehen werden (S. 363), das Anfangsstadium der entzündlichen Verbreiterung der Interstitien zusammen.

Die hyalinen Cylinder färben sich gut mit Protoplasmafarben, sie geben aber meist keine Fibrinfärbung. Doch kommen nicht selten Ausnahmen vor oder es färbt sich nur ein Theil mit Weigert's Methode gleichmässig dunkelblau. Ferner kommt auch bei Entzündungen gelegentlich echtes fädiges Fibrin zur Beobachtung und zwar zuweilen schon in den Glomeruluskapseln. Im Inneren der Harnkanälchen, besonders der geraden, gerinnt es gelegentlich auch in Gestalt von kleinen, sich blau färbenden Kügelchen und Tropfen (s. unter Infarkt S. 374).

c) Hämoglobinurie.

In einer dem Durchtritt des Eiweisses ganz entsprechenden Weise erfolgt, wenn freies Hämoglobin im Blute circulirt, die Ausscheidung desselben durch die Glomeruli. Man kann es durch Kochen und Alkoholhärtung in den Kapseln und Harnkanälchen zur Gerinnung bringen und dann leicht nachweisen. Der Unterschied gegenüber den Bildern bei Albuminurie besteht dann nur darin, dass die geronnenen Massen einen gelbbraunen Farbenton haben. In den Harnkanälchen gerinnt es meist schon im Leben und zwar wie das Eiweiss und aus gleichen Gründen vor Allem in den Henle'schen Schleifen und in den Schaltstücken. Besonders reichlich häuft es sich ferner in den geraden Kanälen der Markkegel in Gestalt cylindrischer Ausfüllungsmassen an. Es hat dabei entweder eine feinkörnige Zusammensetzung oder es besteht aus kleineren und grösseren braunrothen homogenen Kugeln und Tropfen, die an rothe Blutkörperchen erinnern.

d) Hämaturie.

Auch Blut gelangt, besonders bei (bacteriellen) Entzündungen, nicht selten in die Harnkanälchen (s. S. 361). Es tritt aus kleineren Defekten der Glomerulusgefässe aus. Doch findet man es meist nicht mehr in den Kapseln. Es fliesst eben rasch in die Harnkanälchen ab, in denen man es in verschiedenen Abschnitten, vor Allem aber wieder und zuweilen in grosser Regelmässigkeit in den Schaltstücken wiederfindet.

Seine Feststellung gelingt gut nur in gehärteten Präparaten, da es in frischen sich rasch auflöst. Zur Härtung eignet sich Zenker's Flüssigkeit sehr gut.

e) Degeneration der Niere.

1. Trübe Schwellung.

Von der trüben Schwellung ist mit besonderer Berücksichtigung der Niere bereits auf Seite 12 die Rede gewesen, so dass hier von einer Besprechung abgesehen werden kann.

2. Fettige Degeneration.

Die fettige Degeneration der Niere ist in geringeren Graden eine häufige, in höheren eine seltenere Erscheinung. Sie kommt als selbständige

Erkrankung ohne gleichzeitige andere Prozesse vor bei manchen Vergiftungen (z. B. Phosphor-Arsen-Carbolsäurevergiftung), bei vielen, ja ebenfalls durch Gifte wirkenden Infectionskrankheiten, bei Circulationsstörungen, Anämien, Diabetes u. s. w.

Die Veränderung ist fleckweise oder diffus, aber auch im letzteren Falle niemals auf alle Theile gleichmässig ausgedehnt. Bei herdweiser Erkrankung bemerkt man in der Rinde makroskopisch trübgelbe oder weissgelbliche Fleckchen oder radiäre Züge. Bei diffuser Entartung erscheint die ganze Rinde trübgelb, weissgelb, hellgelb, je nach dem Grade und dem Blutgehalt. In frischen Schnitten treten die degenerirten Abschnitte bei schwacher Vergrösserung dunkel hervor (Fig. 326), so dass auch einzelne erkrankte Kanälchen zumal nach Essigsäurezusatz leicht auffindbar sind. Nur wenn die Metamorphose gering ist, lässt sie sich erst mit stärkeren Linsen gut nachweisen. Die Degeneration folgt in ihrer Vertheilung meist bestimmten Bahnen. Im Beginn und in vielen Fällen auch dauernd (z. B. bei Infectionskrankheiten, wie Diphtherie, Pneumonie) sind allein oder vorwiegend die Schaltstücke und die Schleifen verändert (Fig. 327). Erstere heben sich an senkrecht zur Oberfläche der Niere geführten Schnitten in mit Essigsäure behandelten Präparaten sehr gut von den gewundenen Kanälen ab. Sie liegen unter der Kapsel in ungefähr dreieckigen, in der übrigen Rinde in unregelmässigen Gruppen vertheilt zwischen den übrigen Bestandtheilen. Ihr Durchmesser ist geringer und ihr Epithel niedriger als in den Tubuli contorti.

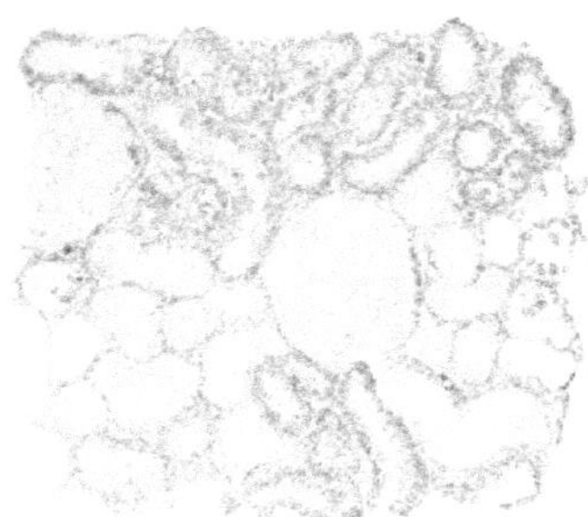

Fig. 326. Fettige Degeneration der Niere. Die Harnkanälchen sind theils dunkel, theils hell. Erstere sind fettig degenerirt, aber in wechselnder Intensität. In einzelnen Kanälchen befinden sich nur noch wenige fettig degenerirte Zellen, die übrigen sind ausgefallen. An den beiden Glomerulis sieht man an der Grenze gegen den Kapselraum hier und da dunkle, einer Fettentartung entsprechende Fleckchen. Vergr. 100. Frisches Präparat.

Fig. 327. Fettige Degeneration der Schaltstücke der Nierenrinde. Schnittrichtung senkrecht zur Oberfläche der Niere. Zwischen den unveränderten grauen Harnkanälchen sieht man die dunklen, einzeln und in subcorticalen Gruppen gelegenen Schaltstücke. Vergr. 30.

Der Grund für die frühzeitige Erkrankung der Schaltstücke liegt in dem Umstand, dass in ihnen durch Wasserresorption eine Concentrirung des Harnes stattfindet, so dass die in ihm enthaltenen vorwiegend durch die Glomeruli ausgeschiedenen Substanzen intensiver auf das Epithel einwirken. Derselbe Gesichtspunkt ist auch maassgebend für den später zu betonenden Beginn der Entzündung in der Umgebung dieser Kanalabschnitte.

Die Schaltstücke liegen in den gleichen Bezirken wie die Venen der Niere, die Gruppen unter der Nierenoberfläche also zusammen mit den Stellulae Verheinii. Darin liegt zum Theil der Grund, weshalb auch bei venösen Stauungen die Schaltstücke zuerst erkranken und fettige Entartung zeigen.

Wird die fettige Degeneration der Nierenrinde hochgradiger, so entarten nun auch die gewundenen Kanäle und zwar oft stärker als die Schaltstücke. In frischen Präparaten ist unter diesen Umständen die Zeichnung der Nierenrinde ausgesprochener als sonst. Man sieht die degenerirten Kanäle deutlicher als die normalen. Die nicht oder geringer veränderten Markstrahlen und die Glomeruli heben sich wegen ihrer helleren Beschaffenheit sehr auffallend ab. Letztere entarten überhaupt stets nur in geringer Intensität, offenbar weil bei der dünnen Beschaffenheit der Epithelien zu wenig degenerationsfähiges Protoplasma vorhanden ist. Bei starker Vergrösserung sieht man daher auf dem Capillarknäuel nur spärliche Fetttröpfchen, deren nahe Beziehung zu den Kernen ihre Einlagerung in die dünnen Zellen erkennen lässt. Auch die Kapselepithelien können entarten. In den Epithelien der Tubuli contorti werden die Tropfen ausserordentlich zahlreich und so dicht gedrängt, dass die Zellen nur noch einen Haufen von Fettkügelchen darzustellen scheinen (Fig. 328). Gewöhnlich bilden dann die degenerirten Epithelien nur noch eine gemeinsame, das Lumen umgebende dunkle körnige Masse. Viele Zellen lösen sich ab, liegen frei im Lumen und zeigen ebenso wie nicht selten auch schon die festsitzenden Zerfallserscheinungen (Fig. 329). Sie können dann auch in den Harn übertreten. Am frischen Präparat sind die Ablösungsvorgänge freilich nur mit Vorsicht zu beurtheilen, da die bereits lose sitzenden Zellen auch leicht durch das Messer völlig abgetrennt werden können. Das in Osmiumsäure gehärtete Präparat gestattet daher sicherere Schlüsse (Fig. 329). An ihm sieht man besonders gut den Beginn der Degeneration und die Desquamation in den zerstreut liegen-

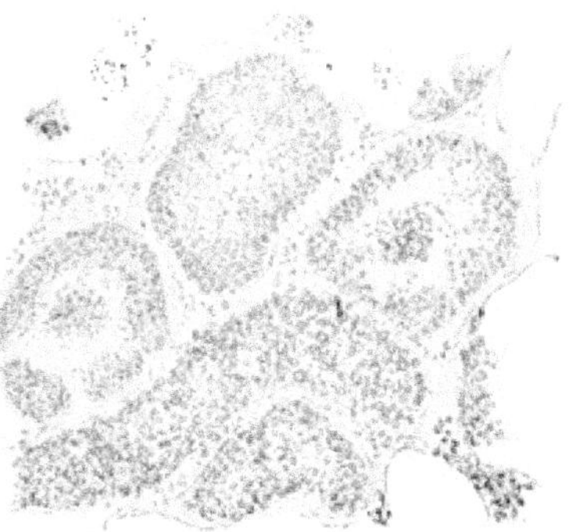

Fig. 328. Fettige Degeneration der Niere.
Drei grosse Querschnitte von gewundenen Harnkanälchen und zwei schmale Schräg- resp. Längsschnitte von Schaltstücken zeigen ausgesprochene fettige Entartung, die in den Schaltstücken am hochgradigsten ist. Auch im Bindegewebe einige Fetttröpfchen. Vergr. 100.

den Schaltstücken (Fig. 327). Neben den hochgradiger erkrankten Abschnitten finden sich auch schwächer degenerirte bis zu den geringeren in Figur 326 wiedergegebenen Zuständen.

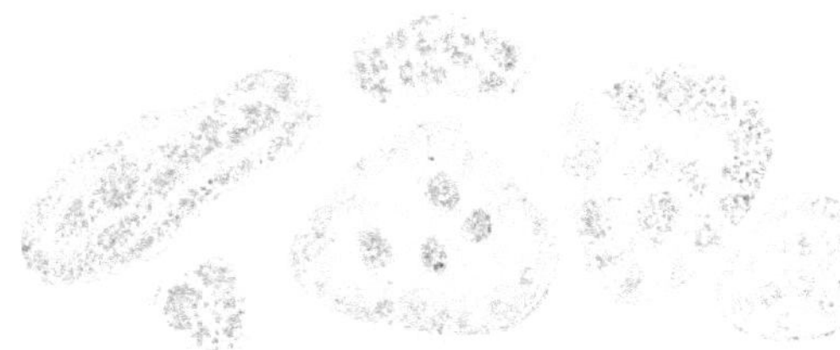

Fig. 329. Fettige Degeneration der Niere.
Querschnitte einzelner Harnkanälchen. Härtung in Flemming's Lösung. Links ein Kanälchen mit fettig degenerirtem Epithel und ebensolchen Zellen im Lumen, daneben zwei Kanäle, in denen das Epithel degenerirt und desquamirt ist. In der Mitte ein grösseres Kanälchen mit Eiweiss und 1 degenerirten Zellen im Lumen, nach rechts ein ebenso grosses, mit fettig entartetem Epithel und ein kleineres mit gering degenerirtem und theilweise abgelösten Epithel. Vergr. 100.

So lange die Zellen noch nicht zerfallen sind, lässt sich auch bei stärkerer Degeneration noch oft die S. 17 besprochene Bevorzugung der basalen Zellabschnitte erkennen.

Das interstitielle Bindegewebe nimmt an der Entartung bald schwächer, bald stärker Antheil.

Die fleckweise Degeneration kann in selteneren Fällen ausser auf die Schaltstücke auch auf einzelne Theile der gewundenen Kanäle beschränkt sein (z. B. bei Icterus). Sie tritt ferner in Combination mit anderen Erkrankungen auf und ist dann häufig in ihrer Localisation von ihnen abhängig. Besonders deutlich fleckig tritt sie bei chronischen Entzündungsprozessen auf (s. u.). In unregelmässigeren meist zackigen Feldern findet sie sich bei amyloider Degeneration (s. u.). Hier pflegt dann auch das interstitielle Gewebe stark mitergriffen zu sein.

Das oben erörterte fleckweise Auftreten der fettigen Degeneration wurde von mir zuerst beschrieben, u. A. in der Arbeit „Beiträge zur normalen und patholog. Physiol. u. Anat. der Niere". Bibl. med. C. 4.

3. Pigmentirung der Niere.

In den Nieren älterer Erwachsener trifft man sehr häufig, in denen alter Leute regelmässig, körniges Pigment im Epithel der Schleifen und Schaltstücke. Es tritt in derselben Form auf, wie bei der senilen Atrophie des Herzens und der Leber, und ist auch hier in höherem Alter stets mit Atrophie des Gewebes verbunden. Die Epithelien sind viel kleiner und niedriger als sonst, die Kanälchen von geringerem Durchmesser. Die mit solchen atrophirenden Tubuli versehenen Stellen haben ein geringeres Volumen und daraus ergiebt sich ein Einsinken aller der Stellen, an denen unter der Nierenoberfläche die Gruppen von Schaltstücken liegen. So entsteht eine leicht höckrige Oberfläche, eine senile Schrumpfniere, in der aber auch alle anderen Bestandtheile kleiner sind als sonst. Das Pigment ist nicht eisenhaltig.

Es hat zweifellos die gleiche Bedeutung, wie das in der Leber und im Herzen älterer Leute bei Atrophie dieser Organe abgelagerte Pigment. Ueber seine Herkunft ist aber nichts Sicheres bekannt. Die Analogie mit der Leber ist aber insofern noch weiter durchführbar, als, wie in diesem Organ die leicht gestauten centralen Theile der Acini pigmentirt werden, so in der Niere die in der Umgebung der Venen liegenden und deshalb auch von Stauung betroffenen Schaltstücke.

Zuweilen findet sich zwischen den pigmentirten Schaltstücken eine Verbreiterung der Interstitien durch Ansammlung runder, dunkel gefärbter lymphocytärer Kerne.

Unter bestimmten Bedingungen, aber nicht gerade häufig, kommt in der Niere auch eisenhaltiges Pigment zur Ablagerung.

So einmal nach Blutungen in das Nierengewebe, wie sie bei Entzündungen vorkommen. Dann kann man es in den Interstitien oder auch im Epithel von Harnkanälchen aber ohne eine bestimmte Regelmässigkeit nachweisen. Ferner enthalten die Harnkanälchenepithelien eisenhaltiges Pigment in einzelnen Fällen, in denen auf Grund einer Allgemeinerkrankung ein ausgedehnter Blutuntergang stattfand. Man hat es besonders nach schwerer Malaria beobachtet.

4. Icterus.

Lebhaft gefärbt wird die Niere bei Icterus. Sie erscheint gelb, gelbgrün, dunkelgrün, je nach der Intensität des Prozesses. Der Grund für die starke Betheiligung der Niere liegt in der in ihr und zwar durch gewundene Harnkanälchen erfolgenden Ausscheidung der Gallenfarbstoffe.

Das Gallenpigment bleibt bei höheren Graden von Icterus reichlich im Epithel der secernirenden Kanäle, und zwar in Gestalt feiner gelber resp. grüner Körnchen und grösserer scholliger Gebilde liegen. Aber nicht alle Tubuli contorti sind gleichmässig betheiligt. Man sieht intensiv gefärbte Durchschnitte gruppenweise vertheilt. Sie gehören offenbar bestimmten Abschnitten ab. Die anderen gewundenen Kanäle sind deutlich weniger stark tingirt. Mit verhältnissmässig wenig Pigmentkörnchen sind auch — durch Resorption aus dem Lumen — die Epithelien der Schleifen und der Schaltstücke versehen, die der geraden Kanäle sind meist ganz farblos. Mit dem Icterus verbindet sich ganz gewöhnlich, in höheren Graden stets, eine ausgedehnte fettige Degeneration, die in erster Linie an den gewundenen Kanälen und zwar oft stärker an den weniger pigmentirten als an den anderen hervortritt. Sie kann durch Bildung grosser Tropfen ausgezeichnet sein und zum Zerfall und zur Desquamation der Epithelien führen. Aber auch die übrigen Harnkanälchen, insbesondere die Schleifen und Schaltstücke bleiben nicht verschont. Ferner fehlt niemals ein Austritt von Eiweiss durch die nicht gelb gefärbten und nur leicht fettig entarteten Glomeruli. Durch Gerinnung des Albumens entstehen, vor Allem in den Schaltstücken, auch hier Cylinder, die sich mit dem Gallenfarbstoff imbibiren und dadurch eine gelbe oder grüne Farbe annehmen. Sie sind häufig von scholliger Beschaffenheit. Neben ihnen finden sich desquamirte ebenfalls gefärbte Epithelien und strukturlose, gallig gefärbte Schollen und körnige Massen. Indem alle diese Gebilde auch die geraden Kanäle des Markes ausfüllen, verleihen sie denselben makroskopisch eine gelbe oder grüne radiäre Streifung. Durch die beschriebenen Prozesse wird die Struktur der Nierenrinde für die schwache Vergrösserung aussergewöhnlich deutlich. Die fettig entarteten dunkelen und ausserdem verschieden pigmentirten gewundenen Kanäle heben sich von einander und von den hellen Glomerulis sehr gut ab. Die Schaltstücke und Schleifen sind an den gefärbten Cylindern, die geraden Kanäle daran leicht kenntlich, dass sie verhältnissmässig wenig verändert sind.

In manchen Fällen von besonders hochgradigem Icterus kommt es zu einer Nekrose der gewundenen Harnkanälchen, aber zunächst auch hier nur eines Theiles derselben. Da die Zellen im Uebrigen erhalten zu sein pflegen, so muss die Nekrose sehr früh und rasch eingetreten sein. Sie beruht wohl zweifellos auf der sekretorischen Thätigkeit der Epithelzellen.

Die Untersuchung der Niere wird auf fettige Degeneration und zugleich auf icterische Färbung am besten am frischen Präparat vorgenommen, da beide Zustände sich gleichzeitig nicht conserviren lassen. Die Erhaltung des Gallenfarbstoffes gelingt am besten in Sublimat- oder Zenker's Lösung, die ja auch für die Nekrose gute Bilder liefert.

5. Amyloide und glykogene Entartung.

Die amyloide Degeneration der Niere wurde bereits auf Seite 36 eingehend geschildert.

Bei Diabetes kommt nicht selten eine Einlagerung von Glykogen in die Epithelien besonders der Henle'schen Schleifen zur Beobachtung. Es findet sich hier in kleineren und grösseren Tropfen, die sich in frischen Präparaten leicht auflösen und Vacuolen zurücklassen. Die Untersuchung wird daher am besten an gehärteten Präparaten vorgenommen (s. S. 40).

6. Nekrose.

Nekrotische Veränderungen sind an den Nierenepithelien nicht selten zu beobachten (vergl. Fig. 32, 39 und den anämischen Infarkt S. 374). Sie können auf einzelne Harnkanälchen oder auf ganze Systeme ausgedehnt sein und sind mikroskopisch an den früher (S. 41) besprochenen Merkmalen kenntlich. Sie bedürfen daher hier keiner weiteren Schilderung (s. Nephritis S. 363).

7. Ablagerung von Kalk und Harnsäure.

Kalkablagerung findet sich in der Niere unter verschiedenen Bedingungen. Im Alter kommt es sehr oft zu einer Verkalkung der Glomeruli (s. Fig. 36, S. 44) und zu einer Abscheidung in die Spitze der Markkegel (Kalkinfarkt), die makroskopisch grauweiss gefärbt und radiär gestreift erscheint. Unter dem Mikroskop findet man den Kalk in Körnchen in das intertubuläre Bindegewebe und in die Lumina der Harnkanälchen eingelagert. In letzteren ist er oft so dicht abgeschieden, dass er cylindrische Ausfüllungsmassen darstellt. Nach Auflösung der Kalksalze ergiebt sich dann meist, dass den Cylindern eine homogene Eiweisssubstanz zu Grunde liegt.

Längsschnitte durch die Markkegel belehren am besten über die cylindrische Verstopfung der Lumina, Querschnitte über die Beziehung des Kalkes zu den Interstitien und zur Wand der Harnkanälchen.

Eine andere Art der Kalkablagerung findet sich bei primärer Nekrose von Nierenabschnitten. Der Kalk lagert sich in die abgestorbenen Epithelien zunächst in Gestalt kleinerer Körnchen ein, die aber später zu homogenen der Grösse der Zelle entsprechenden Schollen zusammenfliessen. So können längere Strecken von Harnkanälchen verändert werden. Sie erscheinen dann natürlich dunkel und sind so leicht aufzufinden. Sehr oft verbindet sich damit auch eine Kalkabscheidung in das Harnkanälchenlumen, sei es dass sie in desquamirtes Epithel oder in hyalines Eiweiss erfolgt.

Die Verkalkung nekrotischer Theile findet sich besonders häufig nach Sublimatvergiftung.

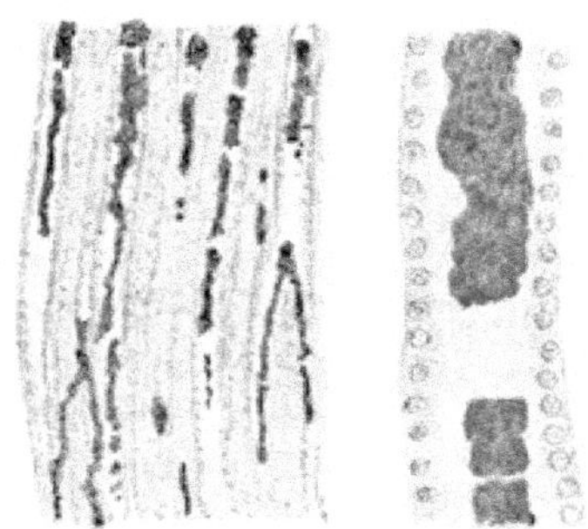

Fig. 330. Harnsäure-Infarkt des Neugeborenen. In der linken Hälfte der Figur sieht man bei schwacher Vergrösserung die dunklen unregelmässigen und an zwei Stellen dem Zusammenfluss zweier gerader Harnkanälchen entsprechend gabelig getheilten Harnsäuremassen. Das einzelne, bei starker Vergrösserung gezeichnete Kanälchen zeigt die Lagerungsweise der Harnsäure genauer.

In ähnlicher Weise wie der Kalk lagert sich in die Markkegel nicht selten Harnsäure ab. Das ist vor Allem bei Neugeborenen der Fall (Harnsäureinfarkt). Die Spitzen der Kegel erscheinen dann weiss oder, wegen des meist begleitenden Icterus gelbweiss oder gelb und in diesen Farbentönen radiär gestreift. Das Mikroskop lehrt, dass die Harnsäure dunkle, cylindrische Ausfüllungen der Harnkanälchenlumina bildet (Fig. 330).

f) Nephritis.

Die entzündlichen Veränderungen der Niere sind vom histologischen Standpunkt viel leichter verständlich, als man nach dem wechselnden makroskopischen Aussehen, welches zur Unterscheidung zahlreicher Formen (der grossen weissen, blassen, gelben, hämorrhagischen Niere, der verschieden aussehenden Schrumpfnieren) geführt hat, erwarten sollte. Für den Histologen leiten sich die Bilder leicht eines aus dem andern ab. Sie sind nur Modificationen und Stadien desselben Prozesses, der makroskopisch und mikroskopisch deshalb ein so verschiedenes Aussehen bietet, weil die Individuen bald nach kürzerer, bald längerer Dauer der Erkrankung zu Grunde gehen, weil die Intensität und Extensität der Entzündung in den einzelnen Zeitpunkten besonders im Anfang sehr verschieden sein kann, weil der Blutgehalt sehr wechselnd ist und weil sich mit der Entzündung Degenerationen combiniren und wegen ihres Umfanges in den Vordergrund treten können.

Als Entzündung dürfen wir auch in der Niere nur den Vorgang bezeichnen, der mit Exsudation und Emigration und, höchstens mit Ausnahme ganz leichter Fälle, mit proliferirenden Vorgängen an den fixen Elementen einhergeht. Da die Entzündung hauptsächlich, nur abgesehen von rasch wieder zur Norm zurückkehrenden Prozessen an den Glomerulis, in den Interstitien abläuft, so muss jede Nephritis eine interstitielle sein. Als parenchymatöse Nephritis pflegt man auch wohl die rein degenerativen diffusen Zustände zu bezeichnen, sollte so aber nur diejenigen wirklichen Entzündungen nennen, bei denen die Degeneration in den Vordergrund tritt.

Die früheren Stadien der Nephritis und die vorwiegend mit Degeneration einhergehenden Entzündungen zeichnen sich durch Trübung und Schwellung der Nierenrinde, die späteren und die vorwiegend interstitiellen mehr und mehr durch Verschmälerung derselben aus, welche auf einer narbigen Zusammenziehung des proliferirten Bindegewebes und auf einem Untergang der functionellen Bestandtheile beruht.

Jene Retraction bewirkt, da sie ausnahmslos fleckweise auftritt, die Oberflächen-Unebenheiten der „Schrumpfniere", „Granularniere". Bei dem Zustandekommen der Einziehungen wirkt der Untergang und das eventuelle völlige Verschwinden der dort befindlichen Harnkanälchen begünstigend. Wenn man sich aber vorstellt, dass dieses Moment auch so weit wirksam sein könne, dass aus einer rein degenerativen Nierenerkrankung durch Ausfall untergehender Harnkanälchen und Einsinken der betreffenden Abschnitte eine Granularniere werden könne, so ist zu beachten, dass man in keinem Falle die entzündlichen interstitiellen Prozesse und insbesondere niemals die Glomerulusschrumpfungen vermisst, die nur auf Grund entzündlicher Vorgänge zu Stande kommen. Jene Annahme basirt darauf, dass die von vorneherein mit starker Degeneration einhergehende Nephritis anfänglich bei klinischer Betrachtung eine rein parenchymatöse Erkrankung vortäuscht.

Aus diesen Bemerkungen ergiebt sich, dass das histologische Bild der Nierenentzündungen ausserordentliche Verschiedenheiten darbieten muss, ohne indess, so wechselnd auch das mikroskopische Aussehen sein mag, irgend welche principiellen Unterschiede hervortreten zu lassen. Je nach dem früheren oder späteren Stadium der Erkrankung, je nach dem von den verschiedenen ätiologischen Momenten abhängigen Vorherrschen degenerativer oder interstitieller Prozesse wird sich unter dem Mikroskop ein sehr variabler

Verhalten darbieten. Da ferner die mannigfachen Zustände nicht scharf von einander getrennt sind, sondern Uebergänge bieten, so kann man durch Beschreibung einzelner Bilder die Vielgestaltigkeit der Nephritis nicht erschöpfen. Wir wollen daher, ohne damit irgendwie eine Eintheilung zu versuchen, die frühen Stadien der Nierenentzündungen zunächst ins Auge fassen, um dann diejenigen, welche hauptsächlich mit Veränderungen am Parenchym einhergehen und dann die durch vorwiegende interstitielle Prozesse ausgezeichneten zu betrachten.

Wenden wir uns daher jetzt zu den Formen der Nephritis, die einen kurzen Verlauf gezeigt haben und in erster Linie bei acuten Infectionskrankheiten vorkommen, so betrachten wir hier vor Allem die Glomeruli.

Sie sind, wie überhaupt für die gesammte Nephritis vorweg betont werden muss, niemals ganz intact, oft sehr hochgradig, stets aber zuerst verändert. Das erklärt sich daraus, dass sie von den schädigenden im Blut circulirenden Stoffen wegen ihrer vorwiegenden Zusammensetzung aus Capillaren und wegen der durch sie erfolgenden Ausscheidungsvorgänge besonders getroffen werden müssen.

Sie erscheinen in frischen Schnitten entweder hyperämisch und dann als rothe Körnchen, oder sie sind trüber als sonst und nach Essigsäurezusatz kernreicher. Das gilt besonders, wenn sie makroskopisch vergrössert erscheinen. Sie können dann den Kapselraum so ausfüllen, dass nirgendwo etwas von ihm zu sehen ist, oder zwischen ihn und den Capillarknäuel schiebt sich eine trübgraue halbmond- oder ringförmige Masse ein, die auf Essigsäurezusatz viele Kerne hervortreten lässt, also zelliger Natur ist.

Zur Untersuchung bei starker Vergrösserung empfiehlt sich neben den Schnitten vor Allem eine Isolirung der Glomeruli. Man nimmt sie so vor, dass man von der Rindenschnittfläche mit dem Messer etwas Material, welches stets einige Capillarknäuel enthält, abschabt und in Wasser bringt. Man kann die Glomeruli bei freiem Auge gut erkennen und eventuell aus der trüben Flüssigkeit mit der Nadel in reinere schieben. Bei Auflegen des Deckglases muss man auf genügende Flüssigkeitsmenge Bedacht nehmen und eventuell ein Haar einschieben, damit die Glomeruli nicht zu sehr gepresst werden.

Man bemerkt an den Capillarknäueln hauptsächlich nach zwei Richtungen Abnormitäten. Erstens nämlich zeigt das Epithel stärkere Prominenz und grössere Kerne. Einzelne oder viele Epithelien springen buckelig (Fig. 331), kolbig, keulenförmig vor und sitzen oft nur noch mit einem dünnen Faden fest. Dabei sind sie im Ganzen, auch zwischen den Capillarschlingen vermehrt und enthalten ferner gerne feine Fetttröpfchen. Zuweilen bilden die wuchernden Epithelien, ohne sich abzulösen, auf den Gefässschlingen einen zusammenhängenden protoplasmatischen Belag, dessen einzelne Zellen sich nicht deutlich abgrenzen lassen (Fig. 331 a).

Eine andere Abnormität führt zu einer erheblichen Vergrösserung des Capillarknäuels, der dann den Kapselraum völlig verlegt. Hier handelt es sich um eine Ausfüllung sämmtlicher Capillarschlingen mit einer trüben, zelligen Masse, die auf Essigsäurezusatz viele Kerne und in deren Umgebung meist auch ziemlich viele Fetttröpfchen hervortreten lässt (Fig. 332). Auf der Oberfläche der Knäuel ist das Epithel meist in der angegebenen Weise angeschwollen, oder bereits abgestossen.

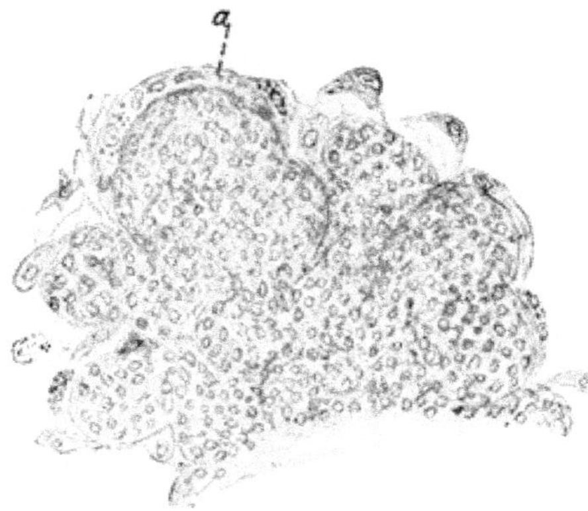

Fig. 331. Glomerulonephritis. Frisches Präparat. Vergr. 100. Man sieht einen Theil eines kernreichen Glomerulus. Auf seiner Oberfläche (am Rande) vergrösserte Epithelien von verschiedener Form und in verschiedenen Graden der Ablösung. Bei *a* ein continuirlicher, protoplasmareicher, riesenzellenähnlicher Epithelbelag.

Die Untersuchung dieser Verhältnisse wird durch ein Zerzupfen der Glomeruli oder durch Behandlung mit einem weichen Pinsel, der die Schlingen von einander trennt, erleichtert. Die Knäuel sind so gross, dass man sie ganz gut mit einer feinen Nadel festhalten kann.

Ueber die Bedeutung der intravasculären Zellen gehen die Meinungen auseinander. Manche halten sie für gewucherte Endothelien. Ich bin der Meinung, da die Capillaren, so weit ich sehe, strukturlose Röhren darstellen und nur die grösseren Stämme im Hilus Endothel besitzen, dass es sich nur in letzteren um jene Wucherung handeln kann und nur noch die Möglichkeit besteht, dass die proliferirenden Endothelien bis in die peripheren Capillaren vordringen. Im Allgemeinen aber handelt es sich um Leukocyten, also um eine Art Thrombose. Für diese Auffassung spricht es, dass man auch andersartige thrombotische Vorgänge, wenn auch nicht gerade häufig, beobachten kann.

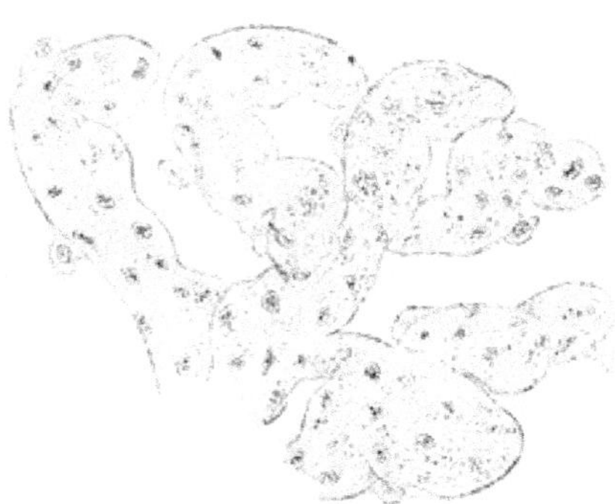

Fig. 332. Schlingen eines Glomerulus bei **Glomerulonephritis**. Frisches Präparat, durch Zerzupfen eines Glomerulus hergestellt. Man sieht die Capillarlumina durch trübe, kernhaltige Massen ausgefüllt. In der Umgebung der Kerne feine Fetttröpfchen. Auf den Capillaren sitzen an mehreren Stellen angeschwollene, zum Theil nur mit dünnem Stiel festhaftende Epithelien. Vergr. 600.

Neben den Glomerulis mit zellig erfüllten Capillaren trifft man gelegentlich einzelne oder viele, deren Gefässlumina durch homogene Massen, hyalisirtes Fibrin verstopft sind. In gehärteten Präparaten kann man diese Erscheinung durch die Fibrinfärbung zur Anschauung bringen. Um in ihnen die zellige Ausfüllung der Capillaren deutlich zu machen, muss man recht dünne Schnitte anfertigen (Fig. 333). Aber auch dann ist es nicht leicht, sich über die Lage jeder Zelle, ob es sich also um intravasculäre oder der Gefässwand nur aufsitzende Zellen, Epithelien handelt, klar zu werden. Denn man sieht die Capillaren sehr häufig ganz oder theilweise von der Fläche.

Sehr gute Dienste kann hier die Injection, zumal die mit farblosem Leim oder die mit Alkohol leisten. Man kann sie auch an der durchschnittenen Niere noch leicht von einem Arterienast aus vornehmen. Sie gelingt freilich nicht oder nur unvollkommen, wenn die thrombotische Ausfüllungsmasse sehr fest sitzt, in anderen Fällen aber wird diese aus allen oder vielen Glomerulis herausgedrängt, die Lumina klaffen weit, man sieht die hyaline Capillarwand von den Epithelzellen bedeckt.

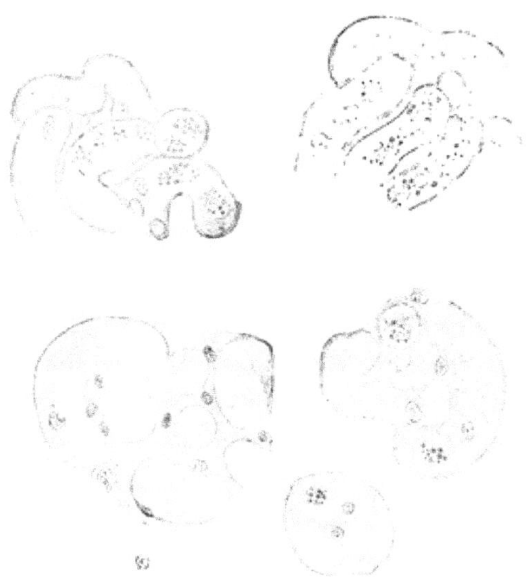

Fig. 333. Glomerulonephritis bei Pneumonie.

Oben links Theil eines frisch zerzupften Glomerulus. Man sieht in den Capillarschlingen mehrere mit Fetttröpfchen versehene weisse Blutzellen, ausserdem bemerkt man mehrere grosse helle Kerne, die zum Theil auch im Lumen der Gefässe zu liegen scheinen. Rechts oben ein frisches Präparat mit Essigsäurezusatz. Man sieht die scharf umgrenzten kernlosen Schlingen der Capillaren und in deren Lumen um Kerne gruppirte Fetttröpfchen. Unten links ein Abschnitt eines mit Alkohol injicirten Glomerulus mit glatt begrenzter kernloser Capillarwand und völlig leerem Lumen. Am unteren Rande der Figur liegt ein Kern scheinbar in der Capillarwand. Unten rechts Stück eines in Flemming'scher Lösung gehärteten Glomerulus. Capillarwände kernlos, im Lumen Blut mit zwei fetthaltigen Leukocyten. Ausserdem epitheliale Kerne. Die fünfte kleine Figur ist ein Querschnitt einer weiteren Capillare aus dem Hilus des Glomerulus. Vergr. 600.

In den häufigeren Fällen, in denen die Thrombose der Capillaren fehlt, erhält man in gehärteten Präparaten sehr verschiedene Bilder, je nach der Intensität der an den Epithelzellen ablaufenden Prozesse. Wurde die Niere gekocht oder in Alkohol gut fixirt, so findet sich wegen der stets vorhandenen Albuminurie im Kapselraum meist mehr oder weniger geronnenes Eiweiss, dem gewöhnlich einzelne oder viele Zellen epithelialen Charakters beigemengt sind (Fig. 334). Auf dem Capillarknäuel und der Kapselinnenfläche bemerkt man die besprochenen Schwellungszustände des Epithels, die bis zur völligen Desquamation fortschreiten können. Die abgelösten Zellen sammeln sich unter Umständen in dem Kapselraum an und zwar so dicht, dass sie ihn ganz verlegen. Dann sind sie seltener unregelmässig, meist so angeordnet, dass sie sich gegenseitig abplatten und zwiebelschalenartig um den Knäuel herumschichten (Fig. 335, 336). Im optischen oder wirklichen Querschnitt erscheinen sie dann wie dünne Spindeln und haben in ihrer Gesammtheit ein concentrisch gestreiftes Aussehen, welches den Anfänger eher an Bindegewebe als an Epithel denken lässt. Aber die Beschaffenheit der Kerne und die gegen den Capillarknäuel hin in die einzelnen Zellen (Fig. 336) erfolgende Auflösung der Massen geben genügende Anhaltspunkte. Freilich kann die dicke Zellschicht auch bis dicht an den Knäuel heranreichen, so dass man dann die einzelnen Epithelzellen kaum erkennt. Bei weniger fester Zusammenlagerung kann man die Kapselepithelien wenigstens theilweise noch in regelmässiger Anordnung antreffen. Diese

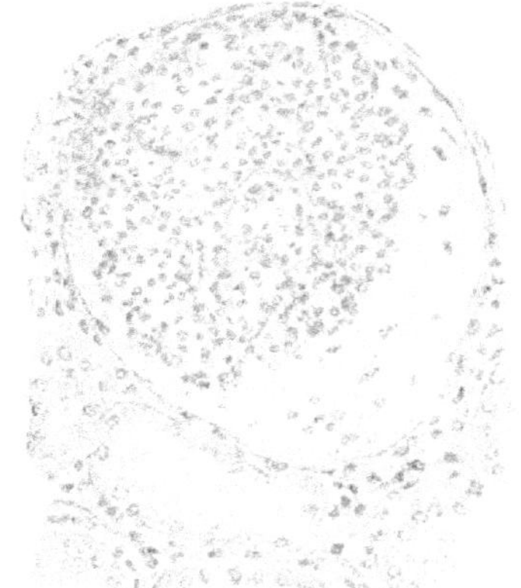

Fig 334. Glomerulus und Harnkanälchen bei beginnender **Nephritis.** Der Kapselraum des Glomerulus ist stark erweitert und enthält feinkörniges Eiweiss mit abgestossenen Epithelien. Die Harnkanälchen sind mit Eiweissmassen gefüllt.

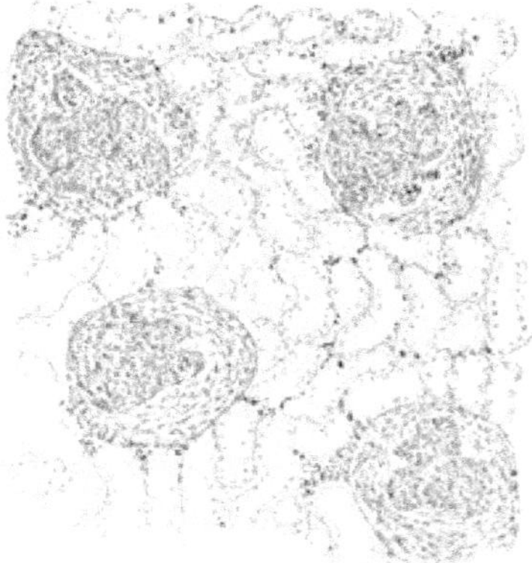

Fig. 335. Glomerulonephritis. Vier Glomeruli zeigen Ausfüllung des Kapselraumes durch zellige, concentrisch gestreifte, circulär oder halbmondförmig angeordnete Massen. Das übrige Gewebe der Niere ohne Veränderung ausser einer fleckweisen, an die Glomeruli angrenzenden leichten Zellinfiltration der Interstitien. Vergr. 40.

Epitheldesquamation, die natürlich mit lebhafter Neubildung einhergehen muss, führt also zur Bildung der oben erwähnten ringförmigen oder, wenn der Stiel des Glomerulus in den Schnitt fiel, halbmondförmigen Umhüllungen des Capillarknäuels.

Diese hochgradigen Wucherungsprozesse und jene thrombotischen Vorgänge in den Capillaren finden sich besonders bei acuten Infektionskrankheiten, vor Allem bei Scharlach. Sie müssen aus mechanischen Gründen Harnverminderung oder Anurie bedingen. Man fasst alle die entzündlichen Vorgänge am Glomerulus als G l o m e r u l i t i s zusammen. Bei gleichzeitiger Erkrankung der übrigen Niere redet man von G l o m e r u l o n e p h r i t i s.

Wendet man sich nun von den Glomerulis zu den ü b r i g e n B estandtheilen der Nierenrinde, so wird man an frischen Präparaten sein Augenmerk vor Allem auf degenerative Zustände, insbesondere fettige Degeneration richten. Zuweilen findet sich nur trübe Schwellung, gewöhnlich aber eine bald mehr, bald weniger ausgedehnte Fettentartung, die nach Vertheilung und feinerem Verhalten, wenigstens in den früheren Stadien, keine Abweichung von den rein degenerativen Nierenerkrankungen zeigt (s. o. S. 349 f,). Ferner findet man zuweilen partielle Nekrosen der Harnkanälchen und in ihrem Lumen gelegentlich Blut (S. 349) (hämorrhagische Nephritis). Auch die Interstitien können fettige Degeneration ihrer Zellen erkennen lassen. In ihnen aber fällt besonders an Schüttelpräparaten eine Verbreiterung auf, die entweder ohne Kernvermehrung oder mit ihr einhergeht. Im ersteren Falle handelt es sich um ödematöse Veränderung. Die Härtung ergiebt dann in den Lücken zwischen den Fasern eine feinkörnige Gerinnungsmasse. Die auf proliferative Prozesse deutende Kernvermehrung tritt niemals gleichmässig diffus, sondern stets fleckweise auf und bevorzugt bestimmte Stellen, nämlich die Umgebung der Schaltstücke und der Glomeruli, woven sogleich noch weiter die Rede sein soll. Bei den gewöhnlichen Nephritiden entspricht sie niemals einer Infiltration mit mehrkernigen Leukocyten, aber vielleicht nur deshalb, weil man die Erkrankung nicht genügend früh zur Untersuchung bekommt.

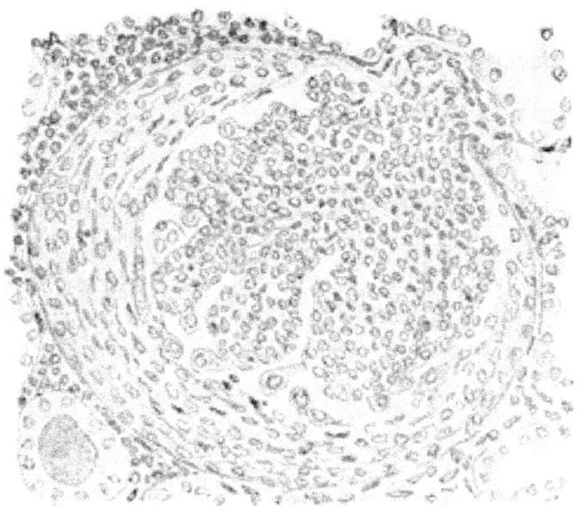

Fig. 336. Glomerulonephritis.

Vergr. 100. Der durch seinen Hilus geschnittene Glomerulus ist umgeben von einer concentrisch geschichteten Zellmasse, welche den Kapselraum ganz ausfüllt und aus abgestossenen Epithelien besteht, von denen ein Theil noch auf dem Glomerulus festsitzt. Das pericapsuläre Bindegewebe ist etwas zellig infiltrirt. Links unten ein Harnkanälchen mit Cylinder.

Gehen wir nun von diesen vorwiegend die frühen Stadien der Nephritis betreffenden Verhältnissen zu den länger bestandenen Entzündungen über, so haben wir hier zwei Gruppen zu unterscheiden, nämlich erstens die vorwiegend mit degenerativen Veränderungen einhergehenden, als grosse blasse, weisse gefleckte Niere bezeichneten parenchymatösen und die mit Schrumpfung endenden hauptsächlich interstitiellen Formen, zwischen denen aber mancherlei Uebergänge vorkommen. Die ersteren kennzeichnen ihre entzündliche Natur dadurch, dass die besprochenen Glomerulusveränderungen in ihnen bald mehr, bald weniger ausgesprochen fortdauern und dass stets auch interstitielle Proliferationsprozesse, obgleich oft geringfügig vorhanden sind. Die Vorgänge an den Glomerulis haben uns in den wichtigsten Punkten schon beschäftigt und bedürfen daher nur noch kurzer Erörterung. Von etwa an ihnen hervortretenden Schrumpfungszuständen wird weiter unten die Rede sein. Hier soll nur betont werden, dass die Desquamation des Epithels zuweilen zu einer erheblichen Verarmung der Knäuel an Epithelzellen (Fig. 337), seltener zu einem fast völligen Verlust derselben führt. Das ist natürlich nur möglich, wenn die Neubildungsprozesse sistirten. Besonders in die Augen fallend sind die regressiven Zustände an den Harnkanälchen. In erster Linie findet sich an ihnen eine bald mehr, bald weniger ausgesprochene

Fig. 337. Aus einer grossen weissen Niere. Der Glomerulus zeigt nur noch wenige Kerne. Im Kapselraum desquamirtes Epithel, welches sich in das abführende Harnkanälchen fortsetzt. Auch in den anderen Kanälen ist das Epithel durchgängig abgelöst und giebt nur noch theilweise eine unvollkommene Kernfärbung. Das interstitielle Gewebe ist feinkörnig trübe in Folge einer Gerinnung entzündlich oedematöser Flüssigkeit. Vergr. 100.

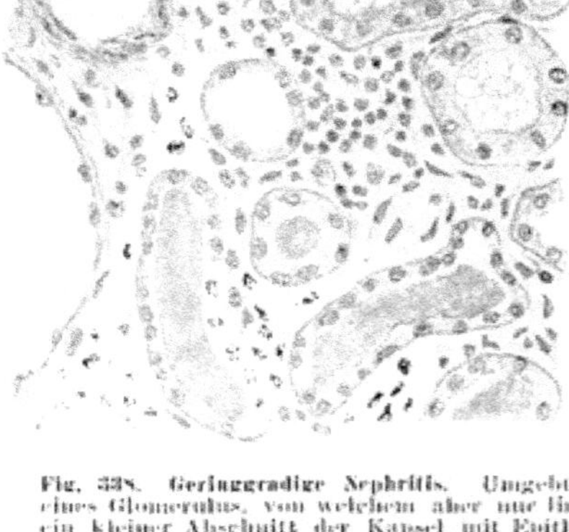

Fig. 338. Geringgradige Nephritis. Umgebung eines Glomerulus, von welchem aber nur links ein kleiner Abschnitt der Kapsel mit Epithelkernen sichtbar ist. Oben rechts drei gewundene Harnkanälchen mit vacuolärem Inhalt. Stäbchensaum theilweise erhalten. Der übrige Theil der Figur zeigt vier ganze Schaltstücke und drei Theile von solchen. In mehreren hyaline Cylinder. Das interstitielle Bindegewebe um die Schaltstücke ist vermehrt und zellreich. Vergr. 100.

fettige Degeneration, mit der ein Zerfall und eine oft ausgedehnte Desquamation sich verbinden kann. In frischen Präparaten fallen die Epithelien gern aus und lassen sich durch Schütteln in Wasser sehr leicht entfernen. Daher sind solche Objekte zur Beurtheilung der Ablösungsvorgänge unbrauchbar. Nur gut gehärtete Nieren lassen nach dieser Richtung Schlüsse zu. Es giebt aber hochgradige Erkrankungen, in denen man in den Harnkanälchen der Rinde kaum noch eine einzige Zelle festhaften sieht. Sie füllen im abgelösten Zustande die Lumina der Membranae propriae aus und zeigen dabei die mannigfaltigsten Formen

Ihre schon länger dauernde mangelhafte oder fehlende Ernährung verrathen sie durch das Ausbleiben der Kernfärbung. Sie sind nekrotisch geworden (Fig. 337). Auch in der Glomeruluskapsel findet man ebensolche desquamirte Zellen. Von hier wird aber zunächst auch ein Theil der in den Harnkanälchen befindlichen abzuleiten sein. Die Glomeruli bieten dann oft hochgradige Kernarmuth.

Die interstitiellen Prozesse zeigen ein ausgesprochen herdförmiges Auftreten. Aber ihre Localisation ist anfangs eine regelmässige. Jedoch verwischen sich diese Verhältnisse um so mehr, je weiter die Entzündung sich ausbreitet. Zunächst sind jedenfalls ihr Hauptsitz die Interstitien zwischen den Schaltstücken, die sich ausser durch die Eigenschaften ihres Epithels häufig auch durch ihren Gehalt an hyalinen Cylindern auszeichnen (Fig. 338). Da sie sich gruppenweise in der Rinde vertheilen und insbesondere in regelmässigen Abständen unter der Oberfläche liegen, so ist dadurch das fleckweise Auftreten der interstitiellen Prozesse bedingt (Fig. 343, 344). Da ferner die Schaltstücke unter der Nierenkapsel mit den Stellulae der Venen zusammentreffen, so kann man auch vom Standpunkte der Localisation sagen, dass die Bindegewebsprozesse um jene Gefässe beginnen. Auch im Innern der Nierenrinde fliessen zwischen den Schaltstücken die Capillaren zu Venen zusammen. Eine zweite Lieblingsstelle der interstitiellen Kernvermehrung ist die Umgebung, insbesondere der Hilus der Glomeruli und ferner die bindegewebige Scheide der Arteriolae rectae bis herab zur Grenze der Marksubstanz.

Der Grund dieser Localisation ist in den bei der fettigen Degeneration besprochenen Verhältnissen zu suchen. Die Toxinwirkung von den Schaltstücken aus erzeugt in ihrer Umgebung die Entzündung. Ebenso wirkt der von den Glomerulis secernirte Harn durch die nur von dünner oder defecter Epithelschicht bedeckte Kapsel hindurch auf das Bindegewebe und die Resorption von Toxinen auf dem Wege der die grossen Gefässe begleitenden Lymphbahnen veranlasst hier die Zellvermehrung.

Die interstitiellen Prozesse bestehen nach ihrer wichtigsten Erscheinung in einer Vergrösserung und Vermehrung der fixen Elemente (Fig. 338). Zwischen ihnen liegen Rundzellen, die aber bald hier bald da zu kleineren oder grösseren Gruppen zusammenfliessen und das Bild der kleinzelligen Infiltration erzeugen. Diese Bezirke fallen für gewöhnlich weit leichter in's Auge als die durch Wucherung der fixen Zellen bedingte Verbreiterung der Septa. Aber für den weiteren Verlauf der Nephritis, vor Allem für die noch zu besprechenden Schrumpfungsprozesse ist natürlich die Proliferation der Bindegewebszellen von weit grösserer Bedeutung als die Rundzelleninfiltration.

Die späteren Stadien des Prozesses zeichnen sich makroskopisch durch eine unebene mit Höckerchen, Granulis besetzte Oberfläche und durch beträchtliche

Verschmälerung der Rinde aus. Man fertigt die Schnitte am besten senkrecht zur Oberfläche und zwar dort an, wo die Granulirung gut ausgesprochen ist. Ueber die Ursachen der letzteren gewinnt man so die besten Aufschlüsse. An frischen Präparaten orientirt man sich vor Allem über das Vorhandensein fettiger Degeneration, kann aber recht gut auch alle anderen Verhältnisse feststellen, die freilich nach der Härtung klarer hervortreten.

Bei schwacher Vergrösserung gewinnt man am besten eine Uebersicht über die hochgradige Strukturänderung des Organes. Man kann gut zwischen Abschnitten unterscheiden, in denen Harnkanälchen und Glomeruli noch deutlich erhalten sind und solchen, in denen die ersteren nur schwer oder gar nicht mehr zu erkennen, die letzteren erheblich verändert, verkleinert und homogen sind. Jene besser erhaltenen Theile, in denen die Harnkanälchen in bald grösserer, bald geringerer Ausdehnung fettig degenerirt zu sein pflegen (Fig. 339), entsprechen den Höckern der Nierenoberfläche, die anderen den Einziehungen zwischen ihnen. Auch in der Tiefe der Nierenrinde wiederholt sich der gleiche Gegensatz.

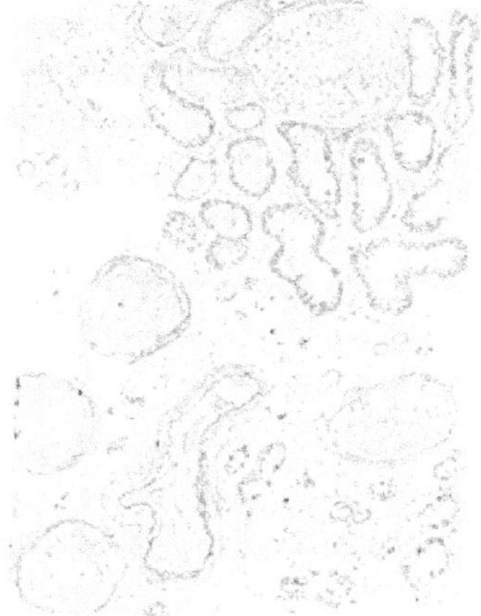

Fig. 339. Nephritis interstitialis (Schrumpfniere). Frisches Präparat. Man sieht oben einen gut erhaltenen Glomerulus, umgeben von fettig degenerirten Harnkanälchen. In der unteren Hälfte der Figur vier in Schrumpfung begriffene, kernarme Glomeruli u. eine grosse obliterirte Arterie in einem breiten Bindegewebe, in welchem sich zerstreut untergehende, fettig degenerirende Harnkanälchen finden. Vergr. 50.

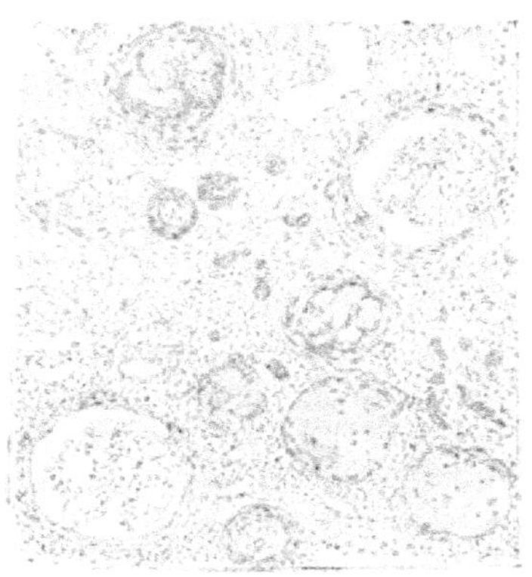

Fig. 340. Schrumpfniere.

Vergr. 40. Man sieht acht Glomeruli in verschiedenen Stadien der Kapselverdickung und Schrumpfung bis zu kleinen homogenen kernarmen Körperchen. Zwischen ihnen kernreiches vermehrtes Bindegewebe mit Resten von Harnkanälchen. Am unteren Rande eine obliterirte Arterie.

Es empfiehlt sich zunächst, die veränderten Abschnitte ins Auge zu fassen und die Betrachtung mit den Glomeruli zu beginnen.

Eine der auffallendsten Veränderungen in frischen und gehärteten Präparaten ist die hochgradige Verkleinerung der meisten Glomeruli (Fig. 340) im Bereich jenes dichten Gewebes. Sie sind in homogene, glänzende Körperchen umgewandelt, deren Durchmesser auf einen kleinen Theil des normalen reducirt sein kann. Freilich zeigen sie nicht alle denselben geringen Umfang, sondern es giebt auch Uebergänge zu den fast oder völlig normalen, die in geringer Zahl meist in den besser erhaltenen Theilen liegen. Die kleinsten Glomeruli lassen auch nach Färbung nur noch äusserst wenig Kerne hervortreten. Auch was die Erkennung der einzelnen Capillarschlingen angeht, giebt es alle Zwischenstufen bis zu den kleinsten ganz homogenen Gebilden, an denen die frühere Lappung verwischt oder höchstens noch angedeutet ist. In weitaus den meisten Fällen geht die Schrumpfung der Glomeruli mit einer erheblichen bindegewebigen Verdickung der Kapsel einher, die dann den Capillarknäuel meist, aber nicht immer enge umschliesst. Sie ist von concentrisch faseriger Beschaffenheit, kernarm oder in den älteren Stadien fast homogen, wie der Capillarknäuel, von dem sie sich aber ihres circulären Verlaufes wegen immer gut abgrenzen lässt. Nach aussen ist sie nicht so scharf abgesetzt, sondern geht allmählich in das umgebende Bindegewebe über. Je grösser und kernreicher der Capillarknäuel, desto geringer ist gewöhnlich die Verdickung der Kapsel, doch kann sie auch um normal grosse Knäuel verbreitert sein. So lange noch ein Kapselraum besteht, sind auch meist die Epithelzellen seiner Innenfläche und des Glomerulus noch gut nachweisbar, fast immer vergrössert, oft vermehrt und in regelmässigen Reihen angeordnet, zuweilen auch desquamirt nach Art der typischen Glomerulitis. Im frischen Präparat erweisen sie sich nicht selten fettig degenerirt. Man sieht dann um den verkleinerten Knäuel einen dunklen Saum, der ihn von der verdickten Kapsel trennt. Das allmähliche Verschwinden der Epithelien beruht theils auf ihrem Untergang, theils auf Fortschwemmung der abgelösten mit dem Harn.

Die Schrumpfung wird meist auf Compression durch die verdickte Kapsel bezogen. Sie kann aber zuweilen auch ohne die Dickenzunahme derselben eintreten. Die sich verkleinernden Glomeruli liegen dann in zellreichem Gewebe. Daraus folgt, dass die Schrumpfung nicht allein auf jene Weise zu Stande kommt. Eine wichtige Rolle spielt zweifellos eine Verengerung resp. Verlegung der Vasa afferentia (S. 367), durch welche die Capillarknäuel der Blutzufuhr beraubt zusammensinken. So erklärt sich auch der oben bereits hervorgehobene Umstand, dass die verdickte Kapsel den schrumpfenden Capillarknäuel nicht immer enge umgiebt.

Die geschrumpften Glomeruli liegen weit näher aneinander als die normalen, sie berühren sich oft nahezu. Daraus geht hervor, dass zwischen ihnen das Gewebe zu Grunde gegangen sein muss.

Betrachten wir nun das die geschrumpften Glomeruli trennende verdichtete Nierengewebe, so ergiebt sich bald, dass eine erhebliche Zunahme des Bindegewebes auf Kosten der Harnkanälchen stattgefunden hat. Man kann sich davon an frischen Schnitten sehr gut überzeugen, wenn man sie in Wasser in einem Reagenzcylinder schüttelt. Dann fallen die noch vorhandenen Harnkanälchenepithelien aus und das Gerüst bleibt übrig. Ueberall wo das Bindegewebe vermehrt ist, erscheint nun das Präparat von dichtem Gefüge oder nur von kleinen Lücken durchbrochen. An solchen Objekten bemerkt man dann nicht selten, dass auch die Bindesubstanz bald hier, bald dort fettig degenerirt ist, dass dieser Prozess also nicht nur die Harnkanälchen betrifft.

Die durch Zunahme des Bindegewebes ausgezeichneten Abschnitte sind von unregelmässiger Form und grenzen sich nicht scharf gegen die

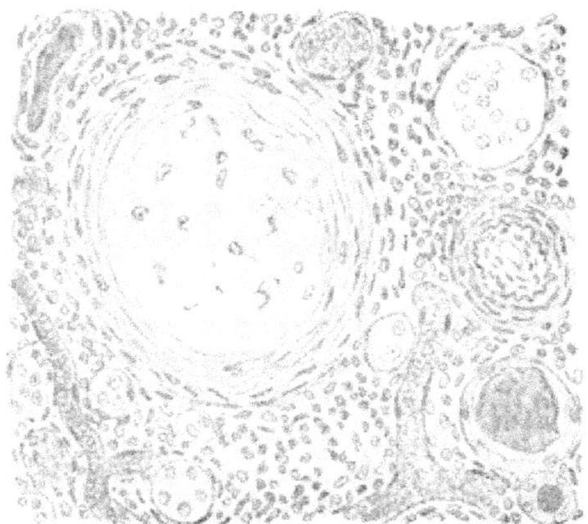

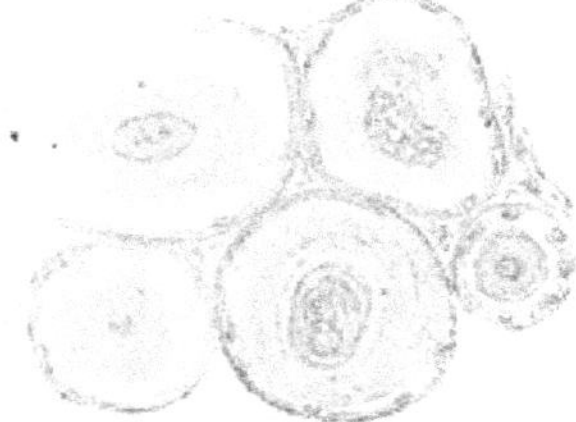

Fig. 342. Sogenannte Colloidkugeln in erweiterten Harnkanälchen bei interstitieller Nephritis. Die Kugeln sind theils ganz homogen, theils concentrisch gestreift. Sie enthalten in der Mitte scharf abgesetzte homogene oder concentrisch gestreifte oder unregelmässige Gebilde. Frisches Präparat. Vergr. 100.

Fig. 341. Schrumpfniere. Man sieht einen kernarmen homogenen, verkleinerten Glomerulus mit verdickter, concentrisch gestreifter Kapsel. Das Bindegewebe in der Umgebung ist vermehrt, zellreich und von weiten Gefässen durchzogen. Oben links und unten rechts Harnkanälchen mit hyalinen Cylindern. Oben rechts ein Harnkanälchen mit abgelöstem Epithel, ausserdem an mehreren Stellen atrophische Kanäle. Am rechten Rande eine Arterie mit Endarteriitis obliterans. Vergr. 400.

übrigen Theile ab. Vielmehr verliert sich der interstitielle Prozess allmählich, so dass auch zwischen wohl erhaltenen und beim Schütteln ausfallenden Harnkanälchen die trennenden Septa erheblich verbreitert sein können.

Das Bindegewebe ist im Allgemeinen z e l l r e i c h (Fig. 341). Es zeigt theils grössere, ovale oder unregelmässig längliche, den fixen Zellen entsprechende Kerne, deren zugehöriges Protoplasma meist nicht gut abgrenzbar ist, theils runde Gebilde, wie sie den Lymphocyten zukommen. Diese dunklen Kerne liegen mehr oder weniger dicht gedrängt, nach dem Bilde der kleinzelligen Infiltration (s. S. 81) und bilden unregelmässige fleckweise vertheilte Bezirke in dem übrigen Bindegewebe. Hat die Entzündung lange bestanden, so wird das Bindegewebe faseriger, zellärmer.

Wendet man sich nun zu der Frage nach den Veränderungen der Harnkanälchen in den dichten Bezirken, so trifft man ein verschiedenes Verhalten derselben. Sie sind meist verengt, oft bis zur Aufhebung des Lumens comprimirt (Fig. 341) und vielfach so zusammengedrückt, dass man nur noch aus einer rundlichen Gruppe von Kernen und der undeutlich erhaltenen Membrana propria auf untergegangene Harnkanälchen schliessen kann. An vielen Stellen, besonders zwischen den einander genäherten Glomerulis kann man keine Spur mehr von ihnen entdecken. So lange sie noch nicht erheblich verkleinert sind, lässt sich ihr Epithel noch gut erkennen, nicht selten ist es fettig degenerirt. Im Lumen finden sich häufig schmale hyaline Cylinder, aber auch kugelige, glänzende homogene Gebilde (Fig. 342), die man als Colloidkugeln zu bezeichnen pflegt. Sie sind häufig concentrisch geschichtet oder wenigstens mit leichten concentrischen Linien versehen. In ihrem Centrum finden sich kleinere abgegrenzte homogene Körper oder körnige runde oder unregelmässige Massen, die wie Zerfallsprodukte aussehen. Es handelt sich darum, dass sich um irgend welche zellige oder Gerinnungs-Produkte hyalines Eiweiss rings herum legt und so die kugeligen Massen bildet. Das Epithel der Harnkanälchen ist dabei entweder noch gut erkennbar, wenn auch niedriger als sonst, oder es ist endothelähnlich abgeplattet oder auf einen dünnen nicht mehr deutlich in die einzelnen Zellen abgegrenzten protoplasmatischen Saum redueirt.

In dem vermehrten Bindegewebe fallen nun ferner in den meisten Schrumpfnieren die Veränderungen der Arterien schon bei schwacher Vergrösserung auf. Sie zeichnen sich durch eine Verdickung ihrer Wand aus, an der theils die Muscularis, theils und vor Allem die Intima betheiligt ist (Fig. 341). Diese ist erheblich verdickt unter dem oben besprochenen Bilde der Endarteriitis obliterans (S. 221). Die Intimawucherung, die sich wegen der stets gut erhaltenen Elastica von der Media scharf abgrenzt, bedingt eine erhebliche Verengerung des Lumens, an den kleinen Arterien oft bis zur völligen Obliteration. Darauf beruht dann die oben erwähnte verringerte Blutzufuhr zum Glomerulus. Jene Verdickung der Muscularis ist nur eine scheinbare, bedingt durch die wegen der Rindenverschmälerung eintretende Verkürzung der Arterien und Zusammenziehung der Muskulatur in der Längsrichtung. Dabei sind die Gefässe oft nicht mehr gerade gestreckt, sonderen in geringerem oder grösserem Grade gewunden.

Untersucht man endlich die besser erhaltenen Abschnitte noch etwas genauer, so ergeben sich auch hier einige bemerkenswerthe Einzelheiten. Zunächst einmal sind die Harnkanälchen unregelmässiger in ihrer Form, oft verschiedenartig ausgebuchtet. Ihr Umfang ist oft erheblich grösser. Das Epithel ist dabei noch gut erhalten, die einzelne

Zelle gross, protoplasmareich, kubisch. Dieser Befund entspricht einer compensatorischen Hypertrophie der Harnkanälchen. Neben ihr, oder meist getrennt von ihr an anderen Stellen findet sich häufig eine Erweiterung des Kanallumens, die mit einer oft hochgradigen Abplattung des Epithels einhergeht. Sie beruht auf einer Ansammlung von Harn, der wegen Compression weiter abwärts gelegener Theiles des Kanälchens durch die entzündliche Wucherung nicht abfliessen kann und wegen Störung der Lympheirculation nicht resorbirt wird. Da der Harn eiweisshaltig ist, so fallen in ihm häufig hyaline Massen aus.

Die Glomeruli in den relativ wenig veränderten Abschnitten sind häufig sehr gross, grösser als normal, ihr Durchmesser kann um die Hälfte zugenommen haben. Auch hierbei handelt es sich um eine compensatorische Vergrösserung.

Berühren wir nun kurz noch die Frage nach der Ursache der granulären Beschaffenheit der Nierenoberfläche, so hängt sie mit dem mehrfach betonten herdweisen Auftreten der Entzündung zusammen. Wir müssen uns erinnern (S. 363), dass die erste Bindegewebsneubildung in der Umgebung der Schaltstücke stattfand. Da diese nun in Abständen gruppenweise vertheilt liegen, so müssen auf der Nierenoberfläche, wenn das neue Bindegewebe später schrumpft, zahlreiche Einziehungen entstehen, die freilich nur klein sein würden, wenn die Proliferation sich auf die zuerst vorhandene Ausdehnung beschränkte. Aber von den primär erkrankten Bezirken geht sie auch auf die Umgebung, auf die Kapsel von Glomerulis und die Interstitien gewundener Kanäle über und betheiligt so grössere Abschnitte, die nun unter einander in Verbindung treten, während das zwischen ihnen liegende erhaltene Gewebe im Schnitt in Form von Inseln auftritt, die auf der Oberfläche prominirend die Granula darstellen. Sie setzen sich demnach hauptsächlich aus erhaltenen oder modificirten gewundenen Kanälen und Glomerulis zusammen.

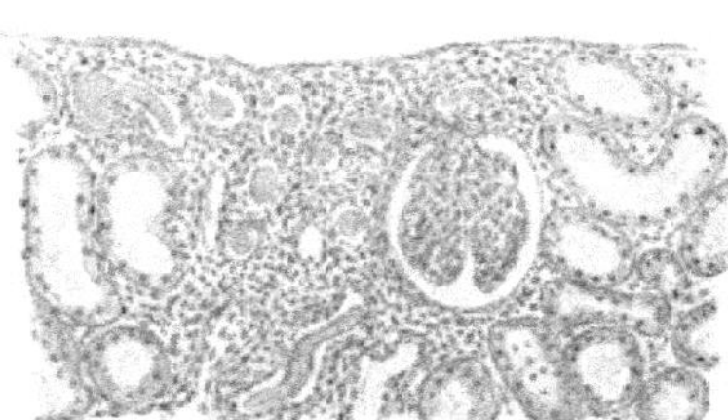

Fig. 343. Beginnende interstitielle Nephritis. Abschnitt unter der Nierenoberfläche. Man sieht in der Mitte, an die Oberfläche anstossend, einen Bezirk, in welchem das Bindegewebe kernreich und verbreitert ist. Hier finden sich viele verengte Harnkanälchen mit hyalinen Cylindern. Rings herum liegen gut erhaltene Harnkanälchen, die aber im Lumen feinkörniges Eiweiss enthalten, und ein Glomerulus. Vergr. 50.

Wenn man Gelegenheit hat, interstitiell erkrankte Nieren in den früheren Stadien zu untersuchen, so kann man über die Localisation der bindegewebigen Prozesse gute Aufschlüsse gewinnen. Man sieht dann die zellige Infiltration sehr deutlich fleckweise vertheilt. An senkrecht zur Organoberfläche geführten Schnitten findet man dicht unter ihr unregelmässige, häufig dreieckige Felder (Fig. 343), in denen das Bindegewebe verbreitert und zellreich ist, während die in ihnen liegenden Harnkanälchen, die

Schaltstücke (vergl. Fig. 338) verengt sind und häufig hyaline Cylinder enthalten (Fig. 343). Das übrige Nierengewebe ist oft ganz unverändert. In dieser Localisation kann die Erkrankung ausheilen. Dann findet man schliesslich die Nierenoberfläche mit zahllosen kleinen Narben übersät. Selbstverständlich finden sich analoge Herdchen auch in der Tiefe der Nierenrinde, nur treten sie hier nicht so deutlich hervor.

Ist die Entzündung ausgedehnter und etwas älter, so kann sie nichtsdestoweniger noch ausgesprochen fleckig (Fig. 344) resp. zugförmig

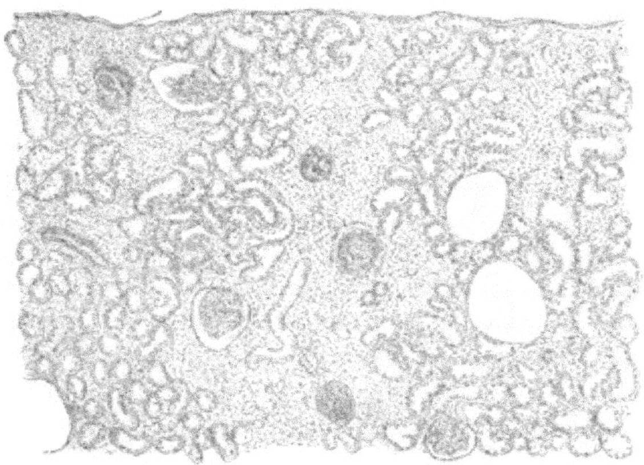

Fig. 344. Fleckweise angeordnete interstitielle Nephritis.
Schnitt senkrecht zur Nierenoberfläche, die dem oberen Rande der Figur entspricht. Man sieht Züge von wohlerhaltenen Harnkanälchen, zu denen ebenfalls unveränderte Glomeruli gehören, dazwischen aber Züge, in denen das Bindegewebe erheblich vermehrt ist. Die Harnkanälchen sind hier verschwunden resp. atrophisch, die Glomeruli verkleinert. Vergr. 50.

auftreten. Sie schliesst dann auch schrumpfende oder geschrumpfte Glomeruli ein, während die Harnkanälchen meist schon zu Grunde gegangen sind. Das zwischen den Herden liegende Gewebe zeigt oft nur geringe, wenig hervortretende Veränderungen.

In Vervollständigung der Auseinandersetzungen über die Nephritis bleibt schliesslich noch hervorzuheben, dass sich mit allen einzelnen Zuständen auch a m y l o i d e D e g e n e r a t i o n verbinden kann, wie es oben für die rein degenerativen Erkrankungen schon betont wurde.

Die Litteratur über Nephritis ist ausserordentlich ausgedehnt. Hier seien einige Arbeiten angeführt, in denen auch weitere Litteratur leicht aufzufinden ist. W e i g e r t, Die Bright'sche Nierenerkrankung. Volkmann's Sammlung. 1879, No. 162—63. — Z i e g l e r, Ursachen der Nierenschrumpfung. Deutsches Arch. f. klin. Med., Bd. 25. — R i b b e r t, Nephritis und Albuminurie. 1881. — v. K a h l d e n, Acute Nephritis. Ziegler's Beitr., Bd. XI. — F r i e d l ä n d e r, Ueber Nephritis scarlatinosa. Fortschr. d. Med. Bd. I. — F i s c h l, Zur Histologie der Scharlachniere. Zeitschr. f. Heilk. Bd. IV. — L a n g h a n s, Die entzündlichen

Veränderungen der Glomeruli. Virch. Arch. Bd. 99 u. 112. — Hansemann, Zur patholog. Anatomie der Malpighi'schen Körperchen. Virch. Arch. Bd. 110. — Nauwerck, Beiträge zur Kenntniss des Morbus Brightii. Ziegler's Beitr. Bd. I. — Ribbert, Beiträge zur normalen und pathologischen Physiologie und Anatomie der Niere. Biblioth. med. C. H. 4.

g) Pyelonephritis.

Ausgedehnte exsudative aber event. ebenfalls in proliferirende, sich fortsetzende Prozesse gehen aus von Entzündungen des Nierenbeckens. Man redet dann von Pyelonephritis. Die entzündungserregenden Bakterien gelangen durch die geraden Harnkanälchen in die Marksubstanz und weiterhin in die Rinde. In ersterer erregen sie makroskopisch streifenförmige, in letzterer herdförmige Entzündungen von meist eitrigem Charakter.

Kaum irgendwo hat man im Körper so gute Gelegenheit Bakteriencolonien im frischen Zustand zu untersuchen, wie in den streifenförmigen Herden der Markkegel. In Längsschnitten sieht man in den länglichen trübgrauen, fast nur aus Eiterkörperchen bestehenden Bezirken dunkelgraue wolkenförmige, rundliche oder cylindrische Gebilde, die sich bei starker Vergrösserung aus feinsten Körnchen zusammengesetzt erweisen. Das sind die Bakteriencolien.

Es handelt sich entweder um die gewöhnlichen pyogenen Kokken oder um das Bacterium coli commune.

Am besten macht man die Mikroorganismen durch Zusatz von Essigsäure sichtbar. Dann erkennt man auch sehr gut, dass die umgebenden Zellmassen Ansammlungen mehrkerniger Leukocyten darstellen.

An gehärteten Präparaten lässt sich vor Allem in der Rinde die beginnende und fortschreitende eitrige Infiltration des Nierengewebes feststellen (Fig. 345). Man sieht die Interstitien durch die oft besprochenen kleinen unregelmässigen Kerne verbreitert, man bemerkt ferner, wie sie unter Einschmelzung der Membrana propria der Harnkanälchen in das Epithel derselben hineindringen und in das Lumen gelangen, welches sie ganz ausfüllen können. Auch in den Kapselraum der Glomeruli gelangen sie von der Umgebung aus und erfüllen ihn oft vollständig. Durch weiteres Fortschreiten des Prozesses werden Glomeruli und Harnkanälchen ganz eingeschmolzen, und so entsteht ein Abscess.

Andere eitrige Nierenentzündungen entstehen vom Blutgefässsystem aus. Im Blute circulirende Mikroorganismen setzen sich in Glomerulis und intertubulären Capillaren fest und wuchern weiter. Dann können sie chronisch verlaufende proliferirende, zuweilen auf zahllose kleine Herde der ganzen Niere ausgedehnte Entzündungen, oder je nach ihrem Charakter Eiterung hervorrufen.

Im letzteren Falle bekommt man nach Färbung der Mikroorganismen, die meist Staphylo- oder Strepto-Kokken sind, sehr prägnante Bilder. In den eitrigen Bezirken findet man Glomeruli, in denen einzelne oder alle Schlingen mit den Kokken vollgepfropft sind, ähnlich einer künstlichen Injection (Fig. 346). Oder man trifft intertubuläre Capillaren, die in gleicher Weise ausgefüllt sind. Oft aber sind die Mikroorganismen über die Grenze der Gefässe hinausgewuchert und bilden dann grössere, unregelmässig begrenzte haufenförmige Colonien. Die Kokken können aber ihre Wirksamkeit auch von den Harnkanälchen aus entfalten, in welche sie von den Glomerulis aus gelangten, deren Capillaren sie durchsetzten oder

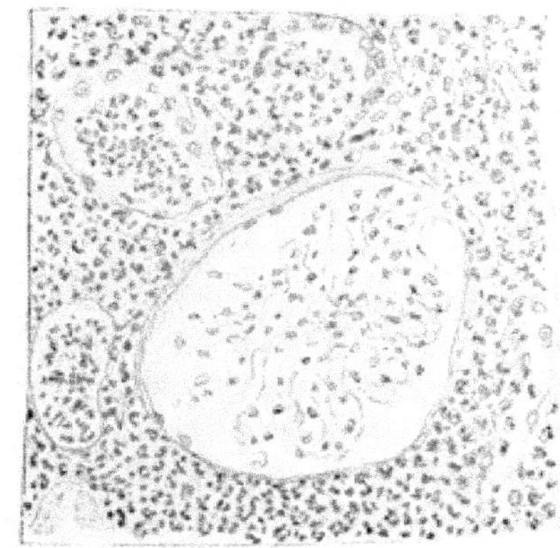

Fig. 345. Eitrige, vom Nierenbecken ausgehende Nephritis (Pyelonephritis). Der Glomerulus ist kernarm. Das interstitielle Bindegewebe ist mit mehrkernigen Leukocyten dicht durchsetzt und dadurch verbreitert. Oben zwei Harnkanälchen, deren Lumina Eiterkörperchen enthalten. An dem einen ist das Epithel theilweise zerstört. Unten links ein Kanälchen, dessen Epithel ganz vernichtet ist. Vergr. 300.

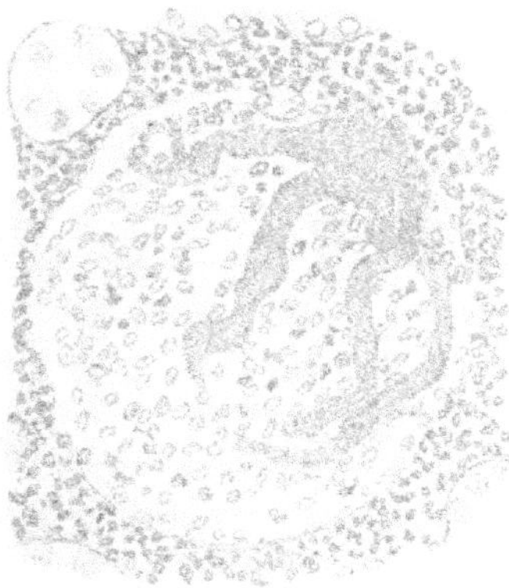

Fig. 346. Aus einer pyämisch erkrankten Niere. Man sieht einen Glomerulus, dessen Kapsel dicht mit den Kernen von Leukocyten (eitrig) infiltrirt ist. Vier Capillarschlingen, die aus dem Vas afferens hervorgehen, sind dicht mit einer feinkörnigen Masse, mit Kokken, ausgefüllt. Frisches Präparat nach Essigsäurezusatz. Vergr. 400.

vollständig zerstörten. Dann bleiben sie unter Umständen erst in den geraden Harnkanälchen des Markes haften und erzeugen hier streifenförmige eitrige Prozesse, die aber freilich auch dadurch entstehen können, dass die Mikroorganismen sich primär in den Gefässen der Markkegel localisirten.

h) Tuberkulose.

Ausser den eitrigen Entzündungen verdienen noch die tuberkulösen eine kurze Erwähnung. Sie treten auf in Gestalt miliarer Knötchen und grösserer Herde, die oft ausgedehnt verkäsen. Ueber ihre Histologie ist nichts anzuführen, was nicht schon bei der allgemeinen Besprechung der tuberkulösen Prozesse gesagt wäre (S. 85 ff.). Nur ihre Histogenese erfordert einige Bemerkungen.

Der Prozess wird hervorgerufen durch Bacillen, die einmal mit dem Blutstrom in die Niere gelangen und sich vor Allem in den Glomerulis festsetzen. Indem sie hier die Wand der Capillaren durchwachsen, gelangen sie in den Kapselraum und von da in die Harnkanälchen, in denen sie sich unter Umständen erst im Mark festsetzen und so lebhaft vermehren, dass sie cylindrische Ausfüllungsmassen darstellen können. Dann entstehen erst hier tuberkulöse Herde, während die Rinde frei bleiben kann. Andererseits kann die Niere auch vom Nierenbecken aus tuberkulös inficirt werden, wobei meist ausgedehnte Verkäsung vorhanden ist. Orth (vergl. Meyer, Virch. Arch. Bd. 111) hat jene erste Form als Ausscheidungstuberkulose bezeichnet.

i) Hydronephrose.

In charakteristischer Weise wird endlich das gesammte Nierengewebe verändert bei der von einer Harnstauung abhängigen Erweiterung des Nierenbeckens, der Hydronephrose. Die Dilatation führt zu einer Abflachung der Markkegel, und zu einer fortschreitenden Atrophie des gesammten Nierengewebes bis zur Bildung eines dünnwandigen Sackes.

In frühen Stadien des Prozesses findet man an den Harnkanälchen Trübung und leichte Fettentartung des Epithels, später zunehmenden Schwund derselben bis zum völligen Untergang. Das Bindegewebe zeigt anfangs keine wesentlichen Veränderungen, vorausgesetzt, dass die Hydronephrose nicht mit einer entzündungserregenden Veränderung des Harns einhergeht. In den späteren Stadien trifft man aber stets die Erscheinungen der bindegewebigen Wucherung. Man findet die Interstitien zwischen den atrophirenden Harnkanälchen zellreich, zellig infiltrirt (Fig. 347). Die Glomeruli machen dabei ähnliche Veränderungen durch wie bei der interstitiellen Nephritis, sie schrumpfen, werden kernärmer, wenn auch nicht immer so homogen wie dort und bekommen eine verdickte Kapsel (Fig. 347). Zwischen ihnen findet sich schliesslich, nach Untergang aller Harnkanälchen, nur noch zellreiches oder faserreicheres Bindegewebe, welches aber im Ganzen weniger Raum einnimmt als das

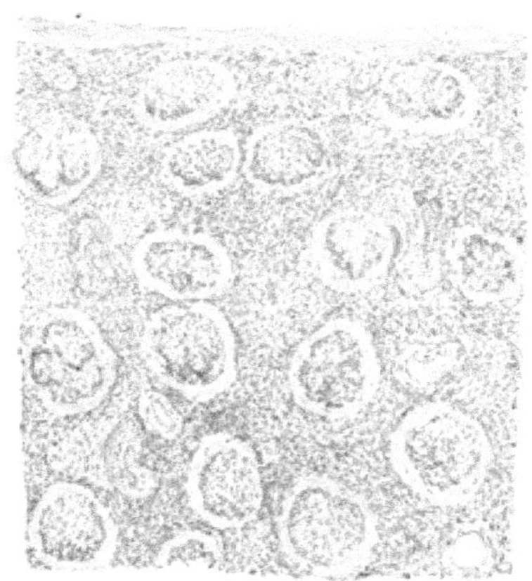

Fig. 347. Niere bei hochgradiger Hydronephrose. Rindenabschnitt. Das Gewebe besteht aus den verkleinerten und mit dicken kernarmen Kapseln versehenen Glomerulis, einem sehr stark vermehrten, kernreichen Bindegewebe und dickwandigen Arterien. Von Harnkanälchen ist nichts mehr zu sehen. Vergr. 50.

früher vorhandene Parenchym. Daher liegen die Glomeruli dichter zusammen als sonst und berühren sich oft nahezu. In dem Bindegewebe treten nur noch die arteriellen Gefässe als besondere Bestandtheile hervor. Ihre Wand ist sehr stark endarteriitisch verdickt und ihr Lumen verengt.

k) Leukämie.

Bei Leukämie kommt es wie in der Leber (vergl. S. 294) zu einer Ablagerung reichlicher Lymphocyten entweder in knotenförmig abgegrenzten Bezirken oder in diffuser Verbreitung. Im letzten Falle erscheint die Rinde verbreitert und von grauweisser markiger Beschaffenheit.

Unter dem Mikroskop (Fig. 348) findet man das Bindegewebe mit dichtgedrängten Zellen resp. Kernen infiltrirt, zwischen denen die faserige Grundsubstanz nicht mehr wahrzunehmen ist. Die Zellen haben die Eigenschaften der Lymphocyten. Die Interstitien erfahren dadurch eine erhebliche Verbreiterung. Die Harnkanälchen werden von einander entfernt resp. von den Glomerulis abgedrängt und durch die sich mehr und mehr anhäufenden Zellmassen comprimirt. Doch beruht hierauf nicht allein ihr schliesslicher völliger Untergang. Mit der Zellanhäufung schwindet nämlich auch die Membrana propria ganz oder theilweise. Die Zellen gelangen nach innen, dringen gegen die Epithelien vor und schieben sich auch zwischen sie und erhaltene Abschnitte der Membran, der sich die Zellen beiderseits in regelmässigen Reihen anlegen, so dass sie dadurch noch lange sichtbar bleibt. Durch das Eindringen der Lymphocyten werden natürlich die Epithelien immer mehr zusammengedrückt, so dass man Reste von Harnkanälchen etwa nur noch an einem unregelmässigen Fleckchen Protoplasma mit grösseren helleren Kernen erkennen kann. Schliesslich verschwinden sie ganz. Auch die Kapsel der Glomeruli wird durchbrochen und von allen Seiten drängen sich die Lymphocyten gegen den Ca-

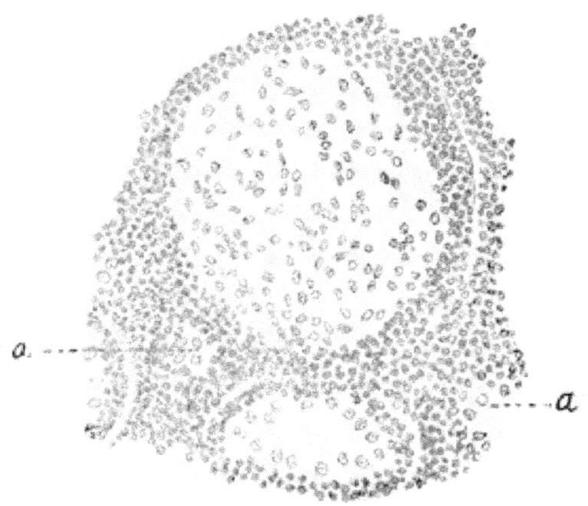

Fig. 348. Leukämie der Niere.

Man sieht im oberen Theil der Figur einen Glomerulus, dicht umgeben von den das interstitielle Gewebe durchsetzenden runden Kernen. Diese füllen auch den Raum der Kapsel aus, von welcher nur rechts noch eine Andeutung erhalten ist. Am unteren Rande der Figur ein grösseres gegen die anstossenden Zellen schlecht begrenztes Harnkanälchen. Bei *a a* je ein Harnkanälchen, welches innerhalb der eindringenden Zellen kaum noch erkennbar ist. Vergr. 400.

pillarknäuel an, der so ebenfalls allmählich durch Compression zu Grunde geht.

l) Geschwülste.

Unter den in der Niere vorkommenden Geschwülsten verdienen hier diejenigen kurze Erwähnung, welche sich aus verlagerten Abschnitten der Nebenniere entwickeln.

Auf diese Genese hat zuerst Grawitz (Virch. Arch. Bd. 93) hingewiesen. Die zahlreichen seitdem erschienenen Arbeiten hat zuletzt Ulrich (Ziegler's Beiträge Bd. 18) angeführt.

Eine Verlagerung von Nebennierentheilen auf die Niere findet sich häufig. Meist handelt es sich nur um die fettreiche Rinde, seltener auch um Marksubstanz. Zwischen Nebenniere und Niere ist gewöhnlich eine bindegewebige Scheidewand vorhanden, zuweilen fehlt sie und dann schieben sich die beiderseitigen Bestandtheile mehr oder weniger zwischen einander, so dass Harnkanälchen mitten im Nebennierengewebe liegen können.

Vergl. Ricker (Centralbl. f. patholog. Anat. 1896, S. 363).

Die aus solchen Nebennierentheilen hervorgehenden Tumoren haben einen alveolären Bau. Die durch meist schmale gefässhaltige Septa getrennten Zellhaufen zeigen oft eine der Nebennierenrinde entsprechende fettige Degeneration. Trotz zahlreicher Untersuchungen kann diese Geschwulstgruppe noch nicht als völlig sicher umgrenzt angesehen werden. Vor Allem ist die Trennung von den aus der Nierenrinde sich entwickelnden Tumoren noch nicht sicher durchgeführt.

m) Infarkt.

Wird in der Niere ein Arterienast durch Thrombose oder, was weit häufiger ist, durch Embolie verstopft, so kommt es, da es sich um Endarterien handelt und ein genügender Kreislauf durch die Capillaranastomosen ausbleibt, zu einer Anämie und Nekrose des Versorgungsgebietes. Die oft multiplen Herde können eine sehr verschiedene (stecknadelkopf- bis halbnierengrosse) Ausdehnung haben und sehen anfangs hell grau-weiss aus, um später einen mehr gelben Farbenton anzunehmen. Begrenzt werden sie durch gelbtrübe schmale Säume und daran anschliessende hyperämische Randzonen. Anfänglich prominiren sie etwas über die Nierenoberfläche, um später wegen eintretender Resorption immer mehr einzusinken und unter Hinterlassung einer narbigen Einziehung zu verschwinden. Sehr selten, bei nicht völligem Arterienverschluss oder auf capillarem Wege gelangt etwas mehr Blut in den Bezirk, der dann mehr oder weniger hämorrhagischen Charakter annimmt.

Kleine Herde lassen sich mit Vortheil ganz in den senkrecht zur Oberfläche geführten Schnitt nehmen, von grossen untersucht man hauptsächlich die Randzone. In beiden Fällen schneidet man am besten auch angrenzende normale Substanz mit. Wegen der stets vorhandenen fettigen Degeneration darf die Untersuchung frischer Präparate niemals unterlassen werden.

Betrachten wir die frischen Schnitte bei schwacher Vergrösserung (Fig. 349). Das dem Gebiete eines erst wenige Tage alten Infarktes angehörende Gewebe ist trüber als das gesunde (vergl. oben Seite 42, Fig. 32). Dabei ist es nicht immer ganz blutleer, theils weil nach dem Arterienverschluss nicht alles Blut durch die Venen abgeflossen, theils weil etwas neues durch die Capillaren hinein gekommen ist. So findet man die Schlingen der Glomeruli meist mit Blut gefüllt, welches sich freilich in Wasser rasch auflöst. An der Grenze des nekrotischen Gewebes bemerkt man sodann eine in verschiedener Breite rings herumgehende Zone von dunkler Beschaffenheit, die gegen die Nierenoberfläche hin meist nicht direkt an die Kapsel anstösst, sondern von ihr durch einen schmalen Streifen wenig veränderter Substanz getrennt ist. Da handelt es sich um die von den Kapselgefässen aus ernährte oberste Rindenschicht. Die starke Vergrösserung stellt nun fest, dass die dunkle Beschaffenheit der Randzone des Herdes durch fettige Degeneration bedingt ist, welche theils einzelne, meist aber nicht gerade viele Harnkanälchen, vor Allem aber in den Interstitien angesammelte Zellen betrifft, die sich, zumal nach Sichtbarmachung der Kerne, als polynucleäre Leukocyten erweisen. Es handelt sich hier um den Ausdruck der Seite 53 besprochenen und in Figur 39 abgebildeten Einwanderung von Leukocyten in die äusseren Abschnitte des Infarktes.

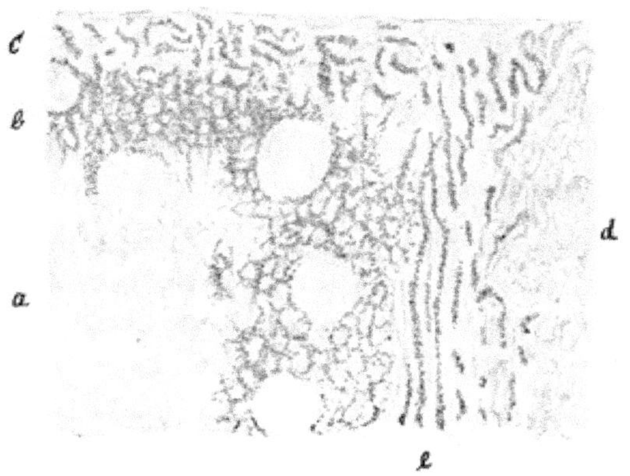

Fig. 349. Vom Rande eines Infarktes der Niere. Frisches Präparat. Vergr. 60. *a* Rand des nekrotischen Theiles, begrenzt durch eine dunkle Zone (*b*), in welcher die Interstitien der Harnkanälchen durch dunkle körnige Substanz (Fetttröpfchen) verbreitert erscheint. *c* unter der Nierenoberfläche gelegene Zone mit fettig degenerirten Harnkanälchen, am Seitenrande des Infarktes bei *e* ebenfalls fettig entartete Kanälchen. Bei *d* normales Nierengewebe.

In gehärteten Präparaten macht sich die Nekrose des Herdes durch das Ausbleiben der Kernfärbung geltend, die Ansammlung der Leukocyten aber durch einen dunklen unregelmässigen Saum, der sich hier mit Leichtigkeit auf die Ansammlung der kleinen vielgestaltigen Kerne der polynucleären Zellen zurückführen lässt. Meist findet sich die stärkste Infiltration mit Leukocyten nicht genau an der Grenze der Nekrose gegen das normale Gewebe, sondern etwas nach innen in den Herd hinein. Es liegt das aber nur daran, dass man die Infarkte nur selten früh genug untersuchen kann, um das erste Eindringen der Zellen verfolgen zu können. Man würde sie anderenfalls gerade in den Grenzabschnitten nachweisen können, aus denen sie mittlerweile grösstentheils weiter nach innen gewandert sind. Einzelne Leukocyten trifft man auch in den mittleren Theilen des Infarktes an. In jener dunklen Zone kann die Zellanhäufung natürlich nur auf Kosten des Raumes der nekrotischen Kanäle geschehen. Auch in diese dringen die Leukocyten ein (Fig. 39, S. 53) und durchsetzen zuweilen das Epithel sehr dicht, so dass, zumal in späteren Stadien die Grenze der Kanälchen und des zellig infiltrirten Bindegewebes sich vermischen kann.

An solchen Präparaten zeigt es sich ferner, dass die Glomeruli und auch viele andere Gefässe strotzend mit Blut gefüllt sein können. Aber ganz abgesehen von den allgemeinen Bedingungen des Infarktes ergiebt sich die trotz alledem vorhandene ungenügende oder ganz fehlende Circulation aus mehr oder weniger ausgedehnten Gerinnungsprozessen im Inneren der Gefässe. Durch Fibrinfärbung lässt sich nämlich leicht feststellen, dass in manchen Glomerulis eine partielle Fibrinthrombose eingetreten ist. Einzelne oder viele Capillaren sind mit den blauen fädigen Massen ausgefüllt. Auch manche interstitiellen Gefässe sind in gleicher Weise verstopft. Aber solche Objekte lehren ferner, dass die Circulation nicht immer vollständig aufgehört haben kann. Denn erstens findet man nicht selten auch Fibrin in den Kapselräumen von Glomerulis und andererseits auch in einzelnen oder vielen Harnkanälchen, theils im nekrotischen Herd, theils unterhalb desselben, d. h. gegen die Marksubstanz hin, in nicht abgestorbenen Theilen. Das Fibrin kann in fädiger Form die Lumina von Kanälen auf lange Strecken ausfüllen. Es kann aber auch hyalin sein, d. h. im ungefärbten Zustand hyaline Cylinder bilden. Es kann aber ferner auch in Gestalt körniger und tropfenförmiger Massen auftreten, welche die Lumina ganz ausfüllen, ohne aber irgend eine Beziehung zu den Epithelien der nekrotischen oder lebenden Harnkanälchen zu zeigen (s. oben S. 349). Die auf Fibrin gefärbten Präparate lassen ferner an der Spitze der Infarkte, wenn der Schnitt günstig fiel, die das Lumen der Arterien verschliessenden thrombischen Massen erkennen.

Ist der Infarkt etwas älter geworden, etwa einige Wochen alt, so hat sich das Bild geändert. Im Inneren des Herdes sieht man freilich noch keine nennenswerthen Unterschiede. Aber die dunkle durch Leukocyten bedingte Zone tritt weniger deutlich hervor. Das hat seinen Grund in einem vorgeschrittenen Zerfall der Kerne dieser Zellen. Sie zerbröckeln in kleinste Körnchen und verschwinden so allmählich, wobei natürlich der Zellleib auch untergeht. Die hier liegenden nekrotischen Kanäle sind an Umfang reducirt, das Epithel ist noch trüber und zerfallener als vorher. Vielfach unterscheiden sich Kanäle und Interstitien nicht mehr deutlich von einander.

Eine weitere Veränderung ist in der nächsten Umgebung und den Randtheilen des Infarktes vorhanden. Hier ist es zu lebhafter Vermehrung des Bindegewebes gekommen. Seine Zellen haben sich, vorwiegend in spindeliger Form, vergrössert. Die dadurch bedingte Verbreiterung der Interstitien geschieht auf Kosten der Harnkanälchen und zwar hauptsächlich der nekrotischen, zwischen welchen das wuchernde Bindegewebe vordringt. Sie werden durch den Druck des Gewebes verdrängt und durch den Flüssigkeitsstrom, aber wohl unter Mitwirkung der Zellen, aufgelöst. Die Bindegewebswucherung localisirt sich auch besonders um die Glomeruli, welche, soweit sie noch lebend sind, lebhafte Desquamationsprozesse am Epithel darbieten können, soweit sie abgestorben sind, sich allmählich in kleine derbe Knötchen mit einer dicken bindegewebigen Kapsel umwandeln. Indem der gesammte Vorgang sich weiter ausbildet, entsteht um den mittleren Theil des Infarktes eine bindegewebige ihn dicht einhüllende Kapsel, die aber die weitere Auflösung des abgestorbenen Gewebes und sein allmähliches Verschwinden nicht hindert. So entsteht schliesslich an Stelle des Infarktes eine Einziehung, in deren Grund das neue derbe Bindegewebe mit verödeten Glomerulis liegt.

Ueber die allgemeinen Verhältnisse der Nekrose, insbesondere des Epithels s. S. 41.

2. Nierenbecken und Ureteren.

Die wichtigsten Veränderungen des Nierenbeckens sind die entzündlichen, die bei der Pyelonephritis in Hyperämie, Schwellung, gelblichen und schmutzig gefärbten diphtheroiden Belägen und Ulceration, bei Tuberkulose in Knötchenbildung, Ulceration und Verkäsung bestehen. Die histologischen Verhältnisse bereiten, wenn man sie unter Zugrundelegung der im allgemeinen Theile über die Entzündung gemachten Ausführungen untersucht, dem Verständniss keine Schwierigkeiten. Hervorgehoben sei nur, dass bei chronisch verlaufenden Prozessen die in der Schleimhaut enthaltenen lymphatischen Knötchen oft erheblich anschwellen, so dass sie auch makroskopisch hervortreten.

Die entzündlichen Veränderungen der Ureteren bieten die gleichen histologischen Bilder.

In ihrer Schleimhaut, und zwar besonders im Ausgang des Nierenbeckens und den angrenzenden Abschnitten, aber auch weiter abwärts bis zur Blase und in dieser selbst kommen zuweilen durchschnittlich stecknadelkopfgrosse, prominirende, meist wasserklare, multiple Cysten vor. Indem man diesen Befund auf entzündliche Prozesse zurückführt, bezeichnete man ihn mit Ureteritis cystica.

Die Cystchen sind mit einem Epithel ausgekleidet, welches bald zwei- bis dreischichtig, bald nur einschichtig und abgeplattet erscheint. Der Inhalt ist in den gehärteten Präparaten meist eine feinkörnige gleichmässige Substanz. Sie kann sich aber auch aus groberen Körnern und hyalin aussehenden Tropfen zusammensetzen. Durch Beimengung von Blut kann der Inhalt noch variirt werden. Es entstehen hyaline unregelmässige, sich mit Eosin stark färbende Massen, in denen wiederum Lücken verschiedener Gestalt mit fein- und grobkörniger Ausfüllung vorkommen. Neben den ausgesprochenen Cysten finden sich auch schlauchförmige epitheliale Gebilde, die mit dem Oberflächenepithel des Ureters in Verbindung stehen und hier ausmünden können. Die Cysten sind von der Oberfläche durch eine dünne Schicht von Bindegewebe getrennt.

Sie gehen hervor aus epithelialen Einstülpungen der Schleimhaut. Schon in der Norm kommen im Ureter sehr häufig kolbige, in das Bindegewebe hineinragende solide oder kryptenähnlich gestaltete hohle Anhänge des Oberflächenepithels vor, die als Analoga von Drüsen bezeichnet werden können. Entwickeln sich diese Dinge von vorneherein stärker, gehen sie tiefer in das Bindegewebe hinein und zeigt letzteres zugleich Vermehrungserscheinungen, so kommen jene Cysten zu Stande, die demnach als primäre Bildungsanomalien aufzufassen sind. (Lubarsch, Arch. f. mikrosk. Anat. Bd. 41, Aschoff, Virch. Arch. Bd. 138, v. Kahlden, Ziegler's Beiträge Bd. XVI. Letzterer spricht in Eosin sich färbende, verschieden gestaltete Inhaltsmassen der Cysten als Parasiten an.)

Die Wandung der Harnblase bietet zu histologischen Untersuchungen verhältnissmässig wenig Veranlassung. Abgesehen von den Geschwülsten (besonders dem Zottenpolypen, s. S. 151) kommen hauptsächlich entzündliche Erkrankungen der Schleimhaut in Betracht, unter denen die des sogenannten Blasenkatarrhes und der Tuberkulose obenan stehen.

Hier mag nur erwähnt sein, dass die nicht seltenen diphtherischen Veränderungen im Verlauf des ersteren in den mikroskopischen Befunden im Wesentlichen mit der Rachendiphtherie (S. 65 u. 248) übereinstimmen, deren Untersuchungsmethoden auch hier Anwendung finden. Die Schleimhaut ist oft ausgedehnt zellig infiltrirt und die in der Norm nur kleinen lymphatischen Follikel schwellen oft beträchtlich an.

F. Geschlechtsorgane.

1. Männliche Geschlechtsorgane.

a) Prostata.

Die nicht seltenen entzündlichen eitrigen und tuberkulösen Prozesse der Prostata bedürfen keiner eingehenden histologischen Erörterung, da die im Kapitel der Entzündung geschilderten Verhältnisse sich leicht auf das Organ übertragen lassen. Zu den für die Prostata charakteristischen Veränderungen gehört dagegen die auf Seite 38 bereits besprochene Bildung der sogenannten Amyloidkörper. Eine genauere Schilderung erfordert ferner die Prostatahypertrophie, die auf einer Zunahme der muskulären oder zugleich auch der drüsigen Elemente beruht. Auf der Schnittfläche sieht man entweder ein mehr gleichmässiges Gefüge oder es heben sich aus dem übrigen Gewebe kleinere und grössere rundliche etwas prominirende Bezirke ab. Nach der Localisation unterscheidet man eine Hypertrophie der seitlichen und eine des sogen. mittleren Lappens.

Die wichtigste Grundlage der Hypertrophie ist die Vermehrung der Muskulatur (Fig. 350). In der normalen Prostata liegt sie in locker angeordneten kleineren Bündeln und in Gestalt einzelner Zellen in dem interstitiellen Bindegewebe. In keinem anderen Organe kann man die Muskelfasern so gut in ganzer Ausdehnung verfolgen, wie hier. Das ändert sich bei der Hypertrophie in der Weise, dass die an Zahl zunehmenden Zellen sich auch dichter zusammendrängen und dadurch breite, enger gefügte Bündel bilden, die auch von einander schärfer abgesetzt sind, sich aber gern zu grösseren Zügen vereinigen. In Schnitten treten sie uns quer-, längs- und schräggetroffen entgegen und sind in solcher Menge vorhanden, dass man über ganze Gesichtsfelder hin nicht als Muskulatur wahrnimmt, abgesehen natürlich von dem die Bündel zusammenhaltenden Bindegewebe. Die Bilder gewinnen dann Aehnlichkeit mit denen des Leiomyoms des Uterus (Fig. 97, S. 108). Die einzelnen Muskelzellen sind unter diesen Umständen nicht mehr so gut von einander abzugrenzen, wie in dem normalen Organe.

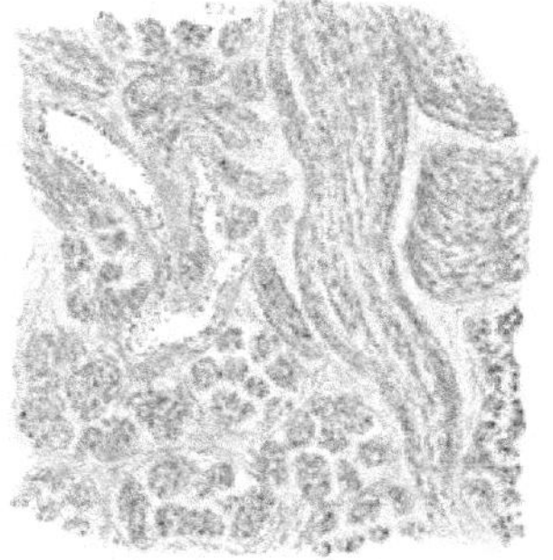

Fig. 350. Prostatahypertrophie. Der Schnitt besteht aus quer- und längsgetroffenen Muskelbündeln (vgl. Fig. 97), die nur durch wenig Bindegewebe zusammengehalten werden. Ausserdem sieht man nur noch einen unregelmässigen leeren Drüsenraum. Vergr. 60.

In den durch Vermehrung der Muskulatur bedingten Hypertrophien ist das Drüsengewebe natürlich relativ weniger entwickelt. Seine Beziehung zu den myomatösen Neubildungsprozessen ist eine doppelte. Einmal nämlich geht die Neubildung der Muskulatur hauptsächlich in den breiteren Zügen vor sich, welche die zu einem gemeinsamen Ausführungsgang gehörenden Gruppen von Drüsenräumen von einander trennt, resp. zusammenhält. Auch die in den äusseren Theilen des Organes liegenden Muskellagen nehmen dabei an Dicke zu. In diesen Fällen also bildet das Drüsengewebe knotige Einsprengungen in die bindegewebig-muskulären Neubildungen. Es ist selbst unter diesen Umständen wenig verändert. In der zweiten Gruppe von Fällen findet die Entwicklung der Muskulatur ausser in den genannten Abschnitten in grösserer oder geringerer Ausdehnung auch zwischen den Drüsengebilden statt. Die Septa werden breiter, die einzelnen Alveolen weiter auseinandergedrängt und zwar oft so weit, dass sie zerstreut in dem Grundgewebe liegen. Die Struktur der Drüsen erfährt dabei eine Aenderung. In der Norm erscheinen sie in den Schnitten dadurch als vielbuchtige Räume, dass bindegewebig-muskuläre Vorsprünge gegen das Lumen prominiren. Werden nun diese vorspringenden Septa höher und breiter, so werden die einzelnen Buchten weiter auseinandergeschoben und tiefer. Dann wird die Verbindung mit dem Ausführungsgang nicht so oft in den Schnitt fallen und man wird zahlreichere runde, scheinbar isolirte Alveolen zu Gesicht bekommen.

Die Folgen für die Drüsengebilde sind zweifache. Erstens kann eine Erweiterung der Lumina eintreten und das ist sehr gewöhnlich der Fall. Sie beruht nicht auf Sekretstauung, sondern ist abhängig von den Wachsthumsverhältnissen in der Wand der Alveolen, deren Fläche durch die bindegewebig-muskuläre Wucherung vergrössert wird. Gelegentlich kommt es zur Bildung kleinerer bis erbsengrosser und grösserer Cysten. Zweitens können Drüsenräume durch den Druck der interstitiellen Proliferation zu Grunde gerichtet werden. Dieser Folgezustand tritt hauptsächlich ein, wenn die Neubildungsvorgänge nicht sowohl in der Wand der einzelnen Drüsenräume als in der weiteren Umgebung vor sich gehen.

Das Epithel erfährt unter allen diesen Umständen ebenfalls Veränderungen. Es wird häufig einschichtig und kubisch, also im Ganzen erheblich niedriger, als es in der Norm ist. Das geschieht sowohl in engen wie in erweiterten Räumen und ist die Folge der veränderten Bedingungen, unter denen das Epithel wächst. Es verliert eben seine normale Function und Struktur.

Die Hypertrophie des mittleren Lappens erfolgt nicht im Bereich der eigentlichen Prostatadrüse. Vielmehr geht hier die Muskelzunahme um accessorische Drüsen vor sich, die für sich in die Urethra ausmünden (Jores, Virch. Arch. Bd. 135). Die histologischen Verhältnisse sind im Uebrigen die gleichen.

Die Lumina der Drüsen enthalten bei der Hypertrophie meist ganz besonders reichliche Amyloidkörper (s. S. 38).

Von degenerativen Vorgängen in der Prostata ist hier eine hyaline Entartung zu erwähnen (Fig. 351). Sie kann sich zwar auch an der glatten Muskulatur des Darmkanales etc. finden, ist aber in der Prostata besonders häufig und gut nachweisbar, weil, wenigstens in dem nicht hypertrophischen Organ, die Muskelzellen weniger dicht gedrängt liegen und daher leicht einzeln zu sehen sind. Die Degeneration findet sich meist in der Mitte der Zelle. Man sieht ein hyalines, den Protoplasmafarben zugängliches Gebilde, welches die ganze Dicke der Faser einnimmt und so als ein breiteres oder schmaleres parallel oder etwas unregelmässig begrenztes Querband erscheint. Der Kern liegt dann ganz oder theilweise neben der homogenen Stelle und zwar, wie man auf Querschnitten sieht, in einer unveränderten schmalen Protoplasmazone. Der degenerirte Abschnitt muss aber nicht mit dem Kern zusammenfallen, sondern kann auch von ihm ziemlich weit getrennt sein. In manchen Muskelzellen bilden sich auch mehrere und dann schmalere Querbänder. Der Prozess ist der wachsartigen Degeneration der quergestreiften Muskelfasern (s. Seite 30) analog und beruht auf einer Umlagerung und Contraction der Eiweissbestandtheile der Zelle. Er kommt zweifellos oft erst postmortal zu Stande, nur bei grosser Ausdehnung wird man eine intravitale Entstehung annehmen können (Beneke, Virchow's Arch. Bd. 99, Stilling, ebenda, Bd. 98).

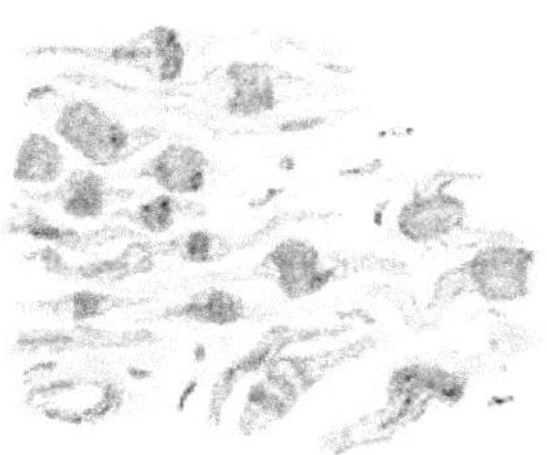

Fig. 351. Glatte Muskelfasern aus einer hypertrophischen Prostata. Die Zellen sind einzeln abgrenzbar und zeigen quer herübergehende hyaline Abschnitte, die oft breiter sind als die übrige Zelle. Am unteren Rande eine Zelle mit drei Bändern. Die Muskelzellen liegen in einem lockerfaserigen Bindegewebe mit spärlichen dunklen, langen Kernen. Vergr. 400.

b) Hoden und Nebenhoden.

1. Entzündungen des Hodens und Nebenhodens

verlaufen, seien sie nun eitriger oder granulirender Natur, im intercanaliculären Gewebe und bieten keine histologischen Besonderheiten, welche nicht an der Hand der allgemeinen Auseinandersetzungen über die Entzündung verständlich wären. Nur die Beziehungen zu den Samenkanälchen und die Veränderungen an diesen sind von Interesse.

Bei purulenter Entzündung kann ein Eindringen von Leukocyten durch das Epithel in das Lumen der Tubuli stattfinden, so dass es durch Eiter ausgefüllt wird. Dabei geht das Epithel zu Grunde. Auch bei den granulirenden Prozessen ist eine Einwanderung von Zellen zu beobachten (s. u. Tuberkulose).

Wenn die Prozesse, wie es bei eitrigen gonorrhoischen und syphilitischen Entzündungen der Fall ist, zur Heilung kommen, so wandelt sich wie überall das interstitielle neue Gewebe in eine faserige, mehr oder weniger derbe, makroskopisch in weissen Flecken und radiären Zügen sichtbare Masse um, durch welche die Samenkanälchen weit von einander getrennt sein können (Fig. 352). Doch ist seine Menge zuweilen kaum grösser als in der Norm. Typische Veränderungen zeigen die bindegewebigen Wandungen der Samenkanälchen. Da die Entzündung auch in ihnen localisirt war, so führt die Wucherung zu einer beträchtlichen Verdickung, so dass schliesslich breite concentrisch gestreifte oder mehr homogene kernarme Säume die Kanäle umgeben und sich gegen das übrige Bindegewebe mehr oder weniger scharf absetzen. Dabei geht das Epithel schliesslich verloren. Zunächst büsst es an Höhe ein, die normale Differenzirung seiner Zellen verschwindet, man sieht dann nur noch gleichartig beschaffene kubische oder unregelmässige Zellen, die mit der fortschreitenden Verengerung der Lumina comprimirt werden und endlich völlig verschwinden. Dann bleibt von den Hodenkanälchen nur ein Strang resp. im Querschnitt ein ovales oder rundes Gebilde aus derbem Bindegewebe, in dessen Mitte noch eine kleine Oeffnung, ein Spalt, oder nur eine zackige oder strichförmige Figur den Rest des Lumens andeutet.

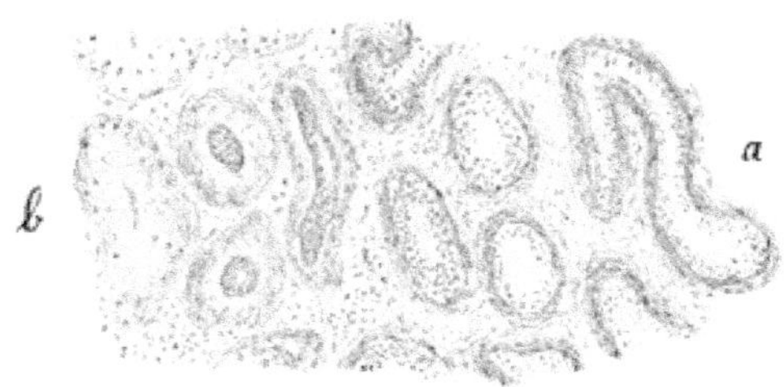

Fig. 352. Atrophie des Hodens.
Bei *b* noch ziemlich gut erhaltene Kanäle, die in der Richtung gegen *a* immer mehr sich verändern, indem sie schmaler werden und eine dicke bindegewebige Hülle bekommen. Das Epithel verliert seine charakteristische Beschaffenheit. Bei *a* sieht man nur noch einen unregelmässigen Zellbelag. Das interstitielle Bindegewebe ist mit der Atrophie der Hodenkanälchen zunehmend verbreitert. Vergr. 400.

Die Tuberkulose des Hodens und Nebenhodens beginnt weitaus am häufigsten in letzterem und schreitet auf jenen fort. Viel seltener ist das umgekehrte Verhalten.

Die Tuberkulose des Hodens und Nebenhodens steht meist in sehr naher Beziehung zu den Samenkanälchen und soll insofern etwas genauer betrachtet werden. Um ihre Entwicklung zu studiren, wird man wenig vorgeschrittene Erkrankungen wählen, da man anderenfalls lediglich grössere, meist central verkäste Knoten antrifft, die nichts für den Hoden Charakteristisches haben und in denen die Drüsenkanälchen zu Grunde gegangen sind, so dass über ihr Verhalten zum tuberkulösen Prozess nichts mehr festgestellt werden kann. Besonders gut eignen sich die Hoden, in denen man bei blossem Auge nur zerstreute kleine Tuberkel wahrnimmt oder, vom Nebenhoden ausgehend, schmale, knotig aufgetriebene Züge in das Gewebe sich verlieren sieht. In mikroskopischen Schnitten solcher Objekte wird man neben unveränderten Abschnitten herdförmige Verdichtungen antreffen. Dieselben stellen sich häufig nur dar als zellige, das intertubuläre Gewebe verbreiternde Bezirke, die neben den vorwiegend vorhandenen Lymphocytenkernen einzelne oder zahlreichere unregelmässige protoplasmatische Zellen enthalten, deren Aussehen sehr an die sogenannten Zwischenzellen des Hodens erinnert, von denen sie vielleicht abzuleiten sind. In etwas grösseren solchen Herdchen findet man dann mehrkernige Riesenzellen und damit alle anatomischen Charaktere eines Tuberkels. Zuweilen geht die Vergrösserung derselben und die Bildung neuer Knötchen nur interstitiell vor sich. Dann werden die Kanäle lediglich verdrängt und durch den Druck atrophisch. In der grossen Mehrzahl der Fälle aber tritt der tuberkulöse Prozess in ein charakteristisches Verhältniss zu den Tubuli. Das nächste, was man wahrnimmt, ist eine zellige Infiltration der ganzen bindegewebigen Wand der Kanäle oder nur eines Theiles derselben. Dadurch wird die sonst so dicht gefügte breite bindegewebige Hülle, der das Epithel aufsitzt, gelockert, die einzelnen Fibrillen werden auseinandergedrängt. Man findet zwischen ihnen theils dunkle kleine runde, theils grosse ovale Kerne. Die Zellen, und zwar zunächst die Lymphocyten, gelangen weiterhin auch zwischen Membrana propria und das Epithel, welches durch sie abgehoben wird. Dann folgen auch entsprechend der fortschreitenden Wucherung der fixen Bestandtheile des pericanaliculären Gewebes grössere protoplasmatische Zellen nach und indem das Epithel durchbrochen wird, dringen sie in das Lumen der Kanäle vor. Hier entstehen dann häufig einzelne den Raum ausfüllende, oft sehr umfangreiche typische Riesenzellen. Da sie nicht immer an der Einbruchstelle liegen, sondern sich in den intacten Theil der Tubuli vorgeschoben haben, so kann man sie im Schnitt ringsum von wohlerhaltenem Epithel umgeben finden. Meist allerdings ist letzteres ganz oder an einer Seite (Fig. 353) defekt, so dass die Riesenzelle durch das zellige eingedrungene Gewebe in direkter Verbindung steht mit der in der bindegewebigen Wand des Kanälchens vor sich gehenden Wucherung, die mit der Dauer des Prozesses an Ausdehnung gewinnt und zur Bildung einer reticulären Substanz führt, in deren Maschen epithelioide sowie kleinere und grössere Riesenzellen liegen. In diesem auch nach

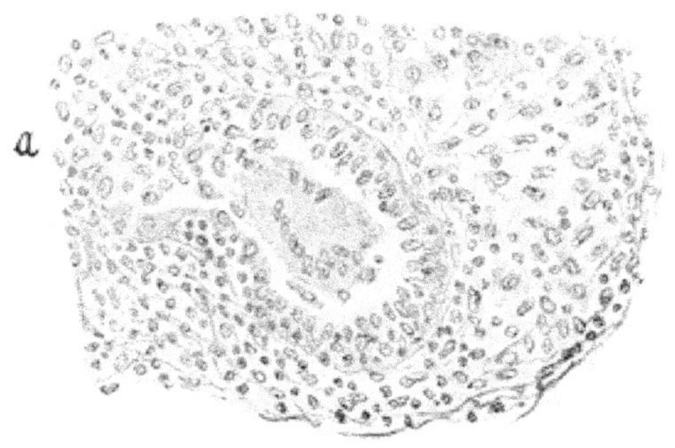

Fig. 353. Tuberkulose des Hodens.

Der Schnitt umfasst ein schräg durchschnittenes Hodenkanälchen mit einem Theil seiner Umgebung. Das Kanälchen zeigt etwa noch zur Hälfte einen regelmässigen Epithelbelag, bei *a* aber ist die Wand durch hereinwachsendes Granulationsgewebe, resp. durch eindringende Zellen zerstört. Im Lumen eine grosse Riesenzelle. Das Kanälchen ist umgeben von einem theils kleinzelligen, theils (rechts) grosszelligen Granulationsgewebe. Vergr. 400.

innen weiter vordringenden grosszelligen proliferirenden Gewebe geht das Epithel der Hodenkanälchen nach Entstehung der intracanaliculären Riesenzelle oder auch ohne dass eine solche zu Stande kam, zu Grunde, indem es durchwachsen und verdrängt wird. Es nimmt also nicht activ an dem ganzen Prozess Antheil. Der in Wucherung befindliche Bezirk grenzt sich nach aussen zunächst durch eine dichtere faserige Zone ab, vergrössert sich aber noch weiterhin und verkäst central.

Litt.: Gaule, Virch. Arch. Bd. 63 u. 69, Waldstein ib. Bd. 85, Kälter (Köster) Diss., Bonn 1895.

2. Atrophie.

Eine häufig vorkommende Veränderung des Hodens ist die Atrophie Sie tritt zuweilen prämatur, regelmässig aber im hohen Alter, ferner in retinirten Leistenhoden auf. Sie besteht in einer mit Verkleinerung des Organes einhergehenden fettigen Degeneration und Pigmentirung der Samenkanälchen. Man kann die Veränderung sehr leicht feststellen, wenn man ein Stückchen des Hodengewebes zerzupft und so die einzelnen Kanälchen oft auf lange Strecken isolirt.

3. Geschwülste.

Geschwülste sind am Hoden nicht selten. Häufig sind Mischgeschwülste aus gewöhnlichem, zellreichem, oder sarkomatösem Bindegewebe, epithelialen Cysten, drüsigen Gebilden. Auch Knorpel kommt in ihnen oft vor. Ferner finden sich Dermoidcysten von complicirtem Bau (Wilms, Ziegler's Beiträge, Bd. XIX). Sarkome und Carcinome werden oft angetroffen. Ueber ihre Genese ist nichts Sicheres bekannt, wenn man im Auge behält, dass ein Zusammenhang der Geschwulstzellen mit Hodenkanälchen nichts beweist, da er als secundärer aufgefasst werden muss.

2. Weibliche Geschlechtsorgane.

a) Vagina.

Die äusseren Genitalien und die Vagina bieten, abgesehen von den hier vorkommenden Geschwülsten, nur wenige histologische Veränderungen, welche für diese Organe charakteristisch wären.

Von den Tumoren bedarf das Fibrom, Myom und Carcinom keiner weiteren Erörterung. Das erstens bei Kindern (Frick, Virch. Arch. Bd. 117, Litt.) als congenitale Geschwulst, zweitens bei Erwachsenen vorkommende Sarkom ist in seltenen Fällen durch die Gegenwart quergestreifter Muskulatur ausgezeichnet (Hauser, Ebenda Bd. 88).

In der Vaginalwand vorkommende Cysten bedürfen kurzer Erwähnung. Es finden sich einmal in der Tiefe, besonders der vorderen Wand liegende Cysten und Kanäle, die mit Plattenepithel oder mit Cylinderepithel ausgekleidet sind und als Modificationen von Resten embryonaler (Müller'scher oder Wolff'scher) Gänge aufgefasst werden müssen.

In den obersten Lagen der Vaginalschleimhaut finden sich ferner gelegentlich (vorwiegend bei Schwangeren) multiple gashaltige Cysten, die im Bindegewebe gewöhnlich durch eine endotheliale Lage ausgekleidet sind und auf ihrer Innenfläche auch Riesenzellen zeigen können. Sie gehen aus dem Lymphgefässsystem auf noch nicht sicher gekannte Weise hervor (Kolpohyperplasia cystica).

b) Uterus.

1. Erosion.

Am Orificium externum findet sich als häufige und histologisch charakteristische Veränderung die sogenannte Erosion, welche durch den Mangel an Plattenepithel und meist durch die Gegenwart von Drüsen ausgezeichnet ist, die denen der Cervixschleimhaut entsprechen.

Die Fläche der Erosion (Fig. 354), also auch der entsprechende Rand der Schnitte ist seltener glatt, meist ausgesprochen uneben. Das liegt in erster Linie an Wucherungsvorgängen im Bindegewebe, welches unter Zellvermehrung und Gefässneubildung sich in ein Granulationsgewebe umwandelt und über das normale Niveau unregelmässig vorspringt.

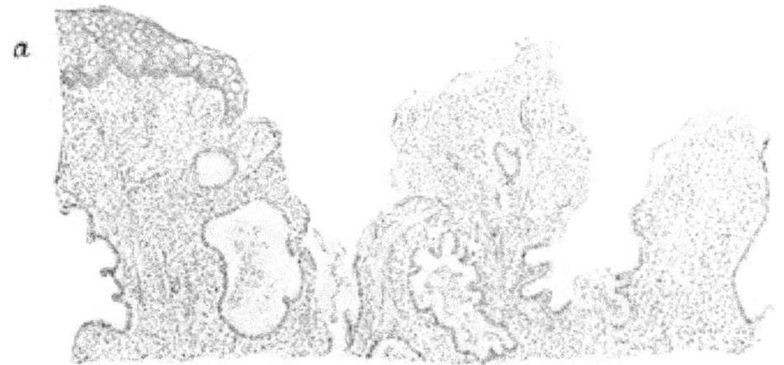

Fig. 354. Erosion des Orificium externum uteri.

Vergr. 60. Die Fläche der Schleimhaut ist uneben durch prominente bindegewebige zellreiche Erhebungen, zwischen denen weit klaffende Drüsen sich öffnen. In dem Schleimhautgewebe sieht man ausserdem längere und erweiterte Drüsendurchschnitte. Links oben, bei *a*, ist geschichtetes Plattenepithel sichtbar mit zahlreichen kleinen Vacuolen.

So kann eine deutlich papilläre Beschaffenheit entstehen, indem schmalere oder breitere polypöse Erhebungen mehr oder weniger gleichmässig neben einander emporragen. Die freie Fläche der Schleimhaut ist mit einem freilich sehr leicht sich ablösenden Cylinderepithel bedeckt. Jene Unebenheit wird noch verstärkt durch die Anwesenheit von Drüsen. Denn ihre Lumina klaffen an der Ausmündungsstelle und bilden so Vertiefungen zwischen den bindegewebigen Erhebungen. Ausserdem wandeln sie sich nicht selten in prominirende, oft zahlreiche klare Cystchen um (Ovula Nabothi).

Das Plattenepithel beginnt am Rande der Erosion entweder ohne besondere Veränderungen oder es zeigt vacuoläre Metamorphosen. Seine oberen Lagen sind dann mit dicht gedrängten kleinen Hohlräumen durchsetzt, die gegen die Erosion grösser, gegen die normale Cervixschleimhaut hin kleiner werden und sich allmählich verlieren. Es handelt sich zu Quellungserscheinungen der Epithelzellen, die einer völligen Zerstörung und Ablösung derselben voraufgehen.

Die Erosionen geben nicht selten Veranlassung zum Verdacht auf Carcinom und damit zur Excision von Theilen behufs histologischer Untersuchung. Die Differentialdiagnose ist im Allgemeinen nicht schwierig. So lange die Schnitte noch keine weiteren Veränderungen an den Drüsen zeigen, als unregelmässigen Verlauf und wechselnde Weite, so ist noch kein Carcinom vorhanden, mögen sie nun auch verschieden weit und relativ beträchtlich in die Tiefe reichen. Denn diese Erscheinungen sind entweder der Ausdruck der primären Anlage oder die Folge der bindegewebigen nach aufwärts gerichteten Wucherungsprozesse. Erst mit dem Auftreten einer in das Epithel vordringenden Proliferation des Bindegewebes und bei Vorhandensein isolirter, d. h. metastasischer epithelialer Gebilde ist die Diagnose Carcinom gegeben (vergl. Seite 169).

2. Endometritis.

Als Endometritis chronica hyperplastica oder auch als Hyperplasie der Uterusschleimhaut pflegt man einen Zustand zu bezeichnen, der sich makroskopisch durch Schwellung und Hyperämie und mikroskopisch durch Wucherung der Schleimhautbestandtheile auszeichnet.

Als klinisch wichtiges Symptom kommen nicht selten Blutungen vor, die auch den Verdacht auf Vorhandensein eines Carcinoms nahe legen und daher zu Auskratzungen der Uterusinnenfläche Veranlassung geben. Die Histologie der Veränderung hat daher in differential-diagnostischer Hinsicht nicht geringe Bedeutung.

Schnitte durch die aus der Leiche gewonnene Schleimhaut und durch die ausgekratzten Massen ergeben eine erhebliche Verbreiterung des interglandulären Gewebes (Fig. 355). Es setzt sich aus nicht deutlich abzugrenzenden dicht gedrängten Zellen mit grossen ovalen Kernen zusammen, die mit ihrer Längsachse unter einander und zu den Gefässen parallel gestellt sind. Es hat also offenbar eine lebhafte Wucherung des Schleimhautbindegewebes stattgefunden, durch welche die Mucosa nicht unbeträchtlich verdickt wurde. Jene Zellen sind meist die alleinigen Bestandtheile der Zwischensubstanz, nur spärlich können sich neben ihnen noch Lymphocyten finden. Die grosse Weichheit der Schleimhaut findet in diesem zelligen Aufbau ihre ausreichende Erklärung. Die Gefässe sieht

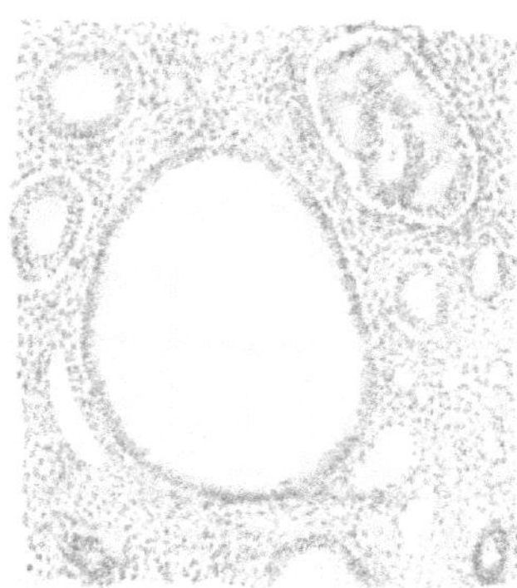

Fig. 355. Endometritis.
Man sieht in einem verbreiterten zellreichen Grundgewebe mehrere Querschnitte von Drüsen, darunter auch eine cystös erweiterte. Oben rechts ein Blutgefäss, durch einen Thrombus verschlossen. Vergr. 100.

man theils zusammengefallen, theils sehr weit und strotzend gefüllt. Sie enthalten oft aussergewöhnlich viele Leukocyten und gelegentlich auch thrombotische Abscheidungen. Die Drüsen sind durchschnittlich erheblich grösser als in der Norm und natürlich entsprechend der Verbreiterung der Interstitien auseinandergedrängt. In Schnitten durch die mit der Uteruswand gehärtete Schleimhaut sieht man sie verlängert, da sie der durch die Wucherung des Zwischengewebes bedingten Verdickung der Schleimhaut sich anpassen. Sie sind ausserdem mehr oder weniger unregelmässig gewunden. Ferner zeigen sie, wie man auch an den ausgekratzten Massen sehen kann, Erweiterungen bis zur cystösen Umwandlung. Damit verbindet sich oft eine Faltung der Wand, die durch flaches oder polypöses Vorspringen des Bindegewebes und des überziehenden Epithels zu Stande kommt. Letzteres zeigt im Uebrigen theils die normale Beschaffenheit, theils leichte Abflachung.

Es handelt sich also um eine Hyperplasie der Uterusschleimhaut, bei welcher die Wucherung des Zwischengewebes mit einer Vergrösserung und Erweiterung der Drüsen Hand in Hand geht.

Die Schleimhautproliferation zeigt nicht immer eine glatte Oberfläche. Zuweilen führt sie zu polypösen, zottigen Unebenheiten, so dass man in Schnitten baumförmig verzweigte Gebilde aus zellreichem Bindegewebe und einem Cylinderepithelüberzug gewinnen kann (Endometritis polyposa).

Auch gegen die Muskulatur hin ergeben sich Abweichungen von der Norm. Hier sieht man nämlich sehr häufig, dass die unteren Enden der Drüsen zwischen die Muskellagen mehr oder weniger weit hineinreichen (Fig. 356). Man fasst dies gewöhnlich als eine Wachsthumserscheinung der Drüsen auf, indessen mit Unrecht. Schon in der Norm ist nämlich die Grenze zwischen beiden Bestandtheilen keine scharfe. Schmale Muskelbündel schieben sich in die Schleimhaut eine Strecke weit nach aufwärts und man braucht sich nur vorzustellen, dass diese prominirenden Theile durch hyperplastische Prozesse an Länge und Breite gewinnen, um jene Bilder entstehen zu lassen. Dieser Vorstellung entspricht das histologische Verhalten. Die Muskelzüge, zwischen denen die Drüsenfundi liegen, sind umfangreicher, breiter, enger zusammenliegend als es in der Norm der

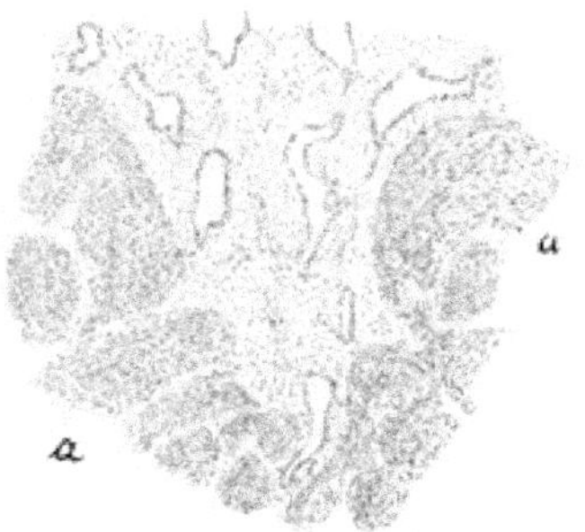

Fig. 356. Aus der Uterusschleimhaut bei Endometritis. Grenze gegen die Muskulatur (a—a), welche einen Schleimhautfortsatz umgreift. Dieser zeigt in einem breiten zellreichen Grundgewebe weite unregelmässige Drüsen. Vergr. 60.

Fall war. Ist die Muskelhyperplasie ausgedehnt, so können die Drüsen sehr weit in die Uteruswand hineinreichen. Es handelt sich also bei jener Grenzverschiebung um eine Wucherung der Muskulatur, nicht der Drüsen und zwar nur darum, dass sich die vorhandenen Bündel verdicken und verlängern, nicht darum, dass sich völlig neue bilden.

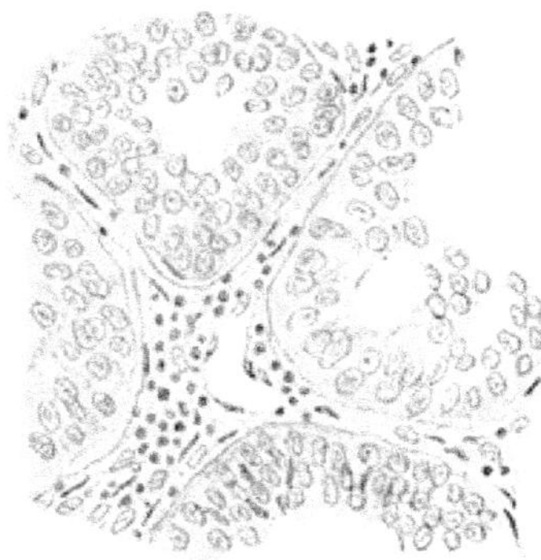

Fig. 357. Carcinom des Uterus.

Man sieht vier ganz oder theilweise vorhandene epitheliale Räume, durch mässig zellreiche, mit dunklen schmalen, hellen grossen und kleinen runden Kernen versehene Septa getrennt. Das Epithel ist mehrschichtig. Vergr. 100.

Die beschriebenen Schleimhautveränderungen mögen nun mit Rücksicht auf die so häufige Nothwendigkeit einer Differentialdiagnose gegenüber dem Cylinderzellenkrebs des Uterus mit den bei ihm zu erhebenden Befunden verglichen werden (Fig. 357). Es handelt sich hier weniger um Schnittpräparate durch die Uteruswand, auf deren histogenetische und diagnostische Verhältnisse die auf Seite 169 gegebenen Erörterungen Anwendung finden, als um die ausgekratzten Massen, deren Untersuchung nicht selten Schwierigkeiten bereitet. Wenn wir bei der Hyperplasie das Drüsenepithel in einfacher Lage antreffen, in der freilich die Kerne nicht alle in gleicher Höhe liegen und wenn die Drüsen ausser durch Erweiterung auch durch mannigfache Formveränderung von der Norm abweichen, so sehen wir jetzt das Epithel der Alveolen, die man nicht (s. S. 173) als umgewandelte Drüsenräume auffassen darf, dicker, indem die lebhafter wuchernden Zellen sich zu höheren Lagen über einander aufschichten. Dabei ist die Grenze gegen das Lumen oft nicht glatt, sondern unregelmässig. Das Epithel springt papillenförmig vor und erhebt sich oft doppelschichtig sehr hoch. Wenn solche von verschiedenen Seiten kommende Vorsprünge zusammenfliessen, so entstehen das Lumen durchsetzende Brücken. Dabei ist der Umfang der epithelialen Räume meist beträchtlich, oft um das Vielfache grösser, als derjenige der Drüsen. Auch liegen die Gebilde näher zusammen, als bei der Endometritis. Das bindegewebige Gerüstwerk zeigt nicht jene gleichmässige Zusammensetzung aus Zellen, sondern ist bald mehr, bald weniger deutlich faserig und mit Rundzellen durchsetzt. Alles in Allem sehen wir also eine epitheliale Proliferation, wie sie bei einfachen Hyperplasien nicht vorkommt, bei dem Cylinderzellenkrebs dagegen die Regel bildet.

3. Atrophie.

Die Hyperplasie der Uterusschleimhaut pflegt mit Atrophie zu enden (Fig. 358). Die Schleimhaut wird niedriger und die Drüsen schwinden mehr und mehr. Der Zellreichthum des Bindegewebes verliert sich allmählich, die grossen ovalen Kerne werden kleiner, schmaler und färben sich dunkler. Zwischen ihnen bemerkt man jetzt eine immer reichlicher werdende Intercellularsubstanz, so dass schliesslich ein derbes faseriges Bindegewebe entstehen kann, dessen Dicke nur einen Bruchtheil von derjenigen der früheren Schleimhaut umfasst. Die Drüsen gehen durch einfache Atrophie zu Grunde. Man sieht sie dünner werden und erkennt sie im Querschnitt häufig nur noch an einer dunklen Kerngruppe, bis auch diese sich verliert. So kann man bei starker Vergrösserung ganze Gesichtsfelder ohne Spur von drüsigen Bestandtheilen finden. Einzelne Drüsen treten freilich dadurch deutlicher als sonst hervor, dass sie sich zu kleineren oder auch makroskopisch sichtbaren Cystchen ausdehnen.

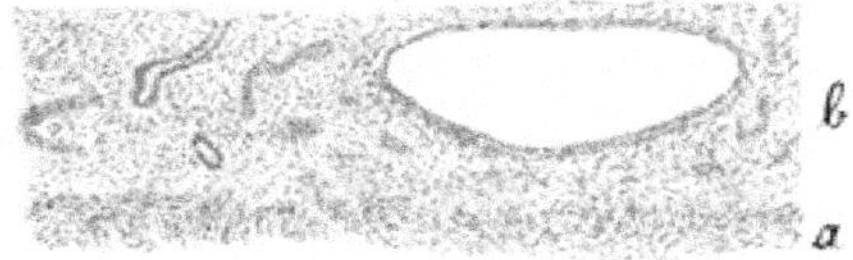

Fig. 358. Atrophie der Uterusschleimhaut. Senkrechter Durchschnitt. Vergr. 50. *b* die sehr erheblich verdünnte Schleimhaut, *a* die Muskulatur. Die Schleimhaut enthält nur noch eine Drüse (links) und eine platte Cyste mit Epithelauskleidung. Das Bindegewebe ist mässig zellreich und enthält eine Anzahl (grau hervortretender) Gefässe. Das Oberflächenepithel ist abgestossen.

4. Metritis.

Von den in der muskulären Wand des Uterus auftretenden Prozessen verdient hier die chronisch verlaufende entzündliche Bindegewebswucherung Erwähnung (Metritis). Man sieht sie selten in frühen Stadien, in denen der Vorgang sich durch fleckweise zellige Infiltration um die Gefässe auszeichnet, als in den späteren, welche durch Vermehrung des intermuskulären faserigen Bindegewebes charakterisirt sind. Es kann breite Züge und zackige Felder bilden, ist kernarm und sehr dicht. Seine arteriellen Gefässe, die sehr gross zu sein pflegen, zeigen häufig endarteriitische Veränderungen.

5. Geschwülste.

Unter den **Geschwülsten des Uterus** sind die **Myome** die häufigsten. Sie wurden aber bereits auf Seite 108 besprochen.

Von der Schleimhaut ausgehend kommen ferner **Sarkome**, wenn auch nicht gerade häufig vor. Es sind Spindel- oder rundzellige Sarkome, die aber in seltenen Fällen durch die Gegenwart quergestreifter Muskulatur ausgezeichnet sind. In anderen Fällen enthalten sie geringere oder grössere Mengen von Riesenzellen.

Epitheliale Tumoren sind einmal die schon erwähnten zottigen Erhebungen der Schleimhaut. Häufiger als diese sind polypös oder breiter aufsitzende rundliche oder birnförmige Neubildungen, die man als Drüsenpolypen (S. 153) bezeichnen kann. Sie bestehen aus einem zell- und gefässreichen Grundgewebe und drüsenähnlichen Bildungen, die aber gewöhnlich erweitert oder cystös sind. Ihr Epithel ist dabei nicht selten abgeflacht.

Unter den Carcinomen nimmt am Orificium externum der **Plattenepithelkrebs**, im Uterus der **Cylinderzellenkrebs**, von welchem soeben die

Rede war, die erste Stelle ein. Aber auch an letzterer Stelle kommt der Plattenepithelkrebs vor, wie denn auch die Schleimhaut des Uterus von verhornendem Epithel überzogen sein kann. Man denkt hier wohl an eine Metaplasie des Cylinderepithels, doch dürfte die andere Annahme, dass es sich um ein Hineinwachsen des Vaginalepithels oder um eine Transplantation von solchem handele, die wahrscheinlichere sein.

Eine besondere Stelle nehmen neuerdings mehrfach beschriebene seltene Tumoren ein, welche von Theilen der Placenta ausgehen. Während Sänger (Arch. f. Gynäkol. Bd. 44) sie als Sarkoma deciduocellulare auffasste, hat vor Allem Marchand (Monatsschr. f. Geburtsk. Bd. I) ihre epitheliale Natur dargethan. Die Geschwülste enthalten weite Gefässräume und in Verbindung damit in einer dem Bau der Chorionzotten ähnlichen Anordnung zweierlei Epithel. Das eine entspricht dem fötalen Chorionepithel, das andere dem decidualen, d. h. dem Uterusepithel. Letzteres (das Syncytium) zeigt keine Zellgrenzen. Es tritt in Gestalt vielkerniger protoplasmatischer Gebilde auf.

Hieran mögen noch einige Angaben über Placentarveränderungen angeschlossen werden.

6. Placenta.

Eine häufige Erscheinung sind die meist so genannten Infarkte, d. h. kleinere und grössere gelbliche oder leicht röthliche Herde von derberer Consistenz als die übrige Placenta. Sie kommen gewöhnlich multipel vor. Ihr charakteristischer Bestandtheil ist ein im frischen Zustande hyalin oder streifig aussehendes Fibrin. In Schnitten, zumal wenn sie nach Weigert gefärbt wurden, erkennt man, dass es in den weiten Bluträumen liegt, die es in wechselndem Umfange, in ausgeprägten Fällen durch den ganzen Herd hindurch, ausfüllt. Zuweilen, vorwiegend in frühen Stadien, ist seine Menge gering, so dass man es nur hier und da in unregelmässiger Vertheilung wahrnimmt. Neben ihm findet sich auch geronnenes Blut. Die Zotten im Bereich der Herde sind bei voll ausgebildeter Veränderung nekrotisch. In ihnen ist kein Kern mehr sichtbar zu machen. Sie bestehen aus einer feinfädigen Masse, in der auch jede Spur von Gefässen verschwunden sein kann. Ihre äussere Form ist aber stets noch gut erkennbar. In jüngeren Stadien ist noch eine theilweise Kernfärbung möglich, besonders in dem epithelialen Ueberzug der Zotten. Diese können in verschiedener Ausdehnung eine ödematöse Quellung erkennen lassen. Ueber die Entstehung der Infarkte herrscht noch keine volle Klarheit.

Für die Blasenmole, die man bisher auf eine myxomatöse Metamorphose und Anschwellung der Chorionzotten zurückführte, hat Marchand (Zeitschrift f. Geburtsh. Bd. 32) eine Wucherung und Degeneration des Zottenepithels nachgewiesen, derselben Zellen also, welche die oben erwähnte Geschwulst erzeugen. Die Zotten selbst zeigen Wucherung und hydropische Quellung.

c) Tuben.

Die Tuben bedürfen keiner gesonderten Besprechung. Zum Verständniss ihrer entzündlichen Veränderungen, ihrer Erweiterungen, cystösen Umwandlungen und seltenen Geschwulstbildungen genügen die Auseinandersetzungen des allgemeinen Theiles dieses Buches.

d) Ovarium.

Von den pathologischen Veränderungen der Ovarien erfordern hier nur die Geschwülste eine kurze Erörterung. Man theilt sie in cystische und solide ein. Die ersteren wurden schon früher besprochen, die Kystome Seite 159, die Dermoidcysten Seite 169. Die soliden Tumoren kommen gern doppelseitig vor. Unter ihnen bieten die reinen Fibrome, Myome, Sarkome vom histologischen Standpunkt keine Veranlassung zu genaueren Auseinandersetzungen. Nur über die endothelialen und carcinomatösen Neubildungen sind einige Bemerkungen am Platze.

Es giebt vom Ovarium ausgehende alveoläre Tumoren, deren carcinomatöse Natur sich aus ihrem Bau auf's Deutlichste ableiten lässt und keinem Zweifel begegnet. Andere Geschwülste aber sind weniger ausgeprägt und werden von den Beobachtern je nach ihrem Standpunkt bald zu den Endotheliomen, bald zu den Carcinomen gerechnet. Das Aussehen der Zellen lässt sich aber nicht immer sicher verwerthen und der alveoläre Bau kann insofern verwischt sein, als die Zellen die Gerüstsubstanz oft gleichsam infiltriren.

Eine sichere Entscheidung wird daher in manchen Fällen unmöglich sein. Aber es giebt Tumoren, in denen das Aussehen der Zellen sich verwerthen lässt (Fig. 359). Sie sehen im frischen Präparat gequollen, fast hyalin aus. In gehärteten Objecten zeigen sie entweder eine gleichmässige helle feinkörnige Beschaffenheit, oder sie enthalten kleinere und grosse helle Vacuolen, ähnlich den Zellen, welche die Kystome auskleiden (s. S. 169). Es handelt sich wohl um eine schleimige Metamorphose. Der Kern ist an den Rand gerückt, durch die homogenen Massen abgeplattet und dem Zellcontur parallel gebogen. Die Uebereinstimmung mit Epithel wird noch dadurch erhöht, dass die Kerne, wenn die Zellen in Gruppen zusammenliegen, meist dem Bindegewebe zugekehrt sind. Die schleimige Veränderung findet sich aber nicht überall. Ueber grössere Strecken können die Epithelien lediglich ein feinkörniges Protoplasma besitzen. Sie liegen entweder in kleinen oder grösseren rundlichen Alveolen oder in langen strangförmigen Gebilden oder mehr isolirt und im Bindegewebe zerstreut. Da ihr Protoplasma bei der Här-

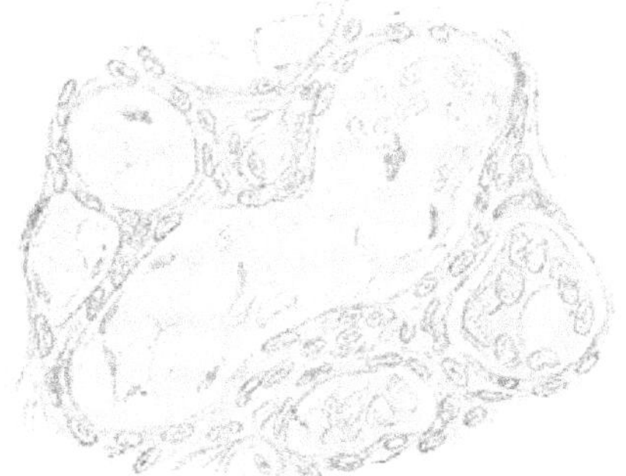

Fig. 359. Carcinom des Ovariums.
Man sieht eine grosse, lange Alveole und mehrere runde. Die Epithelien derselben, die als Ganzes sich von dem Bindegewebe etwas retrahirt haben, enthalten zum Theil grosse Vacuolen, durch welche die Kerne bei Seite gedrängt sind. Die Septa sind reich an grossen ovalen Kernen. Vergr. 400.

tung schrumpft, so entstehen gern Spalträume zwischen den Zellhaufen und dem Bindegewebe.

Die Stützsubstanz hat einen fibrillären Charakter, ist aber reich an spindeligen meist gut abgrenzbaren Zellen. Das giebt dem Gewebe die Beschaffenheit eines Fibrosarkoms. Das Mengenverhältniss dieser Zwischensubstanz zum Epithel ist ausserordentlich wechselnd. Bald ist der Tumor ziemlich gleichmässig aus Epithel- und Zwischensubstanz aufgebaut, bald wiegt die letztere bei Weitem vor. Dann ist das Epithel in kleineren und grösseren Bezirken inselförmig in ihm vertheilt. Das Alles findet man innerhalb einer und derselben Geschwulst. Aber es giebt auch solche, die durchweg in erster Linie aus Epithel und andere, die fast nur aus Bindegewebe bestehen. Dann wird man eher von einem Fibrom oder Fibrosarkom mit epithelialen Einsprengungen reden können.

Unter allen Umständen aber nimmt das Bindegewebe lebhaft an der Neubildung Antheil. Das geht schon aus seinem Zellenreichthum zur Genüge hervor. Aber es ist ja auch ohnehin selbstverständlich, dass die Stützsubstanz eines faustgrossen Tumors nicht etwa nur das Bindegewebe des Ovariums sein kann, welches nur durch das wuchernde Epithel auseinandergedrängt worden wäre. Zu diesem Schluss müsste man gelangen, auch wenn der Tumor nicht oft in breiten peripheren Abschnitten nur aus Bindegewebe bestände. Solche Bilder lehren, dass das Wachsthum in manchen Fällen hauptsächlich durch die Stützsubstanz besorgt wird, während das Epithel von innen her langsamer nachfolgt.

Das gesammte histologische Verhalten lehrt jedenfalls so viel, dass von einer Feststellung der Genese hier ebenso wenig wie bei einem anderen vorgeschrittenen Tumor die Rede sein kann. Ein Fehlen oder Vorhandensein eines Zusammenhanges der Epithelzellen mit dem Oberflächenepithel lässt sich nach keiner Richtung verwerthen.

Nach vorstehender Darstellung glaube ich also diese Tumoren den Carcinomen zurechnen zu sollen. Ein strikter Gegenbeweis gegen die von Anderen und auch neuerdings von Krukenberg (Archiv für Gynäkologie, Bd. 50) vorgezogene endotheliale Genese lässt sich freilich nicht erbringen.

G. Nervensystem.

1. Dura und Pia Mater.

a) Pachymeningitis.

Unter Pachymeningitis im engeren Sinne verstehen wir einen nicht seltenen, auf der Innenfläche der Dura ablaufenden Prozess, der durch die Bildung einer gefässreichen, anfangs zarteren, später derberen, meist pigmentirten, fleckweise auftretenden oder über grössere Flächen ausgedehnten Membran gekennzeichnet ist, aus der es leicht zu unter Umständen tödtlichen Blutungen kommt. Alle diese Eigenschaften haben der Erkrankung den Namen Pachymeningitis membranacea haemorrhagica pigmentosa eingetragen. Sie entsteht meist ohne bekannte Veranlassung, zuweilen im Anschluss an entzündliche Knochenprozesse.

Die histologische Untersuchung kann darauf ausgehen erstens die Membran selbst und zweitens ihre Beziehung zur Dura ins Auge zu fassen. Jene ist häufig so zart, dass sie einer mikroskopischen Betrachtung direkt zugänglich ist. Hat man sie an einer Stelle mit einem Messer gelöst, so lässt sie sich leicht in kleineren und grösseren Fetzen abziehen und auf den Objektträger bringen. Dabei bemerkt man, dass die Membran der Dura nicht lose aufliegt, sondern in einem lockeren Zusammenhang mit ihr stellt. Sie lässt sich auch nach der Härtung noch von ihr trennen und bedarf dann zur Färbung und Untersuchung keiner weiteren Präparation. Dickere Membranen muss man natürlich in Schnitte zerlegen. Wenn man sie mit der Dura schneiden will, wird man das Messer senkreckt zu ihrer Fläche führen. Eine gute Einbettung ist hier dringend anzurathen, da die verschiedene Consistenz der beiden Schichten leicht eine Zerreissung und Ablösung von einander bedingt.

In den ersten Anfängen des Prozesses finden wir zarte membranöse Auflagerungen, die sich aus feinkörnigem oder feinfädigem Fibrin zusammensetzen und in der Umgebung weiter vorgeschrittener Membranbildungen auch in den späteren Stadien noch aufzufinden sind, in denen uns die Erkrankung gewöhnlich entgegentritt, und in denen die Membranen mehr oder weniger injicirt und deshalb geröthet, oder pigmentirt und deshalb fleckig oder in ganzer Ausdehnung braun erscheinen. Untersucht man im frischen Zustande, so sieht man viele, zierlich verzweigte, mehr oder weniger deutlich von einzelnen Centren ausstrahlende blutgefüllte Gefässe und zwischen ihnen bald nur einzelne, bald viele rundliche, offenbar Zellen entsprechende Pigmenthäufchen in einem feinfaserigen Stroma (Fig. 360). Härtet man die Membranen, wozu sich Zenker's Lösung sehr gut eignet, so gewinnt man an gefärbten Präparaten über die Gefässe folgenden Aufschluss. Sie sind sehr zartwandig, bestehen, auch wenn sie

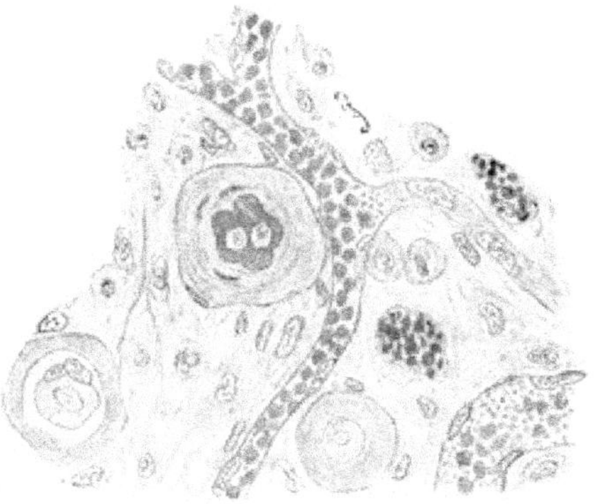

Fig. 360. Aus einer pachymeningitischen zarten Membran. Die Figur zeigt in der Mitte ein verästigtes bluthaltiges Gefäss, unten rechts ein etwas weiteres mit Blutplättchen. Die Grundsubstanz des Gewebes ist feinfaserig und enthält grosse Kerne und rundliche protoplasmareiche Zellen. Ausserdem finden sich drei kugelige Gebilde, von homogener resp. leicht streifiger Beschaffenheit. Die beiden unteren stellen Ringe dar, in deren Oeffnung je eine Zelle liegt. Das obere hat eine dunkel gefärbte Mitte mit zwei Kernen und in der streifigen Hülle schmale, dunkle Kerne. Vergr. 100.

sehr weit sind, nur aus einer Lage von Endothelien mit grossen, hellen, längsovalen Kernen, die nach innen etwas prominiren. Sie sind mit rothen Blutkörperchen gefüllt, doch findet sich oft, wohl als Ausdruck einer mangelhaften Circulation, eine grössere oder geringere Menge von Blutplättchen (Fig. 360). Die kleinsten Gefässchen sind oft collabirt, leer, oder enthalten nur hier und da einzelne rothe Blutkörperchen. Dann erscheinen sie als ein protoplasmatischer dünner Strang, in welchem in Abständen grosse Kerne vertheilt sind. Auch den Vorgang der Gefässneubildung kann man nicht selten verfolgen.

Das Stroma, in welchem die Gefässe liegen, ist in den früheren Stadien fein fibrillär (Fig. 360). Die Fäserchen verlaufen parallel und kreuzen sich. Man darf sie nicht verwechseln mit etwa noch vorhandenem Fibrin, welches sich nach Weigert gut färben lässt. Bei Anwendung dieser Methode bemerkt man zuweilen, dass auch in den Gefässen eine in ihrer Ausdehnung wechselnde Fibringerinnung stattgefunden hat. Manche weite Lumina sind durch zahlreiche Fäden verlegt, aber auch die engsten Capillaren können damit versehen sein. Oft zieht ein einzelner zarter Fibrinfaden als alleiniger Inhalt durch dieselben hindurch.

Hat die Membran schon lange bestanden, ist sie dick und derb geworden, so erweist sie sich hauptsächlich aus derbfaserigem Gewebe zusammengesetzt (Fig. 361 b).

Das Verhalten der Zellen ist je nach dem Alter des Prozesses sehr wechselnd. In der ersten Zeit ist das Gewebe reich an gut entwickelten protoplasmareichen Zellen, die sich in zwei Gruppen trennen lassen, nämlich einmal in rundliche, protoplasmareiche mit rundem dunklem Kern, die wohl als Wanderzellen aufzufassen sind und zweitens in grössere ovale oder unregelmässig gestaltete mit hellem, grossem ovalem oder länglichem Kern, die man als die fixen Elemente ansehen muss. Sie ähneln am meisten vergrösserten Endothelzellen.

In älterem Gewebe sieht man die Wanderzellen spärlicher oder gar nicht mehr. Jene grossen Zellen haben die Umwandlung erfahren, die wir bei dem Uebergang eines neugebildeten in definitives und Narben-Gewebe kennen lernten. Sie sind protoplasmaärmer, ihre dunkler sich färbenden Kerne lang und schmal und denen der normalen Dura ähnlicher.

Schneidet man die Dura mit der Membran an senkrecht zu beiden geführten Schnitten (Fig. 361), so bemerkt man, dass letztere nicht continuirlich aus ersterer herauswächst, sondern dass beide von einander deutlich zu trennen sind. Die Verbindung ist hergestellt durch Gefässe, die aber nur an verhältnissmässig wenigen Stellen in die Membran übergehen und daher im Schnitt nur selten zu sehen sind. Die Oberfläche der neuen Gewebslage ist oft noch bedeckt von einer feinen Fibrinschicht, darunter folgt ein lockeres grosszelliges oder theilweise schon dichteres, der Dura parallel gefasertes Gewebe mit den in gleicher Richtung verlaufenden Gefässen. Zwischen ihm und der Dura befindet sich ein Spalt, in welchem protoplasmareiche Zellen (Wanderzellen und Endothelien) liegen (Fig. 361a). In älteren Stadien ist die Membran (Fig. 361 b) weniger deutlich von der Dura geschieden, da sich zwischen beiden fibrilläre Verbindungen hergestellt haben, die zu völliger Verwachsung führen können. Sie ist ferner dichter und grobfaserig, der Dura ähnlich geworden und nur meist durch den etwas grösseren Umfang der Kerne noch von ihr zu unterscheiden.

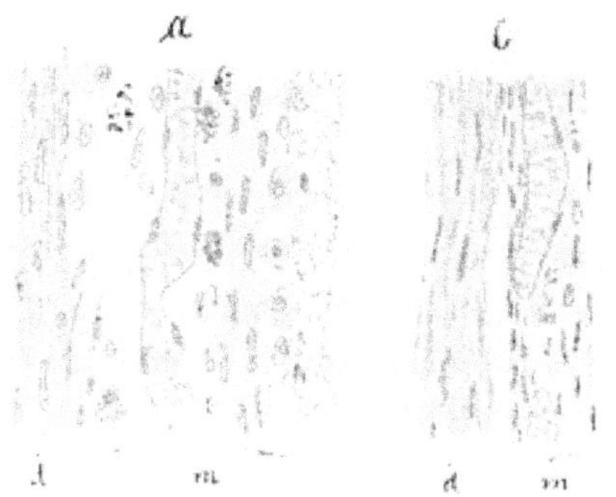

Fig. 361. Pachymeningitis.
Senkrecht zur Durafläche geführte Schnitte. Vergr. 400. *a* frühes Stadium. *d* Dura, *m* neugebildete Membran. In ihr sieht man ein weites blutgefülltes dünnwandiges Gefäss, umgeben von grosszelligem Gewebe, in welchem einige Pigmentzellen. Am rechten Rande Fibrin, in dessen tiefer Lage grosse rundliche Zellen. *b* altes Stadium. *d* Dura, *m* Membran. In *m* ein blutgefülltes Gefäss in einem dichtfaserigen, mit dunklen Kernen versehenen Gewebe.

Die fast zur Regel gehörende Pigmentirung der Membran rührt von Blutungen aus den dünnwandigen Gefässen her und ist charakterisirt durch grössere mit Pigmentkörnchen verschiedenen Umfanges gefüllte Zellen, die oft dicht gedrängt zusammenliegen.

Als letzter nicht immer, oft nur spärlich, nicht selten aber reichlich vorhandener Bestandtheil der pachymeningitischen Membran ist das Vorkommen der mikroskopisch kleinen kugeligen Gebilde (Fig. 360) zu erwähnen, denen wir bei den Psammomen (S. 134) bereits begegneten. Sie sind hier nur selten verkalkt, im Uebrigen aber gebaut wie dort, zeigen also eine concentrische Schichtung und meistens einen homogenen Centralkörper, dem man häufig seinen Zellcharakter noch ansehen kann. In der concentrischen Masse sieht man hier und da einzelne schmale Kerne, die auch aussen der Kugel anliegen können. Es handelt sich also um eine hyaline Abscheidung, um eine central gelegene veränderte Zelle und um Einschluss einzelner oder vieler anderer Zellen in die Schichtungsmasse.

Der geschilderte Bau der pachymeningitischen Membran und ihre Genese zeigt uns, dass wir den Prozess als die Organisation eines auf die Innenfläche der Dura abgeschiedenen Exsudates aufzufassen haben und dass er sich von den früher (S. 73 ff.) an den serösen Häuten beschriebenen Vorgängen nur durch seinen langsamen Verlauf und die weit dünnere zu durchwachsende Fibrinlage auszeichnet. Die Gewebsneubildung kann freilich sehr ausgedehnt werden, wenn zu dem Fibrin noch ein umfangreicherer Bluterguss hinzukommt, der gleichfalls organisirt wird. Noch mehr stimmen die Verhältnisse mit denen der serösen Flächen überein, wenn es sich um Entzündungen handelt, die vom Knochen aus durch die Dura nach innen vordringen und auf dieser ein oft dickes fibrinöses Exsudat absetzen. Dann sieht man auch hier ein typisches spindelzelliges Granulationsgewebe in das Fibrin vordringen und an seine Stelle treten.

b) Leptomeningitis.

Die eitrige Leptomeningitis entsteht theils als metastatische, theils als primäre Erkrankung (epidemische Cerebrospinalmeningitis). Die Pia erscheint bei ihr besonders im Verlauf der Sulci eitrig infiltrirt.

Unter dem Mikroskop findet man an senkrecht zur Gehirnoberfläche geführten Schnitten die Spalten der Pia durch massenhafte Eiterkörperchen, denen sich hier und da etwas Fibrin zugesellt, weit auseinandergedrängt. Wo die Eiterung angesprochen ist, sieht man keine anderen Zellen, bei Uebergang in weniger stark veränderte Abschnitte aber treten neben den Eiterkörperchen auch zahlreiche andere Zellen auf, die sich durch ihre Grösse, ihren Protoplasmareichthum und ihren Kern als Abkömmlinge der fixen Zellen zu erkennen geben. Solche Stellen sind sehr geeignet, die beiden Zellarten unterscheiden zu lernen. Lymphocyten fehlen im Gewebe der Pia und finden sich nur in den Gefässscheiden, die ebenfalls viele Leukocyten enthalten können. Geeignete Färbung macht die bald mehr, bald weniger reichlichen Mikroorganismen (Eiterkokken u. A.) sichtbar.

Bei der epidemischen Cerebrospinalmeningitis finden sich meist ausserordentlich zahlreiche Kokken, die einzeln oder meist als Diplokokken, seltener in kurzen Ketten im Protoplasma der Eiterkörperchen liegen (Diplococcus intracellularis [s. o. S. 59]). Es giebt Fälle, in denen man Mühe hat, kokkenfreie Zellen zu finden.

Die tuberkulöse Entzündung der weichen Gehirnhaut ist ausser durch ihren vorwiegend die Gehirnbasis betheiligenden Sitz charakterisirt durch das Auftreten von zahlreichen miliaren, meist sehr kleinen Knötchen und eine mehr oder weniger ausgedehnte sulzige graue, graugelbe oder gelblich-grünliche Infiltration.

Mikroskopisch ist der Prozess je nach seinem Alter verschieden. Die Knötchen haben im Allgemeinen nicht den Bau eines typischen Tuberkels. In frühen Stadien bestehen sie fast nur aus dichtgedrängten Zellen, deren man drei Arten, nämlich grössere, offenbar von den fixen Elementen der Pia abstammende, Lymphocyten und Leukocyten, unterscheiden kann. Letztere verschwinden nach und nach und das Knötchen nimmt mehr und mehr eine derbere, faserreichere Beschaffenheit an. Doch kommt es wegen des meist raschen Verlaufes der Entzündung nicht sehr oft zu dieser Metamorphose. Die Gebilde liegen gewöhnlich den grösseren Gefässen dicht an. Die übrige Pia erscheint zellig infiltrirt und vielfach mit Fibrin durchsetzt. Man kann auch hier jene drei Zellarten unterscheiden. Die fixen Elemente sind offenbar vermehrt, aber ihre Kerne färben sich oft sehr schlecht, offenbar als Ausdruck beginnender Verkäsung. Die Lymphocyten häufen sich ganz besonders fleckweise in den Gefässscheiden an, die Leukocyten finden sich vor Allem da, wo durch die Gegenwart des Fibrins ein lebhafter Exsudationsprozess angedeutet ist. Die Ansammlung der Rundzellen greift auch auf die Gefässwände über und kann bis ins Lumen gehen, in welchem sehr gewöhnlich zellreiche Thromben vorhanden sind (vergl. die tuberkulöse Arteriitis, S. 222). Andererseits greift die Entzündung auch auf die Gehirnrinde über. Hier entsteht in den Gefässscheiden eine sehr dichte, fleckweise auftretende Ansammlung von Lymphocyten, bei welcher der Prozess zuweilen stehen bleibt. In anderen Fällen bilden sich auch in der Rinde oft zahlreiche Tuberkel, anfangs in den Gefässscheiden, später auch in der Gehirnsubstanz. An senkrecht zur Oberfläche geführten Schnitten lässt sich Alles gut übersehen.

Der Gehalt an Bacillen ist nicht immer der gleiche. Bald hat man Mühe sie zu finden, bald liegen sie in grosser Zahl, in Gruppen und einzeln vorwiegend in den exsudativen Abschnitten.

Die tuberkulöse Leptomeningitis ist ebenfalls sehr gut geeignet, den Unterschied zwischen Lymphocyten und Leukocyten kennen zu lernen.

2. Gehirn und Rückenmark.

a) Untersuchungsmethoden.

Bei Besprechung der histologischen Verhältnisse der Erkrankungen von Gehirn und Rückenmark kann es nicht darauf ankommen, alle die einzelnen Krankheitsformen, welche Gegenstand der speciellen pathologischen Anatomie und des Studiums der Neurologen sind, für sich eingehend zu erörtern. Wollte man allen Einzelheiten in ihrer durch den Verlauf der Nervenbahnen bedingten Vertheilung über das ganze Centralnervensystem folgen, so würde das einen unverhältnissmässig grossen Raum erfordern. Für unsere Zwecke reicht es aus, wenn wir die wichtigeren histologischen Befunde herausheben. Das genügt aber um so mehr, als verschiedene Veränderungen sich bei zahlreichen klinischen Krankheitsbildern in den wesentlichsten Punkten immer wiederholen: bei einer Gruppe Untergang der Nervensubstanz und Zunahme des Stützgewebes, bei einer anderen Zerstörung ganzer Abschnitte und Wucherung der angrenzenden Theile etc.

Bei dieser Art der Betrachtung wird sich ausreichende Gelegenheit finden, die Besonderheiten der einzelnen Formen kurz zu berühren.

Die Untersuchung des Centralnervensystems muss für manche Fälle zunächst im frischen Zustand erfolgen. Alle regressiven Prozesse, Degenerationen und Zerfallserscheinungen verlieren im gehärteten Zustande sehr viel von ihrem charakteristischen Verhalten.

Breiig erweichte Theile lassen sich in Wasser leicht aufschwemmen und untersuchen. Von zerfallenden aber noch zusammenhängenden Abschnitten, z. B. den Rändern von Erweichungsherden kann man gute Zupfpräparate herstellen. Auch Abflachung eines derartigen Stückchens durch leichten Druck auf das Deckglas giebt in mancher Hinsicht brauchbare Resultate. Auf andere Gehirntheile sollte diese selbstverständlich rohe Methode im Allgemeinen nur etwa zur Orientirung (über die Anwesenheit von Pigment, Körnchenzellen, Gefässveränderungen) zur Anwendung kommen. Im Uebrigen sind Schnitte zur Untersuchung heranzuziehen, die sich auch mit gut befeuchtetem Rasirmesser trotz der weichen Consistenz des Gehirns einigermaassen brauchbar herstellen lassen. Veränderungen an den Gefässen kann man gut studiren, wenn man diese isolirt, d. h. durch Zug aus der Gehirnsubstanz herauszieht. Man fasst ein irgendwo sichtbares grösseres Gefäss, besonders einen Ast einer der Arterien an der Gehirnbasis und zieht ihn mit langsamem aber kräftigem Zug heraus. Dabei folgen meist ausserordentlich zahlreiche kleinere und kleinste Verzweigungen, die nun in Wasser bequem untersucht werden können. Zu reichlich anhaftende Gehirnsubstanz entfernt man zunächst durch Abspülen oder Schütteln in Wasser. Alle diese Methoden an frischen Präparaten kommen hauptsächlich für das Gehirn, weniger für das Rückenmark in Betracht.

Für die Härtung des Centralnervensystems benutzt man immer noch in erster Linie die Müller'sche Flüssigkeit in bekannter Weise. Sie ist für die meisten Färbemethoden unerlässlich. Fettig degenerative Zustände lassen sich in Flemming's Lösung gut conserviren. Zenker's Flüssigkeit, die für das normale Gehirn und Rückenmark wenig gebraucht wird, hat für die pathologischen Organe grösseren Werth. Sie conservirt auch hier alle zelligen Elemente aufs Beste. Nur darf sie lediglich auf kleine Stücke angewandt werden, da die reichlichen Sublimatniederschläge nur aus ihnen sich gut entfernen lassen.

Zur Färbung des Centralnervensystems hat man zahlreiche Methoden ausfindig gemacht, die auch in der normalen Histologie in Gebrauch sind und daher hier nicht weiter besprochen werden müssen. Weigert's Methoden mit ihren Modificationen gelangen auch in der Pathologie sehr oft zur Anwendung. Besonders häufig wird neuerdings ein von Mallory angegebenes Verfahren benutzt, welches noch weniger bekannt ist und deshalb kurz angegeben sein mag. Die Farbflüssigkeit besteht aus 10 ccm 10% Phosphormolybdänsäure, 1,75 gr Hämatoxylin, 200,0 gr Wasser und 5,0 gr crystallisirter Carbolsäure. Die Mischung soll einige Wochen am Licht stehen und dann filtrirt werden. Sie färbt in 20 Minuten bis 1 Stunde und wird durch 50% Alkohol in 5—20 Minuten ausgezogen. Darauf Alkohol, Oel, Balsam. Axencylinder und Glia sind tiefblau[1]). Eine ausgedehnte Anwendung verdient auch die Färbung

1) In einer Modification lässt sich die Farblösung auch auf andere Gewebe zur Färbung der fibrillären Zwischensubstanzen anwenden. Man taucht die Schnitte (beliebig, am besten in Alkohol gehärteter Präparate) in die 10% Phosphormolybdänsäure für $^1/_2$—1 Minute ein, spült sie ab und bringt sie in jene Farblösung für 2—5 Minuten. Darauf wieder Abspülen, Alkoholbehandlung, Oel, Balsam. Die fibrilläre Substanz hebt sich durch blauen Farbenton sehr gut ab, die anderen Bestandtheile sind blass graugrün.

mit Hämalaun und die Ueberfärbung nach v. Gieson. Die Kerne werden blau, Axencylinder roth, Nervenmark gelb, Glia roth.

b) Herdförmige Zerstörungen durch Unterbrechung der Circulation, Blutung und Trauma.

Verschluss einer Gehirnarterie durch Embolie, Thrombose oder Wandverdickung hat anämische Nekrose des Versorgungsgebietes zur Folge. Der Herd stirbt ab unter Erweichung (weisse, bei Blutaustritt gelbe, rothe, braune Erweichung). Die zerfallenen Massen werden resorbirt. Es bleibt schliesslich eine Narbe oder, falls an Stelle des todten Materiales Flüssigkeit trat, eine Cyste.

Blutung in das Centralnervensystem führt zur Zertrümmerung des Gewebes, dessen weitere Veränderungen denen der anämisch nekrotischen Theile ähnlich, aber durch die Gegenwart des Blutes (Pigmentbildung) modificirt sind.

Traumatische Zerstörung centraler Nervensubstanz bedingt ebenfalls Resorption der abgestorbenen Massen und event. Narbenbildung.

Wenn alle diese genetisch und grob-anatomisch so verschiedenen Zustände hier gemeinsam besprochen werden, so geschieht es, weil die histologischen Verhältnisse in den wesentlichsten Punkten grosse Uebereinstimmung zeigen.

Das Gemeinsame dieser Prozesses liegt zunächst in dem mikroskopischen Aussehen der untergehenden Theile. Die Nervenfasern zerfallen in unregelmässige Abschnitte. Ihr Mark bildet glänzende Kugeln, Tropfen, vielgestaltige Figuren, die gewöhnlich doppelt conturirt aussehen. Man bezeichnet die Massen als Myelin. Die Axencylinder werden frei und quellen unregelmässig, varicös und oft beträchtlich auf. Am reinsten sieht man diese Veränderungen nach traumatischen Einwirkungen (Fig. 362).

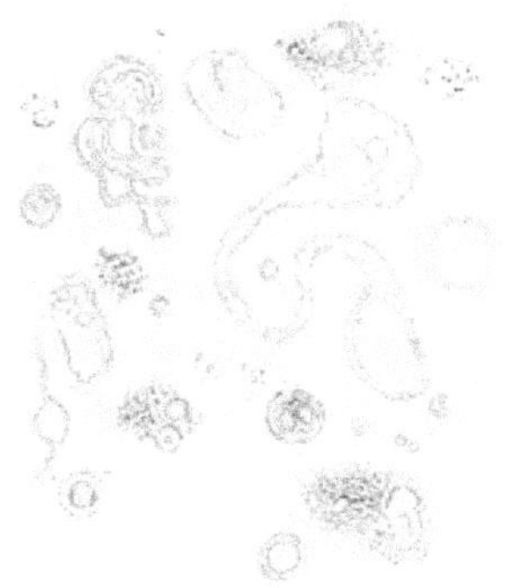

Fig. 362. Aus einer ca. 5 Tage alten Quetschung des Halsmarkes. Man sieht grosse und kleine runde und unregelmässige, gewundene, doppelt conturirte Nervenmarkmassen und grosse rundliche, Zellen entsprechende Gebilde, die dicht gedrängte Fetttröpfchen und grössere Theile des Nervenmarkes enthalten. Vergr. 400.

Das Myelin löst sich im weiteren Verlauf des Prozesses in feinere Körnchen auf, die sich wie Fetttröpfchen verhalten.

In die zerfallenden, abgestorbenen Theile dringen schon sehr früh Zellen ein und zwar in den ersten Tagen polynucleäre Leukocyten. Doch ist ihre Zahl meist nicht sehr beträchtlich und da sie bald verschwinden, so bekommt man dieses Stadium verhältnissmässig selten zu Gesicht. Der gewöhnliche Befund ist dagegen durch die Gegenwart grösserer einkerniger Zellen ausgezeichnet, die zahlreich und oft dicht gedrängt, zumal in den Randabschnitten der Herde zu finden sind, aber nach und nach auch die zerfallenen Massen mehr und mehr durchsetzen. Diese Zellen sind nun ausgesprochene Phagocyten. Sie nehmen die zerfallenen Theile des Nervenmarkes, die Myelintropfen und die feineren Körnchen in sich auf (Fig. 362) und erscheinen uns daher hauptsächlich als Fettkörnchenkugeln (S. 18). Die mikroskopischen Verhältnisse der breiigen Zerfallsmassen und der erweichten Randabschnitte der Herde sind dadurch sehr charakteristisch. Man sieht bei schwacher Vergrösserung das Gesichtsfeld mit dunklen runden Fleckchen, eben den Fettkörnchenkugeln durchsetzt.

Besonders schön treten diese Verhältnisse in Erweichungsherden hervor. Sie bilden sich in diesen Fällen besonders rein aus, vor Allem, wenn jede Blutung in den Herden ausblieb. Da dann die Eigenfarbe des zerfallenden Gewebes am besten zum Ausdruck kommt und hauptsächlich durch den Fettgehalt bestimmt wird, so reden wir dann von weisser Erweichung. Auch eine geringe oder stärkere Blutbeimengung ändert an dem Verhalten jener fetterfüllten Zellen nur insofern etwas, als sie neben den Fetttröpfchen oft noch Zerfallsprodukte rother Blutkörperchen und eventuell auch Pigment einschliessen. Für das blosse Auge erscheint dann der Herd je nachdem gelb, gelbroth oder rothbraun (gelbe, rothe, braune Erweichung).

In gehärteten Präparaten (ausser den in Flemming's Lösung conservirten) ist das Fett nicht mehr in Tropfenform vorhanden. Es fällt bei der Härtung in Müller'scher Flüssigkeit krystallinisch aus. Dann sieht man statt der Fettkörnchenkugeln dunkle runde Gebilde, die sich aus Krystallen zusammensetzen, aber auch jetzt noch den Zellen entsprechen. Man kann also auch in gehärteten Objekten die fetthaltigen Zellen noch sehen. Nur muss man in Glycerin und nicht in Oel und Balsam untersuchen, denn dann löst sich das Fett auf.

Hat eine Blutung die Zerstörung herbeigeführt, so wird natürlich das mikroskopische Bild in erster Linie durch sie bestimmt. Das Blut erleidet nun die Seite 19 f. besprochenen Veränderungen. Die Umwandlungsprodukte werden aber ebenfalls von denselben Zellen aufgenommen (s. Taf. I, Fig. 1). Da aber auch hier ein Zerfall von Nervensubstanz stattfindet, so wird man auch, zumal in der ersten Zeit Fettkörnchenkugeln nicht vermissen. Später kommen, nach Verschwinden des Fettes, die pigmenterfüllten Zellen mehr und mehr zur Geltung (vergl. Fig. 363).

Die mit Fett und Pigment geladenen Zellen verschwinden nun nach und nach aus den Herden. Untersuchen wir einen frischen Schnitt aus der

Umgebung der zerfallenen Abschnitte, so treten uns vor Allem die Gefässe entgegen. Sie sind an einer auffallend dunklen Beschaffenheit sehr gut erkennbar. Diese hat ihren Grund in einer Anfüllung der Lymphscheiden mit jenen fett- und ev. pigmentversehenen Zellen, die demnach mit dem Lymphstrom aus den Herden fortwandern und so die Zerfallsprodukte nach und nach beseitigen helfen. (Ueber andere gleichzeitige Gefässveränderungen s. u. S. 401.)

W e l c h e r   A r t   s i n d   n u n   d i e s e   Z e l l e n ? Ihre Eigenthümlichkeiten lassen sich wie erwähnt am besten an gehärteten Präparaten studiren, weil aus ihnen das den Einblick verhindernde Fett verschwunden ist. Man erkennt jetzt (Fig. 363), dass es sich um protoplasmareiche Zellen verschiedener Grösse und im Allgemeinen rundlicher Gestalt handelt. Sie besitzen einen, zuweilen aber auch zwei Kerne. Selten sieht man in ihnen Mitosen. Sie liegen oft dicht gedrängt, sind aber in späteren Stadien durch fibrilläre, mit dunklen schmalen Kernen versehene Substanz zug- und gruppenweise von einander getrennt. Zwischen ihnen sieht man meist nur vereinzelte, als Lymphocyten zu deutende Elemente. Der Charakter der grossen Zellen ist schwer zu bestimmen. Sie sind zu gross für Lymphkörperchen, sind auch keine Gliazellen und können andererseits auch nicht gleicher Art sein mit den zur fibrillären Substanz gehörenden Elementen. Man darf daher die Frage aufwerfen, ob es sich nicht um freigewordene E n d o t h e l z e l l e n der Gefässscheiden handelt. Die zellhaltige faserige Zwischensubstanz entwickelt sich deutlich in der Umgebung der Gefässe und von hier aus in die Herde hinein. Sie ist es, welche schliesslich fast allein übrig bleibt, nachdem die Zerfallsmassen beseitigt und die grossen Zellen verschwunden sind. Sie bildet dann eine bald mehr, bald weniger deutlich hervortretende Narbe, die sich zusammengesetzt erweist aus einer dichtfibrillären, kernhaltigen Substanz. In ihr bleiben lange einzelne jener endothelialen Zellen erhalten, zumal wenn es sich um eine Blutung gehandelt hatte, deren Pigmentreste in ihrem Protoplasma liegen.

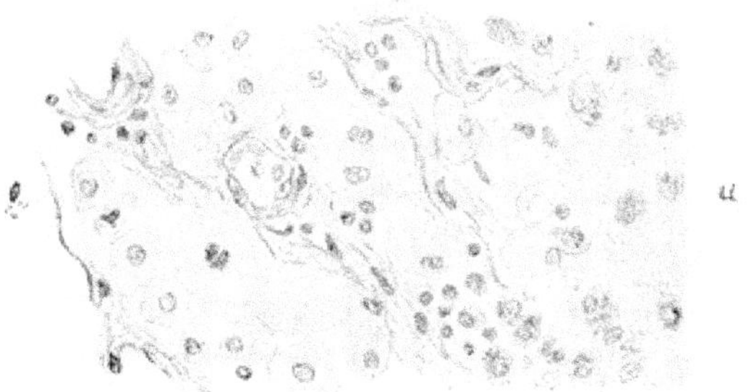

Fig. 363. Vom Rande einer alten Gehirnhämorrhagie. Bei *a* Rest des Blutergusses mit einzelnen grösseren pigmenthaltigen (gekörnten) Zellen durchsetzt. Die linke Hälfte der Figur zeigt zahlreiche grosse protoplasmareiche Zellen, darunter einzelne zweikernige und eine mit Mitose. Zwischen diesen Zellen verlaufen fibrilläre, mit dunklen Kernen versehene Züge. Vergr. 600.

Alle bisher besprochenen Zellen stammen also nicht aus der eigentlichen Gehirnsubstanz, sondern die Leukocyten aus dem Blut, die Lymphocyten und Endothelien aus den Gefässscheiden, deren bindegewebige Bestandtheile wiederum die fibrilläre Substanz liefern.

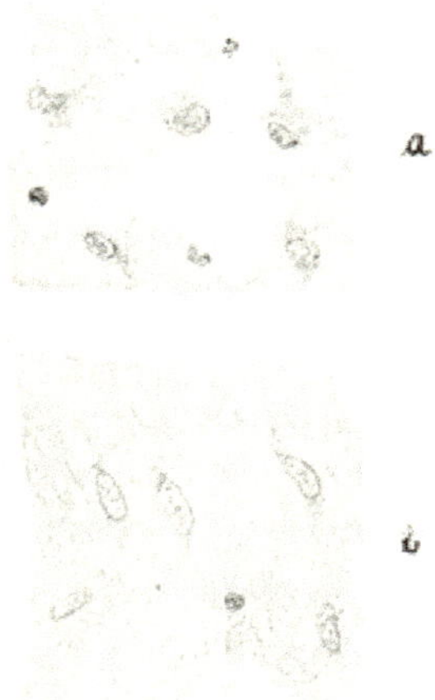

Fig. 364. Aus dem Rand einer alten **braunen Erweichung** des Grosshirns. Bei *a* sieht man in der feinfibrillären Glia vergrösserte und protoplasmareiche Gliazellen. Bei *b* ist das Gewebe ausgesprochener fibrillär. Die Gliazellen sind weniger gut abgegrenzt, ihre Kerne aber gross, oval.

Das Gehirngewebe ist aber auch nicht unbetheiligt. Deutliche Veränderungen, freilich in sehr wechselndem Umfange, sind aber nur an den Gliazellen zu sehen, während Regenerationsvorgänge der nervösen Bestandtheile ausbleiben. Die Glia wird grobfaseriger (Fig. 364 b) und die Zellen treten deutlicher und protoplasmareicher hervor (Fig. 364 a). Sie kann am Rand von alten Herden eine derbe Gewebslage (s. u. Sclerose S. 404) bilden.

Entstand dadurch, dass an Stelle der zerfallenen Theile Flüssigkeit trat, eine Cyste, so pflegt diese nicht ganz glattwandig, sondern von Gefässsträngen durchzogen zu sein. Ihre Wand wird entweder aus gewucherten Gliagewebe oder aus fibrillärem Bindegewebe gebildet.

c) Veränderungen an den Gefässen.

Weil die Gefässe bei den Erweichungen und Hämorrhagien eine grundlegende Rolle spielen, sei die Besprechung ihrer Veränderungen hier angeschlossen.

Die im Gehirn (weniger im Rückenmark) verlaufenden Gefässe erleiden mancherlei Erkrankungen, auch ohne dass damit stets schwerere Folgen für das Gehirn verbunden wären.

Man untersucht die Gefässe zunächst sehr vortheilhaft an frischen Präparaten, die man durch Isolirung aus der Gehirnsubstanz gewinnt (s. o. S. 398). Man darf dabei nicht von der Vorstellung ausgehen, dass man die Umgebung von Herderkrankungen benutzen müsse. Denn die Gefässabnormitäten finden sich auch in anderen Abschnitten, die gleich zu besprechenden Aneurysmen allerdings vorwiegend im Bereich der centralen Ganglien und ihrer Umgebung. Doch kommen sie zuweilen auch multipel in der Gehirnrinde vor und sind dann bei blossem Auge als rothe oder braunrothe Körnchen wahrnehmbar.

Die frischen Gefässe kann man ohne Färbung in Wasser untersuchen. Man kann sie aber auch mit Hämalaun tingiren, mit Pikrinsäure-Säurefuchsin überfärben und dann in Glycerin oder nach Alkoholbehandlung in Oel und Balsam studiren. Es leuchtet ohne Weiteres ein, dass, falls die Gefässe nicht zu dick sind, um einen Einblick zu gewähren, diese Präparation alle Verhältnisse im Zusammenhang und darum besser erkennen lässt, als es Schnitte durch gehärtete Objekte zu thun vermögen.

Die Veränderungen der Gefässe muss man den atheromatösen Prozessen der grösseren basalen Arterien an die Seite stellen (Fig. 231, S. 221). Wie in diesem findet man streifige oder homogene Verdickungen der Intima auf kürzere und längere Strecken. Die verdickten Theile degeneriren ferner sehr gerne fettig. Dann kann es scheinen, als sei das Lumen der Gefässe mit Fettkörnchen gefüllt, weil man ja die Wandung von der Fläche sieht. An der fettigen Degeneration kann sich auch die Muskularis betheiligen. Ferner sieht man häufig hyaline Verdickungen der Gefässe, welche die Intima, Muskularis und die Aussenfläche betreffen, so dass der Lymphraum mehr oder weniger verlegt wird. Mit diesen hyalinen Veränderungen verbinden sich Verkalkungen, welche unter Umständen die Gefässe in grosser Ausdehnung in starre Röhren umwandeln. Sie sehen dann mikroskopisch mehr oder weniger gleichmässig dunkel glänzend aus. Alle diese Abnormitäten führen leicht zu Verengungen der Gefässe und, eventuell, besonders in Verbindung mit thrombotischen Vorgängen zur völligen Obliteration, deren Folge die anämische Nekrose der von den Gefässen versorgten Gebiete ist. In Gehirnen alter Leute findet man die Gefässveränderungen oft, auch ohne dass die basalen Arterien hochgradigere Arteriosclerose zeigten. Gewinnt man die Präparate aus der Umgebung von Erweichungsherden, so complicirt sich das Bild noch durch die Anwesenheit der Fettkörnchenkugeln in den Lymphscheiden (s. o. S. 401).

Die veränderten Gefässe können reissen. Dann kommt es zu Hämorrhagien. Diese entstehen aber sehr häufig aus anderweitig, nämlich aneurysmatisch erkrankten Gefässen. Die Abnormität der Wand führt

Fig. 365. **Miliares Aneurysma** einer kleinen Gehirnarterie. Das Gefäss ist auf eine längere Strecke ausgebuchtet, während rechts und links normale Verhältnisse vorliegen. Die hier sichtbare Ringmuskulatur fehlt im Bereiche des Aneurysma. Die Muskularis bildet hier eine schmale homogene Zone. Die Intima ist in der Ausbuchtung etwas verdickt, die Endothelien sind sichtbar, in den normalen Theilen auch von der Fläche. Vergr. 400.

zu einer Widerstandsherabsetzung gegenüber dem Blutdruck und damit zu einer Ausbuchtung (vergl. S. 226 f.). Ganz besonders begünstigend wirkt eine Degeneration oder eine Atrophie der Muskularis. Demgemäss findet man nicht selten die in Figur 365 wiedergegebenen Verhältnisse. Das Gefäss ist in mässigem Grade ausgebuchtet. Im Bereich der Erweiterung ist die Muskulatur verschwunden, an ihrer Stelle befindet sich nur eine dünne homogene Lage. Die Intima kann dabei, wie in geringem Grade auch in Figur 365 verdickt sein. Ist dies in hohem Maasse der Fall, so erfährt das Gefäss ohne Erweiterung des Lumens eine oft nur umschriebene Vergrösserung seines Umfanges, welche, da man in das Innere nicht immer hineinsehen kann, eine aneurysmatische Ausbuchtung vortäuscht (Pseudoaneurysma). Auch die Verdickungen der Muskularis und der Gefässscheide können ähnliche Bilder liefern. In der Umgebung der veränderten Gefässe findet man oft Pigment abgelagert, zum Beweis, dass kleinere Blutungen voraufgegangen sind.

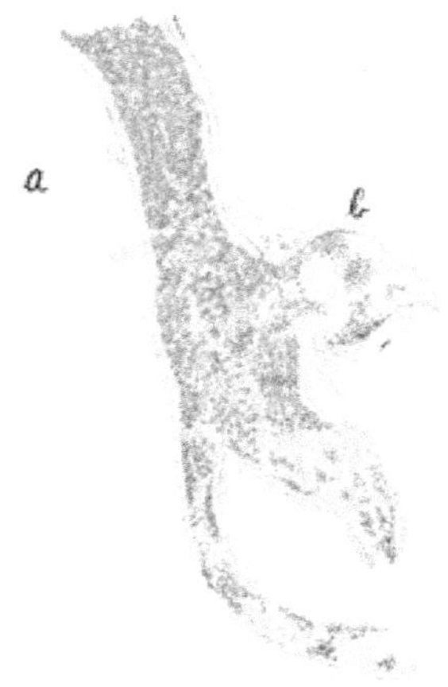

Fig. 366. Kleine Gehirnarterie aus dem Rande einer Hämorrhagie.

Das Bild zeigt die Theilung in drei Aeste. Das Innere des Gefässes erscheint theils ganz, theils partiell dunkel durch dicht gedrängte Fetttröpfchen, die in der Intima liegen. Bei *a* ist der perivasculäre Lymphraum durch Blut dilatirt. Bei *b* findet sich eine rundliche aneurysmatische Erweiterung der Arterie.
Frisches Präparat. Vergr. 60.

Mit der Aneurysmabildung combiniren sich auch die Fettentartungen der Gefässhäute. Sie können auch auf das Aneurysma übergreifen. Dadurch werden die feineren Strukturen verdeckt und man sieht nur die äusseren Formverhältnisse (Fig. 366). Aus den veränderten Gefässen können auch kleinere, aber oft zweifellos durch die Präparation erzeugte Blutaustretungen in die Gefässscheiden stattfinden (Fig. 366 a).

d) Sclerose, Strangdegenerationen.

Die in diesem Abschnitt zu besprechenden Veränderungen sind ausgezeichnet durch einen in Herden auftretenden oder auf bestimmte Stränge der Medulla ausgedehnten Untergang der nervösen Bestandtheile bei gleichzeitiger, voraufgehender oder nachfolgender Vermehrung der Glia.

Die Erkrankungen sind ätiologisch und grobanatomisch sehr verschieden. Ihre histologische Aehnlichkeit berechtigt aber im Interesse einer Vermeidung von Wiederholungen zu einer gemeinsamen Schilderung.

Es gehört hierher einmal die multiple Sclerose, die durch das Auftreten zahlreicher grau aussehender derber, kleiner und grosser Herde im Gehirn und Rückenmark ausgezeichnet ist.

Zweitens besprechen wir hier die Tabes dorsalis, welche in einer grauen Verfärbung der Hinterstränge der Medulla ihren makroskopischen Ausdruck findet und drittens die verschiedenen Strangdegenerationen des Rückenmarkes.

Hat man Gelegenheit, die Prozesse in frühen Stadien zu untersuchen, so findet man Untergangserscheinungen an den Nerven, die sich durch Zerfall des Markes zu erkennen geben. Wie bei den Erweichungen wird auch hier das in Fettkörnchen aufgelöste Myelin von Zellen einverleibt und in ihnen auf dem Wege der Lymphscheiden fortgeschafft. In Schnitten erkennt man die Gegenwart der Fettkörnchenkugeln schon bei schwacher Vergrösserung sehr gut. Man sieht das Gewebe mit dunklen runden Fleckchen mehr oder weniger dicht durchsetzt (s. oben S. 400). Nach Härtung und Färbung findet man die runden Zellen leicht wieder. Sie liegen oft deutlich (wenigstens in der Medulla) an Stelle des verschwundenen Nervenmarkes.

Die Axencylinder halten sich weit länger als das Mark. Man kann sie auch in den späteren Stadien der Erkrankung oft noch gut nachweisen. Sie schwellen zudem oft beträchtlich an und heben sich im Querschnitt aus der Glia auch im ungefärbten Zustande sehr gut ab.

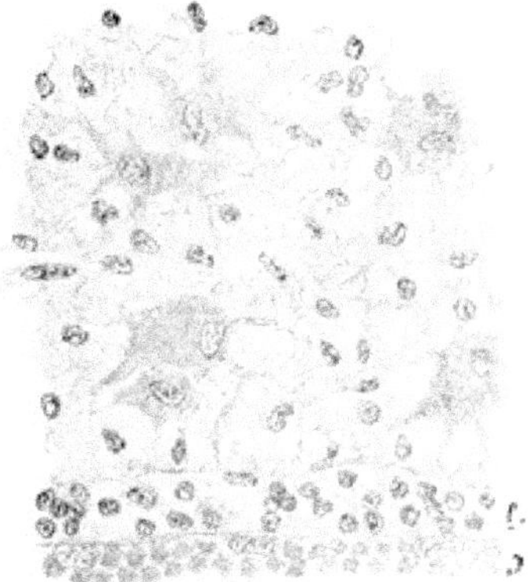

Fig. 367. Multiple Sclerose des Gehirns.
Die Figur zeigt sechs grosse Gliazellen mit sternförmigen Ausläufern, die sich in dem fibrillären Maschenwerk zwischen den Zellen verlieren. In letzterem noch viele verschieden gestaltete Kerne. Am unteren Rande der Figur ein Theil eines Blutgefässes. *a* Rothe Blutkörperchen im Lumen derselben. *b* Lymphscheide mit zahlreichen Lymphocyten.
Vergrösserung 600.

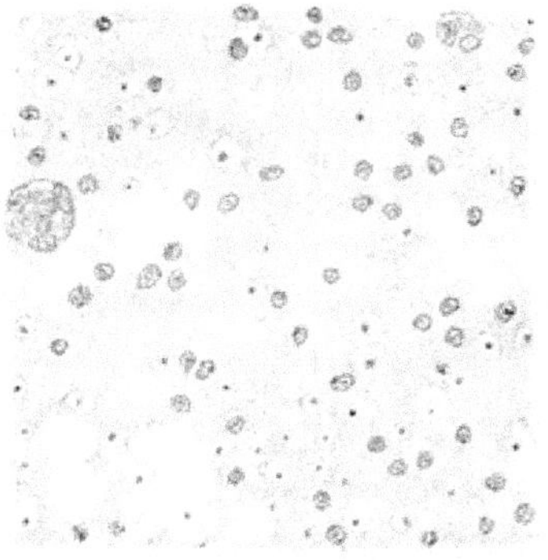

Fig. 368. Tabes dorsalis. Hinterstränge. Vergröss. 100. Die Glia ist sehr stark vermehrt, dicht und fein fibrillär. In ihr sieht man viele ungleichmässig vertheilte Kerne. Am unteren Rande der Figur finden sich noch zahlreiche Nervenfasern mit den als dunkle Körner hervortretenden (querdurchschnittenen) Axencylindern, zum Theil in den erweiterten Räumen der Glia liegend. Im oberen Theil der Figur sind die Nervenfasern nur noch spärlich. Einzelne Axencylinder liegen fast ohne Mark in der Glia. Am linken Rande ein Blutgefäss.

Die G l i a zeigt eine zunehmende Vermehrung. Am schönsten lässt sich das an G e h i r n p r ä p a r a t e n b e i d e r m u l t i p l e n S c l e r o s e erkennen. Hier nehmen die Gliazellen zunächst an Grösse, d. h. an Protoplasmagehalt zu, ihre Ausläufer werden dicker und dadurch deutlicher fibrillär (Fig. 367). Schliesslich stellen sie sich dar als deutliche vielstrahlige Gebilde, deren Centrum der einfache oder doppelte Kern bildet. Da sie sich gleichzeitig vermehrt haben, so muss aus allen diesen Prozessen ein weit dichteres Gefüge resultiren, als es der normalen Substanz zukommt. Daher dann die Bezeichnung Sclerose. Die in solchen Herden befindlichen Gefässe zeigen Verdickung ihrer Wand, Lymphocyteninfiltration der Lymphscheiden und gelegentlich auch thrombotische Vorgänge.

Im Rückenmark lässt sich in Querschnitten das relative Verhältniss von Nervensubstanz und Glia besser abschätzen als im Gehirn, daher denn die Zunahme der Glia leichter taxirt werden kann. Mit dem Schwunde des Nervenmarkes werden die trennenden Gliahüllen breiter (Figur 368), doch selten ganz gleichmässig. Während an der einen Stelle noch Reste von Nervenfasern oder auch noch einzelne wohlerhaltene zu sehen sind, die unter Umständen in erweiterten Räumen liegen, ist das Gewebe an anderen Stellen durch Zunahme der Glia auf Kosten der Nervenfasern verdichtet und stellt nur noch eine feinkörnige und feinfädige Substanz dar mit einer mässigen Anzahl sich dunkel färbender Kerne.

Bei der multiplen Sclerose der Medulla kann die Glia ebenso gut entwickelte Zellen zeigen, wie im Gehirn. Doch erscheint sie häufig feinkörniger und feinfibrillärer, weil die Zellausläufer mehr eine der normalen Glia ähnliche Beschaffenheit behalten. So ist es besonders auch bei der Tabes und den Strangdegenerationen.

Alle diese Veränderungen müssen zur Folge haben, dass man die degenerirten Abschnitte von den normalen leicht unterscheiden kann. Während die letzteren, so weit es sich um weisse Substanz handelt, wegen ihres Gehaltes an Myelin in frischen und gehärteten Präparaten, dunkel erscheinen, zeigen die degenerirten Theile ein hellgraues oder gelbliches Aussehen (Fig. 369), vor Allem bei schwacher Vergrösserung. Bei ihr kann man also die veränderten Abschnitte stets gut auffinden.

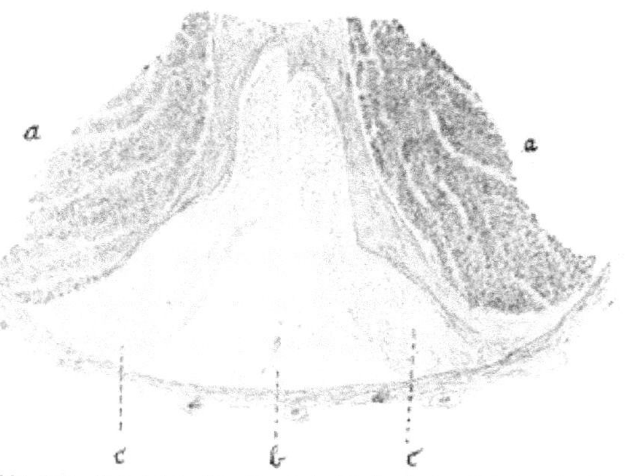

Fig. 369. Tabes dorsalis. Querschnitt durch das Brustmark. Vergröss. 20. Ungefärbtes Glycerinpräparat. Die Figur zeigt die (hellen) Hinterstränge und die angrenzenden Theile der Seitenstränge (aa). Die Hinterstränge, am stärksten die Goll'schen (b), weniger die Keilstränge (cc) zeigen eine helle Beschaffenheit aus völligem oder partiellem Mangel an Nervenmark.

Ueber den Untergang der markhaltigen Fasern orientirt ferner sehr gut die Weigert'sche Markscheidenfärbung, über die Zunahme der Glia und das Verhalten der Axencylinder die Tinction nach Mallory (s. o. S. 398).

In den degenerirenden Abschnitten findet man die Seite 39 besprochenen Amyloidkörperchen (Fig. 29).

Die Verhältnisse der Glia wurden im Vorstehenden so dargestellt, wie man sie bei den gebräuchlichen Methoden zu sehen pflegt, nicht wie sie sich bei Anwendung der neuesten von Weigert (Beiträge zur Kenntniss der normalen menschlichen Neuroglia, Frankfurt 1895) angegebenen Gliafärbung ergeben würden, über die mir noch keine Erfahrung zu Gebote steht. Danach sind die Gliafibrillen nicht mehr als eigentliche Zellausläufer zu betrachten.

c) Encephalitis neonatorum (Virchow).

Bei älteren Embryonen und Kindern in den ersten sieben Lebensmonaten ist die weisse Substanz des Grosshirns hyperämisch und deshalb rosaroth. In ihr finden sich diffus oder in gelblich trüben Herden grosse Mengen fetthaltiger Zellen. Der Befund steht in Zusammenhang mit der Hirnentwicklung, ist daher nicht eigentlich pathologisch, soll aber erwähnt werden, weil Virchow ihn als Encephalitis bezeichnete und weil die fetterfüllten Gebilde die typischen Charaktere der Körnchenzellen darbieten (s. o. S. 18).

Man fertigt aus der weissen Substanz einen Schnitt mit dem Messer an und plattet ihn, weil er dünn genug nur schwer herzustellen ist, durch leichten Druck auf das Deckglas bis zur genügenden Durchsichtigkeit ab.

Fig. 370. Encephalitis neonatorum. Man sieht eine Anzahl gewunden verlaufender Gefässe. In dem zwischen ihnen befindlichen Gehirngewebe bemerkt man zahlreiche kleine dunkele Fleckchen resp. ringförmige Gebilde. Vergr. 40.

Fig. 371. Encephalitis neonatorum. Man sieht zwei längs getroffene Gefässe, ausserdem viele runde und ovale Fettkörnchenzellen, deren Kern an einer hellen Lücke erkennbar ist. Vergr. 400.

Auch ein kleines Stückchen Gehirnsubstanz lässt sich, ohne dass die fraglichen Zellen wesentlich leiden, auf die gleiche Weise in dünner Schicht ausbreiten (Fig. 370).

Bei schwacher Vergrösserung fallen erstens die mit Blut gefüllten weiteren und engeren zahlreichen Gefässe, zweitens grosse Mengen dunkler kleiner Fleckchen auf, die zum Theil in sich wieder eine kleine helle Stelle besitzen oder deutlich ringförmig sind. Bei starker Vergrösserung

(Fig. 371) bieten sie alle Charaktere der auf Seite 18 besprochenen Körnchenzellen. Sie sind bald rund, bald länglich oval, enthalten theils sehr feine, theils auch etwas grössere Fetttröpfchen. Auch die Endothelien der Blutgefässe enthalten vielfach kleinste Fettkügelchen.

f) Veränderungen der Ganglienzellen.

Die Ganglienzellen können sehr verschiedene Veränderungen erleiden.

Die hochgradigste Erkrankung ist eine Atrophie, d. h. eine Verkleinerung bis zum völligen Schwund. Sie ist ein bei der progressiven Paralyse in der Gehirnrinde gewöhnlicher Befund, mit welchem sich eine mässige Gliawucherung und oft auch Ansammlung von Rundzellen in den Gefässscheiden zu verbinden pflegt. Die Rinde ist zugleich erheblich verschmälert. Auch die Ganglienzellen in der grauen Substanz des Rückenmarks können bei verschiedenen Krankheitszuständen Atrophien zeigen. Um sie sicher festzustellen, ist in zweifelhaften Fällen der Vergleich mit einem normalen von einer entsprechenden Stelle stammenden Präparat angezeigt.

Zweitens trifft man die Ganglienzellen nicht selten im Zustande fettiger Degeneration. Das ist auch wieder häufig bei der progressiven Paralyse der Fall, findet sich aber auch in der Umgebung von Erweichungsherden, welche die Rinde betheiligen.

Drittens werden hyaline Umwandlungen des Zellleibes und vacuoläre Aufquellungen, eventuell körniger Zerfall beobachtet.

Endlich kann, zumal im Alter, eine Verkalkung hyalin degenerirter Ganglienzellen eintreten.

g) Ependym der Ventrikel.

Das Ependym der Gehirnventrikel erleidet sehr häufig Verdickungen, die theils diffus, theils in Gestalt kleinster sandkornförmiger Verdickungen auftreten.

Es handelt sich, wie man an senkrechten Schnitten schon bei schwacher Vergrösserung wahrnehmen kann, um eine Wucherung der unter der Epithellage befindlichen Gliaschicht, deren fibrilläre Beschaffenheit dabei besonders deutlich hervortritt (Fig. 372). Die sandkornförmigen Verdickungen entsprechen einer umschriebenen Gliazunahme, die sich gegen das übrige Gewebe gut abgrenzt. Sie bilden rundliche oder querovale, über das Niveau des Ependyms hervorragende Knötchen, die etwas in die Unterlage eingesenkt erscheinen. Die Zugrichtung ihres Gewebes ist meist nicht einheitlich, man sieht eine nach verschiedenen Richtungen verlaufende Streifung. Der Kerngehalt ist nicht gleichmässig, doch im

Ganzen nicht unbeträchtlich und jedenfalls grösser als der in der nicht verdickten subepithelialen Lage. Das kubische Ependymepithel kann die Hervorragungen in voller Continuität überziehen, ist aber oft etwas abgeflacht. In vielen Fällen bildet es noch in anderer Weise einen Bestandtheil der Knötchen. Man sieht es an der unteren Grenze derselben parallel mit ihr in doppelten oft unterbrochenen Reihen und in einzelnen kleinen rundlichen Gruppen. Die Reihen und Gruppen haben aber nicht selten ein Lumen, so dass sich Spalten, rundliche Hohlräume und kleine cystische Erweiterungen bilden. Dadurch wird das Granulum noch schärfer als sonst gegen das angrenzende Gewebe abgesetzt. Man wird diese Erscheinung daraus erklären müssen, dass die Gliawucherung nicht

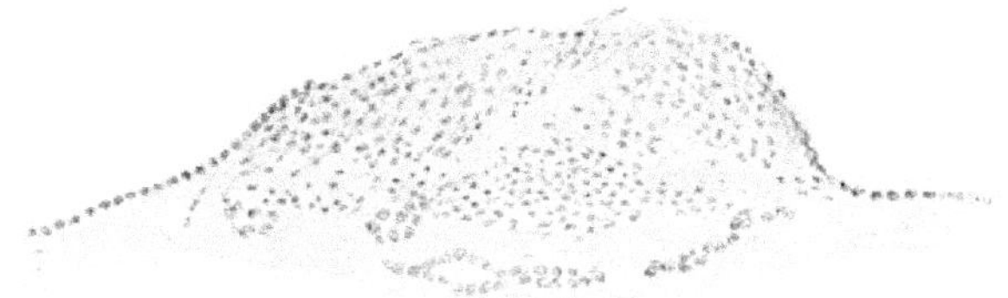

Fig. 372. Granulom von dem Ependym eines Seitenventrikels des Gehirns. Das Knötchen ist senkrecht zur Fläche des Ependyms durchschnitten. An beiden Seiten der Figur sieht man auf dem feinfibrillär erscheinenden Gliagewebe einen regelmässigen Epithelbelag, der sich auf der Höhe des Knötchens verliert. Letzteres besteht aus einer in verschiedener Richtung gestreiften faserigen, kernhaltigen Substanz. An seiner unteren Grenze sieht man mehrere rundliche längliche, schlauchförmige epitheliale Gebilde. Vergr. 60.

gleichmässig sich nach aufwärts entwickelte, sondern in einzelnen Wurzeln erfolgt, die bei ihrer späteren Verwachsung Epithelzellen zwischen sich einschlossen.

Es giebt in den Hirnventrikeln auch umfangreichere linsen- bis haselnussgrosse Knoten des Ependyms, die ähnlich gebaut sind wie die Granula und ebenfalls Epitheleinschlüsse und Cysten enthalten können. Man nennt sie gewöhnlich Gliome.

Die Tumoren von Gehirn und Rückenmark wurden im allgemeinen Theile bereits so eingehend besprochen, dass wir darauf lediglich zu verweisen brauchen: Gliom S. 146, Psammom S. 134, Endotheliom S. 134, Cholesteatom S. 184.

3. Periphere Nerven.

Die Veränderungen der peripheren Nerven betreffen entweder nur die eigentliche Nervensubstanz oder das Nervenbindegewebe oder beide Bestandtheile zugleich.

Die Nervenfasern erleiden oft, z. B. nach Durchschneidungen im peripheren Abschnitt und bei Lähmungen degenerative Veränderungen. Die Markscheiden zerfallen in kürzere und längere Stücke, weiterhin in immer kleinere Theile bis zu kleinen Fettkörnern (Fig. 373).

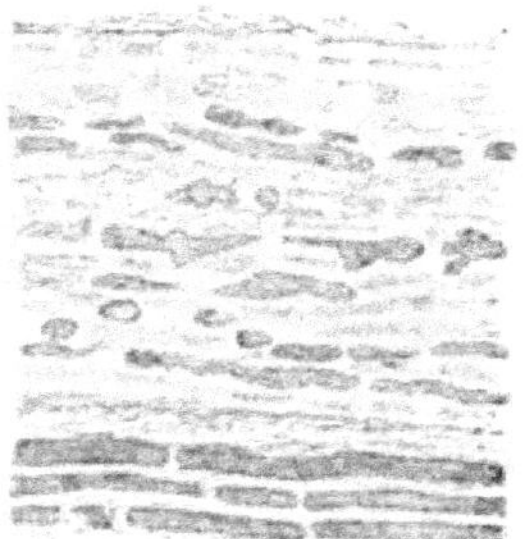

Fig. 373. Stück eines **degenerirenden Nerven.** Osmiumsäurehärtung, Längsschnitt. Nur am unteren Rand der Figur sieht man noch erhaltene, schwarz hervortretende Nervenfasern. Im Uebrigen sind sie zerfallen in unregelmässige kleinere und grössere Stücke. Viele sind ganz verschwunden. Vergr. 400.

Wie im Gehirn wird auch hier das Fett von Zellen aufgenommen (Körnchenkugeln) und auf diese Weise beseitigt. Auch die Axencylinder gehen zu Grunde, indem sie neben anfänglichen streckenweisen Verdickungen später in körnige Substanz zerfallen und völlig verschwinden. So können ganze Nerven ihrer eigentlichen functionellen Bestandtheile ganz verlustig gehen. Da der Untergang sich nicht auf alle Fasern gleichmässig erstreckt, so findet man die verschiedenen Stadien der Entartung oft neben einander. Ueber die Ausdehnung der Veränderung orientiren am besten Querschnitte durch den Nerven.

Da die frische Untersuchung verhältnissmässig ungenaue Resultate giebt, so soll die Untersuchung an gehärteten Präparaten vorgenommen werden. Zur Härtung dienen besonders Osmiumsäure und osmiumsäurehaltige Flüssigkeiten, aber auch die Weigert'sche Markscheidenfärbung und die verwandten Methoden liefern an geeignet conservirten Objekten gute Resultate.

Die Veränderungen des Nervenbindegewebes bestehen in seiner hauptsächlich auf entzündlicher Basis zu Stande kommenden Vermehrung. Es kann eine zellreiche Beschaffenheit haben, eitrig infiltrirt und faserig, derb sein. Die Nervenfasern gehen mit der Wucherung zu Grunde, indem sie entweder durch die entzündungserregenden Ursachen geschädigt oder durch das proliferirende Bindegewebe erdrückt werden.

Von sonstigen pathologischen Nervenprozessen sind noch die Geschwülste kurz zu erwähnen. Von den Amputationsneuromen und den Fibroneuromen war bereits Seite 115 die Rede. Die letzteren Tumoren zeigen zuweilen Uebergänge zu Sarkom.

H. Knochensystem.

1. Untersuchungsmethoden.

Das Knochensystem bereitet der histologischen Untersuchung dadurch einige Schwierigkeit, dass es nur nach Auflösung der Kalksalze geschnitten werden kann, vorausgesetzt, dass nicht auf Grund eines pathologischen Prozesses kalkfreies Gewebe vorliegt (s. Osteomalacie u. Rachitis). Man kann freilich aus spongiösen Knochen einzelne Bälkchen herausbrechen und nach Abspülen des anhaftenden Markes in Wasser untersuchen. Doch gewinnt man dadurch nur in bestimmten Fällen einigermaassen brauchbare Resultate (siehe Osteomalacie). Die Untersuchung des Knochenmarkes kann ferner allerdings bis zu einem gewissen Grade ohne Decalcination geschehen. Aus den grossen Markhöhlen kann man es leicht herausnehmen, frisch untersuchen und härten, aus den spongiösen Knochen gewinnt man es durch Zusammenpressen derselben. Dann kann aber nur von einem Studium der einzelnen Zellen, nicht des geweblichen Aufbaues die Rede sein.

Die Entkalkung soll stets nur an Objekten vorgenommen werden, die nach irgend einer Methode gut gehärtet wurden. Sie kann in verschiedenen Mineralsäuren erfolgen. Je stärker diese mit Wasser verdünnt wurden, desto länger müssen sie auf das Objekt einwirken, desto weniger aber schädigen sie die Strukturen. Dickere Gewebsstücke müssen natürlich länger in der Säure verweilen als dünne. Kleine Objekte, d. h. etwa solche von wenigen Millimetern Dicke können schon nach einigen bis 24 Stunden entkalkt sein. Pathologische Objekte bieten oft den Vortheil, dass sie sich rascher entkalken als normale, theils weil sie nur partiell Kalk enthalten (wie bei der Osteomalacie und Rachitis), theils weil er weniger dicht abgelagert wurde, wie oft in Verkalkungen nekrotischer Gewebe etc. Grosse Stücke können auch so freilich Tage und Wochen gebrauchen. Die Flüssigkeitsmenge muss den Umfang des Objektes stets um das Vielfache übertreffen. Sehr zu empfehlen ist eine 3—6procentige Salpetersäure, der man reichlich Kochsalz im Ueberschuss zusetzt. Sie wirkt rasch und verändert die Gewebe niemals in schädlicher Weise. Die Färbungen gelingen nachher wie vorher. Für manche Fälle (embryonale Knochen und leicht lösliche Objekte) ist auch die concentrirte wässerige Pikrinsäure sehr brauchbar.

2. Rachitis.

Rachitis ist eine hauptsächlich in die ersten Lebensjahre fallende Erkrankung des Knochensystems, welche sich makroskopisch durch Auftreibung der Epiphysengegenden und Weichheit des Knochens, mikroskopisch durch hochgradige Wucherung des epiphysären Knorpels, mangelnde präparatorische Kalksalzablagerung, unregelmässige Markraumbildung, Hyperämie des Markes, mangelnde oder geringe Verkalkung der neuen Knochengrundsubstanz auch in dem an manchen Stellen übermässig gebildeten periostealen Knochen und durch Resorptionsvorgänge an bereits vorhandenen Theilen auszeichnet.

Zur Untersuchung im frischen und gehärteten Zustand benutzt man zunächst das unentkalkte Material, da es über die Vertheilung der Kalksalze allein sicheren Aufschluss geben kann.

Nach künstlicher Decalcination kann man durch Färbung freilich auch noch ziemlich gut differenciren. Mit Hämalaun tingiren sich die kalkhaltig gewesenen Theile deutlich blau, die kalkfreien dagegen lassen sich durch neutrales Carmin, oder verschiedene Protoplasmafarben hervorheben.

Sehr gut eignen sich zunächst die unter dem Periost auf der Aussenfläche der platten Schädelknochen (oder auch der Röhrenknochen) entstehenden schneidbaren Neubildungen. Man trägt sie ganz oder theilweise ab und fertigt senkrecht zum Schädel stehende Schnitte mit einem guten Scalpell an. Ein Rasirmesser wird durch die wenn auch geringen Kalkmengen geschädigt.

Das weiche Gewebe zeigt sich dann zusammengesetzt aus einem im frischen Zustande blutreichen Mark und aus Knochenbälkchen, welche in der Tiefe breit, gegen die Oberfläche hin schmaler sind und hier unter dem Periost enden, dem sie sich gern noch auf eine kurze Strecke parallel anlegen. Sie steigen aus der Tiefe senkrecht oder meist schräg auf, haben einen etwas gewundenen Verlauf und anastomosiren mit einander (Fig. 374). Die subperiostealen Bälkchen sind vollkommen hell, kalkfrei, die tiefer gelegenen mehr und mehr mit Kalk versehen, der sich aber nur in den mittleren Theilen abgelagert hat, so dass jedes Bälkchen eine dunkle Innenzone hat, die beiderseits von einem hellen osteoiden Saume begrenzt wird. Je näher dem Schädel, desto schmaler ist dieser Saum und desto breiter jene Zone, während nach aufwärts das Umgekehrte statthat und die Kalksalzablagerung sich allmählich verliert.

Fig. 374. Rachitisches Osteophyt des Schädels. Senkrecht zur Schädeloberfläche geführter Schnitt. Nicht entkalktes Präparat. Vergr. 40. Man sieht die balkenförmig und netzförmig angeordnete Knochensubstanz und ein streifig erscheinendes Markgewebe. In dem unteren Theile der Figur sind die Knochenbälkchen breiter und in einer axialen Zone kalkhaltig, daher dunkel.

Das Markgewebe ist zellreich und enthält viele weite Gefässe. Die Zellen sind rundlich oder länglich und spindelig. Zwischen ihnen findet sich faserige Intercellularsubstanz.

Die erste Bildung der osteoiden Balken erfolgt durch Ausscheidung einer homogenen Zwischensubstanz zwischen den Markzellen. Ihr weiteres Wachsthum geht so vor sich, dass die Zellen theils sich als Osteoblasten reihenweise auf ihrer Oberfläche anordnen und weitere homogene Schichten zur Ablagerung bringen, theils eine Verbreiterung der zwischen ihnen befindlichen Fibrillen herbeiführen und dadurch neue Grundsubstanz schaffen. Die Fasern erfahren dabei eine chemische Umänderung, wie aus der intensiveren Aufnahme von Carmin, Fuchsin etc. hervorgeht. Aus dem Rande der Bälkchen sieht man dann häufig die in den Markraum hinein sich verschmälernden und abblassenden Fibrillen parallel in senkrechter oder schräger Richtung hervorragen.

Sehr charakteristische Veränderungen finden sich ferner an den Epiphysengegenden.

Zur Untersuchung wählt man am besten eine Rippe, an der die Knochenknorpelgrenze besonders stark verdickt zu sein pflegt (rachitischer Rosenkranz). Man schneidet in der Längsrichtung und Mittellinie Knorpel und Knochen senkrecht auf die platte Fläche eine Strecke weit mit einem starken Messer durch und fertigt Präparate von der Schnittfläche an. Wegen des wenn auch geringen Kalkgehaltes der knöchernen Theile und wegen des verhältnissmässig grossen Umfanges der in Betracht kommenden Strecke lässt sich ohne Entkalkung ein einziger Schnitt durch den ganzen Bezirk nicht gut anfertigen, auch nicht mit dem Gefriermikrotom. Da aber die Decalcination charakteristische Verhältnisse beseitigt, so hilft man sich dadurch, dass man den Knorpel und die beginnende Verknöcherung für sich, letztere mit einem Scalpell schneidet.

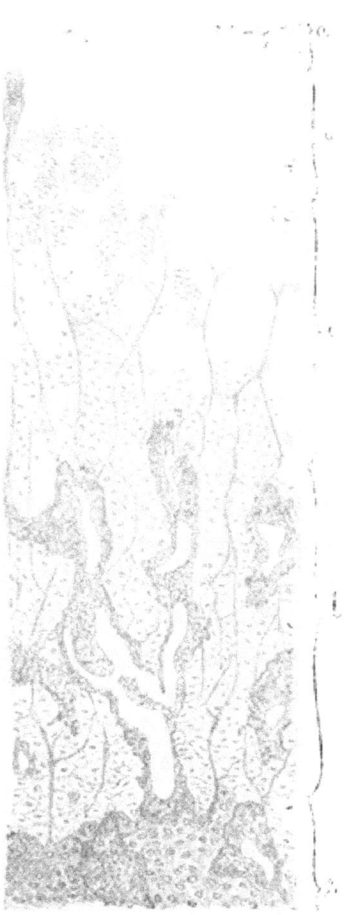

Fig. 375. Rachitis. Längsschnitt durch die verdickte Uebergangszone vom Knorpel zum Knochen. Rippe. *a* normaler Knorpel, *b* Wucherungszone mit gruppenförmig gestellten Zellen. *c* gleichmässige Vertheilung der in Zone *b* vermehrten Zellen. Felderabtheilung durch dickere Streifen von Grundsubstanz, die sich auch in die Zone *d* fortsetzen. *d* Eindringen von Markräumen in den Knorpel. Die Markräume erscheinen unregelmässig verzweigt und enthalten weite, leere Gefässe. *e* Zone der Knochenbildung. Man sieht links und in der Mitte je ein Knochenbälkchen, welches nach oben an Knorpel anstösst und von Markgewebe umgeben ist. Vergr. 30.

An solchen Präparaten stellt man dann fest, dass im Knorpel die bei der normalen Ossification stets vorhandene präparatorische Kalksalzablagerung fehlt und dass in der Verknöcherungszone die jungen Knochenbälkchen nur partiell und zwar wie in den osteophytären Wucherungen des Schädels, nur in der mittleren Zone kalkhaltig sind. Die übrigen Verhältnisse lassen sich an kalkhaltigen und entkalkten Präparaten gleich gut studiren. Letztere sind für feinere Untersuchungen vorzuziehen.

Bei schwacher Vergrösserung (Fig. 375) gewinnt man folgendes Uebersichtsbild. Stellt man zunächst auf den normalen Knorpel ein und verschiebt gegen die Epiphysenauftreibung hin, so gelangt man plötzlich an eine Zone, in welcher der Knorpel eine auffallende Strukturänderung zeigt. Vorher waren die Knorpelzellen gleichmässig vertheilt, jetzt sieht man sie in kleinen, aber rasch sehr umfangreich werdenden (b), vielfach tonnenförmig angeordneten Gruppen zusammenliegen, die durch Streifen homogener Grundsubstanz getrennt sind. Man erkennt leicht, dass die einzelnen Zellen eine längliche Form haben und in einer zur Längsrichtung des Knorpels quergestellten parallelen Richtung sehr dicht angeordnet sind. Diese ausgesprocken gruppenweise Anordnung der Zellen wird bei weiterem Vorrücken in der gleichen Richtung undeutlicher (c), ohne sich aber ganz zu verlieren. Dabei rücken die etwas grösser und zackiger werdenden Zellen weiter auseinander und zwischen den einzelnen schieben sich Septa von Intercellularsubstanz ein, so dass jede wieder in einer Art weiter Kapsel liegt. Mit der Schilderung dieser Verhältnisse sind wir an die breiteste Stelle der Epiphysenverdickung gelangt, die demnach hauptsächlich durch die in den besprochenen Erscheinungen ihren Ausdruck findende Knorpelwucherung bedingt ist. Diese geht nun aber insofern nicht völlig gleichmässig vor sich, als von der Seite des Knochens her Markräume in den Knorpel vordringen (d), aber nicht wie unter normalen Verhältnissen in einer geraden Ebene, sondern in unregelmässiger Weise. Einzelne von ihnen gehen bis an den normalen Knorpel heran, die anderen aber ragen bald mehr, bald weniger weit in den Abschnitt vor, in welchem die besprochene Gruppenbildung wieder undeutlicher geworden ist. Ihre äussere Form ist dabei eine unregelmässige. Wenn wir das Präparat nun weiter gegen den Knochen verschieben, so werden die Markräume weiter. Zwischen ihnen sind vielgestaltige Bälkchen vorhanden, die als direkte Fortsetzung des Knorpels erscheinen, soweit er von den vordringenden Markspressen nicht zerstört wurde. Diese anfangs schmaleren Bälkchen sind später breiter und am nicht mit Säure behandelten Präparat central dunkel, d. h. kalkhaltig. In derselben Höhe, in welcher diese Markraumbildung vor sich geht, findet sich auch periosteale Apposition von Knochenbälkchen, die ebenfalls unvollständig verkalkt sind.

Alle diese in Uebersichtsbildern hervortretenden Verhältnisse erkennt man am besten am ungefärbten frischen oder gehärteten, ev. entkalkten Präparat. Knorpel und Knochen sind hell, durchscheinend, die Markräume von dunklem, grauem, resp. graugelbem Farbenton. Färbt man die Schnitte, so wirkt, so lange man noch nicht orientirt ist, die verschiedene und nicht ganz gleichmässig vertheilte Intensität der Tinction etwas störend, zumal bei Anwendung von Hämatoxylin, welches die einzelnen Abschnitte des Knorpels und der Uebergangzonen zum Knochen, offenbar wegen chemischer Umänderungen der Grundsubstanz in verschiedener Stärke annehmen. Die Farbe des Knorpels ist freilich im Allgemeinen blau, aber bald blasser, bald dunkler, bei Ueberfärbung mit Carmin werden die kalkfreien Theile der Knochenbälkchen schon von der Ursprungsstelle aus dem Knorpel an roth.

Bei starker Vergrösserung lässt sich das an dem wuchernden Knorpel im Uebersichtsbild Gesehene genauer verfolgen, ohne dass sich neue Gesichtspunkte böten. Dagegen bedarf die Markraumbildung und die Entstehung der Knochenbälkchen noch einer genaueren Erörterung (Fig. 376).

Die in den Knorpel vordringenden Markräume greifen die breiteren Septa zwischen den Knorpelzellengruppen nur wenig an, treiben aber gegen die Zellhöhlen Sprossen, welche, die trennenden Scheidewände auflösend, in die einzelnen Kapseln hineinwachsen. Das Markgewebe besteht aus zartwandigen, nur aus Endothel gebildeten, sehr weiten Gefässen und den dieselben einhüllenden Markzellen, die eine spindelige, rundliche

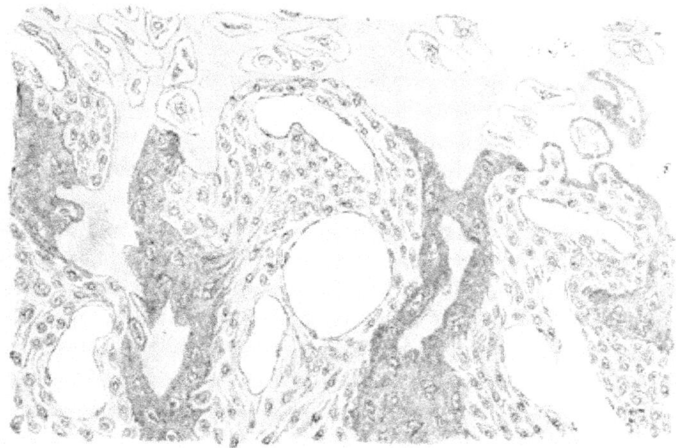

Fig. 376. Rachitis. Zone beginnender Knochenbildung, dem Bezirke der Fig. 375 entsprechend. Oben Knorpel mit ungleichmässig angeordneten Knorpelzellen. Unten dunkle, balkenförmige Knochensubstanz und Markräume mit weiten leeren Gefässen. Der Knochen grenzt in scharfer Linie an den Knorpel. Die dunklen Knochenbälkchen schliessen helle, unregelmässige Knorpelabschnitte ein. Rechts in der oberen Hälfte der Figur sieht man schmale dunkle Säume von Knochensubstanz auf Knorpel gelagert, auch in scheinbar geschlossenen Knorpelhöhlen. Das Markgewebe ist reich an grossen spindeligen und runden Zellen. Vergr. 300.

oder unregelmässige Gestalt haben. Zwischen ihnen findet sich meist etwas feinfaserige Zwischensubstanz. Der Einbruch in die Knorpelkapseln erfolgt durch Vordringen einzelner Markzellen, denen eine Gefässschlinge nachfolgt. Die Knorpelzellen selbst kann man anfangs meist noch gut erkennen, da sie sich durch ihre zackige Form und beträchtlichere Grösse leicht von den Markzellen unterscheiden lassen. Ueber ihr weiteres Schicksal ist es schwer klar zu werden. Man nimmt an, dass sie unter entsprechenden Modificationen den Zellen des Markes sich beigesellen.

Sind nun ganze Knorpelzellengruppen durch das Fortschreiten der Markräume aufgelöst, so finden sich zwischen diesen nur noch die Septa der Grundsubstanz, die freilich auch mehr oder weniger angenagt und vielfach ebenfalls durchbrochen werden. Nun scheidet sich, wie bei der normalen Ossification, nur in unregelmässiger Weise, auf die Knorpelreste die Knochengrundsubstanz ab, welche Markzellen in zackigen Höhlen einschliesst. So werden jene Reste entweder ringsum, aber nicht immer in gleicher Höhe oder nur an einer Seite, oder nur theilweise mit osteoider Substanz bedeckt, durch deren Zunahme in der Richtung gegen die knöcherne Rippe die breiteren, nur central verkalkten Knochenbälkchen entstehen. Die Unregelmässigkeiten des Prozesses äussern sich aber auch noch in anderer Weise. Abgesehen davon, dass die Vorgänge in ungleicher Höhe erfolgen, sind sie auch deshalb abweichend, weil die Markräume bald gerade, bald schräg, also nicht parallel aufsteigen, weil ihre Form keine bestimmte ist und durch die ungleichmässige Sprossenbildung noch mannichfaltiger wird. Dazu kommt, dass die Ablagerung der osteoiden Substanz, schon bevor grössere Mengen von Knorpelzellen zerstört wurden, in den einzelnen Kapseln beginnen kann (Fig. 376). Kurz nach Einbruch von Markzellen in dieselben scheidet sich auf ihrer Innenfläche eine dünne Schicht von Grundsubstanz ab. Da nun die Stelle, an welcher die Marksprossen eindrangen, im Schnitt oft nicht sichtbar ist, so kann es den Anschein gewinnen, als erfolge jene Abscheidung in den uneröffneten Knorpelkapseln. Die Erscheinung läuft zuweilen über der ganzen Kuppe eines Markraumes ab. Schon daraus ergiebt sich, dass sie nur vorübergehend sein kann, da sie ja durch das weitere Vordringen des Markgewebes wieder beseitigt werden muss.

Die neugebildeten Knochenbälkchen bleiben nun, wie bei der normalen Knochenbildung keineswegs alle bestehen. Sie werden gegen den fertigen Knochen hin spärlicher, aber dafür erheblich breiter. Es muss also einerseits eine lebhafte Resorption, andererseits eine Neubildung von Knochensubstanz stattfinden. Jene erschliessen wir aus dem bald hier, bald dort zu constatirenden Vorhandensein von Riesenzellen, Osteoklasten, welche oft in flachen, grubenförmigen Vertiefungen liegen, diese aus den bei den osteophytären Wucherungen des Schädels besprochenen Erscheinungen, welche auf eine Bildung von Knochengrundsubstanz schliessen lassen (Osteoblastenschichten und Uebergang von Fasern in das osteoide Gewebe).

Wie unter normalen Verhältnissen erfolgt auch bei der Rachitis die Bildung periostealer Knochenbalken. Da trotzdem die Auftreibung der Uebergangszone sich am Knochen wieder verliert, müssen ausgedehnte Resorptionsprozesse unter dem Periost ablaufen. Man erkennt sie leicht aus der Gegenwart vieler Riesenzellen, die schon am Knorpel in der Höhe seiner Wucherungszone ihre Thätigkeit beginnen.

3. Osteomalacie.

Unter Osteomalacie verstehen wir einen besonders bei Frauen in der Schwangerschaft auftretenden, aber auch ausserhalb derselben und bei Männern vorkommenden, mit Erweichung und Rareficirung des Knochensystems einhergehenden Prozess. Die Substanz der Knochen nimmt an Masse ab, wird wegen fortschreitender Verarmung an Kalksalzen biegsam und schliesslich leicht schneidbar. Die Veränderung kommt zu Stande durch eine von den Markräumen aus erfolgende Auflösung der Kalksalze und Einschmelzung der Grundsubstanz. Damit geht einher eine besonders an gebogenen und gebrochenen, aber auch an beliebigen anderen Stellen bald mehr, bald weniger hervortretende, nicht selten zu beträchtlicher Verdichtung führende Neubildung kalklos bleibenden oder nur wenig verkalkenden Knochens. Das Knochenmark ist in jüngeren Stadien blutreich, milzpulpaähnlich, in den späteren meist ödematös-gallertig, atrophisch, oder auch wieder fetthaltig.

Instructive Bilder liefert zunächst die Untersuchung des frischen Knochens. Bricht man aus der rareficirten Spongiosa des Sternums, der Wirbelkörper, des Femur, des Beckens ein dünnes Knochenbälkchen mit der Pincette aus, befreit es durch Abspülen mit Wasser von den anhängenden Marktheilen und untersucht es in Wasser (oder Glycerin), so sieht man die Abweichungen vom normalen Verhalten sehr leicht.

Stellt das Bälkchen nicht ein gerades Stückchen dar, sondern ein kleines Spongiosasystem, so bildet es meist nicht nur eine Ebene, kann aber durch Druck auf das Deckglas genügend abgeplattet werden. Ist das nicht der Fall, so schneide man mit der Scheere die vorstehenden Theile ab.

Das Bälkchen erscheint (Fig. 377) nur in seinem mittleren axialen Theile dunkel und vom Aussehen normalen Knochens, die Ränder dagegen sind hell wie kalklose Grundsubstanz. Zwischen beiden Abschnitten ist die Grenze bald mehr geradlinig, bald mehr unregelmässig, zuweilen buchtig, indem das kalkhaltige Gewebe concave Linien zeigt, gegen die das kalkfreie convex vorragt. Die Grenzlinie ist nicht immer scharf, sondern oft dadurch ver-

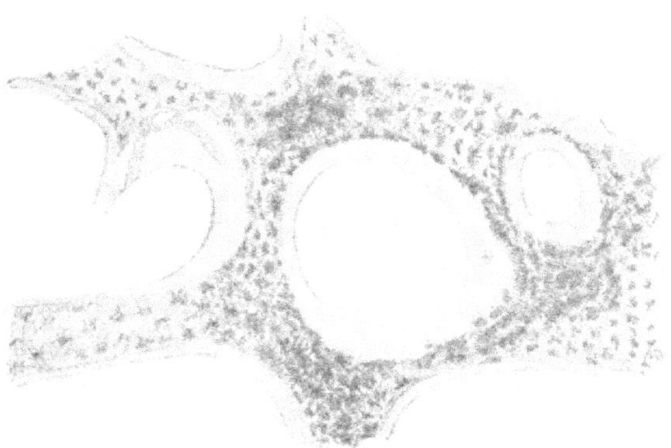

Fig. 377. Osteomalarische Knochenbälkchen.
Die Bälkchen sind nur central dunkel, d. h. kalkhaltig. Hier sieht man die dunkeln, vielfach zusammenfliessenden Knochenkörperchen (Gitterfiguren). Am Rande bestehen die Bälkchen aus kalkloser Substanz, in der man bei dieser Vergrösserung keine Knochenkörperchen bemerkt. In der kalklosen Zone sieht man links oben ein durchbohrendes Gefäss. Vergr. 50.

waschen, dass sich am Rande des dunklen Theiles ein Saum von feinen Körnchen findet, die sich nach aussen allmählich verlieren, bei Mineralsäurezusatz sich auflösen und dadurch als Kalk zu erkennen geben. Sehr häufig sind ferner längere oder kürzere Strecken der Bälkchen oder auch ganze Spongiosasysteme völlig kalkfrei. Alle diese hellen Abschnitte kann man mit neutraler Carminlösung leicht roth färben und dadurch die Bilder noch deutlicher machen. Bei starker Vergrösserung sieht man, dass in den kalkfreien Abschnitten die Knochenkörperchen klein und schmal, offenbar im Untergang begriffen sind. Die lamelläre Structur ist dabei entweder noch gut ausgesprochen oder verwischt.

Ganz entsprechende Bilder erhält man, wenn man von den compacten Theilen der Knochen, z. B. des Femur, Schnitte anfertigt.

Nur in den hochgradigsten Fällen lassen sie sich mit dem Rasirmesser herstellen, meist benutzt man ein Scalpell, welches ausreichende Präparate liefert. Man schneidet die Compacta quer zur Längsrichtung. Die Schnitte werden natürlich nicht sehr dünn, brechen und biegen sich leicht, lassen aber die eben besprochenen Verhältnisse ausreichend hervortreten.

An solchen Schnitten und an den ausgebrochenen Bälkchen lässt sich noch eine besondere Erscheinung, nämlich das Hervortreten der sogenannten Gitterfiguren deutlich machen. Bringt man die Objecte nach Verdunstung des Alkohols in Glycerin, so treten in ihnen die mit Luft gefüllten Knochenkörperchen mit ihren Ausläufern als dunkle Figuren auf's Klarste hervor. Alle diese Räume sind erweitert, also viel breiter als normal, die Knochenkörperchen fliessen vielfach zusammen. Die Erscheinung beruht darauf, dass die Auflösung des Knochens von den Knochenhöhlen und ihren Ausläufern beginnt. Letztere bilden zwischen jenen ein System gitterartig verbundener, schwarz aussehender Figuren.

Ueber die Gitterfiguren vergl. Apolant (Virch. Arch. 131 und v. Recklinghausen, Festschr. d. Assistenten für Virchow 1891.

Wendet man sich nun zu Stellen, an denen durch Neubildungsprozesse eine Verdichtung des Knochens stattfand, oder an denen subperiosteal neue Substanz entstand oder wegen Fracturen ein Callus sich bildete, so sind die Bilder insofern ähnlich, als auch hier nur eine centrale Kalkablagerung in den Bälkchen anzutreffen ist. Im Uebrigen zeigt das neue Gewebe die Charaktere jugendlichen Knochens.

Für topographische und feinere histologische Untersuchungen ist die Härtung des Knochens und die Entkalkung nothwendig. Die letztere schliesst die Möglichkeit einer Unterscheidung der vorher kalkhaltigen und kalkfreien Theile nicht aus. Nach Härtung in Alkohol und Entkalkung kann man die Theile, die noch mit Kalk versehen waren, durch Hämatoxylinfärbung hervorheben. Sie nehmen einen blauen Farbenton an, der noch besser hervortritt, wenn man die osteoiden Säume mit einer Protoplasmafarbe tingirt. Wenn man die Knochen mehrere Wochen bis

Monate in Müller'sche Flüssigkeit legt (nach Pommer), so lösen sich die Kalksalze theilweise auf. Eine völlige Decalcination ist dann zur Schneidbarkeit nicht erforderlich und die Färbung der kalklosen Säume mit neutralem Carmin noch mit gutem Erfolge anwendbar.

Für die Ausdehnung und das Fortschreiten des osteomalacischen Entkalkungsprozesses ist vor Allem die Untersuchung der grossen Röhrenknochen von Interesse. Fertigt man Querschnitte von der Compacta des Femur an (Fig. 378), so erkennt man die Erweiterung der Haversischen Kanäle. Sie sind bei mässiger Dilatation ringsum von osteoiden Säumen umgeben, welche das circulär herumgehende Lamellensystem nur in seinen inneren Schichten oder meist in ganzer Ausdehnung bis an die Kittlinie umfassen. Sind die Kanäle erheblich ausgeweitet, so ist jenes erste Lamellensystem verschwunden und nun stossen an das Lumen verschiedene Systeme an. Meist zeigen nur die demselben ganz oder annähernd parallel verlaufenden eine Decalcination. Offenbar geht also an ihnen, d. h. senkrecht zur lamellären Schichtung die Entkalkung am leichtesten vor sich. Doch findet man zuweilen auch zusammenhängende Abschnitte verschiedener Lamellensysteme in toto entkalkt, zumal wenn sie als unregelmässig geformte Vorsprünge in den Markraum hineinragen. Ab und zu widersteht das circuläre System eines Kanales der völligen Resorption länger als ein kleinerer oder grösserer Theil des umgebenden Knochens. Dann kann es sich ereignen, dass ein entkalktes ringförmiges Gebilde, an einer Seite noch am Knochen festgehalten, frei in das Markgewebe hineinragt. Neben diesen Entkalkungs- und Resorptionsprozessen kommt es im Femur nur selten zu einer unzweifelhaften Neubildung von Knochen. Hier und da findet man dann,

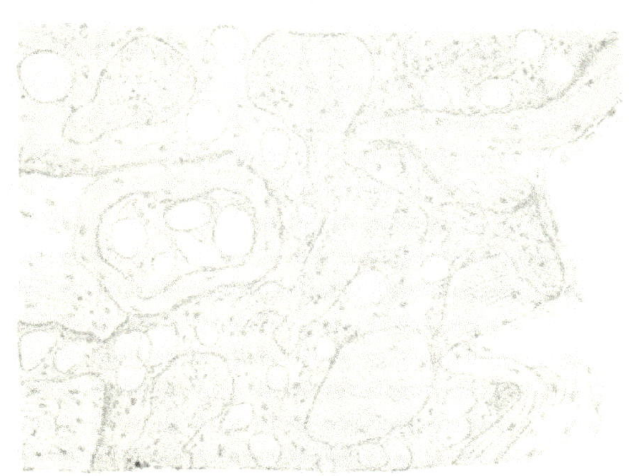

Fig. 378. Osteomalacie. Querschnitt aus dem Femur. Man sieht rechts und links deutlich lamelläre, helle Knochensubstanz, an die rechts nach innen Abschnitte mehrerer dunkler Lamellensysteme angrenzen, die durch die Erkrankung kalkfrei geworden waren. Links ist im Zusammenhang mit dem hellen Gewebe ein homogener ringförmiger Körper mit spärlichen Knochenkörperchen. In der Mitte und oben breite Markräume mit einzelnen Fettzellen, die als Lücken erscheinen, und mit sehr weiten blutgefüllten, dünnwandigen Gefässen. Vergr. 300.

kalkhaltigem oder decalcinirtem Knochen aufsitzend, jugendliche osteoide Substanz, auf deren Oberfläche Osteoblasten liegen können.

Die Einschmelzung des entkalkten Gewebes geht langsam und unmerkbar vor sich. Es wird vom Markraum aus allmählich aufgelöst. Unterstützend wirkt das häufig zu beobachtende Eindringen von Markgewebe, welches die kalklosen Theile in querer oder schräger Richtung in Gestalt von Kanälen durchbohrt. Eine den normalen Vorgängen der Knochenresorption entsprechende Betheiligung von Riesenzellen (Osteoklasten) spielt dagegen nur eine geringe Rolle, in manchen Fällen vermisst man sie völlig.

Der Schwund der Knochensubstanz führt zu einer Erweiterung der Haversischen Kanäle, zwischen denen schliesslich nur noch schmale, balkenförmige Reste übrig bleiben. Häufig sieht man auch die dilatirten Markräume von einer kalklosen Zone rings umgeben. Dieser mit dem normalen Bau des Knochens nicht vereinbare Befund lässt sich nur unter der Annahme erklären, dass der osteomalacische Prozess nicht von vornherein mit Resorptionsprozessen beginnt, sondern dass der erste Vorgang ein nach Analogie der normalen Prozesse aber im erheblich gesteigerten Maasse vor sich gehender Umbau ist, bei welchem zunächst beträchtlich erweiterte Markhöhlen von aussergewöhnlich ausgedehnten Lamellensystemen umgeben werden.

Das Markgewebe ist reich an oft strotzend gefüllten dünnwandigen Blutgefässen. Es setzt sich bald (meist in jüngeren Stadien), aus dicht gedrängten Zellen zusammen, bald enthält es viele Fettzellen, bald ist es ödematös gallertig, im gehärteten Zustande körnig oder mehr homogen und zellarm. Wo sich neuer Knochen bildet, ist das Mark reich an runden oder spindeligen Elementen mit fibrillärer Zwischensubstanz. Die Ossification erfolgt durch Verschmelzung der Fibrillen zur Knochengrundsubstanz oder durch Vermittlung eines Osteoblastenlagers.

Litteratur: Pommer, Osteomalacie und Rachitis, Leipzig 1885. v. Recklinghausen, Festschr. der. Assist. f. Virchow, 1891. Ribbert, Anatom. Unters. über die Osteomalacie. Biblioth. med. C. Heft 2.

4. Heilung von Knochenbrüchen.

Beim Menschen hat man naturgemäss nur selten Gelegenheit, die Heilung von Fracturen zu verfolgen. Was wir darüber wissen, verdanken wir in erster Linie dem Thierexperiment. Immerhin haben gelegentliche Untersuchungen an menschlichen Objekten ergänzende Befunde geliefert.

Die Heilung der Fractur erfolgt unter Neubildung von Knochengewebe (Callus) seitens des Periostes und Knochenmarkes der Fracturenden. Auch zwischen letzteren, an denen stets zugleich Einschmelzungen stattfinden, entsteht neue Knochensubstanz. Das

Callusgewebe des Periostes und Markes wird nach einiger Zeit wieder resorbirt, während die Bruchenden durch den sich weiter entwickelnden intermediären Callus mit einander vereinigt werden.

Die Bildung des periostealen Callus geht aus von einer lebhaften Wucherung der Zellen des Periostes, die sich zu einer mehr oder weniger dicken Lage zwischen diesem und dem Knochen anhäufen. Durch Abscheidung einer hyalinen Zwischensubstanz entstehen in diesem Zelllager Inseln und Balken hyalinen Knorpels, während in den übrigen Abschnitten die Zellmassen den Charakter des Markes oder eines zellreichen fibrillären Gewebes annehmen, welches vom Periost aus mit Gefässen versorgt wird. Auf die Knorpeltheile wird nun weiterhin durch Vermittlung von Osteoblasten ganz nach Art der normalen Ossification Knochensubstanz abgeschieden. Aber auch ohne die Grundlage der Knorpel erfolgt die Bildung reichlicher anastomosirender Knochenbälkchen (Figur 379), auf denen ebenso wie auf denen der ersteren Art Osteoblasten in regelmässiger und zierlicher Weise angeordnet zu sein pflegen. Aus dem fibrillären Grundgewebe geht ferner Knochengrundsubstanz durch Verdickung und engeres Aneinanderrücken der Fibrillen hervor, zwischen denen die Osteoblasten natürlich weniger deutlich hervortreten. Sie haben hier oft die Form spindeliger, langgestreckter Zellen.

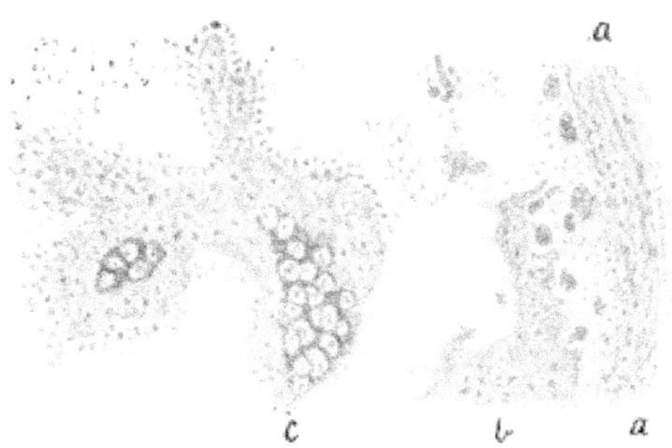

Fig. 379. Aus einem einige Wochen alten Callus. Vergr. 60. *a a* Periost. *b* Knochenbälkchen, welches am rechten Rande lacunäre Einschmelzung durch Riesenzellen zeigt. *c* unregelmässiges Knochenbälkchen mit zwei dunkel hervortretenden Knorpelkernen. Der Rand des Bälkchens zeigt grösstentheils einen gut ausgebildeten Osteoblastenbelag. Am linken Rande gehen Fibrillen des umgebenden Gewebes in die Grundsubstanz des Knochens über. Zwischen den Bälkchen ein zellreiches leichtfaseriges helles Gewebe.

Zur Färbung dieser letzteren Verhältnisse ist die Pikrinsäure-Säurefuchsinlösung an Hämalaunpräparaten sehr zu empfehlen. Die Fibrillen lassen sich intensiv roth färben und ihr Uebergang in die Knochengrundsubstanz ist deshalb sehr gut zu verfolgen.

In ganz ähnlicher Weise bildet sich der myelogene Callus der Markhöhle und der intermediäre, der aus Periostzellen entsteht, die zwischen die Bruchenden hineindringen.

Ist die Fractur einige Wochen alt, so machen sich neben fortschreitenden Neubildungsprozessen die Resorptionsvorgänge immer ausgedehnter geltend. Sie sind stets am meisten in den äusseren Lagen des periostealen Callus ausgeprägt. Sie gehen genau so vor sich, wie bei den normalen Ossificationsprozessen, d. h. unter Auftreten mehr oder weniger zahlreicher Osteoblasten, die in flacheren oder tieferen Grübchen der Knochensubstanz liegen (Fig. 379, b). So verschwindet schliesslich aller neugebildeter Knochen wieder. vorausgesetzt freilich, dass nicht irgendwelche Störungen den regelmässigen Heilungsvorgang unterbrachen.

5. Entzündungen am Knochensystem.

Die Entzündungen am Knochensystem in allen ihren einzelnen Formen, wie sie in der speciellen pathologischen Anatomie beschrieben zu werden pflegen, nach histologischen Gesichtspunkten gesondert und eingehend zu besprechen, ist nicht erforderlich. Die vom Periost abstammenden oder aus dem Knochenmark hervorgehenden Produkte der entzündlichen Exsudation und Gewebsneubildung sind dieselben wie bei der Entzündung anderer Gewebe und können daher hier übergangen werden. Das Charakteristische und allen Formen mehr oder weniger Gemeinsame der Knochenentzündungen liegt darin, dass es stets zu einer Resorption und oft auch zu einer Nekrose der eigentlichen Knochensubstanz, ferner sehr gewöhnlich auch zu Neubildungsprozessen kommt und dass, wenn die Entzündung an den Epiphysenlinien des wachsenden Knochens localisirt ist, sich Störungen der Ossification ergeben müssen.

Die Resorptionsvorgänge, die am Knochensystem ablaufen, sind gekennzeichnet durch das Auftreten der auch von der normalen Entwicklung her bekannten Riesenzellen, Osteoklasten, von denen ja auch bei der Osteomalacie und Fractur die Rede war. Die Ränder der Knochensubstanz, besonders der Bälkchen spongiöser Knochen zeigen statt glatter Contouren, einzelne oder viele grubige Vertiefungen, deren grössere sich wieder aus mehreren in eine gemeinsame Lücke ausmündenden Gruben zusammensetzen. Sie werden nach Howship als Lacunen bezeichnet. In ihnen liegen die Riesenzellen (vergl. Figur 379 u. 380), die man aber durchaus nicht immer antrifft, entweder weil der Schnitt an ihnen vorbeiführte, oder weil sie überhaupt fehlten. Denn einmal können sie, wenn der Prozess nicht weiter fortschreitet, wieder verschwinden und andererseits sind sie nicht unbedingt nöthig zur Resorption. Ihre Form und Grösse wechselt innerhalb ziemlich weiter Grenzen.

Die Lacunen können die ganze Oberfläche eines Bälkchens besetzen, so dass sein Contour überall uneben ist, sie durchbrechen schliesslich das Bälkchen in seiner ganzen Dicke, zumal wenn sie von entgegengesetzten Seiten einander entgegendringen.

Die Resorptionsprozesse sind stets Begleiterscheinungen von zellreichen Neubildungsvorgängen, welche vom Periost oder Knochenmark ausgehen und sich entweder an traumatische Prozesse, an eitrige Entzündungen anschliessen oder, von selteneren ätiologischen Verhältnissen abgesehen, besonders gern syphilitischer oder tuberkulöser Natur sind. Der Modus der Resorption bleibt aber in allen diesen Fällen in der Hauptsache der gleiche. Denn das dem eigentlichen entzündlichen Prozesse zukommende Granulationsgewebe ist direkt nicht an der Zerstörung des Knochens betheiligt, so dass von seiner Seite eine Modification jener Resorption nicht zu erwarten ist. Nur das in mehr indifferenter Form proliferirende Gewebe des Periostes oder des Markes besorgt die Aufsaugung der Knochensubstanz. Der Unterschied ist freilich insofern kein durchgreifender, als ja auch das den eigentlichen Entzündungsherd charakterisirende junge Gewebe aus den gleichen Bestandtheilen herauswächst.

Am besten erkennt man diese Verhältnisse an tuberkulösen Entzündungsprozessen. Die auch am Knochenapparat entstehenden mehr oder weniger typisch gebauten Tuberkel liegen nämlich den Knochenbälkchen nicht direkt an (Fig. 380), sondern sind von ihnen noch durch eine bald breitere, bald nur schmale Zone gleichsam indifferenten Granulationsgewebes getrennt, von welchem die Riesenzellenbildung ausgeht. Es darf auch nicht vergessen werden, dass die Osteoklasten durchaus andere Gebilde darstellen als die Riesenzellen des Tuberkels.

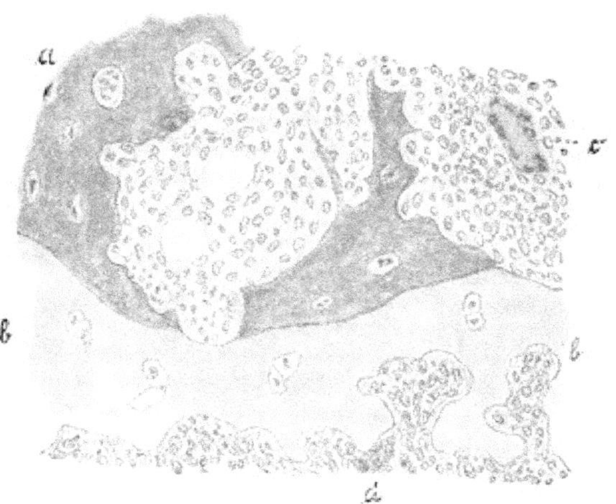

Fig. 380. Tuberkulose des Kniegelenkes.
Grenze von Gelenkknorpel (*b*) und Knochen (*a*). Die dunklen Knochenbälkchen sind in unregelmässig buchtiger Linie gegen das Granulationsgewebe des Knochenmarkes begrenzt. An zwei Stellen sieht man kleine Osteoklasten. Bei *c* ein Tuberkel mit Riesenzelle. In den Knorpel (*b-b*) dringt das Granulationsgewebe von unten her (Von der Gelenkhöhle aus) hinein. Bei *d* eine Riesenzelle. Vergr. 60.

Da die Entzündungsprozesse sehr häufig auch die Gelenkknorpel zerstören, so sei an dieser Stelle auch auf die Art und Weise ihres Unterganges hingewiesen (Fig. 380). Sie werden meist ohne Vermittlung von Riesenzellen durch das vordringende Gewebe vernichtet und zwar in der Weise, dass die Grundsubstanz eingeschmolzen wird und dass die einwachsenden Zellen die Knorpelzellenhöhlen erweitern und sich in ihnen vermehren. So sieht man breite Strassen zellreichen Gewebes in den Knorpel hineindringen. Traf das Messer solche Stellen in schräger Richtung, so können die erweiterten zellreichen Knorpelzellhöhlen scheinbar isolirt liegen und eine Wucherung der Knorpelzellen vortäuschen.

Bei den Entzündungen des Knochens findet sich neben den Resorptionsprozessen sehr häufig auch eine **Neubildung** von Knochensubstanz. Sie erfolgt, wie bei der normalen Ossification in erster Linie unter Vermittlung von Osteoblasten, die sich in der bekannten regelmässigen Anordnung als epithelähnlicher Belag auf der Oberfläche der jungen Bälkchen nachweisen lassen. Abgesehen von der abnormen Localisation und Configuration der letzteren lassen sich keine wesentlichen Abweichungen von dem normalen Neubildungsprozess nachweisen, so dass eine eingehende Besprechung unnöthig ist. Bei der Fracturheilung wurden zudem die Verhältnisse bereits erörtert (s. Fig. 379). Nicht immer freilich sind die Befunde ganz regelmässig. Die Osteoblasten sind oft nicht in typischen Reihen angeordnet und häufig nach Form und Lagerung von den umgebenden Zellen nicht zu trennen. Es kommt ferner hinzu, dass an der Bildung der Knochengrundsubstanz die Fibrillen des angrenzenden Gewebes betheiligt sind, indem sie unter Verdickung direkt in das junge Knochengewebe übergehen. Dann liegen die Osteoblasten zwischen den aus den Bälkchen herausragenden Fasern und treten diesen gegenüber oft sehr in den Hintergrund (Fig. 379).

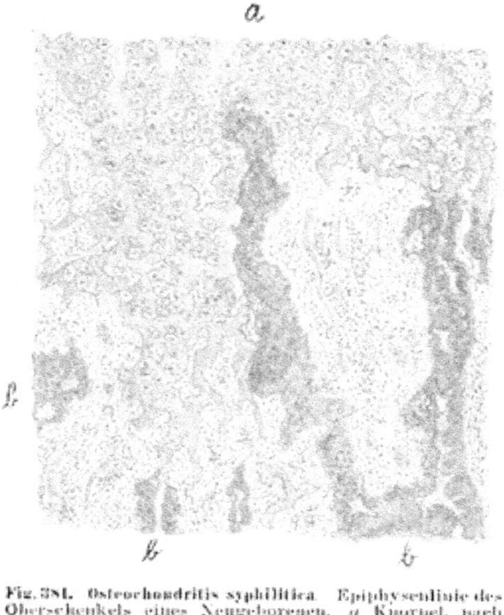

Fig. 381. Osteochondritis syphilitica. Epiphysenlinie des Oberschenkels eines Neugeborenen. *a* Knorpel, nach unten (über *bb* hinaus) ist der Knochen zu suchen. Man sieht die unregelmässige Grenze des Knorpels, der in einem langen Fortsatz bis fast an den unteren Rand der Figur reicht. In ihm ist das hellere gefässhaltige Markgewebe in verschieden gestalteten Buchten hineingedrungen. Die dunklen Massen *bb* sind junge Knochensubstanz, in welcher, besonders rechts, helle Knorpelreste sichtbar sind. Vergr. 60.

Eine charakteristische Entzündungsform ist die, welche an den **Epiphysenlinien syphilitischer Neugeborener** vorkommt. Makroskopisch ist sie charakterisirt durch eine unregelmässig zackige Grenze von Knorpel und Knochen und in höheren Graden durch das Auftreten gelber, grauer oder grünlicher weicher Herdchen in den an den Knorpel anstossenden Knochentheilen. Sind die Herde zahlreich und ausgedehnt, so kommt es leicht zu einer Trennung in der Epiphysenlinie.

Unter dem Mikroskop findet man an Längsschnitten verschiedene **Abnormitäten der Ossification**. Vor Allem fällt auf, dass (Fig. 381) die sonst in einer Ebene befindlichen Kuppen der Markräume ungleich weit vorgedrungen sind und keine regelmässige Gestalt haben. Sie dringen mit schmalen Ausläufern in ähnlicher Weise wie es bei der Rachitis (S. 415) der Fall ist, in den Knorpel (Fig. 381a) vor. Dieser wird dadurch in mannichfaltiger Weise angenagt und da die Markräume keine regelmässigen Abstände von einander haben, so bleiben zwischen ihnen statt der normalen typischen Balken bald schmale bald breite vielgestaltige Knorpelvorsprünge stehen. Das Markgewebe ist zellreich und enthält viele Gefässe. Der Knorpel zeigt mehr oder weniger lebhafte Wucherungsprozesse aber nicht so ausgedehnt wie bei Rachitis und nicht so regelmässig wie in der Norm. Auch die Ablagerung von Kalksalzen in ihm weicht von den normalen Verhältnissen durch ihre wechselnde Ausdehnung ab und dadurch, dass sie streckenweise ausbleibt. Die Abscheidung von Knochensubstanz durch das Markgewebe erfolgt wie sonst auf die stehen gebliebenen Knorpeltheile. Aber da diese unregelmässig sind, muss sie es auch sein. So können grössere Knorpelreste nur einseitig mit Knochensubstanz belegt sein (Fig. 381 in der Mitte). Andererseits aber finden sich in Knochenbälkchen ähnliche zackige Knorpelreste wieder, wie es in der Norm der Fall ist (Fig. 381b). Doch beginnen diese Bälkchen in ungleicher Höhe und zeigen auch nach Form und Anordnung viele Abnormitäten.

In den höheren Graden der Erkrankung nimmt das Markgewebe an Masse so zu, dass die Ossification in grösseren Abschnitten völlig unterbrochen wird. Es zeigt dabei das Aussehen eines Granulationsgewebes und ist meist in fettig degenerativem und körnig-nekrotischem Zerfall begriffen.

6. Veränderungen des Knorpels.

Die verschiedenen Knorpel des Skeletes, vor Allem die Rippen- und Gelenkknorpel zeigen eine Reihe charakteristischer, aber leicht verständlicher Veränderungen. Wir können uns mit kurzen Hinweisen begnügen.

Von den Degenerationen ist zunächst die fettige Entartung zu erwähnen. Sie ist im höheren Alter, aber auch bei sonstigen Ernährungsstörungen häufig und besteht in dem Auftreten zahlreicher kleiner und grösserer Fetttröpfchen in den Knorpelzellen, nicht in der Grundsubstanz. Der Prozess muss im frischen Zustand untersucht werden. Am besten kann man ihn in den Rippenknorpeln beobachten.

In diesen ist auch eine andere regressive Metamorphose besonders häufig, doch ist sie auch an den Gelenkknorpeln nicht selten. Es handelt sich um eine Erweichung. Die Grundsubstanz wird zunächst feinfaserig und zugleich weniger fest. Weiterhin zerfällt sie und löst sich eventuell ganz auf, wobei auch die Zellen zu Grunde gehen. In die erweichten Theile wächst, z. B. von den knöchernen Rippen aus, ein Granulations- resp. Markgewebe hinein.

Eine andere Veränderung besteht in Kalksalzablagerung. Sie betrifft auch in erster Linie das höhere Alter. Der Kalk findet sich entweder in der homogenen Grundsubstanz und zwar zunächst in der Umgebung der Zellkapseln oder er lagert sich in den in der eben besprochenen Weise aufgefaserten Knorpel ein. Den ersteren Modus sieht man besonders in den peripheren Theilen der Rippenknorpel.

Mit der Erweichung verbindet sich nicht selten eine Knochenbildung. Das eingedrungene Markgewebe scheidet die nachher verkalkende Knochensubstanz wie bei normaler Ossification ab.

Fig. 382. Knorpel aus einem Kniegelenk bei **Arthritis deformans**. Die Grundsubstanz ist streifig. Die Knorpelzellen sind ungleichmässig angeordnet und gruppenweise vermehrt. Vergr. 100.

Ausser den degenerativen Zuständen zeigt der Knorpel nicht selten Wucherungsprozesse seiner Zellen. Sie vermehren sich gruppenweise und bilden unter Umständen ähnliche Haufen wie bei der Rachitis (Fig. 375). Dabei pflegt die Grundsubstanz faserig zu werden, z. B. in senilen Knorpeln, oder sich am Rande freier Flächen völlig aufzufasern. So ist es z. B. ganz gewöhnlich mit dem Gelenkknorpel bei der Arthritis deformans (Fig. 382) oder bei Entzündungsprozessen der Gelenke und bei Ankylosen.

Von einer Zerstörung des Knorpels durch Granulationsgewebe war bei der Tuberkulose schon die Rede (Fig. 380).

Bei der Gicht pflegen sich harnsaure Salze in büschelförmigen Figuren in die Grundsubstanz abzulagern.

7. Veränderungen des Knochenmarkes.

Das Knochenmark kann mit Vortheil im frischen Zustand untersucht werden. Aus den grossen Röhrenknochen kann man es leicht herausnehmen, auf die Säge- oder Schnittfläche der spongiösen Knochen quillt es entweder bei Fingerdruck oder erst bei stärkerer Compression eventuell mit dem Schraubstock hervor. Man untersucht es, wenn möglich ohne Zusatzflüssigkeit, weil dann die Zellen am wenigsten geschädigt werden. Wasserzusatz bringt schon deutliche Veränderungen hervor, lässt sich aber bei consistentem Mark und reichlichem Fettgehalt nicht vermeiden, falls man nicht andere bestimmten Zwecken dienende Zusatzflüssigkeiten wählt. Sehr gute Resultate geben ferner die Deckglastrockenpräparate, die man nach Ehrlich's oder anderen Methoden färben kann. Will man das Mark in seinen natürlichen Lagerungsverhältnissen untersuchen, so ist natürlich Härtung und Entkalkung des Knochens erforderlich.

Charakteristische Befunde bietet das Knochenmark bei der perniciösen Anämie, einer mit erheblich vermehrtem Blutzerfall einhergehenden ätiologisch noch ungenügend gekannten Erkrankung.

Betrachtet man in einem von frischem Knochenmark angelegten Präparate die hämoglobinhaltigen, an ihrer Farbe leicht kenntlichen Gebilde, so fällt erstens ins Auge, dass sie eine wechselnde Grösse besitzen. Neben solchen von normalem Umfange und kreisrunden Contouren sieht man einerseits erheblich grössere, andererseits kleinere Formen. Letztere sind theils ebenfalls rund, theils aber und zwar vorwiegend unregelmässig geformt, knollig, eckig. Es handelt sich bei ihnen um Zerfallsformen. Die mit glatten Contouren versehenen kleineren, normal grossen und umfangreicheren Zellen bieten aber ferner sehr häufig eine Eigenthümlichkeit dar, die zwar auch im gesunden Mark vorkommt, hier aber in erheblich gesteigertem Maasse angetroffen wird. Sie sind nämlich (Fig. 383) kernhaltig. Der Kern erscheint in dem gelben Protoplasma als hellerer rundlicher oder ovaler Körper. Er liegt meist excentrisch und sieht bald mehr homogen, bald leicht körnig aus. In manchen Zellen kann man zwei und mehr Kerne wahrnehmen. Ihre Sichtbarkeit unterliegt grossen Schwankungen. Oft sind sie sehr deutlich, in anderen Fällen weniger auffallend, in wieder anderen wegen homogener und gelblicher Beschaffenheit nur sehr schwer abzugrenzen.

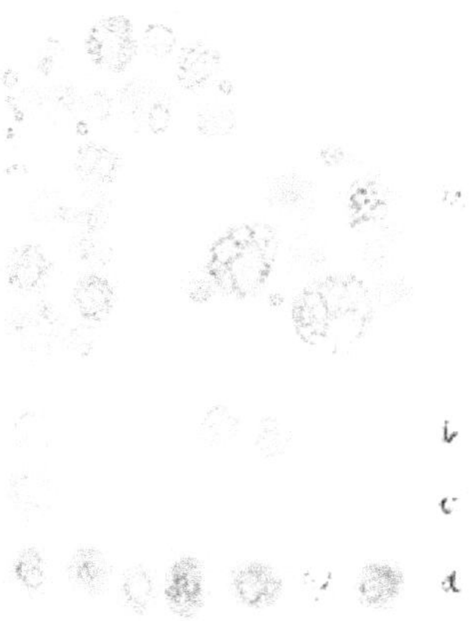

Fig. 383. Knochenmark bei perniciöser Anämie.

Frisches Präparat. *a* Knochenmarksbrei ohne Zusatz. Man sieht grosse blutkörperchenhaltige Zellen (unten rechts) eine grosse pigmentirte Zelle (bei *a*); granulirte ein- und mehrkernige Markzellen, rothe Blutkörperchen ohne und solche mit Kern. Letztere sind von verschiedener Grösse. *b* das Präparat nach Wasserzusatz. *c* nach Essigsäurezusatz. Hier sind nur rothe kernhaltige Blutkörperchen (Hämatoblasten) gezeichnet. *d* rothe kernhaltige Blutkörperchen aus einem nach Ehrlich gefärbten Präparat.

Hier dürfte es sich dann um ein Aufgehen des Kernes in das Protoplasma, um die letzte Ausbildungsphase des rothen Blutkörperchens handeln (vgl. Israel u. Pappenheim, Virch. Arch. Bd. 143 u. Arnold ib. 144).

Setzt man etwas Wasser zum Präparat, so pflegen die Kerne der rothen Zellen wegen der langsam stattfindenden Hämoglobinauflösung besser hervorzutreten. Sie erscheinen dann freilich etwas homogener als vorher. Dünne Essigsäure bringt sie noch deutlicher zum Vorschein. Auch werden die Unterschiede zwischen den körnigen und den weniger gut abgegrenzten homogenen Kernen auffallender. Das Gleiche ist nach Anwendung von Ehrlich's neutraler Farblösung der Fall.

Man fasst die grössere Zahl kernhaltiger Zellen entweder als die

Folge einer langsameren Entwicklung, eines längeren Stehenbleibens auf dieser Stufe oder einer Steigerung des Regenerationsvorganges auf. Mit der zweiten Ansicht steht in Einklang, dass jene Formen auch nach anderen Arten des Bluntunterganges und nach grösseren Blutverlusten vermehrt gefunden werden.

Die weissen Markzellen besitzen weit häufiger als es in der Norm der Fall ist, zwei und mehr Kerne, nehmen also in grösserer Zahl schon im Knochenmark die Beschaffenheit der mehrkernigen Leukocyten an. Ausserdem findet man viele, die durch Aufnahme anderer Zellen in ihr Protoplasma eine beträchtliche Zunahme ihres Umfanges, oft um das Mehrfache erfahren haben. Sie enthalten hauptsächlich die kleineren Formen der Erythrocyten und die Bruchstücke derselben, ferner kleine Pigmentkörner und auch nicht selten weisse Zellen.

Mit allen diesen Veränderungen bei der perniciösen Anämie ist in Folge der Zellproliferation eine Abnahme und eventuell ein völliges Verschwinden des Fettes verbunden.

Den gleichen Folgezustand sehen wir eintreten, wenn bei verschiedenen länger dauernden Infectionskrankheiten in erster Linie die weissen Markzellen eine Zunahme erfahren, die wohl den Ausdruck einer Regeneration für die bei der Entzündung untergegangenen polynucleären Leukocyten bildet. Dann entsteht ein sogenanntes lymphoides Mark.

Auch bei der medullaren Form der Leukämie findet sich eine rein zellige Zusammensetzung des Markes.

Andererseits giebt es auch Zustände, bei denen die Fettzellen eine solche Vermehrung erfahren, dass für die übrigen Elemente des Markes nur verschwindend wenig Raum bleibt.

Bei Krankheiten, die mit Blutzerfall einhergehen, lagert sich viel eisenhaltiges Pigment in den Markzellen ab.

J. Muskulatur, Sehnenscheiden, Schleimbeutel.

1. Muskulatur.

Die histologischen Veränderungen der Muskulatur betreffen primär entweder die eigentliche Muskelsubstanz oder das intermuskuläre Bindegewebe.

Die Muskelsubstanz erleidet bei Lähmungen, Druckanämie etc. nicht selten fettige Degeneration, welche derjenigen der Herzmuskeln in der Hauptsache entspricht (Fig. 4 u. 5, S. 16). Auch trübe Schwellung kommt hier wie dort vor (S. 12).

Eine weitere regressive Veränderung besteht in einer nach Lähmungen häufigen Atrophie, die entweder durch körnige Trübung und Abnahme der contractilen Substanz und damit der Faserdicke bis zum völligen Schwund, oder durch gleichzeitige Pigmenteinlagerung in die Faser, oder auch durch Auftreten von Vacuolen in derselben ausgezeichnet ist.

Hochgradige regressive Veränderungen erleidet der Muskel bei der wachsartigen Degeneration (Fig. 22, S. 30).

Bei Muskelatrophie tritt nicht selten eine Vermehrung der Muskelkerne ein. Man findet sie dann in grosser Zahl oft reihenförmig hinter einander gelagert. Ist mit der Kernwucherung auch eine Zunahme des Sarkoplasmas verbunden, so entwickeln sich vielkernige Riesenzellen. Aehnliche Vorgänge finden wir auch nach Untergang von Musheltheilen in den erhaltenen Fasern. Man darf sie also als Ausdruck einer Regeneration betrachten.

Die Veränderungen des intermuskulären Bindegewebes bestehen einmal in einer Wucherung desselben bei entzündlichen Prozessen. Zweitens wandelt es sich bei der sogenannten Pseudohypertrophie in Fettgewebe um, während gleichzeitig die Muskelfasern selbst atrophiren.

2. Sehnenscheiden und Schleimbeutel.

In den tuberkulös erkrankten Sehnenscheiden kommt es oft zur Bildung sogenannter Reiskörper (Corpora oryzoidea). Ob sie sich auch unabhängig von Tuberkulose bilden können, ist fraglich. Sie werden auch in entzündlich (gewöhnlich tuberkulös) erkrankten Schleimbeuteln angetroffen. Da ihre Genese an beiden Orten dieselbe ist, so mag ihre Besprechung für beide Fälle gelten.

Fertigt man von den runden oder platten, meist völlig abgeglätteten Reiskörpern Schnitte an, so findet man sie ungleich zusammengesetzt, mögen sie von verschiedenen Fällen, oder von demselben herrühren (Fig. 384). Sie bestehen oft nur aus einer hyalinen, scholligen oder balkigen Masse, in deren Lücken Kerne fehlen oder spärlich vorhanden sein können. Im Centrum der Körper ist zuweilen ein unregelmässiger grösserer Spalt vorhanden. Andere Objekte zeigen die gleiche Metamorphose bis auf eine schmale, circulär gestreifte, mit spärlichen oder zahlreichen länglichen Kernen versehene Hülle. In diesen Fällen pflegt auch der grössere hyaline Abschnitt mehr Kerne aufzuweisen als in den ganz

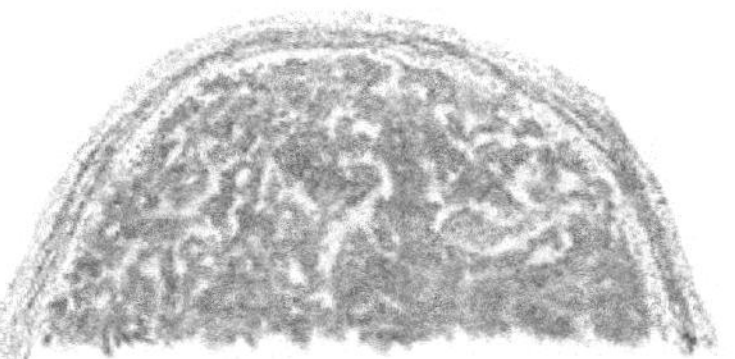

Fig. 384. Theil eines freien runden Körperchen einer Sehnenscheide (Reiskörperchen). Fibrinfärbung. Vergr. 60. Das Körperchen zeigt eine kernhaltige Randzone und besteht grösstentheils aus homogenen dichten, netzförmig verbundenen Massen.

homogenen Gebilden. Wieder andere Körper setzen sich deutlich aus faserigem Bindegewebe zusammen, welches in Zügen angeordnet, theils viele Kerne aufweist, theils Uebergänge zu hyaliner Umwandlung zeigt oder schon ganz von ihr ergriffen ist. Gelegentlich finden sich auch Bezirke zelliger Infiltration und in solchen oder auch für sich allein kann man typische Riesenzellen antreffen. Diese enthalten zuweilen Tuberkelbacillen, die man indessen häufiger der Oberfläche der Reiskörper angelagert sieht.

Die hyalinen Massen pflegen sich nach Weigert's Methode wie Fibrin zu färben. Die ganz degenerirten erscheinen durchweg tiefblau, doch tritt der balkige Aufbau auch dann noch hervor. Je geringer die hyaline Metamorphose ist, desto mehr ist die blaue Substanz nur in Gestalt von Zügen, Flecken und Streifen sichtbar.

Die Genese der Reiskörper ist eine verschiedene. Sie können sich wie man annimmt, aus Fibrinniederschlägen bilden, die in das Lumen der Höhlen oder auf ihre Innenfläche erfolgten und sich nachher ablösten. So weit sie nachweislich aus Bindegewebe hervorgehen, müssen sie selbstverständlich abgelöste Theile der Wandung darstellen. Diese Entstehung ist zweifellos die häufigste.

Man findet auf der Innenfläche der Sehnenscheiden oder Schleimbeutel sehr gewöhnlich polypöse Gebilde (Figur 385), die man ohne Weiteres als noch festsitzende Reiskörper ansprechen darf, daneben plattere, flache Vorsprünge und auch zottige, fetzige, unregelmässige, membranöse Dinge. Die Bedeutung aller dieser Gebilde ist an senkrecht zur Innenfläche geführten Schnitten sehr leicht klarzustellen. Die Wand der Sehnenscheiden und Schleimbeutel ist stets verdickt. Sie besteht aus einem zellreichen, nicht selten infiltrirten Bindegewebe, welches, zumal in den tieferen Schichten, Tuberkel, oder wenigstens Riesenzellen enthalten kann. Durch umschriebenes stärkeres Wachsthum gegen die Höhle hin bildet es flache, oder stärker prominente oder polypöse Erhebungen, eben jene festsitzenden Reiskörper. Dabei ergiebt sich oft ein sehr zierlicher Aufbau

Fig. 385. Polypöse Wucherungen auf der Innenfläche eines Schleimbeutels.
Vergr. 60. Das Gewebe ist theils zellarm, theils, in kleinen unregelmässigen Fleckchen, dem Gefässverlauf entsprechend zellreich. Die dunkel hervortretenden Theile sind hyalin. (Weigert's Färbung.)

(Fig. 386). Von den grösseren Gefässen in den tieferen Wandschichten gehen senkrecht nach oben oder, innerhalb der Vorsprünge, in radiärer Richtung baumförmig sich verzweigende Aeste mit zellreicher Wand und Umgebung ab, die sich in der Nähe der Oberfläche in ein dichtes Capillarnetz auflösen. Dieses bildet jedoch nicht immer eine völlig zusammenhängende Schicht, sondern setzt sich oft aus einzelnen getrennten Bezirken zusammen. Auch ragt es nur selten bis an das Lumen, ist vielmehr meist durch eine bindegewebige, kernreiche, gewöhnlich der Oberfläche parallel gestreifte Lage davon getrennt. Auch zwischen den Gefässen liegt ein zellig-faseriges Gewebe.

Fig. 386. Polyp, der Innenfläche eines Schleimbeutels aufsitzender Körper. Er besteht aus kernreichem Bindegewebe und sehr vielen baumförmig verästigten Gefässen. Seine Oberfläche ist glatt, aber in den obersten Schichten hyalin-nekrotisch. Vergr. 10.

An der proliferirenden Schicht bemerkt man nun, sowohl im Bereich der Polypen wie an glatten Stellen, verschieden ausgedehnte hyaline Umwandlungen. Am häufigsten sind die obersten Gewebslagen in dieser Weise verändert, sei es dass sie bereits völlig degenerirt, sei es dass sie noch mit Kernen versehen sind. Man sieht dann hyaline Bänder und Fasern schichtweise angeordnet. Diese degenerirte Zone ist von sehr verschiedener Breite, manchmal nur angedeutet. Sie fasert sich zuweilen auf und löst sich auch in grösserer Ausdehnung, in jenen zottig-membranösen Massen ab, die vermuthlich durch weitere Umwandlung zu Reiskörpern werden können. Sie färben sich wie Fibrin und mögen daraus auch zum Theil bestehen. Die hyaline Degeneration geht aber nicht nur von der Oberfläche aus, sondern beginnt auch in der Tiefe in Gestalt fleckiger und streifiger Abschnitte. Die so veränderten Zotten und Polypen können sich ablösen und bilden dann die beschriebenen freien Reiskörper, die sich wohl auch durch Fibrinabscheidung auf die Oberfläche noch vergrössern können.

An den hyalinen, geschichteten, der Wand noch aufsitzenden Massen beobachtet man zuweilen noch einige besondere Vorgänge. Während die hyalinen Balken sich einerseits hier und da in das unterliegende erhaltene Gewebe eine Strecke weit fortsetzen, sieht man andererseits gelegentlich zwischen ihnen, in den durch Auflockerung entstandenen Spalten einzelne oder viele grössere Zellen verschiedener Gestalt, die offenbar als Abkömmlinge fixer Elemente anzusehen sind. Da sie nicht in dem hyalin degenerirenden Gewebe entstanden sein können, so müssen sie aus der Proliferationsschicht eingewandert sein. Es handelt sich da um einen Vorgang, der dem ähnlich ist, den wir bei Organisation fibrinöser Exsudate antreffen und der auch wohl hier eine entsprechende Bedeutung hat. Manche nehmen an, dass dieser organisatorische Prozess sich auch hier auf Fibrinniederschläge auf der Fläche der Schleimbeutel etc. erstrecken könne und dass auf diese Weise ebenfalls freie Körper entstehen könnten.

Sachregister.

A.

Abscess der Leber 294, der Niere 370, der Thymus 253.
Actinomycose 59.
Addisonsche Krankheit, Pigment bei 23.
Adenom 148, des Darmes 153, der Leber 295, des Magens 152, der Mamma 155, 157, der Niere 154, des Ovariums 159.
Albuminurie 347.
Alveolarsarkom 126, 131.
Amyloid 32, des Darmes 38, Färbung 32, der Leber 33, 285, Milz 36, Niere 36, locales 38, Lymphdrüse 38.
Amyloidkörper 38. der Prostata 39, der Lunge 39, des Centralnervensystems 40.
Amputationsneurom 115.
Anämie, Pigment bei perniciöser 21, Knochenmark bei pern. A. 427.
Aneurysma 226, der Aorta 227, des Gehirns 403.
Angioendotheliom 131.
Angiom 110, cavernöses 112, teleangiectatisches 110.
Angiosarkom 126.
Anthracosis 330.
Aorta, fettige Degeneration 18, Aneurysma 227.
Apoplexie des Gehirns 401.
Argyrosis 26.
Arterien 216, Adventitia 220, Arteriitis 216, Arteriosclerose 217, Atherom 217, Degeneration 226, Endarteriitis 219, Entzündung 216, Intima 218, Media 219, Mesarteriitis 219, Obliteration 222, 225, Organisation 223.
Arteriitis 216, syphilitische 223, thrombotica 224, tuberkulöse 222.
Aspirationspneumonie 313.
Atheromcysten 183.
Atherom d. Aorta 217.
Atrophie 10, des Darmes 269, des Herzens 22, des Hodens 382, der Leber 21, 278, der Schilddrüse 344, der Uterusschleimhaut 388.
Atypische Epithelwucherung 172.
Auge, Gliom 147, Melanom 140.

B.

Bacillen, Diphtherie- 66, Friedländers- 67, Lepra- 91, Milzbrand- 67, Tuberkel- 91, Typhus- 93.
Bewegungsorgane 410.
Bindegewebszellen bei Entzündung 81.
Blase, Brand- 61, Harn- 378.
Blut 192.
Blutkörperchen, rothe 193, weisse 193.
Blutkörperchenhaltige Zellen 20.
Bronchitis 336
Bronchiectase 340.
Bronchus 336, Tuberkulose 339.
Bronchopneumonie 311.

C.

Carcinom 160, Anfangsstadien 171, Bindegewebe 180, Cylinderzellen- 167, Diagnose 161, Drüsen- 165, fettige Degeneration 165, Gallert- 178, Haut- 161, Histogenese 169, hyaline Umwandlung 176, hydropische Quellung 176, Lungen- 336, Lymphdrüsen- 174, Magen- 261, Mamma- 165 (174), Metamorphosen 176, Metastase 174, Mitosen 180, Ovarium- 391, Parasiten 176, Riesenzellen 182, Schilddrüsen- 346, Scirrhus 180, Uterus- 388, Verhornung 162, Wachsthum 172.
Carnification 308.
Caverne (Lunge) 326.
Cavernom 112.
Centralnervensystem 392, Amyloidkörper 40, Gehirn 397, Gehirn-

häute 392, Gliom 146, Rückenmark 397.
Cholesteatom 184, des Gehirns 184, des Ohres 185.
Chondrom 100, Erweichung 102, Verkalkung 102, Verknöcherung 102.
Chondrosarkom 126.
Chordom 103.
Circulationsorgane 204.
Cirrhose (Leber-) 286, atrophische 287, Gallengänge 291, hypertrophische 290.
Coagulationsnekrose 42.
Colloid 27, der Niere 367.
Corpora amylacea 38, des Centralnervensystems 40, der Lunge 39, der Prostata 39.
Corpora oryzoidea 430.
Cyanotische Leber 288.
Cylinder, hyaline 31, 347.
Cylinderzellenkrebs 167.
Cylindrom 136.
Cysten 187, Atherom- 183, Dermoid- 183, Kiemengangs- 188, Magen- 256, Mamma 189, Ovarien- 159, Prostata- 380, Stauungs- 188, Urachus- 188.
Cystitis 378.
Cystoadenom 148, 158.
Cystosarkom 158.

D.

Darm 261, Amyloid 270, Atrophie 269, Degeneration 266, Entzündung 261, fettige Degeneration 270, Lymphgefässe 261, Pigment 269, Polyp 153, Syphilis 268, Tuberkulose 261, Typhus 264.
Degeneration 10, amyloide 32, colloide 27, fettige 15, hyaline 29, schleimige 26, wachsartige 30.
Dermoidcyste 182, des Ovariums 186.
Diagnose, des Carcinoms 161, des Cylinderzellenkrebses 159, des Drüsenkrebses 167, der Geschwülste 189, des Hautcarcinoms 165.
Diphtherie 248, D. Bacillus 66, der Bronchen 338, des Darmes 266, Fibrin bei — 64, der Lymphdrüsen 243, -Membran 65, der Milz 238, D. Pneumonie 313, des Rachens 241, der Trachea 338.
Diphtheriebacillus 66.
Diplokokkus pneumoniae 66.
Drüsencarcinom 165, Diagnose 167.
Dura 392, Endotheliom 132, Pachymeningitis 392, Psammom 134.
Dysenterie 266.

E.

Ecchondrosis physalifora 103.
Echinococcus 297.
Eisenlunge 332.
Eiter 53, Färbung 54, bei Gonorrhoe 58, Mikroorganismen 56, tuberkulöser 55.
Eklampsie, Leber bei 285, Lunge bei 189.
Elastisches Gewebe der Arterien 219, Färbung 217, bei Lungentuberkulose 324.
Embolie 197, Bacterien- 199, Fett- 197, Geschwulstzellen- 199, Knochenmarkriesenzellen- 198, Leberzellen- 198, Placentarriesenzellen- 198.
Emphysem (Lunge) 332, Entzündung bei 335.
Encephalitis 407.
Enchondrom 101.
Endarteriitis 218.
Endocarditis 212, Bacterien bei 216, Gefässneubildung bei 84, 214, Organisation 213, recurrens 214, ulcerosa 216, verrucosa 214.
Endometritis 386.
Endothelien bei Entzündung 70, 73.
Endotheliom 127, Dura- 132, Metamorphosen 135, Pia- 135, Wachsthum 137.
Entartung 10, amyloide 32, colloide 27, fettige 15, hyaline 29, schleimige 26, wachsartige 30.
Entkalkung 410.
Entzündung 49, der Arterien 216, der Blase 378, des Darmes 261, der Dura 392, eitrige 53, Emigration bei 51, Exsudation bei 51, des Gehirns 407, der Herzklappen 212, der Hirnhäute 396, des Hodens 381, der Knochen 422, bei Lepra 93, der Leber 286, der Lunge 302, der Lymphdrüsen 241, der Niere 355, der Pia 396, der Sehnenscheiden 429, der Speicheldrüsen 247, syphilitische 92, tuberkulöse 85, typhöse 93, des Ureters 378, des Uterus 386, der Venen 228.
Ependym 408.
Epithelcysten 183.
Erosionen des Magens 257, des Orificium externum 385.
Erweichung (Gehirn) 399.
Exsudat, eitriges 53, fibrinöses 62, flüssiges 61, hämorrhagisches 67, Organisation 75.

F.

Färbung, allgemein 5, 7, nach Ehrlich 193, der elastischen Fasern 217, nach Gram 57, der Kokken 57, nach Mallory 398, der Tuberkelbacillen 91, der Typhusbacillen 94, nach Weigert (Fibrin) 63.
Fettembolie 197.
Fettgewebe, Atrophie 10, Nekrose (Pankreas) 298.

Fettige Degeneration 15, der Aorta 18, des Herzens 15, der Leber 15, 275, der Niere 17, 349.
Fettinfiltration 12, des Herzens 13, der Leber 14, 273, der Pankreas 14.
Fettkörnchenkugeln 19.
Fettleber 273, granuläre 274.
Fibrin 62, Färbung 63, hyalines 31, 64, Thromben 201.
Fibrinöse Pneumonie 303.
Fibroadenom, der Mamma 155, 156.
Fibroblasten 78.
Fibrom 95, der Haut 96, Verkalkung 44, 28, Verknöcherung 44, 28.
Fibromyom 108.
Fibroneurom 116.
Fibrosarkom 121.
Formalin 5.
Fractur (d. Knochens) 420.
Fragmentation 211.
Fremdkörper als Entzündungserreger 79.

G.

Gallengänge bei Cirrhose 291, bei Leberatrophie 276.
Ganglienzellen 408.
Gastritis 254.
Gefässe, des Gehirns 403, bei Lungentuberkulose 320.
Gefässneubildung 83.
Gefässsystem 204.
Gefriermikrotom 4.
Gehirn 397, Apoplexie 399, Encephalitis 407, Erweichung 399, Gefässveränderungen 402, Hämorrhagie 399, Sclerose 404, Untersuchung 397.
Geschlechtsorgane 378, männliche 378, weibliche 384.
Geschwülste, des Hodens 384, der Leber 295, der Lunge 336, des Magens 152, der Niere 374, des Ovariums 391, Untersuchung 189, des Uterus 389.
Geschwüre des Magens 257, 260.
Gliom 146, des Auges 147.
Glomeruli, bei Nephritis 357, Verkalkung 41.
Glykogen 40, der Niere 354.
Gonokokkus 58.
Gramsche Färbung 57.
Granularniere 356, 361.
Granulationsgewebe 79.

H.

Hämangiom 110.
Hämatoidinkrystalle 19.
Hämaturie 349.
Hämofuscin 23.
Hämoglobinurie 349.
Hämorrhagie des Gehirns 401.
Hämorrhagische Erosionen 258, Infarkte (Lunge) 300.
Hämorrhoiden 234.
Hämosiderin 20.
Härtung 5.
Harnblase 378, Entzündung 378, Zottengeschwulst 151.
Harncylinder 31.
Harnorgane 346.
Harnsäureinfarkt 355.
Hassal'sche Körperchen 253.
Haut, Carcinom 162, Oedem 144, Papillen 149, Warzen 138 (172), epitheliale Warze 150.
Hepatisation 303.
Herdförmige Pneumonie 311.
Herz, Abscess 206, Endocarditis 212, Fragmentation 211, fettige Degeneration 15, Fettinfiltration 13, Myocarditis 204, Pigment 22, Sehnenflecke 204.
Hoden 381, Atrophie 381, Entzündung 381, Geschwülste 384, Tuberkulose 382.
Hyalin 29, des Bindegewebes 30, Färbung 30, des Fibrins 31, Harncylinder 31, Membrana propria 32, Muskel 30.
Hydronephrose 372.
Hypertrophie 45, der Glomeruli 368, der Harnkanälchen 368.

I.

Icterus 21, der Leber 283, der Niere 353.
Induration, braune, der Lunge 299, der Lunge nach Pneumonie 307, der Milz 239, schiefrige 80, 321.
Infarkt der Lunge 300, der Milz 240, Niere 347, der Placenta 390.
Interstitielle Nephritis 363.

K.

Käsige Pneumonie 325.
Kalkinfarkt 355.
Kiemengangscysten 188.
Knochenbruch 420.
Knochenmark 426.
Knochensystem 410, Entzündung 422, Fractur 420, Howship's Lacunen 422, Knorpel 425, Mark 426, Osteomalacie 416, Rachitis 411, Syphilis 424, Tuberkulose 422, Untersuchung 410.
Knorpel 425.
Kohle in Leber 281, Lunge 80, Lymphdrüsen 245, 24, Milz 239.
Kothstein 272.

L.

Lacunen Howship's 122.
Larynx 336.
Leber 272, Abscess 294, Adenom 295, Amyloid 285, Atrophie, acute gelbe 275, Atrophie, braune 21, 278, Carcinom, metastat. 174, Cirrhose 286, Degeneration, fettige 16, 275, Echinococcus 297, Eclampsie 285, Entzündung, eitrige 291, Entzündung, interstitielle 286, Fettinfiltration 14, 273, Geschwülste 295, Icterus 283, Kohle 281, Leukämie 294, Nekrose 285, Parasiten 297, Pigment 277, Regeneration 47, Sarkom metastat. 127, Stauung 21, 279, Syphilis 293, Tuberkulose 293, Typhus 291.
Leiomyom 108.
Lepra 93, Bacillen 93.
Leptomeningitis 396.
Leukämie 191, der Leber 294, der Niere 373.
Leukocyten, Emigration 51.
Leukocytose 193.
Lipom 100.
Löffler's Methylenblau 66.
Luftröhre 336.
Lunge 299, Amyloidkörper 39, Anthracosis 350, Aspirationspneumonie 313, Bronchopneumonie 311, Capillarthrombose 201, Carcinom 336, Cavernom 326, diphtherische Pneumonie 313, Emphysem 332, Entzündung 302, Fettembolie 198, Geschwülste 336, Hämorrhagie 300, Induration nach Pneumonie 307, Induration schiefrige 80, 321, Kohle 25, Metastatische Pneumonie 311, metastatisches Sarkom 127, Pneumonie (fibrinöse) 303, Riesenzellenembolie 198, Siderosis 332, Stauung 21, 299, Syphilis 328, Tuberkulose 315.
Lupe 8.
Lymphangiom 114.
Lymphdrüsen 241, Atrophie 246, Carcinom 174, Diphtherie 243, Entzündung 241, Fibrinabscheidung 242, Induration 80, 246, Kohle 24, 241, Pigment 24, Reticulum 243, bei Tätowirung 26, bei Typhus 92.
Lymphgefässe 235, der Darmwand 261.
Lymphocyten 73.
Lymphosarkom 142, Wachsthum 143.

M.

Magen 254, Adenom 152, 153, Atrophie 255, Catarrh 254, Cysten 256, Degeneration 255, Entzündung 254, Erosionen 258, Geschwülste 261, Geschwüre 257, Polyp 152, 153, Ulcus rotundum 259.
Makrocyten 193.
Malaria 195, Plasmodien, Färbung 196.
Mamma Adenom 155, 157, Carcinom 165, Cysten 189, Fibroadenom 155, 157.
Marantischer Thrombus 202.
Megaloblasten 193.
Melanom 137, des Auges 140, Metastase 141, Pigment 23, Wachsthum 141.
Meningitis, eitrige 396, tuberkulöse 396.
Mesarteriitis 219.
Metastasen 199, Carcinom 174, Melanom 141, Sarkom 127.
Metastatische Pneumonie 314.
Metritis 389.
Mikrocyten 193.
Miliartuberkel 86, der Leber 293, der Lunge 324.
Milz 235, Diphtherie 238, Follikel 238, Gefässe 241, Hyperämie 235, Induration 239, Infarkt 240, Kohle 239, Pulpa 236, Pyämie 237, Reticulum 239, Stauung 238.
Milzbrand 67, -Bacillen 67, 68.
Mitosen, im Carcinom 180, im Sarkom 122.
Molluscum contagiosum 178.
Morbus Adisonii, Pigmentirung 23.
Multiple Sclerose 404.
Mundhöhle 247.
Muskatnussleber 282.
Muskel 428, Atrophie 428, Regeneration 48, Wachsentartung 30.
Myeloidsarkom 123.
Myocardite segmentaire 211.
Myocarditis, Bakterien 206, eitrige 206, Nekrose 208, Pigment 210, sehnige 208.
Myom 106, Fibromyom 108, laevicellulare 108, striocellulare 106.
Myxom 143, der Mamma 158, der Parotis 144.

N.

Narbenbildung 78, 79.
Nasenpolyp 95.
Nekrobiose 42.
Nekrose 41, bei Entzündung 69, der Leber 285, des Myocard 208, der Niere 354, des Pankreas 298.
Nephritis 355, Bindegewebswucherung 363, 365, Compensatorische Hypertrophie 368, Colloidkugeln 367, Degeneration 361, Eintheilung 356, Endarteriitis 367, Glomeruli 357, 364, Glomerulitis 360, interstitielle 363, 368, parenchymatöse 361, Schrumpfung 364, Thrombose der Glomeruli 358, zellige Infiltration 363.

Nerv 109, 110.
Nervensystem 392.
Neurom 115, Amputations- 115, Fibroneurom 116, multiples 116.
Neurofibrom 116.
Neurogliom 147.
Niere 346, Abscess 370, Albuminurie 347, Amyloid 36, Arteriitis 367, Colloidkugeln 367, Cylinder 347, 367, Degeneration fettige 17, 349, 361, Entzündung 355 (eitrige 370), Geschwülste 374, Glomerulitis 357, 361, Glykogen 354, Hämaturie 349, Hämoglobinurie 349, Hydronephrose 372, Icterus 353, Infarkt 374, interstitielle Nephritis 363, 368, Leukämie 373, Nekrose 354, Nephritis 355, Papillom 154, Pigment 352, Pyelonephritis 370, Regeneration 47, Rhabdomyom 107, Schwellung, trübe 11, Tuberkulose 371, Untersuchung 346, zellige Infiltration 363.
Nierenbecken 377.

O.

Obliteration der Arterien 222.
Oedem, Haut 141.
Ohr, Cholesteatom 185.
Organisation 73, 74, der Arterien 223, der Venen 231.
Osteochondritis syphilitica 424.
Osteoidchondrom 103.
Osteoidsarkom 123.
Osteoklasten 422.
Osteom 105.
Osteomalacie 416, Entkalkung 418, Gitterfiguren 418, Markgewebe 420, Riesenzellen 420.
Osteosarkom 122.
Ovarium 391, Carcinom 391, Dermoid 186, Kystom 159, Teratom 168.

P.

Pachymeningitis 392.
Pankreas 298, Fettinfiltration 14.
Papillom 148, 149, der Niere 151.
Parotis 247, Endotheliom 130, Entzündung 247, Myxom 144.
Parotitis 247.
Periarteriitis nodosa 225.
Pericarditis 75, 77.
Perlgeschwulst 184, des Ohres 185, des Gehirns 184.
Perniciöse Anämie, Pigment 21, Knochenmark 427.
Phagocytose 82.
Phlebectasie 233.
Phlebitis 228, Organisation 231.
Phlebolithen 235.
Pia 386, Entzündungen 396, Tuberkulose 396.
Pigment 19, des Darmes 296, des Herzens 22, der Leber 21, 277, Melanotisches 23, 138, bei Morbus Addisonii 23, in glatter Muskulatur 23, 269, bei Myocarditis 209, der Niere 23, 352, in Teratomen 186.
Placenta 390, Riesenzellenembolie 198.
Plasmodium 195, Färbung 196.
Plattenepithelkrebs 161.
Pleuritis 74.
Pneumonie 303, Aspirations- 313, bei Diphtherie 313, eitrige 313, bei Emphysem 335, fibrinöse 313, herdförmige 311, Induration 307, käsige 325, -Kokken 66, lobuläre 311, metastatische 313.
Pneumoniekokken 66.
Pneumonokoniosis 330.
Pockenpustel 61.
Polyp, des Magens 152, der Nase 95, des Rectums 153.
Processus vermiformis 271.
Prostata 378, Amyloidkörper 39, 379, Cysten 380, hyaline Degeneration 380, Hypertrophie 379.
Psammom 132, 134.
Pyelonephritis 370.

R.

Rachen 248, Diphtherie 249.
Rachitis 411.
Rasirmesser 1.
Rectumpolyp 153.
Rectumcarcinom 168.
Recurrensfieber 196.
Recurrirende Endocarditis 214.
Regeneration 46, 47, 48.
Regressive Veränderungen 10.
Reiskörper 430.
Resorption am Knochen 422.
Respirationsorgane 219.
Retina, Gliom 147.
Rhabdomyom 106.
Riesenzellen, im Carcinom 182, Embolie 189, Fremdkörper- 82, im Myxom 145, am Knochen 422, im Sarkom 123, bei Tuberkulose 87.
Riesenzellensarkom 123.
Rothe Blutkörperchen 193.
Rundzellensarkom 125.
Rückenmark 397, Quetschung 399, Sclerose 401, Strangdegeneration 404, Tabes 405 f., Untersuchung 397.

S.

Sagomilz 36.
Sarkom 116, alveoläres 126, 131, Angio- 126, Chondro- 126, Fibro- 121, Gefässe 120, Metastase 127, Spindelzellen- 117, Verkalkung 123, Verknöcherung 125, 126, Wachsthum 126, Zwischensubstanz 120.

Schiefrige Induration 80, der Lunge 80, 321, der Lymphdrüse 80, 246.
Schilddrüse 342, Atrophie 345, Carcinom 346, Colloid 27.
Schleimhautpolyp 95.
Schleimbeutel 429.
Schleimige Entartung 26, 70.
Schluckpneumonie 313.
Schrumpfniere 356, 364.
Schwellung, trübe 11.
Scirrhus 180.
Sclerose, multiple 404.
Sehnenfleck des Epicards 204.
Sehnenscheiden 429.
Senile Atrophie des Herzens 22, der Leber 278.
Siderosis (Lunge) 332.
Silberablagerung in der Niere 26.
Soor 251.
Speckmilz 36.
Speichelstein 247.
Spindelzellensarkom 117.
Spirochaete 196.
Staphylokokken 57.
Staubinhalation (Lunge) 330.
Stauung, Cysten 188, Leber 227, Lunge 21, 299, Milz 238.
Steissteratom 186.
Sternzellen, Fett in 275, Kohle in 285, Pigment in 277.
Strahlenpilz 59.
Streptokokken 57.
Struma, Colloid 27, 28, Histologie 342, Wachsthum 343.
Syphilis 92, der Arterien 223, des Darmes 268, der Knochen 424, der Leber 293, der Lunge 328.

T.

Tabes dorsalis 405, 406.
Tätowirung 25.
Teleangiectasie 110.
Teratom 182, des Ovariums 186, der Steissgegend 186, Pigment in Ter. 186.
Thrombophlebitis 229.
Thrombose 200, der Arterien 223, Fibrin- 201, der Glomeruli 358, marantische 202, Organisation in Arterien 223, in Venen 229.
Thymus 252, Abscess 253.
Tonsillen 251.
Trachea 336.
Trübe Schwellung 11.
Tube 390.
Tuberkel 85, Entwicklung 89.
Tuberkelbacillen 91, Färbung 91.
Tuberkulose, Bacillen 91, 328, der Bronchen 339, des Darmes 261, Eiter bei 55, der Arterien 222, Histologie 85, des Hodens 382, der Knochen 422, der Leber 293, der Lunge 315, der Pia 396, der Prostata 378, der Schleimbeutel 429, der Sehnenscheide 429.
Tumoren 91, der Leber 295, der Lunge 336.
Typhus 93, 264, T.-Bacillen 93, Färbung der Bacillen 94, T. der Leber 294, der Lymphgefässe 262.

U.

Ulceröse Endocarditis 216.
Ulcus rotundum ventriculi 259.
Untersuchung der Geschwülste 189.
Urachuscyste 188.
Ureter 377.
Ureteritis 378.
Uterus 385, Atrophie 388, Carcinom 388, Endometritis 386, Erosion 385, Geschwülste 389, Metritis 389.

V.

Vagina 384.
Varix 233.
Venen 228, Erweiterung 233.
Verbrennung, Haut 61.
Verdauungsorgane 247.
Verhornung, im Carcinom 164, 176.
Verkäsung 42, 90.
Verkalkung 42, der Arterien 226, des Bindegewebes 43, des Fibroms 44, 98, der Ganglienzellen 408, der Glomeruli 44, der Intima 43, der Niere 355.
Verknöcherung 42, 44.
Verrucöse Endocarditis 214.

W.

Wachsdegeneration 30.
Wachsmilz 36.
Wachsthum, des Carcinoms 172, des Chondroms 103, des Endothelioms 137, des Fibroms 100, des Lymphoms 143, des Melanoms 141, des Sarkoms 126, der Struma 343.
Warzen, Pigmentwarzen 138, 172, zottige epitheliale 150, papilläre 149.
Wechselfieber 195.
Weigert's Färbung 63.
Weisse Blutkörperchen 193.
Wurmfortsatz 270.

Z.

Zellige Infiltration 73, 81.
Zenker's Flüssigkeit 6.
Ziehl'sche Lösung 91.
Zottenkrebs der Harnblase 151.

Universitäts-Buchdruckerei von Carl Georgi in Bonn.

www.ingramcontent.com/pod-product-compliance
Lightning Source LLC
Chambersburg PA
CBHW020902210326
41598CB00018B/1750

9783744674492